国防科技图书出版基金

极度燃烧

Extreme Combustion

范宝春 著

国防工業出版社
·北京·

图书在版编目(CIP)数据

极度燃烧/范宝春著.—北京:国防工业出版社,2018.9

ISBN 978-7-118-11549-9

Ⅰ.①极… Ⅱ.①范… Ⅲ.①超音速燃烧-研究②爆燃-研究 Ⅳ.①TQ038.1

中国版本图书馆 CIP 数据核字(2018)第 133357 号

※

国防工业出版社出版发行

(北京市海淀区紫竹院南路 23 号 邮政编码 100048)

天津嘉恒印务有限公司印刷

新华书店经售

*

开本 710×1000 1/16 **印张** 22 **字数** 415 千字

2018 年 9 月第 1 版第 1 次印刷 **印数** 1—2000 册 **定价** 108.00 元

(本书如有印装错误,我社负责调换)

国防书店:(010)88540777 发行邮购:(010)88540776

发行传真:(010)88540755 发行业务:(010)88540717

致 读 者

本书由中央军委装备发展部**国防科技图书出版基金**资助出版。

为了促进国防科技和武器装备发展,加强社会主义物质文明和精神文明建设,培养优秀科技人才,确保国防科技优秀图书的出版,原国防科工委于 1988 年初决定每年拨出专款,设立国防科技图书出版基金,成立评审委员会,扶持、审定出版国防科技优秀图书。这是一项具有深远意义的创举。

国防科技图书出版基金资助的对象是:

1. 在国防科学技术领域中,学术水平高,内容有创见,在学科上居领先地位的基础科学理论图书;在工程技术理论方面有突破的应用科学专著。

2. 学术思想新颖,内容具体、实用,对国防科技和武器装备发展具有较大推动作用的专著;密切结合国防现代化和武器装备现代化需要的高新技术内容的专著。

3. 有重要发展前景和有重大开拓使用价值,密切结合国防现代化和武器装备现代化需要的新工艺、新材料内容的专著。

4. 填补目前我国科技领域空白并具有军事应用前景的薄弱学科和边缘学科的科技图书。

国防科技图书出版基金评审委员会在中央军委装备发展部的领导下开展工作,负责掌握出版基金的使用方向,评审受理的图书选题,决定资助的图书选题和资助金额,以及决定中断或取消资助等。经评审给予资助的图书,由中央军委装备发展部国防工业出版社出版发行。

国防科技和武器装备发展已经取得了举世瞩目的成就。国防科技图书承担着记载和弘扬这些成就,积累和传播科技知识的使命。开展好评审工作,使有限的基金发挥出巨大的效能,需要不断摸索、认真总结和及时改进,更需要国防科技和武器装备建设战线广大科技工作者、专家、教授、以及社会各界朋友的热情支持。

让我们携起手来,为祖国昌盛、科技腾飞、出版繁荣而共同奋斗!

国防科技图书出版基金

评审委员会

国防科技图书出版基金
第七届评审委员会组成人员

前　言

高马赫数、高雷诺数和高压高温下的燃烧称为极度燃烧(Extreme Combustion),相关系统称为爆炸燃烧系统(Explosions and Reactive Systems)。

极度燃烧导致大量能量的瞬间释放,并因此产生冲击和压缩,故具有商业和军事方面的应用价值。近几十年,瓦斯爆炸、气云和粉尘爆炸等各种火灾爆炸事故频繁发生,超燃发动机和爆轰发动机的研制,不同物态的各类新型含能材料的发现以及等离子技术(点火、助燃和支持燃烧)的应用等,皆与极度燃烧有关,这使得极度燃烧得到广泛关注。

极度燃烧由于高马赫数,故为超声速燃烧,涉及跨声速导致的壅塞、激波以及激波与燃烧的耦合等问题。由于高雷诺数,故涉及湍流燃烧和激波-涡(或边界层)-化学反应相互作用等问题。由于高温高压下燃烧(特别是凝聚态含能物质),故涉及高温高压状态方程、高压反应动力学和电磁流等问题。因此,极度燃烧是一个复杂的充满挑战的课题。

为清晰阐述有关内容,本书叙述脉络设计为:从守恒方程推导入手,介绍方程的数学特性、求解方法和计算结果。然后,借助实验和计算结果,通过物理分析,揭示流场的变化规律和动力学机制。

本书涉及的流动(无黏流、黏性流,甚至包括两相流和电磁流)、燃烧、化学爆炸、爆燃和爆轰等现象,流场介质皆由大量不停随机运动的粒子构成,因此,可依据动理学,导出其控制方程。此类方程是一组偏微分方程,其中,无黏流欧拉方程是不适定的,解的唯一性破坏时,流场会出现间断;黏性流和反应流的N-S方程也是不适定的,方程失稳会导致湍流、湍流燃烧和爆轰胞格。此外,反应流方程具有奇异性,流场可能出现壅塞。极度燃烧的某些重要特性,与方程的这种适定性和奇异性有关。

偏微分方程组大都用数值方法求解。值得注意的是,不是所有情况偏催分方程总可求解,方程有时是无法求解的。例如N-S方程,直接模拟湍流就很困难。即使方程可解,其解不一定具有物理意义。例如,在p-v平面,用瑞利线和Hugoniot曲线讨论燃烧特性时,强解只有数学意义,没有物理价值。此外,由于计算结果仅限于守恒方程中的未知量,故描述流场时,具有一定的局限性。例如,爆轰胞格结构、旋涡结构、流场的阴影和纹影图像等,都需对结果进行特殊处理。因此,讨论流场结构、变化规律和变化机制时,需要认真解读和正确处理计算和实验数据,寻求最佳的表现视角和阐述思路。

极度燃烧大致分为超声速燃烧(Supersonic Combustion,或简称超燃)、爆燃(Deflagration)和爆轰(Detonation),可以出现在气态、凝聚态、等离子态和非均相的各类可燃介质中。理论上完整描述此类燃烧,需用守恒方程、输运系数方程、状态方程和化学反应速率方程。

对于非均相系统,如稀疏和密实悬浮流,利用多流体模型,通过分子动理学,可推得守恒方程。但高速流动时,湍流和颗粒绕流,使两相间的输运变得非常难以处理。颗粒的存在和颗粒间的碰撞又使两相介质的状态方程具有复杂形式(特别是颗粒相)。此外,非均相化学反应具有特殊的反应历程(相变、表面反应等),有些甚至迄今未搞明白。

对于凝聚态物质,激波后压力高达几百太帕,燃烧(包括化学键的断裂、自由带电粒子的链式反应和激励状态下的产物生成)在振动自由度激发的状态下进行。激励状态下的反应速率方程和高温高压的状态方程都非常复杂(大多采用拟合公式)。对于非均相凝聚态(如混合炸药或含金属粉的炸药),还需考虑固体颗粒、黏合剂和空隙对激波点火的复杂影响,处理难度更大。

对于等离子态物质(包括某种目的加入的、激光照射产生的或高温高压反应产生的),可利用多流体模型通过分子动理学获得守恒方程,但需添加麦克斯韦方程,以描述流动伴随的电磁场变化。需考虑带电粒子碰撞产生的输运以及带电粒子的状态方程。化学反应需采用自由带电粒子参加碰撞的链式反应模型。

与上述问题相比,气相燃烧相对简单,守恒方程和输运系数方程可从分子动理学推得。可以忽略高温高压影响,采用理想气体状态方程和 Arrhenius 化学反应速率方程;忽略湍流影响,采用欧拉方程或层流 N-S 方程。因此,气相燃烧得到较为系统深入的研究,已基本形成完整的理论体系。

气相燃烧与其他物态燃烧具有相似之处,其研究思路可为其他物态研究提供参考。例如,利用 ZND 模型分析爆轰特性(凝聚态称为非平衡 ZND 模型(Nonequilibrium ZND theory,NEZND)),利用三波点轨迹研究爆轰胞格(非均相爆轰和凝聚态爆轰中均发现爆轰胞格)等。此外,气相燃烧的研究水平是其他物态研究的追求目标。

总之,极度燃烧的讨论,绝非一本专著可以厘定。鉴于气相燃烧的特性和价值,本书仅讨论气相系统的超燃、爆燃和爆轰。

此书分为四部分,共九章。第一部分讨论无黏流,包括第 1 章和第 2 章。先介绍动理学(速度分布函数、玻耳兹曼方程和麦克斯韦传输方程)。然后介绍热力学状态函数(速度脉动的各阶统计矩)、热力学关系式和状态方程。再推导无黏流动控制方程(玻耳兹曼方程的第一近似解代入麦克斯韦传输方程),即欧拉方程。如果将状态函数或函数间的某种组合视作流场的波,欧拉方程描述了波沿特征线的传播特征。因此,无黏流动着重于流场的波系分析。方程有连续解时,流场存在等熵波(稀疏波和压缩波)。超声速情况下,若解的唯一性被破坏,流场出现间断波(激波和接触间断)。第 1 章讨论连续流场,第 2 章讨论间断。

第二部分讨论黏性流,包括第 3 章和第 4 章。玻耳兹曼方程的第二近似解代入麦克斯韦传输方程,得到黏性流动的控制方程,即 N-S 方程。方程中,输运项的出现使流场有旋,并存在涡量扩散和能量耗散。黏性流动着重讨论流场涡结构。高雷诺数时,流场失稳,成为随机流场,即湍流,无法直接求解。此时,可用统计力学处理,包括统计矩法和概率密度分布函数(PDF)法。第 3 章讨论层流,第 4 章讨论湍流。

第三部分为反应流,包括第 5 章和第 6 章。涉及反应动力学、反应热力学和反应流体力学。火焰是流场局部燃烧区域,视为燃烧波。如果燃料和氧化剂以预先混合方式进入火焰,称为预混火焰,又可分为输运预混火焰和对流预混火焰。燃烧还可分为超燃和亚燃,燃烧过程中,两者的流场参数变化趋势不同,但马赫数皆趋于 1。失稳可导致湍流燃烧,根据流动和反应的时空尺度,湍流火焰分为褶皱层流火焰(Wrinkled Laminar-Flame Model)、分布反应火焰(Distributed-Reaction Model)和涡内小火焰(Flamelets in Eddies)。不同类型的湍流火焰有不同的处理方法(湍流燃烧模型)。第 5 章讨论层流燃烧(超燃和亚燃),第 6 章讨论湍流燃烧。

第四部分为激波-火焰复合波,包括第 7 章、第 8 章和第 9 章。湍流加速火焰可诱导激波,形成激波-火焰复合波,称为爆燃。激波足够强时,直接使波后介质点火,再通过燃烧产物膨胀给激波以支持,称作爆轰。众多生成爆轰的方法中,弱点火形成爆轰最受关注,其形成过程包括燃烧、爆炸(诱导激波)、爆燃和爆轰等环节。第 7 章讨论爆燃和爆轰的特性以及爆燃和爆轰间的转换。爆轰和爆燃的一维经典模型是不稳定的,实际爆轰阵面具有三维结构,称为胞格结构,该结构揭示了爆轰自持传播的机制。第 8 章讨论爆轰稳定性以及 CJ 爆轰和临界爆轰的多维结构和形成机制。爆轰具有不同的存在和传播方式,有些可用于发动机,如高频脉冲爆轰、驻定爆轰和旋转爆轰。其间涉及流场敛散性、边界层黏性以及波前流动等对爆轰流场、传播机制和胞格结构的影响。这些在第9章讨论。

阅读此书,如同登山,循守恒方程这一主脉,逐次攀登,遍历诸峰。既可了解极度燃烧的相关内容,也可一览流动领域的整体概貌。撰写时,作者希冀取舍精当,脉络清晰,首尾连贯,流畅无滞。但因学养和学识所限,一时恐难尽如人意。虽不能至,心向往之。书中疏漏不妥之处,恳请读者赐教指正。

范宝春

2016年10月于南京

目　录

Contents

第1章 无 黏 流

随机现象可用概率密度分布函数(Propability Distibution Function,PDF)描述。气体(或流体)由大量随机运动的粒子组成,描述该随机现象的PDF可通过求解动理学基本方程(玻耳兹曼方程)获得。将PDF代入麦克斯韦传输方程(关于统计矩的守恒方程),便得到流动的守恒方程。此时,守恒方程的变量(即流场参数)包括速度(随机速度的一阶矩)和热力学状态参数(脉动速度的二阶矩)。

由玻耳兹曼方程第一近似解求得的守恒方程,为无黏流方程,称为欧拉方程,此为一阶拟线性偏微分方程组。对于不定常流或超声速二维定常流,该方程是双曲型的。方程的解可写成特征线方程和相容方程的形式。如果将状态函数的某种特定组合定义为波,那么欧拉方程描述了波在流场中沿特征线(弱间断)传播的特性。

1.1 无黏流守恒方程

1.1.1 分子动理论[1-8]

1. 概率密度分布函数

自然界的一切物质,包括等离子体、气体、液体和固体,都由大量的微观粒子(分子、原子或离子)构成。微观粒子不停地运动,并不停改变其运动状态。

可将分子运动分为外部运动和内部运动。外部运动指分子的移动和碰撞,而内部运动则包括分子绕质心的转动、分子中原子或离子间的振动、核外电子和核内粒子的运动等。考虑一种气体,由简单的没有任何相互作用的可忽略内部结构的分子组成,即将微观运动形态限制在外部运动层面。此时,气体状态可用每个分子的瞬间位置和速度(动量)描述。这是一个$6N$维相空间的动力学问题,由于分子数N数量巨大(不可计数),故非常复杂。

大量随机事件,在整体上会呈现一定的规律,称为统计规律。杂乱无章的气体分子的微观热运动,在宏观上也遵循一定的统计规律,可用统计力学来研究,称为统计热力学。

对于某一分子,设其x方向的速度分量随时间的变化为$u(t)$(速度随时间的变化曲线),称为该随机现象的一次实现,其时间平均值(见图1.1)

$$\bar{u} = \lim_{T\to\infty} \frac{\lim\limits_{T\to\infty}\int_t^{t+T} u(t)\,\mathrm{d}t}{T} \tag{1.1}$$

于是 $$u = \bar{u} + u' \tag{1.2}$$

式中：$\bar{u}$ 为时间平均值；u'为脉动值，表示随机量对平均值的偏离。

同样，n 个分子有 n 根 $u(t)$ 曲线，$u_1(t)$，$u_2(t)$，…，$u_n(t)$，下标为分子编号。在确定时刻 t，所有分子的速度平均值：

$$\langle u \rangle = \lim_{n\to\infty} \frac{u_1 + u_2 + \cdots + u_n}{n} \tag{1.3}$$

称为系综平均值（见图 1.1）。同样有

$$u = \langle u \rangle + u' \tag{1.4}$$

某随机变量 $A(t)$，变化曲线如图 1.2 所示。

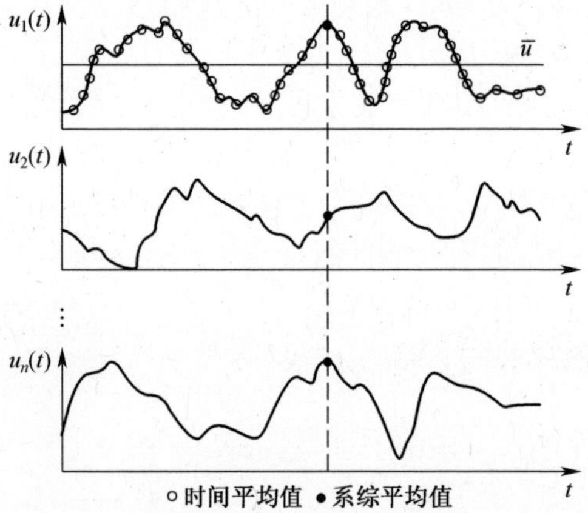

图 1.1 随机函数的时间平均值和系综平均值

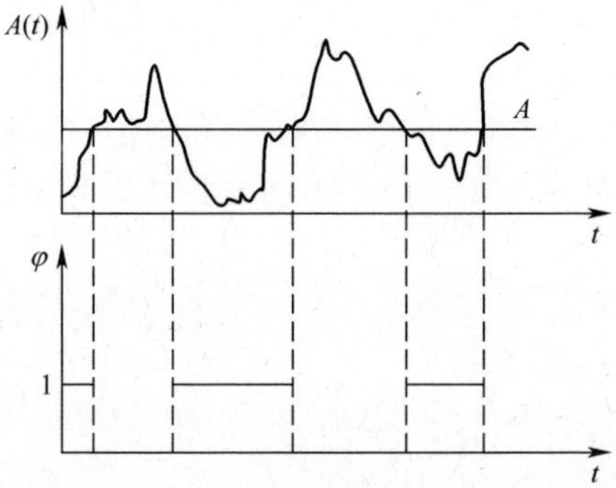

图 1.2 指示函数

引进指示函数

$$\varphi(A,t) = \begin{cases} 1, & A(t) < A \\ 0, & A(t) \geqslant A \end{cases} \tag{1.5}$$

式中：A 为任意指定值，为独立变量，称为样本空间变量。积分式（1.5），得

$$\lim_{T\to\infty}\int_t^{t+T} \varphi(A,t)\,\mathrm{d}t = \sum \Delta t_i = T_{\mathrm{L}}$$

令 $$\bar{\varphi} = \frac{T_{\mathrm{L}}}{T} = P(A,t)$$

式中：P 为概率分布或积分形式的概率密度分布函数，P 随 A 单调递增，如图 1.3 所示。

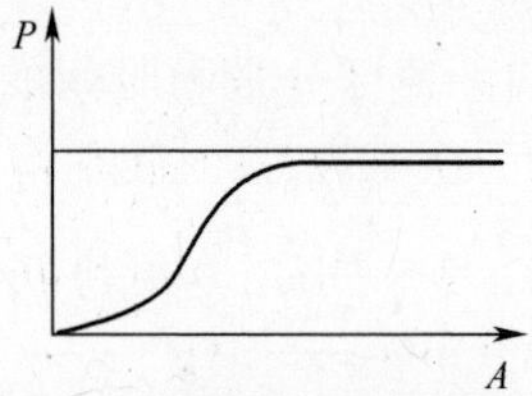

图 1.3 概率密度分布函数

设
$$\mathscr{P}(A)=\frac{\mathrm{d}p}{\mathrm{d}A} \tag{1.6}$$
称为微分形式的概率密度分布函数,记作 PDF。其物理意义为,随机函数 $A(t)$ 在 A 和 $A+\mathrm{d}A$ 之间出现的概率,即
$$\Delta\mathscr{P}=\mathscr{P}\Delta A=P_{\mathrm{prob}}\{A<A(t)<A+\Delta A\}$$
式中:P_{prob} 为概率,该函数满足
$$\int_{-\infty}^{+\infty}\mathscr{P}(A)\,\mathrm{d}A=1 \tag{1.7}$$
显然,随机量的平均值可通过 PDF 求得
$$\bar{A}=\int_{-\infty}^{+\infty}A\mathscr{P}(A)\,\mathrm{d}A \tag{1.8}$$
因此,PDF 可以很好地描述随机现象。

随机变量是空间变量的函数时,即 $A(\boldsymbol{x})$,同样可定义空间平均值和空间概率密度分布函数。

2. 分子动理论

分子运动的空间和时间尺度都非常小,例如,1atm(1atm=0.1MPa)的空气,分子间的平均空间间隔 λ 为 3×10^{-9}m,分子碰撞的平均时间间隔为 10^{-10}s。而流体最小空间尺度 l 基本不会小于 10^{-4}m,时间尺度通常大于 10^{-6}s,故彼此相差 3 个或更多的量级。引入 Knudsen 数 $Kn=\lambda/l$,当 $Kn\ll 1$ 时,流体可视作连续介质。此时,流体质点的宏观特性为分子微观形态在体积 V 中的统计平均值,其中 $V\approx l^{*3}$,$\lambda\ll l^*\ll l$。

统计热力学通常基于比较简单的模型,例如仅考虑分子外部运动,此时气体状态可用每个分子的瞬间位置和速度(动量)描述。这种以空间位置和动量为坐标的 6 维空间称为子相空间。记第 i 颗粒子的瞬间位置为 $\boldsymbol{x}^{(i)}(t)$,动量为 $\boldsymbol{v}^{(i)}(t)$,$\boldsymbol{x}^{(i)}(t)$ 和 $\boldsymbol{v}^{(i)}(t)$ 皆为随机变量。对于大量随机运动的粒子,可用 PDF 描述其随机运动状态。

记速度分布函数
$$f=f(\boldsymbol{x},\boldsymbol{v},t) \tag{1.9}$$
表示 t 时刻,运动速度为$\boldsymbol{v}$ 的分子在空间 $\boldsymbol{x}$ 点的出现概率。

于是,体积元 $\mathrm{d}\boldsymbol{x}$ 内,速度在 $\boldsymbol{v}$ 和$\boldsymbol{v}+\mathrm{d}\boldsymbol{v}$ 之间的分子数,或者说,分子速率处于该区间的概率为
$$\mathrm{d}N=f(\boldsymbol{x},\boldsymbol{v},t)\,\mathrm{d}\boldsymbol{x}\mathrm{d}\boldsymbol{v} \tag{1.10}$$
于是,体积 $V(V\approx l^{*3})$ 内的分子总数为
$$N=\iint_V f\mathrm{d}\boldsymbol{x}\mathrm{d}\boldsymbol{v} \tag{1.11}$$
分子数密度为
$$n=\int f\mathrm{d}\boldsymbol{v} \tag{1.12}$$

视作为连续介质的流体，分子数密度 n 是 $\boldsymbol{x}$ 的函数。

速度分布的 PDF 为

$$\mathscr{P}=f/\int f\mathrm{d}\boldsymbol{v}=f/n$$

故分子平均速度（流体质点运动速度）为

$$\boldsymbol{u}=\int\mathscr{P}\mathrm{d}\boldsymbol{v}=\frac{1}{n}\int\boldsymbol{v}f\mathrm{d}\boldsymbol{v} \tag{1.13}$$

据此，运动速度 $\boldsymbol{v}$ 可分解为

$$\boldsymbol{v}=\boldsymbol{u}+\boldsymbol{C}$$

式中：$\boldsymbol{C}=\boldsymbol{v}-\boldsymbol{u}$ 为分子的脉动速度，表示分子运动对平均运动的偏离，这种偏离称为分子热运动。

同样，某随机量 ψ 的平均值为

$$\langle\psi\rangle=\frac{1}{n}\int\psi f\mathrm{d}\boldsymbol{v} \tag{1.14}$$

根据守恒律

$$\frac{\mathrm{d}}{\mathrm{d}t}\int_{\boldsymbol{x}}\int_{\boldsymbol{v}}f(\boldsymbol{x},\boldsymbol{v},t,)\,\mathrm{d}\boldsymbol{x}\mathrm{d}\boldsymbol{v}=\int_{\boldsymbol{x}}\int_{\boldsymbol{v}}\left(\frac{\partial f}{\partial t}\right)_{\mathrm{col}}\mathrm{d}\boldsymbol{x}\mathrm{d}\boldsymbol{v}$$

式中：$J=\left(\dfrac{\partial f}{\partial t}\right)_{\mathrm{col}}$ 为碰撞项，表示分子碰撞导致的速度分布变化。

于是

$$\frac{\mathscr{D}f}{\mathscr{D}t}-J=0 \tag{1.15}$$

称为玻耳兹曼方程。其中，$\dfrac{\mathscr{D}f}{\mathscr{D}t}=\dfrac{\partial f}{\partial t}+\boldsymbol{v}\dfrac{\partial f}{\partial\boldsymbol{x}}+\boldsymbol{F}\dfrac{\partial f}{\partial\boldsymbol{v}}$，$\boldsymbol{F}=\dfrac{\mathrm{d}\boldsymbol{v}}{\mathrm{d}t}$ 为作用于分子的外力。

对于刚性球的双粒子碰撞

$$\left(\frac{\partial f}{\partial t}\right)_{\mathrm{col}}=\iint_{\boldsymbol{k},\boldsymbol{v}}(f_{\mathrm{col}}\boldsymbol{v}'_{12}\cdot\boldsymbol{k}-f_{\mathrm{col}}\boldsymbol{v}_{12}\cdot\boldsymbol{k})\,d^2\mathrm{d}\boldsymbol{k}\mathrm{d}\boldsymbol{v}$$

式中：碰撞前颗粒相对速度 $\boldsymbol{v}_{12}=\boldsymbol{v}_1-\boldsymbol{v}_2$，$\boldsymbol{v}'_{12}$ 为碰撞后的颗粒相对速度；$\boldsymbol{k}$ 为碰撞时，颗粒的相对位置矢量；d 为该矢量的模；f_{col} 为碰撞频率分布函数：

$$f_{\mathrm{col}}=f(\boldsymbol{x},\boldsymbol{v}_1)f(\boldsymbol{x}+\mathrm{d}\boldsymbol{k},\boldsymbol{v}_2)=ff_1$$

故

$$J(ff_1)=\iint(ff_1-f'f'_1)\,\boldsymbol{v}_{12}\cdot kd_{12}^2\mathrm{d}\boldsymbol{k}\mathrm{d}\boldsymbol{v}_1$$

如果分子碰撞不影响分子速度分布函数，式(1.15)可简化为

$$\frac{\mathscr{D}f}{\mathscr{D}t}=0$$

其解（用上标“0”表示）为高斯分布函数：

$$f^{(0)}=f_1^{(0)}f_2^{(0)}f_3^{(0)}=n(2\pi\sigma^2)^{-\frac{3}{2}}\exp\left(-\frac{\boldsymbol{C}^2}{2\sigma^2}\right) \tag{1.16}$$

此函数也称为麦克斯韦速度分布函数,其中,$\Theta=\sigma^2=\frac{1}{3}\langle \boldsymbol{C}^2\rangle$

$$f_i^{(0)}=n(2\pi\sigma^2)^{-\frac{1}{2}}\exp\left(-\frac{C_i^2}{2\sigma^2}\right) \tag{1.17}$$

式中:下标 i 表示 i 方向的分量。

将速度分布函数 $f(\boldsymbol{x},t,\boldsymbol{v})$ 的变量 $\boldsymbol{v}$ 转换成 $\boldsymbol{C}$,记为 $f_c(\boldsymbol{x},t,\boldsymbol{C})$,有

$$f(\boldsymbol{x},t,\boldsymbol{v})=f_c(\boldsymbol{x},t,\boldsymbol{C})$$

根据链式公式:

$$\begin{cases}\dfrac{\partial f}{\partial \boldsymbol{v}}=\dfrac{\partial f_c}{\partial \boldsymbol{C}}\\[2mm] \dfrac{\partial f}{\partial t}=\dfrac{\partial f_c}{\partial t}-\dfrac{\partial f_c}{\partial \boldsymbol{C}}\cdot\dfrac{\partial \boldsymbol{u}}{\partial t}\\[2mm] \dfrac{\partial f}{\partial \boldsymbol{x}}=\dfrac{\partial f_c}{\partial \boldsymbol{x}}-\dfrac{\partial f_c}{\partial \boldsymbol{C}}\cdot\nabla\boldsymbol{u}\end{cases}$$

或
$$\boldsymbol{v}\cdot\frac{\partial f}{\partial \boldsymbol{x}}=\boldsymbol{u}\cdot\frac{\partial f_c}{\partial \boldsymbol{x}}+\boldsymbol{C}\cdot\frac{\partial f_c}{\partial \boldsymbol{x}}-\frac{\partial f_c}{\partial \boldsymbol{C}}\boldsymbol{u}:\nabla\boldsymbol{u}-\frac{\partial f_c}{\partial \boldsymbol{C}}\boldsymbol{C}:\nabla\boldsymbol{u}$$

式中:$\nabla\boldsymbol{u}$ 为速度变形率张量(∇为梯度算符);$\frac{\partial f_c}{\partial \boldsymbol{C}}\boldsymbol{u}$ 和$\frac{\partial f_c}{\partial \boldsymbol{C}}\boldsymbol{C}$ 为并矢表示的张量(用并矢 $\boldsymbol{ab}$ 表示张量 $\boldsymbol{A}$,其张量元 $A_{ij}=a_ib_j$),式(1.15)写成:

$$\frac{\partial f}{\partial t}+\boldsymbol{v}\cdot\frac{\partial f}{\partial \boldsymbol{x}}+\boldsymbol{F}\cdot\frac{\partial f}{\partial \boldsymbol{v}}=\frac{\mathrm{D}f_c}{\mathrm{D}t}+\boldsymbol{C}\cdot\frac{\partial f_c}{\partial \boldsymbol{x}}+\left(\boldsymbol{F}-\frac{\mathrm{D}\boldsymbol{u}}{\mathrm{D}t}\right)\cdot\frac{\partial f_c}{\partial \boldsymbol{C}}-\frac{\partial f_c}{\partial \boldsymbol{C}}\boldsymbol{C}:\nabla\boldsymbol{u}=\left(\frac{\partial f_c}{\partial t}\right)_{\mathrm{col}} \tag{1.18}$$

式中:$\frac{\mathrm{D}}{\mathrm{D}t}=\frac{\partial}{\partial t}+\boldsymbol{u}\frac{\partial}{\partial \boldsymbol{x}}$ 表示沿质点运动轨迹求导,称为物质导数。

于是,随机量 ψ 的传输方程为

$$\int\psi\left(\frac{\partial f}{\partial t}+\boldsymbol{v}\cdot\frac{\partial v}{\partial \boldsymbol{x}}+\boldsymbol{F}\cdot\frac{\partial f}{\partial \boldsymbol{v}}\right)\mathrm{d}\boldsymbol{v}=\int\psi\left(\frac{\mathrm{D}f_c}{\mathrm{D}t}+\boldsymbol{C}\frac{\partial f_c}{\partial \boldsymbol{x}}+\left(\boldsymbol{F}-\frac{\mathrm{D}\boldsymbol{u}}{\mathrm{D}t}\right)\cdot\frac{\partial f_c}{\partial \boldsymbol{C}}-\frac{\partial f_c}{\partial \boldsymbol{C}}\boldsymbol{C}:\nabla\boldsymbol{u}\right)\mathrm{d}\boldsymbol{C}$$
$$=\int\psi\left(\frac{\partial f_c}{\partial t}\right)_{\mathrm{col}}\mathrm{d}\boldsymbol{C}$$

根据如下积分

$$\int\psi\frac{\partial f_c}{\partial t}\mathrm{d}\boldsymbol{C}=\frac{\partial}{\partial t}\int\psi f_c\mathrm{d}\boldsymbol{C}-\int f_c\frac{\partial\psi}{\partial t}\mathrm{d}\boldsymbol{C}=\frac{\partial n\langle\psi\rangle}{\partial t}-n\left\langle\frac{\partial\psi}{\partial t}\right\rangle$$

$$\int\psi C_i\frac{\partial f_c}{\partial x_i}\mathrm{d}\boldsymbol{C}=\frac{\partial}{\partial x_i}\int\psi C_i f_c\mathrm{d}\boldsymbol{C}-\int f_c C_i\frac{\partial\psi}{\partial x_i}\mathrm{d}\boldsymbol{C}=\frac{\partial n\langle\psi C_i\rangle}{\partial x_i}-n\left\langle C_i\frac{\partial\psi}{\partial x_i}\right\rangle$$

$$\int\psi\frac{\partial f_c}{\partial C_i}\mathrm{d}\boldsymbol{C}=\int[\psi f_c]_{\boldsymbol{v}_i=-\infty}^{\boldsymbol{v}_i=\infty}\mathrm{d}\boldsymbol{C}-\int f_c\frac{\partial\psi}{\partial C_i}\mathrm{d}\boldsymbol{C}=-n\left\langle\frac{\partial\psi}{\partial C_i}\right\rangle$$

该传输方程写成

$$\frac{\mathrm{D}n\langle\psi\rangle}{\mathrm{D}t}+n\langle\psi\rangle\ \nabla\cdot\boldsymbol{u}+\nabla\cdot(n\langle\psi\boldsymbol{C}\rangle)-n\left(\boldsymbol{F}-\frac{\mathrm{D}\boldsymbol{u}}{\mathrm{D}t}\right)\cdot\left\langle\frac{\partial\psi}{\partial\boldsymbol{C}}\right\rangle-n\left\langle\frac{\partial\psi}{\partial\boldsymbol{C}}\boldsymbol{C}\right\rangle:\nabla\boldsymbol{u}=n\psi_{\mathrm{c}} \tag{1.19}$$

称为麦克斯韦传输方程。其中，$\nabla\cdot$ 为散度，如 $\nabla\cdot\boldsymbol{u}=\frac{\partial u_i}{\partial x_i}=\frac{\partial u}{\partial x}+\frac{\partial v}{\partial y}+\frac{\partial w}{\partial z}$。$\psi_{\mathrm{c}}=\int\psi\left(\frac{\partial f_{\mathrm{c}}}{\partial t}\right)_{\mathrm{col}}\mathrm{d}\boldsymbol{C}$ 为碰撞积分。

其平均值为

$$\langle\psi\rangle=\frac{1}{n}\int\psi f_{\mathrm{c}}(\boldsymbol{x},t,\boldsymbol{C})\mathrm{d}\boldsymbol{C}$$

1.1.2 热力学状态函数[9-12]

1. 状态函数

用边界（这里所述边界，可以是器壁之类的实际物理边界，也可以是虚构的封闭表面，例如流团的空间表面）将一定量的物质从其余部分分离出来，构成一个体系。体系以外，与体系密切相关，并能影响体系的部分称为环境。体系通过边界与环境作用，据此，可将体系分为三类：①孤立体系：体系与环境既无能量交换，也无质量交换。②封闭体系：体系与环境仅有能量交换，而无质量交换。能量交换有两种方式：做功和热交换。如果体系和环境之间没有热交换，称为绝热体系。③敞开体系：体系与环境既有能量交换，也有质量交换。

体系内分子数量不可计数时，可对分子随机脉动作统计处理，得到体系的宏观特性（即随机量的平均值，称为宏观量），这样的体系称为热力学体系。无外界影响时，如果热力学体系的所有可测量的宏观量皆不随时间变化，该体系称为平衡体系，或者说，体系处于热力学平衡态。

平衡体系具有各态历经的特性，即每个分子都会经历某时刻体系所有分子具有的状态。于是，分子在不同瞬间经历的各种状态的时间平均值，等于某瞬间体系内所有分子所处状态的系踪平均值。

平衡体系的性质可用状态函数来描述。无论经历多么复杂的变化，只要体系恢复原状，状态函数就不变。常见状态函数有压力、温度和比容等，都是表征大量分子集体特性的宏观量。

例如，气体对容器壁的压力（压强）p 是大量分子对器壁碰撞的平均效果。设有单位立方体（边长 $L=1$），如图 1.4 所示。

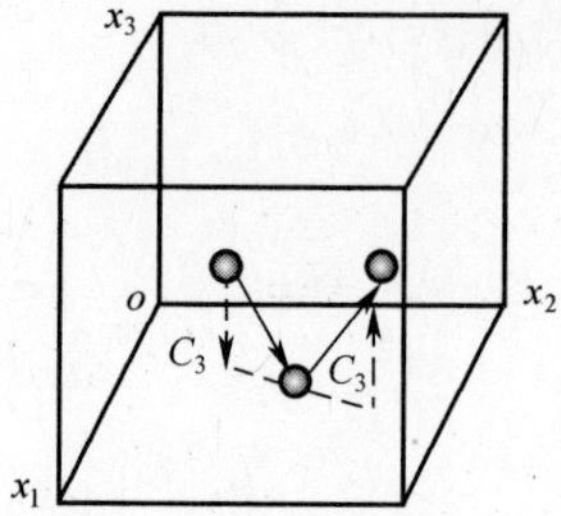

图 1.4 气体压强

当分子与底壁 x_1ox_2 碰撞反射后，仅 x_3 方向的速

度 C_3 发生变化，故该壁面冲量为 $2m|C_3|$，碰撞频率为 $|C_3|/2L$，其中 m 为单个分子的质量。因此，单个分子，单位时间在单位底壁面积上的冲量为 $m|C_3|^2/L^3 = m|C_3|^2$。于是，底壁 x_1ox_2 上的压力：

$$p_3 = nm\langle C_3^2 \rangle = m\int C_3^2 f\mathrm{d}\boldsymbol{C}$$

由于

$$p = p_1 = p_2 = p_3$$

故

$$p = m\int C_i^2 f\mathrm{d}\boldsymbol{C} = \frac{1}{3}m\int \boldsymbol{C}^2 f\mathrm{d}\boldsymbol{C} = \frac{1}{3}\rho\langle \boldsymbol{C}^2 \rangle = \frac{2}{3}\rho e \tag{1.20}$$

式中：$e = \dfrac{1}{2}\langle \boldsymbol{C}^2 \rangle$ 为单位质量，分子热运动的平均平动动能，称为比热内能，或简称比内能。

对流动系统，引进比总内能 e_t：

$$\rho e_t = \int \frac{m}{2}\boldsymbol{v}^2 f\mathrm{d}\,\boldsymbol{v} = \int \frac{m}{2}\boldsymbol{u}^2 f\mathrm{d}\,\boldsymbol{v} + \int \frac{m}{2}\boldsymbol{C}^2 f\mathrm{d}\,\boldsymbol{v} = \frac{1}{2}\rho\boldsymbol{u}^2 + \rho e$$

即

$$e_t = \frac{1}{2}\boldsymbol{u}^2 + e$$

该式说明，质点的总能量包含宏观流动动能与分子热内能两部分。

理想气体满足状态方程

$$p = nkT \tag{1.21}$$

式中：玻耳兹曼常数 $k=R/A$，R 为气体普适常数，A 为阿伏加德罗常数；T 为温度。

比较式(1.20)和式(1.21)，有

$$T = \frac{m}{3k}\langle \boldsymbol{C}^2 \rangle$$

故温度是热运动平动动能的平均值，反映物质内部分子运动的剧烈程度。

由于，$\sigma^2 = \dfrac{k}{m}T$，故麦克斯韦速率分布函数(1.16)写成

$$f_c^0/n = \left(\frac{m}{2\pi kT}\right)^{\frac{3}{2}} \exp\left(-\frac{m\boldsymbol{C}^2}{2kT}\right) \tag{1.22}$$

状态函数分两类：强度性质(强度量)和容量性质(广延量)。强度性质不具有可加性，如压强、温度和密度等。而容量性质具有可加性，体系的总值等于各部分值的和，如内能 E。

内能 E 是状态函数，表示体系内部能量的总和。分子运动包括平动(外部运动)和振动、转动、核外电子和核内粒子运动(内部运动)等，故内能应包括分子的平动能、转动能、振动能、键能、电子能和原子核的能量以及体系内部分子间的相互作用能等，其绝对值是无法确定的。但实际问题，通常只考虑内能的变化，而变化量是可以确定的。

对于简单系统(本章所讨论),只需考虑分子的平动,即仅考虑热内能(平动动能)。而复杂系统,如高温气体、等离子体等,则应考虑分子内部运动。此时,微观粒子(称为量子粒子)需用量子力学来描述。

量子粒子具有波粒二象性,粒子的动量和位置不能同时确定。因此,子相空间的分子状态已不是一个点,而是一个区域,其大小约为 h^3, h 为普朗克常量。此时,量子粒子的运动是量子化的,各种运动形态的能量不连续,仅在能阶 ε_i 间跃迁。于是,描述系统微观状态时,需确定各种运动形态所处的能阶。而每个能阶又包含 g_i 个精细能阶,因此,具有相同能量的分子可能具有不同的状态,称为简并态, g_i 称为简并态数。微观状态的变化不一定导致宏观状态的变化,但受到宏观条件的限制。

能阶 ε_i 上,分子数为 N_i 的分布概率:

$$W = \prod_i g_i^{N_i}/N_i!$$

或

$$\ln W = \sum_i N_i\left(1 + \ln\frac{N_i}{g_i}\right)$$

平衡系统,W 取极值,对于理想气体, 有

$$N_i = \frac{\mathcal{N}_0 g_i \exp[-(\varepsilon_i - \varepsilon_0)/kT]}{\sum_i g_i \exp[-(\varepsilon_i - \varepsilon_0)/kT]} = \frac{\mathcal{N}_0 g_i \exp[-(\varepsilon_i - \varepsilon_0)/kT]}{q} \tag{1.23}$$

式中:$\mathcal{N}_0$ 为系统内的分子总数;q 为配分函数,表示分子在所有能阶上的分配总和。该式称为玻耳兹曼分布,反映平衡时,分子在能阶上的分配(对能量类型无限制)。

如果仅考虑分子外部运动(即平动),能阶很密,可视作连续分布。有 $\varepsilon = \dfrac{m}{2}\boldsymbol{v}^2$,其简并态数, $g = \mathrm{d}\boldsymbol{x}\mathrm{d}\boldsymbol{v}\,(m/h)^3$。代入(1.23)式,可得到麦克斯韦速率分布函数(1.22)。类似于(1.22)式的速度分布函数(即认为分子同时具有确定的瞬间位置和速度),称为经典速度分布函数。特定情况下,其函数形式与量子力学中的一致。设 φ_i 为处于 ε_i 能阶的微观量,其宏观量为

$$\langle\varphi\rangle = \sum_i \varphi_i g_i \exp[-(\varepsilon_i - \varepsilon_0)/kT]/q \tag{1.24}$$

根据分子结构(量子数)可以得到能阶 ε_i 和配分函数 q,再由式(1.24),便可求得状态函数。

例如内能

$$E - E_0 = \mathcal{N}_0 m \sum_i (\varepsilon_i - \varepsilon_0) g_i \exp[-(\varepsilon_i - \varepsilon_0)/kT]/q$$

因内能包含平动能、转动能、振动能等,故式中

$$\varepsilon_i = \varepsilon_\mathrm{t} + \varepsilon_\mathrm{r} + \varepsilon_\mathrm{v} + \cdots$$

$$q = q_\mathrm{t} q_\mathrm{r} q_\mathrm{v} \cdots$$

式中:下标 t、r、v 分别表示平动、转动和振动。

对于理想气体,计算结果表明,能量按自由度均分,每个自由度为$\mathcal{N}_0 kT/2$。

熵 S 是一种状态函数，为广延量，定义为

$$S = k\ln W$$

平衡时，熵取极值。对于理想气体，可以推得

$$S = RT\left(\frac{\partial \ln q}{\partial T}\right)_V + R\ln q + R - R\ln\mathcal{N}$$

式中：V 为体系体积。

熵描述体系混乱程度，分为平动熵、转动熵、振动熵等。孤立体系中，一切自发过程(不可逆过程)皆为熵产生过程。

此外，$H=E+PV$ 称为焓。$G=H-TS$ 和 $F=E-TS$ 分别称为吉布斯焓和自由能。它们皆为状态函数，都是广延量。

令 $e=\frac{E}{M}, h=\frac{H}{M}, v=\frac{V}{M}, s=\frac{S}{M}, g=\frac{G}{M}$ 和 $f=\frac{F}{M}$，分别称为比内能、比焓、比容、比熵、比吉布斯焓和比自由能，都是强度量，其中 M 为体系质量。

2. 热力学关系式

根据热力学第一定律，若外界对封闭体系做功 W，同时传给该体系热量 Q，则

$$\Delta E = W + Q$$

式中：ΔE 为内能变化。当内能变化为无限小，且仅做膨胀功时，上式可写成

$$\mathrm{d}E = \delta Q - p\mathrm{d}V \tag{1.25}$$

此过程可视为可逆过程。

平衡体系状态改变时，旧平衡被破坏，经非平衡过程后，建立新的平衡。非平衡过程称为弛豫过程，所需时间称为弛豫时间。非平衡过程是不可逆过程，环境不变情况下，不能自行恢复原状。严格地讲，非平衡态不存在状态函数。如果弛豫时间为零(变化量无限小)，状态变化过程中，体系始终为平衡态，称为可逆过程。可逆过程每个状态皆可用状态函数描述。

封闭体系熵变分为两部分，即

$$\mathrm{d}S = d_e S + \mathrm{d_i}S$$

式中：$d_e S$ 为体系与环境热交换导致的熵增，根据热力学第二定律，$\mathrm{d_e}S = \frac{\delta Q}{T}$；$\mathrm{d_i}S$ 为不可逆过程导致的熵增，称为熵产生，$\mathrm{d_i}S > 0$。可逆过程，$\mathrm{d_i}S = 0$，式(1.25)可写成

$$\mathrm{d}e = T\mathrm{d}s - p\mathrm{d}\nu \tag{1.26}$$

同样还有

$$\mathrm{d}h = T\mathrm{d}s + v\mathrm{d}p \tag{1.27}$$

$$\mathrm{d}g = -s\mathrm{d}T + \nu\mathrm{d}p \tag{1.28}$$

$$\mathrm{d}f = -s\mathrm{d}T - p\mathrm{d}\nu \tag{1.29}$$

无化学反应和相变的简单热力学平衡体系，两个状态函数便可确定体系状态，其余状态函数与这两个状态函数之间存在某种关系，写成 $y=y(w,z)$，称为状态方程，反映了体系本身的力学行为。不同物质，具有不同的状态方程。

状态函数描述平衡状态，与体系变化过程无关，故有全微分

$$dy = \left(\frac{\partial y}{\partial w}\right)_z dw + \left(\frac{\partial y}{\partial z}\right)_w dz = M dw + N dz \tag{1.30}$$

根据 Cauchy-Riemann 条件，有

$$\left(\frac{\partial M}{\partial z}\right)_w = \left(\frac{\partial N}{\partial w}\right)_z \tag{1.31}$$

比较式(1.30)、式(1.31)、式(1.26)~式(1.29)，有麦克斯韦关系式：

$$\begin{aligned}
&\left(\frac{\partial e}{\partial s}\right)_\nu = T, \left(\frac{\partial e}{\partial \nu}\right)_s = -p, \left(\frac{\partial h}{\partial s}\right)_p = T, \left(\frac{\partial h}{\partial p}\right)_s = \nu, \\
&\left(\frac{\partial g}{\partial T}\right)_p = -s, \left(\frac{\partial g}{\partial p}\right)_T = \nu, \left(\frac{\partial f}{\partial T}\right)_\nu = -s, \left(\frac{\partial f}{\partial \nu}\right)_T = -p, \\
&\left(\frac{\partial T}{\partial \nu}\right)_s = -\left(\frac{\partial p}{\partial s}\right)_\nu, \left(\frac{\partial T}{\partial p}\right)_s = \left(\frac{\partial \nu}{\partial s}\right)_p, \\
&\left(\frac{\partial s}{\partial p}\right)_T = -\left(\frac{\partial \nu}{\partial T}\right)_P, \left(\frac{\partial S}{\partial \nu}\right)_T = \left(\frac{\partial p}{\partial T}\right)_\nu
\end{aligned} \tag{1.32}$$

3. 正常气体

理想气体状态方程(1.21)可写成

$$pV = RT/W$$

式中：W 为分子量。可以证明，该气体满足

$$de = C_\nu dT, dh = C_p dT, C_p - C_\nu = \frac{R}{W}$$

式中：$C_\nu = \left(\frac{\partial e}{\partial T}\right)_\nu$ 为比定容热容；$C_p = \left(\frac{\partial e}{\partial T}\right)_p$ 为比定压热容。

以 $de = C_\nu dT$ 为例，由于

$$de = \left(\frac{\partial e}{\partial T}\right)_\nu dT + \left(\frac{\partial e}{\partial \nu}\right)_T d\nu = C_\nu dT + \left(\frac{\partial e}{\partial \nu}\right)_T d\nu$$

又 $de = Tds - pd\nu$，故

$$\left(\frac{\partial e}{\partial \nu}\right)_T = T\left(\frac{\partial s}{\partial \nu}\right)_T - p$$

根据麦克斯韦方程 $\left(\frac{\partial s}{\partial \nu}\right)_T = \left(\frac{\partial p}{\partial T}\right)_\nu$ 和理想气体状态方程，$\left(\frac{\partial e}{\partial \nu}\right)_T = 0$，因此

$$de = C_\nu dT$$

当气体的 C_ν 为常数时，该气体称为恒比热理想气体；$C_\nu = C_\nu(T)$ 时，则称为热理想气体。

根据理想气体状态方程 $pd\nu + \nu dp = (C_p - C_v)dT$ 和等熵过程 $de = -pd\nu = C_\nu dT$，有

$$p\nu^\gamma = \text{const}$$

式中：$\gamma = C_p/C_\nu$ 为绝热指数，此过程称为多方过程。

一般情况下，气体(理想气体或非理想气体)应满足 Bethe-Weyl 条件：

(1) $\left(\frac{\partial p}{\partial \rho}\right)_s > 0$,即熵不变时,压力随密度增加而增加,以抗拒压缩变化。定义声速 $a^2 = \left(\frac{\partial p}{\partial \rho}\right)_s$,该特性保证声速为实数。由于 $\left(\frac{\partial p}{\partial \nu}\right)_s = -\rho^2 a^2 < 0$,故 $p\text{-}\nu$ 平面上,等熵线是单调递减曲线。

(2) $\left(\frac{\partial a^2}{\partial \rho}\right)_s > 0$,即熵不变时,声速随密度的增加而增加。该式还可写成 $\left(\frac{\partial^2 p}{\partial^2 \nu}\right)_s > 0$,即 $p\text{-}\nu$ 平面上,等熵线是上凹的。

(3) $\left(\frac{\partial p}{\partial s}\right)_\nu > 0$,即比容不变时,压力随熵的增加而增加。该条件保证 $p\text{-}\nu$ 平面上,等熵线不相交,熵值大的曲线位于熵值小的上方。

满足上述条件的气体具有正常行为,称为正常气体。

1.1.3 守恒方程动理学推导[5-8]

弹性碰撞不能改变体系的密度、动量和动能,故碰撞积分:

$$\psi_c = \int \psi \left(\frac{\partial f_c}{\partial t}\right)_{col} \mathrm{d}\boldsymbol{C} = 0$$

于是,麦克斯韦传输方程(1.19)可写成

$$\frac{\mathrm{D}n\langle\psi\rangle}{\mathrm{D}t} + n\langle\psi\rangle\ \nabla\cdot\boldsymbol{u} + \nabla\cdot(n\langle\psi\boldsymbol{C}\rangle) - n\left(\boldsymbol{F} - \frac{\mathrm{D}\boldsymbol{u}}{\mathrm{D}t}\right)\cdot\left\langle\frac{\partial\psi}{\partial\boldsymbol{C}}\right\rangle - n\left\langle\frac{\partial\psi\boldsymbol{C}}{\partial\boldsymbol{C}}\right\rangle : \nabla\boldsymbol{u} = 0 \tag{1.33}$$

当 $\psi=m$,m 为单个分子质量,由式(1.33),可得

$$\frac{\mathrm{D}\rho}{\mathrm{D}t} + \rho\ \nabla\cdot\boldsymbol{u} = 0 \tag{1.34}$$

式中:$\rho=nm$ 为气体密度;$\nabla\cdot\boldsymbol{u} = \frac{\partial u_i}{\partial x_i} = \frac{\partial u_1}{\partial x_1} + \frac{\partial u_2}{\partial x_2} + \frac{\partial u_3}{\partial x_3}$,下标 i 为哑标,在同一项中出现两次,表示对三个分量求和。该方程为质量守恒方程,或称为连续性方程。

当 $\psi = m\boldsymbol{C}$,由于 $\left\langle\frac{\partial m\boldsymbol{C}}{\partial\boldsymbol{C}}\boldsymbol{C}\right\rangle = m\langle\boldsymbol{C}\rangle = 0$,故

$$\nabla\cdot\boldsymbol{P} - \rho\left(\boldsymbol{F} - \frac{\mathrm{D}\boldsymbol{u}}{\mathrm{D}t}\right) = 0 \tag{1.35}$$

其中,应力张量 $\boldsymbol{P} = \rho\langle\boldsymbol{C}\boldsymbol{C}\rangle = \begin{pmatrix} m\int C_x^2 f_c \mathrm{d}\boldsymbol{C} & m\int C_x C_y f_c \mathrm{d}\boldsymbol{C} & m\int C_x C_z f_c \mathrm{d}\boldsymbol{C} \\ m\int C_y C_x f_c \mathrm{d}\boldsymbol{C} & m\int C_y^2 f_c \mathrm{d}\boldsymbol{C} & m\int C_y C_z f_c \mathrm{d}\boldsymbol{C} \\ m\int C_z C_x f_c \mathrm{d}\boldsymbol{C} & m\int C_z C_y f_c \mathrm{d}\boldsymbol{C} & m\int C_z^2 f_c \mathrm{d}\boldsymbol{C} \end{pmatrix}$,对角

线上的分量 $P_{xx}=P_{yy}=P_{zz}=p$。令 $\overset{\circ}{\boldsymbol{P}}=\boldsymbol{P}-p\boldsymbol{I}$，称为偏应力张量，上标“o”表示无迹张量，矩阵 $\overset{\circ}{\boldsymbol{P}}$ 的迹（即对角线上分量的和，记作 tr$\boldsymbol{P}$）为零。

当 $\psi=\frac{1}{2}m\boldsymbol{C}^2$，令 $\boldsymbol{q}=n\langle\psi\boldsymbol{C}\rangle=\frac{1}{2}nm\langle\boldsymbol{C}^2\boldsymbol{C}\rangle$，有

$$\frac{\mathrm{D}\rho e}{\mathrm{D}t}+\rho e\ \nabla\cdot\boldsymbol{u}+\nabla\cdot\boldsymbol{q}+\boldsymbol{P}:\nabla\boldsymbol{u}=0 \tag{1.36}$$

将式(1.34)代入式(1.36)，得

$$\rho\frac{\mathrm{D}e}{\mathrm{D}t}+\nabla\cdot\boldsymbol{q}+\boldsymbol{P}:\nabla\boldsymbol{u}=0 \tag{1.37}$$

速度分布函数为 $f^{(0)}$（麦克斯韦分布）时，$\langle C_i\rangle=\frac{1}{n}\int C_i f_i^{(0)}\mathrm{d}C_i=0$，故 $P_{ij}=0$ $(i\neq j)$，即 $\overset{\circ}{\boldsymbol{P}}=0$，于是 $\boldsymbol{P}=p\boldsymbol{I}$。此外，$\langle\boldsymbol{C}^K\rangle=\frac{1}{n}\int\boldsymbol{C}^K f^{(0)}\mathrm{d}\boldsymbol{C}$，当 K 为奇数时 $\langle\boldsymbol{C}^K\rangle=0$，故 $\boldsymbol{q}=0$。于是式(1.35)和式(1.37)分别写成

$$\frac{\mathrm{D}\boldsymbol{u}}{\mathrm{D}t}+\frac{1}{\rho}\nabla p=\boldsymbol{F} \tag{1.38}$$

$$\rho\frac{\mathrm{D}e}{\mathrm{D}t}+p\ \nabla\cdot\boldsymbol{u}=0 \tag{1.39}$$

式(1.34)、式(1.38)和式(1.39)组成无黏流守恒方程，又称欧拉方程。

1.2 等熵流动[13-15]

由式(1.34)和式(1.39)得

$$\rho\frac{\mathrm{D}e}{\mathrm{D}t}-\frac{p}{\rho}\frac{\mathrm{D}\rho}{\mathrm{D}t}=0$$

根据热力学关系式 $T\mathrm{d}s=\mathrm{d}e+p\mathrm{d}\nu=\mathrm{d}e-\frac{p}{\rho^2}\mathrm{d}\rho$，得

$$\frac{\mathrm{D}s}{\mathrm{D}t}=0 \tag{1.40}$$

式(1.40)说明，流动过程中质点的熵不变，称此为等熵流动，故欧拉方程描述等熵流动。如果全流场熵相等（或初始时刻，流场各处的熵相同），则称为均熵流动。

1.2.1 特征线法

式(1.34)、式(1.38)和式(1.39)可分别写成：

$$\frac{\partial\rho}{\partial t}+u_i\frac{\partial\rho}{\partial x_i}+\rho\frac{\partial u_i}{\partial x_i}=0 \tag{1.41}$$

$$\rho \frac{\partial u_i}{\partial t} + \rho u_j \frac{\partial u_i}{\partial x_j} = \rho F_i - \frac{\partial p}{\partial x_i} \tag{1.42}$$

$$\rho \frac{\partial e}{\partial t} + \rho u_j \frac{\partial e}{\partial x_j} + p \frac{\partial u_j}{\partial x_j} = 0 \tag{1.43}$$

式中：下标 i 为自由标，在同一项中仅出现一次，表示 i 方向的分量；下标 j 为哑标，表示三个分量求和。

一维流动，式(1.41)写成

$$\frac{\partial \rho}{\partial t} + \frac{\partial \rho u}{\partial x} = 0$$

令 $G=\rho u$，代表质量流率。如果 $G = G(\rho)$，记为 $C(\rho) = \frac{\mathrm{d}G}{\mathrm{d}\rho}$，于是

$$\frac{\partial \rho}{\partial t} + C(\rho) \frac{\partial \rho}{\partial x} = 0 \tag{1.44}$$

称为运动波方程。

斜率为 C 的曲线上，函数 ρ 的方向导数为

$$\frac{\mathrm{d}\rho}{\mathrm{d}t} = \frac{\partial \rho}{\partial t} + C(\rho) \frac{\partial \rho}{\partial x}$$

因此，式(1.44)写成如下形式：

沿 $\mathrm{d}x/\mathrm{d}t = C(\rho)$，有 $\mathrm{d}\rho/\mathrm{d}t = 0$，即

$$\rho = \text{const} \tag{1.45}$$

其中 $\mathrm{d}x/\mathrm{d}t = C(\rho)$ 称为特征线方程，相应的曲线（这里为直线）称为特征线。式(1.45)为相容方程或称为特征关系。

设方程(1.44)的初始条件如下：

$t=0$ 时，有

$$\rho = f(\xi) \tag{1.46}$$

由特征线方程

$$x - \xi = C(f(\xi))t \tag{1.47}$$

对于任意 x 和 t，根据式(1.47)求得 ξ，再由式(1.46)得到 ρ，即得到方程的解。这种将偏微分方程化为常微分方程的求解方法称为特征线法。

式(1.41)、式(1.42)和式(1.43)为一阶拟线性偏微分方程组，即偏微分是一阶和一次的（函数项可以是非线的）。写成通式：

$$A_{ij} \frac{\partial u_j}{\partial t} + B_{ij} \frac{\partial u_j}{\partial x} + C_{ij} \frac{\partial u_j}{\partial y} + D_{ij} \frac{\partial u_j}{\partial z} + e_i = 0$$

式中：u_j 为待求函数；A_{ij}、B_{ij}、C_{ij}和 D_{ij}为系数矩阵的元。

一维问题

$$A_{ij} \frac{\partial u_j}{\partial t} + B_{ij} = \frac{\partial u_j}{\partial x} + d_i = 0 \tag{1.48}$$

进行线性组合得

$$l_i\left(A_{ij}\frac{\partial u_j}{\partial t}+B_{ij}\frac{\partial u_j}{\partial x}+d_i\right)=0$$

组合后,设方程满足

$$m_j\left(\frac{\partial u_j}{\partial t}+C\frac{\partial u_j}{\partial x}\right)+l_jd_j=0 \tag{1.49}$$

即所有变量沿一个方向 $dx/dt=C$ 变化,或者说具有同一方向的微商。

比较式(1.48)和式(1.49),得

$$\begin{cases}m_j=l_iA_{ij}\\ m_jC=l_iB_{ij}\end{cases}$$

或写成

$$\begin{pmatrix}\boldsymbol{A}^{\mathrm{T}}-\boldsymbol{I}\\ \boldsymbol{B}^{\mathrm{T}}-C\boldsymbol{I}\end{pmatrix}\begin{pmatrix}\boldsymbol{l}\\ \boldsymbol{m}\end{pmatrix}=0$$

式中:上标 T 表示矩阵转置;$\boldsymbol{I}$ 为单位矩阵;$\boldsymbol{l}$ 和 $\boldsymbol{m}$ 为待求矢量。

此为线性齐次代数方程,存在非零解的必要条件为

$$|\boldsymbol{AC}-\boldsymbol{B}|=0 \tag{1.50}$$

称为特征根方程,其解 $\boldsymbol{C}$ 称为特征根。特征根决定的曲线称为特征线。如果特征根是 n 个实根(n 表示方程组的个数),偏微分方程称为双曲型方程。

求得 $\boldsymbol{C}$ 和 $\boldsymbol{m}$ 后,

沿 $dx/dt=C$,式(1.49)可写成:

$$m_j\frac{du_j}{dt}+l_jd_j=0$$

如果 $m_j\frac{du_j}{dt}$ 可进一步写成 $\lambda\frac{dR}{dt}$,特征关系式为

$$\lambda\frac{dR}{dt}+l_jd_j=0$$

称 R 为 Riemann 变量。对于齐次方程,$l_jd_j=0$,于是,R 为常数,是 Riemann 不变量。

据此,偏微分方程被简化为常微分方程,利用特征线和特征关系式,可以进行求解,此类求解方法称为双曲型方程的特征线法。

x-t 空间一点 P,有 n 条特征线 $l_1,l_2,\cdots,l_n$ 通过,最外侧两条为 l_1 和 l_n,如图 1.5(a)所示。设特征线与初始曲线 L(可以是 $t=0$ 时,x 轴上的线段,也可以是参数已知的曲线)分别交于 $P_1,P_2,\cdots,P_n$,则 P 点的值由线段 P_1P_n 上的初始值唯一确定,P_1P_n 以外的值与 P 点的值无关,线段 P_1P_n 称为 P 的依赖区域。同样,初始曲线 L 上一点 P,有 n 条特征线,最外侧两条围成的区域称为 P 的影响区域,如图 1.5(b)所示。区域内的点,皆依赖于 P 点,区域外的点,则与 P 点无关。进一步地讲,初始曲线上,P_+P_- 线段的影响区域如图 1.5(c)所示,该区域由发自 P_+ 和 P_- 的外侧特征线围成。P_+P_- 线上扰动,仅在影响区域内传播,传播速度相对于流体质

点为声速。影响区的外侧特征线分别为扰动区的波头和波尾。

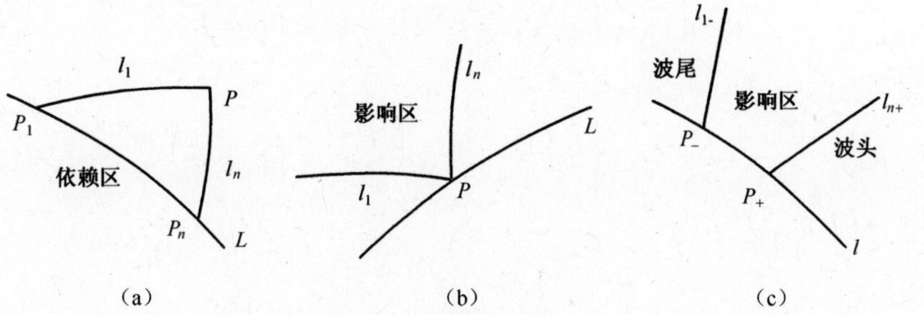

图 1.5　依赖区和影响区

1.2.2　一维不定常流[16-18]

所有流动参数仅依赖时间变量 t 和一个空间坐标 x 的流动称为一维不定常流。此时，忽略体积力有

$$\frac{\partial \rho}{\partial t} + u\frac{\partial \rho}{\partial x} + \rho\frac{\partial u}{\partial x} = 0 \tag{1.51}$$

$$\rho\frac{\partial u}{\partial t} + \rho u\frac{\partial u}{\partial x} = -\frac{\partial p}{\partial x} \tag{1.52}$$

$$\rho\frac{\partial e}{\partial t} + \rho u\frac{\partial e}{\partial x} + p\frac{\partial u}{\partial x} = 0 \tag{1.53}$$

$$\frac{\mathrm{D}s}{\mathrm{D}t} = 0 \tag{1.40}$$

由于 $\frac{\mathrm{D}p}{\mathrm{D}t} = \left(\frac{\partial p}{\partial \rho}\right)_s \frac{\mathrm{D}\rho}{\mathrm{D}t} + \left(\frac{\partial p}{\partial s}\right)_\rho \frac{\mathrm{D}s}{\mathrm{D}t}$，故

$$\frac{\mathrm{D}p}{\mathrm{D}t} = a^2\frac{\mathrm{D}\rho}{\mathrm{D}t}$$

式中：$a^2 = \left(\frac{\partial p}{\partial \rho}\right)_s$，$a$ 为声速。此式或写成

$$\frac{\partial p}{\partial t} + u\frac{\partial p}{\partial x} - a^2\frac{\partial \rho}{\partial t} - a^2\frac{\partial \rho}{\partial x} = 0 \tag{1.54}$$

将式(1.51)、式(1.52)和式(1.54)写成通式

$$\boldsymbol{A}\frac{\partial \boldsymbol{u}}{\partial t} + \boldsymbol{B}\frac{\partial \boldsymbol{u}}{\partial x} = 0$$

其中

$$\boldsymbol{u} = \begin{pmatrix} \rho \\ p \\ u \end{pmatrix}, \boldsymbol{A} = \begin{pmatrix} 1 & 0 & 0 \\ 0 & 0 & \rho \\ -a^2 & 1 & 0 \end{pmatrix}, \boldsymbol{B} = \begin{pmatrix} u & 0 & \rho \\ 0 & 1 & \rho u \\ -a^2 u & u & 0 \end{pmatrix}$$

该方程可写成

沿 C_+ $dx/dt = u + a$ 时,有

$$dp/dt + \rho a(du/dt) = 0 \text{ 或} \int \frac{1}{\rho a}dp + \int du = R_1 \quad (1.55)$$

沿 C_- $dx/dt = u - a$ 时,有

$$dp/dt - \rho a(du/dt) = 0 \text{ 或} \int \frac{1}{\rho a}dp - \int du = R_2 \quad (1.56)$$

沿 P $dx/dt = u$ 时,有

$$a^2 d\rho/dt - dp/dt = 0 \text{ 或 } s = \text{const}$$

对于均熵流,全流场 $s=\text{const}$,有 $p=p(\rho)$,称为正压流动,此时 $dp=a^2 d\rho$。理想气体等熵时,$p=A\rho^\gamma$,故 $a^2=\frac{\gamma p}{\rho}$,进而有 $\int \frac{dp}{\rho a} = \int \frac{a}{\rho}d\rho = \frac{2a}{\gamma - 1}$。于是

沿 C_+ $dx/dt = u + a$ 时,有 $\frac{2}{\gamma - 1}a + u = R_1$;

沿 C_- $dx/dt = u - a$ 时,有 $\frac{2}{\gamma-1}a-u=R_2$。

上述结果表明,一维不定常流场中,存在三族特征线 C_+、C_- 和 P(质点运动轨迹线)。沿 C_+特征线,第一 Riemann 不变量 R_1 为常数;沿 C_-特征线,第二 Riemann 不变量 R_2 为常数;沿 P(质点运动轨迹线),熵为常数。

当 $\gamma=3$ 时,沿 C_+ $dx/dt=u+a$ 有 $a+u=R_1$;沿 C_- $dx/dt=u-a$ 有 $a-u=R_2$。此时,特征线为直线。

流场中,可识别(任何时刻,可以确定其位置)信号(或信息,包括质点速度、状态函数等)的传播称为波。因此,R_1、R_2 和熵 s 作为流场信号,以波的形式沿特征线 C_+、C_-和 P 传播。R_1 和 R_2 又称为波函数。对于 C_+特征线,波的传播速度大于质点速度,故流线 P 从其右侧进入特征线;而对于 C_-特征线,波的传播速度小于质点速度,流线 P 从其左侧进入特征线。沿 C_+和 C_-传播的波,分别称为右传波和左传波,相对于流体质点的传播速度皆为声速。

根据波的传播特性,可将 $x-t$ 空间分为三类:第一类,R_1 和 R_2 均为常数,此时,流场参数为常数,称为定常区。第二类,仅一种 Riemann 不变量为常数,如仅 R_2 为常数,此时,只有沿 C_+传播的波(这里不讨论质点轨迹),而 C_+特征线上,u 和 a 是常数,故该族特征线为直线族,波沿特征线匀速传播,称为简单波区。根据特征线的特点,简单波区又分为右传简单波区和左传简单波区。第三类,R_1 和 R_2 均非常数,仅沿特征线保持不变,此类波区称为复合波区。

显然,定态区只能与简单波区相邻,分界线是特征线(直线)。如果流体质点经过该边界,进入简单波区,称此特征线为波头,反之,质点通过边界离开简单波区,此特征线称为波尾。从波头到波尾,如果压力和密度减少,说明流团从较紧密状态变为较稀疏状态,此类简单波称为稀疏波(或膨胀波),反之则称为压缩波。右传波导致的波后速度的变化趋势与压力和密度的变化趋势一致,而左传波导致

的波后速度的变化趋势则与压力和密度的变化趋势相反。

$x-t$ 空间,所有特征线皆起源于初始曲线。对于简单波区,仅存在一类源于初始曲线的特征线,如图 1.6(a)所示。如果初始线段退化为一个点,所有特征线汇集于此点,称为中心简单波,如图 1.6(b)所示。

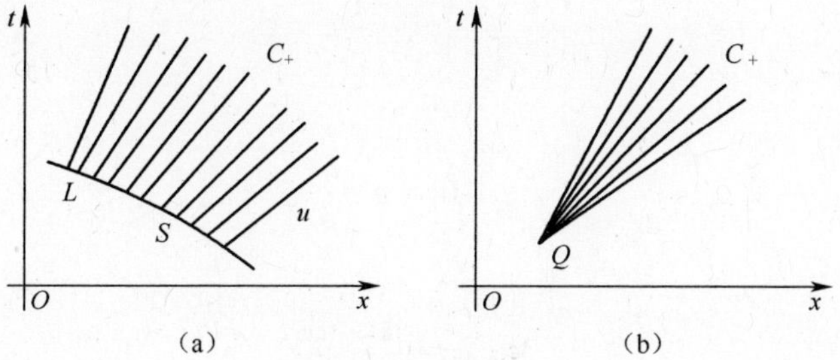

图 1.6　简单波

考虑静止气体中,活塞运动诱导的流场。设活塞在 $t=0$ 时刻,突然以速度 u_0^* 作拉离气体的运动,由此产生的扰动以声速向 x 正方向传播,如图 1.7 所示。图中 L 为活塞轨迹(亦为当地流线)。L 右侧流场分为三个区域,其中,Ⅰ区为定态区,流速为 u_0^*;Ⅲ区也是定态区,气体静止。Ⅱ区为右传中心稀疏波区,波头为 C_+^0,波速为声速 a^0;波尾为 C_+^*,波速为 $a+u_0^*$,其中 $u_0^*<0$。

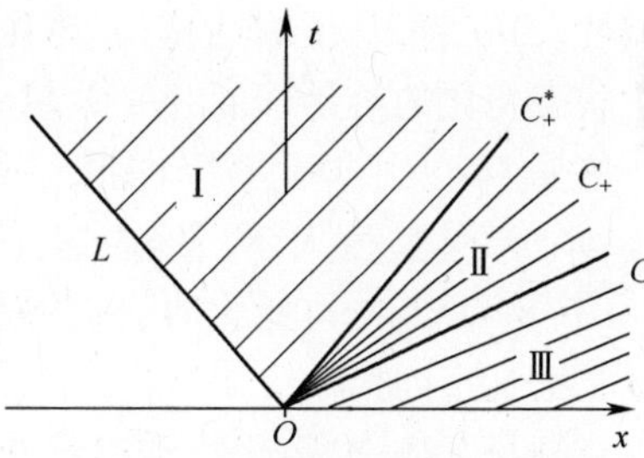

图 1.7　活塞运动诱导的流场

对于右传简单波区,全流场满足$\dfrac{2}{\gamma-1}a-u=R_2$。该式说明,$a=0$ 时,速度取最大值 u^*(为流场向真空的膨胀速度,称为逃逸速度)。如果活塞的运动速度大于逃逸速度,气体无能力附着在活塞表面与之一同运动,此时,稀疏波的波尾传播速度为逃逸速度,活塞与波尾间为真空。中心膨胀波区的波尾速度为逃逸速度时,称为完全中心膨胀波区,否则为不完全中心膨胀波区。

1.2.3　亚声速流和超声速流[19-20]

引进马赫数:

$$Ma = \frac{V}{a}$$

即质点速率 V 与当地声速之比,$V=\sqrt{u^2+v^2+w^2}$。

对于多方过程,有
$$Ma^2 = \frac{2}{\gamma(\gamma-1)}\frac{V^2/2}{e}$$

因此,马赫数描述了气体宏观流动动能与分子随机热运动能量在总内能 e_t 中的分配($e_t = e + \frac{V^2}{2}$)。Ma 很小时,动能远小于热内能,速度变化不会引起温度的显著变化。Ma 较高时,动能相对较大,速度变化将引起温度显著变化。

忽略体积力,式(1.38)可写成

$$\frac{\mathrm{D}}{\mathrm{D}t}\left(\frac{\boldsymbol{u}\cdot\boldsymbol{u}}{2}\right)=-\frac{1}{\rho}\boldsymbol{u}\cdot\nabla p$$

定常流 ,有

$$-V\mathrm{d}V=a^2\frac{\mathrm{d}\rho}{\rho}$$

进而有

$$Ma^2=-\frac{\mathrm{d}\rho}{\rho}\bigg/\frac{\mathrm{d}V}{V}$$

因此,马赫数也可视作等熵流中,气体速度变化导致的密度变化,标志流动气体的压缩性。Ma 越大,压缩性越大,密度变化越大。总之,Ma 反映了流动导致流场热力学状态变化的难易程度,Ma 数越大,热力学状态越易随流动而变化。

依据 Ma 大小,可将流动分类:$Ma<1$ 时,气体速度小于当地声速,为亚声速流;$Ma>1$ 时,气体速度大于当地声速,为超声速流;$Ma=1$ 时,为声速流(Sonic Flow);Ma 在 0.8~1.2 之间变化时,称为跨声速流。气体速度远大于声速时(通常 $Ma>5$),称为高超声速流。

在静止气体中,等熵扰动以静止扰源为中心,呈球面传播。只要时间足够长,扰动可影响全流场,如图 1.8(a)所示。对于亚声速流,等熵扰动以运动扰源为中心(扰源运动速度小于扰动传播速度),呈球面传播,波阵面为一簇偏心球面,如图 1.8(b)所示。此时,扰动超越扰源,遍及全流场。对于超声速流,扰源运动速度大于扰动传播速度,扰动不能超越扰源,波及下游,故影响范围仅限于扰源上游的圆锥形区域,如图 1.8(c)所示。锥面为扰动波阵面的包络面,称为马赫锥。锥面上,流场参数的导数出现间断,称为弱间断。圆锥母线与来流夹角 μ 称为马赫角,Ma 越大,μ 越小。

$$\mu=\arcsin\frac{1}{Ma} \tag{1.57}$$

对于声速流,马赫锥成为 $\mu=90°$ 的垂直面,如图 1.8(d)所示,左侧为未扰动区,右侧为扰动区,扰动仅影响扰源上游流场。

1.2.4 超声速二维定常流[19-20]

涡量(速度旋度)定义为

$$\boldsymbol{\omega}=(\nabla\times\boldsymbol{u})=-2(\Omega_{23}\boldsymbol{e}_1+\Omega_{31}\boldsymbol{e}_2+\Omega_{12}\boldsymbol{e}_3)$$

其中:$\boldsymbol{e}_i$ 为 i 坐标轴方向的单位矢量;$\Omega_{ij}=\frac{1}{2}\left(\frac{\partial u_i}{\partial x_j}-\frac{\partial u_j}{\partial x_i}\right)$ 。

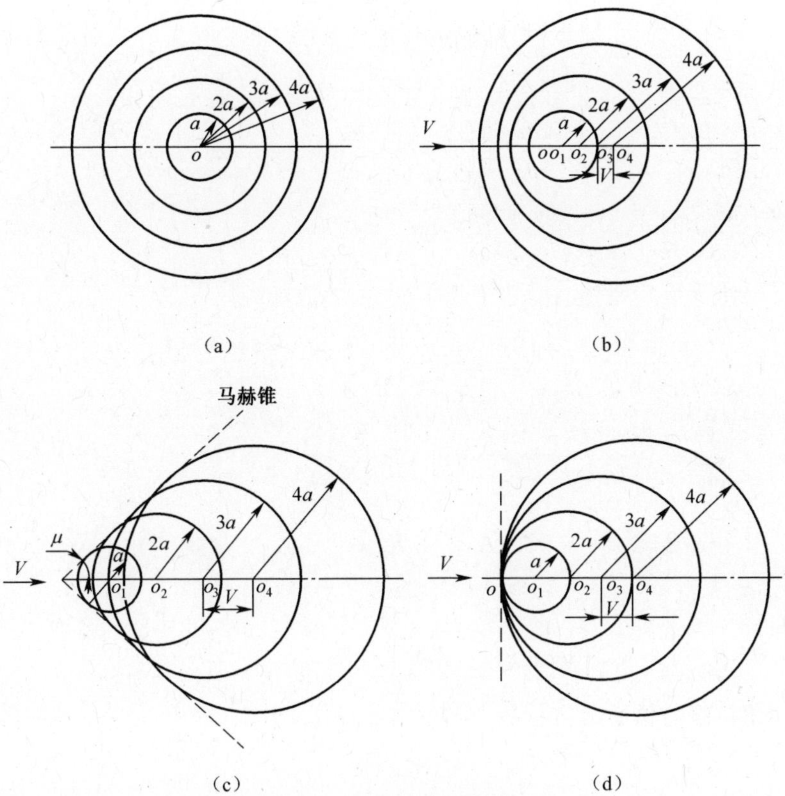

图 1.8　等熵扰动的影响区

流团绕轴旋转的平均角速度记作 $\boldsymbol{\alpha}$，可以证明，$\boldsymbol{\alpha} = \Omega_{23}\boldsymbol{e}_1 + \Omega_{31}\boldsymbol{e}_2 + \Omega_{12}\boldsymbol{e}_3$。因此，涡量为两倍的流团自旋的平均角速度。

当流场 $\boldsymbol{\omega} = 0$ 时，为无旋流，有

$$\frac{\partial u}{\partial y} - \frac{\partial v}{\partial x} = \frac{\partial v}{\partial z} - \frac{\partial w}{\partial y} - \frac{\partial w}{\partial x} - \frac{\partial u}{\partial z} = 0 \tag{1.58}$$

对于定常流，式(1.34)写成

$$\nabla \cdot (\rho \boldsymbol{u}) = 0 \tag{1.59}$$

忽略体积力，式(1.38)写成

$$(\boldsymbol{u} \cdot \nabla)\boldsymbol{u} = -\frac{1}{\rho}\nabla p = -\frac{a^2}{\rho}\nabla \rho$$

进而有

$$\boldsymbol{u} \cdot (\boldsymbol{u} \cdot \nabla)\boldsymbol{u} = -\frac{a^2}{\rho}(\boldsymbol{u} \cdot \nabla)\rho$$

于是

$$(\boldsymbol{u} \cdot \nabla)\left(\frac{\boldsymbol{u} \cdot \boldsymbol{u}}{2}\right) = \frac{a^2}{\rho}(\boldsymbol{u} \cdot \nabla)\rho$$

将上式代入式(1.59)，有

$$(\boldsymbol{u} \cdot \nabla)\left(\frac{\boldsymbol{u} \cdot \boldsymbol{u}}{2}\right) = a^2 \ \nabla \cdot \boldsymbol{u}$$

或写成

$$\left(1 - \frac{u^2}{a^2}\right)\frac{\partial u}{\partial x} + \left(1 - \frac{\nu^2}{a^2}\right)\frac{\partial \nu}{\partial y} + \left(1 - \frac{w^2}{a^2}\right)\frac{\partial w}{\partial z} - \frac{u\nu}{a^2}\left(\frac{\partial v}{\partial x} + \frac{\partial u}{\partial y}\right)$$

$$- \frac{\nu w}{a^2}\left(\frac{\partial w}{\partial y} + \frac{\partial \nu}{\partial z}\right) - \frac{wu}{a^2}\left(\frac{\partial w}{\partial x} + \frac{\partial u}{\partial z}\right)=0 \tag{1.60}$$

对于二维无旋定常流，由式(1.58)和式(1.60)可得

$$(u^2 - a^2)\frac{\partial u}{\partial x} + 2u\nu\frac{\partial u}{\partial y} + (\nu^2 - a^2)\frac{\partial \nu}{\partial y} = 0$$

$$\frac{\partial u}{\partial y} - \frac{\partial \nu}{\partial x} = 0$$

或写成

$$\boldsymbol{A}\frac{\partial \boldsymbol{u}}{\partial x} + \boldsymbol{B}\frac{\partial \boldsymbol{u}}{\partial y} = 0 \tag{1.61}$$

其中

$$\boldsymbol{A} = \begin{pmatrix} u^2 - a^2 & 2u\nu \\ 0 & 1 \end{pmatrix}, \quad \boldsymbol{B} = \begin{pmatrix} 0 & \nu^2 - a^2 \\ -1 & 0 \end{pmatrix}, \quad \boldsymbol{u} = \begin{pmatrix} u \\ \nu \end{pmatrix}$$

此式为一阶拟线性偏微分方程组，有特征根方程

$$(u^2 - a^2)\left(\frac{\mathrm{d}y}{\mathrm{d}x}\right)^2 - 2u\nu\frac{\mathrm{d}y}{\mathrm{d}x} + (\nu^2 - a^2) = 0$$

解得

$$\left(\frac{\mathrm{d}y}{\mathrm{d}x}\right)_{\pm} = \frac{u\nu \pm a^2\sqrt{Ma^2 - 1}}{u^2 - a^2} \tag{1.62}$$

超声速流，为两个相异实根，故式(1.61)为双曲型方程。特征关系式为

$$(\mathrm{d}\nu)_{\pm} + \frac{u\nu \pm a^2\sqrt{Ma^2 - 1}}{v^2 - a^2}(\mathrm{d}u)_{\pm} = 0 \tag{1.63}$$

设速度矢量与 x 轴的夹角为 θ，则

$$u = V\cos\theta, \quad \nu = V\sin\theta, \theta = \arctan\left(\frac{\nu}{u}\right) \tag{1.64}$$

由式(1.57)得

$$\mu = \arcsin\left(\frac{1}{Ma}\right), \cot\mu = \sqrt{Ma^2 - 1}, a^2 = V^2\sin^2\mu \tag{1.65}$$

将式(1.64)和式(1.65)代入式(1.62)，得

$$\left(\frac{\mathrm{d}y}{\mathrm{d}x}\right)_{\pm} = \tan(\theta \pm \mu) \tag{1.66}$$

式(1.66)表明，特征线与流线的夹角为 μ(马赫角，参见图1.9)，正号为第一簇特征线，记作 C_+；负号为第二簇特征线，记作 C_-。

同样，特征关系式(1.63)可写成

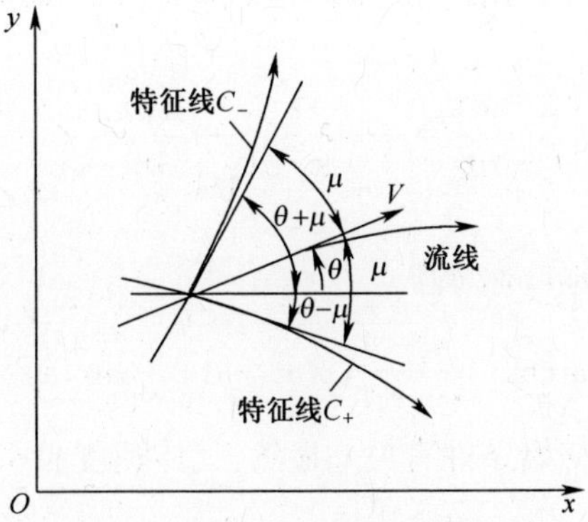

图 1.9 超声速二维定常流的特征线

$$\frac{(\mathrm{d}V)_{\pm}}{V} \mp \tan\mu(\mathrm{d}\theta)_{\pm} = 0 \tag{1.67}$$

或

$$\pm\,\mathrm{d}\theta = \sqrt{Ma^2 - 1}\,\frac{\mathrm{d}V}{V} \tag{1.68}$$

式(1.68)描述了气流折转与流速变化的关系，其中，$\mathrm{d}\theta$ 沿顺时针折转为负，反之为正。

绕凹/凸壁面的二维超声速定常流称为 Prandtl-Meyer 流。凹/凸壁面附近，气流发生折转，气体速度也随之变化。由式(1.68)，凸壁的 $\mathrm{d}\theta < 0$，膨胀波影响下，气体加速；反之，凹壁的 $\mathrm{d}\theta > 0$，压缩波影响下，流体减速。图 1.10 为均匀来流在凸壁产生的 Prandtl-Meyer 流，其中图 1.10(a)为光滑壁面，图 1.10(b)为外钝角壁面。前者为扇形膨胀区，后者为中心膨胀区。

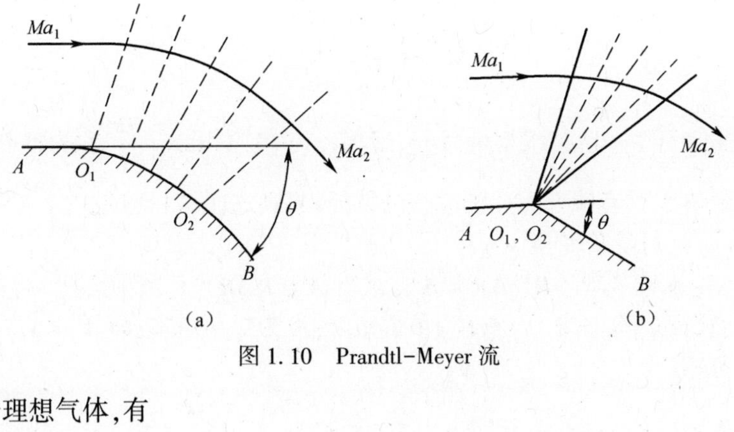

图 1.10 Prandtl-Meyer 流

对于理想气体，有

$$\frac{a}{a_0} = \left(1 + \frac{\gamma - 1}{2}Ma^2\right)^{-\frac{1}{2}}$$

式中：a_0 为滞止声速（等熵过程，将气体速度滞止到零，此时的流场参数称为滞止参数）。于是

$$\frac{\mathrm{d}V}{V}=\frac{1}{1+\frac{\gamma-1}{2}Ma}\frac{\mathrm{d}Ma}{Ma} \tag{1.69}$$

将式(1.69)代入式(1.68)，积分得

$$\pm\theta=\sqrt{\frac{\gamma+1}{\gamma-1}}\arctan\sqrt{\frac{\gamma-1}{\gamma+1}(Ma^2-1)}-\arctan\sqrt{Ma^2-1}+C \tag{1.70}$$

式中：C 为积分常数，与初始条件有关。显然，气体速度由折转角确定，随折转角的增大而增大。

存在最大折转角

$$\theta_{\max}=\left(\sqrt{\frac{\gamma+1}{\gamma-1}}-1\right)\frac{\pi}{2}$$

折转角大于该值时，气体折转后不再贴着壁面运动，出现分离现象。

1.2.5 通量矢分裂[21-22]

1. 双曲型方程组通量矢分裂

守恒型偏微分方程组

$$\frac{\partial \boldsymbol{U}}{\partial t}+\frac{\partial F(\boldsymbol{U})}{\partial x}=0 \tag{1.71}$$

式中：$\boldsymbol{U}=(u_1\quad u_2\quad\cdots\quad u_n)^{\mathrm{T}}$ 为 n 维矢量，上标 T 表示转置。

当函数 $F(\boldsymbol{U})$ 满足 $F(\alpha\boldsymbol{U})=\alpha^p F(\boldsymbol{U})$，称 $F(\boldsymbol{U})$ 为 p 阶齐次函数。此时，根据欧拉原理，$F(\boldsymbol{U})=\frac{\mathrm{d}\boldsymbol{F}}{\mathrm{d}\boldsymbol{U}}\cdot\boldsymbol{U}=\boldsymbol{A}(\boldsymbol{U})\cdot\boldsymbol{U}$，式(1.71)可写成

$$\frac{\partial \boldsymbol{U}}{\partial t}+A(\boldsymbol{U})\frac{\partial \boldsymbol{U}}{\partial x}=0 \tag{1.72}$$

该方程为非守恒型一阶拟线型偏微分方程组，其中，$\boldsymbol{A}(\boldsymbol{U})=\frac{\partial \boldsymbol{F}}{\partial \boldsymbol{U}}$ 称为雅可比矩阵。

如果矩阵 $\boldsymbol{A}$ 具有线性无关的完整的特征根，则式(1.71)（或式(1.72)）为双曲型方程，$\boldsymbol{A}$ 可进行等价变换

$$\boldsymbol{R}^{-1}\boldsymbol{A}\boldsymbol{R}=\boldsymbol{\Lambda}\quad 或\quad \boldsymbol{A}=\boldsymbol{R}\boldsymbol{\Lambda}\boldsymbol{R}^{-1}$$

式中：$\boldsymbol{R}$ 为特征矩阵，$\boldsymbol{R}\boldsymbol{R}^{-1}=\boldsymbol{I}$，$\boldsymbol{I}$ 为单位矩阵；$\boldsymbol{\Lambda}$ 为对角矩阵，即 $\boldsymbol{\Lambda}_{ij}=\lambda_i\delta_{ij}$，$\lambda_i$ 为矩阵 $\boldsymbol{A}$ 的特征根。

$\boldsymbol{\Lambda}$ 可分为两部分，$\boldsymbol{\Lambda}=\boldsymbol{\Lambda}^{+}+\boldsymbol{\Lambda}^{-}$，其中 $\boldsymbol{\Lambda}_{ij}^{+}=\frac{\lambda_i+|\lambda_i|}{2}\delta_{ij}$，为正特征根，$\boldsymbol{\Lambda}_{ij}^{-}=\frac{\lambda_i-|\lambda_i|}{2}\delta_{ij}$ 为负特征根。

同样,矩阵 $\boldsymbol{A}$ 也可分为两部分:

$$\boldsymbol{A}=\boldsymbol{A}^{+}+\boldsymbol{A}^{-}=\boldsymbol{R}\boldsymbol{\Lambda}^{+}\boldsymbol{R}^{-1}+\boldsymbol{R}\boldsymbol{\Lambda}^{-}\boldsymbol{R}^{-1}$$

进而有

$$\boldsymbol{F}(\boldsymbol{U})=\boldsymbol{A}^{+}\boldsymbol{U}+\boldsymbol{A}^{-}\boldsymbol{U}=\boldsymbol{F}^{+}+\boldsymbol{F}^{-}$$

于是,方程 (1.71) 可写成

$$\frac{\partial \boldsymbol{U}}{\partial t}+\frac{\partial \boldsymbol{F}^{+}}{\partial x}+\frac{\partial \boldsymbol{F}^{-}}{\partial x}=0 \tag{1.73}$$

这样,根据特征根 $\boldsymbol{\lambda}_i$ 的正负号,通量矢 $\boldsymbol{F}$ 被分为两部分,称为通量矢分裂。

2. 欧拉方程通量矢分裂

忽略体积力,欧拉式(1.41)~式(1.43)可写成

$$\frac{\partial \rho}{\partial t}+\frac{\partial \rho u_i}{\partial x_i}=0 \tag{1.74}$$

$$\frac{\partial \rho u_i}{\partial t}+\frac{\partial(\rho u_i u_j)}{\partial x_j}+\frac{\partial p}{\partial x_i}=0 \tag{1.75}$$

$$\frac{\partial \rho e_{\mathrm{t}}}{\partial t}+\frac{\partial}{\partial x_i}((\rho e_{\mathrm{t}}+p)u_i)=0 \tag{1.76}$$

称为守恒型欧拉方程,写成通式:

$$\frac{\partial \boldsymbol{U}}{\partial t}+\frac{\partial F(\boldsymbol{U})}{\partial x}+\frac{\partial G(\boldsymbol{U})}{\partial y}+\frac{\partial H(\boldsymbol{U})}{\partial z}=0 \tag{1.77}$$

其中

$$\boldsymbol{U}=\begin{pmatrix}\rho\\ \rho\boldsymbol{u}\\ \rho\boldsymbol{v}\\ \rho\boldsymbol{w}\\ \rho e_{\mathrm{t}}\end{pmatrix},\boldsymbol{F}=\begin{pmatrix}\rho\boldsymbol{u}\\ \rho\boldsymbol{u}^2+p\\ \rho\boldsymbol{u}\boldsymbol{v}\\ \rho\boldsymbol{u}\boldsymbol{w}\\ \boldsymbol{u}(\rho e_{\mathrm{t}}+p)\end{pmatrix},\boldsymbol{G}=\begin{pmatrix}\rho\boldsymbol{v}\\ \rho\boldsymbol{u}\boldsymbol{v}\\ \rho\boldsymbol{v}^2+p\\ \rho\boldsymbol{v}\boldsymbol{\omega}\\ \boldsymbol{v}(\rho e_{\mathrm{t}}+p)\end{pmatrix},\boldsymbol{H}=\begin{pmatrix}\rho\boldsymbol{w}\\ \rho\boldsymbol{u}\boldsymbol{w}\\ \rho\boldsymbol{v}\boldsymbol{w}\\ \rho\boldsymbol{w}^2+p\\ \boldsymbol{w}(\rho e_{\mathrm{t}}+p)\end{pmatrix}$$

$\boldsymbol{u}$、$\boldsymbol{v}$ 和 $\boldsymbol{w}$ 分别为速度矢量在 x、y 和 z 三个坐标方向的分量;$\boldsymbol{F}$、$\boldsymbol{G}$ 和 $\boldsymbol{H}$ 分别为通量矢在三个坐标方向的分量。

式(1.77)也可写成

$$\boldsymbol{U}=\begin{pmatrix}\rho\\ m_x\\ m_y\\ m_z\\ E\end{pmatrix},\boldsymbol{F}=\begin{pmatrix}m_x\\ m_x^2/\rho+p\\ m_x m_y/\rho\\ m_x m_z/\rho\\ \dfrac{m_x}{\rho}(E+p)\end{pmatrix},\boldsymbol{G}=\begin{pmatrix}m_y\\ m_x m_y/\rho\\ m_y^2/\rho+p\\ m_y m_z/\rho\\ \dfrac{m_y}{\rho}(E+p)\end{pmatrix},\boldsymbol{H}=\begin{pmatrix}m_z\\ m_x m_z/\rho\\ m_y m_z/\rho\\ m_z^2/\rho+p\\ \dfrac{m_z}{\rho}(E+p)\end{pmatrix}$$

式中:$m_i=\rho u_i$ 为 i 坐标方向的质量流量。显然,$F(\boldsymbol{U})$,$G(\boldsymbol{U})$ 和 $H(\boldsymbol{U})$ 皆为一阶齐

次函数,故

$$\frac{\partial \boldsymbol{U}}{\partial t} + A(\boldsymbol{U}) \frac{\partial \boldsymbol{U}}{\partial x} + B(\boldsymbol{U}) \frac{\partial \boldsymbol{U}}{\partial y} + C(\boldsymbol{U}) \frac{\partial \boldsymbol{U}}{\partial z} = 0 \tag{1.78}$$

其中

$$A(\boldsymbol{U}) = \begin{pmatrix} 0 & 1 & 0 & 0 & 0 \\ -\boldsymbol{u}^2 + p_\rho & 2\boldsymbol{u} + p_{m_x} & p_{m_y} & p_{m_z} & p_E \\ -\boldsymbol{u}\boldsymbol{v} & \boldsymbol{v} & \boldsymbol{u} & 0 & 0 \\ -\boldsymbol{u}\boldsymbol{w} & \boldsymbol{w} & 0 & \boldsymbol{u} & 0 \\ -\dfrac{\boldsymbol{u}}{\rho}(E+p) + \boldsymbol{u}p_\rho & \dfrac{E+p}{\rho} + \boldsymbol{u}p_{m_x} & \boldsymbol{u}p_{m_y} & \boldsymbol{u}p_{m_z} & \boldsymbol{u}(1+p_E) \end{pmatrix} \tag{1.79}$$

$$B(\boldsymbol{U}) = \begin{pmatrix} 0 & 0 & 1 & 0 & 0 \\ -\boldsymbol{u}\boldsymbol{v} & \boldsymbol{v} & \boldsymbol{u} & 0 & 0 \\ -\boldsymbol{v}^2 + p_\rho & p_{m_x} & 2\boldsymbol{v} + p_{m_y} & p_{m_z} & p_E \\ -\boldsymbol{u}\boldsymbol{w} & 0 & \boldsymbol{w} & \boldsymbol{v} & 0 \\ -\dfrac{\boldsymbol{v}}{\rho}(E+p) + \boldsymbol{v}p_\rho & \boldsymbol{v}p_{m_x} & \dfrac{E+p}{\rho} + \boldsymbol{v}p_{m_y} & \boldsymbol{v}p_{m_z} & \boldsymbol{v}(1+p_E) \end{pmatrix} \tag{1.80}$$

$$C(\boldsymbol{U}) = \begin{pmatrix} 0 & 0 & 0 & 1 & 0 \\ -\boldsymbol{u}\boldsymbol{w} & \boldsymbol{w} & 0 & \boldsymbol{u} & 0 \\ -\boldsymbol{v}\boldsymbol{w} & 0 & \boldsymbol{w} & \boldsymbol{v} & 0 \\ -\boldsymbol{w}^2 + p_\rho & p_{m_x} & p_{m_y} & 2\boldsymbol{w} + p_{m_z} & p_E \\ -\dfrac{\boldsymbol{w}}{\rho}(E+p) + \boldsymbol{w}p_\rho & \boldsymbol{w}p_{p_x} & \boldsymbol{w}p_{m_y} & \dfrac{E+p}{\rho} + \boldsymbol{w}p_{m_z} & \boldsymbol{w}(1+p_E) \end{pmatrix} \tag{1.81}$$

其中,p 的下标表示 p 对该变量求偏导,如 $p_\rho = \left(\dfrac{\partial p}{\partial \rho}\right)_{E,m_i}$。

理想气体状态方程

$$p = (\gamma - 1)\left(E - \frac{m_x^2 + m_y^2 + m_z^3}{2\rho}\right)$$

于是

$$p_\rho = \frac{\gamma - 1}{2}(\boldsymbol{u}^2 + \boldsymbol{v}^2 + \boldsymbol{w}^2) \tag{1.82}$$

$$p_{m_i} = (1 - \gamma) u_i \tag{1.83}$$

$$p_E = \gamma - 1 \tag{1.84}$$

矩阵 $\boldsymbol{A}$、$\boldsymbol{B}$ 和 $\boldsymbol{C}$ 的特征根分别为

$$(\boldsymbol{u}\quad \boldsymbol{u}\quad \boldsymbol{u}\quad \boldsymbol{u}+a\quad \boldsymbol{u}-a)^{\mathrm{T}}$$

$$(\boldsymbol{v}\quad \boldsymbol{v}\quad \boldsymbol{v}\quad \boldsymbol{v}+a\quad \boldsymbol{v}-a)^{\mathrm{T}}$$

$$(\boldsymbol{w}\quad \boldsymbol{w}\quad \boldsymbol{w}\quad \boldsymbol{w}+a\quad \boldsymbol{w}-a)^{\mathrm{T}}$$

根据特征根 λ_i 的正负号,将通量矢分裂

$$\frac{\partial \boldsymbol{U}}{\partial t}+\frac{\partial F^{+}(\boldsymbol{U})}{\partial x}+\frac{\partial F^{-}(\boldsymbol{U})}{\partial x}+\frac{\partial G^{+}(\boldsymbol{U})}{\partial y}+\frac{\partial G^{-}(\boldsymbol{U})}{\partial y}+\frac{\partial H^{+}(\boldsymbol{U})}{\partial z}+\frac{\partial H^{-}(\boldsymbol{U})}{\partial z}=0 \tag{1.85}$$

欧拉方程(以及第 3 章提到的 N-S 方程),是以 $\boldsymbol{x}$ 和 t 为自变量的偏微分方程,其解为时空连续函数。方程大都用数值方法求解,基本思想是将求解区域和守恒方程离散。有限差分法用离散点(称为格点(Grid))替代连续的自变量空间,再根据计算格式,使方程在格点上离散,进而求解离散方程,用离散点的解近似替代方程的连续解。方程离散时,极限形式的微商被有限数值的差商替代。差分写成 $\Delta_x\rho_j=\rho_{j+1}-\rho_j$ 称为前差,写成 $\nabla_x\rho_j=\rho_j-\rho_{j-1}$ 称为后差,下标 j 为格点编号。一般情况下,前差不等于后差。

特征根描述了流场信息的传播方向和速度,计算格式应与特征根反映的信息相容。流场某点,其流动特性与上游流场相关,故需按上游方向取差分。特征根为正时,用后差,为负时,用前差。如果以特征根正/负号定义风向,此格式称为迎风格式。

通量矢分裂后,用迎风格式离散。以式(1.72)为例,有

$$\boldsymbol{U}_j^{n+1}=\boldsymbol{U}_j^n-\frac{\Delta t}{\Delta x}(\Delta_x(F^-)_j^n+\nabla_x(F^+)_j^n)=\boldsymbol{U}_j^n-\frac{\Delta t}{\Delta x}(F_{j+1}^- - F_j^- + F_j^+ - F_{j-1}^+)^n \tag{1.86}$$

令 $|F|=F^+-F^-$,则有

$$F^+=\frac{F+|F|}{2}\text{ 和 }F^-=\frac{F-|F|}{2} \tag{1.87}$$

将式(1.87)代入式(1.86),得

$$\boldsymbol{U}_j^{n+1}=\boldsymbol{U}_j^n-\frac{\Delta t}{2\Delta x}(\boldsymbol{F}_{j+1}^n-\boldsymbol{F}_{j-1}^n)+\frac{\Delta t}{2\Delta x}(|\boldsymbol{A}_{j+1/2}^n|(\boldsymbol{U}_{j+1}^n-\boldsymbol{U}_j^n)-|\boldsymbol{A}_{j-1/2}^n|(\boldsymbol{U}_j^n-\boldsymbol{U}_{j-1}^n)) \tag{1.88}$$

或

$$\boldsymbol{U}_j^{n+1}=\boldsymbol{U}_j^n-\frac{\Delta t}{2\Delta x}(\boldsymbol{A}_{j+1/2}^i(\boldsymbol{U}_{j+1}^n-\boldsymbol{U}_j^n)-\boldsymbol{A}_{j-1/2}^n(\boldsymbol{U}_j^n-\boldsymbol{U}_{j-1}^n))+\frac{\Delta t}{2\Delta x}(|\boldsymbol{A}_{j+1/2}^n|(\boldsymbol{U}_{j+1}^n-\boldsymbol{U}_j^n)-|\boldsymbol{A}_{j-1/2}^n|(\boldsymbol{U}_j^n-\boldsymbol{U}_{j-1}^n)) \tag{1.89}$$

其中,$|A_{j\pm1/2}^n|=\dfrac{|A_j^n|+|A_{j\pm1}^n|}{2}$。

1.3 小　　结

流动、燃烧、化学爆炸、超燃、爆燃和爆轰等现象,流场介质皆由大量随机运动的粒子组成,依据动理学,可导出普适的控制方程。

将流体质点视作热力学体系,描述其间分子随机运动的速度分布函数满足玻耳兹曼方程。如果忽略分子碰撞的影响,方程的解为麦克斯韦速度分布函数。将其代入传输方程,便得到无黏流守恒方程,即欧拉方程。方程中,脉动速度统计矩的平均值反映了流体质点的宏观特性,用热力学状态函数来描述。

欧拉方程描述等熵流动,每个质点视为一个绝热体系,流动过程为绝热体系的可逆变化过程,用热力学状态函数描述。流动过程中,用马赫数描述宏观流动动能与分子随机热运动能量在总内能 e_t 中的分配,根据其大小,将流动分为亚声速流、超声速流和跨声速流等,它们具有不同流动特性。

欧拉方程为一阶拟线性偏微分方程组。对于不定常流或超声速二维定常流,方程是双曲型的,可写成特征线方程和相容方程的形式。特征线是流场空间的特殊曲线,沿着该曲线,函数按一定规律变化,曲线两侧导数不连续。将变化的函数视为波,流场则以波传播的方式变化,特征线为波的传播轨迹。

一般讲,很难求得欧拉方程的解析解。基于方程的波动特性,可构造欧拉方程的计算格式。

参 考 文 献

[1] Fan B C, Dong G. Principles of turbulence control[M]. New York:Wiley, 2016.
[2] Pathria R K, Paul D Beale. Statistical mechanics[M]. 3rd edition. Oxford:Elsevier, 2011.
[3] 范宝春,董刚,张辉. 湍流控制原理[M]. 北京:国防工业出版社, 2011.
[4] 王梓坤. 概率论基础及其应用[M]. 北京:科学技术出版社.
[5] Bird G A. Molecular gas dynamics[M]. Oxford: Claredon Press, 1976
[6] Gidaspow D. Multiphase flow and fluidization, continuum and kinetic theory descriptions[M]. Pittsburgh:Academic Press, 1994.
[7] Jeans S J. An introduction to the kinetic theory of gases[M]. Cambridge:Cambridge University Press, 1982.
[8] 小邦德 J W,沃森 K M,小韦尔奇 J A. 气体动力学原子理论[M]. 傅仙罗,译. 北京:科学出版社,1986.
[9] Adamson A W. A texbook of physical chemistry[M]. New York: Academic Press, 1973.
[10] 胡英,陈学让,吴树森. 物理化学[M]. 北京:人民教育出版社, 1979.
[11] 吉林大学等校. 物理化学[M]. 北京:人民教育出版社, 1979.
[12] 王竹溪. 热力学[M]. 北京: 人民教育出版社,1960.
[13] Shapiro A H. The dynamics and thermodynamics of compressible fluid flow[M]. New York:

Ronald Press, 1953.
[14] Vincenti W G. Introduction to physical gas dynamics[M]. New York: Wiley, 1965.
[15] Thompsom P A. Compressible fluid dynamics[M]. New York: Wiley, 1973.
[16] 周毓麟. 一维非定常流体力学[M]. 北京:科学出版社,1990.
[17] Daneshyar H. One-dimensional compressible flow[M]. Oxford: Pergamon Press, 1976.
[18] Whitham G B. Linear and nonlinear wave[M]. New York: Wiley, 1974.
[19] 潘锦珊,单鹏. 气体动力学基础[M]. 北京:国防工业出版社,2011.
[20] 王保国,刘淑艳,黄伟光. 气体动力学[M]. 北京:北京理工大学出版社,2005.
[21] Steger J L, Warming R F. Flux vecter splitting of inviscid gas dynamics equation with application to finite difference methods[J]. J. Comp. Phys, 1981, 40: 263-293.
[22] Anderson J D. Computational fluid dynamics, the Basics with applications[M]. New York: McGraw-Hill Companies, 1995.

第 2 章　间　　断

欧拉方程是不适定的,特征线可能相交,解的唯一性被破坏。相交处,参数分布非常陡峭,梯度极大。此时,可用间断替代梯度极大区域,并将间断视为流场内边界,两侧流场仍用欧拉方程描述。

间断分两类:法向间断和切向间断。法向间断又称为激波,流体穿越阵面,两侧满足间断守恒方程。切向间断无流体穿越,两侧压力相等,又称为接触间断。

激波是超声速流动的重要物理现象。传播过程中,几乎以动能和内能均分的方式,将激波所携能量传递给波后介质,使波后状态突跃。波前介质不受波后扰动的影响。接触间断多为不相混或密度不同的流体界面,微小扰动可能导致界面的严重变形。

间断可视为欧拉方程的广义解。因此,无黏流动表现为波(等熵波、激波和间断)的传播、波与波的相互作用(追赶、碰撞和分解)以及波与边界的相互作用(反射、衍射和透射),常通过流场的波系分析阐述流场变化。

2.1　激　　波

2.1.1　拟线方程间断解[1-5]

运动波方程(1.44)的特征线为直线。直线上,ρ 为常数,直线斜率与 ρ 有关,即与 ρ 的初始分布有关。

初始时刻,如果 ρ 均匀分布,即 $C(f(\xi))=C_0$,式(1.44)可写成

$$\frac{\partial\rho}{\partial t}+C_0\frac{\partial\rho}{\partial x}=0$$

此为线性方程,特征线簇为平行直线,流场有连续单值解。

如果分布不均匀,式(1.44)可写成

$$\frac{\partial\rho}{\partial t}+C(\rho)\frac{\partial\rho}{\partial x}=0$$

此为拟线性方程,特征线的斜率不同。

设 t_1时刻,ρ 分布如图 2.1 所示,其中 $\dfrac{\mathrm{d}C(\rho)}{\mathrm{d}\rho}>0$,即 ρ 越大,特征线越向 x 轴倾斜。显然,流场的发展将导致特征线相交。图 2.1 描述不同时刻,ρ 分布剖面的变化。特征线相交时,解的唯一性被破坏。

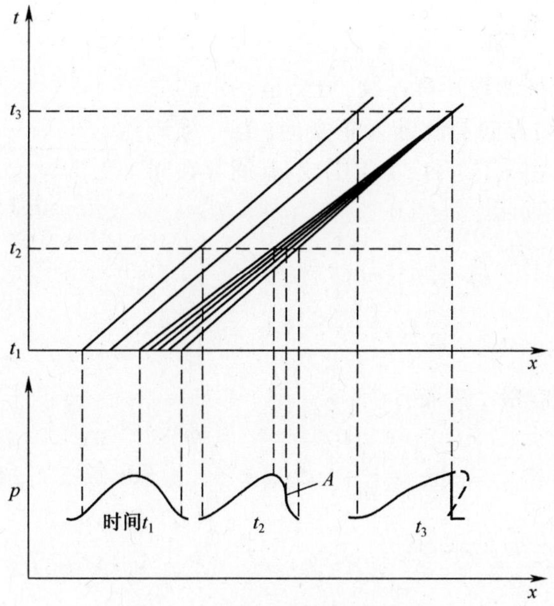

图 2.1　流动导致的特征线相交

相交特征线具有包络线,此为间断轨迹,方程为

$$\begin{cases} x - \xi = C(f(\xi))t \\ 0 = 1 + \dfrac{\mathrm{d}C}{\mathrm{d}\xi}t \end{cases} \tag{2.1}$$

出现间断时, $\dfrac{\mathrm{d}\rho}{\mathrm{d}x} = \infty$,即图 2.1 中 A 点。由于

$$\frac{\mathrm{d}\rho}{\mathrm{d}x} = \frac{1}{1 + \dfrac{\mathrm{d}C}{\mathrm{d}\xi}} \frac{\mathrm{d}f}{\mathrm{d}\xi}$$

此时

$$t_2 = -\left(\frac{\mathrm{d}C}{\mathrm{d}\xi}\right)^{-1} \tag{2.2}$$

微分方程适定时,解是唯一的和稳定的,否则方程不适定。所谓唯一,指解在变量空间是唯一确定的,不存在多解的可能。所谓稳定,指方程抵抗扰动的能力,如果扰动振幅在变量空间不断增长,解是不稳定的。

流场特征线相交时,解不再唯一,欧拉方程是不适定的。特征线收敛时,流场参数的梯度增加,从而使输运效应不可忽略。欧拉方程仅描述等熵流动,缺少输运效应和熵增机制。此时,可用间断近似取代陡峭流场,并将间断视为内边界,两侧仍用欧拉方程描述。欧拉方程是否出现间断,取决于初始和边界条件。

2.1.2 激波关系式

间断两侧,流场参数不再连续,但满足一定的守恒方程。质点运动方向与间断面正交时,为一维流动。设流体微元,由 $x_1(t)$ 和 $x_2(t)$ 围成,其间存在间断 $\xi(t)$,如图 2.2 所示。

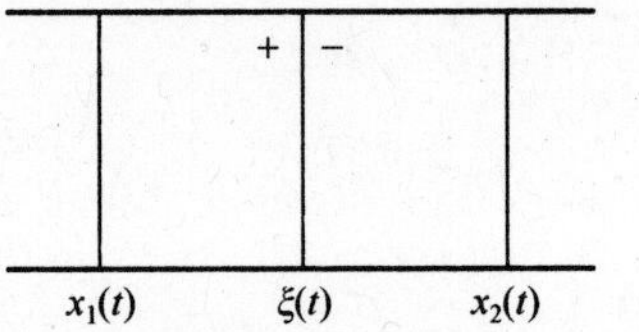

图 2.2 间断面

微元的广延量为

$$A(t)=\int_{x_1(t)}^{\xi(t)}\mathcal{J}\mathrm{d}x+\int_{\xi(t)}^{x_2(t)}\mathcal{J}\mathrm{d}x$$

式中:$\mathcal{J}$ 为 A 的强度量。进而有

$$\frac{\mathrm{d}A}{\mathrm{d}t}=\frac{\mathrm{d}}{\mathrm{d}t}\int_{x_1(t)}^{\xi(t)}\mathcal{J}\mathrm{d}x+\frac{\mathrm{d}}{\mathrm{d}t}\int_{\xi(t)}^{x_2(t)}\mathcal{J}\mathrm{d}x$$

根据 Leibniz 积分公式,有

$$\frac{\mathrm{d}A}{\mathrm{d}t}=\int_{x_1(t)}^{\xi(t)}\frac{\partial\mathcal{J}}{\partial t}\mathrm{d}x+\int_{\xi(t)}^{x_2(t)}\frac{\partial\mathcal{J}}{\partial t}\mathrm{d}x+\mathcal{J}(\xi^+,t)D-\mathcal{J}(x_1,t)u_1+\mathcal{J}(x_2,t)u_2-\mathcal{J}(\xi^-,t)D$$

式中:D 为间断的传播速度。

当 $x_1\to x_2$ 时,有

$$\frac{\mathrm{d}A}{\mathrm{d}t}=[\mathcal{J}(D-u)]\tag{2.3}$$

其中[ ]表示间断两侧,流场参数的差,即 $[a]=a_1-a_2$,下标“1”和“2”分别表示间断前与间断后。

坐标建立在间断上,有 $U=u-D$,于是

$$\frac{\mathrm{d}A}{\mathrm{d}t}=-[\mathcal{J}U]\tag{2.4}$$

$\mathcal{J}=\rho$ 时,质量守恒方程为

$$[\rho U]=0$$

$\mathcal{J}=\rho u$ 时,动量守恒方程为

$$\frac{\mathrm{d}P}{\mathrm{d}t}=-[\rho uU]$$

如果仅考虑两端压力差,则

$$[p]=-[\rho uU]\quad 或\quad [p+\rho uU]=0$$

$\mathcal{J}=\rho\left(e+\frac{1}{2}u^2\right)$ 时,能量守恒方程为

$$\frac{\mathrm{d}E}{\mathrm{d}t}=-\left[\rho\left(e+\frac{1}{2}u^2\right)U\right]$$

仅考虑压力功,有

$$\left[\rho\left(e+\frac{1}{2}u^2\right)U+pU\right]=0$$

上述方程进一步写成

$$[\rho U]=0 \quad 或 \quad [U]-G[\nu]=0 \tag{2.5}$$

$$[p+\rho U^2]=0 \quad 或 \quad [p]+G[U]=0 \tag{2.6}$$

$$[h+U^2/2]=0 \quad 或 \quad [h]+\overline{U}[U]=0 \tag{2.7}$$

其中：$\overline{U}=\dfrac{U_1+U_2}{2}$为间断两侧参数的平均值；$G=\rho_1 u_1$为波前流量。

当$[U]\neq 0$时，称为激波，阵面两侧法向速度不相等，存在流通量。如果$[U]=0$，称为接触间断，此为密度间断，两侧法向速度相等，切向速度为零，压力相等。

由上述守恒方程，可推得瑞利方程

$$[p]+G^2[\nu]=0 \tag{2.8}$$

或

$$G^2=-\frac{[p]}{[\nu]} \tag{2.9}$$

和 Hugoniot 方程

$$[h]-\overline{\nu}[p]=0 \tag{2.10}$$

或

$$[e]+\overline{p}[\nu]=0 \tag{2.11}$$

如果e仅为热内能，引进 Hugoniot 函数

$$\mathscr{H}=[e]+\overline{p}[\nu] \tag{2.12}$$

对于激波，有

$$\mathscr{H}=0 \tag{2.13}$$

2.1.3 p-ν 曲线[6-9]

p-ν平面上存在三类曲线：等熵线、等 G 线（也称瑞利线）和等$\mathscr{H}$线（也称 Hugoniot 曲线）。正常气体满足 Bethe-Weyl 条件，故等熵线是上凹的单调递减曲线，熵值大的曲线位于熵值小的上方。由式（2.9），瑞利线是一簇过(ν_1,p_1)点的斜率为负的直线。

沿瑞利线，有$p=p(\nu)$和$s=s(p(\nu),\nu)$，于是

$$\left(\frac{\mathrm{d}s}{\mathrm{d}\nu}\right)_R=\left(\frac{\partial s}{\partial \nu}\right)_p-G^2\left(\frac{\partial s}{\partial p}\right)_\nu$$

其中，$(\ )_R$表示沿瑞利线微分。当$\left(\dfrac{\mathrm{d}s}{\mathrm{d}\nu}\right)_R=0$，熵在瑞利线上取极值，此时，$G^2=\left(\dfrac{\partial s}{\partial p}\right)_\nu\left(\dfrac{\partial s}{\partial \nu}\right)_p=-\left(\dfrac{\partial p}{\partial \nu}\right)_s$，即等熵线与瑞利线相切。

又

$$\left(\frac{\mathrm{d}^2 s}{\mathrm{d}\nu^2}\right)_R=\frac{\left(\dfrac{\partial^2 s}{\partial \nu^2}\right)_p\left(\dfrac{\partial s}{\partial p}\right)_\nu^2+2\dfrac{\partial^2 s}{\partial p\partial \nu}\left(\dfrac{\partial s}{\partial \nu}\right)_p\left(\dfrac{\partial s}{\partial p}\right)_\nu+\left(\dfrac{\partial^2 s}{\partial p^2}\right)_\nu\left(\dfrac{\partial s}{\partial \nu}\right)_p^2}{\left(\dfrac{\partial s}{\partial p}\right)_\nu^2}$$

可以证明 $$\left(\frac{\partial^2 s}{\partial \nu^2}\right)_p \left(\frac{\partial s}{\partial p}\right)_\nu^2 + 2\frac{\partial^2 s}{\partial p \partial \nu}\left(\frac{\partial s}{\partial \nu}\right)_p \left(\frac{\partial sa}{\partial p}\right)_\nu + \left(\frac{\partial^2 s}{\partial p^2}\right)_\nu \left(\frac{\partial s}{\partial \nu}\right)_p^2 < 0$$

因此，$\left(\frac{\mathrm{d}^2 s}{\mathrm{d}v^2}\right)_R < 0$。故等熵线与瑞利线相切时，熵在瑞利线上取极大值。

由式(2.12)，有

$$\mathrm{d}\mathcal{H} = \mathrm{d}e + \frac{1}{2}(\nu - \nu_1)\mathrm{d}p + \frac{p + p_1}{2}\mathrm{d}\nu$$

其中，下标“1”表示波前，无下标为波后。由于，$\mathrm{d}e = T\mathrm{d}s - p\mathrm{d}\nu$，故

$$\mathrm{d}\mathcal{H} = T\mathrm{d}s + \frac{1}{2}(\nu - \nu_1)\mathrm{d}p - \frac{p - p_1}{2}\mathrm{d}\nu \tag{2.14}$$

因为，沿瑞利线，有

$$(\nu - \nu_1)\mathrm{d}p = (p - p_1)\mathrm{d}\nu$$

故 $$\mathrm{d}\mathcal{H} = T\mathrm{d}s$$

因此，Hugniot 函数沿瑞利线的变化与熵沿瑞利线的变化趋势一致，同时增大，同时减少，同时取极值。取极值时，等熵线、瑞利线和等$\mathcal{H}$线切于一点(ν_*, p_*)。

沿等熵线，有 $$\mathrm{d}\mathcal{H} = \frac{\nu - \nu_1}{2}\mathrm{d}p - \frac{p - p_1}{2}\mathrm{d}\nu$$

进而有

$$\left(\frac{\partial \mathcal{H}}{\partial \nu}\right)_s = \frac{\nu - \nu_1}{2}\left(\frac{\partial p}{\partial \nu}\right)_s - \frac{p - p_1}{2} \tag{2.15}$$

$\mathcal{H}$取极值时，有

$$\left(\frac{\partial p}{\partial \nu}\right)_s = \frac{p - p_1}{\nu - \nu_1} = -G^2$$

上式说明，等熵线、瑞利线和等$\mathcal{H}$线切于一点时，熵与$\mathcal{H}$在瑞利线上取极值，$\mathcal{H}$在等熵线上也取极值。

由式(2.15)，有

$$\left(\frac{\partial^2 \mathcal{H}}{\partial \nu^2}\right)_s = \frac{\nu - \nu_1}{2}\left(\frac{\partial^2 p}{\partial \nu^2}\right)_s$$

因为$\left(\frac{\partial^2 p}{\partial \nu^2}\right)_s > 0$，故$\left(\frac{\partial^2 \mathcal{H}}{\partial \nu^2}\right)_s$与$\nu - \nu_1$同号。因此，切点$\nu_* > \nu_1$时，$\mathcal{H}$在等熵线上取极小值。切点$\nu_* < \nu_1$时，$\mathcal{H}$在等熵线上取极大值。$\mathcal{H} - \nu$平面，等熵线如图2.3所示。

由式(2.14)，沿等$\mathcal{H}$线，有

$$T\left(\frac{\mathrm{d}s}{\mathrm{d}\nu}\right)_{\mathcal{H}} = -\frac{\nu - \nu_1}{2}\left(\frac{\partial p}{\partial \nu}\right)_{\mathcal{H}} + \frac{1}{2}(p - p_1) \tag{2.16}$$

熵取极值时，有 $$\left(\frac{\partial p}{\partial \nu}\right)_{\mathcal{H}} = \frac{p - p_1}{\nu - \nu_1} = -G^2$$

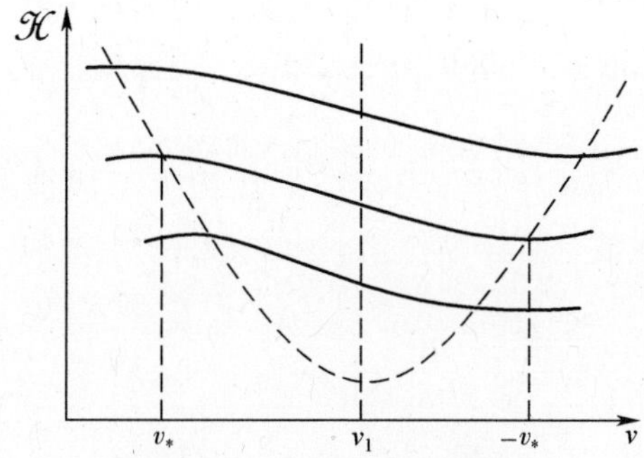

图 2.3 $\mathscr{K}$-ν 平面的等熵线

上式说明，等熵线、瑞利线和等$\mathscr{H}$线切于一点时，熵在等$\mathscr{H}$线上取极值。

由式(2.16)，沿等$\mathscr{H}$线，熵取极值时，有

$$T\left(\frac{\partial^2 s}{\partial \nu^2}\right)_{\mathscr{K}} = -\frac{\nu - \nu_1}{2}\left(\frac{\partial p^2}{\partial \nu^2}\right)_{\mathscr{K}} \tag{2.17}$$

根据图 2.3 可知，$\left(\frac{\partial^2 s}{\partial \nu^2}\right)_{\mathscr{K}}$ 与 $\nu - \nu_1$，异号。即 $\nu_* > \nu_1$ 时，$\left(\frac{\partial^2 s}{\partial \nu^2}\right)_{\mathscr{K}} < 0$，熵在等$\mathscr{H}$线上取极大值；$\nu_* < \nu_1$ 时，熵取极小值。于是，由式(2.17)，得

$$\left(\frac{\partial^2 p}{\partial \nu^2}\right)_{\mathscr{K}} > 0$$

即 p-ν 平面，Hugoniot 曲线是上凹的。

由(2.14)式，有

$$\left(\frac{\partial \mathscr{H}}{\partial p}\right)_{\nu} = T\left(\frac{\partial s}{\partial p}\right)_{\nu} + \frac{\nu - \nu_1}{2}$$

当 $\nu > \nu_1$ 时，$\left(\frac{\partial \mathscr{H}}{\partial p}\right)_{\nu} > 0$。由于等$\mathscr{H}$线不能相交，因此，$p - \nu$ 平面上，$\left(\frac{\partial \mathscr{H}}{\partial p}\right)_{\nu} > 0$。即$\mathscr{H}$值大的曲线的位于$\mathscr{H}$值小的上方。

综上所述：$p - \nu$ 平面存在三类曲线：等 G 线、等熵线和等$\mathscr{H}$线。等 G 线是一簇过(ν_1, p_1)点的斜率为负的直线；等熵线是上凹的单调递减曲线，熵值大的曲线的位于熵值小的上方。等$\mathscr{H}$线是上凹曲线，$\mathscr{H}$值大的曲线的位于$\mathscr{H}$值小的上方。三类线可同时相切，设切点为(ν_*, p_*)。此时，熵和$\mathscr{H}$在等 G 线上取极大值。当 $\nu_* > \nu_1$ 时，熵在等$\mathscr{H}$线上取极大值，$\mathscr{H}$在等熵线上取极小值；反之，当 $\nu_* < \nu_1$，熵在等$\mathscr{H}$线上取极小值，$\mathscr{H}$在等熵线上取极大值。

2.1.4 激波特性[6-9]

1. 激波特性

对于绝热激波

$$\mathscr{H} = 0 \tag{2.13}$$

其绝热极曲线(p-ν 曲线)通过波前点(ν_1,p_1)。波后值(用下标 2 表示)是激波绝热线与瑞利线的交点,由式(2.8)和式(2.13)决定。瑞利线的斜率与激波强度有关。

由式(2.8),$[p]$和$[\nu]$异号。由于波后压力大于波前压力,即 $p_2>p_1$,故有 $\nu_2<\nu_1$ 和 $\rho_2>\rho_1$,因此,激波具有压缩作用。由式(2.6),$[p]$和$[U]$异号,即与$[u]$异号,于是 $u_2<u_1$。

此外,激波还有如下特性:

1)波后熵增

沿等$\mathscr{H}$线,有

$$T\left(\frac{\mathrm{d}s}{\mathrm{d}\nu}\right)_{\mathscr{H}}=-\frac{\nu-\nu_1}{2}\left(\frac{\partial p}{\partial \nu}\right)_{\mathscr{H}}+\frac{1}{2}(p-p_1) \tag{2.16}$$

进而有

$$\left(\frac{\partial T}{\partial \nu}\right)_{\mathscr{H}}\left(\frac{\mathrm{d}s}{\mathrm{d}\nu}\right)_{\mathscr{H}}+T\left(\frac{\mathrm{d}^2 s}{\mathrm{d}\nu^2}\right)_{\mathscr{H}}=-\frac{\nu-\nu_1}{2}\left(\frac{\partial^2 p}{\partial \nu^2}\right)_{\mathscr{H}} \tag{2.18}$$

和

$$\left(\frac{\partial^2 T}{\partial \nu^2}\right)_{\mathscr{H}}\left(\frac{\mathrm{d}s}{\mathrm{d}\nu}\right)_{\mathscr{H}}+2\left(\frac{\partial T}{\partial \nu}\right)_{\mathscr{H}}\left(\frac{\mathrm{d}^2 s}{\mathrm{d}\nu^2}\right)_{\mathscr{H}}+T\left(\frac{\mathrm{d}^3 s}{\mathrm{d}\nu^3}\right)_{\mathscr{H}}=-\frac{1}{2}\left(\left(\frac{\partial^2 p}{\partial \nu^2}\right)_{\mathscr{H}}+(\nu-\nu_1)\left(\frac{\partial^3 p}{\partial \nu^3}\right)_{\mathscr{H}}\right) \tag{2.19}$$

因此,在激波绝热线的(ν_1,p_1)点,有

$$\left(\frac{\mathrm{d}s}{\mathrm{d}\nu}\right)_{\mathscr{H},1}=0,\quad \left(\frac{\mathrm{d}^2 s}{\mathrm{d}\nu^2}\right)_{\mathscr{H},1}=0 \quad 和 \quad T_1\left(\frac{\mathrm{d}^3 s}{\mathrm{d}\nu^3}\right)_{\mathscr{H},1}=-\frac{1}{2}\left(\frac{\mathrm{d}^2 p}{\mathrm{d}\nu^2}\right)_{\mathscr{H},1}=-\frac{1}{2}\left(\frac{\mathrm{d}^2 p}{\mathrm{d}\nu^2}\right)_{s,1}$$

说明等熵线与激波绝热线在(ν_1,p_1)点二阶相切。

在(ν_1,p_1)点,将熵沿激波绝热线展开,有

$$\mathrm{d}s=-\frac{1}{12T_1}\left(\frac{\partial^2 p}{\partial \nu^2}\right)_{s,1}\mathrm{d}\nu^3 \tag{2.20}$$

式(2.20)说明,(ν_1,p_1)点附近的熵变是 $\mathrm{d}\nu$ 或 $\mathrm{d}p$ 的三阶小量。

激波绝热线是过(ν_1,p_1)的上凹曲线,故与瑞利线有两个交点:(ν_1,p_1)和(ν_2,p_2),交点上$\mathscr{H}=0$。瑞利线上,1 点和 2 点之间,必有一点,熵和$\mathscr{H}$取极大值。

设瑞利直线的参数方程为

$$\begin{cases} p=p_1+(p_2-p_1)t \\ \nu=\nu_1+(\nu_2-\nu_1)t \end{cases} \tag{2.21}$$

熵在两点间取极大值,故

$$\left.\frac{\mathrm{d}s}{\mathrm{d}t}\right|_{R,1}>0 \text{ 和 } \left.\frac{\mathrm{d}s}{\mathrm{d}t}\right|_{R,2}<0 \tag{2.22}$$

如果熵在$\mathscr{H}=0$上非单调变化,则于某点取极值。此时,$\mathscr{H}=0$必与瑞利线相切于该点,从而有

$$\left(\frac{\mathrm{d}p}{\mathrm{d}\nu}\right)_{H,2} = \frac{p_2 - p_1}{\nu_2 - \nu_1} \tag{2.23}$$

由式(2.14),沿$\mathcal{H}=0$,有

$$T\mathrm{d}s = \frac{1}{2}(p - p_1)\mathrm{d}\nu - \frac{1}{2}(\nu - \nu_1)\mathrm{d}p \tag{2.24}$$

将式(2.23)代入式(2.24),有$\left.\frac{\mathrm{d}s}{\mathrm{d}t}\right|_{R,2}=0$,与式(2.22)矛盾。因此,熵在激波绝热线上单调变化。由式(2.20),$\mathrm{d}\nu$ 与 $\mathrm{d}s$ 异号,故 $s_2>s_1$,即激波导致波后熵增。

$$\left(\frac{\partial s}{\partial \nu}\right)_{H=0} < 0 \tag{2.25}$$

如图 2.4 所示,若视 AB 为直线,阴影部分面积为

$$\mathrm{d}F = \frac{1}{2}(p_A - p_C)\mathrm{d}\nu - \frac{1}{2}(\nu_A - \nu_C)\mathrm{d}p$$

由式(2.24),得

$$T\mathrm{d}s = \frac{1}{2}(p - p_1)\mathrm{d}\nu - \frac{1}{2}(\nu - \nu_1)\mathrm{d}p$$

可见

$$\mathrm{d}F = T\mathrm{d}s$$

称此为面积规则, $\mathrm{d}F$ 为熵增面积,表示波后熵增。

由于$\left(\frac{\partial p}{\partial \nu}\right)_{H=0} = \left(\frac{\partial p}{\partial s}\right)_{\nu}\left(\frac{\partial s}{\partial \nu}\right)_{H=0} + \left(\frac{\partial p}{\partial \nu}\right)_{s}$,正常气体$\left(\frac{\partial p}{\partial s}\right)_{\nu} > 0$和$\left(\frac{\partial p}{\partial \nu}\right)_{s} < 0$,故

$$\left(\frac{\partial p}{\partial \nu}\right)_{H=0} < 0 \tag{2.26}$$

即激波绝热线是单调递减的。

2)波后能量均分

动量守恒方程(2.6)可写成

$$\rho_1(D - u_1)(u_2 - u_1) = (p_2 - p_1)$$

或

$$\rho_2(D - u_2)(u_2 - u_1) = (p_2 - p_1)$$

上述两式相乘,得

$$(u_2 - u_1)^2 = (p_2 - p_1)(\nu_1 - \nu_2)$$

波前速度 $u_1=0$ 时,有 $u_2^2/2=(p_2-p_1)(\nu_1-\nu_2)/2$ 即图 2.5 中$\triangle ABC$ 的面积,表示激波后动能的增加。

根据能量守恒方程(2.11),有

$$e_2 - e_1 = (p_2 + p_1)(\nu_1 - \nu_2)/2$$

为图 2.5 中四边形 $EFCB$ 的面积,表示激波后内能的增加。

激波足够强时,忽略波前压力,即忽略四边形 $ADEF$ 的面积,此时,波后内能的增加等于动能的增加,即波后动能与内能均分。

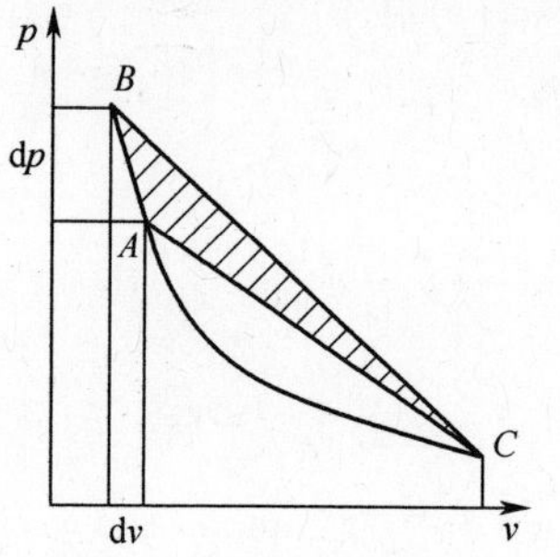

图 2.4　熵增面积规则

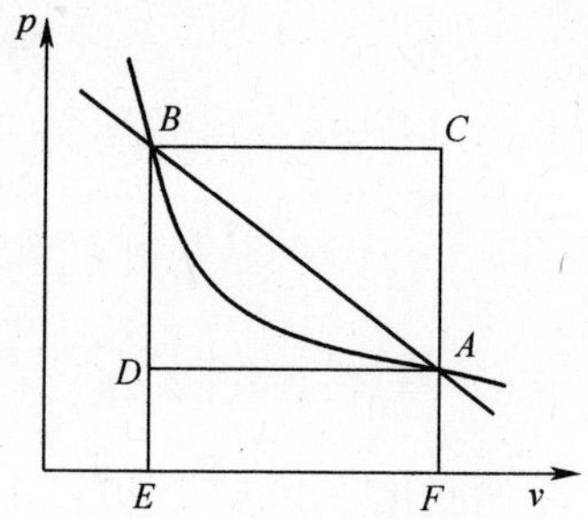

图 2.5　激波后的内能增加

3)超声速来流

根据瑞利直线参数方程(2.21),得

$$\left(\frac{\partial p}{\partial t}\right)_R = p_2 - p_1 \text{ 和} \left(\frac{\partial \nu}{\partial t}\right)_R = \nu_2 - \nu_1 \tag{2.27}$$

于是

$$\begin{aligned}\left(\frac{\mathrm{d}s}{\mathrm{d}t}\right)_R &= \left(\frac{\partial s}{\partial p}\right)_\nu (p_2 - p_1) + \left(\frac{\partial s}{\partial \nu}\right)_p (\nu_2 - \nu_1) \\ &= \left(\frac{\partial s}{\partial p}\right)_\nu [(p_2 - p_1) + \rho^2 a^2 (\nu_2 - \nu_1)]\end{aligned}$$

正常气体 $\left(\frac{\partial s}{\partial p}\right)_\nu > 0$,由式(2.22),$\left.\frac{\mathrm{d}s}{\mathrm{d}t}\right|_{R,1} > 0$ 和 $\left.\frac{\mathrm{d}s}{\mathrm{d}t}\right|_{R,2} < 0$,故

$$U_1^2 > a_1^2 \text{ 和 } U_2^2 < a_2^2 \tag{2.28}$$

式(2.28)说明,坐标建立在激波上,波前为超声速流动,波后为亚声速流动,故激波仅出现在超声速流动。

2. 理想气体激波关系式

恒比热容理想气体,

$$e = \frac{p\nu}{\gamma - 1} \text{ 和 } a^2 = \gamma p \nu$$

于是,Hugoniot 方程(2.11)可写成

$$\frac{p_2\nu_2}{\gamma - 1} - \frac{p_1\nu_1}{\gamma - 1} + \frac{p_1 + p_2}{2}(\nu_2 - \nu_1) = 0 \tag{2.29}$$

或

$$\frac{\rho_2}{\rho_1} = \frac{\nu_1}{\nu_2} = \frac{p_2 + \mu^2 p_1}{p_1 + \mu^2 p_2} \tag{2.30}$$

此为过(ν_1, p_1)的双曲线方程,其中,$\mu^2 = (\gamma-1)/(\gamma+1)$。

当 $p_1 = 0$,即压缩作用最强时,$\frac{\rho_2}{\rho_1} = \mu^2$。$\gamma = 1.4$ 时,$\frac{\rho_2}{\rho_1} = 6$,即空气中,激波最多可将气体压缩 1/6 倍。

瑞利方程(2.8)可写成

$$\frac{p_2 - p_1}{\nu_1 - \nu_2} = (\rho_1 u_1)^2$$

将上式代入式(2.30),得

$$\frac{p_2}{p_1} = 1 + \frac{2\gamma}{\gamma + 1}(Ma_s^2 - 1) = \frac{2\gamma(\gamma - 1)\eta}{(\gamma + 1)\eta} \tag{2.31}$$

和

$$\frac{\rho_2}{\rho_1} = \frac{\gamma + 1}{\gamma - 1 + 2\eta} \tag{2.32}$$

式中:$\eta = 1/Ma_s^2$,$Ma_s = (D - u_1)/a_1$ 为激波马赫数。

动量守恒方程(2.6)可写成

$$p_2 - p_1 = \rho_1(D - u_1)(u_2 - u_1)$$

进而有

$$\frac{(u_2 - u_1)}{a_1} = \frac{2}{\gamma + 1}\frac{1 - \eta}{\sqrt{\eta}} \tag{2.33}$$

由于

$$\mathrm{d}e = T\mathrm{d}s - p\mathrm{d}\nu$$

故

$$\mathrm{d}s = \frac{C_\nu \mathrm{d}T}{T} + \frac{C_\nu(\gamma - 1)\mathrm{d}\nu}{\nu}$$

积分后得

$$s_2 - s_1 = C_\nu \ln\left\{\left(\frac{p_2}{p_1}\right)\left(\frac{\nu_2}{\nu_1}\right)^\gamma\right\} \tag{2.34}$$

为波后熵增。

由能量守恒方程(2.7),$\left[e + \frac{U^2}{2} + \frac{p}{\rho}\right] = 0$,可推得

$$\frac{\gamma - 1}{\gamma + 1}U_1^2 + \frac{2}{\gamma + 1}a_1^2 = \frac{\gamma - 1}{\gamma + 1}U_2^2 + \frac{2}{\gamma + 1}a_2^2 = a_*^2 \tag{2.35}$$

式中:a_* 为临界声速,定义为 $Ma = U/a = 1$ 时的声速。

式(2.35)可写成

$$\frac{\gamma - 1}{\gamma + 1}\rho_1 U_1^2 + \frac{2\gamma}{\gamma + 1}p_1 = \rho_1 a_*^2$$

和

$$\frac{\gamma - 1}{\gamma + 1}\rho_2 U_2^2 + \frac{2\gamma}{\gamma + 1}p_2 = \rho_2 a_*^2$$

以上两式相减,注意到动量守恒方程(2.6),有

$$a_*^2 = \frac{p_2 - p_1}{\rho_2 - \rho_1}$$

和

$$U_1 U_2 = \frac{p_2 - p_1}{\rho_2 - \rho_1}$$

故

$$\lambda_1 \lambda_2 = 1 \tag{2.36}$$

其中 $\lambda = U/a_*$ 称为速度系数。

2.2 间断相互作用

2.2.1 p-u 曲线[1,6]

由式(2.5)和式(2.6),有

$$[p][\nu]+[U]^2=0$$

用下标"a"表示激波一侧,无下标表示另一侧,于是

$$U-U_a=\pm\varphi_a \quad 或 \quad u-u_a=\pm\varphi_a \tag{2.37}$$

式中:$\varphi_a=\sqrt{(p-p_a)(\nu_a-\nu)}$。

进而有

$$\frac{\mathrm{d}u}{\mathrm{d}p}=\pm\frac{\mathrm{d}\varphi_a(p)}{\mathrm{d}p}$$

又

$$\frac{\mathrm{d}\varphi_a(p)}{\mathrm{d}p}=\frac{1}{2}\left(\sqrt{\frac{\nu_a-\nu}{p-p_a}}-\left(\frac{\mathrm{d}\nu}{\mathrm{d}p}\right)_H\sqrt{\frac{p-p_a}{\nu_a-\nu}}\right)$$

由式(2.26),有

$$\frac{\mathrm{d}\varphi_a(p)}{\mathrm{d}p}>0 \tag{2.38}$$

故 $\varphi_a(p)$ 是 p 的单调递增函数。

对于理想气体,有

$$\varphi_a(p)=(p-p_a)\sqrt{\frac{2\nu_a}{(\gamma+1)p+(\gamma-1)p_a}}$$

式(2.37)描述的 p-u 曲线如图 2.6 所示,两曲线交于 a 点。$p>p_a$ 部分为上半支,$p<p_a$ 为下半支。由于激波波后压力高于波前,故上半支表示,波前状态为 a 的激波,可能出现的波后状态;而下半支表示,波后状态为 a 的激波,可能出现的波前状态。激波面向下游传播时,称为前传激波,记作 $\overrightarrow{S}$;面向上游传播时,称为后传激波,记作 $\overleftarrow{S}$。前传激波使波后速度增加,用方程 $u=u_a+\varphi_a(p)$ 描述,即图 2.6 中曲线 1。后传激波使波后速度减少,用方程 $u=u_a-\varphi_a(p)$ 描述,即图 2.6 中曲线 2。

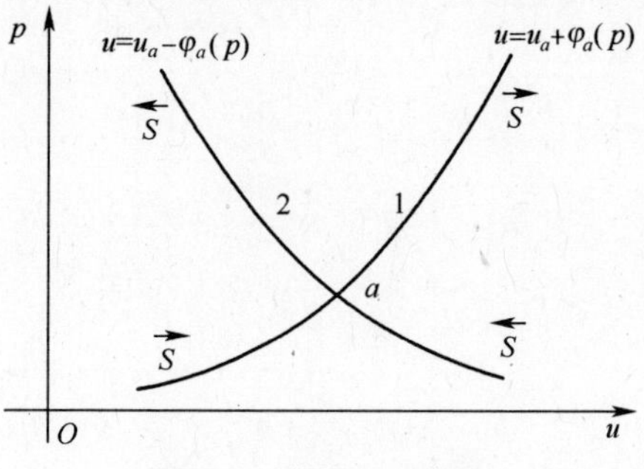

图 2.6 激波 p-u 曲线

对于稀疏波,根据式(1.55)和式(1.56),有

$$u \pm \int \frac{\mathrm{d}p}{\rho a} = 常数$$

其中,+表示右传波,-表示左传波。积分后,有

$$u = u_a \pm \psi_a \tag{2.39}$$

其中,$\psi_a = \int_{p_a}^{p} \frac{\mathrm{d}p}{\rho a}$。由于 $\frac{\mathrm{d}\psi_a}{\mathrm{d}p} = \frac{1}{\rho a} > 0$,故 ψ_a 为单调递增函数。

对于理想气体,有

$$\psi_a = \frac{2a_a}{\gamma - 1}\left(\left(\frac{p}{p_a}\right)^{\frac{\gamma-1}{2\gamma}} - 1\right)$$

式(2.39)描述的 p-u 曲线如图 2.7 所示。稀疏波的波后压力小于波前压力,故对于上半支,a 为波后状态;对于下半支,a 为波前状态。方程 $u=u_a+\psi_a$ 为右传播,即图 2.7 中曲线 1,记作 $\overrightarrow{R}$。$u = u_a - \varphi_a$ 为左传波,即图 2.7 中曲线 2,记作 $\overleftarrow{R}$。

如果,设 a 为波前点,图 2.8 所示曲线,满足如下方程:

$p>p_a$ 的前传激波 $\overrightarrow{S}$, $u=u_a+\varphi_a$

$p<p_a$ 的右传稀疏波 $\overrightarrow{R}$, $u=u_a+\psi_a$

$p>p_a$ 的后传激波 $\overleftarrow{S}$, $u=u_a-\varphi_a$

$p<p_a$ 的左传稀疏波 $\overleftarrow{R}$, $u-u_a-\psi_a$

或写成

$$u - u_a = \begin{cases} \pm\varphi_a, & \frac{p}{p_a} \geqslant 1 \\ \pm\psi_a, & \frac{p}{p_a} < 1 \end{cases} \tag{2.40}$$

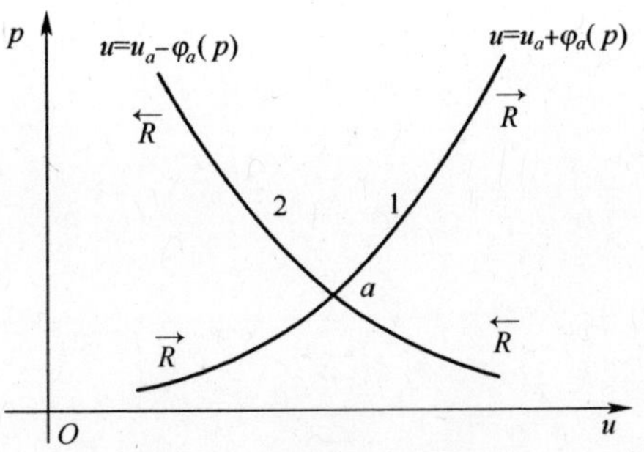

图 2.7 稀疏波 p-u 曲线

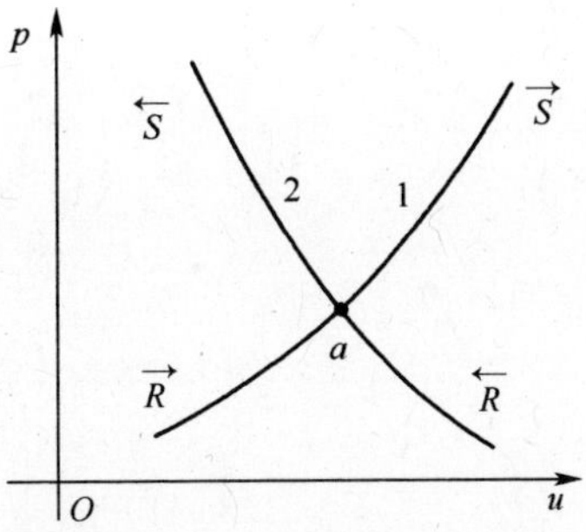

图 2.8 a 为波前点的 p-u 曲线

可以证明,S 曲线与 R 曲线在 a 点二阶相切。证明如下:

对于 S 曲线,有

$$\left(\frac{\mathrm{d}\varphi_a}{\mathrm{d}p}\right)_H = \frac{1}{2}\left(\sqrt{\frac{\nu_a - \nu}{p - p_a}} - \left(\frac{\partial \nu}{\partial p}\right)_H \sqrt{\frac{p - p_a}{\nu_a - \nu}}\right) \tag{2.41}$$

$$\left(\frac{d^2\varphi_a}{dp^2}\right)_H = -\frac{1}{4}\sqrt{\frac{p-p_a}{\nu_a-\nu}}\left(2\left(\frac{\partial^2\nu}{\partial p^2}\right)_H + \frac{1}{\nu_a-\nu}\left[\left(\frac{\partial\nu}{\partial p}\right)_H + \frac{\nu_a-\nu}{p-p_a}\right]^2\right) \tag{2.42}$$

对于 R 曲线,有

$$\left(\frac{d\psi_a}{dp}\right)_s = \sqrt{-\left(\frac{\partial\nu}{\partial p}\right)_s} \tag{2.43}$$

$$\left(\frac{d^2\psi_a}{dp^2}\right)_s = -\frac{1}{2}\left[-\left(\frac{\partial\nu}{\partial\rho}\right)_s\right]^{-1/2}\left(\frac{\partial^2\nu}{\partial p^2}\right)_s \tag{2.44}$$

由于等熵线与激波绝热线在 a 点二阶相切,即

$$\left(\frac{\partial\nu}{\partial p}\right)_s = \left(\frac{\partial\nu}{\partial p}\right)_H \text{ 和 } \left(\frac{\partial^2\nu}{\partial p^2}\right)_s = \left(\frac{\partial^2\nu}{\partial p^2}\right)_H$$

将上式代入式(2.41)~式(2.44),得

$$\left(\frac{d\psi_a}{dp}\right)_s = \left(\frac{d\varphi_a}{dp}\right)_H \text{ 和 } \left(\frac{d^2\psi_a}{dp^2}\right)_s = \left(\frac{d^2\varphi_a}{dp^2}\right)_H$$

故 S 曲线与 R 曲线在 a 点二阶相切。

因此,图 2.8 中曲线 1 和曲线 2 皆由 S 曲线与 R 曲线光滑拼接而成。面向下游,如果质点轨迹从右侧跨越波阵面轨迹,称为前传波(或右传波);反之,从左侧跨越称为后传波(或左传播)。曲线 1 描述前传播(包括等熵波和激波)的波前波后关系,而曲线 2 描述后传波。

对于理想气体,式(2.40)写成

$$u-u_a = \begin{cases} \pm(p-p_a)\sqrt{\dfrac{2\nu_a}{(\gamma+1)p+(\gamma-1)p_a}}, & p/p_a \geqslant 1 \\ \pm\dfrac{2}{r+1}a_a\left[\left(\dfrac{p}{p_a}\right)^{\frac{r-1}{2r}}-1\right], & p/p_a < 1 \end{cases} \tag{2.45}$$

令 $W=\dfrac{|p-p_a|}{|u-u_a|}$ 和 $\omega=\dfrac{p}{p_a}$, 于是, 有

$$W = \sqrt{\rho_a p_a}\,F(\omega) \tag{2.46}$$

其中

$$F(\omega) = \begin{cases} \dfrac{\gamma+1}{2}\omega + \dfrac{\gamma-1}{2}, & \omega \geqslant 1 \\ \dfrac{\gamma-1}{2\sqrt{\gamma}}\dfrac{1-\omega}{1-\omega^{\frac{\gamma-1}{2\gamma}}}, & \omega < 1 \end{cases} \tag{2.47}$$

对于激波 $W=\rho|D-u|$,称为激波的拉格朗日速度;对于稀疏波,W 称为等效拉格朗日速度。写成通式

$$W_{\pm}(u-u_a) = \pm(p-p_a) \tag{2.48}$$

其中,下标±表示前传或后传波。

2.2.2 初始间断分解[10]

1. Riemann 问题

初始时刻,流场间断可任意给定,不一定满足间断守恒方程。因此,流场一经发展,间断必然分解,使流场满足守恒方程。经典初始间断分解,称作 Riemann 问题,描述为

$$\frac{\partial U}{\partial t}+\frac{\partial F(U)}{\partial x}=0$$

$t=0$ 时,有

$$U(x,0)=\begin{cases}U_+, & x>0\\ U_-, & x<0\end{cases}$$

即 $x=0$ 处出现间断,间断两侧流场分布均匀,如图 2.9(a)所示。以压力间断为例,$x=0$ 处为膜,隔开两边气体,左侧为高压,记作 p_-,右侧为低压,记作 p_+,如图 2.9(b)所示。破膜后,初始间断分解,波系如图 2.10(a)所示。低压气体中产生前传激波 $\overrightarrow{S}$,高压气体中产生后传中心稀疏波 $\overleftarrow{R}$。在 $p-u$ 平面,如图 2.10(b)所示,前传波 L_r 与后传波 L_1 交于 m^*,为两波的波后状态,具有相同的压力 p^* 和速度 u^*。由于两波的强度不同,故波后状态不同(具有不同的密度、温度和熵),其间存在接触间断,以调整波后流场的状态差异。

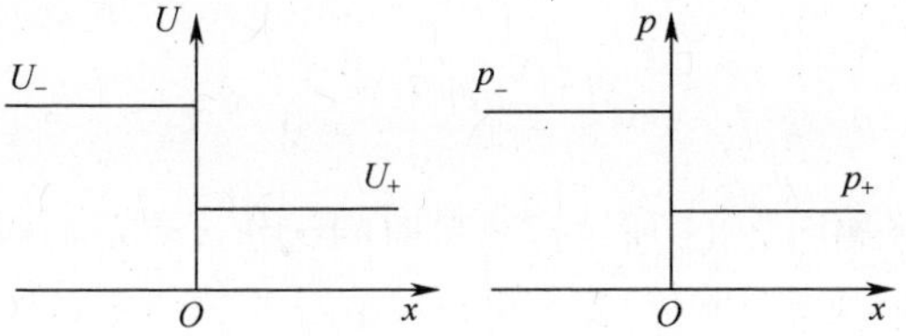

(a) (b)

图 2.9 初始间断

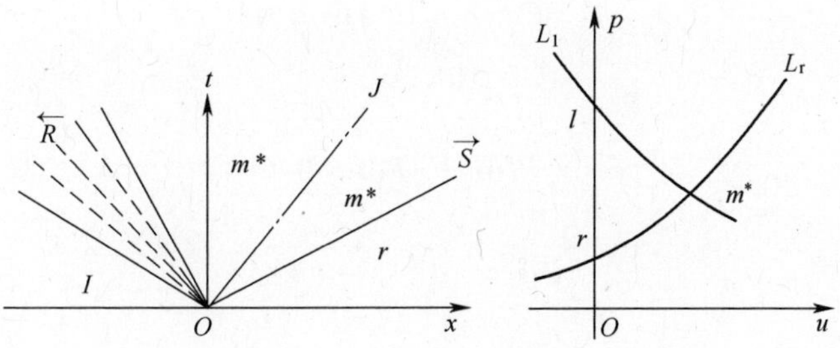

(a) (b)

图 2.10 初始间断分解

前传波和后传波,分别有

$$W_+(u^* - u_+) - (p^* - p_+) = 0 \tag{2.49}$$

$$W_-(u^* - u_-) + (p^* - p_-) = 0 \tag{2.50}$$

其中，$W_\pm = \sqrt{\rho_\pm p_\pm} F(\omega_\pm^*)$，$\omega_\pm^* = p^*/p_\pm$。下标±表示初始间断两侧的值，为已知值。$W\pm$可写成

$$W_\pm = \mathscr{F}_\pm(p^*) \tag{2.51}$$

由式(2.49)和式(2.50)，得

$$p^* = \{W_+ p_+ + W_- p_- - W_+ W_- (u_+ - u_-)\}/(W_+ + W_-) \tag{2.52}$$

和

$$u^* = \{W_+ u_+ + W_- u_- - (p_+ - p_-)\}/(W_+ + W_-) \tag{2.53}$$

由式(2.51)～式(2.53)，可解得 p^*、u^* 和 $W_\pm$，进而根据 $\omega_\pm^*$ 值，判断 $W_\pm$是激波还是稀疏波，再利用波前波后关系式，求得接触间断两侧的参数。波的传播速度分别为

$$D_+ = u_+ + \frac{W_+}{\rho_+}, D_- = u_- - \frac{W_-}{\rho_-}, D^* = u^* \tag{2.54}$$

于是得到间断分解后的流场。

2. Godunov 格式

数值计算时，除用离散格点离散求解区域外还可将求解区域离散为胞格，并设胞格内参数均匀分布（参见 1.2.5 节）。此时，连续函数近似为阶梯函数，胞格边界成为间断面，称此为有限体积法。

一维欧拉方程

$$\frac{\partial U}{\partial t} + \frac{\partial F(U)}{\partial x} = 0$$

x-t 空间的离散网格如图 2.11 所示。离散时间记作 n 和 $n+1$ 等，流场从 n 时刻向 $n+1$ 时刻发展。空间胞格记作 $j-1$、j 和 $j+1$ 等，j 胞格覆盖区间为 $j-1/2<x<j+1/2$，覆盖区域为 Ω。

方程在 Ω 内积分：

$$\iint_\Omega \left(\frac{\partial U}{\partial t} + \frac{\partial F(U)}{\partial x}\right) \mathrm{d}x\mathrm{d}t = 0$$

由格林公式：

$$\oint_C U\mathrm{d}x + \oint_C F\mathrm{d}t = 0$$

其中

$$-\oint U\mathrm{d}x = (U_j^{n+1} - U_j^n)\Delta x$$

$$\oint_C F\mathrm{d}x = (\langle F\rangle_{j+1/2}^n - \langle F\rangle_{j-1/2}^n)\Delta t$$

$\langle F\rangle$ 表示边界 AD 或 BC 上的平均值，称为边界数值通量。于是

$$\frac{U^{n+1} - U^n}{\Delta t} + \frac{F_{j+1/2}^n - F_{j-1/2}^n}{\Delta x} = 0 \tag{2.55}$$

n 时刻，胞格边界为初始间断，从 n 时刻向 $n+1$ 发展时，间断将分解，如图 2.12 所示。图中，OA、OC 和 OB 分别为前传波，接触间断和后传波。Ⅰ区和Ⅳ为波前区，其值已知，为 n 时刻，j 和 $j+1$ 胞格的值。根据 Riemann 问题求解方法，可得到 OA、OC、OB 的斜率和Ⅱ区和Ⅲ区的值，从而判断胞格边界所在区域，得到边界通量 $F_{j\pm1/2}^{n}$，再由式(2.55)，可求得 U^{n+1}。此格式称为 Godunov 格式。

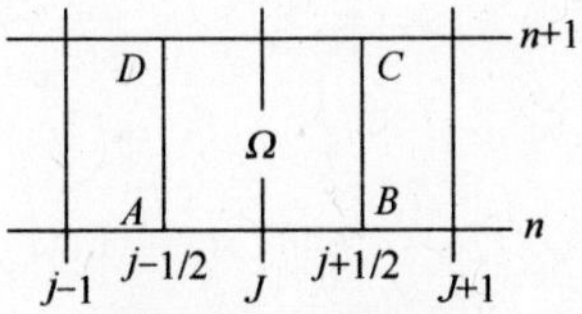

图 2.11　计算胞格

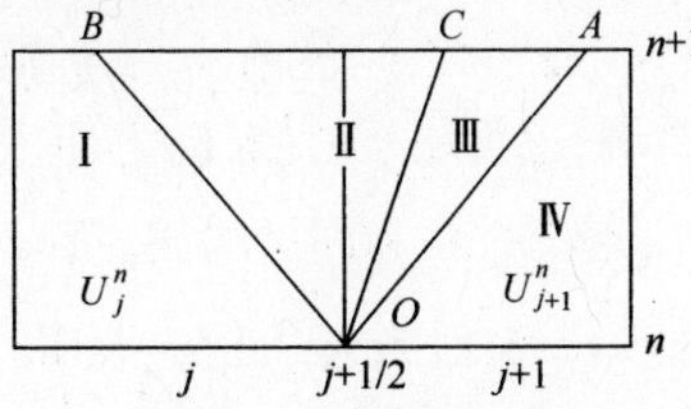

图 2.12　Godunov 格式

2.2.3　波的相互作用[1,6]

1. 激波相互作用

1）激波对碰

两激波相向而行，如图 2.13 所示。其中，图(a)表示碰撞前，$\overleftarrow{S_1}$ 和 $\overrightarrow{S_2}$ 分别为后传和前传激波，流场被划为 l、m 和 r 三个区域。图(b)表示碰撞后，两波相互透射，形成 $\overleftarrow{S_3}$ 和 $\overrightarrow{S_4}$，波后区域为 m^*。

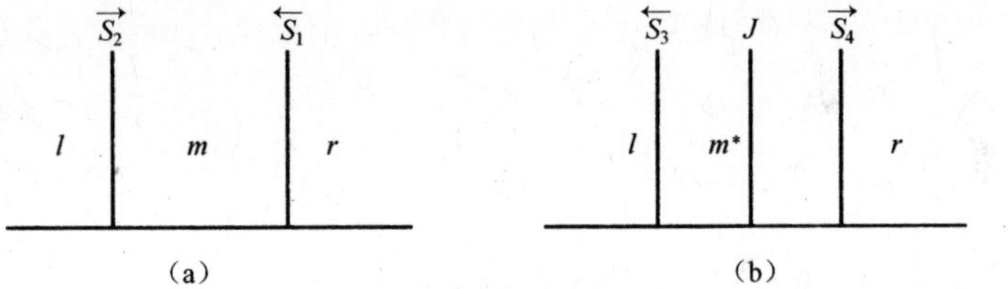

图 2.13　激波对碰

图 2.14 为激波对碰的 $p-u$ 曲线。碰撞前，m 点为波前点，$\overleftarrow{S_1}$ 波后点为 l，在 L_m 的上半支，$\overrightarrow{S_2}$ 波后点为 r，在 $\overline{L}_m$ 的上半支。碰撞后，l 和 r 分别为 $\overleftarrow{S_3}$ 和 $\overrightarrow{S_4}$ 的波前点，L_r 和 $\overline{L}_l$ 的交点 m^* 为波后点。因 m^* 点位于 L_r 和 $\overline{L}_l$ 上半支，故 $\overleftarrow{S_3}$ 和 $\overrightarrow{S_4}$ 皆为激波。由于 $\overleftarrow{S_3}$ 和 $\overrightarrow{S_4}$ 的强度不同，波后受压缩程度及熵增不同，故 m^* 对应于接触间断，用 J 表示。

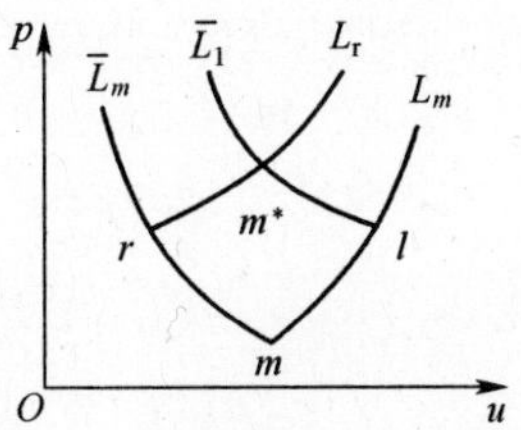

图 2.14　对碰激波的 $p-u$ 曲线

于是，碰撞过程表示为

$$\overrightarrow{S}\overleftarrow{S} \to \overleftarrow{S}\ J\ \overrightarrow{S}$$

2)激波追赶

两激波同向而行,如图 2.15 所示。u_m 是 $\overrightarrow{S}_1$ 的波后质点速度,故$(u_m-D_1)^2<a_m^2$,其中 D_1 为 $\overrightarrow{S}_1$ 的传播速度。u_m 是 $\overrightarrow{S}_2$ 的波前质点速度,故$(u_m-D_2)^2>a_m^2$,其中 D_2为 $\overrightarrow{S}_2$ 的传播速度。故 $D_2>D_1$。因此,后方激波总会赶上前方激波。

根据激波压缩性质,$p_l>p_m>p_r$ 和 $u_l>u_m>u_r$。在 $p-u$ 平面,$\overrightarrow{S}_1$ 波前为 r,波后为 m,在 L_r 上半支。$\overrightarrow{S}_2$ 波前为 m,波后为 l,位于 L_m 上半支。值得注意的是,L_m 可能在 L_r 左侧,也可能在右侧,为方便区分,后者记作 L_m',参见图 2.16。激波作用后,形成向前激波 $\overrightarrow{S}_3$ 和向后的波。$\overrightarrow{S}_3$波前为 r,波后为 m^*,仍在 L_r 上半支。向后的波,波前为 l,波后为 m^*,位于 $\overline{L}_l$ 曲线。显然,当 L_m 在 L_r 左侧时,m^* 在 $\overline{L}_l$ 下半支,故为左传稀疏波 $\overleftarrow{R}$;当 L_m 在 L_r 右侧时,m^* 在 $\overline{L}_l$ 上半支,为后传激波$\overleftarrow{S}$ 。于是,激波追赶有两种结果,即

$$\overrightarrow{S}\ \ \overrightarrow{S}\rightarrow\overleftarrow{S}\ \ J\ \ \overrightarrow{S}$$

和

$$\overrightarrow{S}\ \ \overrightarrow{S}\rightarrow\overleftarrow{R}\ \ J\ \ \overrightarrow{S}$$

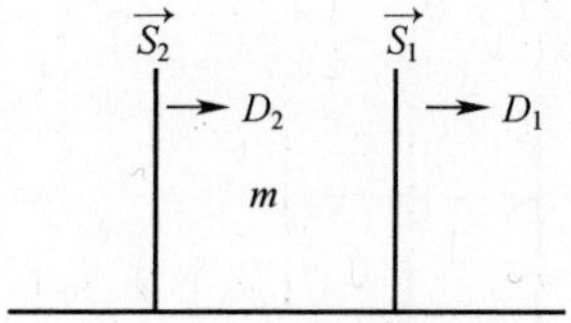

图 2.15　激波追赶

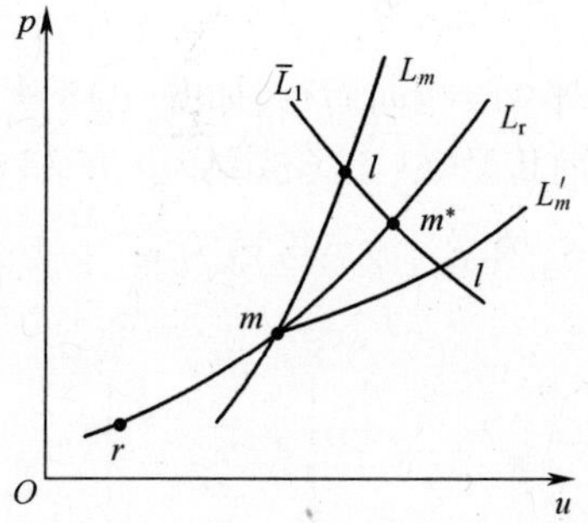

图 2.16　追赶激波的 $p-u$ 曲线

定义 $f=u_r(p)-u_m(p)$,下标 r 和 m 分别表示 L_r 和 L_m。对于 $p>p_m$,$f>0$ 时,L_m 在 L_r 左侧;反之,在其右侧。

对于理想气体,L_r 和 L_m 的上半支方程分别为

$$u_r(p)=u_r+(p-p_r)\sqrt{\frac{2\nu_r}{(\gamma+1)p+(\gamma-1)p_r}} \tag{2.56}$$

$$u_m(p)=u_m+(p-p_m)\sqrt{\frac{2\nu_m}{(\gamma+1)p+(\gamma-1)p_m}} \tag{2.57}$$

又因为,r 和 m 满足激波关系式

$$u_m=u_r+(p_m-p_r)\sqrt{\frac{2\nu_r}{(\gamma+1)p_m+(\gamma-1)p_r}} \tag{2.58}$$

$$\frac{\nu_m}{\nu_r}=\frac{(\gamma+1)p_r+(\gamma-1)p_m}{(\gamma+1)p_m+(\gamma-1)p_r} \tag{2.59}$$

由式(2.56)~式(2.59)得

$$f=\sqrt{\frac{2\nu_r}{\gamma+1}}\left\{\frac{p-p_r}{\sqrt{p+\frac{\gamma-1}{\gamma+1}p_r}}-\frac{p-p_m}{\sqrt{p+\frac{\gamma-1}{\gamma+1}p_m}}\sqrt{\frac{p_r+\frac{\gamma-1}{\gamma+1}p_m}{p_m+\frac{\gamma-1}{\gamma+1}p_r}}-\frac{p_m-p_r}{\sqrt{p_m+\frac{\gamma-1}{\gamma+1}p_r}}\right\} \tag{2.60}$$

对于 $p>p_m$,可以证明,$\gamma\leqslant 5/3$ 时,$f>0$,故 $\overrightarrow{S}\ \overrightarrow{S}\rightarrow\overleftarrow{R}\ J\ \overrightarrow{S}$;$\gamma>5/3$ 时,存在两种可能,即 $\overrightarrow{S}\ \overrightarrow{S}\rightarrow\begin{cases}\overleftarrow{R}\ J\ \overrightarrow{S}\\ \overleftarrow{S}\ J\ \overrightarrow{S}\end{cases}$。

2. 激波与界面作用

激波与界面作用如图 2.17 所示,图(a)表示作用前,图(b)表示作用后。J 为界面(接触间断),左右两侧状态分别为 m 和 r。前传激波 $\overrightarrow{S}$,波前为 m,波后为 l,位于 L_m 上半支。由于 $u_m=u_r=0$ 和 $p_m=p_r=p_0$,故 L_m 上半支和以 r 为波前点的 L_r 上半支如图 2.18 所示,其中图(a)表示 L_r 在 L_m 的上方,图(b)表示 L_r 在 L_m 的下方。

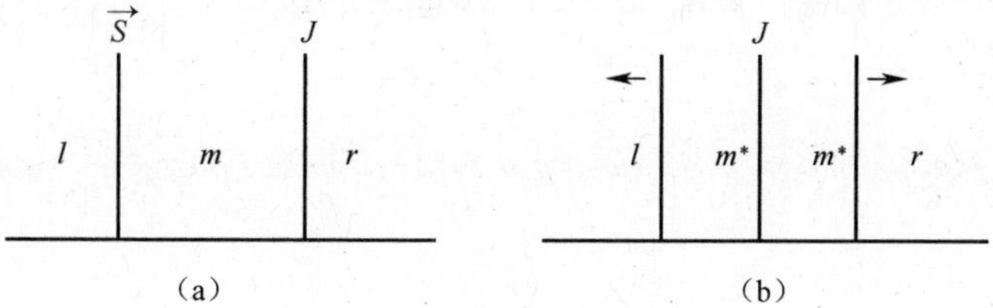

图 2.17　激波与界面作用

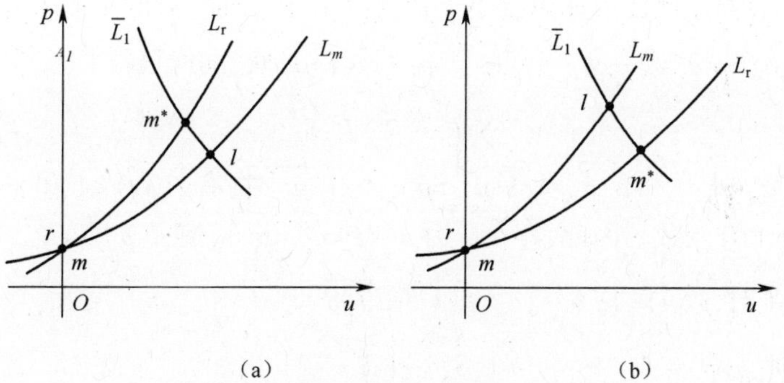

图 2.18　激波与界面作用的 p-u 曲线

激波与界面作用后,向 r 中透射前传波,波后位于 L_r 上;在 l 中反射后传波,波后位于 $\overline{L}_l$(过 l 的后传 p-u 线)上。两曲线交点 m^* 为波后状态。显然,图 2.18(a)

对应于 $\vec{S}J \to \overleftarrow{S}\ J\ \vec{S}$；图 2.18(b) 对应于 $\vec{S}J \to \overleftarrow{R}\ J\ \vec{S}$。

对于理想气体，界面左右两侧介质的绝热指数分别记作 γ_m 和 γ_r，L_r 和 L_m 的上半支方程分别为

$$u_r(p) = (p - p_0)\sqrt{\frac{2\nu_r}{(\gamma_r + 1)p + (\gamma_r - 1)p_0}}$$

$$u_r(p) = (p - p_0)\sqrt{\frac{2\nu_r}{(\gamma_r + 1)p + (\gamma_r - 1)p_0}}$$

令 $g(p)=\dfrac{u_r(p)}{u_m(p)}$，由上述两式可得

$$g(p) = \sqrt{\frac{\nu_r[(\gamma_m + 1)p + (\gamma_m - 1)p_0]}{\nu_m[(\gamma_r + 1)p + (\gamma_r - 1)p_0]}}$$

$$\frac{\mathrm{d}g(p)}{\mathrm{d}p} = \frac{1}{g(p)}\frac{\nu_r(\gamma_r - \gamma_m)p_0}{\nu_m[(\gamma_r + 1)p + (\gamma_1 - 1)p_0]^2}$$

因为 $g(p)>0$，当 $\gamma_r>\gamma_m$ 时，$\dfrac{\mathrm{d}g(p)}{\mathrm{d}p}>0$；当 $\gamma_r<\gamma_m$ 时，$\dfrac{\mathrm{d}g(p)}{\mathrm{d}p}<0$。$g(p)$ 是单调函数。

因为 $g(p_0)=\sqrt{\dfrac{\gamma_m\nu_r}{\gamma_r\nu_m}}=\dfrac{\rho_m a_m}{\rho_r a_r}$，$g(\infty)=\dfrac{\rho_m a_m}{\rho_r a_r}\sqrt{\dfrac{1+\mu_r^2}{1+\mu_m^2}}$，其中 ρa 称为声速阻抗，则有以下四种情况。

(1) $\rho_m a_m<\rho_r a_r$ 和 $\rho_m a_m/\sqrt{1+\mu_m^2}<\rho_r a_r/\sqrt{1+\mu_r^2}$ 时，$g(p)=\dfrac{u_r(p)}{u_m(p)}<1$，$L_r$ 在 L_m 上方，于是

$$\vec{S}\overset{<}{J} \to \overleftarrow{S}\ \overset{<}{J}\ \vec{S}$$

其中，$\overset{<}{J}$ 表示界面左侧的声速阻抗小于右侧；$\overset{>}{J}$ 表示界面左侧的声速阻抗大于右侧。

(2) $\rho_m a_m>\rho_r a_r$ 和 $\rho_m a_m/\sqrt{1+\mu_m^2}>\rho_r a_r/\sqrt{1+\mu_r^2}$ 时，同样可得

$$\vec{S}\overset{>}{J} \to \overleftarrow{R}\ \overset{>}{J}\ \vec{S}$$

(3) $\rho_m a_m<\rho_r a_r$ 和 $\rho_m a_m/\sqrt{1+\mu_m^2}>\rho_r a_r/\sqrt{1+\mu_r^2}$ 时，有 $g(p_0)<1$ 和 $g(\infty)>1$，故 $g(p)$ 是单调上升函数。因此，存在压力 $p^*(0<p^*<\infty)$，使 $g(p^*)=1$。

$p_0<p<p^*$ 时，$g(p)<1$，　　$\vec{S}\overset{<}{J}\to\overleftarrow{S}\ \overset{<}{J}\ \vec{S}$

$p=p^*$ 时，$g(p)=1$，　　$\vec{S}\overset{<}{J}\to\overset{<}{J}\ \vec{S}$

$p>p^*$ 时，$g(p)>1$，　　$\vec{S}\overset{<}{J}\to\overleftarrow{R}\ \overset{<}{J}\ \vec{S}$

(4) $\rho_m a_m>\rho_r a_r$ 和 $\rho_m a_m/\sqrt{1+\mu_m^2}<\rho_r a_r/\sqrt{1+\mu_r^2}$ 时，可推得：

$p_0<p<p^*$ 时，　　$\vec{S}\overset{>}{J}\to\overleftarrow{R}\ \overset{>}{J}\ \vec{S}$

$p=p^*$ 时，　　　　$\vec{S}\overset{>}{J}\to\overset{>}{J}\vec{S}$

$p>p^*$ 时，　　　　$\vec{S}\overset{>}{J}\to\overleftarrow{S}\overset{>}{J}\vec{S}$

3. 激波与稀疏波作用

1) 迎面相碰

激波与稀疏波迎面相碰如图 2.19 所示，图(a)表示作用前，图(b)表示作用后。作用前，前传激波 $\vec{S}$ 波前为 m，波后为 l，位于 L_m 上半支。左传稀疏波波前为 m，波后为 r，位于 $\bar{L}_m$ 下半支。作用后，前传波对应于 L_r，后传波对应于 $\bar{L}_l$，两根曲线的交点为 m^*，该点位于 L_r 上半支，$\bar{L}_l$ 下半支，参见图 2.20。

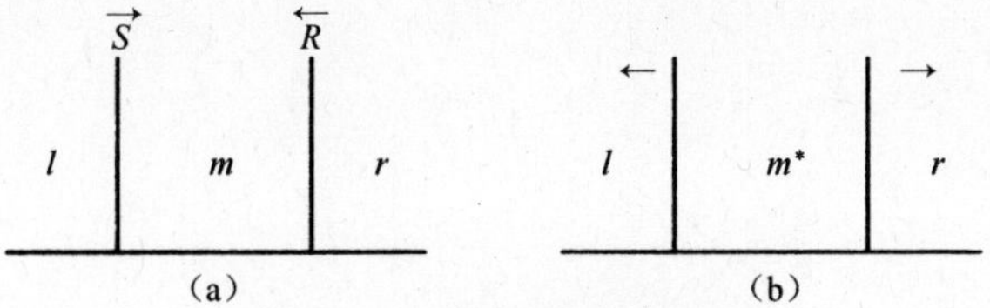

图 2.19　激波与稀疏波相碰

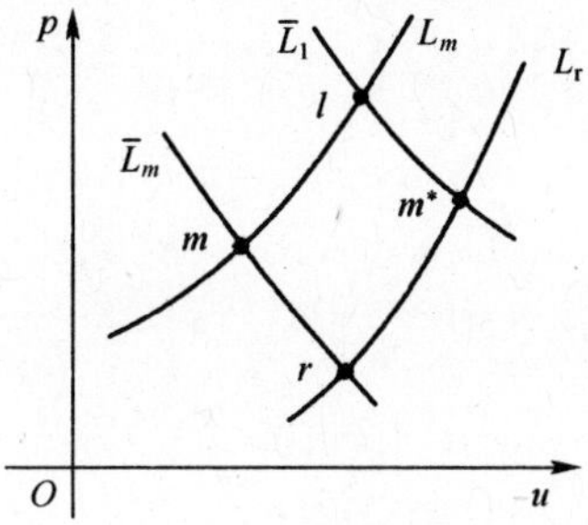

图 2.20　激波与稀疏波相碰的 $p-u$ 曲线

故　　　　$\vec{S}\overleftarrow{R}\to\overleftarrow{R}J\vec{S}$

同理　　　　$\vec{R}\overleftarrow{S}\to\overleftarrow{S}J\vec{R}$

2) 相互追赶

波的追赶包括激波追稀疏波($\vec{S}\,\vec{R}$)和稀疏波追激波($\vec{R}\,\vec{S}$)，分别如图 2.21(a)和(b)所示。对于 $\vec{S}\vec{R}$，$\vec{R}$ 的传播速度为 $D_R=u_m+a_m$，而 $\vec{S}$ 的传播速度 D_s 满足$(u_m-D_s)^2>a_m^2$，故 $D_s>D_R$，$\vec{S}$ 必能追上 $\vec{R}$。同样，对于 $\vec{R}\vec{S}$，可以证明 $D_R>D_s$，$\vec{R}$ 必能追上 $\vec{S}$。

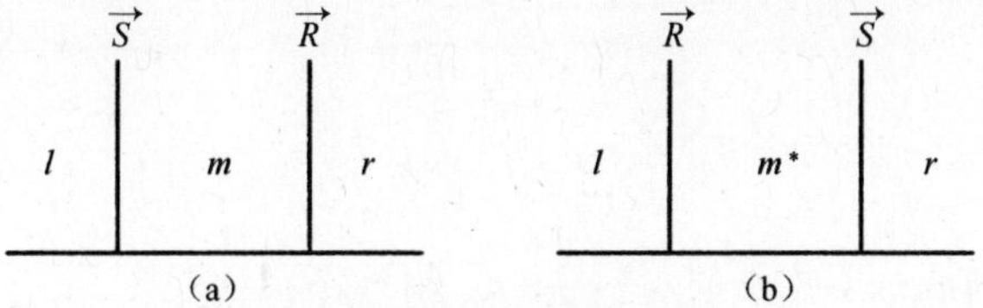

图 2.21　激波与稀疏波追赶

先讨论$\overrightarrow{S}\,\overrightarrow{R}$，有 $p_l>p_m$，$u_l>u_m$，$p_r>p_m$ 和 $u_r>u_m$ 四种情形，$p-u$ 曲线如图 2.22 所示。

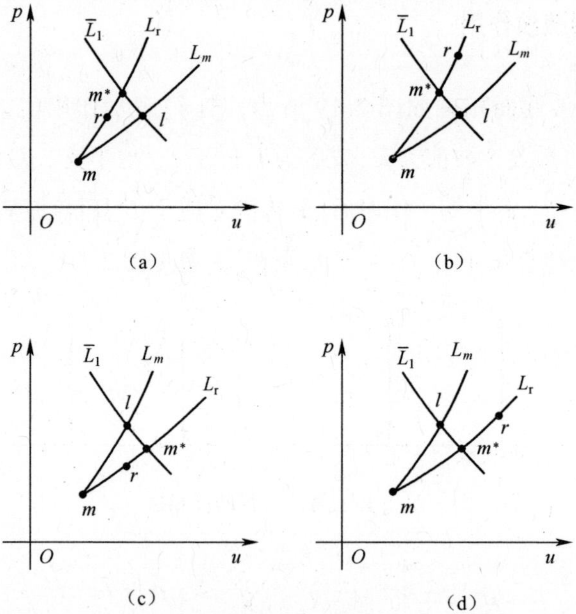

图 2.22 激波与稀疏波追赶的 $p-u$ 曲线

(a) $\overrightarrow{S}\overrightarrow{R}\to\overleftarrow{S}\,J\,\overrightarrow{S}$;(b) $\overrightarrow{S}\overrightarrow{R}\to\overleftarrow{S}\,J\,\overrightarrow{R}$;(c) $\overrightarrow{S}\overrightarrow{R}\to\overleftarrow{R}\,J\,\overrightarrow{S}$;(d) $\overrightarrow{S}\overrightarrow{R}\to\overleftarrow{R}\,J\,\overrightarrow{R}$。

作用前，前传激波 $\overrightarrow{S}$，波前为 m，波后为 l，位于 L_m 上半支。右传稀疏波，波前为 r，波后为 m，位于 L_r 下半支。作用后，形成前传波，后传波和接触间断。前传波仍用 L_r 描述，后传波的 $\overline{L}_l$ 过 l 点，与 L_r 交于 m^*，该点对应于接触间断。如果 L_r 在 L_m 上方，后传波为激波，此时，如果 m^* 在 r 上方，前传波为激波，有 $\overrightarrow{S}\ \overrightarrow{R}\to\overleftarrow{S}\ J\ \overrightarrow{S}$；反之，若 r 在 m^* 上方，有 $\overrightarrow{S}\ \overrightarrow{R}\to\overleftarrow{S}\ J\ \overrightarrow{R}$。如果 L_m 在 L_r 上方，会出现 $\overrightarrow{S}\ \overrightarrow{R}\to\overleftarrow{R}\ J\ \overrightarrow{S}$ 或 $\overrightarrow{S}\ \overrightarrow{R}\to\overleftarrow{R}\ J\ \overrightarrow{R}$。

令 $f=u_m(p)-u_r(p)$，由于 L_m 和 L_r 在 m 点二阶相切，故 $f(p_m)=f'(p_m)=f''(p_m)$。对于理想气体，有

$$f'''(p_m)=\frac{(\gamma+1)a_m}{16\gamma^3 p_m^3}(5-3\gamma)$$

$$f^{(4)}(p_m)=\frac{(\gamma+1)a_m}{16\gamma^4 p_m^4}(15\gamma^2-14\gamma-13)$$

故 $\gamma<\frac{5}{3}$时，$f'''(p_m)<0$；$\gamma=\frac{5}{3}$时，$f'''(p_m)=0$，$f^{(4)}(p_m)>0$；$\gamma>\frac{5}{3}$时，$f'''(p_m)>0$。因此，当激波和稀疏波都不太强时，将 p 在 p_m 附近作泰勒展开，有：$\gamma<\frac{5}{3}$时，如果稀疏

波较弱，则 $\overrightarrow{S}\ \overrightarrow{R}\to\overleftarrow{S}\ J\ \overrightarrow{S}$，如果激波较弱，则 $\overrightarrow{S}\ \overrightarrow{R}\to\overleftarrow{S}\ J\ \overrightarrow{R}$；$\gamma\geqslant\frac{5}{3}$时，如果稀疏波较弱，则$\overrightarrow{S}\ \overrightarrow{R}\to\overleftarrow{R}\ J\ \overrightarrow{S}$，如果激波较弱，则 $\overrightarrow{S}\ \overrightarrow{R}\to\overleftarrow{R}\ J\ \overrightarrow{R}$。

对于 $\overrightarrow{R}\ \overrightarrow{S}$，同样有四种结果，即 $\overleftarrow{S}\ J\ \overrightarrow{S}$、$\overleftarrow{S}\ J\ \overrightarrow{R}$、$\overleftarrow{R}\ J\ \overrightarrow{S}$ 和 $\overleftarrow{R}\ J\ \overrightarrow{R}$。

4. 稀疏波相互作用

两稀疏波迎面相碰，作用前，前传稀疏波 $\overrightarrow{R}$，波前为 m，波后为 l，位于 L_m 下半支。左传稀疏波，波前为 m，波后为 r，位于 $\overline{L}_m$ 下半支。作用后，前传波对应于 L_r，后传波对应于 $\overline{L}_l$，两根曲线的交点为 m^*，该点位于 L_r 和 $\overline{L}_l$ 下半支，参见图 2.23。

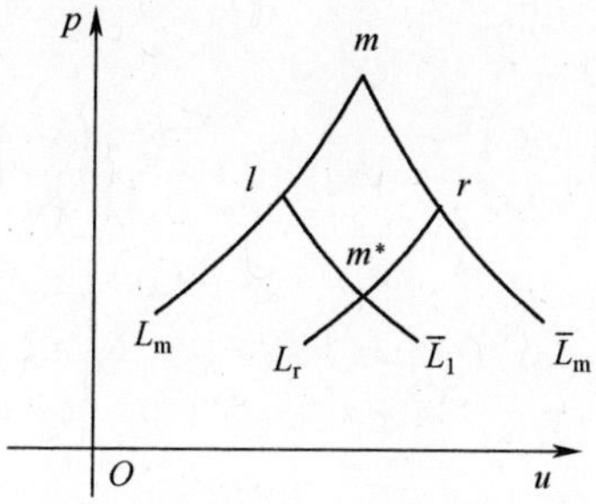

图 2.23　稀疏波相互作用的 p–u 曲线

故

$$\overrightarrow{R}\ \overrightarrow{R}\to\overleftarrow{R}\ \overrightarrow{R}$$

由于作用过程是等熵过程，作用后，稀疏波之间没有接触间断。同向传播的稀疏波不出现追赶。

5. 稀疏波与界面作用

稀疏波与界面作用如图 2.24 所示，设界面（接触间断）左右两侧状态分别为 m 和 r，有 $u_m=u_r=0$ 和 $p_m=p_r=p_0$。右传稀疏波 $\overrightarrow{R}$，波前为 m，波后为 l，位于 L_m 下半支。稀疏波与界面作用后，向 r 中透射前传波，波后位于 L_r 上；在 l 中反射后传波，波后位于 $\overline{L}_l$（过 l 的后传 p–u 线）。两曲线交点 m^* 为波后状态。显然，当 L_r 在 L_m

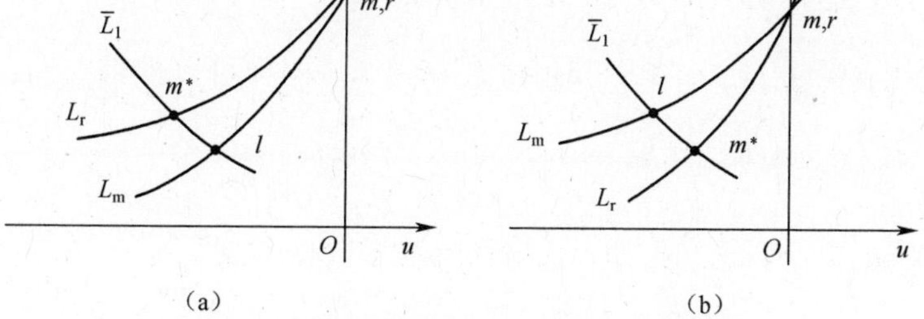

（a）　　　　（b）

图 2.24　稀疏波与界面作用的 p–u 曲线

上方，如图2.24(a)，有 $\vec{R}\,J\to\overleftarrow{S}\,J\,\vec{R}$；当 L_r 在 L_m 下方，如图2.24(b)，有 $\vec{R}\,J\to\overleftarrow{R}\,J\,\vec{R}$。

对于理想气体，有

$$
\begin{aligned}
f &= u_r(p) - u_m(p) \\
&= \frac{2a_r}{\gamma_r - 1}\left[\left(\frac{p}{p_0}\right)^{\frac{\gamma_r-1}{2\gamma_r}} - 1\right] - \frac{2a_m}{\gamma_m - 1}\left[\left(\frac{p}{p_0}\right)^{\frac{\gamma_m-1}{2\gamma_m}} - 1\right] \\
&= \left(\frac{2a_r}{\gamma_r - 1} - \frac{2a_m}{\gamma_m - 1}\right) g(p)
\end{aligned}
$$

其中

$$
g(p) = \frac{\dfrac{2a_r}{\gamma_r - 1}\left[\left(\dfrac{p}{p_0}\right)^{\frac{\gamma-1}{2\gamma_r}} - 1\right] - \dfrac{2a_m}{\gamma_m - 1}\left[\left(\dfrac{p}{p_0}\right)^{\frac{\gamma_m-1}{2\gamma_m}} - 1\right]}{\left(\dfrac{2a_r}{\gamma_r - 1} - \dfrac{2a_m}{\gamma_m - 1}\right)} - 1
$$

进而有

$$
g'(p) = \frac{\dfrac{1}{\rho_r a_r}\left(\dfrac{p}{p_0}\right)^{-\frac{\gamma_m+1}{2\gamma_m}}\left[\left(\dfrac{p}{p_0}\right)^{\frac{\gamma_r-\gamma_m}{2\gamma_r\gamma_m}} - \dfrac{\rho_r a_r}{\rho_m a_m}\right]}{\left(\dfrac{2a_r}{\gamma_r - 1} - \dfrac{2a_m}{\gamma_m - 1}\right)}
$$

注意到，$0 \leqslant p \leqslant p_0$，$f(p_0) = 0$ 和 $g(p_0) = 0$，故当 $\rho_r a_r > \rho_m a_m$，$\gamma_r \geqslant \gamma_m$ 时，$\left(\frac{p}{p_0}\right)^{\frac{\gamma_r-\gamma_m}{2\gamma_r\gamma_m}} - \frac{\rho_r a_r}{\rho_m a_r} < 0$，于是

$$
\operatorname{sgn} g'(p) = -\operatorname{sgn}\left(\frac{2a_r}{\gamma_r - 1} - \frac{2a_m}{\gamma_m - 1}\right)
$$

即 $\frac{2a_r}{\gamma_r-1} - \frac{2a_m}{\gamma_m-1} > 0$ 时，$g(p)>0$，进而有 $f(p)>0$，故 $\vec{R}\,J\to\overleftarrow{R}\,J\,\vec{R}$；反之，$\frac{2a_r}{\gamma_r-1} - \frac{2a_m}{\gamma_m-1} < 0$ 时，有 $g(p)<0$，进而有 $f(p)>0$，故 $\vec{R}\,J\to\overleftarrow{R}\,J\,\vec{R}$。

因此，当 $\rho_r a_r > \rho_m a_m$，$\gamma_r \geqslant \gamma_m$ 时，$\vec{R}\,\overset{<}{J}\to\overleftarrow{R}\,\overset{<}{J}\,\vec{R}$。同样可以推得，当 $\rho_r a_r < \rho_m a_m$，$\gamma_r \leqslant \gamma_m$ 时，$\vec{R}\,\overset{<}{J}\to\overleftarrow{S}\,\overset{<}{J}\,\vec{R}$。

当 $\rho_r a_r > \rho_m a_m$，$\gamma_r < \gamma_m$ 时，如果入射稀疏波相当弱，以致 $\left(\frac{p}{p_0}\right)^{\frac{\gamma_m-\gamma_r}{2\gamma_r\gamma_m}} - \frac{\rho_r a_r}{\rho_m a_m} < 0$，进而有 $f(p)>0$，于是 $\vec{R}\,\overset{<}{J}\to\overleftarrow{R}\,\overset{<}{J}\,\vec{R}$。当 $\rho_r a_r < \rho_m a_m$，$\gamma_r > \gamma_m$ 时，如果入射稀疏波相当弱，以

致$\left(\frac{p}{p_0}\right)^{\frac{\gamma_r-\gamma_m}{2\gamma_r\gamma_m}}-\frac{\rho_r a_r}{\rho_m a_m}>0$,进而有$f(p)<0$,于是$\overleftarrow{R}\ \overset{>}{J}\rightarrow\overleftarrow{S}\ \overset{>}{J}\ \overrightarrow{R}$。

6. 激波斜反射[11-12]

1）斜激波

质点运动方向与激波阵面斜交时,称为斜激波。坐标建立在激波上,有

$$\boldsymbol{U}=\boldsymbol{u}-D_{\mathrm{n}}\boldsymbol{n}$$

式中:$\boldsymbol{n}$为激波阵面单位法矢量;D_n为激波法向传播速度。

设波前来流方向为水平方向,即x方向,如图2.25所示。波阵面与x的夹角α定义为斜激波角;来流速度与波后速度的夹角θ称为气流偏转角。有

$$U_{1\mathrm{n}}=U_1\sin\alpha,U_{1\mathrm{t}}=U_1\cos\alpha,U_{2\mathrm{n}}=U_2\sin(\alpha-\theta)\text{ 和 }U_{2\mathrm{t}}=U_2\cos(\alpha-\theta)\tag{2.61}$$

式中:下标n和t分别表示$\boldsymbol{U}$在阵面法向和切向的分量;U为$\boldsymbol{U}$的模。

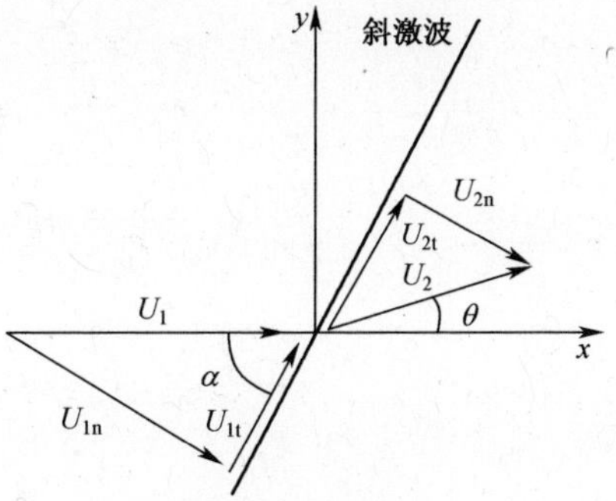

图2.25　斜激波

质点穿越斜激波后,切向速度不变,即

$$[U_{\mathrm{t}}]=[u_{\mathrm{t}}]=0\tag{2.62}$$

对于广延量A,有变化关系式

$$\frac{\mathrm{d}A}{\mathrm{d}t}=[\mathscr{I}U_{\mathrm{n}}]$$

故质量守恒方程为

$$[\rho U_{\mathrm{n}}]=0\tag{2.63}$$

动量守恒方程为

$$[p+\rho U_{\mathrm{n}}^2]=0\tag{2.64}$$

能量守恒方程为

$$\left[e+\frac{1}{2}u^2+\frac{p}{\rho}\right]=0$$

或

$$\left[e+\frac{1}{2}U_{\mathrm{n}}^2+\frac{p}{\rho}\right]=0\tag{2.65}$$

由式(2.63)和式(2.64),有

$$U_{1n}^2=\frac{1}{\rho_1}\frac{p_2-p_1}{1-\dfrac{\rho_1}{\rho_2}}\text{ 和 }U_{2n}^2=\frac{1}{\rho_2}\frac{p_2-p_1}{\dfrac{\rho_2}{\rho_1}-1}$$

于是

$$e_2(p_2,\rho_2)-e_1(p_1,\rho_1)=\frac{1}{2}(p_2+p_1)\left(\frac{1}{\rho_1}-\frac{1}{\rho_2}\right) \tag{2.66}$$

$$\sin\alpha=\frac{1}{U_1}\sqrt{\frac{p_2-p_1}{\rho_1\left(1-\dfrac{\rho_1}{\rho_2}\right)}} \tag{2.67}$$

$$U_{1n}-U_{2n}=\sqrt{(p_2-p_1)\left(\frac{1}{\rho_1}-\frac{1}{\rho_2}\right)} \tag{2.68}$$

由式(2.62)和式(2.64),有

$$p_2-p_1=\rho_1\boldsymbol{U}_1\cdot(\boldsymbol{U}_1-\boldsymbol{U}_2)=\rho_1U_1(U_1-U_{x2})$$

即

$$U_{x2}=U_1-\frac{p_2-p_1}{\rho_1U_1} \tag{2.69}$$

式中:U_{x2}为$\boldsymbol{U}_2$在x方向的分量。

由式(2.62),有

$$(\boldsymbol{U}_1-\boldsymbol{U}_2)^2=(U_1-U_{2x})^2+U_{2y}^2=(p_2-p_1)\left(\frac{1}{\rho_1}-\frac{1}{\rho_2}\right)$$

即

$$U_{y2}^2=(p_2-p_1)\left(\frac{1}{\rho_1}-\frac{1}{\rho_2}\right)-\left(\frac{p_2-p_1}{\rho_1U_1}\right)^2 \tag{2.70}$$

式中:U_{y2}为$\boldsymbol{U}_2$在y方向的分量。

由式(2.69)和式(2.70),有

$$\tan\theta=\pm\frac{\sqrt{(p_2-p_1)\left(\dfrac{1}{\rho_1}-\dfrac{1}{\rho_2}\right)-\left(\dfrac{p_2-p_1}{\rho_1U_1}\right)^2}}{U_1-\dfrac{p_2-p_1}{\rho_1U_1}} \tag{2.71}$$

对于理想气体,有

$$\sin\alpha=\frac{1}{Ma_1}\sqrt{\left(\frac{\gamma+1}{2\gamma}\right)\left[\frac{p_2}{p_1}+\frac{\gamma-1}{\gamma+1}\right]} \tag{2.72}$$

$$U_{1n}-U_{2n}=(p_2-p_1)\sqrt{\frac{2}{\rho_1}\frac{1}{(\gamma+1)p_2+(\gamma-1)p_1}} \tag{2.73}$$

$$U_{y2}^2=(U_1-U_{x2})^2\left\{\frac{1}{\dfrac{1}{Ma_1^2}+\dfrac{\gamma+1}{2}\left(1-\dfrac{U_{x2}}{U_1}\right)}-1\right\} \tag{2.74}$$

$$\tan\theta = \pm \frac{\frac{p_2}{p_1} - 1}{\gamma Ma_1^2 - \left(\frac{p_2}{p_1} - 1\right)} \sqrt{\frac{\frac{2\gamma}{\gamma+1}(Ma_1^2 - 1) - \left(\frac{p_2}{p_1} - 1\right)}{\frac{p_2}{p_1} + \frac{\gamma-1}{\gamma+1}}} \tag{2.75}$$

式中：$Ma_1 = U_1/a_1$，称为激波马赫数。

2）p–θ 极曲线

由式(2.66)和式(2.71)，消去 ρ_2，得到波后压力 p_2 和气流偏转角 θ 的关系式(对于理想气体，即式(2.75))，进而有斜激波 p–θ 极曲线，如图 2.26 所示，其中波前压力为 p_0，波后压力为 p。由式(2.71)可知，曲线关于 p 轴对称。由于波后压力 p 大于波前压力 p_0，故曲线上半支(图 2.26 中实线)对应于斜激波。对于给定 θ ($\theta=\theta_W$)，图中 P 点为波后值。$\theta=0$ 时，有两个根，$p=p_0$ 和 $p=p_{max}$。前者激波退化为声波，后者成为正激波。

对于理想气体，有

$$p_{max} = p_0\left[1 + \frac{2\gamma}{\gamma+1}(Ma_1^2 - 1)\right]$$

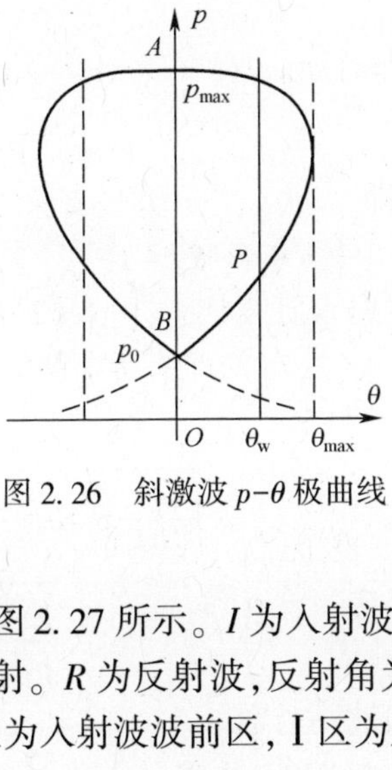

图 2.26　斜激波 p–θ 极曲线

3）正规反射

平面激波的壁面反射如图 2.27 所示。I 为入射波，在 O 点与壁面碰撞，入射角为 α_0。α_0 不大时，为正规反射。R 为反射波，反射角为 α_2。OI 和 OR 将流场分为三个区：O、Ⅰ和Ⅱ，其中 O 区为入射波波前区，Ⅰ区为入射波波后(反射波波前)区，

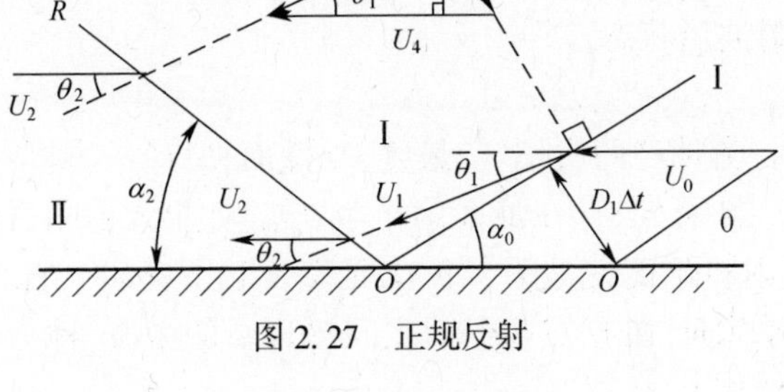

图 2.27　正规反射

Ⅱ区为反射波波后区。实验室坐标中，入射波的波速为 D_1，波前流速为 $\boldsymbol{u}_0$，波后流速为 $\boldsymbol{u}_1$。当 $\boldsymbol{u}_0=0$ 时，$\boldsymbol{u}_1$ 垂直于入射波阵面。碰撞点随入射激波运动，其速度为 $U_0=D_1/\sin\alpha_0$。

坐标建立在碰撞点 O，x 轴正向与波前来流方向相反，有

$$\boldsymbol{U}=\boldsymbol{u}+\boldsymbol{U}_0$$

根据图 2.27 中的矢量关系，有

$$\begin{cases} U_1^2=(U_0-u_1\sin\alpha_0)^2+(u_1\cos\alpha_0)^2 \\ \tan\theta_1=\dfrac{u_1\cos\alpha_0}{U_0-u_1\sin\alpha_0} \end{cases} \tag{2.76}$$

式中：θ_1 为 I 的气流偏转角，逆时针方向为正。

Ⅰ区为 R 的波前值，则

$$\begin{cases} \tan\theta_2=\pm\dfrac{\sqrt{(p_2-p_1)\left(\dfrac{1}{\rho_1}-\dfrac{1}{\rho_2}\right)-\left(\dfrac{p_2-p_1}{\rho_1 U_1}\right)^2}}{U_1-\dfrac{p_2-p_1}{\rho_1 U_1}} \\ e_2(p_2,\rho_2)-e_1(p_1,\rho_1)=\dfrac{1}{2}(p_2+p_1)\left(\dfrac{1}{\rho_1}-\dfrac{1}{\rho_2}\right) \end{cases} \tag{2.77}$$

式中：θ_2 为 R 的气流偏转角。

由固壁条件，$\boldsymbol{U}_2 /\!/ \boldsymbol{U}_0$，即

$$\theta_1+\theta_2=0 \tag{2.78}$$

正规反射可迭代求解：根据入射波状态，由式(2.76)，求得 U_1 和 θ_1。预估 ρ_2，由式(2.77)，求出 θ_2，若满足式(2.78)，即为所求的解，否则，修正 ρ_2。

对于理想气体，式(2.77)写成

$$\tan\theta_2=\pm\frac{\dfrac{p_2}{p_1}-1}{\gamma Ma_1^2-\left(\dfrac{p_2}{p_1}-1\right)}\sqrt{\frac{\dfrac{2\gamma}{\gamma+1}(Ma_1^2-1)-\left(\dfrac{p_2}{p_1}-1\right)}{\dfrac{p_2}{p_1}+\dfrac{\gamma-1}{\gamma+1}}} \tag{2.79}$$

其中，Ma_1 表示反射波 R 的激波马赫数。

由式(2.77)，可绘制 $p-\theta$ 极曲线，再将其平移，使对称轴位于 $\theta=\theta_1$ 处，便得到正规反射的 $p-\theta$ 极曲线，如图 2.28 所示。此时，(p_1,θ_1) 对应于入射波的波后状态，a 点对应于反射波后状态。

4）马赫反射

激波斜反射时，流体经两次偏转，最终，与壁面平行。入射角越大，波后气流偏转角越大。由图 2.28 可知，存在最大偏转角 $\theta_{\max}$，如果入射角过大，使偏转角大于 $\theta_{\max}$，此时，正规反射将不能使波后气流满足壁面边界条件。此时，入射波与反射波的交点 O 将离开壁面，在 O 点与壁面之间出现新的激波，称为马赫干，O 点称为

三波点。此类反射称为马赫反射,波系结构如图 2.29 所示。

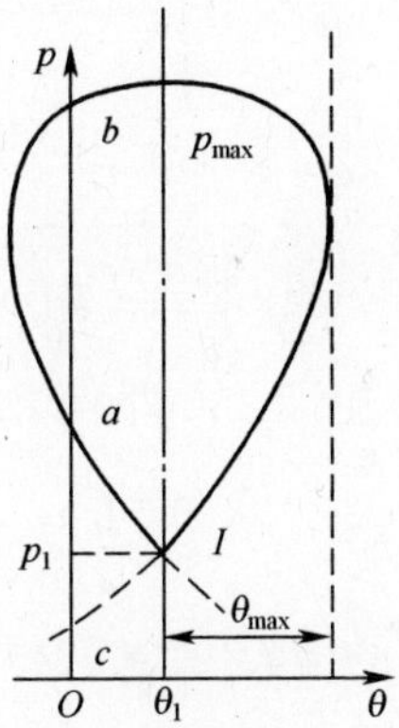

图 2.28 正规反射 $p-\theta$ 极曲线

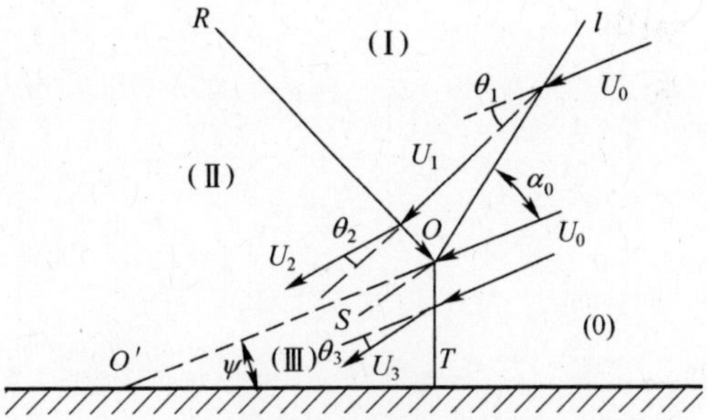

图 2.29 马赫反射

反射波的波后气流,经入射波和反射波两次压缩,而马赫干的波后气流,仅经过一次压缩,故两者密度和熵均不同。于是,反射波与马赫干的波后区域,存在接触间断。图中用 OS 表示。OI,OR,OS 和 OT(马赫干)将流场分为四个区:O、Ⅰ、Ⅱ和Ⅲ,其中 O 区为波前区,Ⅰ区为入射波波后(反射波波前)区,Ⅱ区为反射波和接触间断之间的区域,Ⅲ区为马赫干和接触间断之间的区域。Ⅱ区和Ⅲ区之间满足

$$\begin{cases} p_2 = p_3 \\ \boldsymbol{u}_2 \ /\!/ \ \boldsymbol{u}_3 \end{cases} \tag{2.80}$$

将坐标建立在碰撞点 O 上,x 轴为三波点运动轨迹 $O'O$,其正向与波前来流方向相反。入射波 OI 与 $O'O$ 的夹角为 α_0。此时,波前来流速度为 $U_0 = D_1/\sin\alpha_0$,D_1 为入射波波速。则有

$$\begin{cases} U_1^2 = (U_0 - u_1\sin\alpha_0)^2 + (u_1\cos\alpha_0)^2 \\ \tan\theta_1 = \dfrac{u_1\cos\alpha_0}{U_0 - u_1\sin\alpha_0} \end{cases}$$

对于Ⅲ区,设马赫干后,气流偏转角为 θ_3,马赫干与波前来流 $\boldsymbol{U}_0$ 的夹角为 α_3,于是

$$\begin{cases} \tan\theta_3 = \pm\dfrac{\sqrt{(p_3 - p_0)\left(\dfrac{1}{\rho_0} - \dfrac{1}{\rho_3}\right) - \left(\dfrac{p_3 - p_0}{\rho_0 U_0}\right)^2}}{U_0 - \dfrac{p_3 - p_0}{\rho_0 U_0}} \\ e_3(p_3,\rho_3) - e_0(p_0,\rho_0) = \dfrac{1}{2}(p_3 + p_0)\left(\dfrac{1}{\rho_0} - \dfrac{1}{\rho_3}\right) \end{cases} \tag{2.81}$$

根据式(2.67),有

$$\sin\alpha_3 = \frac{1}{U_0}\sqrt{\frac{p_3 - p_0}{\rho_0\left(1 - \frac{\rho_0}{\rho_3}\right)}} \tag{2.82}$$

对于理想气体,式(2.81)第一式可写成

$$\tan\theta_3 = \pm\frac{\frac{p_3}{p_0} - 1}{\gamma Ma_0^2 - \left(\frac{p_3}{p_0} - 1\right)}\sqrt{\frac{\frac{2\gamma}{\gamma + 1}(Ma_0^2 - 1) - \left(\frac{p_3}{p_0} - 1\right)}{\frac{p_3}{p_0} + \frac{\gamma - 1}{\gamma + 1}}} \tag{2.83}$$

式中:Ma_0 为入射波 I 的激波马赫数。

记三波点轨迹 $O'O$ 与壁面夹角为 ψ,称为马赫干的增长角。假设马赫干垂直于壁面,于是

$$\psi = \pi/2 - \alpha_3 \tag{2.84}$$

式(2.80)的第二式可写成

$$\theta_1 + \theta_2 = \theta_3 \tag{2.85}$$

此为迭代求解的定解条件。

以 O 区为波前区,即以$(p_0,0)$为起点,作斜激波 p-θ 极曲线 T, Ⅰ区和Ⅲ区皆落在曲线上。由式(2.66)、式(2.71)和式(2.76),根据$(p_0,0)$可求得Ⅰ区的值(p_1,θ_1),以该点为起点,作斜激波的 p-θ 极曲线 R,Ⅲ区(反射波波后区)落在该曲线上。极曲线 R 和 T 的交点 m 为Ⅱ区和Ⅲ区的值,即马赫反射问题的解,参见图 2.30。

当入射激波较强,入射角接近正规反射向马赫反射过渡的临界角时,反射激波可能因扭曲而出现第二个三波点,如图 2.31 所示,称为双马赫反射。

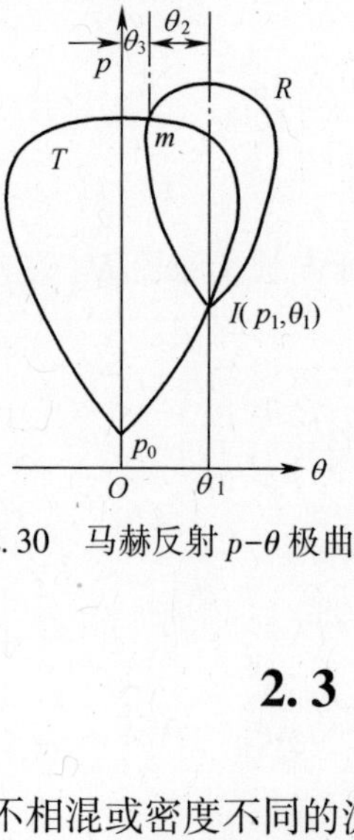

图 2.30　马赫反射 p-θ 极曲线

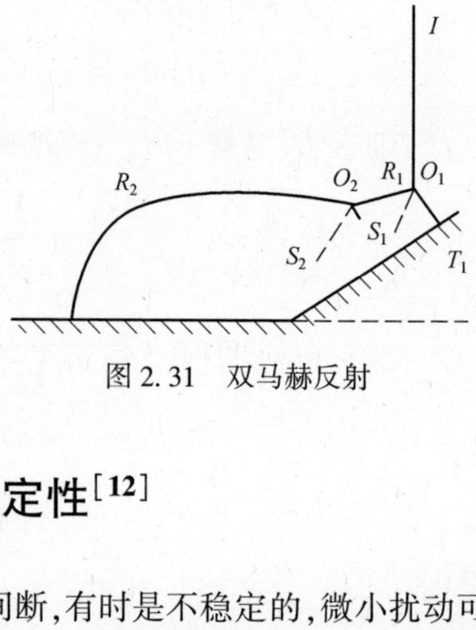

图 2.31　双马赫反射

2.3　界面不稳定性[12]

两种不相混或密度不同的流体界面接触间断,有时是不稳定的,微小扰动可能

导致界面严重变形。界面不稳定主要有两类：泰勒不稳定和亥姆霍兹不稳定。不同密度的流体界面，在重力或惯性力作用下失稳，称为泰勒不稳定。切向速度差导致滑移界面失稳，称为亥姆霍兹不稳定。

界面空间位置可用空间曲面方程表示，即

$$F(\boldsymbol{r},t)=0$$

有

$$\mathrm{d}F=\frac{\partial F}{\partial t}\mathrm{d}t+(\mathrm{d}\boldsymbol{r}\cdot\nabla)F=0 \tag{2.86}$$

考察某瞬间界面(即 $\mathrm{d}t=0$)，界面上某点 $\boldsymbol{r}$ 及相邻点 $\boldsymbol{r}+\mathrm{d}\boldsymbol{r}$，有

$$(\boldsymbol{\tau}\cdot\nabla)=0$$

式中，$\boldsymbol{\tau}$ 为 $\boldsymbol{r}$ 点的单位切向矢量。该式说明∇F 垂直于 $\boldsymbol{\tau}$，为界面法向矢量，单位矢量为

$$\boldsymbol{n}=\frac{\nabla F}{|\nabla F|} \tag{2.87}$$

将式(2.87)代入式(2.86)，有

$$\frac{\partial F}{\partial t}+D_{\mathrm{n}}|\nabla F|=0,\text{即 } D_{\mathrm{n}}=-\frac{\dfrac{\partial F}{\partial t}}{|\nabla F|} \tag{2.88}$$

式中：$D_{\mathrm{n}}=\dfrac{\mathrm{d}\boldsymbol{r}}{\mathrm{d}t}\cdot\boldsymbol{n}$ 为界面法向速度。

对不可压流，有

$$\nabla\cdot\boldsymbol{u}=0 \tag{2.89}$$

和

$$\frac{\partial\boldsymbol{u}}{\partial t}+(\boldsymbol{u}\cdot\nabla)\boldsymbol{u}+\nabla\frac{p}{\rho}=\boldsymbol{g} \tag{2.90}$$

式中：$\boldsymbol{g}$ 为体积力，有 $\boldsymbol{g}=-\nabla U$；U 为体积力的势。

无旋时，引入速度势 Φ，有

$$\boldsymbol{u}=\nabla\Phi \tag{2.91}$$

考虑到式(2.89)，则

$$\nabla^2\Phi=0 \tag{2.92}$$

于是，式(2.90)写成

$$\nabla\cdot\left(\frac{\partial\Phi}{\partial t}+\frac{1}{2}(\nabla\Phi)^2+\frac{p}{\rho}+U(\boldsymbol{r})\right)=0$$

积分上式得

$$p=-\rho\left(\frac{\partial\Phi}{\partial t}+\frac{1}{2}(\nabla\Phi)^2+U(\boldsymbol{r})-f(t)\right)$$

式中：$f(t)$为任意函数。

界面两侧，压力相等，法向速度连续，故

$$\rho_1\left(\frac{\partial\Phi_1}{\partial t}+\frac{1}{2}(\nabla\Phi_1)^2+U(\boldsymbol{r})-f_1(t)\right)=\rho_2\left(\frac{\partial\Phi_2}{\partial t}+\frac{1}{2}(\nabla\Phi_2)^2+U(\boldsymbol{r})-f_2(t)\right) \tag{2.93}$$

$$-\frac{\partial F}{\partial t}=\nabla\Phi_1\cdot\nabla F=\nabla\Phi_2\cdot\nabla F \tag{2.94}$$

2.3.1 泰勒不稳定

密度分别为 ρ_1 和 ρ_2 的流体，初始界面位于 $y=0$ 处，重力 g 指向 $-y$ 方向，如图 2.32 所示。

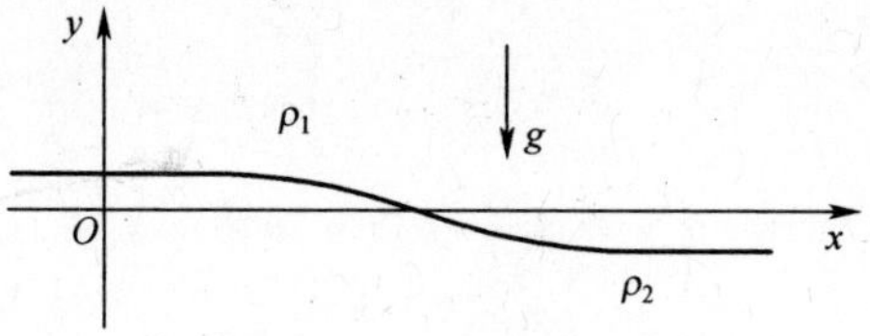

图 2.32　界面扰动

此时，式(2.92)写成

$$\frac{\partial^2 \Phi_i}{\partial x^2}+\frac{\partial^2 \Phi_i}{\partial y^2}=0 \tag{2.95}$$

式(2.95)为拉普拉斯方程，下标 i 表示流体种类。

扰动后，界面位置为 $y=\eta(x,t)$，于是

$$F(\boldsymbol{r},t)=y-\eta(x,t)=0$$

进而有

$$\begin{cases}\dfrac{\partial F}{\partial t}=-\dfrac{\partial \eta}{\partial t}\\ \dfrac{\partial F}{\partial y}=1\\ \dfrac{\partial F}{\partial x}=-\dfrac{\partial \eta}{\partial x}\\ \nabla F=-\dfrac{\partial \eta}{\partial x}\mathrm{i}+\mathrm{j}\end{cases}$$

其中，η 及其导数皆为一阶小量 ε。

保留一阶小量，式(2.93)与式(2.94)写成

$$\begin{cases}\dfrac{\partial \eta}{\partial t}=\dfrac{\partial \Phi_1}{\partial y}=\dfrac{\partial \Phi_2}{\partial y}\\ \rho_1\left(\dfrac{\partial \Phi_1}{\partial t}+g\eta\right)=\rho_2\left(\dfrac{\partial \Phi_2}{\partial t}+g\eta\right)\end{cases} \tag{2.96}$$

由于
$$\Phi_i\big|_{y=\eta}=\Phi_i\big|_{y=0}+\eta\frac{\partial \Phi_i}{\partial y}=\Phi_i\big|_{y=0}+O(\varepsilon^2)$$

故线性化时，$\Phi_i\big|_{y=\eta}=\Phi_i\big|_{y=0}$。因此，式(2.96)在 $y=0$ 上成立，即为 $y=0$ 处的内边界条件。

此外，Φ_i 应满足无穷远处为零的边界条件，即

$$\begin{cases} y = \infty, & \Phi_1 = 0 \\ y = -\infty, & \Phi_2 = 0 \end{cases} \tag{2.97}$$

设方程初始条件为

$$\begin{cases} \eta(x,0) = \varepsilon\cos kx \\ \dfrac{\partial\eta}{\partial t}(x,0) = 0 \end{cases} \tag{2.98}$$

其中,k 为波数。此时,方程(2.95)的解应具有如下形式

$$\begin{cases} \Phi_i(x,y,t) = \varphi_i(y,t)\cos kx \\ \eta(x,t) = A(t)\cos kx \end{cases} \tag{2.99}$$

于是,初始条件式(2.98)写成

$$\begin{cases} \varphi_i(y,0) = \varepsilon \\ A(0) = 0 \end{cases} \tag{2.100}$$

式(2.95)写成

$$\frac{\partial^2\varphi_i}{\partial y^2} - k^2\varphi_i = 0$$

即
$$\varphi_i = A_i(t)\exp(\pm ky)$$

由边界条件式(2.97),上式写成

$$\begin{cases} \varphi_1 = A_1(t)\exp(-ky) \\ \varphi_2 = A_2(t)\exp(ky) \end{cases}$$

代入 $y=0$ 处的边界条件式(2.96),有

$$\rho_1\left(\frac{\mathrm{d}A_1(t)}{\mathrm{d}t} + gA(t)\right) = \rho_2\left(\frac{\mathrm{d}A_2(t)}{\mathrm{d}t} + gA(t)\right) \tag{2.101}$$

和
$$\frac{\mathrm{d}A(t)}{\mathrm{d}t} = -kA_1(t) = kA_2(t) \text{ 或} \frac{\mathrm{d}^2A(t)}{\mathrm{d}t^2} = -k\frac{\mathrm{d}A_1(t)}{\mathrm{d}t} = k\frac{\mathrm{d}A_2(t)}{\mathrm{d}t}$$

进而有
$$\frac{\mathrm{d}^2A(t)}{\mathrm{d}t^2} - n_0^2A(t) = 0 \tag{2.102}$$

其中
$$n_0 = \sqrt{\frac{\rho_1 - \rho_2}{\rho_1 + \rho_2}kg}$$

当 $\rho_1>\rho_2$,即重流体在轻流体之上时,n_0 为实数,方程(2.102)有解

$$A(t) = a\exp(-n_0t) + b\exp(n_0t)$$

扰动振幅随时间作指数增长,界面不稳定,称为瑞利-泰勒不稳定。

当 $\rho_1<\rho_2$,即轻流体在上时,$n_0=\mathrm{i}m_0$ 为虚数,有解

$$y = \eta(x,t) = \varepsilon\cos m_0t\cos kx$$

界面扰动仅随时间振荡,界面稳定。

如果不是重力作用,而是密度小的流体向密度大的流体加速,根据引力与惯性力等价原理,同样会导致界面失稳。

2.3.2 亥姆霍兹不稳定

两层流体滑移，即具有 x 方向的流速 $u_i^{(0)}(i=1,2)$，此时，速度势可写成

$$\Phi_i = u_i^{(0)} x + \varphi_i$$

式中：φ_i 为扰动速度势，满足拉普拉斯方程。假设 φ_i 和界面扰动 η 皆为一阶小量，线性化后，界面边界条件为

$y=0$ 处，有

$$\begin{cases} \dfrac{\partial \eta}{\partial t} = \dfrac{\partial \varphi_1}{\partial y} - u_1^{(0)} \dfrac{\partial \eta}{\partial x} = \dfrac{\partial \varphi_2}{\partial y} - u_2{}^{(0)} \dfrac{\partial \eta}{\partial x} \\ \rho_1 \left(\dfrac{\partial \varphi_1}{\partial t} + u_1^{(0)} \dfrac{\partial \varphi_1}{\partial x} + g\eta \right) = \rho_2 \left(\dfrac{\partial \varphi_2}{\partial t} + u_2^{(0)} \dfrac{\partial \varphi_2}{\partial x} + g\eta \right) \end{cases} \tag{2.103}$$

如果拉普拉斯方程有如下形式的解：

$$\begin{cases} \eta(x,t) = A(t)\exp(-\mathrm{i}kx) \\ \varphi_1 = A_1(t)\exp(-ky - \mathrm{i}kx) \\ \varphi_2 = A_2(t)\exp(ky - \mathrm{i}kx) \end{cases}$$

将上式代入式(2.103)得

$$(\rho_1 + \rho_2) \frac{\mathrm{d}^2 A(t)}{\mathrm{d}t^2} - 2\mathrm{i}k(\rho_1 u_1^{(0)} + \rho_2 u_2^{(0)}) \frac{\mathrm{d}A(t)}{\mathrm{d}t}$$
$$- \{k^2(\rho_1 u_1^{(0)2} + \rho_2 u_2^{(0)2}) + kg(\rho_1 - \rho_2)\} A(t) = 0$$

取 $A(t) \sim \exp(nt)$，并将其代入上式，得

$$n = \mathrm{i}k \frac{\rho_1 u_1^{(0)} + \rho_2 u_2^{(0)}}{\rho_1 + \rho_2} \pm \sqrt{\frac{\rho_1 - \rho_2}{\rho_1 + \rho_2} kg + k^2 \frac{\rho_1 \rho_2 (u_1^{(0)} - u_2^{(0)})^2}{(\rho_1 + \rho_2)^2}} \tag{2.104}$$

n 的虚部导致扰动振幅振荡，实部可使界面失稳。

当 $u_1^{(0)}=u_2^{(0)}$ 时，为泰勒不稳定。当 $g=0$ 时，只要 $u_1^{(0)} \neq u_2^{(0)}$，n 就有正的实部，界面就不稳定。故此类不稳定是无条件的，称为开尔文–亥姆霍兹不稳定。当 $g\neq 0$ 和 $u_1^{(0)} \neq u_2^{(0)}$ 时，如果 $\rho_1>\rho_2$，开尔文–亥姆霍兹不稳定加强泰勒不稳定，出现亥姆霍兹–泰勒综合不稳定。如果 $\rho_1<\rho_2$，亥姆霍兹不稳定被减弱，甚至被抑制。

2.3.3 Meshkov 不稳定

激波与界面碰撞时，界面突然加速，瞬间速度为 u_0，故加速度 $a=-g=u_0\delta(t)$，将其代入式(2.101)得

$$\rho_1 \left(\frac{\mathrm{d}A_1(t)}{\mathrm{d}t} - u_0 \delta(t) A(t) \right) = \rho_2 \left(\frac{\mathrm{d}A_2(t)}{\mathrm{d}t} + u_0 \delta(t) A(t) \right)$$

进而有

$$\frac{\mathrm{d}^2 A(t)}{\mathrm{d}t^2} + \frac{\rho_1 - \rho_2}{\rho_1 + \rho_2} k u_0 \delta(t) A(t) = 0 \tag{2.105}$$

注意到 $$\int_{0-\varepsilon}^{0+\varepsilon} f(t)\delta(t)\,\mathrm{d}t = f(0)$$

对式(2.105)积分得

$$A(t) = \left(\frac{\mathrm{d}A(0)}{\mathrm{d}t} - \frac{\rho_1 - \rho_2}{\rho_1 + \rho_2}ku_0A(0)\right)t + A(0) \tag{2.106}$$

式(2.106)说明,界面扰动呈线性增长。此类不稳定性是无条件的,称为 Richtmyer-Meshkov 不稳定。

以上关于界面稳定性讨论,皆采用小扰动方法,均基于线性化方程。实际上,界面失稳后,随着扰动的发展,问题会变得非常复杂,已不再是线性问题。以泰勒不稳定为例,界面失稳过程可定性分为五个阶段:

(1) 小扰动阶段。可用线性化理论讨论,界面扰动基本按指数形式发展,对于谐波扰动,仍保持其波形。

(2) 变形阶段。随着扰动幅度增大,谐波扰动界面逐渐变为上钝下尖的形状,上钝部分称为泡,下尖部分称为尖钉,如图 2.33 所示。此时,高频谐波被激发,方程非线性部分已发生影响。

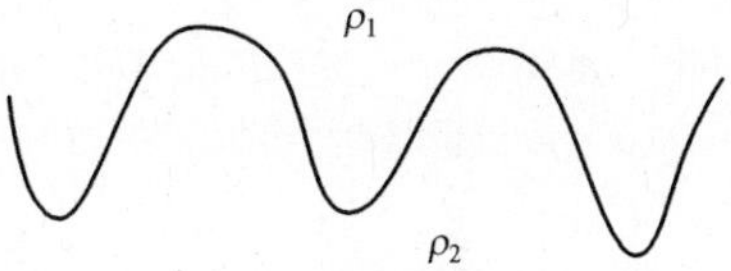

图 2.33 泰勒不稳定

(3) 规则非线性阶段。上部泡和下部尖钉为基本图像的扰动界面,其变化发展速度趋于常数。

(4) 不规则非线性阶段。尖钉穿入轻介质过程中,附近出现滑移剪切层,激发开尔文-亥姆霍兹不稳定,形成涡环,使尖钉头部呈蘑菇状。对于多波长扰动,泡的相互影响,导致蘑菇破碎,使扰动界面变得非常复杂。

(5) 湍流阶段。失稳界面最终严重变形,伴随涡的拉伸与破碎,发展为湍流,导致两种流体掺混。

2.4 小 结

基于分子动理学,忽略分子碰撞的影响,可得到无黏流守恒方程,即欧拉方程。该方程为一阶拟线性偏微分方程组,是不适定的。流场可能出现间断,其中包括激波和接触间断。

激波阵面两侧,法向速度不等,流场参数满足激波关系式。这些关系式描述了激波基本特性,如激波流场为超声速流场,波后熵增,动量与内能均分等。流场的初始间断可以不满足间断关系,但一经流动,则发生分解,称为 Riemann 分解。对于有限体积法,每一计算时刻,流场中皆存在众多的初始间断,故 Riemann 分解为解决此类问题提供了基本思路。

接触间断指密度或物性的间断,有时是不稳定的,微小扰动可能导致界面严重变形,使界面失稳。界面的失稳会导致湍流。

间断可视作无黏流场的广义解,此时,欧拉方程描述的流动,不仅包括等熵流动(压缩波和稀疏波),还包括间断(激波和接触间断)。流动过程视作波的传播(包括等熵波、激波和接触间断)和波的各种形式的相互作用过程。流场讨论就是阐述流场的波系特点、波的相互作用以及波系结构变化。

参考文献

[1] Courant R, Friedrichs K O. Supersonic Flow and Shock Waves [M]. London: Springer-Verlag, 1976.

[2] Daneshyar H. One-dimensional compressible flow[M]. Oxford: Pergamon Press, 1976.

[3] Shapiro A H. The dynamics and thermodynamics of compressible fluid flow[M]. New York: Ronald Press, 1953.

[4] Thompsom P A. Compressible fluid dynamics[M]. New York: Wiley, 1973.

[5] 泽尔道维奇 · 莱依捷尔. 激波与高温流体现象动力学[M]. 张树才,译. 北京:科学出版社,1980.

[6] 周毓麟. 一维非定常流体力学[M]. 北京:科学出版社,1990.

[7] Fickett W, Davis W C. Detonation[M]. California:University of California Press, 1979.

[8] Gruschka H D, Wecken F. Gasdynamic theory of detonation[M]. London:Gordon and Breach Science Publishers,1971.

[9] 孙锦山,朱建士. 理论爆轰物理[M]. 北京:国防工业出版社,1995.

[10] Anderson J D. Computational fluid dynamics, the basics with applications[M]. New York: McGraw-Hill Companies, 1995.

[11] 王保国,刘淑艳,黄伟光. 气体动力学[M]. 北京:北京理工大学出版社,2005.

[12] 王继海. 二维不定常流动[M]. 北京:科学出版社,1994.

第3章 黏 性 流

流体是有黏性的,特别在梯度大的流场区域,如边界层,黏性更是不可忽略。

将玻耳兹曼方程的第二近似解代入麦克斯韦传输方程,可得到黏性流守恒方程,称为 Navier-Stokes 方程(即 N-S 方程)。N-S 方程中出现输运项(也称扩散项),此为二阶导数项。无黏流的质点为绝热体系,而黏性流的质点,因输运效应,为封闭体系。

质点间的输运特性反映了空间梯度导致的物理量的扩散传递,表现为黏性流的扩散性。此外,黏性使质点动能在流动过程中不可逆的转化为质点内能,称为黏性流的耗散性。方程中存在速度变形率张量,它可分解为变形张量和自旋张量,后者与涡量(速度旋度)有关。故黏性流场中存在涡量,称为黏性流的有旋性。涡量的拉伸和扩散是流场能量传递的一种方式。涡量集聚时,形成特殊的流场结构,称为涡。涡是黏性流动的基本形态,可视为流体运动的肌腱。无黏流着重流场的波结构分析,而黏性流(特别是不可压流)则更加关注流场的涡结构。

N-S 方程也是不适定的,雷诺数大于临界值时,方程失稳。失稳后的方程不再具有确定解。

3.1 黏性流守恒方程

3.1.1 守恒方程动理学推导[1-6]

速度分布函数f满足玻耳兹曼方程(式(1.15)和式(1.18)):

$$\zeta(f)=\frac{\mathscr{D}f}{\mathscr{D}t}-J(ff_1)=0 \tag{1.15}$$

或

$$\zeta(f_c)=\frac{\mathrm{D}f_c}{\mathrm{D}t}+\boldsymbol{C}\cdot\frac{\partial f}{\partial \boldsymbol{x}}+\left(F-\frac{\mathrm{D}\boldsymbol{u}}{\mathrm{D}t}\right)\cdot\frac{\partial f_c}{\partial \boldsymbol{C}}-\frac{\partial f_c}{\partial \boldsymbol{C}}\boldsymbol{C}:\nabla\boldsymbol{u}\frac{\mathscr{D}f}{\mathscr{D}t}-J(f_c f_{c1})=0 \tag{1.18}$$

此为积分-微分方程,可用 Enskog-Chapman 方法求解。

设
$$f=f^{(0)}+f^{(1)}+f^{(2)}+\cdots$$

于是
$$\zeta(f)=\zeta^{(0)}(f^{(0)})+\zeta^{(1)}(f^{(0)},f^{(1)})+\zeta^{(2)}(f^{(0)},f^{(1)},f^{(2)})+\cdots$$

从而有
$$\zeta^{(0)}(f^{(0)})=0 \tag{3.1}$$

$$\zeta^{(1)}(f^{(0)},f^{(1)})=\left(\frac{\mathscr{D}f}{\mathscr{D}t}\right)^{(1)}-J^{(1)}=0 \tag{3.2}$$

方程(3.1)不考虑分子碰撞对f的影响,其解$f^{(0)}$(第一近似解)为麦克斯韦速度分布函数(见式(1.16)):

$$f^{(0)}=f_{\mathrm{c}}^{(0)}=n(2\pi\boldsymbol{\Theta})^{-\frac{3}{2}}\exp\left(-\frac{\boldsymbol{C}^2}{2\boldsymbol{\Theta}}\right) \tag{1.16}$$

方程(3.2)中,有

$$\left(\frac{\mathscr{D}f}{\mathscr{D}t}\right)^{(1)}=\frac{\mathrm{D}_0 f_{\mathrm{c}}^{(0)}}{\mathrm{D}t}+\boldsymbol{C}\cdot\frac{\partial f_{\mathrm{c}}^{(0)}}{\partial\boldsymbol{x}}+\left(F-\frac{D_0\boldsymbol{u}_0}{Dt}\right)\cdot\frac{\partial f_{\mathrm{c}}^{(0)}}{\partial\boldsymbol{C}}-\frac{\partial f_{\mathrm{c}}^{(0)}}{\partial\boldsymbol{C}}\boldsymbol{C}:\nabla\boldsymbol{u}_0$$

式中:下标0表示无黏流场;$\frac{\mathrm{D}_0}{\mathrm{D}t}=\frac{\partial}{\partial t}+\boldsymbol{u}_0\frac{\partial}{\partial\boldsymbol{x}}$;$f_{\mathrm{c}}^{(0)}$为麦克斯韦速度分布函数。代入动量守恒方程(1.35)有

$$\frac{\mathrm{D}\ln f^{(0)}}{\mathrm{D}t}+\boldsymbol{C}\cdot\frac{\partial\ln f^{(0)}}{\partial\boldsymbol{x}}+\frac{1}{\rho}\nabla\cdot P_0\cdot\frac{\partial\ln f^{(0)}}{\partial\boldsymbol{C}}-\frac{\partial\ln f^{(0)}}{\partial\boldsymbol{C}}\boldsymbol{C}:\nabla\boldsymbol{u}_0=J^{(1)}/f^{(0)} \tag{3.3}$$

这里略去下标c。

式(3.3)右端可进一步简化,由麦克斯韦速度分布函数式(1.16),得

$$\ln f^{(0)}=\mathrm{const}+\ln\frac{n}{\boldsymbol{\Theta}^{3/2}}-\frac{\boldsymbol{C}^2}{2\boldsymbol{\Theta}} \tag{3.4}$$

$$\ln\frac{f^{(0)}}{n\boldsymbol{\Theta}}=\ln(2\pi)^{-3/2}+\ln\boldsymbol{\Theta}^{-2/5}-\frac{\boldsymbol{C}^2}{2\boldsymbol{\Theta}} \tag{3.5}$$

以及

$$\frac{\partial\ln f^{(0)}}{\partial C}=-\frac{\boldsymbol{C}}{\boldsymbol{\Theta}} \tag{3.6}$$

于是

$$\frac{\partial\ln f^{(0)}}{\partial\boldsymbol{C}}\boldsymbol{C}:\nabla\boldsymbol{u}_0=\frac{\boldsymbol{C}^2}{\boldsymbol{\Theta}}:\nabla\boldsymbol{u}_0 \tag{3.7}$$

由无黏流能量守恒方程(1.39)和理想气体状态方程(1.21),得

$$\frac{3}{2\boldsymbol{\Theta}}\frac{\mathrm{D}_{\mathrm{o}}\boldsymbol{\Theta}}{\mathrm{D}t}=\frac{1}{n}\frac{\mathrm{D}_{\mathrm{o}}n}{\mathrm{D}t}=-\nabla\cdot\boldsymbol{u}_0 \tag{3.8}$$

或

$$\frac{\mathrm{D}_{\mathrm{o}}\ln n/\boldsymbol{\Theta}^{3/2}}{\mathrm{D}t}=0 \tag{3.9}$$

由式(3.4)和式(3.9)得

$$\frac{\mathrm{D}_{\mathrm{o}}\ln f^{(0)}}{\mathrm{D}t}=\frac{\boldsymbol{C}^2}{2\boldsymbol{\Theta}^2}\frac{\mathrm{D}_{\mathrm{o}}\boldsymbol{\Theta}}{\mathrm{D}t} \tag{3.10}$$

或

$$\frac{\mathrm{D}_{\mathrm{o}}\ln f^{(0)}}{\mathrm{D}t}=-\frac{1}{3}\frac{\boldsymbol{C}^2}{\boldsymbol{\Theta}}\nabla\cdot\boldsymbol{u}_0 \tag{3.11}$$

由式(3.6)和理想气体状态方程(1.21)得

$$\frac{1}{\rho}\nabla\cdot P_0\cdot\frac{\partial\ln f^{(0)}}{\partial\boldsymbol{C}}=-\frac{\boldsymbol{C}}{n\boldsymbol{\Theta}}\nabla(n\boldsymbol{\Theta}) \tag{3.12}$$

进而有

$$\boldsymbol{C}\cdot\frac{\partial \ln f^{(0)}}{\partial \boldsymbol{x}}+\frac{1}{\rho}\ \nabla\cdot P_0\frac{\partial \ln f^{(0)}}{\partial \boldsymbol{C}}=\boldsymbol{C}\cdot\frac{\partial \ln f^{(0)}/n\Theta}{\partial \boldsymbol{x}} \tag{3.13}$$

利用式(3.5),式(3.13)可写成

$$\boldsymbol{C}\cdot\frac{\partial \ln f^{(0)}}{\partial \boldsymbol{x}}+\frac{1}{\rho}\ \nabla\cdot P_0\cdot\frac{\partial \ln f^{(0)}}{\partial \boldsymbol{C}}=\boldsymbol{C}\cdot\frac{\partial \ln f^{(0)}/n\Theta}{\partial \boldsymbol{x}}=\boldsymbol{C}\frac{\partial \ln\Theta}{\partial x}\left(-\frac{5}{2}+\frac{\boldsymbol{C}^2}{2\Theta}\right) \tag{3.14}$$

因此,由式(3.7)、式(3.11)和式(3.15),方程(3.3)可写成

$$\left[\frac{\boldsymbol{C}^2}{2\Theta}-\frac{5}{2}\right]\boldsymbol{C}\cdot\nabla\ln\Theta+\frac{1}{\Theta}\overset{\circ}{\boldsymbol{C}\boldsymbol{C}}:\nabla\boldsymbol{u}=J^{(1)}/f^{(0)} \tag{3.15}$$

式中:上标"o"表示无迹张量。

设

$$f^{(1)}=f^{(0)}\phi^{(1)} \tag{3.16}$$

有

$$\begin{aligned}J^{(1)}&=J(f^{(0)}f_1^{(1)})+J(f^{(1)}f_1^{(0)})=J(f^{(0)}f_1^{(0)}\phi_1^{(1)})+J(f^{(0)}\phi^{(1)}f_1^{(0)})\\&=\int f^{(0)}f_1^{(0)}(\phi^{(1)}+\phi_1^{(1)}-\phi'^{(1)}-\phi'^{(1)}_1)k\mathrm{d}^2\mathrm{d}k\mathrm{d}\boldsymbol{C}=-n^2I(\phi^{(1)})\end{aligned} \tag{3.17}$$

其中,I 表示碰撞积分。

于是式(3.15)可写成

$$n^2I(\phi^{(1)})=-f^{(0)}\left\{\left(\frac{\boldsymbol{C}^2}{2\Theta}-\frac{2}{5}\right)\boldsymbol{C}\,\nabla\ln\Theta+\frac{1}{\Theta}\overset{\circ}{\boldsymbol{C}\boldsymbol{C}}:\nabla\boldsymbol{u}_0\right\} \tag{3.18}$$

由于 $\phi^{(1)}$ 仅以一次方形式出现在被积函数中,故必须是 $\nabla\ln\Theta$ 和 $\nabla\boldsymbol{u}$ 的线性组合,即

$$\phi^{(1)}=-\frac{1}{n}\boldsymbol{A}\cdot\nabla\ln\Theta-\frac{1}{n}\boldsymbol{B}:\nabla\boldsymbol{u} \tag{3.19}$$

因为 $\phi^{(1)}$ 是标量,故 $\boldsymbol{A}$ 为矢量,$\boldsymbol{B}$ 为张量,皆为 $\boldsymbol{C}$ 的函数。根据式(3.18),有

$$n^2I(\boldsymbol{A})=f^{(0)}\left(\frac{\boldsymbol{C}^2}{2\Theta}-\frac{5}{2}\right)\boldsymbol{C} \tag{3.20}$$

和

$$n^2I(\boldsymbol{B})=(f^{(0)}/\Theta)\overset{\circ}{\boldsymbol{C}\boldsymbol{C}} \tag{3.21}$$

其解应为如下形式:

$$\boldsymbol{A}=A(\boldsymbol{C})\boldsymbol{C} \tag{3.22}$$

即 $\boldsymbol{A}$ 矢量与 $\boldsymbol{C}$ 同向。以及

$$\boldsymbol{B}=B(\boldsymbol{C})\overset{\circ}{\boldsymbol{C}\boldsymbol{C}} \tag{3.23}$$

因此

$$\phi^{(1)}=-\frac{1}{n}A(\boldsymbol{C})\boldsymbol{C}\cdot\nabla\ln\Theta-\frac{1}{n}B(\boldsymbol{C})\overset{\circ}{\boldsymbol{C}\boldsymbol{C}}:\nabla\boldsymbol{u} \tag{3.24}$$

对于动量守恒方程

$$\rho\frac{\mathrm{D}\boldsymbol{u}}{\mathrm{D}t}+\nabla\cdot\boldsymbol{P}=\rho\boldsymbol{F} \tag{3.35}$$

如果采用式(3.16),有 $f=f^{(0)}+f^{(1)}=f^{(0)}+f^{(0)}\varphi^{(1)}$

则 $$\boldsymbol{P}=\boldsymbol{P}^{(0)}+\boldsymbol{P}^{(1)}$$

其中 $$\boldsymbol{P}^{(0)}=\begin{pmatrix} p & 0 & 0 \\ 0 & p & 0 \\ 0 & 0 & p \end{pmatrix}=p\boldsymbol{I}$$

$$\boldsymbol{P}^{(1)}=m\int f^{(1)}\boldsymbol{CC}\mathrm{d}\boldsymbol{C}=m\int f^{(0)}\phi^{(1)}\boldsymbol{CC}\mathrm{d}\boldsymbol{C}$$

由于 $f^{(0)}$ 为奇函数,故 $\phi^{(1)}$ 中,$\boldsymbol{C}$ 的偶次幂在积分时为零,从而有

$$\boldsymbol{P}^{(1)}=-\frac{m}{n}\int f^{(0)}B(\boldsymbol{C})(\mathring{\boldsymbol{C}}\boldsymbol{C}:\nabla\boldsymbol{u})\boldsymbol{CC}\mathrm{d}\boldsymbol{C} \tag{3.25}$$

根据公式

$$\mathring{\boldsymbol{X}}:\boldsymbol{Y}=\boldsymbol{X}:\mathring{\boldsymbol{Y}}^{s}$$

上标 s 表示对称矩阵。于是

$$\mathring{\boldsymbol{C}}\boldsymbol{C}:\nabla\boldsymbol{u}=\boldsymbol{CC}:\mathring{\nabla}^{s}\boldsymbol{u}$$

其中,剪切率张量为

$$\mathring{\nabla}^{s}\boldsymbol{u}=\frac{1}{2}(\nabla\boldsymbol{u}+\nabla^{s}\boldsymbol{u})-\frac{1}{3}(\nabla\cdot\boldsymbol{u})\boldsymbol{I} \tag{3.26}$$

故式(3.25)写成

$$\boldsymbol{P}^{(1)}=-\frac{m}{n}\int f^{(0)}B(\boldsymbol{C})(\boldsymbol{CC}:\mathring{\nabla}^{s}\boldsymbol{u})\boldsymbol{CC}\mathrm{d}\boldsymbol{C} \tag{3.27}$$

对于任意与 $\boldsymbol{C}$ 无关的张量 $\boldsymbol{W}$,有

$$\int F(\boldsymbol{C})\boldsymbol{CC}(\mathring{\boldsymbol{C}}\boldsymbol{C}:\boldsymbol{W})\,\mathrm{d}\boldsymbol{C}=-\frac{1}{5}\mathring{\boldsymbol{W}}^{s}\int F(\boldsymbol{C})(\mathring{\boldsymbol{C}}\boldsymbol{C}:\mathring{\boldsymbol{C}}\boldsymbol{C})\,\mathrm{d}\boldsymbol{C}=\int F(\boldsymbol{C})(\boldsymbol{CC}:\mathring{\boldsymbol{W}}^{s})\boldsymbol{CC}\mathrm{d}\boldsymbol{C} \tag{3.28}$$

故式(3.27)写成

$$\boldsymbol{P}^{(1)}=-\mathring{\nabla}^{s}\boldsymbol{u}\left[\frac{m}{5n}\int f^{(0)}B(\boldsymbol{C})(\mathring{\boldsymbol{C}}\boldsymbol{C}:\mathring{\boldsymbol{C}}\boldsymbol{C})\,\mathrm{d}\boldsymbol{C}\right]$$

由于 $\boldsymbol{B}=B(\boldsymbol{C})\mathring{\boldsymbol{C}}\boldsymbol{C}$(式(3.23))和 $f^{(0)}\mathring{\boldsymbol{C}}\boldsymbol{C}=n\boldsymbol{I}(\boldsymbol{B})\Theta$(式(3.21)),故

$$\boldsymbol{P}^{(1)}=-2\mu\mathring{\nabla}^{s}\boldsymbol{u} \tag{3.29}$$

其中,黏性系数

$$\mu=\frac{m\Theta}{10}\int\boldsymbol{B}:\boldsymbol{I}(\boldsymbol{B})\mathrm{d}\boldsymbol{C}$$

于是

$$\boldsymbol{P}=p\boldsymbol{I}-2\mu\mathring{\nabla}^{s}\boldsymbol{u} \tag{3.30}$$

对于能量守恒方程

$$\rho\frac{\mathrm{D}e}{\mathrm{D}t}+\nabla\cdot\boldsymbol{q}+\boldsymbol{P}:\nabla\boldsymbol{u}=0 \tag{1.37}$$

$$\boldsymbol{q}=\frac{1}{2}nm\langle \boldsymbol{C}^2\boldsymbol{C}\rangle=\frac{\rho}{2}\int f\boldsymbol{C}^2\boldsymbol{C}\mathrm{d}\boldsymbol{C}=\boldsymbol{q}^{(0)}+\boldsymbol{q}^{(1)}$$

其中
$$\boldsymbol{q}^{(0)}=\frac{\rho}{2}\int f^{(0)}\boldsymbol{C}^2\boldsymbol{C}\mathrm{d}\boldsymbol{C}=0$$

$$\boldsymbol{q}^{(1)}=\frac{\rho}{2}\int f^{(0)}\phi^{(1)}\boldsymbol{C}^2\boldsymbol{C}\mathrm{d}\boldsymbol{C}=-\frac{m}{n}\int f^{(0)}\boldsymbol{C}^2\boldsymbol{C}A(\boldsymbol{C})\boldsymbol{C}\cdot\nabla\ln\Theta\mathrm{d}\boldsymbol{C}$$

同样推得

$$\boldsymbol{q}^{(1)}=-\kappa\,\nabla\Theta=-\kappa_1\,\nabla T \tag{3.31}$$

其中
$$\kappa=\frac{1}{3}m\int \boldsymbol{A}I(\boldsymbol{A})\mathrm{d}\boldsymbol{C},\quad \kappa_1=\frac{1}{3}k\int \boldsymbol{A}I(\boldsymbol{A})\mathrm{d}\boldsymbol{C}$$

于是,能量方程(1.37)写成

$$\rho\frac{\mathrm{D}e}{\mathrm{D}t}-\nabla\cdot(\kappa_1\,\nabla T)+p\,\nabla\cdot\boldsymbol{u}+\boldsymbol{P}^{(1)}:\nabla\boldsymbol{u}=0 \tag{3.32}$$

3.1.2 应变张量和应力张量[7-9]

速度变形率张量 $\nabla\boldsymbol{u}$ 可分解为

$$\nabla\boldsymbol{u}=\boldsymbol{E}+\boldsymbol{\Omega}$$

其中
$$\boldsymbol{E}=\frac{1}{2}(\nabla\boldsymbol{u}+\nabla^s\boldsymbol{u})=\{e_{ij}\}\text{,即 }e_{ij}=\frac{1}{2}\left(\frac{\partial u_i}{\partial x_j}+\frac{\partial u_j}{\partial x_i}\right)$$

$$\boldsymbol{\Omega}=\frac{1}{2}(\nabla\boldsymbol{u}-\nabla^s\boldsymbol{u})=\{\omega_{ij}\}\text{,即 }\Omega_{ij}=\frac{1}{2}\left(\frac{\partial u_i}{\partial x_j}-\frac{\partial u_j}{\partial x_i}\right)$$

上标 s 表示对称矩阵;$\boldsymbol{E}$ 称为变形张量,是对称张量,对角线上的分量表示伸缩变形,非对角线上的分量表示剪切变形。$\boldsymbol{\Omega}$ 称为自旋张量,为无迹的反对称张量,或记作 $\mathring{\boldsymbol{\Omega}}$,该张量有三个独立分量,分别为 Ω_{23}、Ω_{31} 和 Ω_{12}。根据涡量(速度旋度)定义,

$$\boldsymbol{\omega}=(\nabla\times\boldsymbol{u})=-2(\Omega_{23}\boldsymbol{e}_1+\Omega_{31}\boldsymbol{e}_2+\Omega_{12}\boldsymbol{e}_3)$$

设流场中半径为 r 的圆,以法线 $\boldsymbol{n}$ 为轴,绕圆心 O 旋转,如图 3.1 所示。圆上某点的角速度:

$$\frac{\mathrm{d}\theta}{\mathrm{d}t}=\frac{u_c}{r}$$

式中:u_c 为圆周切向速度。

于是,圆周各点的平均角速度:

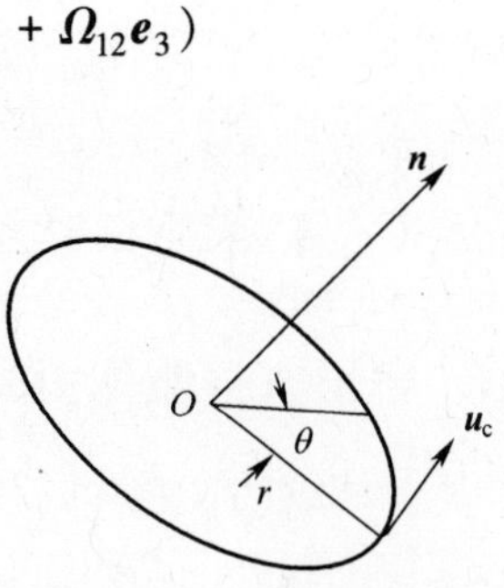

图 3.1 涡量物理意义

$$\boldsymbol{\alpha}=\frac{\oint\frac{\boldsymbol{n}\cdot\mathrm{d}\boldsymbol{l}}{r}}{\oint|\mathrm{d}\boldsymbol{l}|}\boldsymbol{n}=\frac{\boldsymbol{n}}{2\pi r^2}\oint_c\boldsymbol{u}\cdot\mathrm{d}\boldsymbol{l}=\frac{\boldsymbol{n}}{2\pi r^2}\oiint_S(\nabla\times\boldsymbol{u})\cdot\boldsymbol{n}\mathrm{d}s$$

式中:$\mathrm{d}\boldsymbol{l}$ 为弧长、$\mathrm{d}s$ 为曲面微元。

$r \to 0$ 时,有

$$\oiint_S (\nabla \times \boldsymbol{u}) \cdot \boldsymbol{n} \mathrm{d}s = \pi r^2 (\nabla \times \boldsymbol{u}) \cdot \boldsymbol{n}$$

故

$$\boldsymbol{\alpha} = \frac{1}{2} \nabla \times \boldsymbol{u}$$

该式说明,涡量是平均角速度的两倍,故自旋张量反映了流团自旋的平均角速度。

显然,剪切率张量为

$$\overset{\circ}{\nabla}{}^s \boldsymbol{u} = \frac{1}{2}(\nabla \boldsymbol{u} + \nabla^s \boldsymbol{u}) - \frac{1}{3}(\nabla \boldsymbol{u} : \boldsymbol{I})\boldsymbol{I} = \{e_{ij}\} - \frac{1}{3} e_{ii} \{\delta_{ij}\}$$

将上式代入式(3.30),得

$$P_{ij} = \left(p + \eta \frac{\partial u_k}{\partial x_k}\right)\delta_{ij} - \mu\left(\frac{\partial u_i}{\partial x_j} + \frac{\partial u_j}{\partial x_i}\right) \tag{3.33}$$

式中:η 为第二黏性或体积黏性,有 $\eta = \frac{2}{3}\mu$。

流体力学中,正应力方向与曲面法向相反,故应力张量和剪切应力张量分别定义为

$$\boldsymbol{\pi} = -\boldsymbol{P} \text{ 和 } \boldsymbol{\tau} = -\boldsymbol{P}^{(1)}$$

于是

$$\pi_{ij} = -\left(p + \eta \frac{\partial u_k}{\partial x_k}\right)\delta_{ij} + \mu\left(\frac{\partial u_i}{\partial x_j} + \frac{\partial u_j}{\partial x_i}\right) \tag{3.34}$$

$$\tau_{ij} = \mu\left(\frac{\partial u_i}{\partial x_j} + \frac{\partial u_j}{\partial x_i}\right) - \eta \frac{\partial u_k}{\partial x_k}\delta_{ij} \tag{3.35}$$

因此,动量方程(1.35)(忽略体积力 F)和能量方程(3.32)可写成

$$\rho \frac{\mathrm{D}u_i}{\mathrm{D}t} = \frac{\partial \pi_{ij}}{\partial x_j} \tag{3.36}$$

$$\rho \frac{\mathrm{D}e}{\mathrm{D}t} = \frac{\partial}{\partial x_i}\left(\kappa_1 \frac{\partial T}{\partial x_i}\right) - p \frac{\partial u_i}{\partial x_i} + \phi \tag{3.37}$$

式中:$\phi = \tau_{ij} \frac{\partial u_i}{\partial x_j}$,为耗散函数,表示机械能向热能的转换。

3.1.3 守恒方程流体力学推导[1,10,11]

物质是连续的,由空间连续分布的质点构成。连续介质模型从宏观角度将质点视为数学上的点(不考虑其间的微观结构),同时,又从微观角度将质点视作一个热力学体系(用统计平均性质的宏观量描述质点特性)。

流体所占空间称为流场,流场特性用质点的宏观特性(称为流场参数)描述,相应的时空坐标称为欧拉坐标。设 $t = t_0$ 时刻,某质点位于 $\boldsymbol{X}^0$ 处,$\boldsymbol{X}^0$ 可作为该质点的标志,从而构成另一种坐标,称为拉格朗日坐标。流动质点的位置随时间变化:

$$\boldsymbol{x} = \boldsymbol{x}(t, \boldsymbol{X}^0)$$

或
$$\boldsymbol{X}^0 = \boldsymbol{X}^0(t, \boldsymbol{x})$$

显然,质点运动速度

$$\boldsymbol{u} = \left(\frac{\partial \boldsymbol{X}}{\partial t}\right)_{\boldsymbol{X}^0}$$

体积为 $V(t)$ 的流团,广延量 A 写成

$$A(t) = \iiint_{V(t)} \mathcal{I}(t, \boldsymbol{x})\,\mathrm{d}V$$

式中:$\mathcal{I}$为相应的强度量。

根据坐标转换,有

$$\mathrm{d}V = J\mathrm{d}V^0$$

式中:$\mathrm{d}V^0$ 为拉格朗日坐标中的体积元; $J = \left|\frac{\partial \boldsymbol{x}}{\partial \boldsymbol{X}^0}\right|$ 为雅可比行列式,有

$$\iiint_{V(t)} \mathcal{I}(t, X)\,\mathrm{d}V = \iiint_{V^0} \mathcal{I}(t, X)\,J\mathrm{d}V^0$$

于是

$$\frac{\mathrm{d}A(t)}{\mathrm{d}t} = \frac{\mathrm{d}}{\mathrm{d}t}\iiint_{V(t)} \mathcal{I}\mathrm{d}V = \frac{\mathrm{d}}{\mathrm{d}t}\iiint_{V^0} \mathcal{I}J\mathrm{d}V^0 = \iiint_{V^0}\left(\frac{\mathrm{d}\mathcal{I}}{\mathrm{d}t}J + \mathcal{I}\frac{\mathrm{d}J}{\mathrm{d}t}\right)\mathrm{d}V^0$$

雅可比行列式满足

$$\frac{\mathrm{d}J}{\mathrm{d}t} = \nabla\cdot \boldsymbol{u}J$$

又
$$\frac{\mathrm{d}\mathcal{I}}{\mathrm{d}t} = \frac{\partial \mathcal{I}}{\partial t} + \nabla\mathcal{I}\cdot \boldsymbol{u}$$

故
$$\frac{\mathrm{d}A(t)}{\mathrm{d}t} = \iiint_{V(t)}\left(\frac{\partial \mathcal{I}}{\partial t} + \nabla\cdot(\mathcal{I}\boldsymbol{u})\right)\mathrm{d}V \tag{3.38}$$

称为雷诺输运原理。

广延量为质量 M 时,强度量为质量密度 ρ,根据质量守恒和雷诺输运原理

$$\frac{\mathrm{d}M}{\mathrm{d}t} = \iiint_{V}\left(\frac{\partial \rho}{\partial t} + \nabla\cdot \rho\boldsymbol{u}\right)\mathrm{d}V = 0$$

故

$$\frac{\partial \rho}{\partial t} + \nabla\cdot \rho\boldsymbol{u} = 0 \tag{3.39}$$

或

$$\frac{\partial \rho}{\partial t} + \frac{\partial \rho u_i}{\partial x_i} = 0 \tag{3.40}$$

$$\frac{\mathrm{D}\rho}{\mathrm{D}t} + \rho\frac{\partial u_i}{\partial x_i} = 0 \tag{3.41}$$

广延量为动量 $\boldsymbol{P}$ 时,强度量为动量密度 $\rho\boldsymbol{u}$,动量守恒方程为

$$\frac{\mathrm{d}\boldsymbol{P}}{\mathrm{d}t}=\iiint_V\left(\frac{\partial\rho\boldsymbol{u}}{\partial t}\right)+\nabla\cdot\rho\boldsymbol{u}\boldsymbol{u})\mathrm{d}V=\oiint\boldsymbol{\pi}\cdot\boldsymbol{n}\mathrm{d}s+\iiint\boldsymbol{f}\mathrm{d}V$$

方程右端,第一项表示流团表面受力导致的动量变化,π 为应力张量;第二项为体积力导致的流团动量变化。

根据高斯定理,有

$$\iiint\nabla\cdot\boldsymbol{a}\mathrm{d}V=\oiint\boldsymbol{a}\cdot\boldsymbol{n}\mathrm{d}s$$

式中:$\boldsymbol{n}$ 为曲面外法线矢量;s 为曲面的面积元。于是

$$\frac{\partial\rho\boldsymbol{u}}{\partial t}+\nabla\cdot\rho\boldsymbol{u}\boldsymbol{u}=\nabla\cdot\boldsymbol{\pi}+\boldsymbol{f} \tag{3.42}$$

或

$$\frac{\partial\rho u_i}{\partial t}+\frac{\partial\rho u_i u_j}{\partial x_j}=\frac{\partial\boldsymbol{\pi}_{ij}}{\partial x_j}+f_i \tag{3.43}$$

将式(3.40)代入式(3.43):

$$\rho\frac{\mathrm{D}u_i}{\mathrm{D}t}=\frac{\partial\boldsymbol{\pi}_{ij}}{\partial x_j}+f_i \tag{3.44}$$

其中应力张量 $\boldsymbol{\pi}_{ij}$可分解为对角线上的正应力和非对角线上的剪应力:

$$\boldsymbol{\pi}_{ij}=-p\boldsymbol{\delta}_{ij}+\boldsymbol{\tau}_{ij}$$

$$\boldsymbol{\delta}_{ij}=\begin{cases}1, & i=j\\0, & i\neq j\end{cases}$$

对于黏性流,有

$$\boldsymbol{\tau}_{ij}=\boldsymbol{\mu}\left(\frac{\partial u_i}{\partial x_j}+\frac{\partial u_j}{\partial x_i}\right)-\boldsymbol{\eta}\frac{\partial u_k}{\partial x_k}\boldsymbol{\delta}_{ij}$$

式中:$\boldsymbol{\eta}=\frac{2}{3}\boldsymbol{\mu}$。

对于无黏流,$\boldsymbol{\mu}=0$,有

$$\frac{\partial\rho u_i}{\partial t}+\frac{\partial(\rho u_i u_j)}{\partial x_j}+\frac{\partial p}{\partial x_i}=f_i \tag{3.45}$$

或

$$\rho\frac{\mathrm{D}\boldsymbol{u}}{\mathrm{D}t}+\frac{\partial p}{\partial\boldsymbol{x}}=\boldsymbol{f} \tag{3.46}$$

广延量为总能量 E_t 时,强度量为能量密度 ρe_t,能量守恒方程为

$$\frac{\partial\rho e_t}{\partial t}+\frac{\partial}{\partial x_i}(\rho e_t u_i)=-\frac{\partial q_i}{\partial x_i}+\frac{\partial\boldsymbol{\pi}_{ji}u_i}{\partial x_j}+f_i u_i \tag{3.47}$$

该式右端,第一项为温差导致的热通量,第二项为应力张量做的功,第三项为控制体内产生的能,这里仅指体积力做的功。

将质量守恒方程(3.40)和动量守恒方程(3.43)代入式(3.47):

$$\rho\frac{\mathrm{D}e}{\mathrm{D}t}=-\frac{\partial}{\partial x_i}q_i-p\frac{\partial u_i}{\partial x_i}+\phi \tag{3.48}$$

式中:ϕ 为耗散函数,$\phi=\tau_{ij}\dfrac{\partial u_i}{\partial x_j}$,表示机械能向热能的转换。

忽略输运效应(黏性效应和热传导效应),有

$$\rho\frac{\mathrm{D}e}{\mathrm{D}t}+p\frac{\partial \boldsymbol{u}}{\partial \boldsymbol{x}}=0 \tag{3.49}$$

显然,无论无黏流,还是黏性流,动理学和流体力学推得的守恒方程是一致的。但动理学推导,囿于简单分子运动模型,$e=\dfrac{1}{2}\langle \boldsymbol{C}^2\rangle$ 为分子平均平动动能,称为热内能。而流体力学推导时,e 是体系内部能量的总和,可以包括分子的平动能、转动能、振动能、键能、电子能和原子核的能量以及体系内部分子间的相互作用能等,其绝对值是无法确定的。

3.2 黏性流特性[10-16]

3.2.1 黏性流有旋性

黏性流动一定是有旋流动,即黏性一定产生涡量(Vorticity)。以不可压缩流为例,

$$\nabla\cdot\boldsymbol{u}=0$$

和

$$\frac{\mathrm{D}\boldsymbol{u}}{\mathrm{D}t}=-\frac{1}{\rho}\nabla p+\nu\nabla^2\boldsymbol{u} \tag{3.50}$$

根据矢量公式,考虑到 $\nabla\cdot\boldsymbol{u}=0$,有

$$\nabla\times\boldsymbol{\omega}=\nabla\times(\nabla\times\boldsymbol{u})=\nabla(\nabla\cdot\boldsymbol{u})-\nabla^2\boldsymbol{u}=-\nabla^2\boldsymbol{u}$$

于是,式(3.50)写成

$$\frac{\mathrm{D}\boldsymbol{u}}{\mathrm{D}t}=-\frac{1}{\rho}\nabla p-\nu\nabla\times\boldsymbol{\omega} \tag{3.51}$$

式中:$\nu=\mu/\rho$ 为运动黏性系数。

如果黏性流无旋,方程(3.51)成为欧拉方程,于是式(3.51)可同时满足滑移和无滑移边界条件,这是不可能的。故黏性流一定有旋(涡量)。

涡(Vortex)是涡量集聚成的一种结构,视为一群绕公共中心旋转的流体微团。流场中,速度梯度可产生涡量,但有涡量的流场不一定有涡,仅当涡量集聚时,才可能形成涡。

涡是流动的基本形态,又是湍流的基本结构,称为流体运动的肌腱。因此,在有旋流场中识别涡,是非常必要的。迄今为止,涡在数学上尚无确切定义,可采用如下近似识别方法。

速度变形率张量 $\nabla \boldsymbol{u}$ 的特征方程为

$$\det(\nabla \boldsymbol{u} - \lambda \boldsymbol{I}) = 0$$

式中：det( )表示行列式；λ 为方程的特征根。该特征方程可写成

$$\lambda^3 + P\lambda^2 + Q\lambda + R = 0 \tag{3.52}$$

其中：P、Q 和 R 分别为

$$P = -\operatorname{tr}(\nabla \boldsymbol{u}), Q = [\operatorname{tr}(\nabla \boldsymbol{u})]^2/2 - \operatorname{tr}((\nabla \boldsymbol{u})^2) \text{ 和 } R = -\det(\nabla \boldsymbol{u})$$

是 $\nabla \boldsymbol{u}$ 的三个独立不变量。

不可压流，$\nabla \cdot \boldsymbol{u} = 0$，故 $P = 0$，于是式(3.52)写成

$$\lambda^3 + Q\lambda + R = 0 \tag{3.53}$$

其中

$$Q = \frac{1}{2}(\Omega_{ij}\Omega_{ij} - e_{ij}e_{ji})$$

$$R = \frac{1}{3}(e_{ij}e_{jk}e_{ki} + 3\Omega_{ij}\Omega_{jk}e_{ki})$$

式(3.53)有三个根，其特性决定于 $D = (R/2)^2 + (Q/3)^3$。$D > 0$ 时，方程有一个实根和两个共轭复根；$D<0$ 时，有三个实根。

涡定义在有复根的区域，即 $D>0$ 区域。此时

$$\lambda_1 = J + K, \lambda_{2,3} = -\frac{J + K}{2} \pm \frac{J - K}{2}\sqrt{-3} \tag{3.54}$$

其中

$$J = \left(-\frac{R}{2} + \sqrt{\frac{R^2}{4} + \frac{Q^3}{27}}\right)^{1/3}, K = -\left(\frac{R}{2} + \sqrt{\frac{R^2}{4} + \frac{Q^3}{27}}\right)^{1/3}$$

因为复根虚部仅出现在局部有环形或螺旋形流线的区域，故虚部等值面可描绘涡结构，如图 3.2 所示，该图为典型的槽道湍流的流向涡结构。

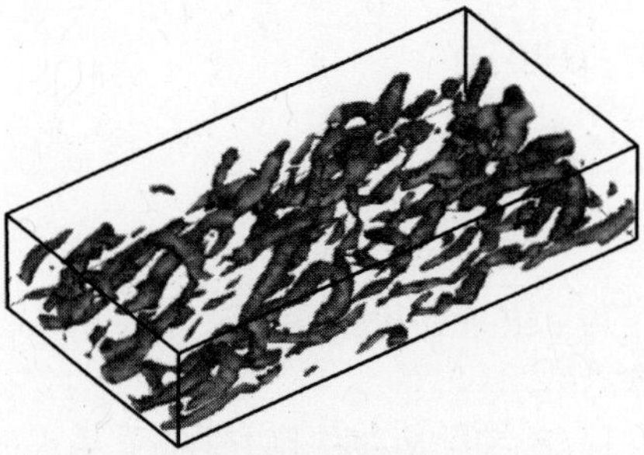

图 3.2 槽道湍流的流向涡结构[14]

涡也可定义为第二不变量为正的区域，即 $Q > 0$。因为 $Q > 0$ 意味着自旋大于变形，旋转起主导作用，是有旋运动的聚集区。

此外，与涡轴垂直的截面上，轴心处压力最小，据此可确定轴心位置。速度变形率张量 $\nabla \boldsymbol{u}$ 的自旋张量满足

$$\frac{\partial e_{ij}}{\partial t} + u_i \frac{\partial e_{ij}}{\partial x_j} + B_{ij} = \nu \frac{\partial e_{ij}}{\partial X_k^2} - \frac{1}{\rho} \frac{\partial^2 p}{\partial x_i \partial x_j}$$

其中 $B_{ij} = (e_{ij}e_{ij} + \Omega_{ij}\Omega_{ij})$。如果仅考虑 B_{ij} 对压力的影响，有

$$B_{ij} = \frac{1}{\rho}\frac{\partial^2 p}{\partial x_i \partial x_j} \tag{3.55}$$

仅当张量 $\left\{\frac{\partial^2 p}{\partial x_i \partial x_j}\right\}$ 有两个正特征根时,压力才有最小值,这需要张量 B_{ij} 具有两个负特征根。B_{ij} 是对称张量,故存在三个实根,$\lambda_1 > \lambda_2 > \lambda_3$。因此,当 $\lambda_2 < 0$ 时,可保证 B_{ij} 具有两个负特征根,从而可以确定涡结构的存在。

3.2.2 涡量扩散性

略去 f_i 的黏性流动量守恒方程:

$$\rho\frac{\mathrm{D}u_i}{\mathrm{D}t} = \frac{\partial \pi_{ij}}{\partial x_j} \tag{3.44}$$

可以写成

$$\frac{\mathrm{D}u_i}{\mathrm{D}t} = -\frac{1}{\rho}\frac{\partial p}{\partial x_i} + \frac{1}{3}\nu\frac{\partial u_k}{\partial x_k} + \nu\frac{\partial^2 u_i}{\partial x_j^2}$$

或

$$\frac{\mathrm{D}\boldsymbol{u}}{\mathrm{D}t} = \frac{\partial \boldsymbol{u}}{\partial t} + (\boldsymbol{u}\cdot\nabla)\boldsymbol{u} = -\frac{1}{\rho}\nabla p + \frac{1}{3}\nu\ \nabla\cdot\boldsymbol{u} + \nu\nabla^2\boldsymbol{u}$$

由于

$$(\boldsymbol{u}\cdot\nabla)\boldsymbol{u} = \nabla\frac{\boldsymbol{u}\cdot\boldsymbol{u}}{2} - \boldsymbol{u}\times(\nabla\times\boldsymbol{u})$$

故

$$\frac{\partial \boldsymbol{u}}{\partial t} + \nabla\left(\frac{\boldsymbol{u}^2}{2}\right) - \boldsymbol{u}\times\boldsymbol{\omega} = -\frac{1}{\rho}\nabla p + \frac{1}{3}\nu\ \nabla\cdot\boldsymbol{u} + \nu\nabla^2\boldsymbol{u}$$

两端作旋度运算,有

$$\frac{\mathrm{D}\boldsymbol{\omega}}{\mathrm{D}t} = (\boldsymbol{\omega}\cdot\nabla)\boldsymbol{u} - \boldsymbol{\omega}(\nabla - \boldsymbol{u}) - \nabla\left(\frac{1}{\rho}\right)\times\nabla p + \nu\nabla^2\boldsymbol{\omega} \tag{3.56}$$

称为涡量输运方程。

式(3.56)右端第一项表示流体在涡量方向的拉伸和压缩导致的涡量变化。说明如下:

设流体线微元 $\delta\boldsymbol{r}(t)$,经 Δt 后为 $\delta\boldsymbol{r}(t+\Delta t)$,如图 3.3 所示,有

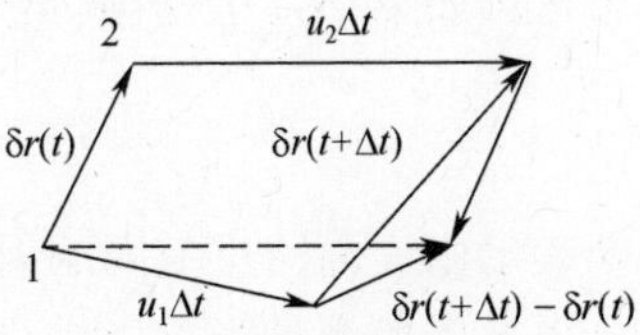

图 3.3 流体微元的运动

$$\boldsymbol{u}_1\Delta t + \delta\boldsymbol{r}(t+\Delta t) - \delta\boldsymbol{r}(t) = \boldsymbol{u}_2\Delta t$$

即

$$\boldsymbol{u}_2 - \boldsymbol{u}_1 = \frac{\mathrm{D}(\delta\boldsymbol{r})}{\mathrm{D}t}$$

由于

$$\boldsymbol{u}_2 - \boldsymbol{u}_1 = (\delta\boldsymbol{r}\cdot\nabla)\boldsymbol{u}$$

故

$$\frac{\mathrm{D}(\delta\boldsymbol{r})}{\mathrm{D}t}=(\delta\boldsymbol{r}\cdot\nabla)\boldsymbol{u}$$

仅考虑右端第一项对涡量的影响,有

$$\frac{\mathrm{D}\boldsymbol{\omega}}{\mathrm{D}t}=(\boldsymbol{\omega}\cdot\nabla)\boldsymbol{u}$$

因此

$$\frac{\mathrm{D}(\delta\boldsymbol{r}-\varepsilon\boldsymbol{\omega})}{\mathrm{D}t}=((\delta\boldsymbol{r}-\varepsilon\boldsymbol{\omega})\cdot\nabla)\boldsymbol{u} \tag{3.57}$$

式中:ε 为常数。

设 $t=0$ 时, $\delta\boldsymbol{r}=\varepsilon\boldsymbol{\omega}$ (即 $\delta\boldsymbol{r}$ 是一段涡线),方程(3.57)有解

$$\delta\boldsymbol{r}=\varepsilon\boldsymbol{\omega}$$

该式说明,流体在涡量方向拉伸时,涡量增大;压缩时,涡量减小。与当地涡量 $\boldsymbol{\omega}$ 处处相切的空间曲线称为涡线,与当地涡量处处相切的空间曲面称为涡面。如果涡面是管状曲面,则形成涡管。$\delta\boldsymbol{r}$ 伸长时,涡管被拉长,管截面减小,涡量增大,流体旋转加强;反之,涡管截面增加,涡量减小,如图 3.4 所示。

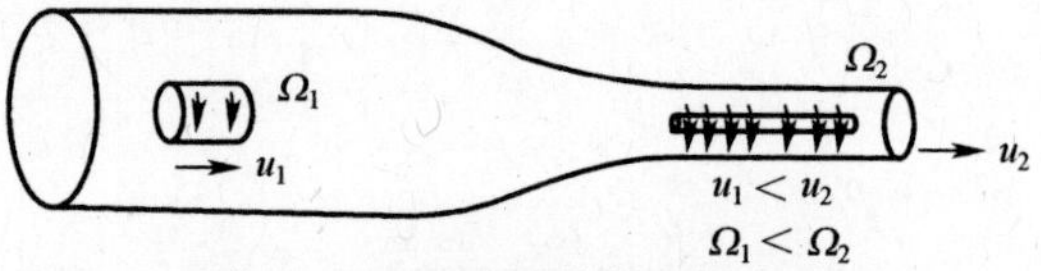

图 3.4　涡量随涡管截面的变化

流体微团的体积变化引起转动惯量变化,从而导致涡量变化。方程(3.56)右端第二项与此有关,反映了流团体积变化(膨胀或压缩)对涡量的影响。右端第三项称为斜压效应(Baroclinic Effect),表示密度梯度和压力梯度斜交时,导致的涡量变化。

前述各项皆与黏性无关,仅第四项表示黏性导致的涡量扩散,仅考虑该项时,有

$$\frac{\mathrm{D}\boldsymbol{\omega}}{\mathrm{D}t}=\nu\,\nabla^2\boldsymbol{\omega}$$

对于体积为 V 的流体微团,可写成

$$\iiint_V \frac{\mathrm{D}\boldsymbol{\omega}}{\mathrm{D}t}\mathrm{d}V=v\iint_S \nabla\boldsymbol{\omega}\cdot\mathrm{d}\boldsymbol{S} \tag{3.58}$$

右端表示由表面流进流团的涡量流量。

定义涡量流量张量:

$$\{q_{ij}\}=-\nu\left\{\frac{\partial u_i}{\partial x_j}\right\}$$

于是

$$\frac{\mathrm{D}\omega_i}{\mathrm{D}t}=-\frac{\partial q_{ij}}{\partial x_j}=\nu\frac{\partial^2\omega_i}{\partial x_j^2}$$

该方程类似于热传导方程，表示黏性导致的涡量扩散，结果使涡量分布均匀。涡量 $\boldsymbol{\omega}$ 是矢量，扩散过程较标量扩散复杂，各分量在扩散过程中会相互影响。

以二维平板边界层流动为例，如图 3.5 所示。此时，仅有展向涡量 $\omega_3 = \dfrac{\partial u_1}{\partial x_2}$，进而有 $\boldsymbol{q}_3 = -\nu \dfrac{\partial^2 u_1}{\partial x_2^2}\boldsymbol{e}_2$，其中 $\boldsymbol{e}_2$ 为 y 方向的单位矢量。该式说明，黏性导致展向涡量在 y 方向（法向）扩散。

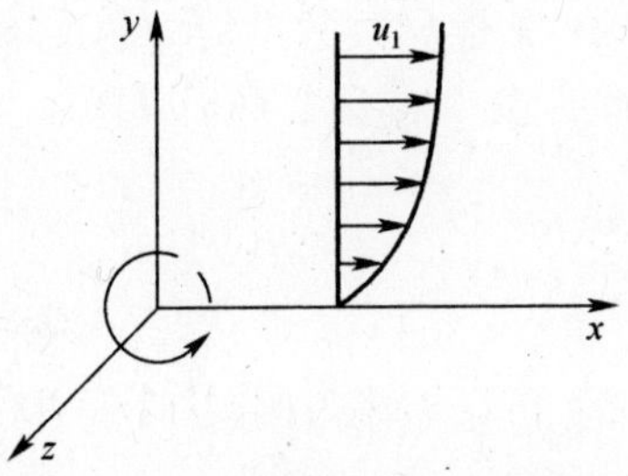

图 3.5　二维平板边界层的涡量扩散

3.2.3　黏性流耗散性

黏性流能量守恒方程：

$$\rho \frac{\mathrm{D}e}{\mathrm{D}t} = \frac{\partial}{\partial x_i}\left(\kappa_1 \frac{\partial T}{\partial x_i}\right) - p\frac{\partial u_i}{\partial x_i} + \phi \tag{3.48}$$

式中：$\phi = \tau_{ij}\dfrac{\partial u_i}{\partial x_j}$ 为耗散函数，表示机械能向热能的不可逆转换，其值大于零。

笛卡儿坐标中，有

$$\phi = \mu\left[2\left(\frac{\partial u}{\partial x}\right)^2 + 2\left(\frac{\partial v}{\partial y}\right)^2 + 2\left(\frac{\partial w}{\partial z}\right)^2 + \left(\frac{\partial v}{\partial x} + \frac{\partial u}{\partial y}\right)^2 + \left(\frac{\partial w}{\partial y} + \frac{\partial v}{\partial z}\right)^2 + \left(\frac{\partial u}{\partial z} + \frac{\partial w}{\partial x}\right)^2\right] - \eta\left(\frac{\partial u}{\partial x} + \frac{\partial v}{\partial y} + \frac{\partial w}{\partial z}\right)^2$$

由热力学关系式

$$\mathrm{d}e = T\mathrm{d}s - p\mathrm{d}\left(\frac{1}{\rho}\right)$$

可得到

$$\rho T\frac{\mathrm{D}s}{\mathrm{D}t} = \frac{\partial}{\partial x_i}\left(\kappa_1 \frac{\partial T}{\partial x_i}\right) + \phi$$

或写成

$$\rho \frac{\mathrm{D}s}{\mathrm{D}t} = \frac{\phi}{T} + \frac{\kappa_1}{T}\left(\frac{\partial T}{\partial x_i}\right)^2 + \frac{\partial}{\partial x_i}\left(\frac{\kappa_1}{T}\frac{\partial T}{\partial x_i}\right) \tag{3.59}$$

方程右端第一项为黏性导致的熵产生，第二项为不可逆热传递导致的熵产生，描述了动量和能量梯度导致的不可逆输运过程，其值皆大于零。第三项为可逆热传导导致的熵变,可以大于零,也可以小于零。

同样,可以得到

$$\rho\frac{\mathrm{D}h}{\mathrm{D}t}=\frac{\mathrm{D}p}{Dt}+\phi+\frac{\partial}{\partial x_i}\left(\kappa_1\frac{\partial T}{\partial x_i}\right)\tag{3.60}$$

$$\rho C_\nu\frac{\mathrm{D}T}{\mathrm{D}t}=-p\frac{\partial u_i}{\partial x_i}+\phi+\frac{\partial}{\partial x_i}\left(\kappa_1\frac{\partial T}{\partial x_i}\right)\tag{3.61}$$

$$\rho C_p\frac{\mathrm{D}T}{\mathrm{D}t}=\frac{\mathrm{D}p}{Dt}+\phi+\frac{\partial}{\partial x_i}\left(\kappa_1\frac{\partial T}{\partial x_i}\right)\tag{3.62}$$

黏性耗散指流动过程中,黏性导致的动能向热能的不可逆转换。黏性流的涡量因黏性而产生,因黏性而扩散,最终因黏性而耗散。

3.2.4 黏性流稳定性

1. 小扰动分析

简单起见,以平面二维不可压缩流为例,其守恒方程为

$$\frac{\partial u}{\partial x}+\frac{\partial \nu}{\partial y}=0\tag{3.63}$$

$$\frac{\partial u}{\partial t}+u\frac{\partial u}{\partial x}+\nu\frac{\partial u}{\partial y}=-\frac{\partial p}{\partial x}+\nu\left(\frac{\partial^2 u}{\partial x^2}+\frac{\partial^2 u}{\partial y^2}\right)\tag{3.64}$$

$$\frac{\partial \nu}{\partial t}+u\frac{\partial \nu}{\partial x}+\nu\frac{\partial \nu}{\partial y}=-\frac{\partial p}{\partial y}+\nu\left(\frac{\partial^2 \nu}{\partial x^2}+\frac{\partial^2 \nu}{\partial y^2}\right)\tag{3.65}$$

小扰动作用下,流场参数为

$$u(x,y,t)=U(y)+u'(x,y,t)$$
$$\nu(x,y,t)=\nu'(x,y,t)$$
$$p(x,y,t)=P(y)+p'(x,y,t)$$

其中,上标“′”表示扰动量。于是

$$\frac{\partial u'}{\partial x}+\frac{\partial \nu'}{\partial y}=0\tag{3.66}$$

$$\frac{\partial u'}{\partial t}+U\frac{\partial u'}{\partial x}+\nu'\frac{\partial U}{\partial y}=-\frac{\partial p'}{\partial x}+\nu\left(\frac{\partial^2 u'}{\partial x^2}+\frac{\partial^2 u'}{\partial y^2}\right)\tag{3.67}$$

$$\frac{\partial \nu'}{\partial t}+U\frac{\partial \nu'}{\partial x}=-\frac{\partial p'}{\partial y}+\nu\left(\frac{\partial^2 \nu'}{\partial x^2}+\frac{\partial^2 \nu'}{\partial y^2}\right)\tag{3.68}$$

引进扰动速度流函数 Ψ,有

$$u'=\frac{\partial\Psi}{\partial y},\quad \nu'=-\frac{\partial\Psi}{\partial x}$$

有

$$\left(\frac{\partial}{\partial t}+U\frac{\partial}{\partial x}\right)\nabla^2\Psi-\frac{\mathrm{d}^2U}{\mathrm{d}y^2}\frac{\partial\Psi}{\partial x}=\nu\,\nabla^2(\nabla^2\Psi)\tag{3.69}$$

此为线性方程,特解为谐波形式:

$$\Psi(x,y,t)=\phi(y)\exp[j(kx-\omega t)] \tag{3.70}$$

式中：$\phi(y)$为扰动振幅，为复数，由实部ϕ_r和虚部ϕ_i组成，即$\phi=\phi_r+\mathrm{i}\phi_i$；$k$和$\omega$也是复数，$k$表示扰动在空间的发展，$k=k_r+\mathrm{i}k_i$，其中，$k_r$表示扰动沿$x$方向的波数，$k_i$是扰动振幅沿$x$方向的增长（或衰减）因子；$\omega$表示扰动随时间的发展，$\omega=\omega_r+\mathrm{i}\omega_i$，其中，$\omega_r$表示扰动的振动频率，$\omega_i$表示扰动振幅随时间的变化。

当k为实数，ω为复数时（称为时间模式），式（3.70）写成

$$\Psi(x,y,t)=\phi(y)\exp(\omega_i t)\exp[\mathrm{i}(kx-\omega_r t)] \tag{3.71}$$

其中，$\exp(\omega_i t)$反映扰动振幅随时间的变化，$\omega_i<0$时，扰动随时间呈指数衰减，流动稳定，反之，$\omega_i>0$，流场失稳。

将式（3.70）代入式（3.69）得

$$(U-c)(\phi''-k^2\phi)-U''\phi=-\frac{\mathrm{i}\nu}{k}(\phi^{(4)}-2k^2\phi''+k^4\phi) \tag{3.72}$$

式中：$c=\omega/k_r=c_r+\mathrm{i}c_i$，$c_i$表示扰动的增长或衰减系数，$c_r$表示波在$x$方向的传播速度。此式称为Orr-Sommerfeld方程，是四阶常微分方程。

引进特征速度U_∞和特征长度L，有无量纲方程

$$(U-c)(\phi''-k^2\phi)-U''\phi=-\frac{\mathrm{i}}{kRe}(\phi^{(4)}-2k^2\phi''+k^4\phi) \tag{3.73}$$

式中：雷诺数$Re=\dfrac{U_\infty L}{\nu}$。

槽道上下边界，即$y=y_1$和$y=y_2$处，有

$$\phi(y_1)=\phi'(y_1)=0 \text{ 和 } \phi(y_2)=\phi'(y_2)=0$$

仅当k、c和Re满足本征值方程$F(k_r,c_i,Re)=0$时，方程（3.73）才有非零解。对于时间模式，根据平均流动的Re数和小扰动波数k，利用数值方法，由式（3.73），可解得ϕ和c。k-Re平面上，$c_i=0$曲线称为姆指曲线，如图3.6所示。图中，存在最小临界Re，记作Re_c，$Re<Re_c$时，流动稳定，即层流；当$Re>Re_c$时，低波数的部分失稳，出现湍流。

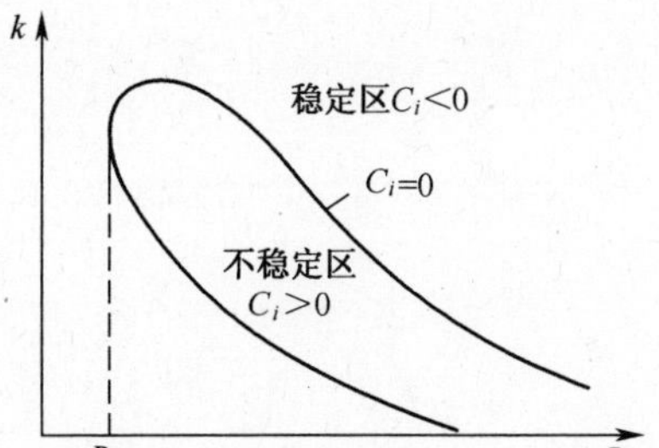

图3.6　稳定性曲线

2. 涡量分析

不可压流的无量纲涡量输运方程：

$$\frac{D\boldsymbol{\omega}}{Dt}=(\boldsymbol{\omega}\cdot\nabla)\boldsymbol{u}+\frac{1}{Re}\nabla^2\boldsymbol{\omega} \tag{3.74}$$

右端第一项表示流体在涡量方向的拉伸和压缩,第二项表示黏性导致的涡量扩散。$Re=\dfrac{U_\infty L}{\nu}$ 为惯性力与黏性力之比。Re 较小时,黏性起主导作用,方程(3.74)中,黏性扩散项占优势,流场稳定。Re 增大,涡量的拉伸和压缩取得优势。拉伸导致旋涡破碎,使流场中出现各种类型的,尺度不同的涡,流场失稳,形成湍流。

3. 失稳方程的随机解[17]

现实生活中,存在各种微小的不可避免和不可预测的扰动。方程稳定时(如层流),扰动对解的影响很小。如果方程失稳(如湍流),微小扰动会导致解的显著变化,使之成为随机量。

例如,常微分方程组

$$\begin{cases}\dfrac{dx}{dt}=10(y-x)\\ \dfrac{dy}{dt}=\rho x-y-xz\\ \dfrac{dz}{dt}=-\dfrac{8}{3}z+xy\end{cases}$$

参数 $\rho=28$ 时,如果初始条件为 $x(0)=0.1, y(0)=0.1, z(0)=0.1$,方程的解 $x(t)$ 如图 3.7(a)所示。如果初始条件为 $x(0)=0.100001, y(0)=0.1, z(0)=0.1$(仅 $x(0)$ 的值出现 10^{-6} 的扰动),其解(记作 $\hat{x}(t)$)如图 3.7(b)所示。在 0~100 时段

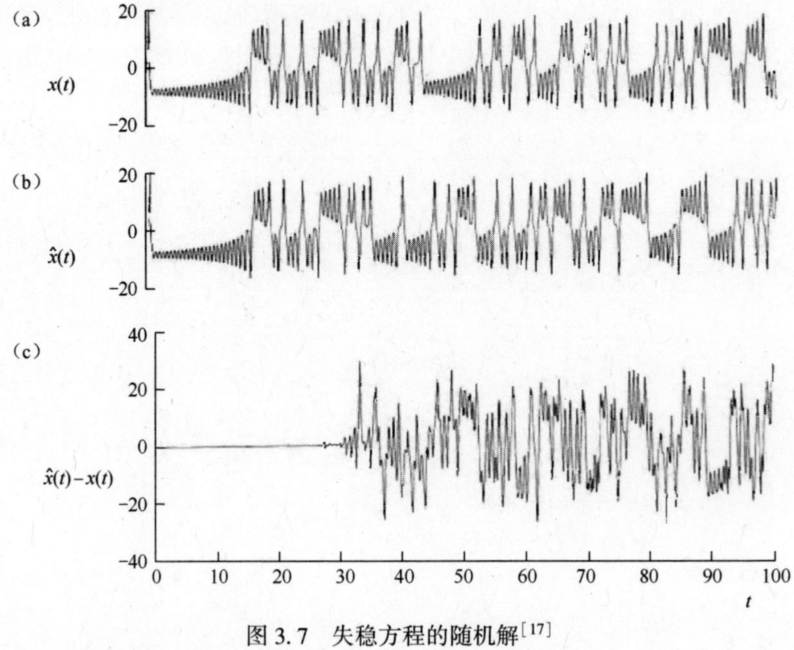

图 3.7 失稳方程的随机解[17]

内,两个解的差,$\hat{x}(t)-x(t)$,如图3.7(c)所示。显然$t>35$时,差异非常明显,说明方程对初始扰动非常敏感。上述方程组的稳定性决定于参数ρ,其阈值$\rho_c\approx 24.74$,$\rho<\rho_c$时,方程稳定,具有确定解,反之,方程失稳,结果不可预测,解为随机值。

3.3 层流[10-13]

雷诺发现,黏性流体在圆管中的流动状态随Re的大小而变化。从圆管入口中心处注入有色液体,随着流动,在管内形成色线。Re较小时,色线为直线,称为层流。Re增大,色线出现振荡,称为过渡流动。Re超过某值Re_c后,色线与流体剧烈掺混而无法辨认,称为湍流。此时,流动已失稳。从层流向湍流的过渡称为转捩,该现象与N-S方程的稳定性有关。

3.3.1 层流解析解

Re较小时,为层流,流场流线光滑有层次。此时,N-S方程是适定的,有确定解。由于N-S方程是非线性偏微分方程组(例如,非定常可压流是双曲-抛物型偏微分方程组),仅极少数简单流动,才有解析解。

例如,槽道中的不可压平行流($v=w=0$),有

$$\frac{\partial u}{\partial x}=0 \tag{3.75}$$

$$\frac{\partial p}{\partial y}=\frac{\partial p}{\partial z}=0 \tag{3.76}$$

$$\rho\frac{\partial u}{\partial t}=-\frac{\mathrm{d}p}{\mathrm{d}x}+\mu\left(\frac{\partial^2 u}{\partial y^2}+\frac{\partial^2 u}{\partial z^2}\right) \tag{3.77}$$

$$\rho C_v\left(\frac{\partial T}{\partial t}+u\frac{\partial T}{\partial x}\right)=\mu\left(\left(\frac{\partial u}{\partial y}\right)^2+\left(\frac{\partial u}{\partial z}\right)^2\right)+\kappa_1\left(\frac{\partial^2 T}{\partial x^2}+\frac{\partial^2 T}{\partial y^2}+\frac{\partial^2 T}{\partial z^2}\right) \tag{3.78}$$

如果是定常流,式(3.77)写成

$$\left(\frac{\partial^2 u}{\partial y^2}+\frac{\partial^2 u}{\partial z^2}\right)=\frac{1}{\mu}\frac{\mathrm{d}p}{\mathrm{d}x}$$

此为泊松方程。左端为$u=u(y,z)$,右端为$p=p(x)$,欲使两者相等,必为常数。

故

$$\left(\frac{\partial^2 u}{\partial y^2}+\frac{\partial^2 u}{\partial z^2}\right)=\frac{1}{\mu}\frac{\mathrm{d}p}{\mathrm{d}x}=\mathrm{const} \tag{3.79}$$

1. Poiseuille 流

间距为$2b$的两无限大平行平板,其间二维定常平行流称为Poiseuille流,如图3.8所示。

此时,式(3.79)和式(3.78)写成

$$\frac{\partial^2 u}{\partial y^2}=\frac{1}{\mu}\frac{\mathrm{d}p}{\mathrm{d}x}=\text{const} \tag{3.80}$$

$$\rho C_\nu u\frac{\partial T}{\partial x}=\mu\left(\frac{\partial u}{\partial y}\right)^2+\kappa_1\left(\frac{\partial^2 T}{\partial x^2}+\frac{\partial^2 T}{\partial y^2}\right) \tag{3.81}$$

边界条件为

$$u(b)=u(-b)=0$$

以及

$$T(b)=T_{\mathrm{W}}^{+}\ \text{和}\ T(-b)=T_{\mathrm{W}}^{-} \tag{3.82}$$

积分式(3.80)得

$$u=\frac{1}{2\mu}\left(\frac{\mathrm{d}p}{\mathrm{d}x}\right)(b^2-y^2) \tag{3.83}$$

对于定常流，$\frac{\partial T}{\partial x}=0$，于是

$$\kappa_1\frac{\partial^2 T}{\partial x^2}=-\frac{1}{\mu}\left(\frac{\mathrm{d}p}{\mathrm{d}x}\right)^2$$

积分上式得

$$T=\frac{T_{\mathrm{W}}^{+}+T_{\mathrm{W}}^{-}}{2}\left(1+\frac{y}{b}\right)+\frac{b^4}{12\kappa_1\mu}\left(\frac{\mathrm{d}p}{\mathrm{d}x}\right)^2\left[1-\left(\frac{y}{b}\right)^4\right] \tag{3.84}$$

2. Couette 流

如果上平板以速度 U 匀速运动，下平板静止，相应的二维定常平行流动称为 Couette 流，参见图 3.9。

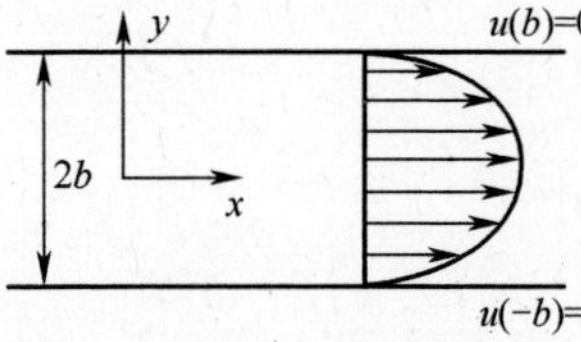

图 3.8 Poiseuille 流

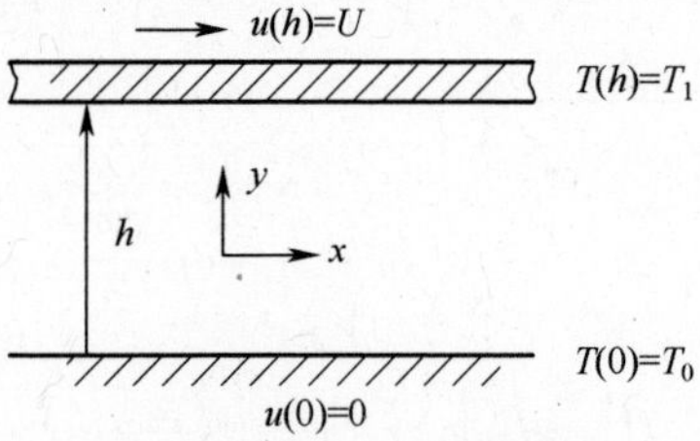

图 3.9 Couette 流

式(3.80)和式(3.81)有解

$$\frac{u}{U}=\frac{y}{h}+P\frac{y}{h}\left(1-\frac{y}{h}\right) \tag{3.85}$$

$$\frac{T-T_0}{T_1-T_0}=\frac{y}{h}+C\frac{y}{h}\left(1-\frac{y}{h}\right) \tag{3.86}$$

其中

$$P=-\frac{h^2}{2\mu U}\frac{\mathrm{d}p}{\mathrm{d}x}$$

$$C=\frac{\mu U^2}{2\kappa_1(T_1-T_0)}$$

流场速度剖面和温度剖面分别如图 3.10 中(a)和(b)所示。

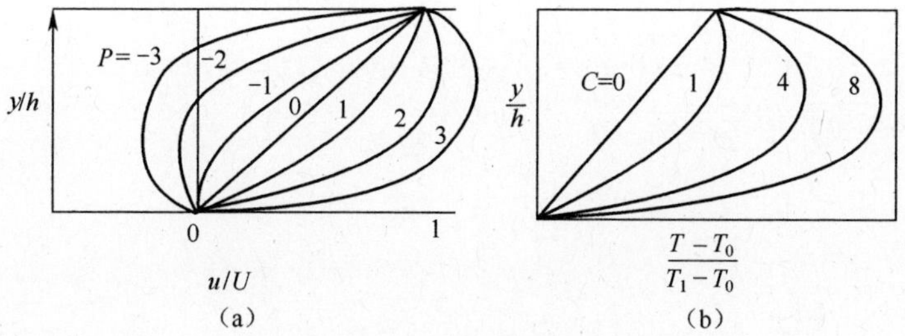

图 3.10　Couette 流场的剖面曲线

3.3.2　层流近似解

N-S 方程有时可简化为常微分方程,或简化为具有解析解或渐进解的方程。

1. Stokes 第一问题

平板上,流体静止。$t=0$ 时刻,平板突然以速度 U 匀速运动,由于黏性,板上流体逐层随之运动,称为 Stokes 第一问题。设此问题为不可压二维不定常平行流,式(3.75)~式(3.78)写成

$$\frac{\partial u}{\partial x}=0 \tag{3.75}$$

$$\frac{\partial p}{\partial y}=0 \tag{3.76}$$

$$\rho\frac{\partial u}{\partial t}=-\frac{\mathrm{d}p}{\mathrm{d}x}+\mu\frac{\partial^2 u}{\partial y^2} \tag{3.87}$$

$$\rho C_\nu\left(\frac{\partial T}{\partial t}+u\frac{\partial T}{\partial x}\right)=\mu\left(\frac{\partial u}{\partial y}\right)^2+\kappa_1\left(\frac{\partial^2 T}{\partial x^2}+\frac{\partial^2 T}{\partial y^2}\right) \tag{3.88}$$

由式(3.75)和式(3.87),得

$$\frac{\partial^2 p}{\partial x^2}=0$$

即

$$\frac{\partial p}{\partial x}=F(t)$$

由边界条件,$\left.\frac{\mathrm{d}p}{\mathrm{d}x}\right|_{y\to\infty}=0$,故

$$\frac{\mathrm{d}p}{\mathrm{d}x}=0 \tag{3.89}$$

于是式(3.87)写成

$$\frac{\partial u}{\partial t}=\nu\frac{\partial^2 u}{\partial y^2} \tag{3.90}$$

其中 $\nu=\mu/\rho$。

边界条件为

$$u(0,t)=U \quad 和 \quad u(\infty,t)=0$$

引进无量纲相似变量：

$$\eta=\frac{y}{2\sqrt{\nu t}},\quad \frac{u}{U}=f(\eta)$$

式(3.90)写成

$$f''+2\eta f'=0 \tag{3.91}$$

边界条件为

$$f(0)=1 \quad 和 \quad f(\infty)=0$$

故，有解

$$\frac{u}{U}=1-\mathrm{erf}(\eta)=\mathrm{erfc}(\eta) \tag{3.92}$$

式中：erf（和 erfc）分别是误差函数和补余误差函数（Complementary Error Function）。

速度随相似变量的分布曲线如图 3.11 所示。不同时刻的速度分布曲线如图3.12 所示。

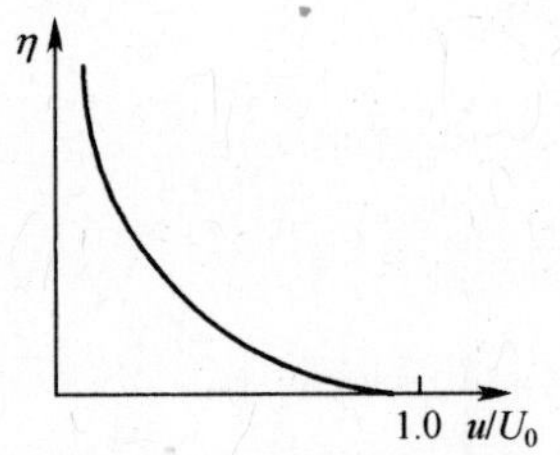

图 3.11 速度分布曲线

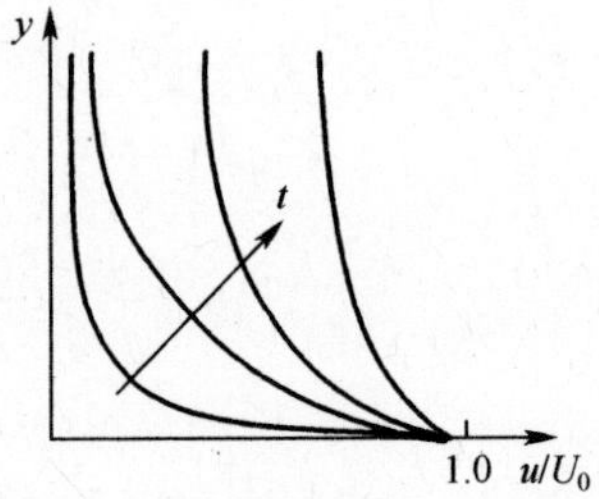

图 3.12 不同时刻速度分布曲线

由式(3.92)，$\eta=2$ 时，$u/U_0\approx0.01$，可以认为黏性作用仅限于 $\eta\leqslant2$ 区域，其厚度：

$$\delta\approx2\eta\sqrt{\nu t}\propto\sqrt{\nu t} \tag{3.93}$$

2. 层流边界层

高 Re 数流动，使外部流动过渡到无滑移边界，壁面附近存在称作边界层的区域。边界层外，为外部流动区域，速度为 U，黏性影响很小。边界层内，因黏性影响，在壁面法向，存在流向速度梯度。从壁面到 $0.99U$ 处的法向距离称为边界层厚度，记作 δ。

讨论二维平板边界层，如图 3.13 所示。

由式(3.93)得

$$\delta\propto\sqrt{\nu t}\propto\sqrt{\nu L/U}=L/Re$$

或

$$\frac{\delta}{L}\propto\frac{1}{\sqrt{Re}} \tag{3.94}$$

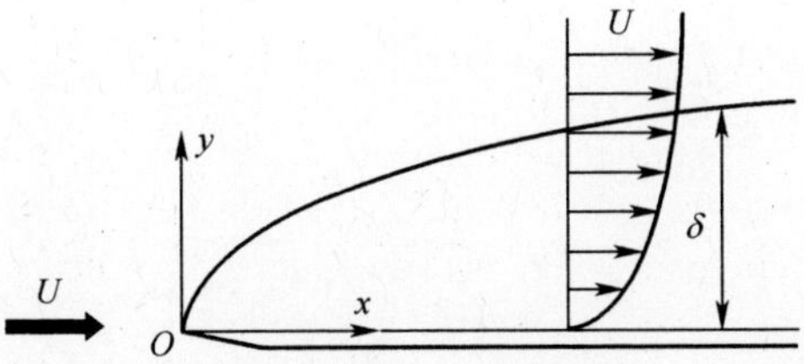

图 3.13　平板边界层

式中：L 为特征长度（如平板长度）。式(3.94)说明，边界层厚度与 $\sqrt{Re}$ 成反比，Re 越大，δ 越小。$Re>10^3$时，δ 仅为 L 的百分之几，很薄。

引入无量纲：

$$x^* = \frac{x}{L}, y^* = \frac{y}{\delta} = \frac{y}{L}\sqrt{Re}, u^* = \frac{u}{U}, \nu^* = \frac{\nu}{U}\sqrt{Re}$$

$$t^* = \frac{tL}{U}, \rho^* = \frac{\rho}{\rho^0}, p^* = \frac{p}{\rho^0 U^2}, \mu^* = \frac{\mu}{\mu^0}$$

式中：上标 0 表示外部流动。使 N-S 方程无量纲化，略去与 $1/Re$ 有关的项，则

$$\frac{\partial \rho}{\partial t} + \frac{\partial \rho u}{\partial x} + \frac{\partial \rho \nu}{\partial y} = 0 \tag{3.95}$$

$$\rho \frac{\partial u}{\partial t} + \rho u \frac{\partial u}{\partial x} + \rho \nu \frac{\partial u}{\partial y} = -\frac{\partial p}{\partial x} + \frac{\partial}{\partial y}\left(\mu \frac{\partial u}{\partial y}\right) \tag{3.96}$$

$$\frac{\partial p}{\partial y} = 0 \tag{3.97}$$

$$\rho C_\nu \left(\frac{\partial T}{\partial t} + u \frac{\partial T}{\partial x} + \nu \frac{\partial T}{\partial y}\right) = \mu \left(\frac{\partial u}{\partial x}\right)^2 + \kappa_1 \frac{\partial^2 T}{\partial y^2} \tag{3.98}$$

由式(3.97)，边界层内，压力在 y 方向无分布，由外部流动确定。

对于定常流，有

$$u \frac{\partial u}{\partial x} + v \frac{\partial u}{\partial y} = -\frac{1}{\rho}\frac{\partial p}{\partial x} + \nu \frac{\partial^2 u}{\partial y^2} \tag{3.99}$$

如果 U 为常数，有 $\frac{\partial p}{\partial x} = 0$，于是

$$u \frac{\partial u}{\partial x} + v \frac{\partial u}{\partial y} = \nu \frac{\partial^2 u}{\partial y^2} \tag{3.100}$$

不可压流

$$\frac{\partial u}{\partial x} + \frac{\partial u}{\partial y} = 0 \tag{3.101}$$

式(3.97)、式(3.100)和式(3.101)为不可压定常平板边界层方程，称为普朗特方程。此为抛物型方程，扰动仅影响下游流场。式(3.100)和式(3.101)为封闭

方程组,边界条件为

$y=0$ 时,$u=\nu=0$;$y\to\infty$ 时,$u=U$

引进无量纲相似变量

$$\eta=\frac{y}{\delta}=y\sqrt{\frac{U}{\nu x}}$$

和流函数 Ψ

$$u=\frac{\partial\Psi}{\partial y},\nu=-\frac{\partial\Psi}{\partial x}$$

方程有相似解时, $\frac{u}{U}=\varphi(\eta)$, 故 Ψ 应为

$$\Psi=\sqrt{\nu Ux}f(\eta)$$

于是,式(3.100)和式(3.101)可写成

$$2f'''+ff''=0 \tag{3.102}$$

边界条件为

$$f(0)=f'(0)=0$$
$$f'(\infty)=1$$

此为常微分方程,称为 Blasius 方程。

3.3.3 层流数值解

1. 时间分步法[14]

N-S 方程写成通式:

$$\frac{\partial \boldsymbol{U}}{\partial t}+\frac{\partial F(\boldsymbol{U})}{\partial x}+\frac{\partial G(\boldsymbol{U})}{\partial y}+\frac{\partial H(\boldsymbol{U})}{\partial z}=\frac{\partial F_\nu(\boldsymbol{U})}{\partial x}+\frac{\partial G_\nu(\boldsymbol{U})}{\partial y}+\frac{\partial H_\nu(\boldsymbol{U})}{\partial z} \tag{3.103}$$

其中

$$\boldsymbol{U}=\begin{pmatrix}\rho\\ \rho u\\ \rho\nu\\ \rho w\\ \rho e_t\end{pmatrix},\boldsymbol{F}=\begin{pmatrix}\rho u\\ \rho u^2+p\\ \rho u\nu\\ \rho uw\\ u(\rho e_t+p)\end{pmatrix},$$

$$\boldsymbol{G}=\begin{pmatrix}\rho\nu\\ \rho u\nu\\ \rho\nu^2+p\\ \rho\nu w\\ \nu(\rho e_t+p)\end{pmatrix},\boldsymbol{H}=\begin{pmatrix}\rho w\\ \rho uw\\ \rho\nu w\\ \rho w^2+p\\ w(\rho e_t+p)\end{pmatrix}$$

$$\boldsymbol{F}_\nu = \begin{bmatrix} 0 \\ \tau_{xx} \\ \tau_{yx} \\ \tau_{zx} \\ \beta_x \end{bmatrix}, \boldsymbol{G}_\nu = \begin{bmatrix} 0 \\ \tau_{xy} \\ \tau_{yy} \\ \tau_{zy} \\ \beta_y \end{bmatrix}, \boldsymbol{H}_\nu = \begin{bmatrix} 0 \\ \tau_{xz} \\ \tau_{yz} \\ \tau_{zz} \\ \beta_z \end{bmatrix}$$

$$\beta_x = u\tau_{xx} + \nu\tau_{yx} + w\tau_{zx} - q_x$$
$$\beta_y = u\tau_{xy} + \nu\tau_{yy} + w\tau_{zy} - q_y$$
$$\beta_z = u\tau_{xz} + \nu\tau_{yz} + w\tau_{zz} - q_z$$

该方程包含许多项,各自反映不同物理过程。如 $\frac{\partial \boldsymbol{U}}{\partial t}$ 为时间变化项,表示流场随时间的变化;$\frac{\partial F(\boldsymbol{U})}{\partial x} + \frac{\partial G(\boldsymbol{U})}{\partial y} + \frac{\partial H(\boldsymbol{U})}{\partial z}$ 为对流项,表示流动和压差对流场的影响;$\frac{\partial F_\nu(\boldsymbol{U})}{\partial x} + \frac{\partial G_\nu(\boldsymbol{U})}{\partial y} + \frac{\partial H_\nu(\boldsymbol{U})}{\partial z}$ 为扩散项,表示输运对流场的影响。

如果用一系列相继发生的过程替代上述同时发生的过程,即按物理过程将方程分解,于是

$$\frac{\partial \boldsymbol{U}^{n+1/2}}{\partial t} + \frac{\partial F(\boldsymbol{U})}{\partial x} + \frac{\partial G(\boldsymbol{U})}{\partial y} + \frac{\partial H(\boldsymbol{U})}{\partial z} = 0 \tag{3.104}$$

$$\frac{\partial \boldsymbol{U}^{n+1}}{\partial t} + \frac{\partial F_\nu(\boldsymbol{U})}{\partial x} + \frac{\partial G_\nu(\boldsymbol{U})}{\partial y} + \frac{\partial H_\nu(\boldsymbol{U})}{\partial z} \tag{3.105}$$

称此为时间分步法。分解后的方程可各自选用合适的格式。

式(3.104)为欧拉方程,其数值解法已有大量研究。式(3.105)为非稳态扩散方程,右侧为二阶导数项,常用二阶中心差分使其离散,即

$$\frac{\partial^2 \varphi}{\partial x^2} = \frac{\varphi_{j+1} - 2\varphi_j + \varphi_{j-1}}{\Delta x^2} \tag{3.106}$$

2. Simple 方法(Semi-implicit Pressure Linked Equation)[18-19]

N-S 方程可写成

$$\frac{\partial}{\partial t}(\rho\varphi) + \frac{\partial J_j}{\partial x_j} = S_\varphi \tag{3.107}$$

式中:φ 为流场参数,是强度量;$J_j = \rho u_j \varphi - \Gamma_\varphi \frac{\partial \phi}{\partial x_j}$ 表示 φ 的流率,包括对流流率 $\rho u_j \varphi$ 和扩散流率 $\Gamma_\varphi \frac{\partial \phi}{\partial x_j}$;$\Gamma_\varphi$ 和 S_φ 分别表示 φ 的输运系数和源项。源项比较复杂,可采用点隐格式

$$S_\varphi = S_c + S_p \varphi$$

其中

$$S_p = \left.\frac{\partial S_\varphi}{\partial \varphi}\right|_{\varphi_0}$$

$$S_c = S_\varphi(\varphi_0) - \varphi_0 \frac{\partial S_\varphi}{\partial \varphi}\bigg|_{\varphi_0}$$

φ_0 为上一时刻(n 时刻)的值,为已知值。

式(3.107)离散时,时间导数采用前差分,即

$$\frac{\partial U}{\partial t} = \frac{U^{n+1} - U^n}{\Delta t}$$

空间导数采用有限体积法,以二维问题为例,网格如图 3.14 所示。图中虚线为胞格,中心为 P,记作(i,j),四边分别用 e、w、s 和 n 表示。

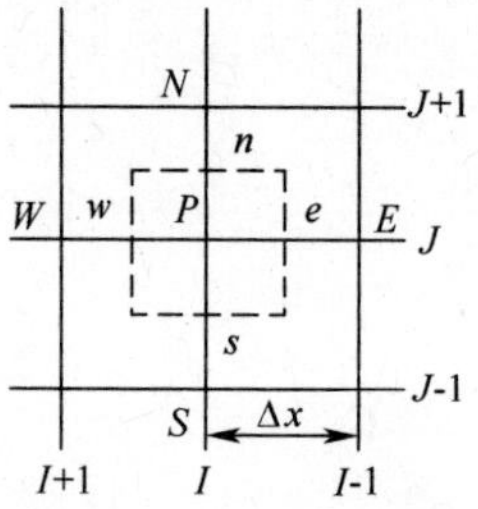

图 3.14　二维网格

1) 方程离散

对于质量守恒方程,有

$$\frac{\rho_P - \rho_P^0}{\Delta t}\Delta x \Delta y + G_e - G_w + G_n - G_S = 0 \tag{3.108}$$

式中:$G_i = F_i \Delta x_i$ 为胞格 i 边界上的流量,$F_i = \rho u_i$ 为胞格 i 边界上的流率。

对于标量方程(如温度),有

$$\frac{\rho_P \varphi_P - \rho_P^0 \varphi_P^0}{\Delta t}\Delta x \Delta y + G_e^\varphi - G_w^\varphi + G_n^\varphi - G_s^\varphi = S_c \Delta x \Delta y + S_P \varphi_P \Delta x \Delta y \tag{3.109}$$

式中:$G_i^\varphi = J_i \Delta x_i$ 为边界上 φ 的流量,$J_i = F_i \varphi - \Gamma_\varphi \frac{\partial \varphi}{\partial x_i}$ 为边界上 φ 的流率。

由式(3.108)和式(3.109),得

$$(\varphi_P - \varphi_P^0)\frac{\rho_P^0 \Delta x \Delta y}{\Delta t} + (J_e - F_e \varphi_p)\Delta y - (J_w - F_w \varphi_p)\Delta y + (J_n - F_n \varphi_p)\Delta x - (J_s - F_s \varphi_p)\Delta x = S_c \Delta x \Delta y + S_P \varphi_P \Delta x \Delta y \tag{3.110}$$

以 x 方向,e 边界为例(见图 3.14),根据 J_i定义,有

$$J_e = F_e \varphi - \Gamma_\varphi \frac{\partial \varphi}{\partial x_i} \tag{3.111}$$

满足边界条件　　$x = 0$ 时,$\varphi = \varphi_P$;$x = \Delta x$ 时,$\varphi = \varphi_E$

有解

$$\frac{\Delta x}{\Gamma_\varphi} J_e = \widetilde{B}_e \varphi_P - \widetilde{A}_e \varphi_E \tag{3.112}$$

其中 $\widetilde{B}_e = \dfrac{Re_x^e}{1 - \exp(-Re_x^e)}, \widetilde{A}_e = \dfrac{Re_x^e \exp(-Re_x^e)}{1 - \exp(-Re_x^e)}, Re_x^e = \dfrac{F_e \Delta x}{\Gamma_\varphi}$

作如下近似

$Re_x^e \geqslant 2$ 时，取 $\exp(-Re_x^e) \approx 0$，于是，$\widetilde{B}_e = Re_x^e, \widetilde{A}_e = 0, J_e = F_e \varphi_P$

$Re_x^e \leqslant -2$ 时，取 $\exp(-Re_x^e) \approx \infty$，于是，$\widetilde{B}_e = 0, \widetilde{A}_e = -Re_x^e, J_e = F_e \varphi_E$

$-2 \leqslant Re_x^e \leqslant 2$ 时，取 $\exp(-Re_x^e) \approx \dfrac{1 - Re_x^e/2}{1 + Re_x^e/2}$，于是，$\widetilde{B}_e = 1 + Re_x^e/2$，$\widetilde{A}_e = 1 - Re_x^e/2$，

$$J_e = \left(\frac{\Gamma_\varphi}{\Delta x} + \frac{F_e}{2}\right)\varphi_P - \left(\frac{\Gamma_\varphi}{\Delta x} - \frac{F_e}{2}\right)\varphi_E$$

于是，式(3.112)写成

$$J_e = \tilde{a}_e(\varphi_P - \varphi_E) + F_e \varphi_P$$

其中

$$\tilde{a}_e = \max\left(\left|\frac{F_e}{2}\right|, \frac{\Gamma_\varphi}{\Delta x}\right) - \frac{F_e}{2}$$

进而有

$$(J_e - F_e \varphi P)\Delta y = A_e(\varphi_P - \varphi_E) \tag{3.113}$$

其中 $A_e = \tilde{a}\Delta y = \max\left(\left|\dfrac{G_e}{2}\right|, De\right) - \dfrac{G_e}{2}, De = \dfrac{\Gamma_\varphi \Delta y}{\Delta x}$

于是，式(3.110)写成

$$A_p \varphi_P = \Sigma A_i \varphi_i + b \tag{3.114}$$

其中 $A_p = \Sigma A_i + A_p^0 - S_P \Delta x \Delta y, b = S_c \Delta x \Delta y + A_P^0 \varphi_P^0, A_p^0 = \dfrac{\rho_P^0 \Delta x \Delta y}{\Delta t}$

显然，与边界流量有关的速度，应在胞格边界上取值。为此，可将速度场网格与标量场网格(主网格)错开，使主网格的边界值成为速度网格的格点值，称此为交错网格，如图3.15所示。图中，粗黑线围成主网格，虚线围成 u 网格，点划线围成 v 网格。

对于动量方程，在 u 网格(图3.15中，e 点为格点)，有离散方程

$$u_P = \frac{1}{A_p}\Sigma A_i u_i + \frac{b_1}{A_p} + (p_{I,J} - p_{I+1,j})\frac{\Delta y}{A_p} \tag{3.115}$$

其中

$$b_1 = S_c \Delta x \Delta y + A_P^0 u_P^0$$

2) Simple 方法

动量方程中，压力 p 满足状态方程，与温度和密度有关，而黏性系数 μ 也与流体的热力学状态(如温度 T)有关。因此，通过 p 和 μ，使质量和动量方程与能量方程(或其他标量方程)耦合，形成封闭方程。对于不可压流，ρ 为常数，如果 μ 也为常数，此时，质量和动量方程将与能量方程解偶，独自组成封闭方程。由于方程中

缺少压力的独立方程,这给求解带来麻烦。为此,介绍一种压力求解方法,称作Simple方法。这是一种预估校正方法,迭代时,只需计算过程逐渐收敛即可,校正方程无需严格推导。

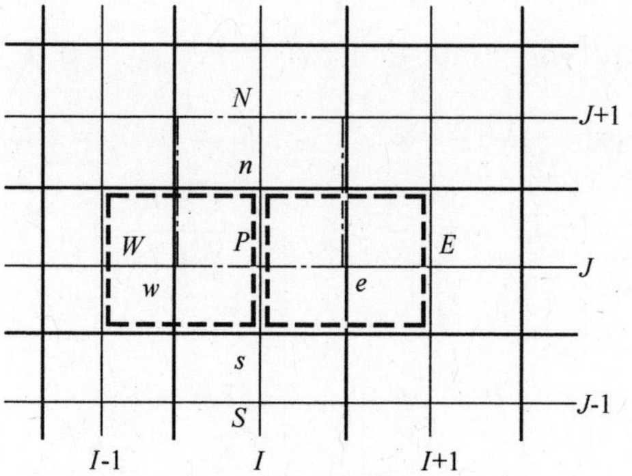

图3.15　交错网格

记压力准确值为 p,预估值为 p^*,修正值为 p',有

$$p = p^* + p'$$

令

$$f = p_{I,J} - p_{I+1,J}$$

于是

$$f - f^* = f' = p'_{I,J} - p'_{I+1,J}$$

由式(3.115)得

$$u'_P = (p'_{I,J} - p'_{I+1,J})d_e \tag{3.116}$$

称为速度校正方程,其中 $d_e = \Delta y / A_P$。

同样 $$\nu'_P = (p'_{I,J} - p'_{I,J+1})d_e$$

其中 u' 和 ν' 的下标 P 分别对应于主网格的 e 点和 n 点。

不可压流 $$G_e = G_e^* + G'_e = \rho_e u_e^* \Delta y + \rho_e u'_e \Delta y$$

依据式(3.116),有 $$G'_e = \rho_e \Delta y d_e (p'_P - p'_E) \tag{3.117}$$

同样,

$$G'_w = \rho_w \Delta y d_w (p'_W - p'_P)$$

$$G'_n = \rho_n \Delta x d_n (p'_P - p'_N)$$

$$G'_s = \rho_s \Delta x d_s (p'_s - p'_P)$$

上述诸式代入式(3.108),得

$$a_p p'_P = \sum a_i p'_i + b_2 \tag{3.118}$$

称为压力校正方程,其中

$$a_p = \sum a_i, a_i = \rho_i d_i \Delta x_j (\text{例如 } a_e = \rho_e d_e \Delta y)$$

$$b_2 = \frac{\rho_P^0 - \rho_P}{\Delta t}\Delta x \Delta y + G_w^* - G_e^* + G_s^* - G_n^* \tag{3.119}$$

对于可压流

$$G_e = G_e^* + G'_e = (\rho_e^* + \rho'_e)(u_e^* + u'_e)\Delta y \approx (\rho_e^* u_e^* + \rho'_e u_e^* + \rho_e^* u'_e)\Delta y$$

等熵时，有

$$\rho' = \frac{\partial \rho}{\partial p} p' = \frac{1}{a^2} p' = K p'$$

式中：a 为声速。

于是
$$G'_e = p'_e K_e u_e^* + \rho_e^* (p'_P - p'_E) d_e \Delta y$$

式中：p'_e 为界面值。

令
$$p'_e = \alpha_e p'_P + (1 - \alpha_e) p'_E$$

于是
$$G'_e = b_e p'_P - c_e p'_E \tag{3.120}$$

其中
$$b_e = \rho_e^* d_e \Delta y + u_e^* K_e \alpha_e$$

$$c_e = \rho_e^* d_e \Delta y - (1 - \alpha_e) u_e^* K_e$$

α_e 是权，需保证 b_e 和 c_e 为正。采用迎风格式

$$u_e^* > 0 \text{ 时}, \alpha_e = 1, p'_e = p'_P$$

$$u_e^* < 0 \text{ 时}, \alpha_e = 0, p'_e = p'_E$$

同样
$$G'_w = b_w p'_W - c_w p'_P$$

$$G'_n = b_n p'_P - c_n p'_N$$

$$G'_s = b_s p'_S - c_s p'_P$$

上述诸式代入式(3.108)，得

$$(a_p + b_P) p'_P = \sum C_i p'_i + b_2 \tag{3.121}$$

其中
$$a_p = \sum a_i, a_i = \rho_i d_i \Delta x_j$$

$$b_p = b_e + b_n + c_w + c_s$$

$$C_e = c_e, C_n = c_n, C_w = b_w, C_s = b_s$$

$$b_2 = \frac{\rho_P^0 - \rho_P}{\Delta t} \Delta x \Delta y + G_w^* - G_e^* + G_s^* - G_n^*$$

综上所述，密度 ρ 和黏性系数 μ 确定时，利用 Simple 方法，可求解质量和动量方程。迭代过程为：设定 p^*，由动量方程(3.115)求出 $\boldsymbol{u}^*$。代入式(3.119)，求 b_2。$b_2 = 0$，收敛；$b_2 \neq 0$，由式(3.118)（或式(3.121)）求 p'，进而由式(3.116)求 $\boldsymbol{u}'$，用以修正预估值 p^* 和 $\boldsymbol{u}^*$。进行下一步迭代，至收敛。对于可压流，继续由式(3.114)求标量 φ，进而得到 ρ 和 μ，再与预估值比较，进行迭代，至收敛。

3. 涡元法[20-21]

无量纲的质量和动量守恒方程分别为

$$\frac{\mathrm{D}\rho}{\mathrm{D}t} + \rho \, \nabla \cdot \boldsymbol{u} = 0 \tag{3.122}$$

$$\frac{\mathrm{D}u}{\mathrm{D}t} = -\frac{\nabla p}{\rho} + \frac{1}{3Re} \nabla \cdot u + \frac{1}{Re} \nabla^2 \boldsymbol{u} \tag{3.123}$$

涡量方程为
$$\frac{\mathrm{D}\boldsymbol{\omega}}{\mathrm{D}t} = -(\nabla \cdot \boldsymbol{u}) \boldsymbol{\omega} + \frac{1}{Re} \nabla^2 \boldsymbol{\omega} + \frac{\nabla \rho \times \nabla p}{\rho^2} \tag{3.124}$$

对速度矢量进行亥姆霍兹分解,有

$$\boldsymbol{u} = \boldsymbol{u}_w + \boldsymbol{u}_p + \boldsymbol{u}_e$$

式中:$\boldsymbol{u}_\omega$、$\boldsymbol{u}_p$ 和 $\boldsymbol{u}_e$ 分别为涡流速度、位流速度和膨胀速度;$\boldsymbol{u}_\omega$ 和 $\boldsymbol{u}_p$ 的散度为零,满足不可压流的质量守恒方程。

二维流动,引进流函数 $\boldsymbol{\Psi}$,有

$$\boldsymbol{u}_\omega = \nabla\times \boldsymbol{\Psi k} \tag{3.125}$$

$$\nabla^2 \boldsymbol{\Psi} = - \boldsymbol{\omega} \tag{3.126}$$

式中:$\boldsymbol{k}$ 为流动平面的单位法向矢量。

引进位函数 ϕ,有

$$\boldsymbol{u}_p = \nabla\phi \tag{3.127}$$

$$\nabla^2 \phi = 0 \tag{3.128}$$

引进位函数 ϕ_e,有

$$\boldsymbol{u}_e = \nabla\phi_e \tag{3.129}$$

$$\nabla^2 \phi_e = - \frac{1}{\rho}\frac{\mathrm{D}\rho}{\mathrm{D}t} \tag{3.130}$$

三种速度可通过各自方程求得。

计算 $\boldsymbol{u}_\omega$ 时,先将初始流场划成许多面积为 δA_i 的涡元,质量为 $m_i = \rho_i \delta A_i$,其中,i 为涡元编号。流动过程中,涡元质量为常数。

由式(3.122)

$$\nabla\cdot \boldsymbol{u} = \frac{1}{\delta A}\frac{\mathrm{D}\delta A}{\mathrm{D}t} \tag{3.131}$$

忽略扩散,由式(3.123)和式(3.124),得

$$\frac{\mathrm{D}\Gamma}{\mathrm{D}t} = \frac{\nabla\rho \times \nabla p}{\rho^2}\delta A = - \frac{\nabla\rho}{\rho} \times \frac{\mathrm{D}\boldsymbol{u}}{\mathrm{D}t}\delta A \tag{3.132}$$

式中:$\Gamma_i = \omega_i \delta A_i$ 为涡元环量。因此,不可压流,$\frac{\mathrm{D}\Gamma}{\mathrm{D}t}$,即流动过程,$\Gamma$ 为常数。

流场任意一点的涡量 $\omega(\boldsymbol{x},t)$,由插值公式求得

$$\omega(x,t) = \sum_{i=1}^{N} \omega_i \delta A_i f_\delta(r) = \sum_{i=1}^{N} \Gamma_i f_\delta(r) \tag{3.133}$$

式中:N 为流场中涡元总数;$r = |\boldsymbol{x} - \boldsymbol{\chi}_i|$ 为 i 号涡元与 $\boldsymbol{x}$ 点的距离,$\boldsymbol{\chi}_i$ 为该涡元的当前位置,有

$$\frac{\mathrm{d}\boldsymbol{\chi}_i}{\mathrm{d}t} = \boldsymbol{u}(\boldsymbol{\chi}_i,t) \tag{3.134}$$

$f_\delta(r)$ 为影响函数,可用高斯函数表示,有

$$f_\delta(r) = \frac{1}{\pi r^2}\exp\left(- \frac{r^2}{\delta^2}\right) \tag{3.135}$$

δ 为影响半径,因黏性影响,该值随时间增长,有

$$\delta_i^2(t)=\delta_i^2(0)+\frac{4t}{Re} \tag{3.136}$$

式(3.126)为泊松方程,有格林函数解

$$\Psi(\boldsymbol{x})=\int G(\boldsymbol{x}-\boldsymbol{x}')\omega(\boldsymbol{x}')\mathrm{d}\boldsymbol{x}' \tag{3.137}$$

式中:$G(\quad)$为格林函数,对于二维问题,有

$$G=-\frac{1}{2\pi}\ln r$$

式中:$r=|\boldsymbol{x}|$。

利用 Biot-Savart 积分,由式(3.125),得

$$\boldsymbol{u}_\omega(\boldsymbol{x})=\int K(\boldsymbol{x}-\boldsymbol{x}')\omega(\boldsymbol{x}')\mathrm{d}\boldsymbol{x}' \tag{3.138}$$

其中

$$K(\boldsymbol{x})=\nabla\times G\boldsymbol{k}=-\frac{(\boldsymbol{y},-\boldsymbol{x})}{2\pi r^2}$$

将式(3.133)代入式(3.138),得

$$\boldsymbol{u}_\omega(\boldsymbol{x})=\sum_{i=1}^{N}\Gamma_i K_\delta(\boldsymbol{x}-\boldsymbol{\chi}_i) \tag{3.139}$$

其中

$$K_\delta(\boldsymbol{x})=K(\boldsymbol{x})F\left(\frac{r}{\delta}\right)$$

$$F(r)=1-\exp(-r^2)$$

膨胀速度 $\boldsymbol{u}_e$ 的位函数满足泊松方程(3.130),有格林函数解。同样可推得

$$\boldsymbol{u}_e(\boldsymbol{x})=\sum_{i=1}^{N}\left(-\frac{1}{\rho}\frac{\mathrm{d}\rho}{\mathrm{d}t}\right)\delta A_i\,\nabla G_\delta(\boldsymbol{x}-\boldsymbol{\chi}_i) \tag{3.140}$$

其中

$$\nabla G_\delta(\boldsymbol{x})=-\frac{\boldsymbol{x}}{2\pi r^2}F\left(\frac{r}{\delta}\right)$$

位流速度 $\boldsymbol{u}_p$ 的位函数 ϕ 满足拉普拉斯方程(3.128),边界条件确定后,可以求解。

涡元法是一种无网格计算方法,用离散涡元的分布描述流场的涡结构,摆脱了网格步长对流场分辨率的限制,故可视为一种湍流直接模拟。由于湍流是三维流动,此方法仅限于二维,因此,是一种近似模拟方法。

3.4 小　　结

流动可用四类参数描述:①热力学参数,如压力,温度,内能等;②输运参数,如黏性、热传导系数等;③反应(或相变)动力学参数,如反应速率、反应进展度等;④运动学参数,如速度、旋度、加速度等。前三类与流体自身特性有关,第四类涉及流体的流动特性。

流动可用两种方法分类：①根据流体自身特性：依据输运参数 μ，分为无黏流和黏性流，后者还分为牛顿流和非牛顿流；或是依据状态函数 ρ，分为可压流和不可压流；还可依据反应动力学参数，分为反应流（变组成流）和无反应流（定组成流）。②根据流动特性：依据马赫数，分为亚声速流和超声速流、依据 Re 数，分为层流和湍流。将上述两种分类进行组合，可得到特色各异的各种流动形态。

玻耳兹曼方程的第二近似解代入麦克斯韦传输方程，可得到黏性流 N-S 守恒方程。与无黏流相比，N-S 方程中存在输运项（亦称扩散项），即存在速度变形率张量，从而使流场具有涡量和涡，出现能量的耗散，涡的扩散，涡的拉伸破碎等现象。旋涡破碎可导致流场失稳，乃至猝发湍流，成为随机流场。

无黏流是等熵的，热力学函数信号，（称为波），以声速沿特征线传播。速度梯度极大时，流场可能出现间断，其中，法向速度梯度（正应变）的增大形成激波，切向速度梯度（剪应变）增大形成滑移面。引进马赫数，描述动能与内能在总内能中的分配。根据马赫数，流动分为亚声速流、超声速流和跨声速流。对于不可压流，声速非常大，马赫数很小。

黏性流考虑梯度场中分子热运动产生的扩散效应，故流体质点间出现拉扯，致使流场出现涡量和涡。此时，速度场受到更多关注。引进无量纲量 Re，表示惯性力与黏性力之比。根据 Re 大小，流动分为层流与湍流。极少情况下，层流有解析解和近似解，大多数情形，采用数值解。目前，N-S 方程的数值求解已基本解决。湍流是随机现象，迄今仍无满意的求解方法。

参考文献

[1] Gidaspow D. Multiphase flow and fluidization, continuum and kinetic theory descriptions [M]. Pittsburgh: Academic Press, 1994.

[2] Bird G A. Molecular gas dynamics[M]. Oxford: Claredon Press, 1976.

[3] Chapman S. and Cowling T G. The Mathematical theory of non-uniform gases [M]. 2nd edition. Cambridge: Cambridge University Press, 1961.

[4] Fan B C, Chen Z H, Jiang X H, et al. Shock wave interaction with a loose dusty bulk layer [J]. Shock Wave, 2007, 16(3): 179-187.

[5] Jeans S J. An introduction to the kinetic theory of gases[M]. Cambridge: Cambridge University Press, 1982.

[6] 小邦德 J W，沃森 K M，小韦尔奇 J A. 气体动力学原子理论[M]. 傅仙罗，译. 北京：科学出版社，1986.

[7] Aris R. Vector, tensors and the basic equations of fluid mechanics[M]. New Jersey: Prentice-Hall, 1962.

[8] Bird R B, Lightfoot E N, Stewart W E. Transport phenomena[J]. Aiche Journal, 1961, 7(2): 5.

[9] Cussler E L. Diffusion[M]. Cambridge: Cambridge University Press, 1984.

[10] Batchelor G K. An introduction to fluid dynamics [M]. Cambridge: Cambridge University

Press, 2000.
[11] Dorrance W H. Viscous hypersonic flow[M]. New York: McGraw-Hill, 1962.
[12] 王致清. 黏性流体动力学[M]. 哈尔滨:哈尔滨工业大学出版社, 1990.
[13] Schlichting H, Gersten K. Boundary layer theory [M]. New York: Mc Graw-Hill, 1979.
[14] Fan B C, Dong G. Principles of turbulence control [M]. New York: Wiley, 2016.
[15] 童秉纲,尹振远,朱克勤. 涡运动理论[M]. 合肥:中国科技大学出版社, 2009.
[16] Saffman P G. Vortex dynamics [M]. Cambridge: Cambridge University Press, 1992.
[17] Pope S B. Turbulent Flows[M]. Cambridge: Cambridge University Press, 2000.
[18] Patankar S V. Numerical heat transfer and fluid flow[M]. New York: McGraw-Hill, 1980.
[19] 陶文铨. 计算传热学的近代进展[M]. 北京:科学出版社, 2001.
[20] Leonard A. Review: vortex method for flow simulation. [J]. J. Comput. Phys, 1980, 37: 289.
[21] Thomson J J. Method of vortex rings[M]. London: Macmillan, 1986.

第4章 湍　　流

湍流是一种具有随机特性的流动现象,对应于失稳 N-S 方程的随机解。湍流可表述为大涡因拉伸而破碎,持续变为小涡的过程。湍动能随着涡的破碎,按大小逐级传递。

随机现象可用统计矩或 PDF 描述,因此,处理湍流时,常有两种方法:统计矩方法和 PDF 方法。统计矩方法,通过雷诺平均(或滤波),将随机量分解为平均值和脉动值,进而得到平均值(一阶矩)的守恒方程。由于方程中出现脉动量的二阶统计矩,故不再封闭。PDF 已知时,可求得湍流的各阶统计矩,PDF 方法是通过 PDF 处理湍流的方法。PDF 可以人为设定(称为设定 PDF 法),也可通过 PDF 输运方程求得。但 PDF 输运方程中存在不可解的项,故方程不封闭。总之,无论统计矩方法还是 PDF 方法,相关方程都不封闭。为解决湍流封闭问题,可利用某种模型,使不可解的量与可解量之间产生直接联系,称为湍流模化。

4.1 湍 流 基 础

4.1.1 湍流特性[1-2]

1. 湍流是连续介质的流动现象,仍用 N-S 方程描述

不可压流的无量纲涡量输运方程为

$$\frac{\mathrm{D}\boldsymbol{\omega}}{\mathrm{D}t} = (\boldsymbol{\omega} \cdot \nabla)\boldsymbol{u} + \frac{1}{Re}\nabla^2\boldsymbol{\omega}$$

当 Re 很大时,惯性力占优,涡因拉伸而破碎,流场失稳。

$\frac{\mathrm{D}\boldsymbol{\omega}}{\mathrm{D}t} = 0$ 时,涡量不再变化,涡也不再破碎。此时 $(\boldsymbol{\omega} \cdot \nabla)\boldsymbol{u} + \frac{1}{Re}\nabla^2\boldsymbol{\omega} = 0$,根据量纲分析,应满足 $\frac{u\eta}{\nu} \approx 1$,其中 η 为涡的最小尺度,称为 Kolmogorov 尺度。故 $u = 10\mathrm{m/s}, \nu = 10^{-5}\mathrm{m^2/s}$ (空气)时,涡的最小尺度 $\eta = 10^{-6}\mathrm{m}$ 。

标准状态下,气体分子数密度 $10^{29}/\mathrm{m}^3$,故最小涡内,包含 10^{11} 分子,足以构成热力学体系。因此,湍流是流动失稳的结果,并未引起介质特性的改变。故仍用 N-S方程描述,从而具有黏性流的有旋性、扩散性和耗散性等特性。

2. 湍流是三维流动

如图 4.1 所示的二维流动,有 $w = 0$ 和 $\frac{\partial u}{\partial z} = \frac{\partial \nu}{\partial z} = 0$,故仅有展向涡 $\omega_z =$

$\left(\frac{\partial v}{\partial x}+\frac{\partial u}{\partial y}\right)$，进而有 $(\boldsymbol{\omega}\cdot\nabla)\boldsymbol{u}=\omega_z\frac{\partial u}{\partial z}=0$，不存在涡的拉伸效应。因此，涡的拉伸现象仅出现在三维流动中，湍流是涡的拉伸串级过程，故为三维流动。

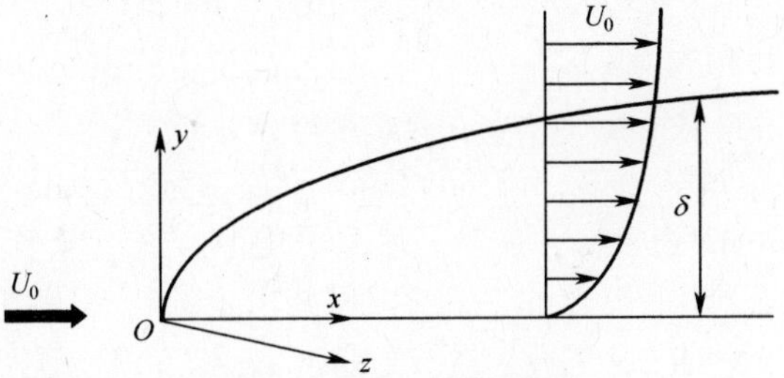

图 4.1　平板二维黏性流

3. 湍流是随机现象

高雷诺数流动，惯性占主导地位，导致涡的拉伸和破碎，致使流场失稳，成为湍流。因流场出现不可预测的随机脉动，故为随机过程。

随机现象可用 PDF 描述。例如，气体由大量随机运动的分子组成，分子运动的速度分布函数 f 满足玻耳兹曼方程，可以求解。f 已知后，便可得到分子运动的各阶统计矩，从而完整描述气体流场（参见 1.1.1 节）。

湍流呈现的随机过程比气体分子的复杂得多。湍流中，涡的生存时间和空间大小，分布很广，且带有随机性。此外，湍流是连续介质的流动现象，流场各参数（随机量）皆是 $\boldsymbol{x}$ 和 t 的函数。因此，湍流的 PDF 非常复杂，不像分子热运动那样，可以得到解析解。

4.1.2　湍流统计方法[3-8]

1. 相关函数

随机现象可用统计特性描述（PDF 和统计矩）。为讨论其统计特性，需对流场参数（随机量）进行统计处理。

随机函数可以分解为

$$A=\langle A\rangle+A'$$

式中，$\langle\rangle$ 表示平均值；上标“$'$”表示脉动值，分别表征随机量的平均特性和脉动特性。

定义
$$\langle A'^n\rangle=\int(A-\langle A\rangle)^n P\mathrm{d}A$$

称为 A 的 n 阶中心矩，用于进一步描述随机量的概率分布特性。其中，P 为概率密度分布函数。对于 2 阶中心矩，定义 $A_{\mathrm{rms}}=\sqrt{\langle A'^2\rangle}$ 称为方差，速度的方差又称为均方根速度。

湍流流场，需考虑不同位置、不同瞬间、不同随机量之间的相互影响。为此，引入相关函数：① $\langle A'(\boldsymbol{x}_1,t_1)A'(\boldsymbol{x}_2,t_2)\rangle$ 称为自相关函数，描述不同位置、不同时间、

随机量 A 的相互影响；② $\langle A'(\boldsymbol{x}_1,t_1)B'(\boldsymbol{x}_2,t_2)\rangle$ 称为互相关函数，描述不同位置、不同时间、随机量 A 和 B 之间的影响。

以脉动速度为例，令

$$R_{ij}(\boldsymbol{x},t,\tau)=\langle u_i'(\boldsymbol{x},t)u_j'(\boldsymbol{x},t+\tau)\rangle$$

称为 $\boldsymbol{u}'(\boldsymbol{x},t)$ 的时间相关函数。

$i=j$ 时，有 $$R_{ij}(\boldsymbol{x},t,\tau)=\langle u_i'(\boldsymbol{x},t)u_i'(\boldsymbol{x},t+\tau)\rangle$$

为时间自相关函数。如果 R_{ii} 只与时间间隔 τ 有关，此过程称为平稳过程。可以证明，平稳过程，随机量的时间平均值等于系综平均值。这意味着，随机现象一次实现所历经的随机状态，几乎包含系综中所有可能出现的状态，称为各态历经。

同样，有 $$R_{ij}(\boldsymbol{x},\boldsymbol{l},t)=\langle u_i'(\boldsymbol{x},t)u_j'(\boldsymbol{x}+\boldsymbol{l},t)\rangle$$

称为空间两点相关函数。

$i=j$ 时，有 $$R_{ij}(\boldsymbol{x},\boldsymbol{l},t)=\langle u_i'(\boldsymbol{x},t)u_i'(\boldsymbol{x}+\boldsymbol{l},t)\rangle$$

称为空间自相关函数。如果 R_{ii} 只与空间间隔 $\boldsymbol{l}$ 有关，称为空间平稳过程。空间平稳过程，同样存在各态历经。

两点间距离足够大时，即 $|\boldsymbol{l}|>l_c$，两点脉动不再相干，$R_{ij}|_{l\geqslant l_c}=0$，其中 $l=|\boldsymbol{l}|$。以速度分量 u 为例，有

$$R(\boldsymbol{l})=\langle u'(\boldsymbol{x})u'(x+\boldsymbol{l})\rangle$$

其函数曲线如图 4.2 所示。

引进 l_T，使图 4.2 中相关矩形面积等于 $\int R(l)\,\mathrm{d}l$。具有相干(Coherent)结构的湍流微团称为湍涡，l_T 表示湍涡大小，l_T 的大小与 $\boldsymbol{l}$ 的方向有关，取最大值。

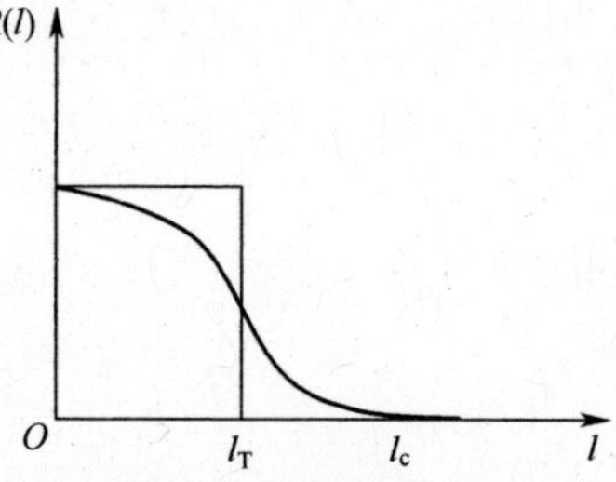

图 4.2 湍涡尺度

设流场空间 n 点，位置为 $(\boldsymbol{x}_1,\boldsymbol{x}_2,\cdots,\boldsymbol{x}_{n-1},\boldsymbol{x}_n)$，有

$$R_{1,2,\cdots,n}=\langle u_i(\boldsymbol{x}_1,t)u_i(\boldsymbol{x}_2,t)\cdots u_i(\boldsymbol{x}_n,t)\rangle$$

称为 n 阶空间自相关函数。如果 n 点平移时，自相关函数的值不变，称为均匀湍流。如果将 n 点转动，或将任意一矢量对坐标平面反射，自相关函数的值不变，则称为均匀各向同性湍流。均匀各向同性湍流是最简单的湍流，此时，空间自相关函数仅与两点间的距离 l 有关，不随方向变化，故

$$R_{ij}(\boldsymbol{l})=R_{ij}(-\boldsymbol{l})$$

于是 $$\frac{\partial R_{ij}}{\partial l_j}=\left\langle u_i'(\boldsymbol{x})\frac{\partial u_i'(\boldsymbol{x}+\boldsymbol{l})}{\partial x_j}\right\rangle=\left\langle u_i'(\boldsymbol{x}-\boldsymbol{l})\frac{\partial u_i'(\boldsymbol{x})}{\partial x_j}\right\rangle$$

进而有 $$\frac{\partial^2 R_{ii}}{\partial l_j^2}=-\left\langle\frac{\partial u_i'}{\partial x_j}\cdot\frac{\partial u_i'}{\partial x_j}\right\rangle \tag{4.1}$$

$|\boldsymbol{l}|=0$ 时，两点相关函数退化为一点相关函数，张量 $R_{ij}(0)$ 称为雷诺应力，其迹的 1/2 为湍流脉动能（或称湍动能）：

$$k=\frac{R_{ii}(0)}{2}=\frac{1}{2}\langle\boldsymbol{u}_i'\cdot\boldsymbol{u}_i'\rangle$$

是描述湍流统计特性的重要物理量。

能量耗散率 ε 是另一重要物理量，定义为

$$\varepsilon=\frac{\langle\phi'\rangle}{\rho}=\frac{1}{\rho}\left\langle\tau_{ij}'\frac{\partial u_i'}{\partial x_j}\right\rangle$$

式中：ϕ' 为耗散函数 ϕ 的脉动量。

对于不可压流，有 $$\varepsilon=\nu\left\langle\left(\frac{\partial u_i'}{\partial x_j}+\frac{\partial u_j'}{\partial x_i}\right)\frac{\partial u_i'}{\partial x_j}\right\rangle$$

对于各向同性湍流，进一步写成

$$\varepsilon=\nu\left\langle\frac{\partial u_i'}{\partial x_j}\frac{\partial u_i'}{\partial x_j}\right\rangle$$

由式(4.1)，得 $$\varepsilon=-\nu\left.\frac{\partial^2 R_{ii}(\boldsymbol{l})}{\partial l_j^2}\right|_{l=0} \tag{4.2}$$

2. 波谱

周期函数可在(0.2π)区间展成傅里叶级数，即

$$\boldsymbol{u}(\boldsymbol{x},t)=\sum_k\widetilde{\boldsymbol{u}}(\boldsymbol{k},t)\exp(j\boldsymbol{k}\cdot\boldsymbol{x}) \tag{4.3}$$

式中：波数 $\boldsymbol{k}=k_0\boldsymbol{n}=k_0(n_1\boldsymbol{e}_1+n_2\boldsymbol{e}_2+n_3\boldsymbol{e}_3)$，$n_i$ 为正整数，基波（最低波数）$k_0=2\pi/L$，L 为边长；$\widetilde{\boldsymbol{u}}(\boldsymbol{k},t)$ 为函数 $\boldsymbol{u}(\boldsymbol{x},t)$ 的谱（或波谱）。

由傅里叶级数正交特性，有

$$\langle\exp(i\boldsymbol{k}\cdot\boldsymbol{x})\exp(i\boldsymbol{k}\cdot\boldsymbol{x}')\rangle_L=\delta_{k,k'}$$

式中：$\delta_{k,k'}=\begin{cases}1,\boldsymbol{k}=\boldsymbol{k}'\\0,\boldsymbol{k}\neq\boldsymbol{k}'\end{cases}$；$\langle\rangle_L$ 表示边长为 L 的立方体内的体积平均值。于是

$$\mathscr{F}_k\{\boldsymbol{u}(\boldsymbol{x})\}=\langle\boldsymbol{u}(\boldsymbol{x})\exp(-i\boldsymbol{k}\cdot\boldsymbol{x})\exp(j\boldsymbol{k}\cdot\boldsymbol{x}')\rangle_L=\widetilde{\boldsymbol{u}}(\boldsymbol{k}) \tag{4.4}$$

进而有

$$\frac{\mathrm{d}\widetilde{u_j}}{\mathrm{d}t}=\mathscr{F}_k\frac{\partial u_j}{\partial t} \tag{4.5}$$

$$\mathscr{F}_k\left\{\frac{\partial \boldsymbol{u}(\boldsymbol{x})}{\partial x_j}\right\} = ik_j\widetilde{\boldsymbol{u}}(\boldsymbol{k}) \tag{4.6}$$

式(4.3)和式(4.4)称为傅里叶变化对。

均匀各向同性湍流,两点空间自相关函数的傅里叶变换对为

$$\widetilde{R}_{ij}(\boldsymbol{k},t) = \mathscr{F}_k\{R_{ij}(\boldsymbol{r},t)\}$$

$$R_{ij}(\boldsymbol{r},t) = \sum \widetilde{R}_{ij}(\boldsymbol{k},t)\exp(i\boldsymbol{k}\cdot\boldsymbol{r})$$

引入速度谱张量

$$\Phi_{ij}(\bar{\boldsymbol{k}},t) = \delta(\bar{\boldsymbol{k}}-\boldsymbol{k})\widetilde{R}_{ij}(\boldsymbol{k},t)$$

式中: $\bar{\boldsymbol{k}}$ 为连续变化量。

于是

$$R_{ij}(\boldsymbol{r},t) = \iiint \Phi_{ij}(\bar{\boldsymbol{k}},t)\exp(i\bar{\boldsymbol{k}}\cdot\boldsymbol{r})\,\mathrm{d}\bar{\boldsymbol{k}}$$

$\boldsymbol{r}=0$ 时,有

$$R_{ij}(0,t) = \langle u_i u_j\rangle = \sum_k \widetilde{R}_{ij}(\boldsymbol{k},t) = \iiint \Phi_{ij}(\bar{\boldsymbol{k}},t)\,\mathrm{d}\bar{\boldsymbol{k}}$$

定义湍动能的能谱分布函数

$$\widetilde{E}(\boldsymbol{k},t) = \frac{1}{2}\widetilde{R}_{ii}(\boldsymbol{k},t)$$

表示湍流动能随波矢 $\boldsymbol{k}$ 的分布。于是

$$k(t) = \frac{1}{2}R_{ii}(0,t) = \frac{1}{2}\langle u^2\rangle = \sum_k \widetilde{E}(\boldsymbol{k},t) = \iiint \frac{1}{2}\Phi_{ii}(\bar{\boldsymbol{k}},t)\,\mathrm{d}\bar{\boldsymbol{k}}$$

式中: $k(t)$ 为湍动能。

同样,由式(4.2)和式(4.6),可得到耗散系数 $\varepsilon(t)$ 和 $\widetilde{E}(\boldsymbol{k},t)$ 的关系式:

$$\varepsilon(t) = \sum_k 2\nu\boldsymbol{k}^2\widetilde{E}(\boldsymbol{k},t) = \iiint 2\nu\bar{\boldsymbol{k}}^2\,\frac{1}{2}\Phi_{ii}(\bar{\boldsymbol{k}},t)\,\mathrm{d}\bar{\boldsymbol{k}} \tag{4.7}$$

4.1.3 湍动能串级[9]

湍流由不同大小的湍涡组成。尺度为 l 的湍涡,特征速度为 $u(l)$($u(l)=\sqrt{R(l)}$),特征时间 $\tau(l)=l/u(l)$。设湍涡最大尺度为 l_0,其特征速度 $u_0=u(l_0)\approx\left(\frac{2}{3}k\right)^{1/2}$,$k$ 为湍动能。此时,对应雷诺数($Re_0=u_0l_0/\nu$)与流动雷诺数($Re=UL/\nu$)大小相当。因 Re 较大,黏性效应可以忽略。大涡是不稳定的,破碎成小涡,能量也因此传递给小涡。当涡的尺度足够小,即 Re 数($Re(l)=u(l)l/\nu$)足够小时,黏性起主导作用,能量开始耗散,涡变得稳定。

大涡破碎为小涡,能量因此向小涡传递,该过程称为能量串级。黏性可导致能量耗散,耗散仅出现在串级的终结阶段。能量涡间传递和能量耗散分别用参数

$\mathscr{F}$和 v 描述，前者称为涡间能量传递率，后者为运动黏性系数。

Kolmogorov 给出串级过程的更清晰的描述，称为 Kolmogorov 假设。假设认为，大尺度湍涡具有一定的几何特性（各向异性）。随湍涡尺度变小，几何特性逐渐消失，湍流趋于各向同性，达到统计意义上的普适平衡（Universal Equilibrium）。引进临界尺度 $I_{EI} \approx \frac{1}{6}l_0$，当 $l > l_{EI}$ 时，为各向异性大涡；$l < l_{EI}$ 时，为各向同性小涡。大涡区域，能量串级主要表现为大涡向小涡的连续能量传递，黏性影响可以忽略。小涡区域，除涡间能量传递外，还存在黏性导致的能量耗散。

$l < l_{EI}$ 的各向同性小涡区域，特征量仅与能量耗散率 ε 和黏性 ν 有关：

$$\eta = (\nu^3/\varepsilon)^{1/4} \tag{4.8}$$

$$u_\eta = (\varepsilon\nu)^{1/4} \tag{4.9}$$

$$\tau_\eta = (\nu/\varepsilon)^{1/2} \tag{4.10}$$

v 称为 Kolmogorov 第一相似假设。当 l 为 Kolmogorov 尺度时，有 $Re = u_\eta\eta/\nu = 1$ 和 $\varepsilon = \nu(u_\eta/\eta)^2 = \nu/\tau_\eta^2$，此时，湍涡尺度非常小，耗散非常大。

l 满足 $l_0 \gg l \gg \eta$ 时，特征量与黏性 ν 无关，仅决定于 ε：

$$u(l) = (\varepsilon l)^{1/3} = u_\eta(l/\eta)^{1/3} \approx u_0(l/l_0)^{1/3} \tag{4.11}$$

$$\tau(l) = (l^2/\varepsilon)^{1/3} = \tau_\eta(l/\eta)^{2/3} \approx \tau_0(l/l_0)^{2/3} \tag{4.12}$$

称为 Kolmogorov 第二相似假设。显然，特征速度和特征时间皆随 l 的减少而减少。此时，能量传递描述为：尺度 l 的涡将能量从大于 l 的涡传递给小于 l 的涡，传递速率为$\mathscr{F}(l)$，量级为 $u(l)^2/\tau(l)$ 。由式（4.11）和式（4.12），$\varepsilon = u(l)^2/\tau(l)$ ，故 $\mathscr{F}(l) = \varepsilon$ ，即能量耗散率 ε 与接受率$\mathscr{F}$大致相等。

引进尺度 l_{DI}（ $l_{DI} = 60\eta$ ），将 $l < l_{EI}$ 的小涡区域分为两个区域。$l_{EI} > l > l_{DI}$ 为惯性子区。该区的功能是将从大涡获得的能量，逐级无耗散的传递给小涡，被传递能量是不变量，称为惯性子区不变量。该区为各向同性湍流，满足 Kolmogorov 第二相似假设，特征量与黏性无关。由式（4.7），根据量纲和谐，有

$$\widetilde{E}(k) = C\varepsilon^{2/3}k^{-5/3} \tag{4.13}$$

称为 Kolmogorov 的-5/3 定律，其中 C 为 Kolmogorov 常数。

$l < l_{DI}$ 为耗散区，为各向同性湍流，满足 Kolmogorov 第一相似假设，黏性主宰该区流动。

不同尺度湍涡，具有不同的能量传输特点。依据湍涡尺度的湍流分区以及各区的能量串级功能分别如图 4.3（a）和（b）所示。

4.1.4 湍流直接模拟[8-13]

对于湍流，数值计算时，x 方向的网格数应满足

$$N_x = L_x/\Delta_x > l_0/\eta$$

式中：l_0 为最大湍涡尺度；η 为最小湍涡尺度；Δ_x 为 x 方向空间步长。

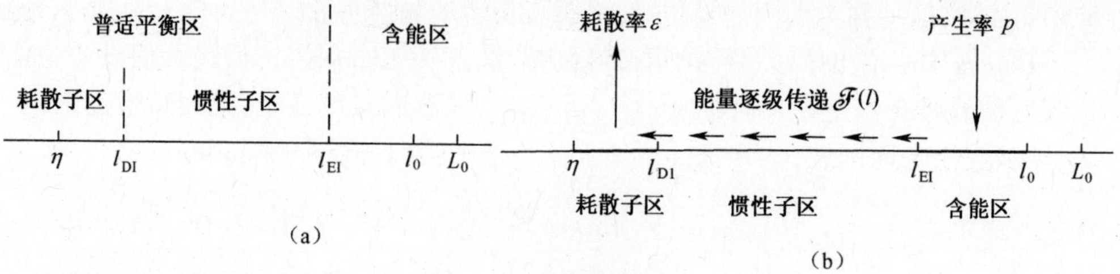

图 4.3　湍流能量串级

将式(4.8)和式(4.9)代入上式,得

$$N_x > Re_{l_0}^{3/4}$$

式中: $Re_{l_0} = u'l_0/\nu$ (大小与流动 $Re_L = UL/\nu$ 相当),其中 u' 为脉动均方根。

于是,三维流动的空间网格数为

$$N_{\text{space}} = Re_{l_0}^{9/4}$$

当 $Re_{l_0} = 10^4$ 时, $N_{\text{space}} = 10^9$。

变化流场的时间步长 $\Delta t = \Delta_x/U$, U 为流动特征速度,因此,计算所需时间步数

$$N_{\text{time}} > \frac{L_0}{U\Delta t} = N_x$$

于是,当 $Re_l = 10^4$ 时,计算总格点数 $N_{\text{total}} = N_{\text{space}} N_{\text{time}} = 10^{12}$。考虑到方程中的因变量数,计算所需内存量约为 10^{13}。目前,完成这样的计算是相当困难的。

1. 直接模拟(Direct Numberical Simulation, DNS)

湍流由大小不同的湍涡组成,高 Re 湍流的最大湍涡尺度远大于 Kolmogorov 尺度。为使计算具有足够分辨率,格点数目惊人,使直接模拟难以进行。

如果流场参数的平均值没有空间分布(均匀湍流),有 $\frac{D\bar{\boldsymbol{u}}}{Dt} = 0$。此时令 $\bar{\boldsymbol{u}} = 0$,不失一般性,因此,仅需讨论脉动流场。

不可压流的脉动守恒方程为

$$\frac{\partial u_j'}{\partial t} + u_j' \frac{\partial u_i'}{\partial x_i} = -\frac{1}{\rho}\frac{\partial p'}{\partial x_i} + \nu \frac{\partial^2 u_i'}{\partial x_j \partial x_j} \tag{4.14}$$

$$\frac{\partial u_i'}{\partial x_i} = 0 \tag{4.15}$$

对于各向同性湍流,最大涡尺度位于惯性子区,有 $Re_\lambda = ul_\lambda/\nu$,其中

$$l_\lambda = \frac{u}{\left[\overline{\left(\frac{\partial u'}{\partial x}\right)^2}\right]^{1/2}}$$

称为泰勒尺度,其值满足 $l_0 \gg l \gg \eta$,有 $Re_\lambda = (15Re_L)^{1/2}$。

$Re_\lambda \sim O(10^2)$ 时,计算精度已足以讨论湍流脉动的输运过程和湍涡结构。此

时,格点数约为 10^9,计算机可以承受这样的计算。图 4.4 为 $Re_\lambda \approx 77$ 时,不可压均匀各向同性湍流的湍涡结构的直接模拟结果。

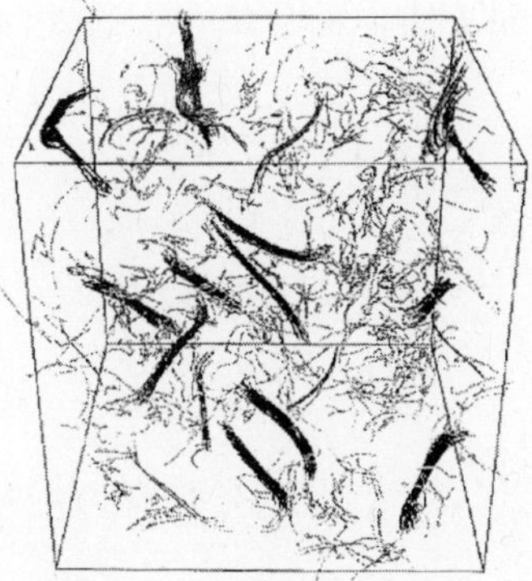

图 4.4　湍流直接模拟[13]

2. 谱方法(Spectral Method)

1) 均匀各向同性湍流

均匀各向同性湍流,流场三个坐标方向皆具周期性,可进行傅里叶级数展开,即

$$\boldsymbol{u}(\boldsymbol{x},t) = \sum_{k} \widetilde{\boldsymbol{u}}(\boldsymbol{k},t)\exp(ik \cdot x) \tag{4.16}$$

由式(4.5)和式(4.6),不可压缩流质量守恒方程可写成

$$\boldsymbol{k} \cdot \widetilde{\boldsymbol{u}}(\boldsymbol{k}) = 0 \tag{4.17}$$

该式说明速度谱向量与波矢垂直。

因为

$$\frac{\mathrm{d}\widetilde{u}_j}{\mathrm{d}t} = \mathscr{F}_{\boldsymbol{k}}\left\{\frac{\partial u_j}{\partial t}\right\}$$

$$\widetilde{\boldsymbol{G}}_j = \mathscr{F}_{\boldsymbol{k}}\left\{\frac{\partial(u_j u_k)}{\partial x_k}\right\}$$

$$-\nu \boldsymbol{k}^2 \widetilde{u}_j = \mathscr{F}_{\boldsymbol{k}}\left\{\nu\frac{\partial^2 u_j}{\partial x_k \partial x_k}\right\}$$

$$-ik_j\widetilde{p} = \mathscr{F}_{\boldsymbol{k}}\left\{-\frac{1}{\rho}\frac{\partial p}{\partial x_j}\right\}$$

故动量守恒方程为

$$\frac{\mathrm{d}\widetilde{u}_j}{\mathrm{d}t} + \nu \boldsymbol{k}^2 \widetilde{u}_j = -ik_j\widetilde{p} - \widetilde{\boldsymbol{G}}_j \tag{4.18}$$

由式(4.17)和式(4.18),得　$\boldsymbol{k}^2\widetilde{p} = ik_j\widetilde{\boldsymbol{G}}_j$

进而有
$$-ik_j\widetilde{p}=\frac{k_k k_j}{\boldsymbol{k}^2}\widetilde{\boldsymbol{G}}_k=\widetilde{\boldsymbol{G}}_j^l$$
式中：$\widetilde{\boldsymbol{G}}_j^l$ 表示矢量 $\widetilde{\boldsymbol{G}}_J$ 在矢量 $\boldsymbol{k}$ 方向的分量。于是式(4.18)写成
$$\frac{\mathrm{d}\widetilde{u}_j}{\mathrm{d}t}+\nu\boldsymbol{k}^2\widetilde{u}_j=-\widetilde{G}_j^{\perp}$$
式中：$\widetilde{\boldsymbol{G}}_j^{\perp}$ 表示矢量 $\widetilde{\boldsymbol{G}}_j$ 在矢量 $\boldsymbol{k}$ 的垂直方向的分量。

对于矢量 $\widetilde{\boldsymbol{G}}$，有
$$\widetilde{\boldsymbol{G}}_j^{\perp}=\boldsymbol{P}_{jk}\widetilde{\boldsymbol{G}}_k$$
式中：投影张量 $P_{jk}=\delta_{jk}-\dfrac{k_jk_k}{\boldsymbol{k}^2}$，表示矢量 $\widetilde{\boldsymbol{G}}$ 在以矢量 $\boldsymbol{k}$ 为法向的平面上的投影。

因此
$$\frac{\mathrm{d}\widetilde{u}_j}{\mathrm{d}t}+\nu\boldsymbol{k}^2\widetilde{u}_j=-P_{jk}\widetilde{\boldsymbol{G}}_{\boldsymbol{k}}\tag{4.19}$$
注意到
$$\widetilde{\boldsymbol{G}}_j(\boldsymbol{k},t)=\mathscr{F}_k\left\{\frac{\partial(u_ju_k)}{\partial x_k}\right\}=i\boldsymbol{k}_k\mathscr{F}_k\{u_ju_k\}$$
$$=i\boldsymbol{k}_k\mathscr{F}_k\left\{\left(\sum_k\widetilde{u}_j(\boldsymbol{k}')\exp(j\boldsymbol{k}'\cdot\boldsymbol{x})\right)\left(\sum_{\boldsymbol{k}''}\widetilde{u}_j(\boldsymbol{k}'')\exp(i\boldsymbol{k}''\cdot\boldsymbol{x})\right)\right\}$$
并考虑傅里叶级数的正交特性，故
$$\widetilde{\boldsymbol{G}}_j(\boldsymbol{k},t)=i\boldsymbol{k}_k\sum_{k'}\sum_{k''}\widetilde{u}_j(\boldsymbol{k}')\widetilde{u}_k(\boldsymbol{k}'')\boldsymbol{\delta}_{k,k'+k''}=i\boldsymbol{k}\sum_{\boldsymbol{k}'}\widetilde{u}_j(\boldsymbol{k}')\widetilde{u}_k(\boldsymbol{k}-\boldsymbol{k}')$$
将上式代入方程(4.19)，得
$$\left(\frac{\mathrm{d}}{\mathrm{d}t}+\nu\boldsymbol{k}^2\right)\widetilde{u}_j(\boldsymbol{k},t)=-ik_lP_{jk}(\boldsymbol{k})\sum_{\boldsymbol{k}'}\widetilde{u}_k(\boldsymbol{k}',t)\widetilde{u}_l(\boldsymbol{k}-\boldsymbol{k}',t)$$
或
$$\left(\frac{\mathrm{d}}{\mathrm{d}t}+\nu\boldsymbol{k}^2\right)\widetilde{u}_j(\boldsymbol{k},t)=-ik_lP_{jk}(\boldsymbol{k})\sum_{\boldsymbol{k}',\boldsymbol{k}''}\delta_{k,k'+k''}\widetilde{u}_k(\boldsymbol{k}',t)\widetilde{u}_l(\boldsymbol{k}'',t)\tag{4.20}$$

δ 函数表明，仅当谱空间 $\widetilde{u}_i(\boldsymbol{k}',t)$ 和 $\widetilde{u}_j(\boldsymbol{k}'',t)$ 的波矢 $\boldsymbol{k}$ 和 $\boldsymbol{k}''$ 满足三波关系 $\boldsymbol{k}=\boldsymbol{k}'+\boldsymbol{k}''$ 时，非线性项 (u_i,u_j) 才对波矢 $\boldsymbol{k}$ 的谱分量有影响。

式(4.17)和式(4.20)为不可压均匀各向同性湍流在谱空间的质量守恒方程和动量守恒方程，为常微分方程组。

2）切变湍流

均匀各向同性湍流由小涡组成，具有普适特性，是最简单的湍流。还有一种简单湍流称为切变湍流，因流场存在平均切变率所致。切变湍流中，除小涡外，还存在具有拟序结构的大涡，使流场在流向和展向具有周期性。

以平板边界层为例，Re 很大时，形成湍流边界层，也称为壁湍流。无量纲形式的不可压流的 N-S 方程为

$$\nabla \cdot \boldsymbol{u} = 0 \tag{4.21}$$

$$\frac{\partial \boldsymbol{u}}{\partial t} + \boldsymbol{u} \cdot \nabla \boldsymbol{u} = -\nabla p + \nu \nabla^2 \boldsymbol{u} \tag{4.22}$$

其中

$$\boldsymbol{u}(\boldsymbol{x},t) = U(y)\boldsymbol{e}_x + \boldsymbol{u}'(x,t)$$

$$p(\boldsymbol{x},t) = x\Pi_x(t) + p'(\boldsymbol{x},t)$$

进而有

$$\nabla p(\boldsymbol{x},t) = \Pi_x(t)\boldsymbol{e}_x + \nabla p'(x,t)$$

式中：$\boldsymbol{x} = (x,y,z)^{\mathrm{T}}$，$x$、$y$ 和 z 分别表示流向、法向和展向；$\boldsymbol{e}_x$ 为流向的单位方向矢量；$U(y)$ 为宏观流向速度，大小仅在法向变化；$x\Pi_x(t)$ 为宏观压力在流向的分布。

式(4.21)和式(4.22)可写成

$$\nabla \cdot \boldsymbol{u}' = 0 \tag{4.23}$$

$$\frac{\partial \boldsymbol{u}'}{\partial t} + \nabla p' - \nu \nabla^2 \boldsymbol{u}' = -N(\boldsymbol{u}) + C \tag{4.24}$$

其中

$$N(\boldsymbol{u}) = \boldsymbol{u} \cdot \nabla \boldsymbol{u}$$

$$\boldsymbol{C} = \left[\nu \frac{\partial^2 U}{\partial y^2} - \Pi_x\right]\boldsymbol{e}_x$$

如果时间导数项用 SBFD（Semi－implicit Backward Finite Difference）格式离散，即

$$\frac{(11/6)\boldsymbol{u}'^{n+1} - 3\boldsymbol{u}'^{n} + (3/2)\boldsymbol{u}'^{n-1} - (1/3)\boldsymbol{u}'^{n-2}}{\Delta t} = 3N(\boldsymbol{u}'^{n}) - 3N(\boldsymbol{u}'^{n-1}) + N(\boldsymbol{u}'^{n-2})$$

于是

$$\nu \nabla \boldsymbol{u}' - \varepsilon \boldsymbol{u}' - \nabla p' = -\boldsymbol{R} \tag{4.25}$$

$$\nabla^2 p' = \nabla \cdot \boldsymbol{R} \tag{4.26}$$

其中

$$\varepsilon = -\frac{11}{6\Delta t}$$

$$\boldsymbol{R} = -\frac{1}{\Delta t}\left[-3\boldsymbol{u}'^{n} + \frac{3}{2}\boldsymbol{u}'^{n-1} - \frac{1}{3}\boldsymbol{u}'^{n-2}\right] - \left[3\boldsymbol{N}(\boldsymbol{u}'^{n}) - 3\boldsymbol{N}(\boldsymbol{u}'^{n-1}) + \boldsymbol{N}(\boldsymbol{u}'^{n-2})\right] + \boldsymbol{C}$$

考虑壁湍流拟序结构，即流向和展向的周期性流动，用 L_x 和 L_z 分别表示周长，略去脉动量上标“′”，有

$$\tilde{u}_i(\boldsymbol{k}) = \frac{1}{4\pi^2}\int_0^{2\pi}\int_0^{2\pi} u_i(x,z)\exp(-i\boldsymbol{k}\cdot\boldsymbol{x})\,\mathrm{d}\boldsymbol{x}$$

其中

$$\boldsymbol{x} = 2\pi\left(\frac{x}{L_x}\ \frac{z}{L_z}\right)^{\mathrm{T}}, \boldsymbol{k} = \begin{pmatrix} k_x \\ k_z \end{pmatrix}$$

逆变换为

$$u_i(x,z) = \sum_{k_x=-\infty}^{\infty}\sum_{k_x=-\infty}^{\infty}\tilde{u}_i(\boldsymbol{k})\exp(i\boldsymbol{k}\cdot\boldsymbol{x}) \tag{4.27}$$

对式(4.27)微分，得

$$\frac{\partial u_i}{\partial x_j} = \frac{2\pi i k_j}{L_j}\sum_{k_x=-\infty}^{\infty}\sum_{k_x=-\infty}^{\infty}\tilde{u}_i(\boldsymbol{k})\exp(i\boldsymbol{k}\cdot\boldsymbol{x})$$

$$\frac{\partial^2 u_i}{\partial x_j^2} = -4\pi^2\left(\frac{k_j}{L_j}\right)^2 \sum_{k_s=-\infty}^{\infty} \sum_{k_s=-\infty}^{\infty} \tilde{u}_i(\boldsymbol{k})\exp(ik \cdot \boldsymbol{k})$$

于是,守恒方程(4.25)和(4.26)可写成

$$\nu \frac{\mathrm{d}^2\tilde{u}_k}{\mathrm{d}y^2} - \lambda\tilde{u}_k - i2\pi\frac{k_x}{L_x}\tilde{p}_k = -\tilde{R}_{xk} \tag{4.28}$$

$$\nu \frac{\mathrm{d}^2\tilde{v}_k}{\mathrm{d}y^2} - \lambda\tilde{u}_k - \frac{\mathrm{d}\tilde{p}_k}{\mathrm{d}y} = -\tilde{R}_{yk} \tag{4.29}$$

$$\nu \frac{\mathrm{d}^2\tilde{w}_k}{\mathrm{d}y^2} - \lambda\tilde{w}_k - i2\pi\frac{k_z}{L_z}\tilde{p}_k = -\tilde{R}_{zk} \tag{4.30}$$

$$\frac{\mathrm{d}^2\tilde{p}_k}{\mathrm{d}y^2} - 4\pi^2\left(\frac{k_x^2}{L_x^2} + \frac{k_z^2}{L_z^2}\right)\tilde{p}_k = i2\pi\frac{k_x}{L_x}\tilde{R}_{xk} + i2\pi\frac{k_z}{L_z}\tilde{R}_{zk} + \frac{\mathrm{d}\tilde{R}_{yk}}{\mathrm{d}y} \tag{4.31}$$

其中

$$\lambda = 4\pi^2\nu\left(\frac{k_x^2}{L_x^2} + \frac{k_z^2}{L_z^2}\right) + \varepsilon$$

此为封闭的二阶常微分方程组,简写成

$$\tilde{p}'' - \boldsymbol{\kappa}^2\tilde{p} = \tilde{F} \tag{4.32}$$

$$\nu\tilde{\nu}'' - \lambda\tilde{\nu} - \tilde{p}' = -\tilde{R}_y \tag{4.33}$$

$$\nu\tilde{u}'' - \lambda\tilde{u} - \mathrm{i}\kappa_x\tilde{p} = -\tilde{R}_x \tag{4.34}$$

$$\nu\tilde{w}'' - \lambda\tilde{w} - \mathrm{i}\kappa_z\tilde{p} = -\tilde{R}_z \tag{4.35}$$

式中:上标“′”和“″”分别表示一阶和二阶导数; $\boldsymbol{\kappa} = 2\pi\left(\frac{k_x}{L_x}\ \frac{k_z}{L_z}\right)^{\mathrm{T}}$。

对于周期脉动,通过傅里叶变换,将物理空间转换为谱空间,此时,偏微分方程化简为常微分方程。这种谱空间求解方法称为谱方法。

4.2 RANS 模式[2,6,9,15]

具有随机特性的湍流几乎无法直接求解,失稳 N-S 方程常用统计力学处理,其中包括统计矩方法和 PDF 方法。本章仅讨论不可压湍流。可压湍流将在第 6 章讨论,两者的基本思路是一致的。

4.2.1 雷诺分解

随机量可分解为平均值和脉动值。$\boldsymbol{u}(\boldsymbol{x},t)$,$\langle \boldsymbol{u}(\boldsymbol{x},t\rangle$ 和 $\boldsymbol{u}'(\boldsymbol{x},t)$ 分别表示随机

速度,平均速度和脉动速度。于是,物质导数 $\frac{\mathrm{D}u_j}{\mathrm{D}t}=\frac{\partial u_j}{\partial t}+\frac{\partial}{\partial x_i}(u_iu_j)$ 的平均值为

$$\left\langle\frac{\mathrm{D}u_j}{\mathrm{D}t}\right\rangle=\frac{\partial\langle u_j\rangle}{\partial t}+\frac{\partial}{\partial x_i}\langle u_iu_j\rangle$$

其中,$\langle u_iu_j\rangle=\langle u_i\rangle\langle u_j\rangle+\langle u'_iu'_j\rangle$。

对不可压流,有

$$\nabla\cdot\boldsymbol{u}(\boldsymbol{x},t)=0,\ \nabla\cdot\langle\boldsymbol{u}(\boldsymbol{x},t)\rangle=0\quad 和\quad \nabla\cdot\boldsymbol{u}'(\boldsymbol{x},t)=0$$

因此

$$\left\langle\frac{\mathrm{D}u_j}{\mathrm{D}t}\right\rangle=\frac{\partial\langle u_j\rangle}{\partial t}+\langle u_i\rangle\frac{\partial}{\partial x_i}\langle u_j\rangle+\frac{\partial}{\partial x_i}\langle u'_iu'_j\rangle$$

引入平均物质导数

$$\frac{\overline{\mathrm{D}}}{\overline{\mathrm{D}}t}=\frac{\partial}{\partial t}+\langle\boldsymbol{u}\rangle\cdot\nabla$$

物理意义为,随当地平均流速运动时,物理量的变化率。于是

$$\left\langle\frac{\mathrm{D}u_j}{\mathrm{D}t}\right\rangle=\frac{\overline{\mathrm{D}}}{\overline{\mathrm{D}}t}\langle u_j\rangle+\frac{\partial}{\partial x_i}\langle u'_iu'_j\rangle$$

显然,物质导数的平均值不等于平均值的平均物质导数。

对动量守恒方程(3.50)求平均值,得

$$\frac{\overline{\mathrm{D}}}{\overline{\mathrm{D}}t}\langle u_j\rangle=\nu\nabla^2\langle u_j\rangle-\frac{\partial}{\partial x_i}\langle u'_iu'_j\rangle-\frac{1}{\rho}\frac{\partial\langle p\rangle}{\partial x_i}\tag{4.36}$$

或

$$\rho\frac{\overline{\mathrm{D}}}{\overline{\mathrm{D}}t}\langle u_j\rangle=\frac{\partial}{\partial x_i}\left[\mu\left(\frac{\partial\langle u_i\rangle}{\partial x_j}+\frac{\partial\langle u_j\rangle}{\partial x_i}\right)-\langle p\rangle\delta_{ij}-\rho\langle u'_iu'_j\rangle\right]$$

称为雷诺方程。与式(3.50)相比,该方程多出雷诺应力项 $\langle u'_iu'_j\rangle$,此为张量,迹的1/2为湍动能,$k=\frac{1}{2}\langle\boldsymbol{u}'\cdot\boldsymbol{u}'\rangle$。

定义非各向同性张量

$$a_{ij}=\langle u'_iu'_j\rangle-\frac{2}{3}k\delta_{ij}$$

无量纲化后,得

$$b_{ij}=\frac{a_{ij}}{2k}=\langle u'_iu'_j\rangle/\langle u'_lu'_l\rangle-\frac{1}{3}\delta_{ij}\tag{4.37}$$

黏性应力来源于分子水平的动量传递,而雷诺应力则来源于速度脉动。

压力满足泊松方程,于是

$$-\frac{1}{\rho}\nabla^2\langle p\rangle=\left\langle\frac{\partial u_i}{\partial x_j}\frac{\partial u_j}{\partial x_i}\right\rangle=\frac{\partial\langle u_i\rangle}{\partial x_j}\frac{\partial\langle u_j\rangle}{\partial x_i}+\frac{\partial^2\langle u'_iu'_j\rangle}{\partial x_i\partial x_j}$$

不可压流的速度场与标量(温度和浓度)无关,即标量不影响速度场,但由速

度场决定，称为被动标量，记作 ϕ。被动标量守恒方程为

$$\frac{\mathrm{D}\phi}{\mathrm{D}t} = \Gamma \nabla^2 \phi$$

或

$$\frac{\partial \phi}{\partial t} + \nabla \cdot (\boldsymbol{u}\phi) = \Gamma \nabla^2 \phi \tag{4.38}$$

随机量分解

$$\phi(\boldsymbol{x},t) = \langle \phi(\boldsymbol{x},t) \rangle + \phi'(\boldsymbol{x},t)$$

$$\langle \boldsymbol{u}\phi \rangle = \langle \boldsymbol{u} \rangle \langle \phi \rangle + \langle \boldsymbol{u}'\phi' \rangle$$

其中，$\langle \boldsymbol{u}'\phi' \rangle$ 为脉动引起的标量流量。分解后方程为

$$\frac{\overline{\mathrm{D}}\langle \phi \rangle}{\overline{\mathrm{D}}t} = \nabla \cdot \langle \Gamma \nabla \langle \phi \rangle - \langle \boldsymbol{u}'\phi' \rangle \rangle \tag{4.39}$$

显然，速度场方程雷诺分解后，除含四个未知的平均量外，多出雷诺应力项，方程不再封闭。从 N-S 方程，可推出雷诺应力方程，但又出现新的高阶统计矩，方程仍不封闭。被动标量方程分解也面临同样问题，此类问题称为湍流封闭问题。为使分解后的方程（雷诺方程）封闭，需对脉动相关量进行模化。

4.2.2 涡黏模式

1. 代数涡黏模式

根据 Boussinesq 梯度扩散假设，雷诺应力用平均速度梯度张量表示：

$$\langle u_i' u_j' \rangle = \frac{2}{3} k \delta_{ij} + a_{ij}$$

其中，$a_{ij} = -2\nu_{\mathrm{T}} \overline{S}_{ij}$，$S_{ij} = \frac{1}{2}\left(\frac{\partial \langle u_i \rangle}{\partial x_j} + \frac{\partial \langle u_j \rangle}{\partial x_i}\right)$ 为平均应变率张量，ν_{T} 为涡黏系数。

该式与牛顿流体的黏性张量表达式一致。涡黏系数给定时，雷诺方程封闭。

涡黏系数的最简单模型为混合长度模型。该模型比拟分子运动，将混合长度视作分子运动自由程。在二维剪切层中，历经混合长度的距离后，脉动速度正比于混合长度和流向平均速度梯度：

$$u' \propto l_{\mathrm{s}} \left| \frac{\partial \langle u \rangle}{\partial y} \right| \tag{4.40}$$

而涡黏系数应正比于脉动速度与混合长度之积，故

$$\nu_{\mathrm{T}} \propto u' l_{\mathrm{s}} \propto l_{\mathrm{s}}^2 \left| \frac{\partial \langle u \rangle}{\partial y} \right|$$

为使混合长度模型用于三维流动，Smagorinsky 建议

$$\nu_{\mathrm{T}} = l_{\mathrm{s}}^2 (2\overline{S}_{ij}\overline{S}_{iji})^{1/2} = l_{\mathrm{s}}^2 \overline{S}$$

对于被动标量方程，脉动引起的标量流量（Scalar Flux）可用梯度扩散形式表示，即

$$\langle \boldsymbol{u}\phi' \rangle = -\Gamma_{\mathrm{T}} \nabla \langle \phi \rangle \tag{4.41}$$

于是

$$\frac{\overline{\mathrm{D}}\langle\phi\rangle}{\overline{\mathrm{D}}t} = \nabla\cdot\langle\Gamma_{\text{eff}}\nabla\langle\phi\rangle\rangle \tag{4.42}$$

其中 $\Gamma_{\text{eff}} = \Gamma + \Gamma_{\mathrm{T}}$，$\Gamma_{\mathrm{T}}$ 为涡扩散系数。引进湍流普朗特数 $\sigma_{\mathrm{T}} = \nu_{\mathrm{T}}/\Gamma_{\mathrm{T}}$，常取 $\sigma_{\mathrm{T}} \approx 0.8 \sim 1.0$。

给定混合长度 l_s，雷诺方程封闭，此封闭方式称为代数涡黏模式。

2. *k* 模式

Kolmogorov 和普朗特提出，脉动速度 u' 与湍动能 k 有关，：

$$u' = Ck^{\frac{1}{2}} \tag{4.43}$$

其中 C 为常数。于是

$$\nu_{\mathrm{T}} = Ck^{1/2}l_s \tag{4.44}$$

如果求得 k，便可确定涡黏系数 ν_{T}。

由动量守恒方程(3.50)，推得湍流脉动方程

$$\frac{\mathrm{D}u_j'}{\mathrm{D}t} = -u_i'\frac{\partial\langle u_j\rangle}{\partial x_i} + \frac{\partial\langle u_i'u_j'\rangle}{\partial x_i} + \nu\nabla^2 u_j' - \frac{1}{\rho}\frac{\partial p'}{\partial x_j} \tag{4.45}$$

u_i' 的脉动方程乘 u_j'，同时，u_j' 的脉动方程乘 u_i'，然后相加，再取平均，注意到

$$\left\langle u_i'\frac{\mathrm{D}u_j'}{\mathrm{D}t} + u_j'\frac{\mathrm{D}u_i'}{\mathrm{D}t}\right\rangle = \frac{\overline{\mathrm{D}}\langle u_i'u_j'\rangle}{\overline{\mathrm{D}}t} + \frac{\partial\langle u_i'u_j'u_k'\rangle}{\partial x_k}$$

于是

$$\frac{\overline{\mathrm{D}}\langle u_i'u_j'\rangle}{\overline{\mathrm{D}}t} = -\frac{\partial T_{kij}}{\partial x_k} + \mathscr{P}_{ij} + \mathscr{R}_{ij} - \varepsilon_{ij} \tag{4.46}$$

此为雷诺应力输运方程。其中

$\mathscr{P}_{ij} = -\langle u_i'u_k'\rangle\dfrac{\partial\langle u_j\rangle}{\partial x_k} - \langle u_j'u_k'\rangle\dfrac{\partial\langle u_i\rangle}{\partial x_k}$ 为雷诺应力产生项

$\varepsilon_{ij} = 2\nu\left\langle\dfrac{\partial u_i'}{\partial x_k}\dfrac{\partial u_j'}{\partial x_k}\right\rangle$ 为雷诺应力耗散项

$\mathscr{R}_{ij} = \left\langle\dfrac{p'}{\rho}\left(\dfrac{\partial u_i'}{\partial x_j} + \dfrac{\partial u_j'}{\partial x_i}\right)\right\rangle$ 为雷诺应力再分配项，为无迹张量

$\dfrac{\partial T_{kij}}{\partial x_k}$ 为雷诺 应力扩散项，其中雷诺应力流率为

$$T_{kij} = T_{kij}^{(u)} + T_{kij}^{(p)} + T_{kij}^{(v)}$$

其中，$T_{kij}^{(u)} = \langle u_i'u_j'u_k'\rangle$，$T_{kij}^{(v)} = -\nu\dfrac{\partial\langle u_i'u_j'\rangle}{\partial x_k}$，$T_{kij}^{(p)} = \dfrac{1}{\rho}\langle u_i'p'\rangle\delta_{jk} + \dfrac{1}{\rho}\langle u_j'p'\rangle\delta_{ik}$ 分别与脉动速度，分子黏性和脉动压力有关。

当 $i=j$ 时，有

$$\frac{\overline{\mathrm{D}}k}{\overline{\mathrm{D}}t}=\frac{\partial k}{\partial t}+\langle \boldsymbol{u}\rangle\cdot\nabla k=-\nabla\cdot T'+\mathscr{P}-\varepsilon \tag{4.47}$$

其中

$$T_i'=\frac{1}{2}\langle u_i'u_j'u_j'\rangle+\langle u_i'p'\rangle/\rho-2\nu\langle u_j's_{ij}\rangle$$

$$s_{ij}=S_{ij}-\langle S_{ij}\rangle=\frac{1}{2}\left(\frac{\partial u_i'}{\partial x_j}+\frac{\partial u_j'}{\partial x_i}\right)$$

$$\mathscr{P}=\frac{1}{2}\mathscr{P}_{ii}=-\langle u_i'u_j'\rangle\frac{\partial\langle u_i\rangle}{\partial x_j}$$

$$\varepsilon=\frac{1}{2}\varepsilon_{ii}=2\nu\langle s_{ij}s_{ij}\rangle$$

方程中 ε 和 $\nabla\cdot T'$ 是未知项,需要进行模化。

由式(4.11)可知 $\varepsilon\propto u^3/l$, 所以由式(4.43)可知

$$\varepsilon=C_{\mathrm{D}}k^{3/2}/l_{\mathrm{s}} \tag{4.48}$$

式中:C_{D} 为常数。给定混合长度 l_{s} 后,由式(4.44)和式(4.48)可求得 ν_{T} 和 ε 。

根据梯度扩散假设,湍动能流率 T'模化为

$$T'=-\frac{\nu_{\mathrm{T}}}{\sigma_k}\nabla k \tag{4.49}$$

式中: σ_k 为湍动能普朗特数,常取 $\sigma_k=1$。

此时

$$\frac{\overline{\mathrm{D}}k}{\overline{\mathrm{D}}t}=\nabla\cdot\left(\frac{\nu_{\mathrm{T}}}{\sigma_k}\nabla k\right)+\mathscr{P}-\varepsilon \tag{4.50}$$

称为 k 方程。

3. k-ε 模式

由式(4.44)和式(4.48),消去 l_{s} 得

$$\nu_{\mathrm{T}}=C_\mu k^2/\varepsilon \tag{4.51}$$

式中:常数 $C_\mu=0.09$。此时,如果推得 ε 方程,便可确定涡黏系数 ν_{T},使方程封闭。

湍动能的耗散机制十分复杂,准确导出 ε 方程是很困难的。可模仿 k 方程(4.50),写出 ε 方程,即

$$\frac{\overline{\mathrm{D}}\varepsilon}{\overline{\mathrm{D}}t}=\nabla\cdot\left(\frac{\nu_{\mathrm{T}}}{\sigma_\varepsilon}\nabla\varepsilon\right)+C_{\varepsilon1}\mathscr{P}\varepsilon/k-C_{\varepsilon2}\varepsilon^2/k \tag{4.52}$$

其中,模式常数分别为 $C_\mu=0.09$,$C_{\varepsilon1}=1.44$,$C_{\varepsilon2}=1.92$,$\sigma_\varepsilon=1.3$。

k 和 ε 皆与速度脉动相关量(二阶统计矩)有关,描述湍流脉动特性。k 表示湍

流脉动能，而 ε 表示脉动能的耗散率，即脉动能转换为内能的速率。普朗特假设，湍流平均流场的特征尺度决定于 k 和 ε，于是

$$u_{\mathrm{t}} \propto \sqrt{k}, t_{\mathrm{T}} \propto \frac{k}{\varepsilon}, l_{\mathrm{m}} \propto \frac{k^{3/2}}{\varepsilon} \tag{4.53}$$

4.2.3 雷诺应力模式

N-S 方程分解后，出现雷诺应力项 $\langle u_i' u_j' \rangle$，方程不再封闭。涡黏模式用平均速度的梯度张量表示雷诺应力，引出涡黏系数 ν_{T}，再借助于某种模型，使方程封闭。而雷诺应力模式则直接推导雷诺输运方程，试图通过方程求解，得到雷诺应力。

雷诺输运方程为

$$\frac{\overline{\mathrm{D}}\langle u_i' u_j' \rangle}{\overline{\mathrm{D}}t} = -\frac{\partial T_{kij}}{\partial x_k} + \mathcal{P}_{ij} + \mathcal{R}_{ij} - \varepsilon_{ij} \tag{4.46}$$

其中，$\mathcal{R}_{ij}$，ε_{ij} 和 T_{kij} 需要模化。

对于高雷诺流动，采用各向同性的耗散模型，有 $\varepsilon_{ij} = \frac{2}{3}\varepsilon\delta_{ij}$。而 ε 满足

$$\frac{\overline{\mathrm{D}}\varepsilon}{\overline{\mathrm{D}}t} = \nabla\cdot\left(\frac{\nu_{\mathrm{T}}}{\sigma_{\varepsilon}}\nabla\varepsilon\right) + C_{\varepsilon 1}\mathcal{P}/k - C_{\varepsilon 2}\varepsilon^2/k \tag{4.54}$$

或

$$\frac{\overline{\mathrm{D}}\varepsilon}{\overline{\mathrm{D}}t} = \frac{\partial}{\partial x_i}\left(C_{\varepsilon}\frac{k}{\varepsilon}\langle u_i u_j \rangle\frac{\partial \varepsilon}{\partial x_j}\right) + C_{\varepsilon 1}\mathcal{P}\varepsilon/k - C_{\varepsilon 2}\varepsilon^2/k$$

其中，常数分别为 $C_{\varepsilon} = 0.15$，$C_{\varepsilon 1} = 1.44$，$C_{\varepsilon 2} = 1.92$。

对于 T_{kij}，忽略其中的黏性扩散项 $T_{kij}^{(\nu)}$，并采用梯度扩散假设，有

$$T_{kij} = T_{kij}^{(u)} + T_{kij}^{(p)} = -C_s\frac{k}{\varepsilon}\langle u_k' u_l' \rangle\frac{\partial\langle u_i' u_j' \rangle}{\partial x_l}$$

其中 $C_s = 0.22$。

脉动压力 p' 满足泊松方程

$$\frac{1}{\rho}\nabla^2 p' = -2\frac{\partial\langle u_i \rangle}{\partial x_j}\frac{\partial u'_j}{\partial x_j} - \frac{\partial^2}{\partial x\partial x_j}(u_i' u_j' - \langle u_i' u_j' \rangle) \tag{4.55}$$

因此，脉动压力分为两项，即

$$p' = p^{(r)} + p^{(s)}$$

其中

$$\frac{1}{\rho}\nabla^2 p^{(r)} = -2\frac{\partial\langle u_i \rangle}{\sigma x_j}\frac{\partial u_j'}{\partial x_i}$$

$$\frac{1}{\rho}\nabla^2 p^{(s)} = -\frac{\partial^2}{\partial x_i\partial x_j}(u_i' u_j' - \langle u_i' u_j' \rangle)$$

$p^{(r)}$ 称为快压力，$p^{(s)}$ 称为慢压力。据此，可将再分配项 $\mathcal{R}_{ij}$ 分为 $\mathcal{R}_{ij}^{(r)}$ 和 $\mathcal{R}_{ij}^{(s)}$，

其中

$$\mathcal{R}_{ij}^{(r)} = \left\langle \frac{p^{(r)}}{\rho}\left(\frac{\partial u_i'}{\partial x_j} + \frac{\partial u_j'}{\partial x_i}\right) \right\rangle$$

应用快速畸变近似为

$$\mathcal{R}_{ij}^{(r)} = -\frac{3}{5}\left\langle \mathcal{P}_{ij} - \frac{2}{3}\mathcal{P}\delta_{ij} \right\rangle$$

其中 $\mathcal{P} = \frac{1}{2}\mathcal{P}_{ii}$。

$\mathcal{R}_{ij}^{(s)}$ 是无迹张量，$\mathcal{R}_{ii}^{(s)} = 0$，故对湍动能没有影响，仅影响雷诺应力间的能量分布。对于衰减的均匀各向异性湍流，产生项 $\mathcal{P}_{ij}$，扩散项 $\frac{\partial T_{kij}}{\partial x_k}$ 以及快速应力再分配项 $\mathcal{R}_{ij}^{(r)}$ 皆为零。于是，雷诺输运方程为

$$\frac{\bar{\mathrm{D}}\langle u_i' u_j' \rangle}{\bar{\mathrm{D}}t} = \mathcal{R}_{ij}^{(s)} - \varepsilon \tag{4.56}$$

引进无量纲偏应力张量

$$b_{ij} = \frac{\langle u_i' u_j' \rangle}{\langle u_k' u_k' \rangle} - \frac{1}{3}\delta_{ij} \tag{4.37}$$

将上式代入式(4.56)，得

$$\frac{\bar{\mathrm{D}}b_{ij}}{\mathrm{D}t} = \frac{\varepsilon}{k}\left(b_{ij} + \frac{\mathcal{R}_{ij}^{(s)}}{2\varepsilon}\right) \tag{4.57}$$

式(4.57)表明，湍流衰减时，$\mathcal{R}_{ij}^{(s)}$ 使之趋于各向同性。因此，Rotta 提议

$$\mathcal{R}_{ij}^{(s)} = -2C_{\mathrm{R}}\varepsilon b_{ij} \tag{4.58}$$

C_{R} 称为 Rotta 常数。于是方程(4.57)可写成

$$\frac{\bar{\mathrm{D}}b_{ij}}{\mathrm{D}t} = -(C_{\mathrm{R}} - 1)\frac{\varepsilon}{k}b_{ij} \tag{4.59}$$

显然，C_{R} 需大于 1。

4.3 大涡模拟[7,9,15]

湍流能量和非均匀性主要与大尺度运动有关，而直接模拟却将大量计算耗费在小尺度运动上。大涡模拟(Large Eddy Simulation，LES)集中于大尺度运动的计算，是介于直接模拟和 RANS(Reyolds Averaged Navier-Stokes)模拟之间的湍流数值方法。

大涡模拟对流场参数进行滤波，使之分为滤后流场(对应于大尺度的涡)和剩余流场(对应于小尺度的涡)。大尺度的涡可直接计算(可解尺度)，小尺度的涡不直接进行计算(不可解尺度)，而是假设小尺度脉动对大尺度运动的影响具有某种

普适性,通过模化使之与大尺度的量发生联系。

4.3.1 方程滤波

1. 滤波

任意函数$f(x)$,可展成无穷正交函数系列,即

$$f(x)=\sum_{k=-\infty}^{\infty}\tilde{f}_k\phi_k$$

式中:$\{\phi_k\}$为正交函数系列,权函数$\{\tilde{f}_k\}$为函数$f(x)$的谱。这种展开,实质是函数$f(x)$所在的物理空间(x空间)与展开系数$\tilde{f}_k$所在的谱空间(k空间)之间的转换。$f(x)$可以由$\{\tilde{f}_k\}$决定,同样,$\{\tilde{f}_k\}$也可由$f(x)$决定。

例如,正交函数系列为傅里叶级数时,有傅里叶变换对,即

$$f(x)=\frac{1}{2\pi}\int_{-\infty}^{\infty}\tilde{f}(k)\exp(ikx)\mathrm{d}k$$

$$\tilde{f}(k)=\int_{-\infty}^{\infty}f(x)\exp(ikx)\mathrm{d}x$$

利用滤波器对信号$f(x)$进行滤波,滤波后的输出信号记作$\bar{f}(x)$。滤波过程可理解为:先对$f(x)$进行谱展开,然后在谱空间滤波,输出谱为

$$\tilde{\bar{f}}(k)=\tilde{f}(k)\widetilde{G}(k)$$

式中:$\widetilde{G}(k)$为传递函数。

例如,低通滤波器的传递函数为

$$\widetilde{G}(k)=H(k_c-|k|)\tag{4.60}$$

式中:$H(x)$为台阶函数,当$|x|<0$时,其值为1,否则为0。该函数的作用是滤去$k>k_c$的高频波。

于是

$$\bar{f}(x)=\frac{1}{2\pi}\int_{-\infty}^{\infty}\widetilde{G}(k)\bar{f}(k)\exp(ikx)\mathrm{d}k$$

写成卷积形式

$$\bar{f}(x)=G(x)*f(x)=\int G(r)f(x-r)\mathrm{d}r\tag{4.61}$$

其中,滤波函数为

$$G(x)=\frac{1}{2\pi}\int_{-\infty}^{\infty}\widetilde{G}(x)\exp(ikx)\mathrm{d}k$$

为保证物理量守恒,需满足正则条件

$$\int G(r,x)\mathrm{d}r=1$$

对于低通滤波

$$G(x)=\frac{\sin(\pi x/\Delta)}{\pi x}\tag{4.62}$$

式中：Δ 为滤波尺度，$k=\dfrac{\pi}{\Delta}$。

若物理空间的滤波函数为 $G(x)=\dfrac{1}{\Delta}H\left(\dfrac{1}{2}\Delta-|x|\right)$，称为盒子滤波器(Box Filter)。谱空间传递函数为

$$\widetilde{G}(k)=\frac{2\sin\left(\dfrac{1}{2}k\Delta\right)}{k\Delta} \tag{4.63}$$

若物理空间的滤波函数为 $G(x)=\left(\dfrac{6}{\pi\Delta^2}\right)^{1/2}\exp\left(-\dfrac{6x^2}{\Delta^2}\right)$，称为高斯滤波器，谱空间传递函数为

$$\widetilde{G}(k)=\exp\left(-\frac{k^2\Delta^2}{24}\right) \tag{4.64}$$

物理空间和谱空间的滤波器函数图像分别如图 4.5(a)和(b)所示。图中，虚线为盒子滤波器，实线为高斯滤波器，点划线为低通滤波器。

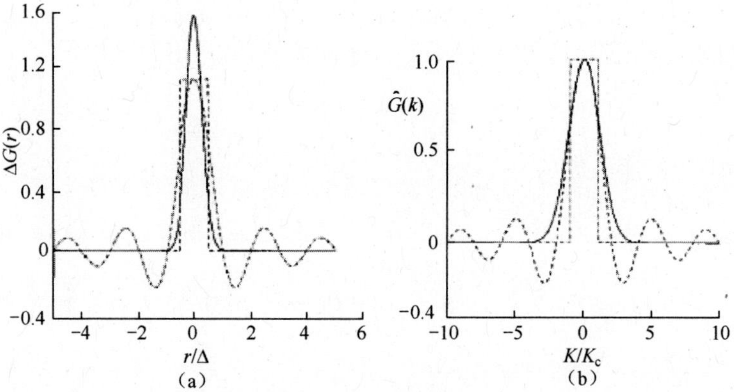

图 4.5　滤波器函数图像

滤波后，随机变量(如速度 $\boldsymbol{u}(\boldsymbol{x},t)$)，分解为

$$\boldsymbol{u}(\boldsymbol{x},t)=\overline{\boldsymbol{u}}(\boldsymbol{x},t)+\boldsymbol{u}'(\boldsymbol{x},t)$$

式中：$\overline{\boldsymbol{u}}(\boldsymbol{x},t)$ 为滤后量(可解尺度)；$\boldsymbol{u}'(\boldsymbol{u},t)$ 为剩余脉动量。此时，$\overline{\boldsymbol{u}'}(\boldsymbol{x},t)\neq 0$。

图 4.6 为采用高斯滤波器($\Delta\approx 0.35$)滤波时，速度和脉动速度的变化曲线。其中，细实线为滤波前，粗实线为滤波后。上方为速度曲线，下方为脉动速度曲线。

当 $f(\boldsymbol{x})$ 是三维空间函数时，滤波函数 $G(\boldsymbol{r},\boldsymbol{x})$ 也是三维的。为使问题简化，可采用均匀滤波器，即 $G(\boldsymbol{x},\boldsymbol{x})$ 与 $\boldsymbol{x}$ 无关，或各向同性滤波器，即 $G(\boldsymbol{r},\boldsymbol{x})$ 仅与 $r=|\boldsymbol{r}|$ 和 $\boldsymbol{x}$ 有关。

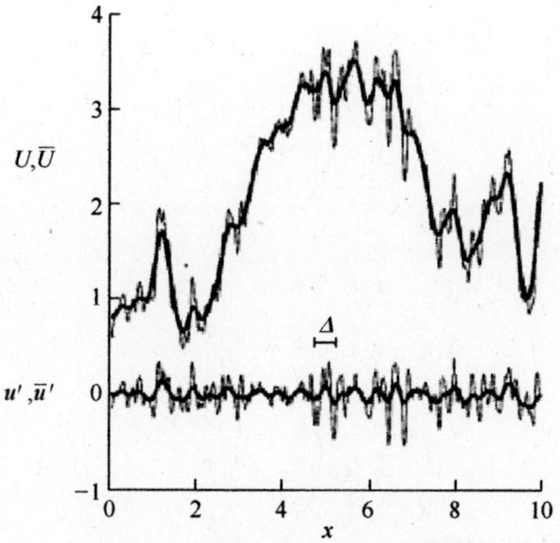

图 4.6　速度和脉动速度的滤波

2. 亚格子应力

均匀滤波器用于不可压流 N-S 方程时，滤波和求导运算可以对调，于是质量守恒方程：

$$\overline{\left(\frac{\partial u_i}{\partial x_i}\right)} = \frac{\partial \bar{u}_i}{\partial x_i} = 0 \tag{4.65}$$

进而有

$$\frac{\partial u_i'}{\partial x_i} = 0 \tag{4.66}$$

即，滤后流场（可解尺度）与剩余流场（不可解尺度）的速度散度皆为零。

动量守恒方程：

$$\frac{\partial \bar{u}_j}{\partial t} + \frac{\partial\, \overline{u_i u_j}}{\partial x_i} = \nu \frac{\partial^2 \bar{u}_j}{\partial x_i \partial x_i} - \frac{1}{\rho}\frac{\partial \bar{p}}{\partial x_j} \tag{4.67}$$

其中，速度积的滤波 $\overline{u_i u_j}$ 不等于滤波速度的积 $\bar{u}_j \bar{u}_j$，有

$$\overline{u_i u_j} = \bar{u}_i \bar{u}_j + \tau_{ij}^R$$

τ_{ij}^R 为剩余应力（或亚格子应力），可分解为对称和非对称两个部分。对称部分，称为剩余脉动能，即

$$k_r = \frac{1}{2}\tau_{ii}^R$$

非对称部分为

$$\tau_{ij}^r = \tau_{ij}^R - \frac{2}{3}k_r \delta_{ij}$$

剩余应力可写成

$$\tau_{ij}^R = \overline{u_i u_j} - \bar{u}_i\, \bar{u}_j = \mathscr{L}_{ij}^0 + \mathscr{C}_{ij}^0 + \mathscr{R}_{ij}^0 \tag{4.68}$$

其中

Leonard 应力 $$\mathcal{C}_{ij}^{0} = \overline{\bar{u}_i\,\bar{u}_j} - \bar{u}_i\,\bar{u}_j \tag{4.69}$$

交叉应力 $$\mathcal{C}_{ij}^{0} = \overline{\bar{u}_i u_j'} + \overline{u_i'\bar{u}_j} - \bar{u}_i\,\overline{u_j'} - \overline{u_i'}\,\bar{u}_j \tag{4.70}$$

亚格子雷诺应力 $$\mathcal{R}_{ij}^{0} = \overline{u_i'u_j'} - \overline{u_i'}\;\overline{u_j'} \tag{4.71}$$

低通滤波时,可作如下分解

$$\overline{u_i u_j} = \bar{u}_i\,\bar{u}_j + \tau_{ij}^{\kappa} \tag{4.72}$$

其中

$$\tau_{ij}^{\kappa} = \mathcal{C}_{ij}^{0} + \mathcal{R}_{ij}^{0} \tag{4.73}$$

$$\mathcal{C}_{ij}^{0} = \overline{u_i'\,\bar{u}_j} + \overline{u_j'\,\bar{u}_i}$$

$$\mathcal{R}_{ij}^{0} = \overline{u_i'u_j'}$$

4.3.2 物理空间涡黏格式

将剩余脉动能与滤后压力合并,即 $\bar{P} = \bar{p} + \dfrac{2}{3}k_r$,于是,动量方程(4.67)写成

$$\frac{\bar{\mathrm{D}}\bar{u}_j}{\bar{\mathrm{D}}t} = \nu\frac{\partial^2 \bar{u}_j}{\partial x_i \partial x_i} - \frac{\partial \tau_{ij}^{r}}{\partial x_i} - \frac{1}{\rho}\frac{\partial \bar{P}}{\partial x_j} \tag{4.74}$$

其中,物质导数为

$$\frac{\bar{\mathrm{D}}}{\bar{\mathrm{D}}t} = \frac{\partial}{\partial t} + \bar{\boldsymbol{u}}\cdot\nabla$$

该方程不封闭,亚格子应力 $\boldsymbol{\tau}^{r}$ 需模化。

模化可在物理空间也可在谱空间进行,先讨论物理空间的 Smagorinsky 模式。采用各向同性过滤器,根据线性涡黏模型有

$$\tau_{ij}^{r} = -2\nu_T \bar{S}_{ij} \tag{4.75}$$

涡黏系数为

$$\nu_T = l_S^2 \bar{S}$$

式中:$\bar{S} = (2\bar{S}_{ij}\bar{S}_{ij})^{1/2}$;Smagorinsky 长度 $l_s = C_s\Delta$,C_s 为 Smagorinsky 常数,Δ 为过滤尺度。其中,Δ 和 C_s 的取值与滤波函数有关,讨论如下。

滤波后,流场分为滤后流场和剩余流场,两者存在能量传输。

对动能 $E = \dfrac{1}{2}\boldsymbol{u}\cdot\boldsymbol{u}$,滤波后,有

$$\bar{E} = \frac{1}{2}\overline{\boldsymbol{u}\cdot\boldsymbol{u}} = E_f + k_r$$

其中

$$E_f = \frac{1}{2}\bar{\boldsymbol{u}}\cdot\bar{\boldsymbol{u}},\quad k_r = \frac{1}{2}\tau_{ij}^{R}$$

式(4.74)乘以 u_j,得 E_f 方程:

$$\frac{\overline{\mathrm{D}}E_f}{\overline{\mathrm{D}}t}-\frac{\partial}{\partial x_i}\left[\bar{\boldsymbol{u}}_j\left(2\nu\bar{S}_{ij}-\tau_{ij}^r-\frac{P}{\rho}\delta_{ij}\right)\right]=-\varepsilon_f-\mathscr{P}_r \tag{4.76}$$

方程右侧表示滤后，流场向剩余流场传输能量的速率，其中，$\varepsilon_f=2\nu\bar{S}_{ij}\bar{S}_{ij}$ 为滤后流场的黏性耗散率，$\mathscr{P}_r=-\tau_{ij}^r\bar{S}_{ij}$ 为剩余流场的能量生成率。

过滤尺度 Δ 在惯性子区时，剩余流场能量生成率的平均值等于滤后流场的能量耗散率，即 $\varepsilon_f=\langle\mathscr{P}_r\rangle$。根据涡黏模型(4.75)，滤后流场向剩余流场的能量传输速率为

$$\mathscr{P}_r=-\tau_{ij}^r\bar{S}_{ij}=2\nu_T\bar{S}_{ij}\bar{S}_{ij}=\nu_T\bar{S}^2$$

故

$$\varepsilon_f=\langle\mathscr{P}_r\rangle=\langle\nu_T\bar{S}^2\rangle=l_s^2\langle\bar{S}^3\rangle \tag{4.77}$$

Δ 位于惯性子区，有

$$\langle\bar{S}^2\rangle=2\langle\bar{S}_{ij}\bar{S}_{ij}\rangle=2\int k^2\widetilde{E}_{\mathrm{out}}(k)\mathrm{d}k=2\int k^2\mid\widetilde{G}(k)\mid^2\widetilde{E}(k,t)\mathrm{d}k$$

由式(4.13)式，得

$$\langle\bar{S}^2\rangle=\int 2k^2\mid\widetilde{G}(k)\mid^2C\varepsilon^{2/3}k^{-5/3}\mathrm{d}k=a_fC\varepsilon^{2/3}\Delta^{-4/3}$$

其中，滤波常数 $a_f=2\int(k\Delta)^{1/3}\mid\widetilde{G}(k)\mid^2\Delta\mathrm{d}k$，与滤波器类型有关。

由式(4.77)，得

$$l_s=\frac{\Delta}{(Ca_f)^{3/4}}\left(\frac{\langle\bar{S}^3\rangle}{\langle\bar{S}^2\rangle^{3/2}}\right)^{-1/2}$$

如采用低通滤波，有 $\langle\bar{S}^3\rangle\approx\langle\bar{S}^2\rangle^{3/2}$ 和 $a_f=\frac{3}{2}\pi^{4/3}$，于是，得 Smagorinsky 常数

$$C_s=\frac{l_s}{\Delta}=\frac{1}{(Ca_f)^{3/4}}=\frac{1}{\pi}\left(\frac{2}{3C}\right)^{3/4}\approx 0.17 \tag{4.78}$$

因此，使 Δ 位于惯性子区，确定 C_s 后，便可求解滤后流场。

4.3.3 谱空间涡黏格式

1. 谱空间滤波

谱空间的 LES 常用于均匀湍流，因流场在空间三个方向具有周期性，可进行傅里叶级数展开。常采用截波过滤，如低通滤波，此时

$$\bar{\tilde{\boldsymbol{u}}}=\sum_{\boldsymbol{k}}\widetilde{G}(\boldsymbol{k})\tilde{\boldsymbol{u}}(\boldsymbol{k},t)\exp(i\boldsymbol{k}\cdot\boldsymbol{x})=\sum_{\substack{\boldsymbol{k}\\|\boldsymbol{k}|\leqslant k_c}}\exp(i\boldsymbol{k}\cdot\boldsymbol{x})\tilde{\boldsymbol{u}}(\boldsymbol{k},t)$$

其中，传递函数为

$$\widetilde{G}(k)=H(k_c-|k|)$$

H 为台阶函数，滤去 $k>k_c$ 的高频波。由于滤波函数是各向同性的，故滤波后，波数

$\boldsymbol{k}$ 应位于半径为 k_c 的球内。

根据式(4.78),滤波后有

$$\left(\frac{\mathrm{d}}{\mathrm{d}t}+\nu\boldsymbol{k}^2\right)\overline{\tilde{u}_j}(\boldsymbol{k},t)=-\mathrm{i}k_l P_{jk}(\boldsymbol{k})\sum_{\boldsymbol{k}',\boldsymbol{k}''}\delta_{\boldsymbol{k},\boldsymbol{k}'+\boldsymbol{k}''}H(k_c-|\boldsymbol{k}|)\tilde{u}_k(\boldsymbol{k}',t)\,\tilde{u}_l(\boldsymbol{k}'',t) \tag{4.79}$$

右端非线性项中,$\tilde{u}_i(\boldsymbol{k}',t)$ 和 $\tilde{u}_j(\boldsymbol{k}'',t)$ 的波矢 $\boldsymbol{k}'$ 和 $\boldsymbol{k}''$ 需满足三波关系 $\boldsymbol{k}=\boldsymbol{k}'+\boldsymbol{k}''$,因此,$|\boldsymbol{k}'|<k_c$ 和 $|\boldsymbol{k}''|<k_c$ 时,不能保证 $|\boldsymbol{k}|<k_c$,即不一定满足滤波要求,如图 4.7(b)所示。同时,当 $|\boldsymbol{k}'|$ 和 $|\boldsymbol{k}''|$ 中,有一个或两个同时大于 k_c 时,也可能满足滤波要求,如图 4.7(c)和(d)所示。故对于非线性项的滤波,需要具体分析。

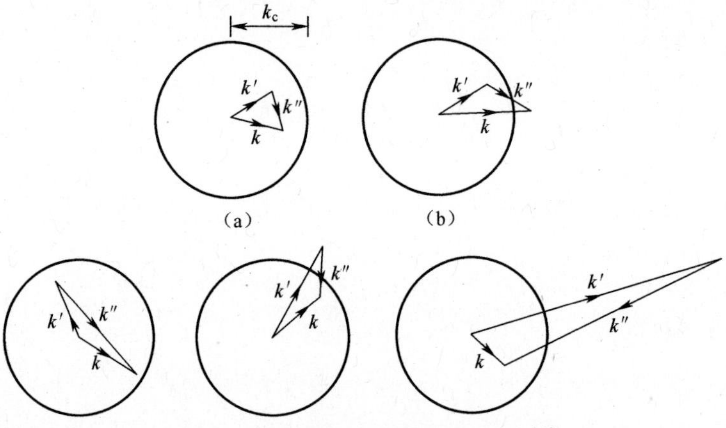

(a) (b)

(c) (d)

图 4.7 滤波时,各种三波关系

由式(4.16),得

$$u_k(\boldsymbol{x},t)u_l(\boldsymbol{x},t)=\sum_{\boldsymbol{k}',\boldsymbol{k}''}\delta_{\boldsymbol{k},\boldsymbol{k}'+\boldsymbol{k}''}\exp(\mathrm{i}\boldsymbol{k}\cdot\boldsymbol{x})\tilde{u}_k(\boldsymbol{k}',t)\tilde{u}_l(\boldsymbol{k}'',t)$$

当 $|\boldsymbol{k}'|<k_c$ 和 $|\boldsymbol{k}''|<k_c$ 时,有

$$\overline{u_k u_l}=\overline{u}_k\,\overline{u}_l=\sum_{\boldsymbol{k}',\boldsymbol{k}''}\delta_{\boldsymbol{k},\boldsymbol{k}'+\boldsymbol{k}''}H(k_c-k')H(k_c-k'')\tilde{u}_k(\boldsymbol{k}',t)\tilde{u}_l(\boldsymbol{k}'',t)$$

其中,满足 $|\boldsymbol{k}|<k_c$ 的部分(图 4.7(a))为

$$\begin{aligned}\overline{\overline{u}_k\,\overline{u}_l}&=\sum_{\boldsymbol{k}',\boldsymbol{k}''}\delta_{\boldsymbol{k},\boldsymbol{k}'+\boldsymbol{k}''}H(k_c-k)H(k_c-k')H(k_c-k'')\tilde{u}_k(\boldsymbol{k}',t)\tilde{u}_l(\boldsymbol{k}'',t)\\&=\sum_{\boldsymbol{k}',\boldsymbol{k}''}\delta_{\boldsymbol{k},\boldsymbol{k}'+\boldsymbol{k}''}H(k_c-k)\,\overline{\tilde{u}_k}(\boldsymbol{k}',t)\,\overline{\tilde{u}_l}(\boldsymbol{k}'',t)\end{aligned}$$

不满足 $|\boldsymbol{k}|<k_c$ 的部分(图 4.7(b))为

$$\overline{u}_k\,\overline{u}_l-\overline{\overline{u}_k\,\overline{u}_l}=-\mathscr{L}_{ij}^0$$

即 Leonard 应力。

对于 $2k_c>|\boldsymbol{k}'|>k_c$,满足 $|\boldsymbol{k}|<k_c$ 的部分(图 4.7(c))为

$$\overline{u_k u_l} = \sum_{\boldsymbol{k}',\boldsymbol{k}''} \delta_{\boldsymbol{k},\boldsymbol{k}'+\boldsymbol{k}''} H(k_c - k) H(k_c - k') \tilde{u}_k(\boldsymbol{k}',t) \tilde{u}_l(\boldsymbol{k}'',t)$$

$$= \sum_{\boldsymbol{k}',\boldsymbol{k}''} \delta_{\boldsymbol{k},\boldsymbol{k}'+\boldsymbol{k}''} H(k_c - k) H(k_c - k') \tilde{u}_k(\boldsymbol{k}',t) \bar{\tilde{u}}(\boldsymbol{k}'',t) +$$

$$\sum_{\boldsymbol{k}',\boldsymbol{k}''} \delta_{\boldsymbol{k},\boldsymbol{k}'+\boldsymbol{k}''} H(k_c - k) H(k_c - k') \tilde{u}_k(\boldsymbol{k}',t) \tilde{u}'_k(\boldsymbol{k}'',t)$$

$$= \overline{\bar{u}_k \bar{u}_l} + \overline{\bar{u}_k u'_l}$$

同样,对于 $2k_c > |\boldsymbol{k}''| > k_c$, 满足 $|\boldsymbol{k}| < k_c$ 的部分为

$$\overline{u_k u_l} = \overline{\bar{u}_k \bar{u}_l} + \overline{u'_k \bar{u}_l}$$

因此,交叉应力描述 $|\boldsymbol{k}'|$ 和 $|\boldsymbol{k}''|$ 中,有一个大于 k_c 时,对 $\overline{u_k u_l}$ 的贡献为

$$\mathcal{C}^0_{kl} = \overline{\bar{u}_k u'_l} + \overline{u'_k \bar{u}_l}$$

对于 $|\boldsymbol{k}'| > k_c$ 和 $|\boldsymbol{k}''| > k_c$,满足 $|\boldsymbol{k}| < k_c$ 的部分(图 4.7(d))为

$$\overline{\tilde{u}_k \tilde{u}_l} = \overline{\tilde{u}_k \tilde{u}_l} + \overline{\tilde{u}'_k \tilde{u}'_l}$$

因此,亚格子雷诺应力描述 $|\boldsymbol{k}'|$ 和 $|\boldsymbol{k}''|$ 同时大于 k_c 时,对 $\overline{u_k u_l}$ 的贡献为

$$\mathcal{R}^0_{ij} = \overline{u'_i u'_j}$$

因此,对于低通滤波,根据式(4.68),有

$$\tau^R_{ij} = \overline{u_i u_j} - \bar{u}_i \bar{u}_j = \mathcal{L}^0_{ij} + \mathcal{C}^0_{ij} + \mathcal{R}^0_{ij}$$

由于 $\bar{u}_i \bar{u}_j$ 中,包含不满足 $|\boldsymbol{k}| < k_c$ 的部分,即$\mathcal{L}^0_{ij}$,故剩余应力 τ^R_{ij} 不满足低通滤波要求。

如果剩余应力按式(4.72)分解,由式(4.73),得

$$\tau^\kappa_{ij} = \overline{u_i u_j} - \overline{\bar{u}_i \bar{u}_j} = \mathcal{C}^0_{ij} + \mathcal{R}^0_{ij}$$

此时,剩余应力满足低通滤波要求。

根据以上分析,式(4.79)可写成

$$\left(\frac{\mathrm{d}}{\mathrm{d}t} + \nu \boldsymbol{k}^2\right) \bar{\tilde{u}}_j(\boldsymbol{k},t) = F_j^<(\boldsymbol{k},t) + F_j^>(\boldsymbol{k},t) \tag{4.80}$$

其中, $F_j^<(\boldsymbol{k},t)$ 来源于可解部分的作用,即图 4.7(a),

$$F_j^<(\boldsymbol{k},t) = -\mathrm{i}k_l P_{jk}(\boldsymbol{k}) \sum_{\boldsymbol{k}',\boldsymbol{k}''} \delta_{\boldsymbol{k},\boldsymbol{k}'+\boldsymbol{k}''} \bar{\tilde{u}}_k(\boldsymbol{k}') \bar{\tilde{u}}_l(\boldsymbol{k}'')$$

$F_j^>(\boldsymbol{k},t)$ 来源于不可解的部分的作用,即图 4.7(c)和(d),

$$F_j^>(\boldsymbol{k},t) = -\mathrm{i}k_l P_{jk}(\boldsymbol{k}) \sum_{\max(\boldsymbol{k}',\boldsymbol{k}'') \geqslant k_c} \delta_{\boldsymbol{k},\boldsymbol{k}'+\boldsymbol{k}''} H(k_c - |\boldsymbol{k}|) \tilde{u}_k(\boldsymbol{k}') \tilde{u}_l(\boldsymbol{k}'')$$

该部分需要模化。

2. 谱涡黏格式

动能谱

$$\breve{E}(\boldsymbol{k},t)=\frac{1}{2}\tilde{\tilde{u}}_j^*(\boldsymbol{k},t)\,\tilde{\tilde{u}}_j(\boldsymbol{k},t)$$

上标“*”表示共轭复数。由式(4.80),得

$$\frac{\mathrm{d}\breve{E}}{\mathrm{d}t}=-2\nu\boldsymbol{k}^2\breve{E}+T_f+T_r \tag{4.81}$$

其中,$T_f=\frac{1}{2}(\tilde{\tilde{u}}_j^*F_j^<+\tilde{\tilde{u}}_jF_j^{<*})$,$T_r=\frac{1}{2}(\tilde{\tilde{u}}_j^*F_j^>+\tilde{\tilde{u}}_jF_j^{>*})$ 。该式右端,第一项为分子耗散项。第二项为图4.7(a)所示的相互作用导致不同尺度间的能量传递速率,为可解部分。

由能量守恒,有

$$\sum_{\boldsymbol{k}}T_f(\boldsymbol{k},t)=0$$

式(4.81)右端第三项为图4.6(c)和(d)所示的相互作用中,从小尺度剩余流场获得能量的速率。故传输给剩余流场的能量速率为

$$\langle\mathscr{P}_r\rangle=-\langle\sum_kT_r(\boldsymbol{k},t)\rangle$$

方程(4.81)中,$\boldsymbol{F}^>(\boldsymbol{k},t)$ 需要模化。

基于谱涡黏格式

$$\boldsymbol{F}^>(\boldsymbol{k},t)=-\nu_ek^2\tilde{\tilde{\boldsymbol{u}}}(\boldsymbol{k},t) \tag{4.82}$$

式中:ν_e 为谱黏度,可写成

$$\nu_e=\nu_e^+\sqrt{\frac{\widetilde{E}(k_c,t)}{k_c}}$$

式中:$\widetilde{E}(k_c,t)$ 为能谱分布函数;$\nu_e^+=C^{-3/2}\left[0.441+15.2\exp(-3.03\frac{k_c}{k})\right]$;$k_c$ 为截断波数。

4.4 PDF 模式

随机现象可用概率密度分布函数(PDF)描述,寻求湍流 PDF 是处理湍流的有效方法之一。PDF 可从传输方程中求得,但方程中存在不可解项,模化后才能封闭。此外,传输方程是高维数方程,即便可解,计算量也极大。

4.4.1 PDF 方程[9,16,17]

随机现象有时需用多个随机变量描述(即用矢量形式的随机量来描述),例如分子运动需三个速度分量。

设随机变量 $\boldsymbol{u}=\{u_1,u_2\}$,对应样本空间变量 $\boldsymbol{V}=\{V_1,V_2\}$,于是

$$P_{12}(V_1,V_2)=p_{\text{prob}}\{u_1<V_1,u_2<V_2\}$$

$$\mathscr{P}_{12}(V_1,V_2)=\frac{\partial P_{12}}{\partial V_1\partial V_2} \tag{4.83}$$

称 $\mathscr{P}_{12}(V_1,V_2)$ 为关联 PDF。

由于 $\{u_1<\infty\}$ 是确定的,故

$$P_{12}(\infty,V_2)=p_{\text{prob}}\{u_1<\infty,u_2<V_2\}=p_{\text{prob}}\{u_2<V_2\}=P_2(V_2)$$

或

$$\mathscr{P}_2(V_2)=\mathscr{P}_{12}(\infty,V_2) \tag{4.84}$$

称为边缘 PDF(Marginal PDF)。

同样

$$\mathscr{P}_1(V_1)=\mathscr{P}_{12}(V_1,\infty)$$

对任意指定的 V_1,有

$$\mathscr{P}_{2|1}(V_2\mid V_1)=\mathscr{P}_{12}(V_1,V_2)/\mathscr{P}_1(V_1) \tag{4.85}$$

称为条件 PDF(Conditional PDF)。

同样

$$\mathscr{P}_{1|2}(V_1\mid V_2)=\mathscr{P}_{12}(V_1,V_2)/\mathscr{P}_2(V_2) \tag{4.86}$$

此式说明,含有两个随机变量的关联 PDF,可以写成一个变量的条件 PDF 与另一变量的边缘 PDF 的乘积,称为贝叶斯原理。

随机事件 u_1 和 u_2 相互独立时,有

$$\mathscr{P}_{1|2}(V_1\mid V_2)=\mathscr{P}_1(V_1)\ \text{或}\ \mathscr{P}_{12}(V_1,V_2)=\mathscr{P}_1(V_1)\mathscr{P}_2(V_2) \tag{4.87}$$

欧拉坐标中,流动可用速度场 $\boldsymbol{u}(\boldsymbol{x},t)$ 和标量场 $\boldsymbol{\phi}(\boldsymbol{x},t)$ (如温度场等)描述,都是空间变量 $\boldsymbol{x}$ 和时间变量 t 的函数。对于湍流,这些物理量皆为随机变量。

随机变量 $\boldsymbol{u}(\boldsymbol{x},t)$ 的(同一时间,同一地点的)交叉相关概率为

$$\boldsymbol{P}(V,\boldsymbol{x},t)=P_{\text{prob}}\{u(\boldsymbol{x},t)<V\}$$

PDF 为

$$f(V;\boldsymbol{x},t)=\frac{\partial P(V,\boldsymbol{x},t)}{\partial V}$$

它是试样空间变量 $\boldsymbol{V}$ (括号内,分号左侧)的分布密度,同时,也是时空变量 $\boldsymbol{x}$ 和 t (括号内,分号右侧)的函数。

对于反应系统(参见第 5 章),各组分的质量分数为一组标量,组成标量矢量 $\boldsymbol{\phi}(\boldsymbol{x},t)$,称为反应标量矢量。速度场和标量场的关联 PDF 为

$$f_{u\phi}(\boldsymbol{V},\boldsymbol{\Psi};\boldsymbol{x},t)$$

其中, $\boldsymbol{V}$ 和 $\boldsymbol{\Psi}$ 分别为随机变量 $\boldsymbol{u}(\boldsymbol{x},t)$ 和 $\boldsymbol{\phi}(\boldsymbol{x},t)$ 的试样空间变量,则

$$\bar{\boldsymbol{u}}(\boldsymbol{x},t)=\langle\boldsymbol{u}(\boldsymbol{x},t)\rangle=\int\boldsymbol{V}f(\boldsymbol{V};\boldsymbol{x},t)\,\mathrm{d}\boldsymbol{V} \tag{4.88}$$

其中 $f(\boldsymbol{V};\boldsymbol{x},t)=\int_{-\infty}^{\infty}f_{u\phi}(\boldsymbol{V},\boldsymbol{\Psi};\boldsymbol{x},t)\,\mathrm{d}\boldsymbol{\Psi}$ 为边缘 PDF。

同样

$$\bar{\theta}=\langle\phi(\boldsymbol{x},t)\rangle=\int\boldsymbol{\Psi}f_{u\phi}(\boldsymbol{V},\boldsymbol{\Psi};\boldsymbol{x},t)\,\mathrm{d}\boldsymbol{\Psi}\mathrm{d}\boldsymbol{N}=\int\langle\boldsymbol{\Psi}\mid\boldsymbol{V}\rangle f(\boldsymbol{V};x,t)\,\mathrm{d}\boldsymbol{N} \tag{4.89}$$

其中 $\langle\boldsymbol{\phi}\mid\boldsymbol{V}\rangle=\langle\boldsymbol{\phi}(x,t)\rangle\mid\boldsymbol{u}(x,t)=\boldsymbol{V}\rangle=\int\boldsymbol{\Psi}f_{\phi|u}(\boldsymbol{\Psi}\mid V;x,t)\,\mathrm{d}\boldsymbol{\Psi}$

$f_{\phi|u}(\boldsymbol{\Psi}\mid\boldsymbol{V};\boldsymbol{x},t)$ 为条件 PDF。

或写成

$$\bar{\theta}=\langle\phi(\boldsymbol{x},t)\rangle=\int\boldsymbol{\Psi}f(\boldsymbol{\Psi};\boldsymbol{x},t)\,\mathrm{d}\boldsymbol{\Psi} \tag{4.90}$$

其中 $f(\boldsymbol{\Psi};\boldsymbol{x},t)=\int_{-\infty}^{\infty}f_{u\phi}(\boldsymbol{V},\boldsymbol{\Psi};\boldsymbol{x},t)\,\mathrm{d}\boldsymbol{V}$ 为边缘 PDF。

引入精细 PDF(Fine-Grained PDF),定义为具有筛选功能的 δ 函数,则

$$f'(V;x,t)=\delta(u(x,t)-V)=\prod_{i=1}^{3}\delta(u_i(x,t)-V_i) \tag{4.91}$$

此时,随机变量实际是确定值,出现概率为 1。

根据平均值定义和 δ 函数的筛选功能

$$\langle f'(V;x,t)\rangle=\int\delta(V'-V)f(V';x,t)\,\mathrm{d}V'=f(V;x,t) \tag{4.92}$$

同样

$$\begin{aligned}\langle\phi(x,t)f'(V;x,t)\rangle&=\langle\phi(x,t)\delta[u(x,t)-V]\rangle\\&=\int\boldsymbol{\Psi}\delta(V'-V)f_{u\phi}(V',\boldsymbol{\Psi};x,t)\,\mathrm{d}V'\mathrm{d}\boldsymbol{\Psi}\\&=\int\boldsymbol{\Psi}f_{u\phi}(V,\boldsymbol{\Psi}:x,t)\,\mathrm{d}\boldsymbol{\Psi}\end{aligned}$$

由式(4.86),即贝叶斯原理,有

$$\begin{aligned}&\int\boldsymbol{\Psi}f_{U\phi}(V,\boldsymbol{\Psi}:x,t)\,\mathrm{d}\boldsymbol{\Psi}\\&=f(V;x,t)\int\boldsymbol{\Psi}f_{\phi|U}(\boldsymbol{\Psi}\mid V;x,t)\,\mathrm{d}\boldsymbol{\Psi}=f(V;x,t)\langle\phi(x,t)\rangle\mid U(x,t)=V>\end{aligned}$$

故

$$\langle\phi(x,t)f'(V;x,t)\rangle=\langle\phi(x,t)\mid u(x,t)=V\rangle f(V;x,t) \tag{4.93}$$

用 $\delta^{(1)}(\nu-a)$ 表示 δ 函数的微分,即

$$\delta^{(1)}(\nu-a)=\frac{\mathrm{d}}{\mathrm{d}\nu}\delta(\nu-a)$$

有

$$\delta^{(1)}(\nu-a)=-\delta^{(1)}(a-\nu)$$

当 $f'_u(\nu;t)=\delta(u(t)-\nu)$,微分后得

$$\begin{aligned}\frac{\partial}{\partial t}f'_u(\nu;t)&=\delta^{(1)}(u(t)-\nu)\frac{\mathrm{d}u(t)}{\mathrm{d}t}=-\delta^{(1)}(\nu-u(t))\frac{\mathrm{d}u(t)}{\mathrm{d}t}\\&=-\frac{\partial f'_u(\nu;t)}{\partial\nu}\frac{\mathrm{d}u(t)}{\mathrm{d}t}=-\frac{\partial}{\partial\nu}\left[f'_u(\nu;t)\frac{\mathrm{d}u(t)}{\mathrm{d}t}\right]\end{aligned} \tag{4.94}$$

于是,有微分公式

$$\frac{\partial f'(V;x,t)}{\partial t}=-\frac{\partial}{\partial V_i}\left[f'(V;x,t)\frac{\partial u_i(x,t)}{\partial t}\right] \tag{4.95}$$

$$\frac{\partial f'(V;x,t)}{\partial x_i} = -\frac{\partial}{\partial V_j}\left[f'(V;x,t)\frac{\partial u_j(x,t)}{\partial x_i}\right] \tag{4.96}$$

由于 δ 函数满足

$$f(x)\delta(x-a) = f(a)\delta(x-a)$$

故 $\nabla\cdot u = 0$(不可压缩流)时,有

$$u_i(x,t)\frac{\partial f'(V;x,t)}{\partial x_i} = \frac{\partial}{\partial x_i}[u_i(x,t)f'(V;x,t)] = \frac{\partial}{\partial x_i}[V_i(x,t)f'(V;x,t)] = V_i\frac{\partial f'(V;x,t)}{\partial x_i} \tag{4.97}$$

将式(4.95)~式(4.97)代入物质导数 $\frac{\mathrm{D}}{\mathrm{D}t} = \frac{\partial}{\partial t} + u_i\frac{\partial}{\partial x_i}$ 中,有

$$\frac{\mathrm{D}f'}{\mathrm{D}t} = \frac{\partial f'}{\partial t} + V_i\frac{\partial f'}{\partial x_i} = -\frac{\partial}{\partial V_i}\left(f'\frac{\mathrm{D}u_i}{\mathrm{D}t}\right) \tag{4.98}$$

取平均值,注意到式(4.93),有

$$\frac{\partial f}{\partial t} + V_i\frac{\partial f}{\partial x_i} = -\frac{\partial}{\partial V_i}\left(f\left\langle\frac{\mathrm{D}u_i}{\mathrm{D}t}\mid V\right\rangle\right) \tag{4.99}$$

该方程的独立变量为 x、t 和 V,故维数很高,通常用蒙特卡洛方法求其数值解。

4.4.2 PDF 传输方程

将 N-S 方程(3.50)代入式(4.99),得

$$\frac{\partial f}{\partial t} + V_i\frac{\partial f}{\partial x_i} = -\frac{\partial}{\partial V_i}\left(f\left\langle\nu\nabla^2 u_i - \frac{1}{\rho}\frac{\partial p}{\partial x_i}\mid V\right\rangle\right) \tag{4.100}$$

由于 $p = \langle p\rangle + p'$, 故

$$\left\langle\frac{\partial\langle p\rangle}{\partial x_i}\mid V\right\rangle = \frac{\partial\langle p\rangle}{\partial x_i} + \left\langle\frac{\partial p'}{\partial x_i}\mid V\right\rangle \tag{4.101}$$

因为 $\partial\langle p\rangle/\partial x_i$ 是确定量,与平均或条件平均的算符无关,故

$$\frac{\partial\langle p\rangle}{\partial x_i} = \left\langle\frac{\partial\langle p\rangle}{\partial x_i}\right\rangle = \left\langle\frac{\partial\langle p\rangle}{\partial x_i}\mid V\right\rangle$$

于是,方程(4.100)可写成

$$\frac{\partial f}{\partial t} + V_i\frac{\partial f}{\partial x_i} = \frac{1}{\rho}\frac{\partial\langle p\rangle}{\partial x_i}\frac{\partial f}{\partial V_i} - \frac{\partial}{\partial V_i}\left(f\left\langle\nu\nabla^2 u_i - \frac{1}{\rho}\frac{\partial p'}{\partial x_i}\mid V\right\rangle\right) \tag{4.102}$$

方程右端第二项由黏性项的平均值和压力脉动项的条件平均值组成,此项需要模化。

4.4.3 广义朗之万模型

广义朗之万模型(Generalized Langevin Model,GLM)假设

$$\frac{\partial}{\partial V_i}\left(f\left\langle \nu \nabla^2 u_i - \frac{1}{\rho}\frac{\partial p'}{\partial x_i} \mid V\right\rangle\right) = \frac{\partial}{\partial V_i}(fG_{ij}(V_j - \langle u_j\rangle)) - \frac{1}{2}C_0\varepsilon \frac{\partial^2 f}{\partial V_i \partial V_i} \tag{4.103}$$

方程右端第一项表示漂移对 PDF 的影响,它保持 PDF 的基本形状,使方差呈指数衰减。第二项为扩散项,使 PDF 改变基本形状,趋于正态分布,并使方差增加。其中,二阶张量 $G_{ij}(x,t)$ 为漂移系数,独立于 V,量纲为时间的倒数,即 $1/[T]$。$C_0(x,t)$ 为扩散系数,独立于 V,为无量纲量。

于是,式(4.102)写成

$$\frac{\partial f}{\partial t} + V_i\frac{\partial f}{\partial x_i} - \frac{1}{\rho}\frac{\partial\langle p\rangle}{\partial x_i}\frac{\partial f}{\partial V_i} = -\frac{\partial}{\partial V_i}(fG_{ij}(V_j - \langle u_j\rangle)) + \frac{1}{2}C_0\varepsilon\frac{\partial^2 f}{\partial V_i\partial V_i} \tag{4.104}$$

此为 PDF 传输方程,与朗之万模型直接关联。式中 $G_{ij}(x,t)$ 可用如下方式模化:

方程(4.46)写成

$$\frac{\overline{\mathrm{D}}\langle u_i' u_j'\rangle}{\overline{\mathrm{D}}t} + \frac{\partial}{\partial x_k}\langle u_i' u_j' u_k'\rangle = -\frac{\partial(T_{kij}^{(\nu)} + T_{kij}^{(p)})}{\partial x_k} + \mathscr{P}_{ij} + \mathscr{R}_{ij} - \varepsilon_{ij} \tag{4.105}$$

由式(4.104)推得

$$\frac{\overline{\mathrm{D}}}{\overline{\mathrm{D}}t}\langle u_i' u_j'\rangle + \frac{\partial}{\partial x_k}\langle u_i' u_j' u_k'\rangle = \mathscr{P}_{ij} + G_{ik}\langle u_j' u_k'\rangle + G_{jk}\langle u_i' u_k'\rangle + C_0\varepsilon\delta_{ij} \tag{4.106}$$

比较(4.105)和(4.106)两式,忽略式(4.105)中 $\frac{\partial(T_{kij}^{(\nu)} + T_{kij}^{(p)})}{\partial x_k}$,有

$$\mathscr{R}_{ij} - \varepsilon_{ij} = G_{ik}\langle u_j' u_k'\rangle + G_{jk}\langle u_i' u_k'\rangle + C_0\varepsilon\delta_{ij}$$

当耗散各向同性时,$\varepsilon_{ij} = \frac{2}{3}\varepsilon\delta_{ij}$,于是

$$\mathscr{R}_{ij} = G_{ik}\langle u_j' u_k'\rangle + G_{jk}\langle u_i' u_k'\rangle + \left(\frac{2}{3} + C_0\right)\varepsilon\delta_{ij}$$

由 Ratta 模型,即式(4.58)

$$\mathscr{R}_{ij} = -C_R\varepsilon\left(\langle u_j' u_k'\rangle/k + \frac{2}{3}\delta_{ij}\right)$$

故

$$G_{ij}\langle u_i' u_j'\rangle + \left(1 + \frac{3}{2}C_0\right)\varepsilon = 0 \tag{4.107}$$

其中,$C_R = 1 + \frac{3}{2}C_0$

Haworth 和 Pope 还将张量 $G_{ij}(x,t)$ 模化为雷诺应力和平均速度梯度的线性函数,即

$$G_{ij} = (\alpha_1 \delta_{ij} + \alpha_2 b_{ij})/\tau + H_{ijkl} \frac{\partial \langle u_k \rangle}{\partial x_i} \tag{4.108}$$

其中,四阶张量为

$$H_{ijkl} = \beta_l \delta_{ij} \delta_{kl} + \beta_2 \delta_{ik} \delta_{jl} + \beta_3 \delta_{il} \delta_{jk} + \gamma_1 \delta_{ij} b_{kl} + \gamma_2 \delta_{ik} b_{jl} + \gamma_3 \delta_{il} b_{jk} + \gamma_4 b_{ij} \delta_{kl} + \gamma_5 b_{ik} \delta_{jl} + \gamma_6 b_{il} \delta_{jk}$$

无量纲偏应力张量为 $$b_{ij} = \frac{1}{2} \frac{\langle u_i' u_j' \rangle}{k} - \frac{1}{3} \delta_{ij}$$

$$\alpha_1 = -\left(\frac{1}{2} + \frac{3}{4} C_0\right) - \alpha_2 b_{ij} b_{ji} - \tau\left(\gamma_1 + \beta_2 + \beta_3 + \frac{1}{3}\gamma^*\right) b_{kl} - \tau \gamma^* b_{kl} b_{jl}$$

$$\gamma^* = \gamma_2 + \gamma_3 + \gamma_5 + \gamma_6$$

$$\tau = \frac{k}{\varepsilon}$$

α_2、β 和 γ 皆为常数,分别为:$\alpha_2 = 3.7$,$\beta_1 = -0.2$,$\beta_2 = 0.8$,$\beta_3 = -0.2$,$\gamma_1 = -1.28$,$\gamma_2 = 3.01$,$\gamma_3 = -2.18$,$\gamma_4 = 0.0$,$\gamma_5 = 4.29$,$\gamma_6 = -3.09$。

4.5 小　　结

经典物理中,物体的运动规律是确定的,随机现象是忽略细节造成的。湍流源于流动的失稳,因无法预测流动过程的扰动细节,也无法控制扰动,于是流动呈现随机特性。因此,湍流的随机性是人为的(观察能力所限),而分子运动的随机性是实质性的。

湍流用确定的 N-S 方程描述。给定初始和边界条件,通过数值方法,便可得到方程的解,从而确定流场随时间的变化。但湍流的 N-S 方程不稳定,计算时须随时控制外部扰动,如计算误差等,因此,所需格点数极多。现行计算机通常无法完成相应计算。故除极少数情况外,尚无法进行湍流直接模拟。

无法控制和预言扰动时,湍流是随机现象,可用统计方法来处理,包括统计矩方法和 PDF 方法。基于此,本章对湍流各式处理方法进行了分类和讨论。

也可从另一个角度,理解湍流的处理思路。湍流 N-S 方程失稳源于 *Re* 值过大。如果降低方程的 *Re* 值,或转换方程形式,则可解决湍流求解问题。

湍流的特征长度决定于最大湍涡尺度。各向同性湍流的最大涡位于惯性子区,特征长度较小,*Re* 也较小($Re_\lambda \sim O(10^2)$),故可进行直接模拟(DNS)。而 RANS 和 LES 则先将随机量分解(RANS 采用雷诺分解,LES 采用滤波),再借助模式理论(如涡黏格式),使方程封闭。封闭后的方程仍具 N-S 方程形式,但与分解前相比,湍流黏性的添加,使有效黏性增大,*Re* 值减小。故滤波后的方程是稳定的,可以数值求解。

DNS、LES 和 RANS 具有不同的流场分辨率。分辨率最高的是 DNS。DNS 只适用于均匀各向同性湍流,其湍涡尺度 $l \leqslant l_{EI}$,位于普适平衡的小涡区域,参见图 4.8。该图为波谱分布曲线,其中实线,虚线和点划线分别对应于湍动能,雷诺应力和湍能耗散。由图可见，湍能耗散主要出现在 $l<l_{DI}$ 的耗散区，DNS 的网格步长为 Kolmogorov 尺度 η，故可分辨耗散峰值。

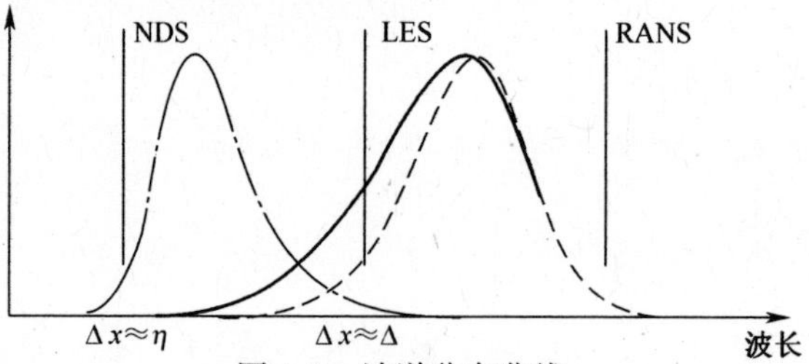

图 4.8　波谱分布曲线

惯性子区的特征可用能量传递率来描述（参见图 4.3(b)），如果该速率可以确定，便可避开各向同性区域的计算。基于该思路，LES 通过滤波，将流场分为大涡部分和亚格子部分（位于惯性子区）。大涡部分可直接计算，小涡则采用亚格子模型。Smagorinsky 模式假设惯性子区中的能量生成率等于大涡区域的能量耗散率，由此可确定过滤尺度，即网格步长 $\boldsymbol{\Delta}$，参见图 4.8。而脉动能和雷诺应力主要来自大尺度湍涡，故 LES 可以分辨脉动能和雷诺应力的峰值。RANS 对所有尺度的涡进行平均，于是，需模化所有尺度脉动产生的雷诺应力。由于雷诺应力主要来自大尺度湍涡，而大尺度湍涡和流动的边界条件密切相关，因此，不存在普适的雷诺应力封闭模型。RANS 的网格尺度大于脉动的含能尺度，或湍流积分尺度，参见图 4.8，故其计算结果只能描述流场的统计平均特性。

转换方程形式可以处理湍流。例如，有限涡元法（可视为一种湍流直接模拟方法），将速度分解为涡流速度，位流速度和膨胀速度，用与位函数相关的泊公方程和拉普拉斯方程替代 N-S 方程。谱方法也是一种湍流直接模拟方法。该方法通过傅里叶变换，将物理空间转换为谱空间，使 N-S 方程转化为常微分方程。PDF 方法是对湍流进行统计处理的理想方法，该方法用 PDF 的传输方程替代 N-S 方程，此时，方程独立变量除时空变量 x 和 t 外，还包括试样空间变量 $\boldsymbol{V}$。

基于不同角度，提出各种解决和讨论湍流问题的思路和方法，使人们对湍流的认知和理解不断深化，但迄今，湍流仍是一个难以解决的课题。

参 考 文 献

[1] Tennckes H,. A first course in turbulence[M]. The MIT Press,1972,86(10):1153-1176.

[2] Jimenez J. An introduction to turbulence[R]. Polaiseau:Ecole Polytechniqe,2002.

[3] Panchev S,Leith C E. Random function and turbulence[J]. American Journal of Physics,1972,23(6):359.

[4] Pathria R K,Paul D. Beale Statistical mechanics[M]. Pittsburgh:Academic Press,2011.

[5] Fan B C,Dong G. Principles of turbulence control[M]. New Jork:Wiley,2016.

[6] 张兆顺,崔桂香,许春晓. 湍流理论与模拟[M]. 北京:清华大学出版社,2005.

[7] 张兆顺. 湍流[M]. 北京:国防工业出版社,2001.

[8] 范宝春,董刚,张辉. 湍流控制原理[M]. 北京:国防工业出版社,2011.
[9] Pope S B. Turbulent Flows[M]. Cambridae:Cambridge University Press,2000.
[10] Batchelor G K. The theory of homogeneous turbulence[M]. Cambridae:Cambridge University Press,1953.
[11] Boyd J P. Chebyshev and Fourier spectral methods[J]. Dover Publication Inc,2001,3(1):1-4.
[12] Canuto C M, Hussaini Y, Quarteroni A. Spectral methods in fluid dynamics[M]. London:Springer-Verlag,1988.
[13] She Z S,Jackson E,Orsag S A. Structure and dynamics of homogeneous turbulence:models and simulations[J]. Proceeding of the Royal Society of London,1991,434:101-124.
[14] Turns S R. An introduction to combustion,concepts and applications[M]. New York:,Mcgraw-Hill Companies,2000.
[15] Schiestel R. Modeling and simulation of turbulent flows[M]. New York:Wiley,2008.
[16] Haworth D C,Pope S B. A generalized Langevin model for turbulent flow[J]. Phys. Fluids,1986,29:387.
[17] 郑楚光,周向阳. 湍流反应流的PDF模拟[M]. 武汉:华中科技大学出版社,2005.

第5章 燃 烧

无化学反应的流体组成不变,质点为定组分热力学体系。反应可导致组分变化,于是质点成为变组分体系。反应流关注三个问题:组分变化速率,组分变化对热力学状态的影响以及组分变化与流动的相互影响,这些内容分别属于反应动力学、反应热力学(或变组分热力学)和反应流体力学。

燃烧是燃料和氧化剂间的化学反应,而火焰是流场中可自持传播的局部燃烧区域。预混火焰分为输运预混火焰和对流预混火焰。前者依靠扩散输运维持火焰传播,可视作黏性反应流;后者依靠对流,可视作无黏反应流。

火焰又称为燃烧波,可以有一定宽度(像等熵波那样),也可视作间断(像激波那样),决定于化学反应速率。对于流场,火焰类似于漏气活塞,借助气体的燃烧膨胀,压缩火焰两侧流场。

5.1 反 应 流

5.1.1 反应动力学[1-4]

1. 总包反应和基元反应

燃烧用总包化学反应方程表示,即

$$F + aO_x \longrightarrow bP_r \tag{5.1}$$

式中:F、O_x 和 P_r 分别表示 1mol 的燃料、氧化剂和燃烧产物;a 和 b 为计量系数,用于保证方程两端的原子数平衡。

此类方程一般不能描述化学反应的实际过程。因为,据此方程,a 个氧化剂分子与一个燃料分子同时碰撞,形成 b 个产物分子,这几乎是不可能的。化学反应,一般由一系列简单的,按特定次序进行的基元反应组成。反应过程称为反应机理,或反应历程。

以氢气-氧气反应为例,总包反应为

$$2H_2 + O_2 \longrightarrow 2H_2O$$

该过程,至少经历如下步骤:

$$H_2 + O_2 \longrightarrow HO_2 + H \tag{5.2}$$

$$H + O_2 \longrightarrow OH + O \tag{5.3}$$

$$OH + H_2 \longrightarrow H_2O + H \tag{5.4}$$

$$H + O_2 + M \longrightarrow HO_2 + M \tag{5.5}$$

值得注意的是,同样一个反应(如上述氢氧反应),反应机理可能仅包括几个基元反应,也可能包括几十甚至几百个基元反应。因此,研究时,需根据实际情形作出合理选择。

基元反应中,会出现含不成对电子的分子或原子,如 HO_2 和 H 等,称作自由基。自由基具有较高的反应活性,极大影响反应速率和历程。

有一种反应,只要开始,便相继发生一系列的连续反应。反应过程中,存在自由基的交替生成和消失,称此为链式反应。许多燃烧过程都存在链式反应。链式反应通常包含三个步骤:①链的激发;②链的分支;③链的终止。

设总包反应为

$$A_2 + B_2 \longrightarrow 2AB$$

其中:链激发反应为

$$A_2 + M \longrightarrow A + A + M$$

链分支反应为

$$A + B_2 \longrightarrow AB + B$$
$$B + A_2 \longrightarrow AB + A$$

链终止反应为

$$A + B + M \longrightarrow AB + M$$

其中,M 为惰性分子。

链激发反应较为困难,因为,A_2 分子的化学键断裂需要一定能量(可以通过 A_2 分子与 M 碰撞获得)。该过程视作燃烧诱导过程。链分支反应是分子与自由基相互作用的交替过程,周期重复进行。此过程,会有更多自由基生成,主宰燃烧进程。自由基与 M 碰撞,因失去能量而成为稳定分子 AB,链被中断,放出大量的热,称为链终止反应。因此,链式反应可将反应过程分成诱导、反应和放热三个步骤,这有利于爆轰精细结构的描述。链分支反应可能导致自由基浓度剧增,从而导致燃烧速率剧增,故链式反应常用来讨论介质的爆炸特性。

2. Arrhenius 定律

方程(5.1)的反应速率,可用燃料消耗率表示,即

$$\dot{\Psi}_F = \frac{d[F]}{dt} = -k(T)[F]^n[O_x]^m \tag{5.6}$$

式中:[ ]表示组分的摩尔浓度。式(5.6)表明,燃料消耗率与各反应物浓度的幂次方成正比。负号表示燃料浓度随时间减少。指数 n 和 m 称为反应级数,对燃料是 n 阶的,对氧化剂是 m 阶的,总反应是 $m+n$ 阶的。对于总包反应,反应级数不一定是整数。式中,比例系数 k 称为反应速率常数,是温度 T 的函数,常用经验的 Arrhenius 公式表示,即

$$k = A\exp(-E_a/RT)$$

式中:E_a 称为活化能,A 称为频率因子。

基元反应大都为双分子反应,即两个分子碰撞后形成另外两个不同的分子:

$$A + B \longrightarrow C + D$$

其反应速率为
$$\dot{\Psi}_A = \frac{d[A]}{dt} = -k[A][B] \tag{5.7}$$

基元反应的级数是整数，双分子基元反应都是二阶的，对于每个反应物是一阶的。

可用分子碰撞理论，讨论反应速率方程(5.7)。单位时间内，一个分子(A 分子)与其他分子(B 分子)的平均碰撞次数称为碰撞频率，记作 Z_c。假设 B 分子不动，A 分子以相对速度 $\boldsymbol{u}_R = \boldsymbol{u}_A - \boldsymbol{u}_B$ 向着 B 分子运动，质心距离为 $r_A + r_B$ 时，(r_A 和 r_B 分别为 A 和 B 的分子半径)，两分子相碰。因此，以 A 分子运动轨迹为轴心，$r_A + r_B$ 为半径的圆柱，位于其间的 B 分子皆会与 A 相碰。故 A 分子与 B 分子的碰撞频率为 $n_B \sigma_{AB} \boldsymbol{u}_R$，其中 n_B 为分子 B 的数密度，$\sigma_{AB} = \pi(r_A + r_B)^2$ 为碰撞面积。

气体分子运动满足麦克斯韦分布

$$f_c^0/n = 4\pi\left(\frac{\mu}{2\pi k_0 T}\right)^{\frac{3}{2}} \boldsymbol{u}_R^2 \exp\left(-\frac{\mu \boldsymbol{u}_R^2}{2k_0 T}\right)$$

注意，与式(1-22)相比，出现如下变化：①脉动速度 $\boldsymbol{C}$ 变为相对速度 $\boldsymbol{u}_R$；②折合质量 μ 代替质量 m，折合质量定义为 $\mu = \dfrac{m_A m_B}{m_A + m_B}$，$m_A$ 和 m_B 分别表示单个 A 分子或 B 分子的质量。

于是，双分子混合气体的平均相对速率为

$$\bar{u}_R = 4\pi\left(\frac{\mu}{2\pi k_0 T}\right)^{3/2} \int_0^{\infty} u_R^3 \exp\left(-\frac{\mu u_R^2}{2k_0 T}\right) du_R = \left(\frac{8k_0 T}{\pi\mu}\right)^{1/2}$$

单位体积内，A 与 B 在单位时间的总碰撞数为

$$Z_c = n_A n_B 4\pi\left(\frac{\mu}{2\pi k_0 T}\right)^{3/2} \int_0^{\infty} \sigma_{AB} u_R^3 \exp\left(-\frac{\mu u_R^2}{2k_0 T}\right) du_R$$

令 $\varepsilon_R = \mu u_R^2/2$，将其代入上式，得

$$Z_c = n_A n_B \frac{1}{(\pi\mu)^{1/2}}\left(\frac{2}{k_0 T}\right)^{3/2} \int_0^{\infty} \sigma_{AB} \varepsilon_R \exp\left(-\frac{\varepsilon_R}{k_0 T}\right) d\varepsilon_R \tag{5.8}$$

不是所有碰撞都能导致化学反应，仅当碰撞能量大于 ε_a 时，才会反应，故式(5.8)的积分下限应为 ε_a。此外，碰撞时，$\boldsymbol{u}_R$ 在 AB 中心连线上的分量 ε_{eff} 才是有效碰撞能量，故积分变量应为 ε_{eff}。碰撞面积 σ_{AB} 也应换成有效碰撞面积 σ_{eff}，两者关系为

$$\sigma_{eff} = \sigma_{AB}\left(1 - \frac{\varepsilon_a}{\varepsilon_{eff}}\right)$$

于是，式(5.8)写成

$$Z_c = n_A n_B \frac{\sigma_{AB}}{(\pi\mu)^{1/2}}\left(\frac{2}{k_0 T}\right)^{3/2} \int_{\varepsilon_a}^{\infty} \left(1 - \frac{\varepsilon_a}{\varepsilon_{eff}}\right) \varepsilon_{eff} \exp\left(-\frac{\varepsilon_{eff}}{k_0 T}\right) d\varepsilon_{eff}$$

$$= n_A n_B \sigma_{AB} \bar{u}_R \exp\left(-\frac{\varepsilon_a}{k_0 T} \right)$$

与式(5.7)相比,有

$$k = AT^b \exp(-E_a/RT) \tag{5.9}$$

其中,$E_a = \mathcal{N}_0 \varepsilon_a$,$\mathcal{N}_0$ 为阿伏伽德罗常数。玻耳兹曼常数 $k_0 = R/A$,R 为气体普适常数。

3. 反应度[1,5,6]

基元反应写成通式

$$\sum_i^N \nu_i' M_i = \sum_i^N \nu_i'' M_i$$

或

$$\sum_i^N \tilde{\nu}_i M_i = 0$$

式中:M_i 表示 1mol 的 i 组分;N 为反应系统的总组分数;ν_i' 和 ν_i'' 为反应物和产物的化学当量系数;$\tilde{\nu}_i = \nu_i'' - \nu_i'$ 称为反应计量系数。

反应导致组分浓度变化,这些变化不是独立的。因为,反应过程中,尽管这些元素包含在不同组分中,但系统所含各元素的质量不变,故

$$\frac{dX_1}{\tilde{v}_1} = \frac{dX_2}{\tilde{\nu}_2} = \cdots = \frac{dX_i}{\tilde{\nu}_i} = d\varepsilon \tag{5.10}$$

或

$$\frac{\dot{\Psi}_i}{\tilde{\nu}_i} = \dot{\varepsilon}$$

式中:X_i 为组分 i 的摩尔浓度;$\dot{\Psi}_i$ 为基于质量的化学反应速率;ε 为基于摩尔的化学反应度。

根据质量守恒,有

$$\sum_i^N \nu_i' W_i = \sum_i^N \nu_i'' W_i = W$$

或

$$\sum_i^N \frac{\nu_i' W_i}{W} = \sum_i^N \frac{\nu'' W_i}{W}$$

式中:W_i 为 i 组分的分子量。

于是

$$\sum_i^N \gamma_i \{M_i\} = 0$$

称为基于质量的化学反应方程。式中:$\{M_i\}$ 表示单位质量的组分 i;$\gamma_i = \frac{\tilde{v}_i W_i}{W}$。

例如,基于摩尔的化学反应方程式

$$H + OH \longrightarrow H_2 + O$$

写成基于质量的化学反应方程式

$$\frac{1}{18}\{\mathrm{H}\} + \frac{17}{18}\{\mathrm{OH}\} \longrightarrow \frac{1}{9}\{\mathrm{H}_2\} + \frac{8}{9}\{\mathrm{O}\}$$

同样,基于质量的化学反应度定义为

$$\frac{\mathrm{d}\rho Y_1}{\gamma_1} = \frac{\mathrm{d}\rho Y_2}{\gamma_2} = \cdots = \frac{\mathrm{d}\rho Y_i}{\gamma_i} = \mathrm{d}\lambda \tag{5.11}$$

式中: Y_i 为组分 i 的质量分数。令 $\rho_i = \rho Y_i = W_i X_i$, 为组分 i 的浓度,于是

$$\dot{\lambda} = \frac{\dot{\omega}}{\gamma_i}$$

式中: $\gamma_i = \frac{\widetilde{\nu}_i W_i}{W}$; $\dot{\omega}_i$ 为基于质量浓度的化学反应速率; $\dot{\lambda}$ 为基于质量的化学反应度,于是

$$\dot{\omega}_i = W_i \dot{\Psi}_i \quad 和 \quad \dot{\lambda} = W\dot{\varepsilon}$$

反应系统存在多个基元化学反应时,反应物和产物的化学当量系数为矩阵,对于第 j 个反应,有基元方程

$$\sum_i^N \nu'_{ij} M_i = \sum_i^N \nu''_{ij} M_i \tag{5.12}$$

或

$$\sum_i^N \widetilde{\nu}_{ij} M_i = 0$$

组分 i 在多基元反应系统中的总反应速率为

$$\dot{\Psi}_i = \sum_j \dot{\Psi}_{ij} = \sum_j \widetilde{\nu}_{ij} \dot{\varepsilon}_j = \widetilde{\nu}_i \dot{\varepsilon} \tag{5.13}$$

其中

$$\dot{\Psi}_{ij} = k_{fj} \prod_i [X_i]^{\nu'_{ij}} - k_{rj} \prod_i [X_i]^{\nu''_{ij}}$$

为第 j 个反应的反应速率。k_{fj} 和 k_{rj} 分别表示第 j 个化学反应的正、逆反应的反应速率常数。ν'_{ij} 和 ν''_{ij} 为基元反应的化学当量系数。$\widetilde{\nu}_{ij}$ 为基元反应的反应计量系数, $\widetilde{\nu}_i$ 为总包反应的反应计量系数。

5.1.2 反应热力学 [5-6]

1. 化学位和化学亲合势

反应体系由多种组元组成,组元所占份额用质量分数 Y_i 表示,定义为 $Y_i = m_i/m$, 其中, m 为总质量, m_i 为组元 i 的质量。多组元体系的状态函数 A 可表示为 $A = \sum_i Y_i A_i$,其中 A_i 为组元 i 的状态函数。

反应系统的焓(或内能)涉及到化学能,组元 i 的焓

$$h_i = h_i^0 + \int_{T_{\mathrm{ref}}}^{T} C_{pi} \mathrm{d}T \tag{5.14}$$

式中：h_i^0 为组元 i 的生成焓，与化学键键能有关；C_{pi} 为组元 i 的比定压热容，对于热理想气体，有

$$C_{pi} = \frac{R}{W_i}(a_{1i} + a_{2i}T + a_{3i}T^2 + a_{4i}T^3 + a_{5i}T^4)$$

故
$$h_i = \frac{R}{W_i}T\left(a_{1i} + \frac{a_{2i}}{2}T + \frac{a_{3i}}{3}T^2 + \frac{a_{4i}}{4}T^3 + \frac{a_{5i}}{5}T^4 + \frac{a_{6i}}{T}\right)$$

其中，$a_{6i} = \frac{W_i}{R}h_i^0$，常数 a_i 可从相关数据表中获得。

反应系统的内能为
$$e = \sum_i Y_i h_i - p/\rho \tag{5.15}$$

简单热力学平衡体系（无反应，无相变），两个状态函数可确定体系状态。但反应体系，需添加变量 Y_i（可写成矢量 $\boldsymbol{Y}$），以描述反应导致的组元变化。

于是
$$e = e(s, v, \boldsymbol{Y})$$
$$g = g(T, p, \boldsymbol{Y})$$
$$f = f(T, \nu, \boldsymbol{Y})$$
$$h = h(s, p, \boldsymbol{Y})$$

对诸式微分，并利用热力学关系式(1.26)，有

$$\mathrm{d}e = T\mathrm{d}s - p\mathrm{d}\nu + \sum_i \left(\frac{\partial e}{\partial Y_i}\right)_{s,\nu,Y_j(j\neq i)} \mathrm{d}Y_i$$

可以证明
$$\left(\frac{\partial e}{\partial Y_i}\right)_{s,\nu,Y_j(j\neq i)} = \left(\frac{\partial G}{\partial Y_i}\right)_{T,p,Y_j(j\neq i)} = \left(\frac{\partial F}{\partial Y_i}\right)_{T,\nu,Y_j(j\neq i)} = \left(\frac{\partial H}{\partial Y_i}\right)_{s,p,Y_j(j\neq i)} = \boldsymbol{\mu}_i$$

其中，$\boldsymbol{\mu}_i$ 称为化学位。于是

$$\mathrm{d}e = T\mathrm{d}s - p\mathrm{d}\nu + \sum_i \boldsymbol{\mu}_i \mathrm{d}Y_i$$

$$\mathrm{d}g = -s\mathrm{d}T + \nu\mathrm{d}p + \sum_i \boldsymbol{\mu}_i \mathrm{d}Y_i$$

$$\mathrm{d}f = -s\mathrm{d}T - p\mathrm{d}\nu + \sum_i \boldsymbol{\mu}_i \mathrm{d}Y_i$$

$$\mathrm{d}h = T\mathrm{d}s + \nu\mathrm{d}p + \sum_i \boldsymbol{\mu}_i \mathrm{d}Y_i$$

如果系统仅一个化学反应，定义 $A_i = -\sum \gamma_i \boldsymbol{\mu}_i$，称为化学亲合势，于是

$$\sum_i \boldsymbol{\mu}_i \mathrm{d}Y_i = -A\mathrm{d}\boldsymbol{\lambda}$$

其中 $A = \sum_i A_i$，$\mathrm{d}\boldsymbol{\lambda} = \frac{\mathrm{d}Y_i}{\gamma_i}$。

如果存在多个独立化学反应，$\boldsymbol{A}$ 与 $\boldsymbol{\lambda}$ 皆为矢量，则

$$\mathrm{d}e = T\mathrm{d}s - p\mathrm{d}\nu - \boldsymbol{A}\cdot\mathrm{d}\boldsymbol{\lambda} \tag{5.16}$$
$$\mathrm{d}g = -s\mathrm{d}T + \nu\mathrm{d}p - \boldsymbol{A}\cdot\mathrm{d}\boldsymbol{\lambda} \tag{5.17}$$
$$\mathrm{d}f = -s\mathrm{d}T - p\mathrm{d}\nu - \boldsymbol{A}\cdot\mathrm{d}\boldsymbol{\lambda} \tag{5.18}$$

$$\mathrm{d}h = T\mathrm{d}s + v\mathrm{d}p - \boldsymbol{A} \cdot \mathrm{d}\boldsymbol{\lambda} \tag{5.19}$$

由上述诸式,有 $$\boldsymbol{A} = -\left(\frac{\partial e}{\partial \boldsymbol{\lambda}}\right)_{s,v} = -\left(\frac{\partial g}{\partial \boldsymbol{\lambda}}\right)_{T,p} = -\left(\frac{\partial f}{\partial \boldsymbol{\lambda}}\right)_{T,v} = -\left(\frac{\partial h}{\partial \boldsymbol{\lambda}}\right)_{s,p}$$

简记为 $$\boldsymbol{A} = -e_{\boldsymbol{\lambda}} = -g_{\boldsymbol{\lambda}} = -f_{\boldsymbol{\lambda}} = -h_{\boldsymbol{\lambda}} \tag{5.20}$$

如果化学反应可在正、反两个方向进行,即反应物生成产物的同时,产物可重新生成反应物,此类反应称为可逆反应。可逆反应的最终状态为化学平衡态。此时,反应仍在进行,但正、逆反应速率相同,故体系组成不变。定压定温条件下,化学平衡时 $\mathrm{d}g=0$,根据式(5.17),即 $A_i=0$。故 A_i 的大小反映反应偏离平衡的程度。

2. 平衡声速和冻结声速

对于低频扰动,系统状态变化时,化学反应随之变化,但始终处于平衡态,故状态变化伴随化学平衡漂移,有

$$a_{\mathrm{e}}^2 = \left(\frac{\partial p}{\partial \rho}\right)_{s,\boldsymbol{A}=0} \quad 或 \quad -\rho^2 a_{\mathrm{e}}^2 = \left(\frac{\partial p}{\partial v}\right)_{s,\boldsymbol{A}=0}$$

称 a_{e} 为平衡声速。

反之,对于高频扰动,系统状态变化所需时间远小于反应达到平衡所需时间,因此,系统状态变化瞬间,反应状态被冻结,有

$$a_{\mathrm{f}}^2 = \left(\frac{\partial p}{\partial \rho}\right)_{s,\lambda} \quad 或 \quad -\rho^2 a_{\mathrm{f}}^2 = \left(\frac{\partial p}{\partial v}\right)_{s,\lambda}$$

称 a_{f} 为冻结声速。

由 $p=p(s,v,\boldsymbol{\lambda})$,得

$$\left(\frac{\partial p}{\partial v}\right)_{s,\lambda} = -\left(\frac{\partial s}{\partial v}\right)_{p,\lambda} \Bigg/ \left(\frac{\partial s}{\partial p}\right)_{v,\lambda}$$

即

$$\rho^2 a_{\mathrm{f}}^2 = \left(\frac{\partial s}{\partial v}\right)_{p,\lambda} \Bigg/ \left(\frac{\partial s}{\partial p}\right)_{v,\lambda} \tag{5.21}$$

由式(5.16)和式(5.19),得

$$\left(\frac{\partial e}{\partial p}\right)_{v,\lambda} = T\left(\frac{\partial s}{\partial p}\right)_{v,\lambda} \quad 和 \quad \left(\frac{\partial h}{\partial v}\right)_{p,\lambda} = T\left(\frac{\partial s}{\partial v}\right)_{p,\lambda}$$

故

$$\rho^2 a_{\mathrm{f}}^2 = \left(\frac{\partial h}{\partial v}\right)_{p,\lambda} \Bigg/ \left(\frac{\partial e}{\partial p}\right)_{v,\lambda} \tag{5.22}$$

因为

$$\left(\frac{\partial h}{\partial v}\right)_{p,\lambda} = \left(\frac{\partial h}{\partial T}\right)_{p,\lambda}\left(\frac{\partial s}{\partial v}\right)_{p,\lambda} = \left(\frac{C_{p\mathrm{f}}\rho}{\alpha_{\mathrm{f}}}\right)$$

式中:$C_{p\mathrm{f}}$ 为比定压热容;$\alpha_{\mathrm{f}} = \rho\left(\frac{\partial v}{\partial T}\right)_{p,\lambda}$ 为膨胀系数。故式(5.21)写成

$$\rho^2 a_{\mathrm{f}}^2 = \left(\frac{\rho C_{p\mathrm{f}}}{\alpha_{\mathrm{f}}}\right) \Bigg/ \left(\frac{\partial e}{\partial p}\right)_{v,\lambda} \tag{5.23}$$

根据 h 定义，有

$$\left(\frac{\partial e}{\partial p}\right)_{\nu,\lambda} = \left(\frac{\partial h}{\partial p}\right)_{\nu,\lambda} - \nu \quad 和 \quad \left(\frac{\partial h}{\partial \nu}\right)_{p,\lambda} = \left(\frac{\partial e}{\partial \nu}\right)_{p,\lambda} + p$$

将上式代入式(5.22)，得

$$\rho^2 a_{\mathrm{f}}^2 = \left(\frac{\partial h}{\partial \nu}\right)_{p,\boldsymbol{\lambda}} \Big/ \left[\left(\frac{\partial h}{\partial p}\right)_{\nu,\lambda} - \nu\right] = \left[p + \left(\frac{\partial e}{\partial \nu}\right)_{p,\lambda}\right] \Big/ \left(\frac{\partial e}{\partial p}\right)_{\nu,\lambda} = T\left(\frac{\partial s}{\partial \nu}\right)_{p,\lambda} \Big/ \left(\frac{\partial e}{\partial p}\right)_{\nu,\lambda}$$

由于

$$T\left(\frac{\partial s}{\partial \nu}\right)_{p,\lambda} = \left(\frac{\partial h}{\partial \nu}\right)_{p,\lambda} = \frac{\rho C_{\mathrm{pf}}}{\alpha_{\mathrm{f}}}$$

其中 $\alpha_{\mathrm{f}} = \rho\left(\frac{\partial \nu}{\partial T}\right)_{p,\lambda}$ 和 $C_{\mathrm{pf}} = \left(\frac{\partial h}{\partial T}\right)_{p,\lambda}$，故

$$\rho^2 a_{\mathrm{f}}^2 = \left[p + \left(\frac{\partial e}{\partial \nu}\right)_{p,\lambda}\right] \Big/ \left(\frac{\partial e}{\partial p}\right)_{\nu,\lambda} = \frac{\rho C_{\mathrm{pf}}}{\alpha_{\mathrm{f}}\left(\frac{\partial e}{\partial p}\right)_{\nu,\lambda}} \tag{5.24}$$

由 $p = p(s,\nu,\boldsymbol{\lambda}(s,\nu,\boldsymbol{A}))$，有

$$\left(\frac{\partial p}{\partial \nu}\right)_{s,\boldsymbol{A}} = \left(\frac{\partial p}{\partial \nu}\right)_{s,\boldsymbol{\lambda}} + \left(\frac{\partial p}{\partial \boldsymbol{\lambda}}\right)_{s,\nu}\left(\frac{\partial \boldsymbol{\lambda}}{\partial \nu}\right)_{s,\boldsymbol{A}}$$

$\boldsymbol{A} = 0$ 时，有

$$\rho^2 a_{\mathrm{e}}^2 = \rho^2 a_{\mathrm{f}}^2 - \left(\frac{\partial p}{\partial \boldsymbol{\lambda}}\right)_{s,\nu,\boldsymbol{A}=0} \cdot \left(\frac{\partial \boldsymbol{\lambda}}{\partial \nu}\right)_{s,\boldsymbol{A}=0} \tag{5.25}$$

可以证明 $a_{\mathrm{f}} > a_{\mathrm{e}}$，证明如下：

记 $\boldsymbol{A} = \boldsymbol{A}(s,\nu,\boldsymbol{\lambda})$，有

$$\mathrm{d}\boldsymbol{A} = \boldsymbol{A}_s \mathrm{d}s + \boldsymbol{A}_\nu \mathrm{d}\nu - \boldsymbol{\Phi}\mathrm{d}\boldsymbol{\lambda}$$

式中，下标表示对该变量求偏导，如 $\boldsymbol{A}_s = \left(\frac{\partial \boldsymbol{A}}{\partial s}\right)_{\nu,\boldsymbol{\lambda}}$，矩阵 $\boldsymbol{\Phi} = -\left(\frac{\partial \boldsymbol{A}}{\partial \boldsymbol{\lambda}}\right) = e_{\lambda\lambda}$。

上式两端同乘逆矩阵 $\boldsymbol{\Phi}^{-1}$，得

$$\mathrm{d}\boldsymbol{\lambda} = \boldsymbol{\Phi}^{-1} \cdot \boldsymbol{A}_s \mathrm{d}s + \boldsymbol{\Phi}^{-1} \cdot \boldsymbol{A}_\nu \mathrm{d}\nu - \boldsymbol{\Phi}^{-1} \cdot \mathrm{d}\boldsymbol{A} \tag{5.26}$$

由 $\boldsymbol{\lambda} = \boldsymbol{\lambda}(s,\nu,\boldsymbol{A})$，得

$$\mathrm{d}\boldsymbol{\lambda} = \boldsymbol{\lambda}_s \mathrm{d}s + \boldsymbol{\lambda}_\nu \mathrm{d}\nu + \boldsymbol{\lambda}_{\boldsymbol{A}} \cdot \mathrm{d}\boldsymbol{A} \tag{5.27}$$

比较式(5.26)和式(5.27)，得

$$\boldsymbol{\lambda}_\nu = \boldsymbol{\Phi}^{-1} \cdot \boldsymbol{A}_\nu$$

又因

$$\boldsymbol{A}_\nu = -e_{\lambda,\nu} = \left(\frac{\partial p}{\partial \boldsymbol{\lambda}}\right)_{s,\nu}$$

故

$$\boldsymbol{\lambda}_\nu = \boldsymbol{\Phi}^{-1} \cdot \left(\frac{\partial p}{\partial \boldsymbol{\lambda}}\right)_{s,\nu}$$

将上式代入式(5.25)，得

$$\rho^2 a_{\mathrm{e}}^2 = \rho^2 a_{\mathrm{f}}^2 - \left[\left(\frac{\partial p}{\partial \boldsymbol{\lambda}}\right)_{s,\nu} \cdot \boldsymbol{\Phi}^{-1} \cdot \left(\frac{\partial p}{\partial \boldsymbol{\lambda}}\right)_{s,\nu}\right]_{\boldsymbol{A}=0}$$

$\boldsymbol{\Phi}$ 是正定矩阵时，$a_{\mathrm{f}} > a_{\mathrm{e}}$。

将 $e = e(s,\nu,\boldsymbol{\lambda})$ 在平衡位置 $\boldsymbol{A} = 0$ 处展开

$$e(s,\nu,\boldsymbol{\lambda}) = e(s,\nu,\boldsymbol{\lambda}_e) + e_{\lambda|\lambda=\lambda_e}\mathrm{d}\boldsymbol{\lambda} + \frac{1}{2}\mathrm{d}\boldsymbol{\lambda}\cdot e_{\lambda\lambda|\lambda=\lambda_e}\cdot\mathrm{d}\boldsymbol{\lambda}$$

$$= e(s,\nu,\boldsymbol{\lambda}_e) + \frac{1}{2}\mathrm{d}\boldsymbol{\lambda}\cdot\boldsymbol{\Phi}_{\lambda=\lambda_e}\cdot\mathrm{d}\boldsymbol{\lambda}$$

对于等熵等容过程，平衡时，内能取最小值，故 $\mathrm{d}\boldsymbol{\lambda}\cdot\boldsymbol{\Phi}_{\lambda=\lambda_e}\cdot\mathrm{d}\boldsymbol{\lambda} > 0$，$\boldsymbol{\Phi}$ 是正定矩阵。

3. 热性系数和热性

由 $h = h(p,\lambda,T(p,\nu,\boldsymbol{\lambda}))$，得

$$\left(\frac{\partial T}{\partial \boldsymbol{\lambda}_i}\right)_{p,\nu,\lambda_i(j\neq i)} = \frac{q^i_{p,\nu} - q^i_{p,T}}{C_{p\mathrm{f}}} = \frac{q^i_{p,\nu} - q^i_{\nu,T}}{C_{\nu\mathrm{f}}}$$

即

$$\gamma q^i_{T,\nu} = q^i_{T,p} + (\gamma - 1)q^i_{\nu,p}$$

其中，$\gamma = C_{p\mathrm{f}}/C_{\nu\mathrm{f}}$，$q^i_{T,\nu} = \left(\frac{\partial e}{\partial \boldsymbol{\lambda}_i}\right)_{T,\nu,\lambda_j(j\neq i)}$ 表示等温等容过程，第 i 个化学反应释放的化学能；$q^i_{T,p} = \left(\frac{\partial h}{\partial \boldsymbol{\lambda}_i}\right)_{T,p,\lambda_j(j\neq i)}$ 表示等温等压过程，第 i 个化学反应释放的化学能；$q^i_{\nu,p} = \left(\frac{\partial e}{\partial \boldsymbol{\lambda}_i}\right)_{\nu,p,\lambda_j(j\neq i)} = \left(\frac{\partial h}{\partial \boldsymbol{\lambda}_i}\right)_{\nu,p,\lambda_j(j\neq i)}$ 表示等容等压过程，第 i 个化学反应释放的化学能。

引进无量纲量

$$\sigma_i = -\frac{\alpha_{\mathrm{f}}}{C_{p\mathrm{f}}}q^i_{p,\nu} = -\frac{\alpha_{\mathrm{f}}}{C_{p\mathrm{f}}}\left(\frac{\partial e}{\partial \boldsymbol{\lambda}_i}\right)_{\nu,p,\lambda_j(j\neq i)}$$

或写成矢量形式

$$\boldsymbol{\sigma} = -\frac{\alpha_{\mathrm{f}}}{C_{p\mathrm{f}}}\left(\frac{\partial e}{\partial \boldsymbol{\lambda}}\right)_{\nu,p}$$

称为热性系数。

根据定义式 $\alpha_{\mathrm{f}} = \rho\left(\frac{\partial \nu}{\partial T}\right)_{p,\lambda}$ 和 $C_{p\mathrm{f}} = \left(\frac{\partial h}{\partial T}\right)_{p,\lambda}$，有

$$\boldsymbol{\sigma} = -\frac{\rho\left(\frac{\partial e}{\partial \boldsymbol{\lambda}}\right)_{\nu,p}}{\left(\frac{\partial h}{\partial \nu}\right)_{p,\lambda}} \tag{5.28}$$

由于

$$\left(\frac{\partial h}{\partial \boldsymbol{\lambda}}\right)_{p,\nu} = \left(\frac{\partial e}{\partial \boldsymbol{\lambda}}\right)_{p,\nu} \text{ 和 } \left(\frac{\partial \nu}{\partial \boldsymbol{\lambda}}\right)_{p,h} = -\left(\frac{\partial h}{\partial \boldsymbol{\lambda}}\right)_{p,\nu}\bigg/\left(\frac{\partial h}{\partial \nu}\right)_{p,\lambda}$$

式(5.28)写成

$$\boldsymbol{\sigma} = \rho\left(\frac{\partial \nu}{\partial \boldsymbol{\lambda}}\right)_{p,h} \tag{5.29}$$

由 $\boldsymbol{\nu}=\nu(p,\boldsymbol{\lambda},T(p,h,\boldsymbol{\lambda}))$，得

$$\left(\frac{\partial\boldsymbol{\nu}}{\partial\boldsymbol{\lambda}}\right)_{h,p}=\left(\frac{\partial\boldsymbol{\nu}}{\partial\boldsymbol{\lambda}}\right)_{T,p}-\frac{\alpha_{\mathrm{f}}}{\rho C_{p\mathrm{f}}}\left(\frac{\partial h}{\partial\boldsymbol{\lambda}}\right)_{T,p}$$

故式(5.29)可写成

$$\boldsymbol{\sigma}=\left(\frac{\partial\ln\nu}{\partial\boldsymbol{\lambda}}\right)_{T,p}-\frac{\alpha_{\mathrm{f}}}{C_{p\mathrm{f}}}\boldsymbol{q}_{T,p}\tag{5.30}$$

显然，式(5.30) $\boldsymbol{\sigma}$ 由两项组成，第一项 $\left(\frac{\partial\ln\nu}{\partial\boldsymbol{\lambda}}\right)_{T,p}$ 表示等温等压下，反应导致的组分变化引起的体积变化。对于理想气体，此项写成 $\left(\frac{\partial\ln n}{\partial\boldsymbol{\lambda}}\right)_{T,p}$，$n$ 为摩尔数。对于摩尔数增加的反应，此项为正，体积膨胀；摩尔数减少的反应，此项为负，体积收缩。第二项 $\frac{\alpha_{\mathrm{f}}}{C_{p\mathrm{f}}}\boldsymbol{q}_{T,p}$ 表示等温等压下，反应热效应引起的体积变化，其正负决定于反应热 $\boldsymbol{q}_{T,p}$。放热反应，$\boldsymbol{q}_{T,p}$ 为负，导致体积膨胀，反之则导致体积收缩。

化学反应体系通过体积膨胀，以对外做机械功的方式，向环境传递化学能。其传递速率用热性 Σ 表示，定义为

$$\Sigma=\boldsymbol{\sigma}\cdot\dot{\boldsymbol{\lambda}}=\Sigma\sigma_i\dot{\lambda}_i$$

反应停止时，即 $\dot{\lambda}=0$，故 $\Sigma=0$，不对外做功。反应进行时，即 $\dot{\boldsymbol{\lambda}}\neq\boldsymbol{0}$，如果 $\boldsymbol{\sigma}=0$，仍有 $\Sigma=0$，体系也不对外做功。仅当 $\dot{\boldsymbol{\lambda}}\neq 0$ 和 $\boldsymbol{\sigma}\neq 0$ 时，反应体系才以做功方式，对外传递反应能量。

5.1.3 反应流守恒方程[4,7-10]

考虑双组分(A 和 B)混合气体，设 A 分子和 B 分子大小相同，质量相同，且满足麦克斯韦速率分布。于是，组分 A 的平均速率为 $\bar{\nu}=\left(\frac{8k_0T}{\pi m_{\mathrm{A}}}\right)$，$m_{\mathrm{A}}$ 为 A 分子质量。单位面积的 A 分子碰撞频率为 $Z_{\mathrm{A}}=\frac{1}{4}\bar{\nu}n_{\mathrm{A}}$，其中 n_{A} 为组分 A 分子的数密度。A 分子通过该面积的流量 $\dot{m}_{\mathrm{A}}=\frac{1}{4}\bar{\nu}n_{\mathrm{A}}m=\frac{1}{4}\bar{\nu}\rho Y_{\mathrm{A}}$。

连续两次碰撞间，分子的运动路程称为自由程。平均自由程为 $\bar{\lambda}=\frac{\bar{\nu}}{Z_c}=\frac{1}{\sqrt{2}\pi d^2n}$，其中 n 为分子数密度，Z_c 为 A 分子与其他运动分子的碰撞频率，有 $Z_c=\sqrt{2}\pi d^2\bar{\nu}n$；$d$ 为分子直径。如图 5.1 所示，前一次碰撞平面与下次碰撞平面的平均间距 $a=2\bar{\lambda}/3$。

设 x_i 方向上，混合气体浓度(质量分数)分布不均匀，自由程在其间线性分

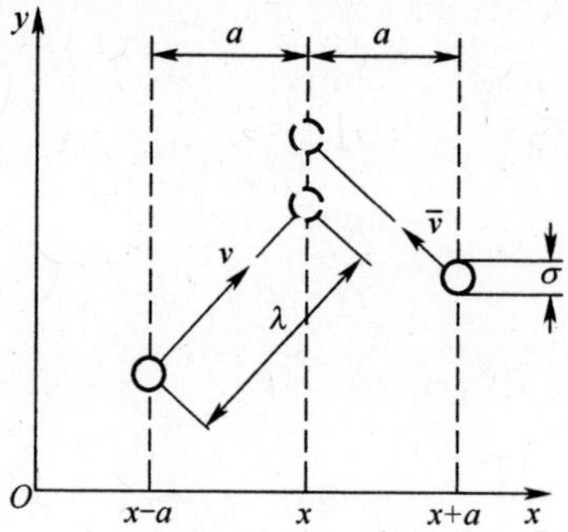

图 5.1　分子扩散

布,即

$$\frac{dY_A}{dx_i}=\frac{Y_{A,x+a}-Y_{A,x-a}}{2a}=\frac{Y_{A,x+a}-Y_{A,x-a}}{4\bar{\lambda}/3}$$

于是,A 分子在 x_i 平面的净流量为

$$\rho_A V_{Ai}=\frac{1}{4}\rho\bar{\nu}(Y_{A,x-a}-Y_{A,x+a})=-\rho\frac{\bar{\nu}\bar{\lambda}dY_A}{dx_i}=-\rho D_{AB}\frac{dY_A}{dx_i}$$

式中:$\boldsymbol{V}_A$ 为扩散速度;D_{AB} 为扩散系数。

故组元 k 的守恒方程为

$$\frac{\partial\rho Y_k}{\partial t}+\nabla\cdot\rho Y_k\boldsymbol{u}_k=\dot{\omega}_k$$

式中:$\dot{\omega}_k$ 为组元 k 的化学反应速率,常采用 Arrhenius 方程。$\boldsymbol{u}_k$ 为组元 k 的平均速度,该速度与流体宏观速度 $\boldsymbol{u}$ 的差,定义为扩散速度 $\boldsymbol{V}_k$,即 $\boldsymbol{u}_k=\boldsymbol{u}+\boldsymbol{V}_k$。于是

$$\frac{\partial\rho Y_k}{\partial t}+\frac{\partial\rho Y_k u_i}{\partial x_i}-\frac{\partial}{\partial x_i}\left(\rho D\frac{\partial Y_k}{\partial x_i}\right)=\dot{\omega}_k \tag{5.31}$$

如果反应系统包含 L 个独立基元反应,有 $\dot{\omega}_k=\sum_j^L\gamma_{kj}\dot{\lambda}_j$,其中 $\dot{\lambda}_j$ 为第 j 个反应的反应度变化率。

因此,反应流(燃烧)的 N-S 方程为

组元守恒方程为
$$\rho\frac{DY_k}{Dt}=\frac{\partial}{\partial x_i}\left(\rho D\frac{\partial Y_k}{\partial x_i}\right)+\dot{\omega}_k$$

或
$$\frac{\partial\rho Y_k}{\partial t}+\frac{\partial(\rho Y_k u_i)}{\partial x_i}=\frac{\partial}{\partial x_i}\left(\rho D\frac{\partial Y_k}{\partial x_i}\right)+\dot{\omega}_k \tag{5.31}$$

质量守恒方程为
$$\frac{\partial\rho}{\partial t}+\frac{\partial\rho u_i}{\partial x_i}=0 \tag{5.32}$$

或
$$\frac{D\rho}{Dt}+\rho\frac{\partial u_i}{\partial x_i}=0$$

动量守恒方程为
$$\frac{\partial \rho u_i}{\partial t}+\frac{\partial \rho u_i u_j}{\partial x_j}=\frac{\partial \pi_{ij}}{\partial x_j}+f_i \tag{5.33}$$

或
$$\rho\frac{Du_i}{Dt}=\frac{\partial \pi_{ij}}{\partial x_j}+f_i \tag{5.34}$$

能量守恒方程为
$$\frac{\partial \rho e_t}{\partial t}+\frac{\partial}{\partial x_i}(\rho e_t u_i)=-\frac{\partial q_i}{\partial x_i}+\frac{\partial \pi_{ji}u_i}{\partial x_j}+f_i u_i \tag{5.35}$$

其中
$$\pi_{ij}=-p\delta_{ij}+\tau_{ij}$$
$$\delta_{ij}=\begin{cases}1, & i=j\\ 0, & i\neq j\end{cases}$$
$$\tau_{ij}=\mu\left(\frac{\partial u_i}{\partial x_j}+\frac{\partial u_j}{\partial x_i}\right)-\eta\frac{\partial u_k}{\partial x_k}\delta_{ij}$$
$$\dot{\omega}_k=\sum_j \gamma_{kj}\dot{\lambda}_j$$
$$q_i=-\kappa_1\frac{\partial T}{\partial x_i}+\rho\sum_k h_k Y_k V_{ki}$$

该式右端第二项,表示组元扩散导致的能量输运,其中,$V_{ki}=-\dfrac{D}{Y_k}\dfrac{\mathrm{d}Y_k}{\mathrm{d}x_i}$。

组元守恒方程的总和为质量守恒方程,故式(5.31)与式(5.32)不独立。又因 $e_t=e+\dfrac{u_i^2}{2}$,其中,比内能 e(以及比焓 h)包含键能,故反应流方程(组元守恒方程除外)与无反应体系的方程形式一致。

能量方程可写成
$$\rho\frac{\mathrm{D}e}{\mathrm{D}t}=\frac{\partial}{\partial x_i}\left(\kappa_1\frac{\partial T}{\partial x_i}\right)-p\frac{\partial u_i}{\partial x_i}+\phi \tag{5.36}$$

由热力学关系式
$$\mathrm{d}e=T\mathrm{d}s-p\mathrm{d}\nu-\boldsymbol{A}\cdot\mathrm{d}\boldsymbol{\lambda}$$

得到
$$\rho T\frac{\mathrm{D}s}{\mathrm{D}t}=\frac{\partial}{\partial x_t}\left(\kappa_1\frac{\partial T}{\partial x_i}\right)+\phi+\rho\sum_{j=1}^{L}A_j\frac{\mathrm{d}\lambda_j}{\mathrm{d}t}$$

或写成
$$\rho\frac{\mathrm{D}s}{\mathrm{D}t}=\frac{\phi}{T}+\frac{\kappa_1}{T}\left(\frac{\partial T}{\partial x_i}\right)^2+\frac{\partial}{\partial x_i}\left(\frac{\kappa_1}{T}\frac{\partial T}{\partial x_i}\right)+\frac{\rho}{T}\sum_{j=1}^{L}A_j\frac{\mathrm{d}\lambda_j}{\mathrm{d}t} \tag{5.37}$$

方程右端,第一项为黏性导致的熵产生,第二项为不可逆热传递导致的熵产生,两者皆大于零。第三项为可逆热传导导致的熵变。第四项为化学反应导致的熵增。$A_j=0$ 时,反应处于平衡态,即使反应漂移,$\dfrac{\mathrm{d}\lambda_j}{\mathrm{d}t}\neq 0$,该项仍为零。因此,化学平衡时,反应对熵没有影响。

由热力学关系式,有

$$dh = de + pd(1/\rho) + dp/\rho$$

能量方程写成
$$\rho \frac{Dh}{Dt} = \frac{Dp}{Dt} - \frac{\partial q_j}{\partial x_j} + \phi \tag{5.38}$$

或
$$\frac{\partial \rho h}{\partial t} + \frac{\partial \rho h u_j}{\partial x_j} = \frac{\partial p}{\partial t} + u_j \frac{\partial p}{\partial x_j} + \phi - \frac{\partial q_j}{\partial x_j} \tag{5.39}$$

式中：$\phi = \tau_{ij} \dfrac{\partial u_i}{\partial x_j}$，称为耗散函数，表示机械能向热能的转换。

由 $h = h(T, p, \boldsymbol{\lambda})$，有

$$dh = \left(\frac{\partial h}{\partial T}\right)_{p,\lambda} dT + \left(\frac{\partial h}{\partial p}\right)_{T,\lambda} dp + \left(\frac{\partial h}{\partial \lambda}\right)_{T,p} d\boldsymbol{\lambda}$$

其中
$$\left(\frac{\partial h}{\partial \boldsymbol{\lambda}_j}\right)_{T,p,\lambda_k(k\neq j)} = \sum_i \gamma_{ij} h_i = Q^j$$

表示等温等压过程，第 j 个化学反应释放的化学能。对于理想气体，$C_{pi} = C_p$ 时，有

$$Q^j = \sum_i \gamma_{ij} h_i^0$$

显然，$Q_i^j = Q^j / \gamma_i$ 表示第 j 个反应中，第 i 个组分的反应热。于是

$$\sum \dot{\omega}_i^j h_i^0 = \dot{\lambda}_j \sum \gamma_{ij} h_i^0 = \dot{\lambda}_j Q^j = \dot{\omega}_i^j Q_i^j \tag{5.40}$$

又 $\left(\dfrac{\partial h}{\partial p}\right)_{T,\lambda} = 0$，$\left(\dfrac{\partial h}{\partial T}\right)_{p,\lambda} = C_p$，于是

$$dh = C_p dT + \sum Q^j \cdot d\lambda_j$$

积分，有
$$h = h_{th} + h_{ch}$$

式中：$h_{th} = C_p T$ 为热焓；$h_{ch} = \sum Q^j \lambda_j$ 为化学焓。

将式(5.40)代入式(5.31)，得

$$\sum h_i^0 \rho \frac{DY_i}{Dt} = \frac{\partial}{\partial x_j} \sum h_i^0 \rho D \frac{\partial Y_i}{\partial x_j} - \dot{\omega}_i Q_i$$

由于 $h = C_p T + \sum Y_i h_i^0$，故

$$\rho \frac{Dh}{Dt} = \rho C_p \frac{DT}{Dt} + \frac{\partial}{\partial x_j} \sum h_i^0 \rho D \frac{\partial Y_i}{\partial x_j} - \dot{\omega}_i Q_i \tag{5.41}$$

注意到 $\sum_i C_p \dfrac{\partial Y_i}{\partial x_j} = 0$，由式(5.40)和式(5.41)，得

$$\rho C_p \frac{DT}{Dt} = \frac{Dp}{Dt} + \phi + \frac{\partial}{\partial x_j}\left(\frac{\partial T}{\partial x_j}\right) + \dot{\omega}_i Q_i \tag{5.42}$$

5.1.4 预混火焰[11-13]

火焰阵面前为未燃区，阵面后为已燃区。如果燃料和氧化剂以分开方式，借助扩散进入火焰，称为扩散火焰；反之，以预混方式进入火焰，称为预混火焰。本书仅

讨论预混火焰。

预混火焰具有如下特征。

1. 传播性

火焰在流场中只占很小部分。区域内,反应速率(即燃烧快慢)用 Arrhenius 公式表示,反应速率常数 $k = A\exp(-E_a/RT)$, $k - T$ 曲线如图 5.2 所示。显然,温度 T_{ig}附近,k 急剧变化,T_{ig}称为点火温度。它将火焰分为两个区:预热区(或称点火诱导区)($T<T_{ig}$),和反应区($T>T_{ig}$)。

火焰需以某种方式,将反应释放的能量传递给未燃物,使之点火,以维持火焰传播。通过热传导传递能量的火焰称为输运预混火焰。通过对流(膨胀)传递能量的火焰称为对流预混火焰。

图 5.3 为甲烷-空气输运预混火焰结构图,分为预热区和反应区。预热区为链的激发反应区,几乎没有能量释放。反应区包括内层和氧化层,内层为燃料消耗层,很薄,厚度常被忽略。温度在内层达到点火温度,为链分支反应区,形成大量燃料自由基,以保持燃烧系统的活性,并主宰燃烧进程。尾随内层的是氧化层,燃料被氧化,反应终止,放出大量的热,为链终止反应区。

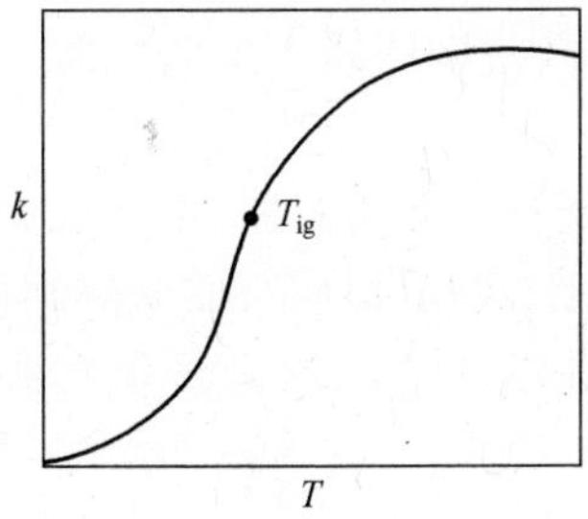

图 5.2 反应速率常数随温度变化曲线

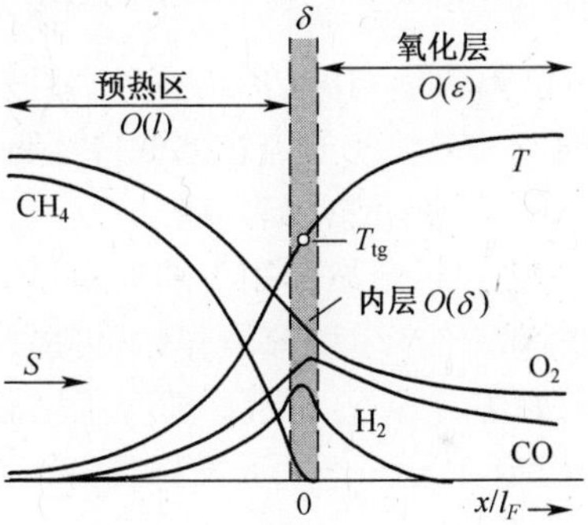

图 5.3 输运预混火焰结构

未燃物以一定速度 S 流进火焰,以维持燃烧,该速度称为燃烧速度。实验室坐标中,火焰传播速度为 $D_f = u_u + S$,其中 u_u 为火焰阵面前未燃物的流速。因此,燃烧存在三种速度:反应速率 $\dot{\omega}_k$ (或 $\dot{\lambda}$)、燃烧速度 S (或称燃烧速率)和火焰传播速度 D_f。

2. 膨胀性

燃烧产物的膨胀特性用热性系数 σ 描述。由定义式(5.30)可知,两个因素使产物体积膨胀:燃烧导致的摩尔数增加和燃烧释放的化学能。产物膨胀压缩环境(即火焰两侧介质),以机械功方式将反应释放的能量传递给环境,其传递速率用热性 Σ 定量描述。

火焰对前方介质的压缩,使未燃气体在火焰传播方向上运动,其速度称为置换速度。火焰传播速度是燃烧速率与置换速度的和,故火焰阵面可吞食前方气体,使之燃烧。因此,火焰类似漏气活塞,加速时可能诱导激波,导致爆炸。

火焰阵面前，介质不可能静止，波前的流动（“背景流场”）将直接影响火焰传播。如果存在障碍物，火焰到达前，波前流场首先与障碍物作用，如图 5.4 所示。该图为火焰诱导的背景流场与障碍物作用，形成具有涡结构的绕流流场。

3. 不稳定性

由于燃烧产物膨胀，已燃物密度小于未燃物，故火焰可视作密度间断。重力作用下，火焰容易失稳，称为泰勒不稳定，未燃物以尖钉形式侵入燃烧产物内部，如图 5.5所示。图中，上方为未燃物，下方为已燃物。

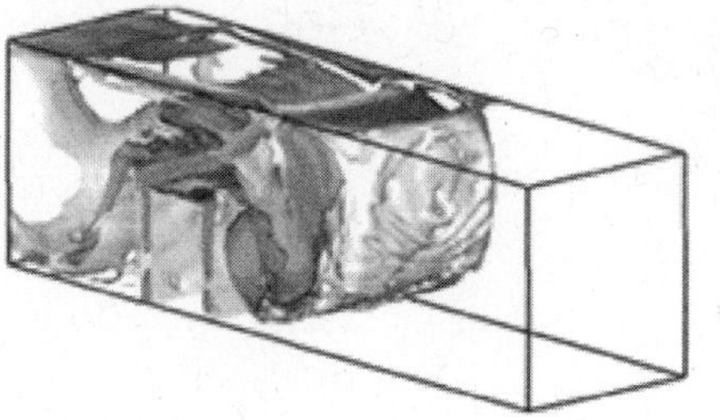

图 5.4 翻越障碍物的火焰背景流场[12]

图 5.5 火焰阵面的泰勒不稳定

同样，火焰与波（稀疏波、压缩波或激波）相互作用时，界面两侧质点定向加速（压缩波和激波使质点在波的传播方向上加速，稀疏波则使质点反向加速），因此，波与重力等价，使火焰失稳。

火焰在稀疏波作用下的失稳过程，如图 5.6 所示。密闭容器，中心点火后，顶部突然敞开，产生稀疏波，向下传播。与火焰作用后，火焰阵面下凹，未燃物侵入可燃物，如图 5.6(b) 所示。随凹陷增长，附近出现滑移剪切层，导致开尔文-亥姆霍兹不稳定。火焰进一步失稳，圆柱状的未燃气体向燃烧产物内部不断深入，如图 5.6(c)~(e) 所示。

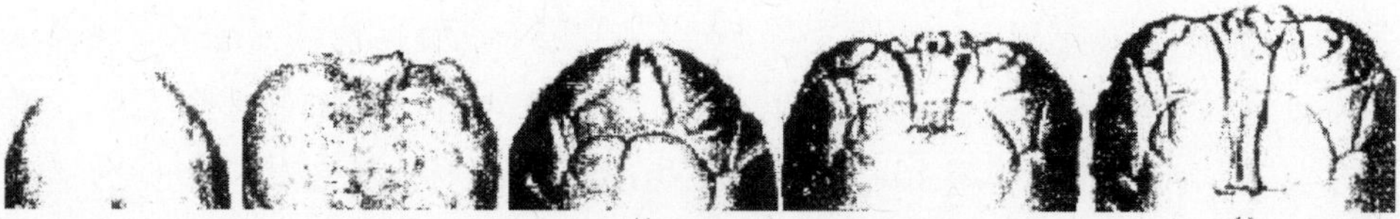

(a) (b) (c) (d) (e)

图 5.6 稀疏波导致的火焰失稳

激波导致的火焰失稳称为 Markstein 不稳定，又称为 Richtmyer-Meshkov 不稳定。图 5.7 为激波作用下，火焰的失稳过程。图 5.7(a) 为激波作用前的球形火焰，火球外为未燃气，火球内为已燃气。燃烧过程中，火球体积不断扩大。向右传播的激波与火球作用后，火焰失稳，圆柱状的未燃气体穿透火球，如图 5.7(b) 所示。激波在左端壁面反射后，与失稳火球进一步作用，火焰头部形成涡环，呈蘑菇云状，如图 5.7(c) 所示。

密度间断两侧的切向速度差，导致滑移界面的亥姆霍兹不稳定。图 5.8 为射流火焰进入空腔时，发生在未燃物与已燃物界面的亥姆霍兹不稳定，以及在剪切层形成的涡环。

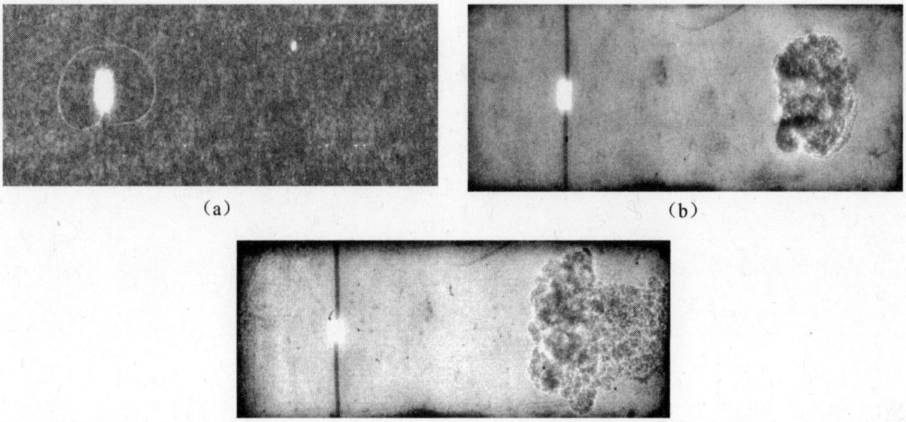

(a) (b) (c)

图 5.7　激波与火球的相互作用[13]

图 5.9 中，谐波状粗线表示变形火焰阵面，上方为已燃物，下方为未燃物。深入未燃物的凸起火焰，后部流线收敛，导致更多的燃烧产物膨胀，从而产生更大的推力，使火焰愈发变形，以致失稳。这种燃烧热效应导致的失稳，称为 Landau-Darrieus 不稳定。

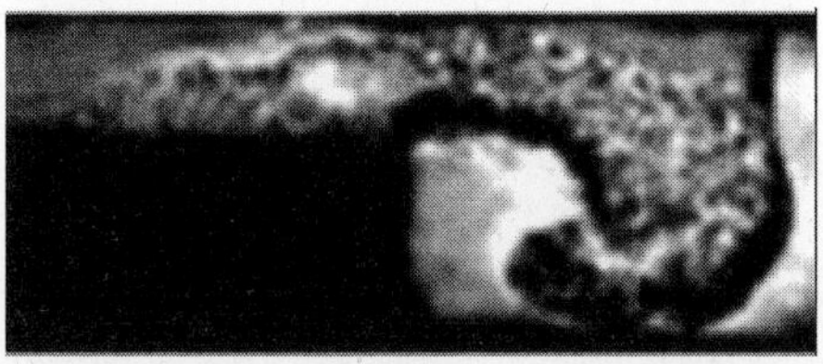

图 5.8　火焰的亥姆霍兹不稳定[13]

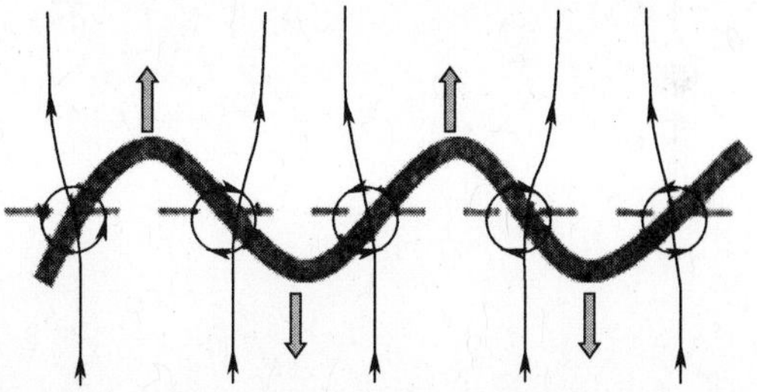

图 5.9　火焰的 Landau-Darrieus 不稳定

总之，扰动会使火焰失稳，失稳火焰因面积变大，燃烧速率增加。

5.2　对流预混火焰

5.2.1　对流预混火焰特性[6,14,15]

1. 守恒方程

对流预混火焰，依靠反应质点的膨胀，以对外做功方式，向环境传递化学能，使未燃物点火,维持火焰传播。

一维无黏反应流,有守恒方程

$$\frac{\mathrm{D}\rho}{\mathrm{D}t}+\rho\frac{\partial u}{\partial x}=0 \tag{5.43}$$

$$\frac{\mathrm{D}u}{\mathrm{D}t}+\frac{1}{\rho}\frac{\partial p}{\partial x}=0 \tag{5.44}$$

$$\frac{\mathrm{D}e}{\mathrm{D}t}+\frac{p}{\rho}\frac{\partial u}{\partial x}=0$$

或

$$\frac{\mathrm{D}e}{\mathrm{D}t}+p\frac{\mathrm{D}\boldsymbol{\nu}}{\mathrm{D}t}=0 \tag{5.45}$$

式(5.44)的无量纲形式为

$$\gamma Ma^2\frac{\mathrm{D}u_i^*}{\mathrm{D}t^*}=-\frac{1}{\rho^*}\frac{\partial p^*}{\partial x_j^*}$$

其中,$Ma=u^0/a^0$,上标 0 表示特征量。故当 $Ma^2\ll 1$ 时,$\frac{\partial p^*}{\partial x_j^*}$,流场压力分布均匀。

通常情况下,由 $e=e(p,\boldsymbol{\nu},\boldsymbol{\lambda})$,得

$$\frac{\mathrm{D}e}{\mathrm{D}t}=\left(\frac{\partial e}{\partial p}\right)_{\nu,\lambda}\frac{\mathrm{D}p}{\mathrm{D}t}+\left(\frac{\partial e}{\partial \boldsymbol{\nu}}\right)_{p,\lambda}\frac{\mathrm{D}\boldsymbol{\nu}}{\mathrm{D}t}+\left(\frac{\partial e}{\partial \boldsymbol{\lambda}}\right)_{p,\nu}\dot{\boldsymbol{\lambda}}$$

将上式代入式(5.45),得

$$\frac{\mathrm{D}p}{\mathrm{D}t}=-\frac{p+\left(\frac{\partial e}{\partial \boldsymbol{\nu}}\right)_{p,\lambda}}{\left(\frac{\partial e}{\partial p}\right)_{\nu,\lambda}}\frac{\mathrm{D}\boldsymbol{\nu}}{\mathrm{D}t}-\frac{\left(\frac{\partial e}{\partial \boldsymbol{\lambda}}\right)_{p,\nu}}{\left(\frac{\partial e}{\partial p}\right)_{\nu,\lambda}}\dot{\boldsymbol{\lambda}} \tag{5.46}$$

由式(5.22),得

$$\rho^2a_{\mathrm{f}}^2=\frac{p+\left(\frac{\partial e}{\partial \boldsymbol{\nu}}\right)_{p,\lambda}}{\left(\frac{\partial e}{\partial p}\right)_{\nu,\boldsymbol{\lambda}}}=\frac{\rho C_{pf}}{\alpha_{\mathrm{f}}\left(\frac{\partial e}{\partial p}\right)_{\nu,\lambda}}$$

有

$$\frac{\alpha_{\mathrm{f}}}{C_{\mathrm{pf}}}=\frac{1}{\rho a_f^2\left(\frac{\partial e}{\partial p}\right)_{\nu,\boldsymbol{\lambda}}}$$

考虑到

$$\left(\frac{\partial p}{\partial \boldsymbol{\lambda}}\right)_{\nu,e}=-\left(\frac{\partial e}{\partial \boldsymbol{\lambda}}\right)_{\nu,p}\Big/\left(\frac{\partial e}{\partial p}\right)_{\nu,\boldsymbol{\lambda}}$$

故

$$-\frac{\left(\frac{\partial e}{\partial \boldsymbol{\lambda}}\right)_{p,\nu}}{\left(\frac{\partial e}{\partial p}\right)_{\nu,\boldsymbol{\lambda}}}=\left(\frac{\partial p}{\partial \boldsymbol{\lambda}}\right)_{\nu,e}=\rho a_{\mathrm{f}}^2\boldsymbol{\sigma} \tag{5.47}$$

于是式(5.44)可写成

$$\frac{\mathrm{D}p}{\mathrm{D}t} - a_{\mathrm{f}}^2 \frac{\mathrm{D}\rho}{\mathrm{D}t} = \rho a_{\mathrm{f}}^2 \boldsymbol{\sigma} \cdot \dot{\boldsymbol{\lambda}} = \rho a_{\mathrm{f}}^2 \boldsymbol{\Sigma} \tag{5.48}$$

利用式(5.53),还可写成

$$\frac{1}{a_{\mathrm{f}}^2} \frac{\mathrm{D}p}{\mathrm{D}t} + \rho \frac{\partial u}{\partial x} = \rho \boldsymbol{\sigma} \cdot \dot{\boldsymbol{\lambda}} \tag{5.49}$$

根据式(5.14),有

$$\frac{\mathrm{D}s}{\mathrm{D}t} = \frac{\boldsymbol{A}}{T} \cdot \dot{\boldsymbol{\lambda}} \tag{5.50}$$

由特征线方法,上述方程写成如下形式:

沿 C_+ $\mathrm{d}x/\mathrm{d}t = u + a_{\mathrm{f}}$,有 $\mathrm{d}p/\mathrm{d}t + \rho a_{\mathrm{f}}(\mathrm{d}u/\mathrm{d}t) = \rho a_{\mathrm{f}}^2 \boldsymbol{\Sigma}$

沿 C_- $\mathrm{d}x/\mathrm{d}t = u - a_{\mathrm{f}}$,有 $\mathrm{d}p/\mathrm{d}t - \rho a_{\mathrm{f}}(\mathrm{d}u/\mathrm{d}t) = \rho a_{\mathrm{f}}^2 \boldsymbol{\Sigma}$

沿 $P\mathrm{d}x/\mathrm{d}t = u$,有 $\mathrm{d}p/\mathrm{d}t - a_{\mathrm{f}}^2 \mathrm{d}\rho/\mathrm{d}t = p a_{\mathrm{f}}^2 \boldsymbol{\Sigma}$

对于理想气体,设绝热指数为常数,有

沿 C_+ $\mathrm{d}x/\mathrm{d}t = u + a_{\mathrm{f}}$,有 $\mathrm{d}Q_1/\mathrm{d}t = a_{\mathrm{f}} \boldsymbol{\Sigma}$

沿 C_- $\mathrm{d}x/\mathrm{d}t = u - a_{\mathrm{f}}$,有 $\mathrm{d}Q_2/\mathrm{d}t = a_{\mathrm{f}} \boldsymbol{\Sigma}$

其中,$Q_1 = \dfrac{2}{\gamma - 1} a_{\mathrm{f}} + u, Q_2 = \dfrac{2}{\gamma - 1} a_{\mathrm{f}} - u$,分别称为第一和第二 Riemann 变量。

2. 瑞利过程

坐标建在稳定传播火焰上,有定常守恒方程

$$u \frac{\mathrm{d}\rho}{\mathrm{d}x} + \rho \frac{\mathrm{d}u}{\mathrm{d}x} = 0$$

$$\rho u \frac{\mathrm{d}u}{\mathrm{d}x} + \frac{\mathrm{d}p}{\mathrm{d}x} = 0$$

$$\frac{\mathrm{d}e}{\mathrm{d}x} + p \frac{\mathrm{d}v}{\mathrm{d}x} = 0$$

或

$$\frac{\mathrm{d}\rho u}{\mathrm{d}x} = 0$$

$$\frac{\mathrm{d}(\rho u^2 + p)}{\mathrm{d}x} = 0$$

$$\frac{\mathrm{d}(e + p\nu + u^2/2)}{\mathrm{d}x} = 0$$

边界条件为:$x = 0$ 处,$\lambda = 0, \rho = \rho_0, u = u_0, p = p_0, e = e_0$。

方程有解

$$\rho u = \rho_0 u_0 = \rho_0 S_{\mathrm{L}}$$

$$\rho u^2 + p = \rho_0 u_0^2 + p_0$$

$$e + pv + u^2/2 = e_0 + p_0\nu_0 + u_0^2/2$$

式中：S_L 为火焰燃烧速度。

进而有

$$\frac{p - p_0}{\nu - \nu_0} = -(\rho_0 u_0)^2 = -G^2 \tag{5.51}$$

和
$$\frac{e - e_0}{\nu - \nu_0} = -\frac{p + p_0}{2} \tag{5.52}$$

分别称为瑞利方程和 Hugoniot 方程。

e 的状态方程确定后，可求得反应区内，流场参数随反应度的变化，如 $p(\lambda, G)$，$\rho(\lambda, G)$ 和 $u(\lambda, G)$ 等。

瑞利方程为直线方程，斜率为负，大小与火焰燃烧速度 S_L 有关。因此，p-v 平面上(见图 5.10)，阴影部分为无解区域。图中 O 点为初始点，对应于 $\lambda=0$ 的介质初始状态。化学反应沿瑞利直线进行，故称反应过程为瑞利过程。如果反应在(Ⅱ)区进行，反应过程中，p 增大，v 减小。如果在(Ⅰ)区进行，则 p 减小，v 增大。

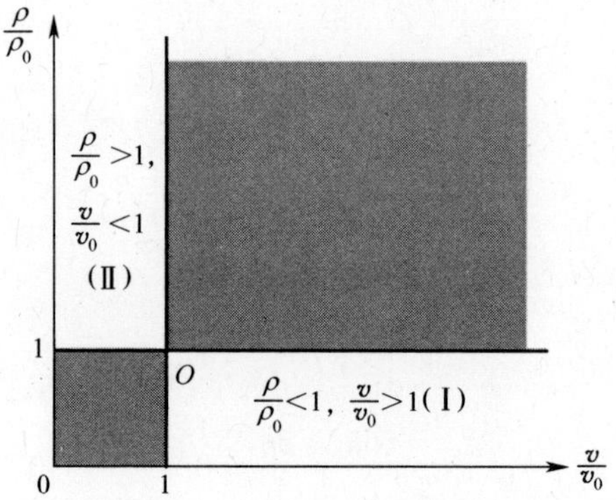

图 5.10 p-v 平面分区

等熵线满足 $\left(\frac{\partial p}{\partial \nu}\right)_s = -\left(\frac{a_f}{\nu}\right)^2$，与瑞利线在交点处的斜率比为 $Ma_f^2 = \left(\frac{a_f}{u}\right)^2$。如两者相切(切于 A 点)，有

$$Ma_f = 1 \tag{5.53}$$

和
$$\frac{p - p_0}{\nu - \nu_0} = -\frac{a_f^2}{\nu^2}$$

此时，熵取极值。

对于恒比热理想气体，$a_f^2 = \gamma p\nu$，将其代入上式，得

$$\left(p - \frac{p_0}{\gamma + 1}\right)\left(\nu - \frac{\gamma v_0}{\gamma + 1}\right) = \frac{\gamma p_0 \nu_0}{(\gamma + 1)^2}$$

此为过(ν_0, p_0)点的双曲线，称为声迹线。其右侧为超声速区，$Ma_f>1$；左侧为亚声速区，$Ma_f<1$。

将其代入瑞利方程(5.51)，在切点 A，有

$$p_A = \frac{p_r}{\gamma + 1}, \nu_A = \frac{\gamma \nu_m}{\gamma + 1}$$

其中，p_r 为瑞利线与 p 轴的交点，有 $p_r = p_0 + G^2\nu_0$ 和 $Ma_f = 0$；ν_m 为瑞利线与 v 轴的交点，有 $\nu_m = p_r/G^2$ 和 $Ma_f = \infty$。

根据等熵线特点，瑞利线上，A 点右侧，$Ma_f>1$，为超声速流；A 点左侧 $Ma_f<1$，为亚声速流。Ma_f 沿瑞利线的变化如图 5.11 所示。

反应沿瑞利线进行。显然，(Ⅱ)区，O 点位于 A 点右侧，沿 p 增大的方向趋于 A 点，为超声速燃烧，亦称超燃。(Ⅰ)区，O 点位于 A 点左侧，沿 p 减小的方向趋于 A 点，为亚声速燃烧。反应过程总使 Ma_f 趋于 1。

等温线满足 $\left(\frac{\partial p}{\partial \nu}\right)_T = -\frac{p}{\nu}$，与瑞利线相切时，温度在瑞利线上取极大值，有 $Ma_f = \gamma^{-1/2} < 1$。在切点 B，$p_B = \frac{p_r}{2}$ 和 $\nu_B = \frac{\nu_m}{2}$，该点位于 A 点左侧。由理想气体状态方程，p_r 和 ν_m 点，$T=0$，参见图 5.12。对于亚声速燃烧，质点温度先上升，达到最高温度 T_{max} 后，再下降。对于超声速燃烧，质点温度一直上升，但最终还是低于 T_{max}。

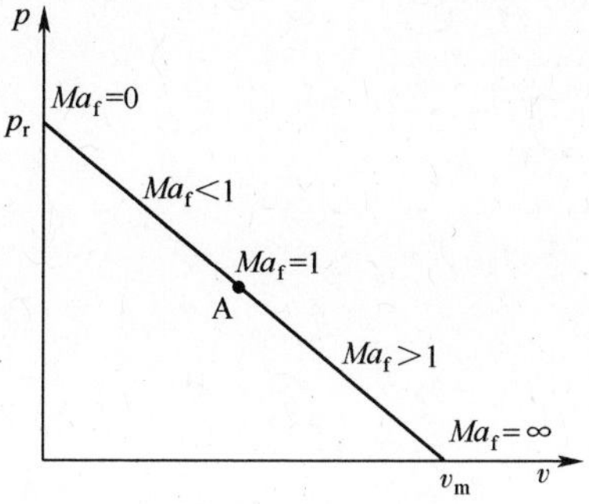

图 5.11 Ma_f 沿瑞利线的变化

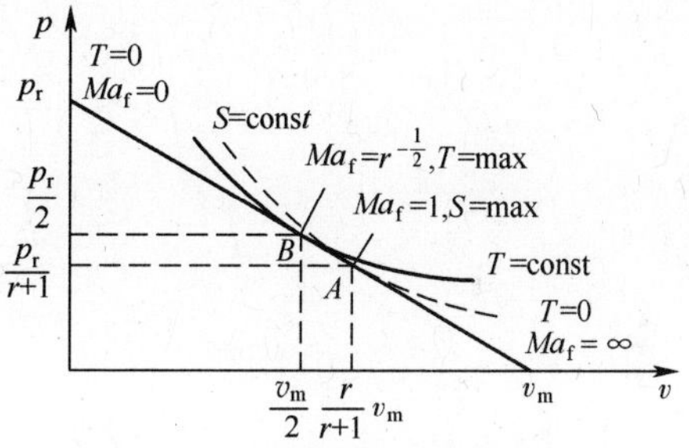

图 5.12 温度沿瑞利线的变化

守恒方程可写成

$$\frac{\mathrm{D}\rho u}{\mathrm{D}t} = 0$$

$$\frac{\mathrm{D}(\rho u^2 + p)}{\mathrm{D}t} = 0$$

$$\frac{\mathrm{D}p}{\mathrm{D}t} = a_f^2 \frac{\mathrm{D}\rho}{\mathrm{D}t} + \rho a_f^2 \Sigma$$

其中 $\frac{\mathrm{D}}{\mathrm{D}t} = u\frac{\mathrm{d}}{\mathrm{d}x}$ 为物质导数。进而有

$$\frac{\mathrm{D}\rho}{\mathrm{D}t} = \frac{-\rho\Sigma}{\eta}$$

或
$$\frac{\mathrm{D}\nu}{\mathrm{D}t}=\frac{\nu\Sigma}{\eta} \tag{5.54}$$
$$\frac{\mathrm{D}u}{\mathrm{D}t}=\frac{u\Sigma}{\eta} \tag{5.55}$$
$$\frac{\mathrm{D}p}{\mathrm{D}t}=\frac{-\rho u^2\Sigma}{\eta} \tag{5.56}$$
$$\frac{\mathrm{D}e}{\mathrm{D}t}=-\frac{p\Sigma}{\rho\eta} \tag{5.57}$$
其中 $\eta=1-Ma_{\mathrm{f}}^2$，$Ma_{\mathrm{f}}=u/a_{\mathrm{f}}$ 为马赫数，a_{f} 为当地冻结声速。

显然，亚声速燃烧，$\eta>0$，对于摩尔数增加的放热反应，$\Sigma>0$，于是流团在燃烧过程中，$\frac{\mathrm{D}\rho}{\mathrm{D}t}<0$，$\frac{\mathrm{D}p}{\mathrm{D}t}<0$，$\frac{\mathrm{D}e}{\mathrm{D}t}<0$ 和 $\frac{\mathrm{D}u}{\mathrm{D}t}>0$，即密度减少，压力减少，内能减少，速度增加，对应于图 5.10(Ⅰ)区。超声速燃烧，$\eta<0$ 和 $\Sigma>0$，此时，流团在燃烧过程中，$\frac{\mathrm{D}u}{\mathrm{D}t}<0$，$\frac{\mathrm{D}\rho}{\mathrm{D}t}>0$，$\frac{\mathrm{D}p}{\mathrm{D}t}>0$ 和 $\frac{\mathrm{D}e}{\mathrm{D}t}>0$，即密度增大，压力增大，内能增大，速度减小，对应图 5.10(Ⅱ)区。

$Ma_{\mathrm{f}}=1$ 时，$\eta=0$，上述诸方程的分母为零，为方程奇点。此时，如果 $\Sigma=0$，即反应结束，方程有解。如果，$\Sigma\neq0$，方程无解，出现壅塞。

由于 $e=e_{\mathrm{th}}+(1-\lambda)Q$，其中，$e_{\mathrm{th}}$ 为比热内能，λ 为化学反应度，Q 为反应热。于是 Hugoniot 方程(5.52)可写成
$$\frac{e_{\mathrm{th}}-e_{\mathrm{th},0}-\lambda Q}{\nu-\nu_0}=-\frac{p+p_0}{2}$$
或
$$\mathscr{H}=\lambda Q$$
$\lambda=1$ 时，有
$$\frac{e_{\mathrm{th},1}-e_{\mathrm{th},0}-Q}{\nu_1-\nu_0}=-\frac{p_1+p_0}{2} \tag{5.58}$$
即
$$\mathscr{H}=Q$$
为反应结束端面的 Hugoniot 方程，下标 1 表示反应结束端面。

图 5.13 中，实线为 $\lambda=1$ 的 Hugoniot 曲线，虚线为瑞利线。两曲线的交点为反应结束端面的解。通常，有两个交点，分别为强解和弱解，仅弱解有物理意义。

瑞利线可与 $\lambda=1$ 的 Hugoniot 曲线相切，此时，方程只有一个解，称为 CJ 解，(Chapman-Jouguet)参见图 5.14。切点上，$Ma_{1,\mathrm{CJ}}=\frac{u_1}{a_1}=1$(见 2.1.3 节和式(5.53))，称为 CJ 条件，它使守恒方程组增添一个附加方程。

$\lambda=1$ 的 Hugoniot 曲线可分为五段。V 区为无解区。由于化学反应沿瑞利线进行，抵达 $\lambda=1$ 的 Hugoniot 曲线时，反应终止。故仅Ⅱ区和Ⅲ区有物理意义(弱解区)。Ⅱ区为超声速燃烧区，Ⅲ区为亚声速燃烧区。

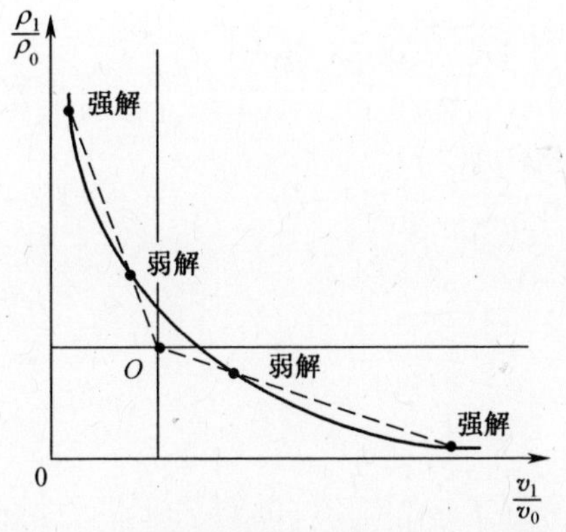

图 5.13　瑞利线和 $\lambda=1$ 的 Hugoniot 曲线

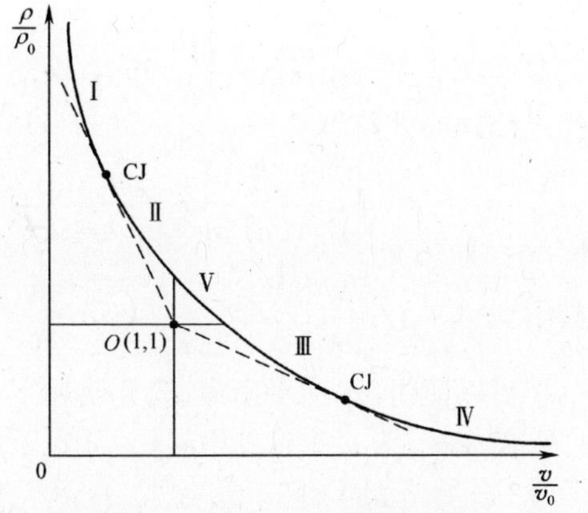

图 5.14　$\lambda=1$ Hugoniot 曲线分区

5.2.2　声波耗散和频散[9]

1. 冻结声速和平衡声速

一维反应流守恒方程

$$\frac{\mathrm{D}\rho}{\mathrm{D}t}+\rho\frac{\partial u}{\partial x}=0$$

$$\frac{\mathrm{D}u}{\mathrm{D}t}+\frac{1}{\rho}\frac{\partial p}{\partial x}=0$$

$$\frac{1}{a_{\mathrm{f}}^2}\frac{\mathrm{D}\rho}{\mathrm{D}t}+\rho\frac{\partial u}{\partial x}=\rho\sigma\dot{\lambda}$$

如果流场出现小扰动,有扰动方程

$$\rho\frac{\partial u'}{\partial t}+\frac{\partial p'}{\partial x}=0 \tag{5.59}$$

$$\frac{1}{a_{\mathrm{f}}^2}\frac{\partial p'}{\partial t}+\rho\frac{\partial u'}{\partial x}=\rho\sigma\frac{\partial\lambda'}{\partial t} \tag{5.60}$$

其中

$$\frac{\partial\lambda'}{\partial t}=\left(\frac{\partial\dot{\lambda}}{\partial\lambda}\right)\lambda'+\left(\frac{\partial\dot{\lambda}}{\partial p}\right)p' \tag{5.61}$$

上标 ′表示扰动量。

由式(5.59)和式(5.60)得

$$\frac{1}{a_{\mathrm{f}}^2}\frac{\partial^2u'}{\partial t^2}-\frac{\partial^2u'}{\partial x^2}=-\sigma\frac{\partial^2\lambda'}{\partial x\partial t} \tag{5.62}$$

微分此式得

$$\frac{\partial}{\partial t}\left(\frac{1}{a_{\mathrm{f}}^2}\frac{\partial^2u'}{\partial t^2}-\frac{\partial^2u'}{\partial x^2}\right)=-\sigma\frac{\partial^3\lambda'}{\partial x\partial t^2} \tag{5.63}$$

由式(5.59),式(5.61)和式(5.63)得

$$\frac{\partial^3 \lambda'}{\partial x \partial t^2} = -\left[\rho\left(\frac{\partial \dot{\lambda}}{\partial p}\right) + \frac{1}{\sigma a_{\mathrm{f}}^2}\left(\frac{\partial \dot{\lambda}}{\partial \lambda}\right)\right]\frac{\partial^2 u'}{\partial t^2} + \frac{1}{\sigma}\frac{\partial \dot{\lambda}}{\partial \lambda}\frac{\partial^2 u'}{\partial x^2}$$

代入(5.63)式得

$$\frac{\partial}{\partial t}\left(\frac{1}{a_{\mathrm{f}}^2}\frac{\partial^2 u'}{\partial t^2} - \frac{\partial^2 u'}{\partial x^2}\right) + \frac{1}{\tau}\left(\frac{1}{a_{\mathrm{e}}^2}\frac{\partial^2 u'}{\partial t^2} - \frac{\partial^2 u'}{\partial x^2}\right) = 0 \tag{5.64}$$

其中，$\tau = -1/\left(\frac{\partial \dot{\lambda}}{\partial \lambda}\right)$，$a_{\mathrm{e}}^2 = \left(\frac{1}{a_{\mathrm{f}}^2} + \rho\sigma \frac{\partial \dot{\lambda}}{\partial p}\Big/\frac{\partial \dot{\lambda}}{\partial \lambda}\right)^{-1}$。

可以证明，a_{e} 为平衡声速，证明如下：

由 $p = p(e,\nu,\lambda)$，其中 $e = e(s,\nu,\lambda)$，有

$$\left(\frac{\partial p}{\partial \lambda}\right)_{s,\nu} = \left(\frac{\partial p}{\partial \lambda}\right)_{e,\nu} + \left(\frac{\partial p}{\partial e}\right)_{\lambda,\nu}\left(\frac{\partial e}{\partial \lambda}\right)_{s,\nu} = \left(\frac{\partial p}{\partial \lambda}\right)_{e,\nu} - A\left(\frac{\partial p}{\partial e}\right)_{\lambda,\nu}$$

平衡时，$A = 0$，故$\left(\frac{\partial p}{\partial \lambda}\right)_{s,\nu} = \left(\frac{\partial p}{\partial \lambda}\right)_{e,\nu}$。

根据式(5.47)，得

$$\rho\sigma = -\left(\frac{\partial \rho}{\partial \lambda}\right)_{s,p}$$

又

$$\left(\frac{\partial \dot{\lambda}}{\partial p}\right)_{\lambda,s}\Big/\left(\frac{\partial \dot{\lambda}}{\partial \lambda}\right)_{p,s} = -\left(\frac{\partial \lambda}{\partial p}\right)_{s,\dot{\lambda}}$$

因此

$$\rho\sigma \frac{\partial \dot{\lambda}}{\partial p}\Big/\frac{\partial \dot{\lambda}}{\partial \lambda} = \left(\frac{\partial \rho}{\partial \lambda}\right)_{s,p}\left(\frac{\partial \lambda}{\partial p}\right)_{s,A=0} \tag{5.65}$$

根据平衡声速定义

$$\frac{1}{a_{\mathrm{e}}^2} = \left(\frac{\partial \rho}{\partial p}\right)_{s,A=0} = \left(\frac{\partial \rho}{\partial p}\right)_{s,\lambda} + \left(\frac{\partial \rho}{\partial \lambda}\right)_{s,p}\left(\frac{\partial \lambda}{\partial p}\right)_{s,A=0} = \frac{1}{a_{\mathrm{f}}^2} + \left(\frac{\partial \rho}{\partial \lambda}\right)_{s,p}\left(\frac{\partial \lambda}{\partial p}\right)_{s,A=0}$$

将式(5.65)代入上式得

$$a_{\mathrm{e}}^2 = \left(\frac{1}{a_{\mathrm{f}}^2} + \rho\sigma \frac{\partial \dot{\lambda}}{\partial p}\Big/\frac{\partial \dot{\lambda}}{\partial \lambda}\right)^{-1}$$

得证。

再讨论 τ 的物理意义。设反应经扰动后，达到平衡，即 $\dot{\lambda} = 0$，$\lambda_{\mathrm{e}} = \lambda_0 + \lambda'_{\mathrm{e}}$，$\lambda_0$ 表示初始时刻(未扰动)的反应度。由于$\left(\frac{\partial \dot{\lambda}}{\partial \lambda}\right)_{s,\nu} = -\frac{1}{\tau}$，设 τ 为常数，于是

$$\dot{\lambda}' = -\frac{\lambda' - \lambda'_{\mathrm{e}}}{\tau}$$

其解为

$$\lambda' - \lambda'_{\mathrm{e}} = -\lambda'_{\mathrm{e}}\exp(-t/\tau) \tag{5.66}$$

式(5.66)表示，反应流团对平衡的偏离程度。$-t/\tau$ 反映偏离程度随时间的衰减，$1/\tau$ 称为衰减系数，τ 为反应弛豫时间。当 $t=\tau$ 时，$\lambda' - \lambda'_{\mathrm{e}} = -0.33\lambda'_{\mathrm{e}}$，因此，$\tau$ 为

反应进行至67%所需时间,即建立新平衡所需的时间。τ 越大,反应越慢。

τ 很大,反应很慢时,式(5.64)写成

$$\frac{1}{a_f^2}\frac{\partial^2 u'}{\partial t^2}-\frac{\partial^2 u'}{\partial x^2}=0 \tag{5.67}$$

显然,扰动以冻结声速 a_f 传播。

τ 很小,反应很快时,式(5.64)写成

$$\frac{1}{a_e^2}\frac{\partial^2 u'}{\partial t^2}-\frac{\partial^2 u'}{\partial x^2}=0 \tag{5.68}$$

显然,扰动以平衡声速 a_e 传播。

2. 耗散和频散

方程(5.64)通常具有如下形式的解

$$u'=A\exp(\mathrm{i}kx)\exp(-\mathrm{i}\omega t)$$

代入式(5.64)有

$$\mathrm{i}\omega\left(\frac{\omega^2}{a_f^2}-k^2\right)u'-\frac{1}{\tau}\left(\frac{\omega^2}{a_e^2}-k^2\right)u'=0 \tag{5.69}$$

其中 $k=k_1+\mathrm{i}k_2$。该式有解:

$$k=\alpha\cos\phi+i\alpha\sin\phi \tag{5.70}$$

其中

$$\phi=\frac{1}{2}\arctan\frac{\omega\tau\left[\left(\dfrac{a_f}{a_c}\right)^2-1\right]}{\left(\dfrac{a_f}{a_e}\right)^2+(\omega\tau)^2}$$

$$\alpha=\frac{\omega}{a_f}\left[\frac{\left(\dfrac{a_f}{a_e}\right)^4+(\omega\tau)^2}{1+(\omega\tau)^2}\right]^{1/4}$$

故方程(5.64)的复数解为

$$u'=u_0'\exp(-\alpha\sin\phi x)\exp\left[-\mathrm{i}\omega\left(t-\frac{\alpha\cos\phi}{\omega}x\right)\right]$$

式中:u_0' 为初始扰动。$k_2=\alpha\sin\phi$ 反映了扰动在传播过程中的衰减,令 $\beta=k_2/2$,称为衰减系数。声波的衰减现象称为声波耗散。$a=\dfrac{\omega}{\alpha\cos\phi}=\dfrac{\omega}{k_1}$ 为扰动在 x 方向的传播速度,即声速。显然,声速随频率 ω 而变化,该现象称为声波频散。因此,反应流中,声波存在耗散和频散现象。

当 $\omega\tau\to 0$ 时,$\phi\to 0$,$\alpha\to\omega/a_e$,于是 $\beta=0$,$a=a_e$,扰动不衰减,以平衡声速传播,与频率无关。同样,当 $\omega\tau\to\infty$ 时,扰动不衰减,以冻结声速传播。因此,平衡态和冻结态是反应流的两个极端状态,此时,声波既不耗散也不频散。

5.3 输运预混火焰

5.3.1 敞开体系燃烧[8-10,16]

火焰由预热区Ⅰ和化学反应区Ⅱ组成,对于输运预混火焰,反应区生成的自由基和释放的化学能,通过质量扩散和热传导,使预热区的介质预热和活化(烃类火焰还有热辐射),然后进入反应区,点火燃烧,维持火焰传播。

输运预混火焰守恒方程

$$\frac{\mathrm{D}\rho}{\mathrm{D}t} + \rho \frac{\partial u_i}{\partial x_i} = 0 \tag{5.32}$$

$$\rho \frac{\mathrm{D}u_i}{\mathrm{D}t} = \frac{\partial \pi_{ij}}{\partial x_j} \tag{5.34}$$

$$\rho C_p \frac{\mathrm{D}T}{\mathrm{D}t} = \frac{\mathrm{D}p}{\mathrm{D}t} + \phi + \frac{\partial}{\partial x_j}\left(\kappa_1 \frac{\partial T}{\partial x_j}\right) + \dot{\omega}_i Q_i \tag{5.42}$$

$$\rho \frac{\mathrm{D}Y_k}{\mathrm{D}t} - \frac{\partial}{\partial x_i}\left(\rho D \frac{\partial Y_k}{\partial x_i}\right) = \dot{\omega}_k \tag{5.31}$$

式(5.32)和式(5.34)的形式与化学反应无关,不显含化学反应项。式(5.42)和式(5.31)反映了化学反应、输运与流动的耦合。上述方程组成了复杂的非线性方程组,其间不但包含流动的非线性,还包含化学反应的指数非线性。此外,流动、输运以及各基元化学反应过程的特征时间存在差异(有时很大),导致方程的刚性。故方程通常仅能数值求解。

引入无量纲量

$$x_i^* = \frac{x_i}{L}, t^* = \frac{tu^0}{L}, \rho^* = \frac{\rho}{\rho^0}, u_i^* = \frac{u_i}{u^0}, p^* = \frac{p}{p^0},$$

$$\mu^* = \frac{\mu}{\mu^0}, T^* = \frac{T}{T^0}, C_p^* = \frac{C_p}{C_p^0}, \kappa_1^* = \frac{\kappa_1}{\kappa_1^0}, D^* = \frac{D}{D^0}$$

式中:上标0表示特征参照量。式(5.32)、式(5.34)、式(5.42)和式(5.31)分别写成

$$\frac{\mathrm{D}\rho^*}{\mathrm{D}t^*} + \rho^* \frac{\partial u_i^*}{\partial x_i^*} = 0 \tag{5.71}$$

$$\gamma Ma^2 \rho^* \frac{\mathrm{D}u_i^*}{\mathrm{D}t^*} = -\frac{\partial p^*}{\partial x_j^*} + \gamma Ma^2 \varepsilon Pr \frac{\partial \tau_{ij}^*}{\partial x_j^*} \tag{5.72}$$

$$\rho^* C_p^* \frac{\mathrm{D}T^*}{\mathrm{D}t^*} = \frac{\gamma - 1}{\gamma}\frac{\mathrm{D}p^*}{\mathrm{D}t^*} + \varepsilon(\gamma - 1)Ma^2 Pr\phi^* + \varepsilon \frac{\partial}{\partial x_j^*}\kappa_1^* \frac{\partial T^*}{\partial x_j^*} + \frac{1}{\varepsilon}\dot{\omega}_i^* Q_i^* \tag{5.73}$$

$$\rho^* \frac{DY_k}{Dt^*} = \frac{\varepsilon}{Le} \frac{\partial}{\partial x_j^*}\left(\rho^* D^* \frac{\partial Y_k}{\partial x_j^*}\right) + \frac{1}{\varepsilon}\dot{\omega}_k^* \tag{5.74}$$

式中：$Ma = \frac{u^0}{a^0} = \frac{u^0}{\sqrt{\gamma p^0/\rho^0}}$为特征马赫数，$a^0$为声速；$Pr = \frac{\mu^0 C_p^0}{\kappa_1^0}$为普朗特数；$Le = \frac{\kappa_1^0}{\rho^0 C_p^0 D^0}$为路易斯数；$Re = \frac{u^0 L\rho^0}{\mu^0}$为雷诺数；$\varepsilon = \frac{1}{RePr} = \frac{\alpha^0}{u^0 L}$为反应区特征宽度，$\alpha^0 = \frac{\kappa_1^0}{\rho^0 C_p^0}$为热扩散系数；$Q_i^* = \frac{Q_i}{C_p^0 T^0}$；$\omega_k^* = \frac{\alpha^0}{\rho^0 (u^0)^2}\omega_k$。

当$Ma^2 \ll$时，式(5.72)写成

$$\frac{\partial p^*}{\partial x_j^*} = 0 \tag{5.75}$$

即流场压力均匀，此时，燃烧不可能诱导激波。

对于敞开体系，如假设未燃区域的无穷远处，流场状态不变，则有$p=\text{const}$，为等压燃烧。此时，式(5.73)写成

$$\rho^* C_p^* \frac{DT^*}{Dt^*} = \varepsilon \frac{\partial}{\partial x_j^*}\kappa_1^* \frac{\partial T^*}{\partial x_j^*} + \frac{1}{\varepsilon}\dot{\omega}_i^* Q_i^* \tag{5.76}$$

1. 唯象热分析

定常平面火焰（坐标建在火焰上），设$p=\text{const}$，$C_p=\text{const}$仅考虑Ⅰ区和Ⅱ区间的热交换，近似有

$$\dot{m}C_p(T_i - T_0) = \kappa_1 \frac{T_f - T_i}{\delta_r} \tag{5.77}$$

左端为进入Ⅰ区的未燃气，从初温升至点火温度吸收的热；右端为Ⅰ区和Ⅱ区交界面的热通量，即Ⅱ区提供给Ⅰ区的热。其中，T_0为初始温度，T_i为点火温度，T_f为火焰温度。$\dot{m}$为单位火焰阵面的质量流量，有$\dot{m} = \rho S_L$，ρ为未燃气密度，S_L为层流火焰燃烧速度。

于是

$$S_L = \frac{\kappa_1}{\rho C_p}\frac{T_f - T_i}{T_i - T_0}\frac{1}{\delta_r}$$

式中：δ_r为反应区厚度，有$\delta_r = S_L \tau_r = \rho S_L/|\dot{\lambda}|$，$\tau_r$为化学反应特征时间，$\dot{\lambda}$为反应速率。

故

$$S_L = \sqrt{\frac{\kappa_1}{\rho^2 C_p}\frac{T_f - T_i}{T_i - T_0}|\dot{\lambda}|} \propto \sqrt{a|\dot{\lambda}|} \tag{5.78}$$

该式说明，火焰燃烧速度与热扩散速度和反应速率乘积的平方根成正比。

2. 综合分析

定常平面火焰,质量守恒方程为

$$\frac{\mathrm{d}\rho u}{\mathrm{d}x}=0 \tag{5.79}$$

该式说明,质量流量为常数,$(\rho S_{\mathrm{L}})_{-\infty}=\rho u$。

组元守恒方程为

$$\frac{\mathrm{d}\rho Y_k u}{\mathrm{d}x}-\frac{\mathrm{d}}{\mathrm{d}x}\left(\rho D\frac{\mathrm{d}Y_k}{\mathrm{d}x}\right)=\gamma_k\dot{\lambda} \tag{5.80}$$

如果 $p=\mathrm{const}$, $C_p=\mathrm{const}$,忽略黏性耗散,能量守恒方程为

$$\frac{\mathrm{d}}{\mathrm{d}x}\left(\rho uC_pT-\kappa_1\frac{\mathrm{d}T}{\mathrm{d}x}\right)=\dot{\lambda}Q$$

$Le=1$ 时,上式可写成

$$\frac{\mathrm{d}}{\mathrm{d}x}\left(\rho uC_pT-\rho DC_p\frac{\mathrm{d}T}{\mathrm{d}x}\right)=\dot{\lambda}Q \tag{5.81}$$

边界条件如下:

$x=-\infty$ 处为未燃物, $T=T_{\mathrm{u}}, Y_i=Y_{i\mathrm{u}}, \frac{\mathrm{d}Y_i}{\mathrm{d}x}=\frac{\mathrm{d}T}{\mathrm{d}x}=0$

$x=\infty$ 处为已燃物, $T=T_{\infty}, Y_i=Y_{i\mathrm{b}}, \frac{\mathrm{d}Y_i}{\mathrm{d}x}=\frac{\mathrm{d}T}{\mathrm{d}x}=0$

引入 Shvab-Zeldovich 变换, $\beta_{i,i\neq1}=\alpha_i-\alpha_1$, 其中 $\alpha_i=(Y_i-Y_{i\mathrm{u}})/\gamma_i$, 于是式(5.80)写成

$$\frac{\mathrm{d}}{\mathrm{d}x}\left(\rho u\beta_i-\rho D\frac{\mathrm{d}\beta_i}{\mathrm{d}x}\right)=0 \tag{5.82}$$

有边界条件:

$x=-\infty$ 处, $\beta_i=0, \frac{\mathrm{d}\beta_i}{\mathrm{d}x}=0$

$x=\infty$ 处, $\beta_i=\beta_{i\mathrm{b}}, \frac{\mathrm{d}\beta_i}{\mathrm{d}x}=0$

故式(5.82)可写成

$$\rho u\beta_i-\rho D\frac{\mathrm{d}\beta_i}{\mathrm{d}x}=0$$

或

$$\frac{\rho D}{\rho_{\mathrm{u}}S_{\mathrm{u}}}\frac{\mathrm{d}\beta_i}{\mathrm{d}x}=\beta_i$$

令 $\xi=\int_0^x\frac{\rho_{\mathrm{u}}S_{\mathrm{u}}}{\rho D}\mathrm{d}x$, 于是

$$\frac{\mathrm{d}\beta_i}{\mathrm{d}\xi}=\beta_i$$

故

$$\beta_i=C\exp(\xi)$$

由于 $\beta_i(\infty)$ 为有限值,故 $C=0$,进而有 $\beta_i=0$,即

$$\frac{Y_i - Y_{iu}}{\gamma_i} = \frac{Y_1 - Y_{iu}}{\gamma_1} = \alpha \tag{5.83}$$

该式说明,所有组元存在线性关系,可用同一个变量 α 表示。于是

$$\frac{\mathrm{d}}{\mathrm{d}x}\left(\rho u\alpha - \rho D\frac{\mathrm{d}\alpha}{\mathrm{d}x}\right) = \dot{\lambda} \tag{5.84}$$

$$\frac{\mathrm{d}}{\mathrm{d}x}\left(\rho u\theta - \rho D\frac{\mathrm{d}\theta}{\mathrm{d}x}\right) = \dot{\lambda} \tag{5.85}$$

其中,$\theta = C_p \frac{T - T_u}{Q}$。

方程边界条件:

$x = -\infty$ 处,$\alpha = 0, \theta = 0$

$x = \infty$ 处,$\alpha = \alpha_b = \frac{Y_{ib} - Y_{ib}}{\gamma_i}, \theta = \theta_b = C_p \frac{T_b - T_u}{Q}$

下标 u 和 b 分别表示未燃与已燃。

式(5.84)与式(5.85)形式完全相同,如果边界条件相同,即 $\alpha_b = \theta_b$,或写成 $\frac{Y_{ib} - Y_{iu}}{\gamma_i} = C_p \frac{T_b - T_u}{Q}$,则有 $\alpha = \theta$。对于绝热燃烧,上述条件满足,只需求解一个方程。

Ⅰ区能量守恒方程为

$$\frac{\mathrm{d}^2 T}{\mathrm{d}x^2} - \frac{\rho u C_p}{\kappa_1}\frac{\mathrm{d}T}{\mathrm{d}x} = 0 \tag{5.86}$$

边界条件为
$$x = \begin{cases} -\infty, & T = T_u \\ 0^-, & T = T_i \end{cases}$$

Ⅱ区,忽略对流项,有方程

$$\frac{\mathrm{d}^2 T}{\mathrm{d}x^2} = \frac{\dot{\lambda} Q}{\kappa_1} \tag{5.87}$$

边界条件为

$$x = \begin{cases} \infty, & T = T_b, \dfrac{\mathrm{d}T}{\mathrm{d}x} = 0 \\ 0^+, & T = T_i \end{cases}$$

Ⅰ区和Ⅱ区交界处满足

$$\left(\frac{\mathrm{d}T}{\mathrm{d}x}\right)_{x=0^-} = \left(\frac{\mathrm{d}T}{\mathrm{d}x}\right)_{x=0^+} \tag{5.88}$$

由式(5.86),得

$$\frac{\mathrm{d}T}{\mathrm{d}x} = \frac{\rho u C_p}{\kappa_1}(T - T_u)$$

如果 T_i 很接近 T_b，由上式得

$$\left(\frac{\mathrm{d}T}{\mathrm{d}x}\right)_{x=0^-}=\frac{\rho u C_p}{\kappa_1}(T_b-T_u) \tag{5.89}$$

由式(5.87)得

$$\left(\frac{\mathrm{d}T}{\mathrm{d}x}\right)^2_{x=0^+}=\int_{T_i}^{T_b}\frac{2Q\mid\dot{\lambda}\mid}{\kappa_1}\mathrm{d}T \tag{5.90}$$

将上述两式代入式(5.88)，得

$$(\rho u)^2=(\rho_u S_L)^2=\frac{2\kappa_1}{C_p^2(T_b-T_u)^2}\int_{T_i}^{T_b}\mid\dot{\lambda}\mid\mathrm{d}T$$

于是

$$S_L=\frac{\rho_u}{C_p^2(T_b-T_u)^2}\sqrt{2\kappa_1 I} \tag{5.91}$$

其中，$I=\int_{T_i}^{I_b}\mid\dot{\lambda}\mid\mathrm{d}T$，由于 T_u 和 T_i 间几乎没有反应，即 $\dot{\lambda}=0$，故

$$I=\int_{T_0}^{T_b}\mid\dot{\lambda}\mid\mathrm{d}T$$

该式说明火焰燃烧速度与热扩散速度和反应速率乘积的平方根成正比。

3. 非定常输运预混火焰

设 $p=\text{const}$，$C_p=\text{const}$，忽略黏性耗散，有

$$\frac{\partial\rho}{\partial t}+\frac{\partial\rho u}{\partial x}=0 \tag{5.92}$$

$$\rho\frac{\partial Y_k}{\partial t}+\rho u\frac{\partial Y_k}{\partial x}-\frac{\partial}{\partial x}\left(\rho D\frac{\partial Y_k}{\partial x}\right)=\gamma_k\dot{\lambda} \tag{5.93}$$

$$\rho C_p\frac{\partial T}{\partial t}+\rho u C_p\frac{\partial T}{\partial x}-\frac{\partial}{\partial x}\left(\kappa_1\frac{\partial T}{\partial x}\right)=\dot{\lambda}Q \tag{5.94}$$

引进拉格朗日坐标 ψ，定义为 $\frac{\partial\psi}{\partial x}=\rho$，根据质量守恒方程(5.92)，有 $\frac{\partial\psi}{\partial t}=-\rho u$。由复合函数求导公式，有

$$\left(\frac{\partial f}{\partial t}\right)_x=\left(\frac{\partial f}{\partial t}\right)_\psi-\rho u\left(\frac{\partial f}{\partial\psi}\right)_t$$

$$\left(\frac{\partial f}{\partial x}\right)_t=\rho\left(\frac{\partial f}{\partial\psi}\right)_t$$

于是，式(5.93)和式(5.94)分别写成

$$\frac{\partial Y_k}{\partial t}=\frac{\partial}{\partial\psi}\left(\rho^2 D\frac{\partial Y_k}{\partial\psi}\right)+\gamma_k\dot{\lambda}$$

$$\frac{\partial T}{\partial t}=\frac{\partial}{\partial\psi}\left(\frac{\rho\kappa_1}{C_p}\frac{\partial T}{\partial\psi}\right)+\dot{\lambda}Q$$

通式为
$$\frac{\partial \phi}{\partial t} = \frac{\partial}{\partial \psi}\left(\Gamma_{\phi} \frac{\partial \phi}{\partial \psi}\right) + S_{\phi} \tag{5.95}$$
此为典型抛物型方程,可求数值解。

5.3.2 密闭容器燃烧 [17]

密闭容器内燃烧与爆炸没有直接联系。如果容器不能承受燃烧形成的高压而破裂,则可能导致爆炸。密闭容器内燃烧时,容器内最大压力(亦称最大爆炸压力)和最大压力上升速率常用来评估可燃物的爆炸特性。因此,密闭容器燃烧常与爆炸关联在一起。

在密闭容器中,$Ma \ll 1$,设 C_p、κ_1 和 ρD 皆为常数,无量纲守恒方程为
$$\frac{\partial \rho}{\partial t} + \frac{\partial \rho u_i}{\partial x_i} = 0 \tag{5.71}$$
$$\frac{\partial p}{\partial x_i} = 0 \tag{5.75}$$
$$\rho\left(\frac{\partial T}{\partial t} + u_j \frac{\partial T}{\partial x_j}\right) = \frac{\gamma - 1}{\gamma}\left(\frac{\partial p}{\partial t} + u_j \frac{\partial p}{\partial x_j}\right) + \varepsilon \frac{\partial}{\partial x_j}\frac{\partial T}{\partial x_j} + \varepsilon(\gamma - 1) Ma^2 Pr \Phi + \frac{1}{\varepsilon}(1 - \sigma) W \tag{5.73}$$
$$\rho\left(\frac{\partial C}{\partial t} + u_j \frac{\partial C}{\partial x_j}\right) = \frac{\varepsilon}{Le}\frac{\partial}{\partial x_j}\frac{\partial C}{\partial x_j} - \frac{1}{\varepsilon}W \tag{5.74}$$
其中,$C = \dfrac{Y_s}{Y_{s0}}$,$\sigma = \dfrac{\rho_b}{\rho_0} = \dfrac{T_0}{T_b} = \left(1 + \dfrac{Q_F Y_{F0}}{C_p T_0}\right)^{-1}$,$W = z\rho \exp\left(-\dfrac{N}{T}\right)$,$z = \dfrac{\alpha A}{u_b^2}$,$N = -\dfrac{E_a}{RT_b}$下标 0 为初始态,下标 b 为敞开燃烧的产物状态。

设反应速度 W 很大(反应宽度 ε 很小),式(5.74)和式(5.73)分别写成
$$\rho\left(\frac{\partial C}{\partial t} + u_j \frac{\partial C}{\partial x_j}\right) = -\frac{1}{\varepsilon}W \tag{5.96}$$
$$\rho\left(\frac{\partial T}{\partial t} + u_j \frac{\partial T}{\partial x_j}\right) = \frac{\gamma - 1}{\gamma}\left(\frac{\partial p}{\partial t} + u_j \frac{\partial p}{\partial x_j}\right) + \frac{1}{\varepsilon}(1 - \sigma) W \tag{5.97}$$
进而有
$$\frac{\partial}{\partial t}\{\rho((1 - \sigma) C + T)\} + \frac{\partial}{\partial x_j}\{\rho u_j((1 - \sigma) C + T)\} = \frac{\gamma - 1}{\gamma}\frac{\partial p}{\partial t} \tag{5.98}$$

由边界条件,壁面处 $u_i = 0$ 和初始条件,$t = 0$ 时,$p = 1, C = 1, T = \sigma = \dfrac{1}{\rho}$,积分式(5.98)有
$$A - \frac{\gamma - 1}{\gamma}p = \frac{1}{\sigma} - \frac{\gamma - 1}{\gamma}$$
其中
$$A = \iiint_V \rho\{(1 - \sigma) C + T\} \mathrm{d}V$$

完全燃烧后，$p = p_e, C = 0$，故 $A = p_e$，于是

$$p_e = 1 + \gamma\left(\frac{1 - \sigma}{\sigma}\right) \tag{5.99}$$

火焰两侧，流场均无化学反应，满足

$$\frac{\partial \rho}{\partial t} + \frac{\partial \rho u_i}{\partial x_i} = 0 \tag{5.100}$$

$$\rho\left(\frac{\partial C}{\partial t} + u_j \frac{\partial C}{\partial x_j}\right) = 0 \tag{5.101}$$

$$\rho\left(\frac{\partial T}{\partial t} + u_j \frac{\partial T}{\partial x_j}\right) = \frac{\gamma - 1}{\gamma}\left(\frac{\partial p}{\partial t} + u_j \frac{\partial p}{\partial x_j}\right) \tag{5.102}$$

令 $\psi = Tp^{\frac{1-\gamma}{\gamma}} = p^{\frac{1}{\gamma}}/\rho$，式(5.102)可写成

$$\frac{\partial \psi}{\partial t} + u_j \frac{\partial \psi}{\partial x_j} = 0 \tag{5.103}$$

即火焰两侧，质点的 ψ 在运动过程中不变。

由理想气体状态方程，式(5.102)写成

$$p\frac{\partial u_i}{\partial x_i} + \frac{1}{\gamma}\frac{\mathrm{d}p}{\mathrm{d}t} = 0 \tag{5.104}$$

火焰两侧守恒方程如下：

质量守恒方程为 $$\rho_+(\boldsymbol{u}_+ \cdot \boldsymbol{n} - D_F) = \rho_-(\boldsymbol{u}_- \cdot \boldsymbol{n} - D_F) = -\rho_+ S = -\mathbb{S} \tag{5.105}$$

动量守恒方程为 $$p_+ \boldsymbol{n} + \rho_+(\boldsymbol{u}_+ \cdot \boldsymbol{n} - D_F)\boldsymbol{u}_+ = \rho_- \boldsymbol{n} + \rho_-(\boldsymbol{u}_- \cdot \boldsymbol{n} - D_F)\boldsymbol{u}_- \tag{5.106}$$

能量守恒方程为 $$T_+ - T_- = \sigma - 1 \tag{5.107}$$

式中：$\boldsymbol{n}$ 为火焰阵面的单位法矢量，下标+和-分别表示火焰的未燃侧和已燃侧；D_F 为火焰传播速度；S 为燃烧速度；$\mathbb{S}$为火焰阵面的质量流率。

$t=0$ 时，$T=\sigma, p=1$，故

$$\psi_+ = \sigma \tag{5.108}$$

根据 ψ 定义和式(5.107)，有

$$\psi_- = \sigma + (1 - \sigma)p^{\frac{1-\gamma}{\gamma}} \tag{5.109}$$

进而有

$$T_- = (1 - \sigma) + \sigma p^{\frac{\gamma-1}{\gamma}} \tag{5.110}$$

$$\rho_- = p^{\frac{1}{\gamma}}/(\sigma + (1 - \sigma)p^{\frac{1-\gamma}{\gamma}}) = p^{\frac{1}{\gamma}}/(\sigma(1 + \frac{p_e - 1}{\gamma}p^{\frac{1-\gamma}{\gamma}}) \tag{5.111}$$

对于中心点火的球形容器，设火焰为间断，其轨迹为 $r_F = \mathcal{R}(t)$，于是 $D_F = \frac{\mathrm{d}\mathcal{R}(t)}{\mathrm{d}t}$，式(5.105)写成

$$\frac{\rho_+}{\rho_-}\left(\frac{\mathrm{d}\mathcal{R}}{\mathrm{d}t}-u_+\right)=\frac{\mathrm{d}\mathcal{R}}{\mathrm{d}t}-u_-$$

由于$\frac{\rho_+}{\rho_-}=\frac{\psi_-}{\psi_+}=1+\frac{1-\sigma}{\sigma}p^{\frac{1-\gamma}{\gamma}}$,故

$$\left(1+\frac{1-\sigma}{\sigma}p^{\frac{1-\gamma}{\gamma}}\right)\left(\frac{\mathrm{d}\mathcal{R}}{\mathrm{d}t}-u_+\right)=\frac{\mathrm{d}\mathcal{R}}{\mathrm{d}t}-u_- \tag{5.112}$$

球坐标中,式(5.104)写成

$$r^2\frac{\partial}{\partial r}(r^2u)+\frac{\mathrm{d}}{\mathrm{d}t}\ln p^{\frac{1}{\gamma}}=0 \tag{5.113}$$

对于已燃区域($r<\mathcal{R}(t)$),$r\to0$ 时,$r^2u\to0$,积分式(5.113),得

$$u(r,t)=-\frac{r}{3}\frac{\mathrm{d}}{\mathrm{d}t}\ln p^{\frac{1}{\gamma}} \tag{5.114}$$

对于未燃区域($r>\mathcal{R}(t)$),$r\to1$ 时,$u\to0$,积分式(5.113),得

$$u(r,t)=\frac{1}{3}\left(\frac{1}{r^2}-r\right)\frac{\mathrm{d}}{\mathrm{d}t}\ln p^{\frac{1}{\gamma}}$$

于是

$$u_-=\frac{\mathcal{R}}{3}\frac{\mathrm{d}}{\mathrm{d}t}\ln p^{\frac{1}{\gamma}} \tag{5.115}$$

$$u_+=\frac{1}{3}\left(\frac{1}{\mathcal{R}^2}-\mathcal{R}\right)\frac{\mathrm{d}}{\mathrm{d}t}\ln p^{\frac{1}{\gamma}} \tag{5.116}$$

显然,已燃区域,质点向中心运动,火焰阵面处速度最大,中心处为零。未燃区域,质点向壁面运动,火焰阵面处速度最大,壁面处为零。

将式(5.115)和式(5.116)代入式(5.112),得

$$-\frac{1-\sigma}{\sigma}\frac{\mathrm{d}}{\mathrm{d}t}\left(p^{\frac{1}{\gamma}}(1-\mathcal{R}^3)\right)=\frac{1}{\gamma}\frac{\mathrm{d}p}{\mathrm{d}t}$$

初始条件为,$\mathcal{R}=0$ 时,$p=1$,故有解

$$(1-\mathcal{R}^3)p^{\frac{1}{\gamma}}=1+\frac{\sigma(1-p)}{\gamma(1-\sigma)} \tag{5.117}$$

或

$$1-(1-\mathcal{R}^3)p^{\frac{1}{\gamma}}=\frac{p-1}{p_{\mathrm{e}}-1} \tag{5.118}$$

由式(5.116)和式(5.117),得

$$\frac{\mathrm{d}\mathcal{R}}{\mathrm{d}t}-u_+=(3\mathcal{R}^2p^{\frac{1}{\gamma}})^{-1}\frac{\sigma}{\gamma(1-\sigma)}\frac{\mathrm{d}p}{\mathrm{d}t}$$

由式(5.115),得

$$\frac{\mathrm{d}\mathcal{R}}{\mathrm{d}t}-u_+=\mathbb{S}\sigma p^{-\frac{1}{\gamma}}$$

故

$$\frac{\mathrm{d}p}{\mathrm{d}t}=3\sigma\mathcal{R}^2(p_{\mathrm{e}}-1)\mathbb{S}$$

将式(5.118)代入上式,得

$$\frac{\mathrm{d}p}{\mathrm{d}t}=3\left(1-\frac{p_{\mathrm{e}}-p}{p^{1/\gamma}(p_{\mathrm{e}}-1)}\right)^{2/3}(p_{\mathrm{e}}-1)\mathbb{S} \tag{5.119}$$

此为压力 p 的常微分方程。

通过一些推导,$\mathbb{S}$和 p 有近似关系:

$$\mathbb{S}^2=T_-^3\ p\exp\left(-\frac{N}{T_-}\right) \tag{5.120}$$

由式(5.119)和式(5.120),可得到压力随时间的变化 $p(t)$。

对于火焰前流场(未燃区域),由式(5.103),得

$$\frac{\partial\psi_+}{\partial t}+u\frac{\partial\psi_+}{\partial r}=0$$

其中

$$u(r,t)=\frac{1}{3}\left(\frac{1}{r^2}-r\right)\frac{\mathrm{d}}{\mathrm{d}t}\ln p^{\frac{1}{\gamma}} \tag{5.106}$$

此为未燃区 ψ_+分布方程。初始和边界条件为

$$t=0\ 时,\psi_+=\sigma\ 和\ r=\mathcal{R}\ 处,\psi_+=\sigma$$

根据 ψ_+定义,有

$$T=\psi_+\,p^{\frac{\gamma-1}{\gamma}}$$

$$\rho=p^{\frac{1}{\gamma}}/\psi_+$$

因此,根据 ψ_+的分布,可得到未燃区温度和密度分布。

对于火焰后流场(已燃区域),由式(5.114),得

$$\frac{\mathrm{d}}{\mathrm{d}t}(r^3p^{\frac{1}{\gamma}})=0$$

即质点的 $K=r^3p^{\frac{1}{\gamma}}$不变,故可用作质点编号。

由式(5.118),得

$$K=r^3p^{\frac{1}{\gamma}}=p_{\mathrm{f}}^{\frac{1}{\gamma}}+\frac{p_{\mathrm{f}}-p_{\mathrm{e}}}{p_{\mathrm{e}}-1} \tag{5.121}$$

其中,p 为当时压力,p_{f} 为质点位于火焰阵面时的流场压力,每个质点皆对应一个 p_{f} 称为燃时压力,式(5.121)为编号 K 质点当时压力与当时位置的关系式。

火焰阵面后,质点的 ψ 不变,故由式(5.110)和式(5.111),得

$$T=\sigma\left(\frac{p_{\mathrm{e}}-1}{\gamma}\left(\frac{p}{p_{\mathrm{f}}}\right)^{\frac{\gamma-1}{\gamma}}+p^{\frac{\gamma-1}{\gamma}}\right) \tag{5.122}$$

$$\rho=p^{\frac{1}{\gamma}}\Big/\left(\sigma\left(1+\frac{p_{\mathrm{e}}-1}{\gamma}p_{\mathrm{f}}^{\frac{1-\gamma}{\gamma}}\right)\right) \tag{5.123}$$

对于某时刻$\mathcal{T}$,由式(5.119)求得 $p(t)$,其中 $t\leqslant\mathcal{T}$。由式(5.118)可得到火焰当时位置$\mathcal{R}$。由 $p(t)$可得到任意时刻 t 的燃时压力 p_{f},再由式(5.121),获得空间位置 r,进而由式(5.122)和式(5.123),得到该位置的温度和密度。如此,便求得已燃区域的温度和密度分布。

已燃区流场的不同位置,对应于不同燃时压力。由于燃烧过程中,容器压力不断上升,故越接近容器中心,质点燃时压力越低。由式(5.122)可知,燃时压力越低,质点温度越高。故容器中心温度最高,称为马赫效应。

5.3.3 超声速燃烧[6]

考虑黏性效应的一维输运预混火焰,守恒方程如下:

$$\frac{\mathrm{D}\rho}{\mathrm{D}t}+\rho\frac{\partial u}{\partial x}=0 \tag{5.124}$$

$$\frac{\mathrm{D}u}{\mathrm{D}t}+\frac{1}{\rho}\frac{\partial(p+\pi)}{\partial x}=0 \tag{5.125}$$

$$\frac{\mathrm{D}e}{\mathrm{D}t}+\frac{p+\pi}{\rho}\frac{\partial u}{\partial x}=0$$

或

$$\frac{\mathrm{D}e}{\mathrm{D}t}+(p+\pi)\frac{\mathrm{D}\nu}{\mathrm{D}t}=0 \tag{5.126}$$

$$\frac{\mathrm{d}\lambda}{\mathrm{d}x}=\frac{\dot{\lambda}}{u} \tag{5.127}$$

其中,$\pi=-\frac{3}{4}\mu\frac{\mathrm{d}u}{\mathrm{d}x}$称为黏性压力,反应速率 $\dot{\lambda}=k(1-\lambda)$,$k$ 为反应速率常数。

由上述方程:

$$\frac{\mathrm{D}p}{\mathrm{D}t}=\left(1-\frac{\alpha_{\mathrm{f}}\pi}{\rho C_{\mathrm{pf}}}\right)a_{\mathrm{f}}^{2}\frac{\mathrm{D}\rho}{\mathrm{D}t}+\rho a_{\mathrm{f}}^{2}\Sigma \tag{5.128}$$

式中:C_{pf}为比定压热容;α_{f} 为膨胀系数。

对于定常流(稳定传播火焰),$\frac{\mathrm{D}}{\mathrm{D}t}=u\frac{\mathrm{d}}{\mathrm{d}x}$,于是

$$\frac{\mathrm{D}\rho u}{\mathrm{D}t}=0 \tag{5.129}$$

或

$$\rho\frac{\mathrm{D}u}{\mathrm{D}t}=-u\frac{\mathrm{D}\rho}{\mathrm{D}t} \tag{5.130}$$

$$\frac{\mathrm{D}(\rho u^{2}+p+\pi)}{\mathrm{D}t}=0 \tag{5.131}$$

或

$$\frac{\mathrm{D}p}{\mathrm{D}t}=-\rho u\frac{\mathrm{D}u}{\mathrm{D}t}-\frac{\mathrm{D}\pi}{\mathrm{D}t} \tag{5.132}$$

$$\frac{\mathrm{D}(e+(p+\pi)\nu+u^{2}/2)}{\mathrm{D}t}=0 \tag{5.133}$$

由式(5.128)、式(5.130)和式(5.132)得

$$\frac{\mathrm{D}\rho}{\mathrm{D}t}=-\frac{\rho\Sigma+\dfrac{1}{a_{\mathrm{f}}^{2}}\dfrac{\mathrm{D}\pi}{\mathrm{D}t}}{\eta+\dfrac{\alpha_{\mathrm{f}}\pi}{\rho C_{p\mathrm{f}}}} \tag{5.134}$$

$$\frac{\mathrm{D}p}{\mathrm{D}t}=u^{2}\frac{\mathrm{D}\rho}{\mathrm{D}t}-\frac{\mathrm{D}\pi}{\mathrm{D}t} \tag{5.135}$$

$$\frac{\mathrm{D}u}{\mathrm{D}t}=-\frac{u}{\rho}\frac{\mathrm{D}\rho}{\mathrm{D}t} \tag{5.136}$$

其中 $\eta=1-Ma_{\mathrm{f}}^{2}$,$Ma_{\mathrm{f}}=u/a_{\mathrm{f}}$ 为马赫数,a_{f} 为当地冻结声速。显然,$\eta=0$ 已不是方程奇点,燃烧可无条件跨越声迹线。

将波前状态(冷边界)和反应结束状态(热边界)置于±∞处,并设为无梯度边界,于是,边界处不存在黏性效应。

由冷边界条件,式(5.129)、式(5.131)和式(5.133)可分别写成

$$\rho u=\rho_0 S_{\mathrm{L}}$$

$$-\pi=p-p_0-\rho_0 S_{\mathrm{L}}(S_{\mathrm{L}}-u)$$

$$-\nu\pi=e-e_0+p\nu-p_0\nu_0+\frac{1}{2}(u^2-S_{\mathrm{L}}^2)$$

其中,下标 0 表示火焰阵面前,无下标表示反应区任意截面,S_{L} 为燃速。

进而有瑞利方程(反应迹线方程)和 Hugoniot 方程分别为

$$(\rho_0 S_{\mathrm{L}})^2-(p-p_0)/(\nu_0-\nu)=\pi/(\nu_0-\nu) \tag{5.137}$$

$$e-e_0-1/2(p+p_0)(\nu_0-\nu)=\frac{1}{2}\pi(\nu_0-\nu) \tag{5.138}$$

方程右端,反映黏性导致的对无黏瑞利直线和等$\mathscr{H}$线的偏离。

由热边界条件,得

$$(\rho_0 S_{\mathrm{L}})^2-(p_1-p_0)/(\nu_0-\nu_1)=0 \tag{5.51}$$

$$e_{\mathrm{th},1}-e_{\mathrm{th},0}+Q=-\frac{p_1+p_0}{2}(\nu_1-\nu_0) \tag{5.58}$$

其中,下标 1 表示反应结束端面。该式表明,两端边界梯度为零时,黏性只影响燃烧过程,即影响反应迹线,不影响火焰两端的热力学状态,也不影响 $\lambda=0$ 和 $\lambda=1$ 的 Hugoniot 曲线。

图 5.15 为超声速燃烧的 p–v 曲线。图中直线 ON 为无黏瑞利线,虚线为反应迹线(满足式(5.137)),黏性导致反应迹线对 ON 的偏离。偏离程度与黏性大小有关。O 点为初始点,位于 $\lambda=0$ Hugoniot 曲线(冷边界)上。所有反应迹线皆通过 O 点。

仅有一根反应迹线不跨越声迹线,直接抵达 W 点。W 为无黏瑞利线与 $\lambda=1$Hugoniot 曲线(热边界)的交点,为弱解。其余反应迹线皆跨越声迹线,并最终抵达 S 点。S 为无黏瑞利线与 $\lambda=1$Hugoniot 曲线的另一交点,为强解。黏性的存在,

使强解可以实现。弱解为超声速燃烧，强解则为跨声速燃烧，即从超速燃烧转变为亚音声速燃烧。

由于反应迹线跨越无黏瑞利线，使得燃烧过程的流场参数不再单调变化。因为，无黏瑞利线上，$\pi=0$，即$\dfrac{du}{dx}=0$，或 $\dfrac{Du}{Dt}=0$ 和$\dfrac{D\nu}{Dt}=0$，(参见式(5.136))，故 u 和 v 取极值。

假设 $p_0 \ll p$，对于理想气体，$e=\dfrac{p\nu}{\gamma-1}-\lambda Q$，于是

$$\frac{3}{4}\mu\frac{d(\nu/\nu_0)}{dx}=\rho_0 S_L f_1 \tag{5.139}$$

$$\frac{d\lambda}{dx}=\frac{4\rho_0 S_L}{3\mu}f_2 \tag{5.140}$$

进而有

$$\frac{d(\nu/\nu_0)}{d\lambda}=\frac{f_1}{f_2} \tag{5.141}$$

其中 $f_1=1/2(\gamma+1)(\nu/\nu_0)+1/2(\gamma-1)(\nu_0/\nu)-\gamma+(\gamma-1)\lambda Q\nu_0/(S_L^2\nu)$

(5.142)

$$f_2=\frac{3\mu\nu_0}{4S_L^2}k(1-\lambda)\left(\frac{\nu_0}{\nu}\right) \tag{5.143}$$

方程(5.140)仅适用黏性流。反应进行时，$f_2>0$，仅 $\lambda=1$ 时(即反应终结的 Hugoniot 曲线上)，$f_2=0$。

由式(5.139)可知，$f_1=0$ 对应于无黏瑞利方程，在 $\nu-\lambda$ 平面，为抛物线，如图 5.16 所示，此为 $\nu-\lambda$ 曲线图。$f_1=0$ 曲线被 $\lambda=1$ 的直线截为上、下两支，上支为超声速燃烧，下支为亚声速燃烧。交点为 S 和 W。$\nu-\lambda$ 平面被 $f_1=0$ 曲线划为三个区域，中间区域 $f_1<0$，上、下两区域，$f_1>0$。由式(5.141)，中间区域反应迹线下降；上下区域反应迹线上升，如图 5.16 中箭头所示。反应迹线的变化速率与 μk 有关(μ 为黏性系数，k 为反应速率常数)，其值越小，变化越快。

图 5.17 为 $u-\lambda$ 曲线，根据式(5.136)可知，v 与 u 成正比，故也可视作 $\nu-\lambda$ 曲线。图中，虚线为考虑黏性效应的反应迹线，实线为忽略黏性($f_1=0$)的反应迹线。μk 很小时，初始状态 O 不能使介质点火。此时，超声速流动的质点，因黏性耗散，温度不断升高，达到点火温度后点火燃烧(参见图 5.16)。因此，反应迹线沿着纵轴($\lambda=0$)下降至 $T=T^*$ 点，点火后离开纵轴，进入反应区，如图 5.17 所示。由于 μk 很小，反应迹线贴着纵轴急速下降(此时，$\dfrac{\partial u}{\partial x}<0,\dfrac{\partial \nu}{\partial x}<0$)，流动也从超声速逐渐成为亚声速。至 N_1 点时，$f_1=0$，u 和 v 取极小值。越过 $f_1=0$ 后，反应迹线上升，最后止于亚声速点 S。随 μk 的增加，积分曲线右移，逐渐成为单调下降的曲线(不再与 $f_1=0$ 线相交)，从超声速成为亚声速，止于 S 点。存在某特定 μk，反应迹线在超声速区直接止于超声速点 W，此为弱解。如果 μk 继续增大，反应迹线将向 $u=\infty$ 的方向发展。

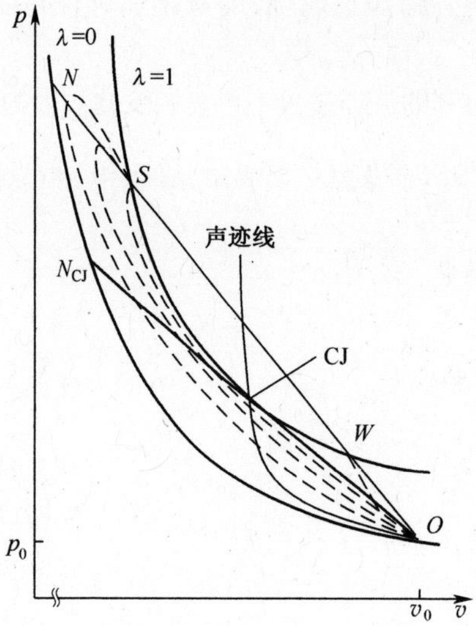

图 5.15 超声速燃烧的 p−v 曲线

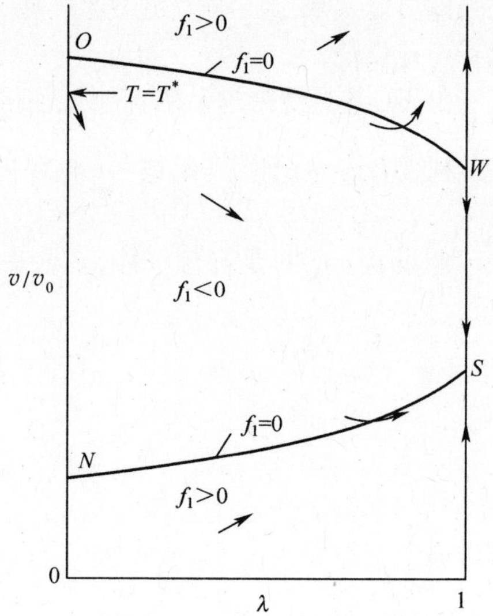

图 5.16 ν−λ 曲线

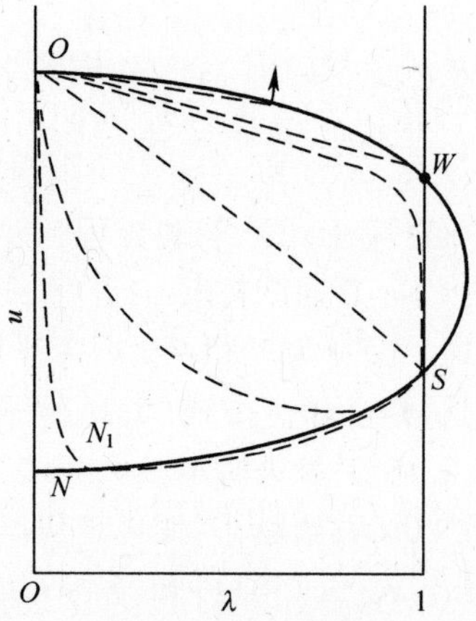

图 5.17 u−λ 曲线

S 和 W 点通过 $\lambda=1$ 曲线相连,对应于燃烧产物中的激波。S 和 W 点都满足 $f_1=0$ 和 $f_2=0$,为方程(5.141)的奇点,其中,S(亚声速点)为节点,有若干反应迹线通过,W(超声速点)为鞍点,只有两根反应迹线通过。

5.4 小 结

描述反应体系,需要给出反应历程,瞬间反应速率,反应进展度和热力学状态。反应历程用基元化学反应描述。如果反应视为分子碰撞所致,根据分子动理学,可推得描述瞬间反应速率的 Arrhenius 反应速率公式。引进反应度,用以描述反应进行程度。流体力学的质量单位为克，故热力学状态函数皆为比值（强度量），而化学的质量单位为摩尔，多为摩尔值，两者可以转换。

平衡反应体系包括热力学平衡和化学平衡。化学平衡时，体系组分不随时间变化。旧平衡打破到新平衡建立所需时间称为松弛时间 τ。不同反应具有不同松弛时间。化学反应有两种极端状态：平衡态（τ 很小）和冻结态（τ 很大），分别用化学亲合势和反应度来描述。不同的极端状态，具有不同的声速，分别称为平衡声速和冻结声速。非极端反应状态，声波会出现耗散和频散。

简单热力学平衡体系，仅用两个状态函数描述。而反应体系，组分 $\boldsymbol{Y}$ 是变量，故状态方程和热力学关系式中出现组分 $\boldsymbol{Y}$。引进热性和热性系数，描述反应热通过产物膨胀向环境的传递。

反应流守恒方程对流动与反应的相互影响做了数学描述。用流体力学方法推导黏性流守恒方程时（见第 3 章），对系统有无反应未提出限制，故也可用于反应流。对于反应流，为使流动守恒方程封闭，需给出流体状态方程。此时，状态方程包括组分 $\boldsymbol{Y}$，故需增添组元守恒方程。此外，能量守恒方程中，也应考虑组元扩散导致的能量输运。

预混火焰分为输运预混火焰和对流预混火焰，前者依靠输运维持火焰传播，视作黏性反应流；后者依靠对流，视作无黏反应流。

敞开或密闭环境中，火焰传播速度较小，主要靠热传导维持（即输运预混火焰），此时，压力无空间分布。如果环境局部受限，在边界作用下，火焰会失稳加速（见第 7 章）。

对流预混火焰，反应沿着瑞利直线，向 $Ma_f=1$ 的方向进行，即燃烧过程中，对流使反应质点的动能和内能分布趋于平衡。亚声速燃烧，质点温度先上升，达到温度 T_{max}后，再下降。超声速燃烧，质点温度单调上升，但总低于 T_{max}。无论亚声速燃烧还是超声速燃烧，其他流场参数，皆单调变化。

输运预混火焰主要依靠输运维持火焰传播，黏性影响下反应迹线弯曲。对于超声速燃烧，μk 很大时，输运效应可维持超声速燃烧。μk 减少，即输运能力下降时，Ma_f 急剧下降，以提高质点温度，促使未燃物易于点火，此时，将出现跨声速燃烧。如果 μk 很小（几乎无输运效应时），因能量集聚，会产生激波，出现激波-火焰复合波（见第 7 章）。对于无梯度边界，黏性仅影响燃烧过程，不影响反应结束端面的热力学状态。

参 考 文 献

[1] Adamson A W. A texbook of physical chemistry[M]. New York: Academic Press, 1973.
[2] Turns S R. An introduction to combustion, concepts and applications[Z], New York: McGraw-Hill Companies, 2000.
[3] 吉林大学，等. 物理化学[M]. 北京：人民教育出版社，1979.

[4] 胡英,陈学让,吴树森. 物理化学[M]. 北京:人民教育出版社, 1979.
[5] 孙锦山,朱建士. 理论爆轰物理[M].北京:国防工业出版社, 1995.
[6] Fickett W, Davis W C. Detonation[M]. California: University of California Press, 1979.
[7] Hines A L, Maddox R N. Mass transfer[M]. New Jersey:Prenticle-Hall,1986.
[8] Kuo K K. Principles of combustion[M]. New York:Wiley, 2005.
[9] Williams F A, Combustion theory[M]. London: Westview Press, 1994.
[10] 周力行. 燃烧理论和化学流体力学[M]. 北京:科学出版社, 1986.
[11] 应展峰,范宝春,叶经方,等. 燃烧室中悬跨圆柱的火焰绕流[J]. 力学学报,2009 41(6):842.
[12] Fan B C, Yin Z F, Chen Z H,et al. Observations of flame behavior during flame-obstacle interaction[J]. Process Safety Progress,2008 27(1):66.
[13] Gui M Y, Fan B C, Dong G,et al. Experimental and numerical studies of interactions of a spherical flame with incident and reflected shock[J]. Acta Mechanica Sinica,2009,25(2): 173.
[14] Gruschka H D, Wecken F. Gasdynamic theory of detonation[M]. Abingdon:Gordon Breach Science Publishers,1971.
[15] Lee H S. The detonation phenomenon[M]. Cambridge:Cambridge University Press, 2008.
[16] 范维澄,万跃鹏. 流动及燃烧的模型与计算[M]. 北京:中国科学技术大学出版社, 1992.
[17] 范宝春. 两相系统的燃烧,爆炸和爆轰[M]. 北京:国防工业出版社, 1998.

第6章 湍流燃烧

反应流 N-S 方程(包含质量方程、动量方程和能量方程)与无反应的 N-S 方程形式一致,尽管反应流方程中,热力学变量(比内能 e、比焓 h 等)和输运量 $\boldsymbol{q}$ 皆与组元 Y_i 有关。由于 Y_i 不直接影响 N-S 方程(Y_i 为被动标量),故讨论湍流燃烧时,N-S 方程与组元守恒方程可分开处理。

湍流 N-S 方程的处理思路来自不可压流。通过质量加权平均(亦称 Favre 平均),可将不可压流的湍流模式直接推广至可压流。

湍流燃烧的组元守恒方程中,反应项为指数函数,如进行雷诺分解,相关脉动量的模化将相当困难。考虑到湍流对反应的影响与反应区尺度以及湍涡尺度有关,据此,可将湍流火焰分为三类:褶皱层流火焰(Wrinkled Laminar- Flame),涡内小火焰(Flamelets in Eddies)和分布反应火焰(Distributed-Reaction)。

反应区很薄时,湍流不能进入反应区,仅使火焰阵面褶皱变形,称为褶皱层流火焰。此时,反应速率视作褶皱火焰面的平均值,称为 BML(Bray-Moss-Libby)方法。也可引进 G 方程,用 G 确定褶皱火焰面,称为火焰面设置法(Level Set Approach)。

湍流强度很高时,火焰阵面可能破碎,反应区由相互掺混的已燃和未燃气团组成,称为涡内小火焰。此时,反应速率决定于湍流混合速率,与湍流特征时间 $t_T=\dfrac{k}{\varepsilon}$成反比,称为旋涡破碎模型(Eddy- Break-Up Model)。

湍流尺度小于层流火焰厚度,反应时间大于湍涡寿命时,反应区内存在湍涡与反应相互作用,反应速度与湍流瞬态流场有关,称为分布反应火焰。此时,需同时考虑 Arrhenius 定律和湍流。PDF 模型或线性涡模型(Linear-Eddy Model ,LEM)可处理湍流和反应的耦合问题。

6.1 可压湍流

6.1.1 Favre 平均[1-6]

随机量 A 的 Favre PDF 定义为

$$\widetilde{P}(A)=\frac{1}{\bar{\rho}}\int_{\rho_{\min}}^{\rho_{\max}}\rho P(A,\rho)\,\mathrm{d}\rho$$

式中:$P(A,\rho)$为 A 和 ρ 的关联 PDF。

由贝叶斯原理(见式(4.86)),有

$$\widetilde{P}(A)=\frac{1}{\bar{\rho}}\langle\rho \mid A\rangle P(A)$$

则
$$\widetilde{A}=\int_{-\infty}^{+\infty}A\widetilde{P}(A)\,\mathrm{d}A=\frac{\overline{\rho A}}{\bar{\rho}} \tag{6.1}$$

其中 $\bar{A}=\langle A\rangle$, 为雷诺平均。$\widetilde{A}$ 为质量加权平均,亦称为 Favre 平均。

于是

$$A=\widetilde{A}+A''=\bar{A}+A'$$

显然, $\bar{\widetilde{A}}=\widetilde{A},\widetilde{A''}=0,\overline{A''}=-\dfrac{\overline{\rho'A'}}{\bar{\rho}}\neq 0,\overline{\rho A''}=0,\widetilde{A}-\bar{A}=\dfrac{\overline{\rho'A''}}{\bar{\rho}}=\dfrac{\overline{\rho'A'}}{\bar{\rho}}$

对于可压流,采用雷诺平均,有

$$\overline{\rho u\nu}=\bar{\rho}\,\bar{u}\,\bar{\nu}+\bar{\rho}\,\overline{u'\nu'}+\overline{\rho'u'}\,\bar{\nu}+\overline{\rho'\nu'}\,\bar{u}+\overline{\rho'u'\nu'} \tag{6.2}$$

若采用 Favre 平均,则

$$\rho u\nu=\rho\,\widetilde{u}\,\widetilde{\nu}+pu''\widetilde{\nu}+\rho\nu''\widetilde{u}+\rho u''\nu''$$

进而有

$$\overline{\rho u\nu}=\bar{\rho}\,\widetilde{u}\,\widetilde{\nu}+\bar{\rho}\,\widetilde{u''\nu''} \tag{6.3}$$

该式比式(6.2)简单,还与不可压流雷诺分解的形式相同(即 $\overline{u\nu}=\bar{u}\,\bar{\nu}+\overline{u'\nu'}$)。

6.1.2 涡黏模式[1-6]

可压缩流守恒方程为

质量方程为
$$\frac{\partial p}{\partial t}+\frac{\partial}{\partial x_j}(\rho u_j)=0 \tag{5.32}$$

动量方程为
$$\frac{\partial \rho u_i}{\partial t}+\frac{\partial}{\partial x_j}(\rho u_i u_j)=-\frac{\partial p}{\partial x_i}+\frac{\partial \tau_{ij}}{\partial x_j} \tag{5.33}$$

其中
$$\tau_{ij}=\mu\left(\frac{\partial u_i}{\partial x_j}+\frac{\partial u_j}{\partial x_i}\right)-\eta\frac{\partial u_k}{\partial x_k}\delta_{ij}$$

能量方程为
$$\frac{\partial \rho h}{\partial t}+\frac{\partial \rho h u_j}{\partial x_j}=\frac{\partial p}{\partial t}+u_j\frac{\partial p}{\partial x_j}+\tau_{ij}\frac{\partial u_i}{\partial x_j}-\frac{\partial q_j}{\partial x_j} \tag{5.39}$$

其中,比焓 $h=\Sigma Y_i h_i,h_i=h_i^0+\int_{T_{\mathrm{ref}}}^{T}C_{pi}\mathrm{d}T,\boldsymbol{q}=-\kappa_1\nabla T+\rho\Sigma h_i Y_i\boldsymbol{V}_i,\boldsymbol{V}_i$ 为组元 i 的扩散速度。

由于
$$\nabla h=C_p\nabla T+\Sigma\left(\frac{\partial h}{\partial Y_i}\right)_T\nabla Y_i$$

故 $$\boldsymbol{q} = -\frac{\kappa_1}{C_p}\left(\nabla h + \left(1 - \frac{1}{Le}\right)\Sigma h_i \nabla Y_i\right)$$

其中 Lewis 数 $Le=\dfrac{\kappa_1}{\rho C_p D}$，当 $Le=1$，或无反应系统有$\nabla Y=0$，于是 $\boldsymbol{q}=-\dfrac{\kappa_1}{C_p}\nabla h$。

如果密度和压力采用雷诺平均，其余变量采用 Favre 平均，分解后的质量和动量守恒方程分别为

$$\frac{\partial \bar{\rho}}{\partial t} + \frac{\partial}{\partial x_j}(\bar{\rho}\,\tilde{u}_j) = 0 \tag{6.4}$$

$$\frac{\partial \bar{\rho}\tilde{u}_i}{\partial t} + \frac{\partial}{\partial x_j}(\bar{\rho}\tilde{u}_i\tilde{u}_j) = -\frac{\partial \bar{p}}{\partial x_i} + \frac{\partial}{\partial x_j}[\tilde{\tau}_{ij} - \bar{\rho}\,\widetilde{u''_i u''_j}] \tag{6.5}$$

该方程与不可压雷诺分解方程形式一致。式中，$\bar{\rho}\,\widetilde{u''u''}$称为雷诺应力张量，为使方程封闭，该项需进行模化。

若采用涡黏模式，雷诺应力张量为

$$\bar{\rho}\,\widetilde{u''_i u''_j} = \frac{2}{3}\bar{\rho}\tilde{k}\delta_{ij} + \bar{\rho}a_{ij}$$

其中 $$a_{ij} = -2\nu_T\tilde{\boldsymbol{S}}_{ij} + \frac{2}{3}\delta_{ij}\frac{\partial \tilde{u}_k}{\partial x_k}$$

$$\tilde{\boldsymbol{S}}_{ij} = \frac{1}{2}\left(\frac{\partial \tilde{u}_i}{\partial x_j} + \frac{\partial \tilde{u}_j}{\partial x_i}\right)$$

ν_T 为涡黏系数，此值确定后，方程封闭。

在 k-ε 模型中，定义 $\nu_T=C_\mu\tilde{k}^2/\tilde{\varepsilon}$，其中，$\tilde{k}=\dfrac{1}{2}\widetilde{u''_i u''_i}$。通过求解 $\tilde{k}$ 和 $\tilde{\varepsilon}$ 方程，可确定 ν_T。模仿不可压缩流，可写出可压缩流的 $\tilde{k}$ 和 $\tilde{\varepsilon}$ 方程：

$$\frac{\tilde{\mathrm{D}}\tilde{k}}{\tilde{\mathrm{D}}t} = \nabla\cdot\left(\frac{\bar{\rho}\nu_t}{\sigma_k}\nabla\tilde{k}\right) + \mathcal{P} - \bar{\rho}\tilde{\varepsilon} \tag{6.6}$$

其中 $$\mathcal{P} = -\bar{\rho}\,\widetilde{u''u''}:\nabla\tilde{\boldsymbol{u}} \text{ 或 } \mathcal{P}_{ii} = -\bar{\rho}\,\widetilde{u''_i u''_j}\frac{\partial \tilde{u}_i}{\partial x_j}$$

和 $$\frac{\tilde{\mathrm{D}}\tilde{\varepsilon}}{\tilde{\mathrm{D}}t} = \nabla\cdot\left(\frac{\nu_T}{\sigma_\varepsilon}\bar{\rho}\nabla\tilde{\varepsilon}\right) + C_{\varepsilon 1}\mathcal{P}\tilde{\varepsilon}/\tilde{k} - C_{\varepsilon 2}\bar{\rho}\tilde{\varepsilon}^2/\tilde{k} \tag{6.7}$$

k-ε 模型的诸式中，$C_\mu = 0.09$，$\sigma_k = 1.0$，$\sigma_\varepsilon = 1.3$，$C_{\varepsilon 1} = 1.44$ 和 $C_{\varepsilon 2} = 1.92$。

分解后，能量方程为

$$\frac{\partial \bar{\rho}\tilde{h}}{\partial t} + \frac{\partial \bar{\rho}\,\tilde{h}\,\tilde{u}_j}{\partial x_j} = \frac{\partial \bar{p}}{\partial t} + \tilde{u}_j\frac{\partial \bar{p}}{\partial x_j} + \overline{u''_j\frac{\partial p}{\partial x_j}} + \tilde{\tau}_{ij}\frac{\partial \tilde{u}_i}{\partial x_j} + \overline{\tau''_{ij}\frac{\partial u''_i}{\partial x_j}} + \frac{\partial}{\partial x_j}(-\bar{q}_j - \bar{\rho}\,\widetilde{h''u''_j})$$

此式,右端第 1 项和第 2 项为宏观运动的压力功,第 3 项为湍流脉动的压力功,第 4 项和第 5 项为能量耗散,第 6 项为热传导,第 7 项为湍流扩散。其中第 3 项、第 5 项和第 7 项需进行模化,有

$$\overline{\tau''_{ij}\frac{\partial u''_i}{\partial x_j}} = \bar{\rho}\tilde{\varepsilon}$$

$$\bar{\rho}\,\widetilde{h''u''_j} = -\frac{\mu_T}{\sigma_T}\frac{\partial \tilde{h}}{\partial x_j}$$

$$\overline{u''_i\frac{\partial p}{\partial x_i}} = \frac{\overline{\rho' u''}}{\bar{\rho}}\frac{\partial \bar{p}}{\partial x_i} + \frac{\partial\,\overline{p' u''}}{\partial x_i} = -\frac{\nu_T}{\bar{\rho}}\frac{\partial \bar{\rho}}{\partial x_i}\frac{\partial \bar{p}}{\partial x_i}$$

于是

$$\frac{\partial \bar{\rho}\tilde{h}}{\partial t} + \frac{\partial \bar{\rho}\tilde{h}\,\tilde{u}_j}{\partial x_j} = \frac{\partial \bar{p}}{\partial t} + \tilde{u}_j\frac{\partial \bar{p}}{\partial x_j} + \frac{\nu_T}{\bar{\rho}}\frac{\partial \bar{\rho}}{\partial x_i}\frac{\partial \bar{p}}{\partial x_i} + \tilde{\tau}_{ij}\frac{\partial \tilde{u}_i}{\partial x_j} + \bar{\rho}\tilde{\varepsilon} + \frac{\partial}{\partial x_j}\left[\left(\frac{\mu_T}{\sigma_T} + \frac{\mu}{\mathrm{Pr}}\right)\frac{\partial \tilde{h}}{\partial x_j}\right] \tag{6.8}$$

其中,$\sigma_T = 0.7$。

6.1.3 大涡模拟[7-9]

不可压流大涡模拟时,随机量滤波有

$$A(\boldsymbol{x},t) = \bar{A}(\boldsymbol{x},t) + A'(\boldsymbol{x},t)$$

式中:$\bar{A}(\boldsymbol{x},t)$ 为滤波后的量;$A'(\boldsymbol{x},t)$ 为剩余脉动量,此时,$\overline{A'}(\boldsymbol{x},t) \neq 0$。

滤波过程,可写成物理空间的卷积,对于均匀滤波器,有

$$\overline{A(\boldsymbol{x},t)} = G(\boldsymbol{x}) * A(\boldsymbol{x},t) = \int G(\boldsymbol{r})A((\boldsymbol{x}-\boldsymbol{r}),t)\,\mathrm{d}\boldsymbol{r}$$

对于可压流,引进 Favre 滤波

$$\tilde{A}(\boldsymbol{x},t) = \frac{1}{\bar{\rho}}\int \rho G(\boldsymbol{r})A((\boldsymbol{x}-\boldsymbol{r}),t)\,\mathrm{d}\boldsymbol{r} = \frac{\overline{\rho A}}{\bar{\rho}} \tag{6.9}$$

可压流守恒方程包括:质量方程(5.32),动量方程(5.33)和能量方程

$$\frac{\partial \rho e_t}{\partial t} + \frac{\partial[(\rho e_t + p)u_i + q_i - u_j\tau_{ji}]}{\partial x_i} = 0 \tag{5.35}$$

其中,

$$\boldsymbol{q}_i = -\kappa_1\frac{\partial T}{\partial x_i} + \rho\sum_k h_k Y_k V_{ki}$$

滤波后

$$\frac{\partial \bar{\rho}}{\partial t} + \frac{\partial \bar{\rho}\tilde{u}_i}{\partial x_i} = 0 \tag{6.10}$$

$$\frac{\partial\,\bar{\rho}\,\tilde{u}_i}{\partial t} + \frac{\partial}{\partial x_j}(\bar{\rho}\tilde{u}_i\tilde{u}_j + \bar{p}\delta_{ij} - \bar{\tau}_{ij} + \tau_{ij}^{\mathrm{sgs}}) = 0 \tag{6.11}$$

$$\frac{\partial \bar{\rho}\tilde{e}_t}{\partial t} + \frac{\partial}{\partial x_j}[(\bar{\rho}\tilde{e}_t + \bar{p})\tilde{u}_j + \bar{q}_j - \tilde{u}_i\bar{\tau}_{ij} + H_j^{\text{sgs}} + \sigma_j^{\text{sgs}}] = 0 \tag{6.12}$$

其中,亚格子剩余应力

$$\tau_{ij}^{\text{sgs}} = \bar{\rho}[\widetilde{u_i u_j} - \tilde{u}_i\tilde{u}_j] \tag{6.13}$$

亚格子总焓通量

$$H_i^{\text{sgs}} = \bar{\rho}[\widetilde{e_t u_i} - \tilde{e}_t\tilde{u}_i] + [\widetilde{pu_i} - \bar{p}\tilde{u}_i] \tag{6.14}$$

亚格子耗散项

$$\sigma_i^{\text{sgs}} = [\widetilde{u_i\tau_{ij}} - \tilde{u}_j\bar{\tau}_{ij}] \tag{6.15}$$

$$\bar{q}_j = -\kappa_1\frac{\partial\tilde{T}}{\partial x_i} - \bar{\rho}\Sigma D\tilde{h}_k\frac{\partial\tilde{Y}_k}{\partial x_i} + \Sigma q_{i,k}^{\text{sgs}} \tag{6.16}$$

其中,

$$q_{i,k}^{\text{sgs}} = D\,\widetilde{h_k\frac{\partial Y_k}{\partial x_i}} - D\tilde{h}_k\frac{\partial\tilde{Y}_k}{\partial x_i} \tag{6.17}$$

无反应系统,$\bar{q}_j = -\kappa_1\frac{\partial\tilde{T}}{\partial x_i}$。

σ_i^{sgs} 可以忽略,τ_{ij}^{sgs}和 H_i^{sgs} 需模化。有

$$H_i^{\text{sgs}} = -\bar{\rho}\frac{\nu_T}{\text{Pr}_T}\frac{\partial\tilde{h}}{\partial x_i} \tag{6.18}$$

$$\tau_{ij}^{\text{sgs}} = -2\bar{\rho}\nu_T^{\text{sgs}}\left(\bar{S}_{ij} - \frac{1}{3}\overline{S_{kk}}\delta_{ij}\right) + \frac{2}{3}\bar{\rho}\kappa^{\text{sgs}}\delta_{ij} \tag{6.19}$$

其中,$k^{\text{sgs}} = \frac{1}{2}[\widetilde{u_k u_k} - \tilde{u}_k\tilde{u}_k]$,$\overline{S_{ij}} = \frac{1}{2}\left(\frac{\partial\tilde{u}_i}{\partial x_j} + \frac{\partial\tilde{u}_j}{\partial x_i}\right)$,$Pr_T = 0.9$ 为湍流普朗特数。

采用 Smagorinsky 模式,有

$$\nu_T^{\text{sgs}} = C_s^2\Delta^2 |\tilde{S}|, |\tilde{S}| = |2\overline{S_{ij}}\,\overline{S_{ij}}|, C_s = 0.17 \tag{6.20}$$

若采用 k 方程模式,有

$$\nu_T^{\text{sgs}} = C_\nu\sqrt{k^{\text{sgs}}}\Delta, C_\nu = 0.067 \tag{6.21}$$

k^{sgs}满足方程

$$\frac{\partial\bar{\rho}k^{\text{sgs}}}{\partial t} + \frac{\partial}{\partial x_j}(\bar{\rho}\tilde{u}_i k^{\text{sgs}}) = \frac{\partial}{\partial x_i}\left(\bar{\rho}\frac{\nu_T}{\text{Pr}_T}\frac{\partial k^{\text{sgs}}}{\partial x_i}\right) + P^{\text{sgs}} - D^{\text{sgs}} \tag{6.22}$$

式中:$P^{\text{sgs}} = -\tau_{ij}^{\text{sgs}}\left(\frac{\partial\tilde{u}_i}{\partial x_j}\right)$;$D^{\text{sgs}} = \frac{\partial}{\partial x_i}(\tilde{u}_j\tau_{ij}^{\text{sgs}}) = C_\varepsilon\bar{\rho}(k^{\text{sgs}})^{3/2}/\Delta, C_\varepsilon = 0.916$。

6.2 湍流燃烧基础

6.2.1 反应流守恒方程[6]

反应流守恒方程由 N-S 方程(包括质量方程(5.32)、动量方程(5.33)和能量方程(5.35))和组元守恒方程组成。组元守恒方程:

$$\frac{\partial \rho Y_k}{\partial t}+\frac{\partial(\rho Y_k u_i)}{\partial x_i}=\frac{\partial}{\partial x_i}\left(\rho D\frac{\partial Y_k}{\partial x_i}\right)+\dot{\omega}_k \tag{5.31}$$

式(5.31)与式(5.32)不独立。此外,反应流和无反应流的 N-S 方程形式一致,皆用式(5.32)、式(5.33)和式(5.35)(或式(5.39))表示。差别仅在于,反应流中,热力学变量(比内能 e、比焓 h 等)和输运量 $\boldsymbol{q}$ 皆与组元 Y_i 有关。

讨论湍流燃烧时,可将 N-S 方程与组元守恒方程可分开处理。N-S 方程采用可压流的湍流模式,如 $k-\varepsilon$ 模型和 LES 等(如 6.1 节所述),而组元守恒方程则需专门处理。

组元守恒方程分解后有

$$\frac{\partial\bar{\rho}\widetilde{Y}_k}{\partial t}+\frac{\partial(\bar{\rho}\widetilde{u}_i\widetilde{Y}_k)}{\partial x_i}=\overline{\frac{\partial}{\partial x_i}\left(\rho D\frac{\partial Y_k}{\partial x_i}\right)}-\frac{\partial\bar{\rho}\,\widetilde{u_i''Y_k''}}{\partial x_i}+\bar{\dot{\omega}}_K \tag{6.23}$$

方程右侧第一项为扩散项,与分子扩散有关,可以忽略。第二项和第三项需要进行模化。第三项为反应源项,含指数函数 $\exp\left(-\dfrac{E}{RT}\right)$。令 $T=\widetilde{T}+T''$,有

$$\exp\left(-\frac{E}{RT}\right)=\exp\left(-\frac{E}{R\widetilde{T}}\right)\exp\left(\frac{ET''}{R\widetilde{T}}\right)$$

通常,$\widetilde{T}/T''\approx0.1\sim0.3$,指数运算还可使该值放大,故 $\exp\left(\dfrac{ET''}{R\widetilde{T}}\right)$ 对反应速率的影响不可忽略。如果将其展开成系列小量的和,取平均值时,会出现大量高阶矩,更加难以处理。

6.2.2 湍流火焰分类[3, 6]

根据 Kolmogorov 能量串级假设,湍流中存在不同空间尺度的湍涡。最大湍涡尺度为积分尺度 l_0,最小涡尺度为 Kolmogorov 微尺度 η。火焰也存在空间特征尺度,包括层流火焰厚度 l_F 和反应区内层厚度 l_δ。湍流中还存在不同的时间尺度,包括最大湍涡存在时间 $\tau_{flow}=l_0/u'_{rms}$(τ_{flow}为旋涡寿命,其中 u'_{rms}表示湍流脉动的均方根速度),最小旋涡存在时间 $\tau_\eta=(\nu/\varepsilon)^{1/2}$。火焰也存在反应特征时间 $\tau_{chem}=l_F/S_L$。

引入 Damkoler 数,表示流动(混合)特征时间与反应特征时间之比:

$$Da=\frac{\tau_{\text{flow}}}{\tau_{\text{chem}}}=\frac{l_0\ S_L}{l_F\,u'_{\text{rms}}}$$

$Da\gg1$ 为快反应,$Da\ll1$ 为慢反应。

引入 Karlovitz 数,表示反应特征时间与 Kolmogorov 特征时间之比:

$$Ka=\frac{\tau_{\text{chem}}}{\tau_{\eta}}=\frac{l_F^2}{\eta^2}=\frac{u_\eta^2}{S_L^2}$$

$Da>1$ 时,反应速度大于流体混合速度。如果 $l_F\leqslant\eta(Ka<1)$,即层流火焰厚度小于湍流最小涡尺度,此时,湍流只能使反应区褶皱变形,不影响层流火焰的基本结构。这是湍流燃烧的一种极端状态,称为褶皱层流火焰,如图 6.1(a)所示。此类火焰又分为三类:①如果 $u'_{\text{rms}}<S_L$,脉动速度无法与燃烧速度相比,层流火焰的传播将主宰火焰阵面,阵面以折褶为主,称为折褶子火焰(Wrinkled Flamelets)。②如果 $u'_{\text{rms}}>S_L$,湍流脉动影响增强,阵面出现湍流导致的波动,称为波纹子火焰(Corrugated Flamelets)。③如果火焰内层很薄,$l_\delta\leqslant\eta\leqslant l_F(Ka>1)$,湍流最小涡尺度小于层流火焰厚度,但大于内层厚度,此时,湍流可以影响火焰预热区,但不影响反应,称为薄反应区火焰(Thin Reaction Zone)。

$Da<1$ 时,反应时间大于湍涡寿命。如果 $l_F\geqslant l_0$,所有湍流尺度均小于层流火焰厚度。此时,反应区内输运不仅与分子扩散有关,还受湍流影响。这是湍流燃烧的另一种极端状态,称为分布反应火焰,如图 6.1(b)所示。

对于中等强度的 Da,如果 $l_0>l_F>\eta,u'_{\text{rms}}/S_L\gg1$,即火焰有一定厚度,湍流强度很高,此时,反应区内存在许多燃烧程度不同的不断破碎的可燃气团,未燃和已燃气团间的湍流混合,提供足够的反应界面。此时,燃烧速率不再决定于反应速率,而是决定于湍流混合速率。此燃烧称为涡内小火焰(Flamelets in Eddies),如图 6.1(c)所示。

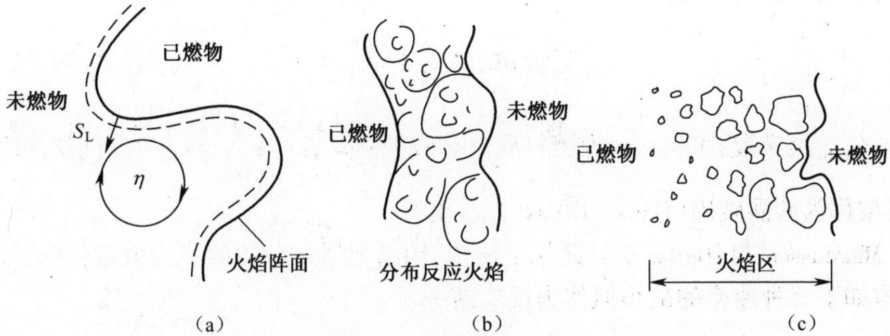

图 6.1　各类湍流火焰

(a)褶皱层流火焰;(b)分布反应火焰;(c)涡内小火焰

图 6.2 为 Re_T-Da 平面,无量纲量 η/l_F,l_0/l_F 和 u'_{rms}/S_L 的分布,其中 $Re_T=\frac{u'_{\text{rms}}l_0}{\nu}$。图中,$\eta/l_F=1$ 和 $l_0/l_F=1$ 两条粗实线将平面分为三个区域,分别对应于湍

流燃烧的三个模式：$\eta/l_F=1$ 线上方为褶皱层流火焰区；$l_0/l_F=1$ 下方为分布反应火焰区，两者之间，为涡内小火焰区。

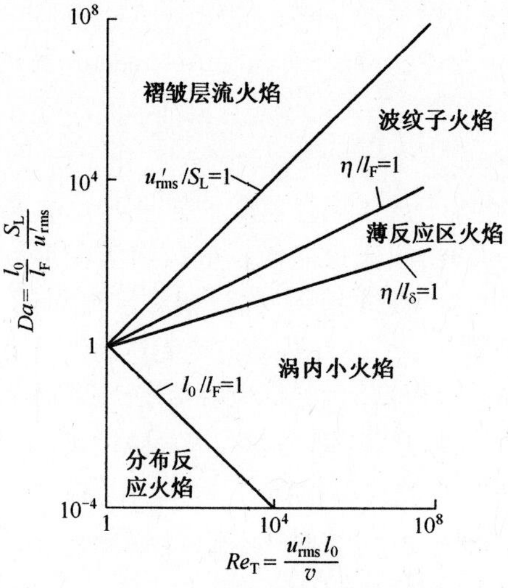

图 6.2 湍流火焰分区

6.3 湍流燃烧模型

6.3.1 湍涡破碎模型[10-12]

对于涡内小火焰模式，火焰内存在许多相互掺混的燃烧程度不同的气团，燃烧速率取决于湍流混合速率。Spalding 认为，湍流混合可视作从积分尺度到 Kolmogorov 尺度的串级过程。故化学反应速率决定于湍涡尺寸的减小速率，于是

$$\bar{\omega}_p=\rho C_{EBU}\frac{\varepsilon}{k}(\overline{Y''^2_F})^{1/2} \tag{6.24}$$

式中：C_{EBU}是常数；$\overline{Y''^2_F}=g_F$ 为燃料质量分数的脉动方差；$\frac{k}{\varepsilon}=t_T$ 为湍流特征时间。此模型称为湍涡破碎(Eddy- Break-Up)模型。

Magnussen 和 Hjertager 对此作了修正，用组元质量分数的平均值替代脉动均方根，取如下三种速率的最小值作为反应速率：

$$\bar{\omega}_F=\bar{\rho}A\widetilde{Y}_F\frac{\varepsilon}{k},\bar{\omega}_{o_2}=\bar{\rho}\frac{A\widetilde{Y}_{o_2}}{\nu}\frac{\varepsilon}{k}\quad 和 \quad \bar{\omega}_p=\bar{\rho}\frac{A\cdot B}{1+\nu}\widetilde{Y}_P\frac{\varepsilon}{k} \tag{6.25}$$

式中：A、B 为常数；ν 为计量系数。计算时，为获得与实验相符的结果，C_{EBU}、A 和 B 可在很大范围内选择。此模型称为湍涡耗散(Eddy-Dissipation)模型。

Favre 平均的组元守恒方程(式(6.23))：

$$\frac{\partial\bar{\rho}\widetilde{Y}_k}{\partial t}+\frac{\partial(\bar{\rho}\widetilde{u}_i\widetilde{Y}_k)}{\partial x_i}=\overline{\frac{\partial}{\partial x_i}\left(\rho D\frac{\partial Y_k}{\partial x_i}\right)}-\frac{\partial\bar{\rho}\widetilde{u_i''Y_k''}}{\partial x_i}+\bar{\omega}_K$$

式中：$\bar{\rho}\widetilde{u_i''Y_k''}$ 可采用梯度模拟，即

$$\bar{\rho}\widetilde{u_i''Y_k''}=-\frac{\mu_T}{\sigma_T}\frac{\partial\widetilde{Y}_k}{\partial x_i}$$

于是

$$\frac{\partial\bar{\rho}\widetilde{Y}_k}{\partial t}+\frac{\partial(\bar{\rho}\widetilde{u}_i\widetilde{Y}_k)}{\partial x_i}=\frac{\partial}{\partial x_i}\left[\left(\frac{\mu}{Sc}+\frac{\mu_T}{\sigma_T}\right)\frac{\partial\widetilde{Y}_k}{\partial x_i}\right]+\bar{\omega}_K \tag{6.26}$$

式中：$Sc=\nu/D$ 为 Schmidt 数。反应项 $\bar{\omega}_K$ 可采用 Eddy-Dissipation 模型，即方程(6.25)。此时，方程(6.26)和(6.25)是封闭的。

采用 Eddy-Break-Up 模型时，即式(6.24)，为使方程封闭，需知道 g_F。由式(5.31)和式(6.23)，忽略密度脉动，即假设 $\frac{\partial\widetilde{u}_i}{\partial x_i}=0$ 和 $\frac{\partial u''_i}{\partial x_i}=0$，有

$$\frac{\partial\bar{\rho}g_F}{\partial t}+\frac{\partial(\bar{\rho}\widetilde{u}_i g_F)}{\partial x_i}=\frac{\partial}{\partial x_i}\left(\frac{\mu}{Sc}\frac{\partial g_F}{\partial x_i}\right)-\frac{1}{2}\frac{\partial}{\partial x_i}(\overline{\rho g_F u_i''})-\overline{\rho Y_T''u_i''}\frac{\partial\bar{Y}_F}{\partial x_i}-\mu\overline{\left(\frac{\partial Y_F''}{\partial x_i}\right)^2} \tag{6.27}$$

式中相关脉动量按如下方式模化：

$$\overline{\rho g_F u_i''}=-\frac{\mu_T}{\sigma_T}\frac{\partial g_F}{\partial x_i}$$

$$\overline{\rho Y_F''u_i''}=-C_{g1}\mu_T\frac{\partial\bar{Y}_F}{\partial x_i}$$

$$\mu\overline{\left(\frac{\partial Y_F''}{\partial x_i}\right)^2}=C_{g2}\frac{\varepsilon}{k}\bar{\rho}g_F$$

于是

$$\frac{\partial\bar{\rho}g_k}{\partial t}+\frac{\partial(\bar{\rho}\widetilde{u}_i g_F)}{\partial x_i}=\frac{\partial}{\partial x_i}\left[\left(\frac{\mu}{Sc}+\frac{\mu_T}{\sigma_T}\right)\frac{\partial g_F}{\partial x_i}\right]+C_{g1}\mu_T\left(\frac{\partial\bar{Y}_F}{\partial x_i}\right)^2-C_{g2}\bar{\rho}g_F\frac{\varepsilon}{k} \tag{6.28}$$

此时，关于方程(6.26)、方程(6.28)和方程(6.24)是封闭的。

6.3.2 BML 模型[13-15]

对于一步反应，$A\rightarrow P$，设反应放热，使温度从 T_u 升至 T_b。引进进展度 c，定义为

$$c=\frac{T-T_u}{T_b-T_u} \quad 或 \quad c=\frac{Y_P}{Y_{P,b}}$$

有守恒方程：

$$\frac{\partial \rho c}{\partial t}+\frac{\partial \rho u_i c}{\partial x_i}=\frac{\partial}{\partial x_i}\left(\rho D\frac{\partial c}{\partial x_i}\right)+\dot{\omega}_c \tag{6.29}$$

方程分解后，忽略分子扩散项，有

$$\frac{\partial \bar{\rho}\tilde{c}}{\partial t}+\frac{\partial \bar{\rho}\tilde{u}_i\tilde{c}}{\partial x_i}=\frac{\partial}{\partial x_i}(\bar{\rho}\widetilde{u''c''})+\bar{\dot{\omega}}_c \tag{6.30}$$

其中，$\widetilde{u_i''c''}$和 $\bar{\dot{\omega}}_c$ 需要模化。

对于折褶子火焰，火焰无限薄，可视为间断。流场或为已燃状态，或为未燃状态，不存在中间状态。故 c 是阶梯函数，将已燃区与未燃区分开。BML(Bray-Moss-Libby)模型假设，c 的 PDF 是两个 δ 函数：$c=0$ 和 $c=1$，即

$$P(c,\boldsymbol{x},t)=\alpha(\boldsymbol{x},t)\delta(c)+\beta(\boldsymbol{x},t)\delta(c-1) \tag{6.31}$$

其中 α 和 β 分别为 (x,t) 处，未燃物和已燃物出现的概率，如图 6.3 所示。

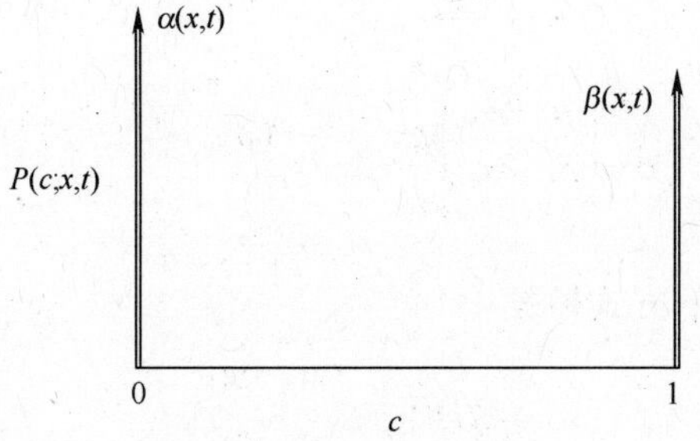

图 6.3 BML 模型的 PDF

从 $c=0$ 到 $c=1$ 积分，由于

$$\int_0^1 P(c,x)\,\mathrm{d}c=1$$

故

$$\alpha(x,t)+\beta(x,t)=1 \tag{6.32}$$

设燃烧过程，平均分子量不变，压力不变，于是

$$\frac{\rho}{\rho_u}=\frac{T_u}{T}=\frac{1-\gamma}{1-\gamma(1-c)} \tag{6.33}$$

其中，$\gamma=\dfrac{\rho_u-\rho_b}{\rho_u}$ 为气体膨胀参数。于是

$$\frac{\bar{\rho}(\boldsymbol{x},t)}{\rho_u}=\int_0^1\frac{\rho}{\rho_u}P(c;\boldsymbol{x},t)\,\mathrm{d}c=\alpha(x,t)+\beta(x,t)(1-\gamma)=1-\beta(x,t)\gamma \tag{6.34}$$

c 的 Favre 平均值：

$$\tilde{c}(\boldsymbol{x},t)=\frac{\overline{\rho c}}{\bar{\rho}}=\frac{\rho_{\mathrm{u}}}{\bar{\rho}}\int_0^1\frac{(1-\gamma)c}{1-\gamma(1-c)}P(c;\boldsymbol{x},t)\,\mathrm{d}c=\frac{\rho_{\mathrm{u}}}{\bar{\rho}}\beta(\boldsymbol{x},t)(1-\gamma) \tag{6.35}$$

由式(6.34)和式(6.35)得

$$\bar{c}(\boldsymbol{x},t)=\int_0^1 cP(c;\boldsymbol{x},t)\,\mathrm{d}c=\beta(\boldsymbol{x},t) \tag{6.36}$$

于是

$$\bar{c}(\boldsymbol{x},t)=\frac{\tilde{c}}{1-\gamma(1-\tilde{c})} \tag{6.37}$$

进而有

$$\frac{\bar{\rho}(\boldsymbol{x},t)}{\rho_{\mathrm{u}}}=\frac{1-\gamma}{1-\gamma(1-\tilde{c})}$$

该式与式(6.33)形式一致。

以进展度 c 和某速度分量(如 x 方向的速度分量 u),为随机量的联合 PDF 为

$$P(u,c;\boldsymbol{x},t)=\alpha(\boldsymbol{x},t)\delta(c)P(u_{\mathrm{u}};\boldsymbol{x},t)+\beta(\boldsymbol{x},t)\delta(c-1)P(u_{\mathrm{b}};\boldsymbol{x},t) \tag{6.38}$$

式中:$P(u_{\mathrm{u}}:\boldsymbol{x},t)$ 和 $P(u_{\mathrm{b}}:\boldsymbol{x},t)$ 分别为未燃物速度 u_{u} 和已燃物速度 u_{b} 的条件 PDF。

式(6.38)乘 ρu 后积分,得

$$\tilde{u}(\boldsymbol{x},t)=(1-\tilde{c})\bar{u}_{\mathrm{u}}(\boldsymbol{x},t)+\tilde{c}\bar{u}_{\mathrm{b}}(\boldsymbol{x},t) \tag{6.39}$$

式中:$\bar{u}_{\mathrm{u}}$ 和 $\bar{u}_{\mathrm{b}}$ 分别为未燃物和已燃物的条件平均速度。

同样可求得 $\widetilde{u''c''}$ 为

$$\widetilde{u''c''}=\tilde{c}(1-\tilde{c})(\bar{u}_{\mathrm{b}}-\bar{u}_{\mathrm{u}}) \tag{6.40}$$

对于平稳的平面湍流火焰,由于波后已燃气体膨胀,为保持质量流量守恒,故 $\bar{u}_{\mathrm{b}}>\bar{u}_{\mathrm{u}}$,于是,$\widetilde{u''c''}>0$。

如果 $\widetilde{u''c''}$ 采用梯度,则

$$\widetilde{u''c''}=-D\nabla\tilde{c} \tag{6.41}$$

在 $\tilde{c}$ 增大的方向,$\widetilde{u''c''}<0$,这与式(6.40)的结论相反。原因在于,燃烧产物膨胀会导致反梯度扩散。

为此,根据直接模拟(DNS)数据的分析,$\widetilde{u''c''}$ 模化为

$$\widetilde{u''c''}=\tilde{c}(1-\tilde{c})\left(\frac{\gamma}{1-\gamma}S_{\mathrm{L}}-2ku'_{\mathrm{rms}}\right) \tag{6.42}$$

式中:$k\approx1$,其值与 l/l_{F} 有关;u'_{rms} 为湍流强度。

为封闭方程(6.30),还需模化 $\bar{\omega}_{\mathrm{c}}$。无限薄的折褶子火焰,其平均反应速率可视作一系列用 δ 函数表示的褶皱火焰面的总和:

$$\bar{\dot{\omega}}_c = \rho_u S_L I_0 \Sigma = \rho_u S_T I_0 \tag{6.43}$$

式中：S_L 为层流燃烧速度；I_0 为拉伸因子，为经验常数，常取 $I_0 = 1$；Σ 为火焰面密度，即单位体积的折褶火焰总面积；$S_T = S_L\Sigma$ 为湍流燃速。

采用代数模型时，Σ 写成

$$\Sigma = g\,\frac{\bar{c}(1-\bar{c})}{L_y} \tag{6.44}$$

式中：$\bar{c}$ 为平均进展度，可通过式(6.37)，由 $\tilde{c}$ 值获得；L_y 为褶皱区宽度；g 为常数。

也可推出 Σ 输运方程

$$\frac{\partial \Sigma}{\partial t} + \frac{\partial \widetilde{u_i}\Sigma}{\partial x_i} = \frac{\partial}{\partial x_i}\left(D\frac{\partial \Sigma}{\partial x_i}\right) + C_1\frac{\varepsilon}{k}\Sigma + C_2 S_L\frac{\Sigma^2}{1-\bar{c}}$$

右端第一项为湍流扩散项；第二项为火焰拉伸导致的产生项，与时间尺度（$\tau = k/\varepsilon$）成反比；第三项为火焰阵面消亡项。

上式可进一步写成

$$\frac{\partial S_T}{\partial t} + \frac{\partial \tilde{u}_i S_T}{\partial x_i} = \frac{\partial}{\partial x_i}\left(D\frac{\partial S_T}{\partial x_i}\right) + C_1\frac{\varepsilon}{k}S_T + C_2\frac{S_T^2}{1-\bar{c}} \tag{6.45}$$

此时，方程不再包含 S_L，故 $\tilde{c}$ 独立于 S_L。反应时间尺度仅与 $\tau = k/\varepsilon$ 有关，仅适用于快速反应。

6.3.3 火焰面模型[6, 16]

1. G方程

将火焰阵面视作运动的空间曲面，表示为

$$G(\boldsymbol{x}, t) = G_0 \tag{6.46}$$

式中：G_0 为某确定值。

微分式(6.46)得

$$\frac{\partial G}{\partial t} + \frac{\mathrm{d}\boldsymbol{x}_f}{\mathrm{d}t}\cdot\nabla G = 0 \tag{6.47}$$

其中，曲面传播速度为

$$\frac{\mathrm{d}\boldsymbol{x}_f}{\mathrm{d}t} = \boldsymbol{u}_f + S_L\boldsymbol{n} \tag{6.48}$$

式中：$\boldsymbol{n} = -\frac{\nabla G}{|G|}$ 为曲面的单位法向矢量；$\frac{\mathrm{d}\boldsymbol{x}_f}{\mathrm{d}t}$ 为火焰传播速度；$\boldsymbol{u}_f$ 为置换速度（当地流动速度）；S_L 为燃烧速度。

于是式(6.47)写成

$$\frac{\partial G}{\partial t} + \boldsymbol{u}_f\cdot\nabla G = S_L|\nabla G| \tag{6.49}$$

该方程称为 G 方程，描述一个标量场，称为 G 场。G 场仅在 $G(\boldsymbol{x},t)=G_0$ 曲面上有明确值，周围没有定义。$G(\boldsymbol{x},t)=G_0$ 曲面将空间分为两个区域：$G(\boldsymbol{x},t)>G_0$ 和 $G(\boldsymbol{x},t)<G_0$，如图 6.4 所示。$G(\boldsymbol{x},t)>G_0$ 为已燃区，$G(\boldsymbol{x},t)<G_0$ 为未燃区。G_0 值可以任选（但必须确定），用以表示反应区内的确定燃烧事件。如此描述火焰阵面的方法称为阵面设置法。

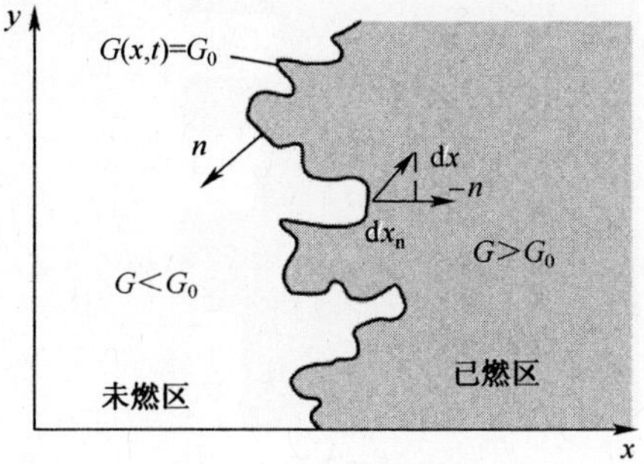

图 6.4　火焰阵面设置

对于湍流波纹子火焰，考虑到波纹阵面的拉伸和变形，火焰燃烧速度为

$$S_L = S_L^0 - S_L^0 L\kappa - LS \tag{6.50}$$

式中：S_L^0 为未拉伸的平面火焰燃烧速度；L 为 Markstein 长度，该值与火焰厚度相同量级，两者之比 L/L_F 称为 Markstein 数；κ 和 S 分别为火焰阵面的曲率和变形率。

火焰曲率定义为

$$\kappa = \nabla\cdot\boldsymbol{n} = \nabla\cdot\left(-\frac{\nabla G}{|\nabla G|}\right) = -\frac{\nabla^2 G - \boldsymbol{n}\cdot\nabla(\boldsymbol{n}\cdot\nabla G)}{|\nabla G|} \tag{6.51}$$

式中：$\nabla(|\nabla G|) = -\nabla(\boldsymbol{n}\cdot\nabla G)$；当火焰凸向未燃区时，$\kappa$ 为正。

火焰变形率定义为

$$S = -\boldsymbol{n}\cdot\nabla\boldsymbol{u}\cdot\boldsymbol{n} \tag{6.52}$$

火焰阵面的拉伸效应导致火焰失稳和加速。

将式(6.50)代入式(6.49)，得

$$\frac{\partial G}{\partial t} + \boldsymbol{u}\cdot\nabla G = S_L^0|\nabla G| - D_L\kappa|\nabla G| - LS|\nabla G| \tag{6.53}$$

式中：$D_L = S_L^0 L$ 为 Markstein 扩散系数。

对于薄层反应区火焰，最小涡可影响预热区，火焰结构不再稳定。如果用 $T=T_0$ 表示火焰内区的位置，与式(6.48)类似，有 T 方程

$$\frac{\partial T}{\partial t} + \nabla T\cdot\left.\frac{\mathrm{d}\boldsymbol{x}}{\mathrm{d}t}\right|_{T=T_0} = 0 \tag{6.54}$$

其中

$$\left.\frac{\mathrm{d}\boldsymbol{x}}{\mathrm{d}t}\right|_{T=T_0} = \boldsymbol{u}_0 + \boldsymbol{n}S_d \tag{6.55}$$

式中：下标 0 表示以 $T=T_0$ 标定的内区位置；S_d 为其传播速度。阵面的单位法矢

量为

$$\boldsymbol{n} = -\left.\frac{\nabla T}{|\nabla T|}\right|_{T=T_0} \tag{6.56}$$

由能量守恒方程(5.76)得

$$\frac{\partial T}{\partial t} + \rho \boldsymbol{u} \cdot \nabla T = \nabla \cdot (\rho D \nabla T) + \dot{\omega}_{\mathrm{T}} \tag{6.57}$$

式中:D 为能量扩散系数;$\dot{\omega}_{\mathrm{T}}$ 为反应源项。于是,

$$S_{\mathrm{d}} = \left[\frac{\nabla \cdot (\rho D \nabla T) + \dot{\omega}_{\mathrm{T}}}{\rho |\nabla T|}\right]_0 \tag{6.58}$$

其中,$\nabla \cdot (\rho D \nabla T) = -\rho D |\nabla T| \nabla \cdot \boldsymbol{n} + \boldsymbol{n} \cdot \nabla(\rho D \boldsymbol{n} \cdot \nabla T)$。

当 ρD 为常数时,式(6.49)写成

$$\frac{\partial G}{\partial t} + \boldsymbol{u} \cdot \nabla G = S_{\mathrm{L,s}} |\nabla G| - D\kappa |\nabla G| \tag{6.59}$$

其中

$$S_{\mathrm{L,s}} = S_{\mathrm{n}} + S_{\mathrm{r}}$$

$S_{\mathrm{n}} = \dfrac{\boldsymbol{n} \cdot \nabla(\rho D \boldsymbol{n} \cdot \nabla T)}{\rho |\nabla T|}$ 表示法向扩散对燃烧速度的影响;$S_{\mathrm{r}} = \dfrac{\dot{\omega}_{\mathrm{T}}}{\rho |\nabla T|}$ 表示化学反应对燃烧速度的影响。

对于未拉伸的稳定平面层流火焰,$S_{\mathrm{L}}^0 = S_{\mathrm{n}} + S_{\mathrm{r}}$ 为常数。而薄层反应区火焰,预热区的温度变化以及组元的非定常扩散和混合,都将影响当地燃烧速度,故 $S_{\mathrm{L,s}}$ 为变量,不等于 S_{L}^0,但两者处于同一量级。

薄层反应区火焰的 G 方程(6.59)与波纹子火焰的 G 方程(6.53)相比,基本类似。差别在于前者 $S_{\mathrm{L,s}}$ 不是常数,后者 S_{L}^0 为常数。前者 D 为热扩散系数,后者 D_{L} 为 Markstein 扩散系数,以及前者不出现应变项。研究表明,对于高频扰动,应变效应消失,D_{L} 与 D 非常接近,故方程(6.59)可视作方程(6.53)的高频极限情形,但此时,火焰结构不再定常。

惯性子层中,用 Kolmogorov 尺度为特征量,使式(6.59)无量纲化,

$$\frac{\partial G}{\partial t^*} + \boldsymbol{u}^* \cdot \nabla^* G = \frac{S_{\mathrm{L,s}}}{u_\eta} |\nabla^* G| - \frac{D}{\nu}\kappa^* |\nabla^* G|$$

式中:上标 * 表示无量纲量;$u_\eta = (\nu\varepsilon)^{1/4}$ 为特征速度(参见 4.1.2 节)。因为薄层反应区火焰 $K_{\mathrm{a}}>1$,即 $S_{\mathrm{L,s}}<u_\eta$,故方程右端第一项(火焰传播项)很小,第二项(火焰弯曲项)占主导。

同样,如果使方程(6.53)无量纲化,因为波纹子火焰 $K_{\mathrm{a}}<1$,即 $S_{\mathrm{L}}^0>u_\eta$,故火焰弯曲项很小,火焰传播项占主导。

基于上述分析,方程(6.59)和(6.53)的右端,仅有一项是主导项。如果只保留主导项,即波纹子火焰方程中仅取火焰传播项 $S_{\mathrm{L}}^0|\nabla G|$;薄层反应区火焰方程中,仅取火焰弯曲项 $D\kappa|\nabla G|$,于是,同时适合两类湍流火焰的 G 方程为

$$\frac{\partial G}{\partial t} + \boldsymbol{u} \cdot \nabla G = S_L^0 |\nabla G| - D\kappa |\nabla G|$$

或

$$\rho \frac{\partial G}{\partial t} + \rho \boldsymbol{u} \cdot \nabla G = (\rho S_L^0)\sigma - (\rho D)\kappa\sigma \tag{6.60}$$

式中：$\sigma |\nabla G|$；ρS_L^0 表示通过平面层流火焰的流量，设为常数；ρD 也为常数。

2. 湍流火焰 G 方程的分解

湍流预混火焰，G 为随机量，G 方程描述的是随机场，记其 PDF 为 $P(G;\boldsymbol{x},t)$，于是

$$\bar{G}(\boldsymbol{x},t) = \int_{-\infty}^{+\infty} G(\boldsymbol{x},t) P(G;\boldsymbol{x},t)\mathrm{d}G \tag{6.61}$$

$$\overline{[G(\boldsymbol{x},t) - \bar{G}(\boldsymbol{x},t)]^2} = \overline{G'^2} = \int_{-\infty}^{+\infty} (G(\boldsymbol{x},t) - \bar{G}(\boldsymbol{x},t))^2 P(G;\boldsymbol{x},t)\mathrm{d}G \tag{6.62}$$

火焰阵面的 PDF 为

$$P(G_0,\boldsymbol{x},t) = \int_{-\infty}^{+\infty} \delta(G - G_0) P(G;\boldsymbol{x},t)\mathrm{d}G = P(\boldsymbol{x},t)$$

于是，湍流火焰的平均位置为

$$x_f(t) = \int_{-\infty}^{+\infty} \boldsymbol{x} P(\boldsymbol{x},t)\mathrm{d}\boldsymbol{x} \tag{6.63}$$

湍流火焰在平均位置附近脉动，脉动值为

$$(G')_0 = \bar{G}(\boldsymbol{x}_f) - G_0(\boldsymbol{x})$$

式中：G_0 为火焰瞬间位置；$\bar{G}(\boldsymbol{x}_f)$ 为火焰平均位置。

设某点距火焰阵面的法向距离为

$$x_n = -\boldsymbol{n} \cdot \mathrm{d}\boldsymbol{x} = \frac{\nabla G}{|\nabla G|} \cdot \mathrm{d}\boldsymbol{x}$$

对于瞬间 G 场，$\mathrm{d}G = \nabla G \cdot \mathrm{d}\boldsymbol{x}$，故 $\mathrm{d}x_n = \dfrac{\mathrm{d}G}{|\nabla G|}$ (6.64)

因此 $(G')_0 = |\nabla G| x_n$

这里，x_n 可视为火焰法向脉动。

火焰脉动覆盖区域称为湍流火焰刷（Turbulent Flame Brush），火焰刷宽度用火焰阵面方差表示

$$l_{F,t} = [(\overline{G'^2})_0]^{1/2} = \left[\int_{-\infty}^{+\infty} (x - x_f)^2 P(x)\mathrm{d}x\right]^{1/2} = [\overline{(x - x_f)^2}]^{1/2} \tag{6.65}$$

称为条件方差。它与方程(6.62)所定义的无条件方差 $\overline{G'^2}$ 是有区别的。

计算时，$\overline{G'^2}$ 方程的解是无条件方差。如果 $\overline{G'^2}$ 的法向梯度很小，可近似认为，平均火焰阵面上，$(\overline{G'^2})_0 = (\overline{G'^2})$。于是，在平均火焰阵面附近，令 G 在法向的分布

为$(\overline{G'^2})_0$，从而使 G 重新初始化。由此可重新建立自然坐标，其法向坐标为

$$x=\frac{\overline{G}(\boldsymbol{x},t)-G_0}{|\nabla\overline{G}|}+x_{\mathrm{f}}$$

采用 Favre 平均，方程(6.60)写成

$$\bar{\rho}\frac{\partial\widetilde{G}}{\partial t}+\bar{\rho}\,\widetilde{u}\cdot\nabla\widetilde{G}+\nabla\cdot(\bar{\rho}\,\widetilde{u''G''})=(\bar{\rho}s_{\mathrm{L}}^0)\bar{\sigma}-\bar{\rho}D\,\overline{\kappa\sigma} \tag{6.66}$$

式中：$\bar{\sigma}=|\nabla\overline{G}|$ 为火焰面积比。式(6.66)右端最后一项正比于分子扩散项 D，对于湍流，此项可以忽略。$\nabla\cdot(\bar{\rho}\,\widetilde{u''G''})$ 为湍流输运项，若采用梯度模拟，$-\nabla\cdot(\bar{\rho}\,\widetilde{u''G''})=\nabla\cdot(\bar{\rho}D_t\nabla\widetilde{G})$，这将使方程成为椭圆型方程，与 G 方程的数学特性矛盾。梯度模拟项可分解

$$\nabla\cdot(\bar{\rho}D_{\mathrm{t}}\nabla\widetilde{G})=\widetilde{\boldsymbol{n}}\cdot\nabla(\rho D_{\mathrm{t}}\widetilde{\boldsymbol{n}}\cdot\nabla\widetilde{G})-\rho D_{\mathrm{t}}\bar{\kappa}|\nabla\widetilde{G}|$$

第一项为法向扩散，第二项为弯曲变形项，与曲率有关。如果忽略法向扩散，梯度模拟写成

$$-\nabla\cdot(\bar{\rho}\,\widetilde{u''G''})=-\bar{\rho}D_{\mathrm{t}}\bar{\kappa}|\nabla\widetilde{G}| \tag{6.67}$$

式中：D_{t}为湍流扩散系数。

设火焰阵面法向流量为常数 $\bar{\rho}s_{\mathrm{T}}^0$，$s_{\mathrm{T}}^0$ 为稳态湍流的燃烧速度，于是

$$(\bar{\rho}s_{\mathrm{T}}^0)\frac{\partial\widetilde{G}}{\partial x}=(\bar{\rho}s_{\mathrm{L}}^0)\bar{\sigma}$$

其中 $\mathrm{d}x=\dfrac{\mathrm{d}G}{|\nabla G|}$。上式亦可写成

$$(\bar{\rho}s_{\mathrm{T}}^0)|\nabla G|=(\bar{\rho}s_{\mathrm{L}}^0)\bar{\sigma} \tag{6.68}$$

于是式(6.66)写成

$$\bar{\rho}\frac{\partial\widetilde{G}}{\partial t}+\bar{\rho}\widetilde{u}\cdot\nabla\widetilde{G}=(\bar{\rho}s_{\mathrm{T}}^0)|\nabla\widetilde{G}|-\bar{\rho}D_{\mathrm{t}}\widetilde{\kappa}|\nabla\widetilde{G}| \tag{6.69}$$

式(6.69)与式(6.60)的数学形式一致。式中，s_{T}^0 是待定值，与 $\bar{\sigma}$ 有关(见式(6.68))。

计算时，每计算步皆需将 $\widetilde{G}$ 场重新初始化，即使平均火焰阵面的外部 $\widetilde{G}$ 场，满足$|\nabla\widetilde{G}|=1$，以保证等 G 面为火焰阵面的等距曲面，称为 $\widetilde{G}$ 场重构。

由式(6.66)和式(6.60)得

$$\bar{\rho}\frac{\partial\widetilde{G''^2}}{\partial t}+\bar{\rho}\,\widetilde{u}\cdot\nabla\cdot\widetilde{G''^2}+\nabla\cdot(\bar{\rho}\,\widetilde{u''G''^2})=-2\bar{\rho}\,\widetilde{u''G''}\cdot\nabla\widetilde{G}-\bar{\rho}\widetilde{\omega}-\bar{\rho}\widetilde{\chi} \tag{6.70}$$

式中：$\widetilde{\omega} = -2(\rho s_L^0)\overline{G''\sigma}/\bar{\rho}$ 为运动恢复项（Kinematic Restoration），表示层流火焰的传播对 G 场的恢复效应。$\widetilde{\chi} = 2(\rho D)(\nabla\widetilde{G''})^2/\bar{\rho}$，为耗散项。两者可进行模化，则

$$\widetilde{\omega} + \widetilde{\chi} = c_s \frac{\widetilde{\varepsilon}}{\widetilde{k}} \widetilde{G'^2} \tag{6.71}$$

式中：c_s 为常数，常取 $c_s = 2$。

式(6.70)右端第一项 $\widetilde{u''G''} \cdot \nabla\widetilde{G}$ 为湍流产生项，采用梯度模拟，有

$$-\widetilde{u''G''} \cdot \nabla\widetilde{G} = D_t(\nabla\widetilde{G})^2 \tag{6.72}$$

此外，左端第三项 $-\nabla(\bar{\rho}\widetilde{u''G''^2})$ 为湍流输运项，梯度模拟时，仅考虑切向扩散，于是

$$-\nabla(\bar{\rho}\widetilde{u''G''^2}) = \nabla_{\mathrm{II}} \cdot (\bar{\rho}D_t \nabla_{\mathrm{II}} \widetilde{G''^2}) = \nabla \cdot (\bar{\rho}D_t \nabla\widetilde{G''^2}) - \widetilde{\boldsymbol{n}} \cdot \nabla(\rho D_t \widetilde{\boldsymbol{n}} \cdot \nabla\widetilde{G''2}) \tag{6.73}$$

式中：下标Ⅱ表示切向扩散。

于是，式(6.70)写成

$$\bar{\rho}\frac{\partial \widetilde{G''^2}}{\partial t} + \bar{\rho}\widetilde{u} \cdot \nabla \cdot \widetilde{G''^2} = \nabla_{\mathrm{II}} \cdot (\bar{\rho}D_t \nabla_{\mathrm{II}} \widetilde{G''^2}) + 2\bar{\rho}D_t(\nabla\widetilde{G})^2 - c_s\bar{\rho}\frac{\widetilde{\varepsilon}}{\widetilde{k}}\widetilde{G''^2} \tag{6.74}$$

3. $\bar{\sigma}$ 方程

σ 为 G 的梯度，通过二维火焰图像（见图6.5），可说明其物理意义。

二维 G 方程为 $G = x + F(y) + G_0$

于是 $\sigma = \left(1 + \left(\frac{\partial F}{\partial y}\right)^2\right)^{1/2} = \frac{1}{|\cos\beta|}$

又因为，瞬时湍流火焰面积 $\mathrm{d}S$ 与一维火焰面积 $\mathrm{d}y$ 的比率：

$$\frac{\mathrm{d}S}{\mathrm{d}y} = \frac{1}{|\cos\beta|}$$

故 $\frac{\mathrm{d}S}{\mathrm{d}y} = \sigma$

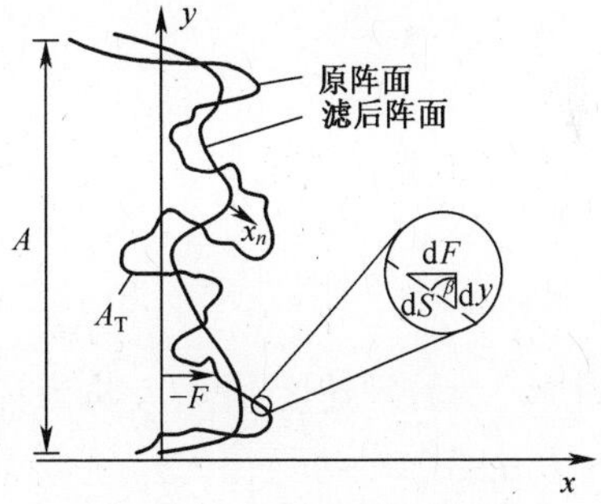

图6.5 火焰阵面比率 σ

因此，称 σ 为火焰阵面的比率（Flame Surface Area Ratio）。

设 ρD 和 S_L^0 为常数，由式(6.60)得

$$\frac{\partial\sigma}{\partial t} + \boldsymbol{u} \cdot \nabla\sigma = -\boldsymbol{n} \cdot \nabla\boldsymbol{u} \cdot \boldsymbol{n}\sigma + S_L^0(\kappa\sigma + \nabla^2 G) + D\boldsymbol{n} \cdot \nabla(\kappa\sigma) \tag{6.75}$$

方程右端第一项为流场应变项。第二项与火焰传播速度有关，相当于式(6.70)中

运动恢复项。最后一项正比于 D,相当于式(6.70)中耗散项。

直接推导 $\bar{\sigma}$ 方程存在许多困难,为此,将 $\bar{\sigma}$ 写成

$$\bar{\sigma} = |\nabla \widetilde{G}| + \bar{\sigma}_{\mathrm{t}} \tag{6.76}$$

式中:$\bar{\sigma}_{\mathrm{t}}$ 表示湍流对 $\bar{\sigma}$ 的影响,其方程为

$$\bar{\rho}\frac{\partial \bar{\sigma}_{\mathrm{t}}}{\partial t} + \bar{\rho}\widetilde{\boldsymbol{u}} \cdot \nabla \bar{\sigma}_{\mathrm{t}} = \nabla_{\mathrm{II}} \cdot (\bar{\rho} D_{\mathrm{t}} \nabla_{\mathrm{II}} \bar{\sigma}_{\mathrm{t}}) + c_0 \bar{\rho}\frac{(-\widetilde{\boldsymbol{u}''\boldsymbol{u}''}):\nabla\widetilde{\boldsymbol{u}}}{\widetilde{k}}\bar{\sigma}_{\mathrm{t}} +$$

$$c_1\bar{\rho}\frac{D_{\mathrm{t}}(\nabla\widetilde{G})^2}{\widetilde{G''^2}}\bar{\sigma}_{\mathrm{t}} - c_2\bar{\rho}\frac{S_{\mathrm{L}}^0 \bar{\sigma}_{\mathrm{t}}^2}{(\widetilde{G''^2})^{1/2}} - c_3\bar{\rho}\frac{D\bar{\sigma}_{\mathrm{t}}^3}{G''^2} \tag{6.77}$$

方程右端第一项为湍流输运项,为避免湍流在火焰阵的法向扩散,故与式(6.74)类似,在模化时,仅考虑切向梯度输运。右端第二项为平均速度梯度导致的火焰阵面比率产生项,其中 $c_0 = c_{\varepsilon 1} - 1 = 0.44$。右端最后三项分别表示火焰阵面比率的湍流产生、运动恢复和耗散(对应于式(6.75)右端三项),其中 $c_1 = c_3 = 4.63, c_2 = 1.01$。

4. 火焰面模型

1) 火焰面方程

火焰面方程指由 G_0 确定的火焰面附近,反应区流场的组元守恒方程。流场的时空坐标$(\boldsymbol{x}, t)$为大尺度,而反应区的时空坐标$(\boldsymbol{\xi}, \tau)$为小尺度,故需调整方程的时空坐标,将火焰附近流场放大。

大尺度流场中,组元守恒方程为

$$\rho\frac{\partial Y_i}{\partial t} + \rho\boldsymbol{u} \cdot \nabla Y_i = \nabla \cdot (\rho D_i \nabla Y_i) + \dot{\omega}_i \tag{5.31}$$

对于波纹子火焰,采用如下无量纲量

$$x^* = x/\Lambda, t^* = tS_{\mathrm{L}}^0/\Lambda, \boldsymbol{u}^* = \boldsymbol{u}/S_{\mathrm{L}}^0, D_i^* = D_i/D, G^* = G/G',$$

$$Y_i^* = Y_i/Y_{i,\mathrm{ref}}, \rho^* = \rho/\rho_{\mathrm{ref}}, \dot{\omega}_i = \dot{\omega}\Lambda/(S_{\mathrm{L}}^0 Y_{i,\mathrm{ref}}\rho_{\mathrm{ref}})$$

式中:s_{L}^0 为特征速度;$\Lambda = G'/\bar{\sigma}$ 为特征长度,G'为 G 的脉动均方根,$\bar{\sigma}$ 为 G 的平均梯度;$D = S_{\mathrm{L}}^0 l_{\mathrm{F}} = \varepsilon S_{\mathrm{L}}^0 \Lambda, \varepsilon = l_{\mathrm{F}}/\Lambda$ 为放大因子,l_{F} 为火焰厚度;下标 ref 表示参照值。

略去上标"*",无量纲组元守恒方程为

$$\rho\frac{\partial Y_i}{\partial t} + \rho\boldsymbol{u} \cdot \nabla Y_i = \varepsilon\, \nabla \cdot (\rho D_i \nabla Y_i) + \dot{\omega}_i \tag{6.78}$$

其中,扩散项的量级为 $O(\varepsilon)$。

引进小空间尺度 $\zeta = \varepsilon^{-1}(G(\boldsymbol{x}, t) - G_0)$(有 $\mathrm{d}\zeta = \varepsilon^{-1}\mathrm{d}G$),新坐标中,方程有渐进解 $Y_i = Y_i^0 + \varepsilon Y_i^1 + \cdots$。如果只考虑零阶近似 Y_i^0,注意到大尺度 G 独立于 ζ,且有 $|\nabla G|^2\left(\frac{\Lambda}{G'}\right)^2 = \left(\frac{\sigma}{\bar{\sigma}}\right)^2$,于是式(6.78)写成

$$\left[\rho\frac{\partial G}{\partial t}+\rho\boldsymbol{u}\cdot\nabla G\right]\frac{\partial Y_i}{\partial G}=\frac{\partial}{\partial G}\left(\rho D_i\mid\nabla G\mid^2\frac{\partial Y_i}{\partial G}\right)+\dot{\omega}_i \tag{6.79}$$

方程左端括号内的项表示火焰阵面法向的质量流率，于是

$$(\rho S_{\mathrm{L}}^0)\sigma\frac{\partial Y_i}{\partial G}=\frac{\partial}{\partial G}\left(\rho D_i\sigma^2\frac{\partial Y_i}{\partial G}\right)+\dot{\omega}_i \tag{6.80}$$

称为火焰面方程，此为定常方程，ρS_{L}^0 为常数。

对于薄反应区火焰，预热区的扩散为主导因素，此时，特征时间为 $t_\Lambda=\Lambda^2/D$，特征速度为 Λ/t_Λ，采用如下无量纲量

$$\boldsymbol{x}^*=x/\Lambda,t^*=t/t_\Lambda,\boldsymbol{u}^*=\boldsymbol{u}t_\Lambda/\Lambda,\dot{\omega}_i^*=\dot{\omega}t_\Lambda/(Y_{i,\mathrm{ref}}\rho_{\mathrm{ref}})$$

无量纲方程为

$$\rho\frac{\partial Y_i}{\partial t}+\rho\boldsymbol{u}\cdot\nabla Y_i=\nabla\cdot(\rho D_i\nabla Y_i)+\dot{\omega}_i \tag{6.81}$$

引进小空间尺度 $\zeta=\varepsilon^{-1}(G(\boldsymbol{x},t)-G_0)$ 和小时间尺度 $\boldsymbol{\tau}=\varepsilon^{-2}t$。新坐标中，方程有渐进解，如果只考虑零阶近似 Y_i^0，有火焰面方程

$$\rho\frac{\partial Y_i}{\partial t}=\frac{\partial}{\partial G}\left(\rho D_i\sigma^2\frac{\partial Y_i}{\partial G}\right)+\dot{\omega}_i \tag{6.82}$$

此为不定常方程。

结合式(6.80)和式(6.82)，可写出适合两类火焰的 G 空间的火焰面方程：

$$\rho\frac{\partial Y_i}{\partial t}+\rho S_{\mathrm{L}}\sigma\frac{\partial Y_i}{\partial G}=\frac{\partial}{\partial G}\left(\rho D_i\sigma^2\frac{\partial Y_i}{\partial G}\right)+\dot{\omega}_i \tag{6.83}$$

式中：S_{L} 为受外部扰动影响的脉动燃烧速度，不再是常数。

2）湍流火焰面方程

最小尺度 $\boldsymbol{\eta}$ 的湍涡称为 Kolmogorov 湍涡，该尺度内，流场视作层流，瞬时值即为平均值。

对于波纹湍流火焰，预热区、反应区和氧化区皆位于 Kolmogorov 湍涡内，为层流。火焰两侧的 Y_i 可作为火焰面方程的边界条件。当火焰远离流场边界时，可采用 $G=\pm\infty$ 为边界。

对于薄反应区湍流火焰，仅内层厚度 l_δ 小于 Kolmogorov 尺度。通过选择 G_0，使火焰面设定在内层，邻近区域为层流。此时，求解火焰面方程，需确定内层边界条件（即与预热区和氧化区交界处的值，见图 5.3）。

预热区为无化学反应区，对流和扩散同等重要，方程为

$$\rho\frac{\partial Y_i}{\partial t}+\rho\boldsymbol{u}\cdot\nabla Y_i=\nabla\cdot(\rho D_i\nabla Y_i)$$

进行 Favre 分解，有

$$\bar{\rho}\frac{\partial\widetilde{Y}_i}{\partial t}+\bar{\rho}\widetilde{\boldsymbol{u}}\cdot\nabla\widetilde{Y}_i=\nabla\cdot(\bar{\rho}(D_i+\widetilde{D})\nabla\widetilde{Y}_i) \tag{6.84}$$

式中：$\widetilde{D}$ 为湍流扩散系数。

参见式(6.69)，分解后的 G 方程为

$$\bar{\rho}\frac{\partial \widetilde{G}}{\partial t}+\bar{\rho}\,\widetilde{u}\cdot\nabla\widetilde{G}=(\bar{\rho}\,\widetilde{s}_{\mathrm{T}}^{0})\,|\nabla\widetilde{G}|-\bar{\rho}\widetilde{D}_{\mathrm{t}}\widetilde{\kappa}\,|\nabla\widetilde{G}| \tag{6.85}$$

式中：$\widetilde{s}_{\mathrm{T}}^{0}$ 和 $\widetilde{\kappa}$ 为 Favre 平均燃烧速度和火焰阵面曲率。

为求解预热区，其宽度需放大。设其特征长度（延展宽度）为 l_{m}，于是，空间放大因子 $\varepsilon=l_{\mathrm{m}}/L$，其中，$L$ 为大空间特征长度。引进小空间尺度 $\widetilde{\zeta}=\varepsilon^{-1}(\widetilde{G}(\boldsymbol{x},t)-G_0)$ 和小时间尺度 $\tau=\varepsilon^{-1}t$。新坐标中，方程有渐进解，如果只考虑零阶近似 Y_i^0，预热区火焰面方程为

$$\bar{\rho}\frac{\partial \widetilde{Y}_i}{\partial t}+[(\bar{\rho}\widetilde{s}_{\mathrm{T}}^{0})-\bar{\rho}\widetilde{D}_{\mathrm{T}}\widetilde{\kappa}]\,|\nabla\widetilde{G}|\,\frac{\partial \widetilde{Y}_i}{\partial \widetilde{G}}=\frac{\partial}{\partial \widetilde{G}}\left[\bar{\rho}(D_i+\widetilde{D})\,|\nabla\widetilde{G}|^2\frac{\partial \widetilde{Y}_i}{\partial \widetilde{G}}\right] \tag{6.86}$$

式(6.86)与式(6.83)形式相似，但不存在反应源项。式中 $\widetilde{\chi}=2\widetilde{D}\,|\nabla\widetilde{G}|^2$ 为耗散项，近似有 $2D\sigma^2=\chi$。

在瞬时反应阵面附近，滤波宽度为 Kolmogrov 尺度，故平均值 $\widetilde{Y}_i$ 等于预热区边界的瞬时值 Y_i。因此，式(6.86)的解（平均值）与式(6.83)的解（瞬时值）匹配，并为后者提供边界条件。

比较式(6.83)和式(6.86)，由于通过火焰阵面的质量流量守恒，故

$$[(\bar{\rho}\widetilde{s}_{\mathrm{T}}^{0})-\bar{\rho}\widetilde{D}_{\mathrm{T}}\widetilde{\kappa}]\,|\nabla\widetilde{G}|=\rho S_{\mathrm{L}}\sigma$$

根据式(6.60)，$S_{\mathrm{L}}=S_{\mathrm{L}}^{0}-D\kappa$，故

$$[(\bar{\rho}\,\widetilde{s}_{\mathrm{T}}^{0})-\bar{\rho}\widetilde{D}_{\mathrm{T}}\widetilde{\kappa}]\,|\nabla\widetilde{G}|=[(\rho S_{\mathrm{L}}^{0})-\rho D\kappa]\sigma$$

对于薄反应区湍流火焰，预热区扩散为主导因素，与扩散项 $\widetilde{\chi}$ 相比，方程(6.71)中，运动恢复项 ϖ 可忽略，有

$$\widetilde{\chi}=c_{\mathrm{s}}\frac{\widetilde{\varepsilon}}{\widetilde{k}}\widetilde{G'^2}$$

根据式(4.25)，$\dfrac{\varepsilon}{k}\approx\dfrac{D_{\mathrm{t}}}{l^2}$。又稳定平面湍流火焰，$\dfrac{\widetilde{G''^2}}{|\nabla\widetilde{G}|^2}\approx l^2$，于是

$$\widetilde{\chi}\approx D\bar{\sigma}^2\approx D_t\,|\nabla\widetilde{G}|^2 \tag{6.87}$$

参照式(6.87)，有

$$D\sigma^2 \approx \widetilde{D} | \nabla\widetilde{G} |^2 \tag{6.88}$$

此处,σ 采用瞬时值。

于是,式(8.86)中,$(D_i + \widetilde{D}) | \nabla\widetilde{G} |^2$ 可写成

$$(D_i + \widetilde{D}) | \nabla\widetilde{G} |^2 = \frac{D_i + \widetilde{D}}{\widetilde{D}} \frac{\hat{\chi}}{2} \tag{6.89}$$

式中:$\hat{\chi}$ 为 $\widetilde{G}$ 的耗散率,定义为

$$\hat{\chi} = 2\widetilde{D} | \nabla\widetilde{G} |^2$$

根据式(6.88)

$$\hat{\chi} \approx 2D\sigma^2 = \chi$$

此为惯性子区不变量(参见 4.1.2 节)。

设 $\hat{\chi} = \chi$,有

$$(D_i + \widetilde{D}) | \nabla\widetilde{G} |^2 = \frac{\chi}{2Le_i} \tag{6.90}$$

其中

$$Le_i = \begin{cases} D/D_i, & \text{反应区内} \\ \widetilde{D}/(\widetilde{D} + D_i), & \text{反应区外} \end{cases} \tag{6.91}$$

显然,反应区外,当 $\widetilde{D} \gg D_i$ 时,Le_i 趋于 1。

火焰面式(6.83)中,反应速率 $\dot{\omega}_i$ 不受湍流影响,为瞬间值。式(6.83)和式(6.86)可统一写成

$$\rho \frac{\partial Y_i}{\partial t} + \rho S_L \sigma \frac{\partial Y_i}{\partial G} = \frac{\partial}{\partial G}\left(\frac{\rho\chi}{Le_i} \frac{\partial Y_i}{\partial G}\right) + \dot{\omega} \tag{6.92}$$

该方程同时适用于湍流波纹火焰和湍流薄反应区火焰。湍流预热区,ρ、Y_i 和 G 为 Favre 平均值。反应区,ρ、Y_i 和 G 为瞬时值。

紧随反应区的氧化区,分解方程会出现源项,因扰动强度很小,可用平均值带入源项。

5. 设定 PDF

由火焰面方程(6.83),可得到 $Y_i(G,\sigma,t)$。记 G 和 σ 的关联 PDF 为 $\widetilde{P}(G,\sigma;\boldsymbol{x},t)$,有

$$\widetilde{Y}_i(\boldsymbol{x},t) = \int_{-\infty}^{\infty}\int_0^{\infty} Y_i(G,\sigma,t)\widetilde{P}(G,\sigma;\boldsymbol{x},t)\,\mathrm{d}\sigma\mathrm{d}G$$

从而求得 $\widetilde{Y}_i$ 的时空分布。

由贝叶斯原理(参见 4.3.1 节),有

$$\widetilde{P}(G,\sigma:\boldsymbol{x},t) = \widetilde{P}(\sigma | G;\boldsymbol{x},t)\widetilde{P}(G;\boldsymbol{x},t) \tag{6.93}$$

自然坐标中，法向坐标 $x_n = (G(\boldsymbol{x},t) - G_0)/\sigma$，故 $Y_i = Y_i\left(\dfrac{G - G_0}{\sigma}, t\right)$。

设边缘 PDF，即 $\widetilde{P}(G;x,t)$，为高斯型分布，在自然坐标中，有

$$\widetilde{P}(G;x,t) = \frac{1}{\sqrt{2\pi(\widetilde{G''^2})_0}}\exp\left\{-\frac{[G - \widetilde{G}(x)]^2}{2(\widetilde{G''^2})_0}\right\} \tag{6.94}$$

式中：$x = \widetilde{G}(\boldsymbol{x},t) - G_0 + x_f$；$(\widetilde{G''^2})_0$ 为 $\widetilde{G}(\boldsymbol{x},t) = G_0$ 处的条件方差。

设条件 PDF，即 $\widetilde{P}(\sigma \mid G;x,t)$ 为 δ 函数，则

$$\widetilde{P}(\sigma \mid G;x,t) = \delta(\sigma - \langle\sigma \mid G = G_0\rangle)$$

于是

$$\begin{aligned}\widetilde{Y}_i(\boldsymbol{x},t) &= \int_{-\infty}^{\infty}\int_0^{\infty} Y_i\left(\frac{G - G_0}{\sigma}, t\right)\delta(\sigma - \langle\sigma \mid G = G_0\rangle)\widetilde{P}(G;x,t)\,\mathrm{d}\sigma\mathrm{d}G \\ &= \int_{-\infty}^{\infty} Y_i\left(\frac{G - G_0}{\langle\sigma \mid G = G_0 \mid\rangle}, t\right)\widetilde{P}(G;x,t)\,\mathrm{d}G\end{aligned} \tag{6.95}$$

为了使式(6.95)可以计算，用 $\overline{\sigma}$ 替代式中的 $\langle\sigma \mid G = G_0\rangle$。由式(6.69)、式(6.74)和式(6.77)，可得到构造 PDF 所需的 $\widetilde{G}$、$\widetilde{G''^2}$ 和 $\overline{\sigma}$。

综上所述，基于火焰面模型，湍流皱褶火焰的数值计算过程如下：

(1) 求解 $\widetilde{G}$、$\widetilde{G''^2}$ 和 $\overline{\sigma}_t$ 的微分方程组，即式(6.69)、式(6.74)和式(6.77)。其中，求解 $\widetilde{G}$ 方程时，需采用 G 场重构技术。根据方程的解，构造 PDF。

(2) 求解火焰面方程，得到组分在自然法向坐标中的瞬间分布，$Y_i = Y_i\left(\dfrac{G - G_0}{\sigma}, t\right)$。

(3) 由 PDF 和组分瞬间分布，求得组分平均值的时空分布，进而求得平均温度时空分布。

(4) 利用湍流模式，求解分解后的 N-S 方程。

6.3.4 PDF 模型[17-18]

对于分布反应火焰，所有湍流尺度均小于层流火焰厚度，故反应区内，输运受到湍流的影响。此时，组元守恒方程的处理较褶皱层流火焰以及涡内小火焰更为复杂。本节和下节将分别介绍处理此类火焰的 PDF 模型和 LED 模型(Linear-Eddy Model)。

1. $f_{\varphi}(\psi;x,t)$ 传输方程

反应流组元守恒方程为

$$\frac{\partial \rho Y_k}{\partial t}+\frac{\partial(\rho Y_k u_i)}{\partial x_i}=\frac{\partial}{\partial x_i}\left(\rho D\frac{\partial Y_k}{\partial x_i}\right)+\dot{\omega}_k \tag{5.31}$$

或写成
$$\rho\frac{DY_k}{Dt}=\frac{\partial}{\partial x_i}\left(\rho D\frac{\partial Y_k}{\partial x_i}\right)+\dot{\omega}_k$$

式中：$\dot{\omega}_k=\dot{\omega}_k(\boldsymbol{Y})$，$\boldsymbol{Y}=(Y_1,Y_2,\cdots,Y_N)^{\mathrm{T}}$ 为反应标量矢量。

用随机量标量 φ 替代 $\boldsymbol{Y}$，有随机标量方程

$$\rho\frac{D\phi_k}{Dt}=\rho D\,\nabla^2\phi_k+S_k(\boldsymbol{\varphi}(x,t)) \tag{6.96}$$

式中：$\boldsymbol{\varphi}=\{\phi_1,\phi_2,\cdots,\phi_n\}$ 为随机标量矢量，其 PDF 记作 $f_\varphi(\psi;x,t)$。

引进精细 PDF

$$f'_\varphi(\psi;x,t)=\delta[\varphi(x,t)-\psi]=\prod_k\delta[\phi_k(x,t)-\psi_k]$$

可推得
$$\frac{\partial f'_\varphi(\psi;x,t)}{\partial t}=-\frac{\partial}{\partial\psi_k}\left(f'_\varphi(\psi;x,t)\frac{\partial\phi_k(x,t)}{\partial t}\right) \tag{6.97}$$

$$\frac{\partial f'_\varphi(\psi;x,t)}{\partial x_i}=-\frac{\partial}{\partial\psi_k}\left(f'_\varphi(\psi;x,t)\frac{\partial\phi_k(x,t)}{\partial x_i}\right) \tag{6.98}$$

$$\frac{Df'_\varphi}{Dt}=\frac{\partial f'_\varphi}{\partial t}+u_i\frac{\partial f'_\varphi}{\partial x_i}=-\frac{\partial}{\partial\psi_k}\left(f'_\varphi\frac{D\phi_k}{Dt}\right) \tag{6.99}$$

由质量守恒方程(5.32)和组元守恒方程(6.96)，式(6.99)可写成

$$\frac{\partial\rho f'_\phi}{\partial t}+\frac{\partial\rho u_i f'_\phi}{\partial x_i}=-\frac{\partial}{\partial\psi_k}[f'_\phi(\rho D\,\nabla^2\phi_k+S_k(\varphi(x,t))] \tag{6.100}$$

式(6.100)取平均值，由式(4.70)，得

$$\langle f'_\phi u\rangle=f_\phi(\langle u\rangle+\langle u\mid\psi\rangle)$$

又
$$\langle S_k(\varphi)\mid\varphi=\psi\rangle=S_k(\psi)$$

故

$$\begin{aligned}\frac{\overline{D}\rho f_\phi}{Dt}&=\frac{\partial\rho f_\phi}{\partial t}+\langle u_i\rangle\frac{\partial\rho f_\phi}{\partial x_i}\\&=-\frac{\partial}{\partial x_i}(\rho f_\phi\langle u_i\mid\psi\rangle)-\frac{\partial}{\partial\psi_k}(f_\phi\langle\rho D\,\nabla^2\phi_k\mid\psi\rangle)-\frac{\partial}{\partial\psi_k}(f_\phi S_k(\psi))\end{aligned} \tag{6.101}$$

此时，方程中化学反应项以封闭形式出现，但脉动速度导致的湍流对流通量 $-f_\phi\langle u_i\mid\psi\rangle$ 和分子扩散项 $\langle\rho D\,\nabla^2\phi_k\mid\psi\rangle$ 需封闭。

湍流对流通量采用梯度扩散模型：

$$-f_\phi\langle u_i\mid\psi\rangle=\boldsymbol{\Gamma}_{\mathrm{T}}\,\nabla f_\phi \tag{6.102}$$

式中：$\boldsymbol{\Gamma}_{\mathrm{T}}$ 为湍流扩散系数。

分子扩散项采用 IEM 混合模型(Interaction by Exchange with the Mean)，即

$$\langle \rho D \nabla^2 \phi_k \mid \psi \rangle = -\frac{\rho}{2} C_\phi \frac{\varepsilon}{k} \langle \psi_k - \langle \phi_k \rangle \rangle \tag{6.103}$$

式中：常数 $C_\phi \approx 2$。

于是式(6.101)写成

$$\frac{\overline{D}\rho f_\phi}{\overline{D}t} = \frac{\partial}{\partial x_i}\left(\rho \boldsymbol{\Gamma}_{\mathrm{T}} \frac{\partial f_\phi}{\partial x_i}\right) + \frac{\partial}{\partial \psi_k}\left\{f_\phi \left[\frac{\rho}{2} C_\phi \frac{\varepsilon}{k}(\psi_k - \langle \phi_k \rangle) - S_k(\psi)\right]\right\} \tag{6.104}$$

式中，$\langle u \rangle$、k、ε 和 $\boldsymbol{\Gamma}_{\mathrm{T}}$ 可从湍流模式理论计算中得到，故为封闭方程，称为 PDF 输运方程。

式(6-104)具有高维特性，可采用蒙特卡罗方法计算。此方法用拉格朗日坐标描述 N 个颗粒。每个颗粒具有特定的位置，速度以及反应标量值(时间函数)。在物理空间，追踪这些粒子，再于网格中，计算其平均值。

2. $f_{u\varphi}(V,\psi;x,t)$ 传输方程

马赫数不大时，可以忽略压力变化对温度和化学反应速率的影响，忽略黏性耗散。如果 $Le=1$，能量守恒方程(5.42)写成

$$\frac{\partial \rho C_p T}{\partial t} + \frac{\partial(\rho C_p T u_i)}{\partial x_i} = \frac{\partial}{\partial x_i}\left(\rho D \frac{\partial C_p T}{\partial x_i}\right) + \dot{\omega}_k Q_k$$

该方程与组元守恒方程(5.31)形式一致，可统一写成随机标量方程

$$\frac{\partial \rho \phi_k}{\partial t} + \frac{\partial(\rho u_i \phi_k)}{\partial x_i} = \frac{\partial}{\partial x_i}\left(\rho D \frac{\partial \phi_k}{\partial x_i}\right) + S_k(\boldsymbol{\varphi}) \tag{6.105}$$

或

$$\rho \frac{\mathrm{D}\phi_k}{\mathrm{D}t} = \rho D \nabla^2 \phi_k + S_k(\boldsymbol{\varphi}) \tag{6.106}$$

式中：$\boldsymbol{\varphi} = (Y_1, Y_2, \cdots, Y_{N-1}, T)^{\mathrm{T}}$ 为反应标量矢量。

此时，流场物理量包含速度矢量 $\boldsymbol{u}(x,t) = \{u_1, u_2, u_3\}$ 和标量矢量 $\boldsymbol{\phi} = \{\phi_1, \phi_2, \cdots, \phi_n\}$。该系统的 PDF 写作 $f_{u\phi}(\boldsymbol{V}, \boldsymbol{\psi}; \boldsymbol{x}, \mathbf{t})$，称为速度-标量联合 PDF。

其精细 PDF 为

$$f'_{u\varphi}(V,\psi;x,t) = \prod_i \delta u_i(x,t) - V_i) \prod_k \delta(\phi_k(x,t) - \psi_k) \tag{6.107}$$

进而有

$$\frac{\mathrm{D}f'_{u\varphi}}{\mathrm{D}t} = \frac{\partial f'_{u\varphi}}{\partial t} + V_i \frac{\partial f'_{u\varphi}}{\partial x_i} = -\frac{\partial}{\partial \psi_k}\left(f'_{u\varphi} \frac{\mathrm{D}\phi_k}{\mathrm{D}t}\right) - \frac{\partial}{\partial V_i}\left(f'_{u\varphi} \frac{\mathrm{D}u_i}{\mathrm{D}t}\right)$$

由质量守恒方程(5.32)，得

$$\frac{\mathrm{D}\rho f'_{u\varphi}}{\mathrm{D}t} = \frac{\partial \rho f'_{u\varphi}}{\partial t} + V_i \frac{\partial \rho f'_{u\varphi}}{\partial x_i} = -\frac{\partial}{\partial \psi_k}\left(\rho f'_{u\varphi} \frac{\mathrm{D}\phi_k}{\mathrm{D}t}\right) - \frac{\partial}{\partial V_i}\left(\rho f'_{u\varphi} \frac{\mathrm{D}u_i}{\mathrm{D}t}\right) \tag{6.108}$$

式(6.108)取平均值，即

$$\frac{\partial\rho f_{u\phi}}{\partial t}+V_i\frac{\partial\rho f_{u\phi}}{\partial x_i}=-\frac{\partial}{\partial V_i}\left(f_{u\phi}\left\langle\rho\frac{\mathrm{D}u_i}{\mathrm{D}t}\,\middle|\,V,\psi\right\rangle\right)-\frac{\partial}{\partial\psi_k}\left(f_{u\phi}\left\langle\rho D\frac{\mathrm{D}\phi_k}{\mathrm{D}t}\,\middle|\,V,\psi\right\rangle\right)\tag{6.109}$$

将动量守恒方程(5.34)和标量守恒方程(6.106)带入式(6.109)得

$$\begin{aligned}&\frac{\partial\rho f_{u\phi}}{\partial t}+V_i\frac{\partial\rho f_{u\phi}}{\partial x_i}-\frac{\partial\langle p\rangle}{\partial x_i}\frac{\partial f_{u\phi}}{\partial V_i}+\frac{\partial}{\partial\psi_k}[f_{u\phi}S_k(\psi)]\\&=-\frac{\partial}{\partial V_i}\left(f_{u\phi}\left\langle\frac{\partial\tau_{ij}}{\partial x_j}-\frac{\partial p'}{\partial x_i}\,\middle|\,V,\psi\right\rangle\right)-\frac{\partial}{\partial\psi_k}(f_{u\phi}\langle\rho D\nabla^2\phi_k\mid V,\psi\rangle)\end{aligned}\tag{6.110}$$

此为$f_{u\varphi}(\boldsymbol{V},\boldsymbol{\psi};\boldsymbol{x},t)$(速度-标量联合 PDF)的输运方程。方程右侧两项分别采用 GLM 模型和 IEM 混合模型:

$$\frac{\partial}{\partial V_i}\left(f_{u\phi}\left\langle\frac{\partial\tau_{ij}}{\partial x_j}-\frac{\partial p'}{\partial x_i}\,\middle|\,V,\psi\right\rangle\right)=\frac{\partial}{\partial V_i}[f_{u\phi}G_{ij}(V_j-\langle u_j\rangle)]-\frac{1}{2}C_0\varepsilon\frac{\partial^2}{\partial V_i}\frac{f_{u\phi}}{\partial V_i}$$

和
$$\langle\rho D\nabla^2\phi_k\mid V,\psi\rangle=-\frac{\rho}{2}C_\phi\frac{\varepsilon}{k}\langle\psi_k-\langle\phi_k\rangle\rangle$$

其中
$$G_{ij}\langle u_iu_j\rangle+\left(1+\frac{3}{2}C_0\right)\varepsilon=0$$

于是

$$\begin{aligned}&\frac{\partial\rho f_{u\phi}}{\partial t}+V_i\frac{\partial\rho f_{u\phi}}{\partial x_i}-\frac{\partial\langle p\rangle}{\partial x_i}\frac{\partial f_{u\phi}}{\partial V_i}+\frac{\partial}{\partial\psi_k}[f_{u\phi}S_k(\psi)]\\&=-\frac{\partial}{\partial V_i}[f_{u\phi}G_{ij}(V_j-\langle u_i\rangle)]-\frac{1}{2}C_0\varepsilon\frac{\partial^2 f_{u\phi}}{\partial V_i\partial V_i}+\frac{\partial}{\partial\psi_k}\left\{f_{u\phi}\left[\frac{\rho}{2}C_\phi\frac{\varepsilon}{k}(\psi_k-\langle\phi_k\rangle)\right]\right\}\end{aligned}\tag{6.111}$$

此为封闭方程,常用蒙特卡罗方法求解。

6.3.5 线性涡模型[19-20]

1. 随机翻转

$Y=f(x)$曲线如图 6.6 实线所示。在$x=x_0$处,将$(x_0-l/2,x_0+l/2)$区间的曲线翻转,见图中点划线,称为块式翻转,其翻转宽度为l,翻转中心为x_0。如果将实线上的点视为质点,翻转事件导致质点位移。一次翻转导致的位移,可用各点的位移方差表示,即

$$\langle X^2\rangle=\frac{1}{l}\int_{-l/2}^{l/2}(2s)^2\mathrm{d}s=\frac{l^2}{3}$$

式中:s为被翻转质点到翻转中心的距离。

块式翻转会导致曲线间断,为此,采用另一种翻转方式,即将被翻转曲线压缩至 1/3,再将两端各自与未翻转曲线相连,如图 6.7 所示。此过程称为三映射翻转,可用下式描述:

$$
\hat{Y}(x,t)=\begin{cases}Y(3x-2x_0,t), & x_0 \leqslant x \leqslant x_0+l/3\\ Y(-3x+4x_0+2l,t), & x_0+l/3 \leqslant x \leqslant x_0+2l/3\\ Y(3x-2x_0-2l,t), & x_0+2l/3 \leqslant x \leqslant x_0+l\\ Y(x,t), & \text{其他}\end{cases}
$$

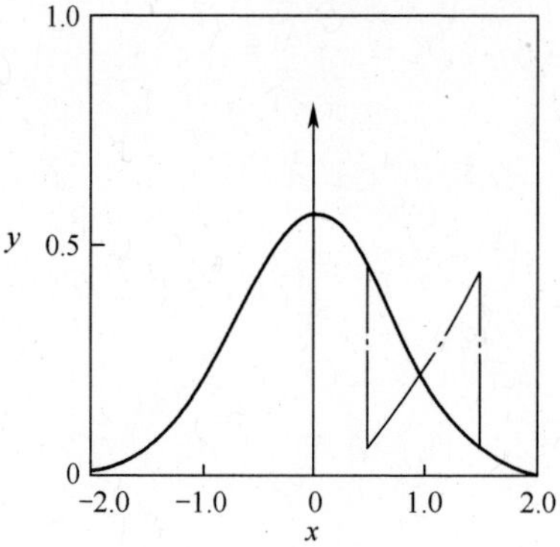

图 6.6　块式翻转

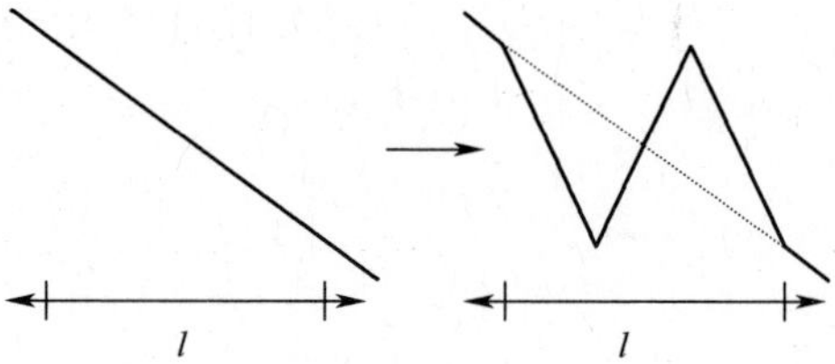

图 6.7　三映射翻转

式中：$\hat{Y}(x,t)$ 为翻转后的分布。此类翻转，仅使导致导数间断未造成函数间断。

三映射翻转的位移方差：

$$
\langle X^2\rangle=\langle\delta^2(l)\rangle=\frac{1}{l}\int_{-l/2}^{l/2}\delta^2(l,s)\,\mathrm{d}s=\frac{4}{27}l^2 \tag{6.112}
$$

式中：$\delta(l,s)$ 为翻转后的位移，有

$$
\delta^2(l,s)=\begin{cases}16s^2, & 0\leqslant|s|\leqslant l/6\\ (l-2|s|)^2, & l/6\leqslant|s|\leqslant l/2\end{cases}
$$

翻转导致质点移动，一系列的随机翻转，则使一系列质点随机移动，称为质点随机行走。参见图 6.6，如果区间 $(x,x+\mathrm{d}x)$ 内，出现质点行走的概率为 $\lambda\mathrm{d}x$，此行走过程称为泊松过程，λ 称为泊松参数。随机翻转的翻转宽度 l 为随机量，其 PDF 记作 $f(l)$。于是，在 $(l,l+\mathrm{d}l)$ 区间内的翻转频率为 $\lambda lf(l)\mathrm{d}l$。

记 $\mathscr{P}(l)=\lambda lf(l)$，称为翻转频率的 PDF，于是总翻转频率：

$$
R=\int_0^\infty\mathscr{P}(l)\,\mathrm{d}l=\lambda\int_0^\infty lf(l)\,\mathrm{d}l
$$

系列随机翻转事件导致的位移：

$$
\langle\delta^2\rangle=\frac{\lambda\int lf(l)\langle\delta^2(l)\rangle\mathrm{d}l}{\lambda\int lf(l)\,\mathrm{d}l}=R^{-1}\lambda\int lf(l)\langle\delta^2(l)\rangle\mathrm{d}l
$$

对于三映射翻转，由式(6.112)，得

$$
\langle\delta^2(l)\rangle=\frac{4}{27}l^2
$$

故
$$\langle \delta^2 \rangle = \frac{4\lambda}{27R}\int l^3 f(l)\,\mathrm{d}l \tag{6.113}$$

如将质点随机行走视作湍流扩散,其扩散系数为

$$D_T = \frac{1}{2}R\langle \delta^2 \rangle = \frac{2}{27}\lambda\int_{\eta}^{L} l^3 f(l)\,\mathrm{d}l \tag{6.114}$$

式中:η 为 Kolmogorov 尺度;L 为特征尺度。

由于湍流耗散区域 $D_{\mathrm{T}} \propto l^{4/3}$,为保证式(6.114)右端,积分后含 $l^{4/3}$,故 $f(l)$ 中,l^n 的指数应为 $n = \frac{4}{3} - 4 = -\frac{8}{3}$。

因此
$$f(l) = \frac{5}{3L}\frac{1}{(L/\eta)^{5/3} - 1}\left(\frac{l}{L}\right)^{-8/3} \tag{6.115}$$

式中系数 $\frac{5}{3L}\frac{1}{(L/\eta)^{5/3} - 1}$ 是无量纲的要求。

将式(6.115)代入式(6.114),得

$$\lambda = \frac{54}{5}\frac{D_{\mathrm{T}}}{L^3}\frac{(L/\eta)^{5/3} - 1}{1 - (\eta/L)^{4/3}}$$

由于湍流耗散区域,$D_{\mathrm{T}} = \nu Re_{\mathrm{L}}$,其中 ν 为流体动力黏性,$Re_{\mathrm{L}} = uL/\nu$。于是上式可写成

$$\lambda = \frac{54}{5}\frac{\nu Re_{\mathrm{L}}}{L^3}\frac{(L/\eta)^{5/3} - 1}{1 - (\eta/L)^{4/3}} \tag{6.116}$$

令
$$S(l) = \int_0^l \mathcal{P}(l)\,\mathrm{d}l \Big/ \int_0^{\infty} \mathcal{P}(l)\,\mathrm{d}l \tag{6.117}$$

其中,$0 \leqslant S(l) \leqslant 1$。根据随机选取的 $S(l)$,可由式(6.117)求得 l。

2. LES-LEM 方法

对于湍流燃烧,组元守恒方程与 N-S 方程可分开处理。如果,N-S 方程采用 LES,组元守恒方程采用线性涡模型(Linear Eddy Model,LEM),称为 LES-LEM 方法。计算时,需两套网格,LES 在大尺度主网格中进行,基于 LEM 的组元守恒方程的模拟,则在小尺度亚网格中进行。亚网格嵌套在主网格中是主网格进一步细分的结果。

将 $u_i = \widetilde{u}_i + u_i'$ 代入组元守恒方程(5.31)得

$$\frac{\partial \rho Y_k}{\partial t} + \frac{\partial \rho Y_k \widetilde{u}_i}{\partial x_i} + F_{k,\mathrm{stir}} + \frac{\partial}{\partial x_i}\left(-\rho D\frac{\partial Y_k}{\partial x_i}\right) = \dot{\omega}_k \tag{6.118}$$

式中:反应项 $\dot{\omega}_k = A\exp\left(-\frac{E_{\mathrm{a}}}{RT}\right)\rho^m \prod_k Y_k^{m_k}$;$F_{k,\mathrm{stir}} = \frac{\partial \rho u_i' Y_k}{\partial x_i}$ 表示湍流脉动导致的扩散。

湍流扩散用随机翻转描述,即将流场进行翻转,翻转中心为格点,翻转方向为 Y_k 的梯度方向,翻转的长度和频率分别由式(6.115)和式(6.116)决定,即

$$f(l)=\frac{5}{3}\frac{l^{-\frac{8}{3}}}{(\eta^{-\frac{5}{3}}-\Delta^{-\frac{5}{3}})}$$

$$\lambda=\frac{54}{5}\frac{\nu Re\Delta^3[(\Delta/\eta)^{\frac{5}{3}}-1]}{\Delta^3[1-(\eta/\Delta)^{\frac{4}{3}}]}$$

式中:Δ 为步长。这种湍流扩散模型称为线性涡模型(LEM)。基于此,式(6.118)可直接求解。

6.4 小　　结

湍流燃烧的 N-S 方程与组元守恒方程可分开处理。N-S 方程分解(滤波)时,采用 Favre 平均,使分解后方程与不可压流一致,从而将不可压湍流模式推广至可压湍流。而组元守恒方程中,反应项为指数函数,如直接分解,将很难模化,故须采用新思路。

湍流对反应的影响与反应区尺度和湍涡尺度有关。据此对湍流燃烧进行分类,不同类型,对应不同处理方法。当层流火焰厚度小于湍流最小涡尺度时,湍流仅使反应区褶皱变形,称为褶皱层流火焰。如果 $u'_{rms}<S_L$,阵面以折褶为主,称为折褶子火焰。此时,仍为层流燃烧,平均反应速率与火焰面密度 $\boldsymbol{\Sigma}$ 有关。折褶子火焰可用 BML 模型处理。如果 $u'_{rms}>S_L$,湍流脉动的影响增强,火焰阵面波动变形,称为波纹子火焰。如果湍流可以影响火焰的预热区,但不影响反应区,称为薄反应区火焰。波纹子火焰和薄反应区火焰可用火焰面模型处理。

火焰面模型用空间曲面 $G(\boldsymbol{x},t)=G_0$ 表示火焰阵面,导出 G 方程,以及关于 $\widetilde{G}$、$\widetilde{G''^2}$ 和 $\overline{\sigma}$ 的方程。因反应区很薄,故仅存在于火焰阵面附近的小尺度区域。若以火焰阵面为自然坐标,可以推出质量分数 Y 沿坐标法向分布的组元守恒方程,称为火焰面方程(其间为层流燃烧,用 Arrhenius 定律表示),进而求得 $\boldsymbol{Y}(G,\sigma,t)$。设定 G 和 σ 的关联 PDF,便可将 $\boldsymbol{Y}(G,\sigma,t)$ 转换为 $\widetilde{\boldsymbol{Y}}(\boldsymbol{x},t)$,从而使分解后的 N-S 方程封闭。设定 PDF 时,需给定 $\widetilde{G}$、$\widetilde{G''^2}$ 和 $\overline{\sigma}$,这些量可从相应方程中解得。

湍流尺度小于层流火焰厚度时,反应区内湍涡与反应相互作用,称为分布反应火焰。此时,需考虑湍流对 Arrhenius 反应速率的影响。此类火焰可用 PDF 模型处理,因为,PDF 传输方程中反应与湍流无关,仍采用 Arrhenius 定律。也可用 LEM 处理,该模型在小尺度的亚网格中,直接求解组元守恒方程,反应仍采用 Arrhenius 定律,而湍流扩散用随机翻转模型描述。

涡内小火焰反应速率决定于湍流混合速率,与 Arrhenius 定律无关,可用湍涡破碎模型或湍涡耗散模型处理。

参 考 文 献

[1] Kuo K K. Principles of combustion[M]. New York:Wiley, 2005.

[2] Toong T Y. Combustion dynamics[M]. New York:McGraw-Hill, 1983.

[3] Turns S R. An introduction to combustion, concepts and applications[M].New York: McGraw-Hill, 2000.

[4] Williams F A. Combustion theory[M]. London:Westview Press, 1994.

[5] 周力行. 燃烧理论和化学流体力学[M]. 北京:科学出版社, 1986.

[6] Peters P. Turbulent combustion[M]. Cambridgc:Cambridge University Press, 2000.

[7] Tennckes H. First course of turbulence[M].New York:Academic Press 1972.

[8] Schiestel R. Modeling and simulation of turbulent flows[M].New York:Wiley, 2008.

[9] Genin F, Menon S. Large eddy simulation of scramjet combustion using a subgrid mixing /combustion model[J]. AIAA 2003-7035.

[10] Magnussen B F, Hjertager B H. On mathematical models of turbulent combustion with special emphasis on soot formation and combustion[C]//16th Symposium on Combustion, 1976.

[11] Spalding D B. Mixing and chemical reaction in steady confinef turbulent f lames[C]//13th Symposium on Combustion, 1971:649-657.

[12] 范宝春. 两相系统的燃烧、爆炸和爆轰[M]. 北京:国防工业出版社, 1998.

[13] Bray K N C, Moss J B. A unified statistical model of the premixedturbulent f lame[J]. Acta Astronautica,1977 4: 291-319.

[14] Bray K N C, Libby P A. Passage time and flamelet crossing frequencies in premixed turbulent combustion[J]. Combust. Sci and Tech,1986 47:253-274.

[15] Trouve A,Poinsot T J. The evolution equation for the f lame surface density in turbulent premixed combustion[J]. J. Fluid Mech,1994 278:1-31.

[16] 孙明波,白雪松,王振国. 湍流燃烧火焰面模型理论及应用[M]. 北京:科学出版社, 2014.

[17] Pope S B. Turbulent Flows[M]. Cambridge:Cambridge University Press, 2000.

[18] 郑楚光,周向阳. 湍流反应流的 PDF 模拟[M]. 武汉:华中科技大学出版, 2005.

[19] Menon S, McMurtry P A, Kerstein A R. A linear eddy mixing model large eddy simulation of turbulent combustion , in LES of Complex Engineering and Geophysical Flow[M]. Cambridge: Cambridge University Press, 1993.

[20] Menon S. Subgrid Combustion modeling for the next generation national combustion code[J]. Transactions of the America Mathematical Society,2003,3(3):467-481.

第7章　激波-火焰复合波

超声速燃烧,可能以激波与火焰组成的复合波的形式出现,此类复合波又分为爆燃和爆轰。火焰诱导激波,火焰起主导作用的复合波称为爆燃(Deflagration);激波诱导火焰,激波起主导作用的复合波称为爆轰(Detonation)。

对于爆燃,火焰可视作漏气活塞。漏气量,即火焰阵面的质量流率,用火焰燃烧速度表示,其大小不仅与燃烧系统的本质(化学反应速率)有关,还与流动状态(层流还是湍流)有关。所漏气体在反应区燃烧,燃烧产物膨胀,诱导或增强火焰前方的激波。但激波强度不足以使气体点火,燃烧需通过输运效应(热传导和质量扩散)维持,故爆燃是激波-输运预混火焰复合波,最大传播速度为CJ燃速,该值不是定值,与气体特性、流动状态和边界条件等有关。

对于爆轰,引导激波可直接点燃波后气体,火焰由激波维持,其燃烧速度决定于激波强度,故爆轰是激波-对流预混火焰复合波。为点燃波后介质,引导激波应足够强,CJ爆速是维持爆轰的最小传播速度。对于确定系统,CJ爆速为定值,由可燃气体的特性决定。

爆燃和爆轰可以转换。传播速度介于CJ燃速和CJ爆速之间的燃烧是不稳定的,常借助激波与火焰间(预热区)的随机爆炸,以突发方式,使爆燃转换为强爆轰,再衰减为CJ爆轰,完成爆燃转爆轰(Deflagration-To-Detonation Transition,DDT)过程。

7.1　爆　　燃

7.1.1　加速火焰[1-3]

火焰燃烧速率 ρS 表示火焰阵面的未燃物的质量流率,反映燃烧的激烈程度。其大小与燃烧速度 S(火焰扫过未燃介质的速度)成正比。敞开或密闭系统中,大气条件下的火焰主要靠热传导维持传播(即输运预混火焰),燃烧速度较小。火焰燃烧速度与热扩散系数和反应速率乘积的平方根成正比,即 $S \propto \sqrt{\kappa_1 |\dot{\lambda}|}$,见5.3节。

火焰前的未燃介质状态,可影响化学反应速率,进而改变燃烧速度。分析表明,波前压力对燃烧速度的影响为 $S\propto p^n$,其中 $-0.25\leqslant n\leqslant 0.25$;波前温度对燃烧速度的影响为 $S\propto T^n$,其中 $1.5\leqslant n\leqslant 2$。显然,波前状态对燃烧速度的影响是有限的。

火焰不稳定,可能因扰动失稳。失稳火焰的变形阵面被弯曲,拉伸甚至折叠,于是,燃烧速率增加(见6.3.2节和6.3.3节),火焰加速。导致火焰失稳的方法很多(如借助壁面或设置于壁面的障碍物等),涉及不同的火焰失稳机制,如泰勒不稳定,Richtmyer-Meshkov不稳定,开尔文-亥姆霍兹不稳定和Landau-Darrieus不稳定等(见5.1.4节)。

失稳火焰不可能在无限变形情况下,始终保持层流状态,过度的变形必然猝发湍流。湍流使火焰变形更为严重,并大大增强输运能力(能量输运和组元输运),使已燃流团与未燃流团充分掺混,从而大幅增加燃烧速度(见6.3节)。

燃烧产物的膨胀,压缩火焰前方介质,使其在火焰传播方向上运动,形成背景流场。图7.1为障碍物作用下,火焰失稳并诱发湍流的实验照片。其中图7.1(a)为薄片障碍物,图7.1(b)为方块障碍物。障碍物的存在,减少了通道面积,使背景流场加速,从而使火焰在抵达障碍物之前已经变形,上部的传播速度明显大于下部。跨越障碍物时,火焰上下部的差异更加明显。流场的定向加速会导致火焰失稳(主要为泰勒不稳定)。对于薄片状障碍物(图7.1(a)),火焰跨越障碍物后,头部出现火焰湍流刷,即出现湍流燃烧。如果障碍物具有一定厚度(图7.1(b)),障碍物与上壁面之间形成狭长通道,火焰穿越时,变形火焰的头部在流向传播,而底部则于横向传播(向壁面逼近)。火焰的压缩作用,在狭长通道中形成来回振荡的横向压缩波,导致横向火焰失稳,形成湍流,使燃烧充满通道,见图7.1(b)的最后一幅照片。未燃气体,在狭长通道中加速后,以射流形式,离开障碍物,形成带涡环的绕流(由于亥姆霍兹不稳定)。此后,在绕流涡环中传播的湍流火焰,也具有涡环结构。

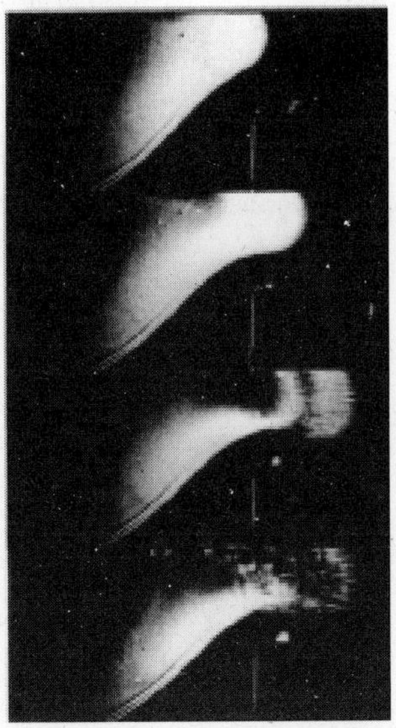

(a)

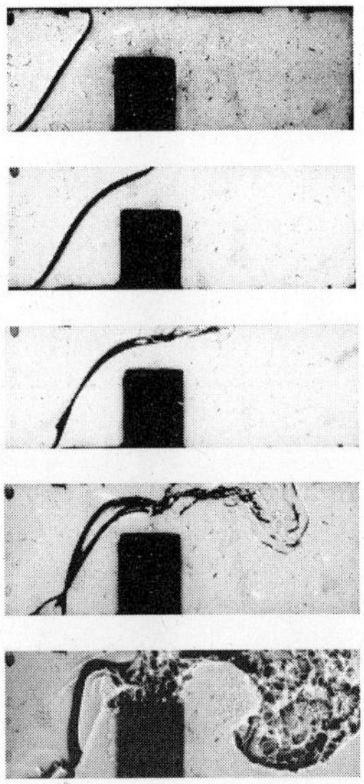

(b)

图7.1 障碍物作用下的湍流燃烧[1,3]

壁面或障碍物诱导的湍流火焰，一般不能自持，外部因素一经撤销，火焰将减速，并逐渐退化为层流燃烧。如果重复设置障碍（或壁面无限延伸），由于障碍物（或壁面）与火焰加速之间的正反馈机制，火焰可持续加速。以长管内火焰加速为例，燃烧产物的膨胀导致波前质点流动。由于黏性，背景流场在壁面附近形成黏性边界层，出现速度梯度。此时，火焰面临不同的置换速度和不同的传播环境，从而具有不同的传播速度，这导致火焰变形。火焰变形使得燃烧面积增大，燃烧速度增加，火焰因此加速。加速火焰更易失稳，于是燃烧速度进一步增加。而置换速度随燃烧速度的增加而增加，这又导致背景流场雷诺数增加。当雷诺数大于临界值时，出现湍流和湍流燃烧，火焰继续加速。火焰传播速度愈大，背景流场的雷诺数愈大，湍流越强，燃烧速度越快，于是，火焰持续加速。

未燃气透过火焰，在反应区燃烧，燃烧产物因膨胀又推动未燃介质的流动，故火焰类似于漏气活塞。燃烧速率越大，漏气量越大，推动作用越大。燃烧速度足够大时，火焰前方可能出现激波。激波的出现，表示流场已从亚声速流动转变为超声速流动。此时，由激波与火焰组合成的复合波称为爆燃。

7.1.2 爆燃现象[1]

对于激波-火焰复合波，如果激波不能使介质直接点火，此时，火焰为主导因素，激波是火焰诱导所致，这种复合波称为爆燃。图 7.2 为爆燃流场示意图，图中 D_s和 D_f分别表示激波和火焰的传播速度。(0)区为激波前未扰动区，该区状态用下标 0 表示，设为静止态，即 $u_0=0$。(Ⅰ)为激波与火焰间的预压区，用下标 1 表示，该区的温度 T_1不足以使介质点火，为惰性流动区。(Ⅱ)区为火焰区，其间包括反应诱导区和化学反应区。反应区释放的热，通过热扩散，加热反应诱导区，使之点火。图中虚线表示两区界面，称为火焰阵面。该处温度为点火温度 T_{ig}，反应开始，$\lambda=0$。此为输运预混火焰，故(Ⅱ)区需考虑输运效应。(Ⅲ)区为燃烧产物区，为非定常流动区。火焰结束端面的状态用脚标 2 表示。2′为后边界条件。

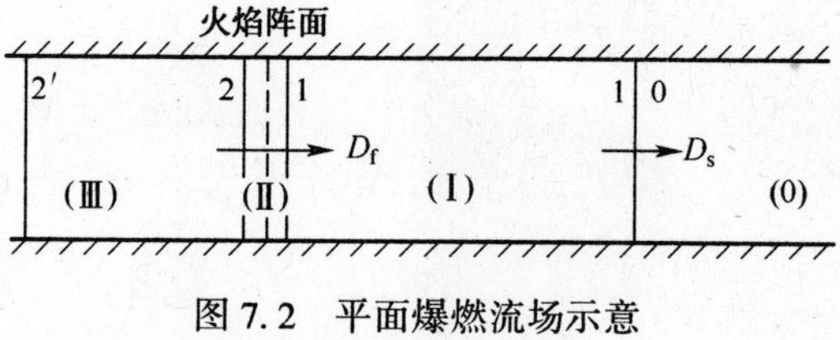

图 7.2 平面爆燃流场示意

实验室坐标中，激波守恒方程如下：

$$\rho_0 D_s = \rho_1 (D_s - u_1) \tag{7.1}$$

$$p_0 + \rho_0 D_s^2 = p_1 + \rho_1 (D_s - u_1)^2 \tag{7.2}$$

$$h_0 + \frac{D_s^2}{2} = h_1 + \frac{(D_s - u_1)^2}{2} \tag{7.3}$$

对于理想气体，设绝热指数 γ 为常数，有激波关系式：

$$\frac{\rho_1}{\rho_0}=\frac{\gamma+1}{(\gamma-1)+2/Ma_s^2} \tag{7.4}$$

$$\frac{p_1}{p_0}=\frac{2\gamma}{\gamma+1}Ma_s^2-\frac{\gamma-1}{\gamma+1} \tag{7.5}$$

$$\frac{u_1}{a_0}=\frac{2(Ma_s^2-1)}{(\gamma+1)Ma_s} \tag{7.6}$$

$$\frac{T_1}{T_0}=\frac{p_1}{p_0}\frac{\rho_1}{\rho_0} \tag{7.7}$$

式中：$Ma_s=D_s/a_0$ 为激波马赫数，$a_0^2=\dfrac{\gamma p_0}{\rho_0}$，$a_0$ 为波前声速。

如果火焰区（Ⅱ）的两端边界处，流场梯度为零，实验室坐标中，火焰守恒方程如下：

$$\rho_1(D_f-u_1)=\rho_2(D_f-u_2) \tag{7.8}$$

$$p_1+\rho_1(D_f-u_1)^2=p_2+\rho_2(D_f-u_2)^2 \tag{7.9}$$

$$h_1+Q+\frac{(D_f-u_1)^2}{2}=h_2+\frac{(D_f-u_2)^2}{2} \tag{7.10}$$

此方程与火焰区内是否存在输运效应无关。

质量方程(7.8)可写成

$$\frac{u_2-u_1}{S}=1-\frac{\rho_1}{\rho_2} \tag{7.11}$$

式中：$S=D_f-u_1$ 为火焰燃烧速度。

火焰瑞利方程为

$$\frac{p_2-p_1}{\nu_1-\nu_2}=(\rho_1 S)^2 \tag{7.12}$$

火焰 Hugoniot 方程为

$$\frac{e_{th,2}-e_{th,1}+Q}{\nu_2-\nu_1}=-\frac{p_2+p_1}{2} \tag{7.13}$$

此类方程不描述反应过程，仅表示反应起始和终结状态间的关系。

对于理想气体，有

$$\left(\frac{S}{a_0}\right)^2=\frac{T_1(p_2/p_1-1)}{\gamma T_0(1-\rho_1/\rho_2)} \tag{7.14}$$

$$\left(\frac{\rho_1}{\rho_2}-\frac{\gamma-1}{\gamma+1}\right)\left(\frac{p_2}{p_1}+\frac{\gamma-1}{\gamma+1}\right)=\beta \tag{7.15}$$

其中

$$\beta=1+\frac{2\gamma}{a_1^2}\frac{\gamma-1}{\gamma+1}-\left(\frac{\gamma-1}{\gamma+1}\right)^2$$

现有 6 个方程（3 个激波守恒方程和 3 个火焰守恒方程），初始状态已知时，存在 8 个未知量,即 S、Ma_s、ρ_1、p_1、u_1、ρ_2、p_2 和 u_2。$S-u_2 \leqslant a_2$ 时,$u_2 = u_2'$,即火焰后的质点速度等于后边界条件。$S-u_2 > a_2$ 时,火焰阵面后出现膨胀波区,其波尾为状态 2′,满足后边界条件。如果知道燃烧速度 S,方程封闭。燃烧速度 S 不仅受后边界影响,还与火焰前的热力学状态和流动状态(如湍流)有关,求解时,将涉及湍流燃烧的计算。S 确定后,可用迭代方法,求解上述方程。

爆燃的 $p-v$ 曲线如图 7.3 所示。图中,S 曲线为激波极曲线,$\lambda = 1$ 表示反应结束的 Hugoniot 曲线。D_s 和 D_f 分别表示激波瑞利线和火焰瑞利线,斜率分别为 $G = \rho_0 D_s$ 和 $G = \rho_1 S$,S 为火焰燃烧速度。爆燃可描述为,状态为 0 的介质,经激波压缩,突跃至状态 1。因诱导区的输运,变化至状态 1′,点火。此后燃烧沿图中虚线(反应迹线)进行。反应结束时,为状态 2。

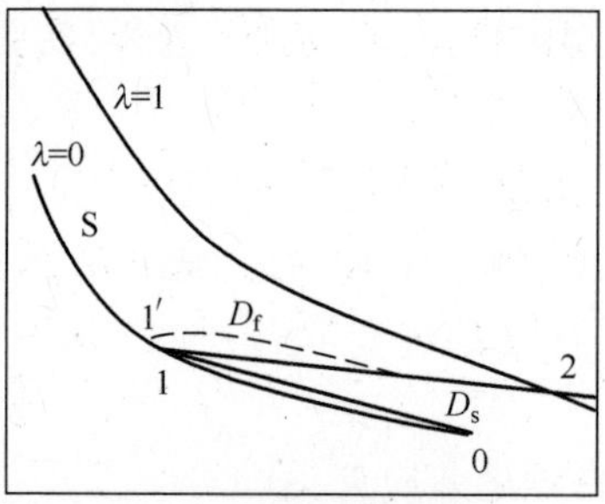

图 7.3　爆燃 $p-v$ 曲线

7.1.3　CJ 爆燃

爆燃速度增加时,诱导激波的传播速度随之增加,于是,1 点沿 S 曲线向上移动,最终导致火焰瑞利线 D_f 与 $\lambda = 1$ 的 Hugoniot 曲线相切,切点记作 CJ,如图 7.4 所示(图中,忽略 1 和 1′的差异,略去燃烧过程中,黏性导致的反应迹线的偏离部分),称此为 CJ 爆燃。

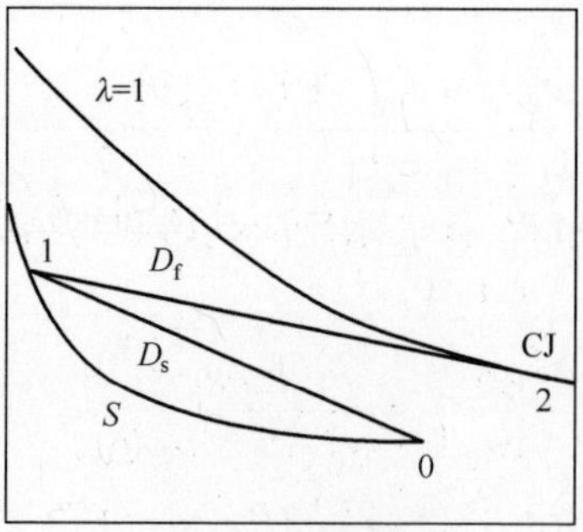

图 7.4　CJ 爆燃

由火焰守恒方程(7.8)~(7.10)和理想气体状态方程:

$$\frac{\rho_1}{\rho_2} = \frac{\gamma + \eta - N}{\gamma + 1} \tag{7.16}$$

其中，$N=\sqrt{(1-\eta)^2-K\eta}$，$K=2(\gamma^2-1)\overline{Q}$，$\eta=\left(\dfrac{a_1}{S}\right)^2$，$\overline{Q}=Q/a_1^2$。

对于 CJ 爆燃，$N=0$，故

$$(1-\eta_{\mathrm{CJ}})^2-K\eta_{\mathrm{CJ}}=0 \tag{7.17}$$

于是

$$\eta_{\mathrm{CJ}}=\left(\frac{a_1}{D_{\mathrm{f,CJ}}}\right)^2=1-\frac{2}{1-\sqrt{1+4/K}} \tag{7.18}$$

$$\left(\frac{\rho_1}{\rho_2}\right)_{\mathrm{CJ}}=\frac{\gamma+\eta_{\mathrm{CJ}}}{\gamma+1}=\frac{\gamma Ma_{\mathrm{f,CJ}}^2+1}{(\gamma+1)Ma_{\mathrm{f,CJ}}^2} \tag{7.19}$$

其中，$Ma_{\mathrm{f,CJ}}=\dfrac{S_{\mathrm{CJ}}}{a_1}=\dfrac{D_{\mathrm{f,CJ}}-u_1}{a_1}$。

CJ 点上，相对于火焰的质点速度等于当地声速（见 2.13 节），故

$$S_{\mathrm{CJ}}-u_2=a_2 \tag{7.20}$$

或

$$D_{\mathrm{f,CJ}}-(u_2-u_1)=a_2$$

后边界条件为

$$u_2=u_2'$$

对于爆燃，即使确定后边界条件，方程仍未封闭，通常需给定 S。但 CJ 爆燃，存在 CJ 条件式(7.20)，多出一个方程。因此，后边界条件确定后，可以求得 S_{CJ}。显然，不同后边界条件，有不同的 S_{CJ}，故该值不唯一。

以点火端封闭的光滑长管为例，此时 $u_2=0$，于是，火焰质量守恒方程为

$$\rho_1(D_{\mathrm{f}}-u_1)=\rho_2 D_{\mathrm{f}} \tag{7.21}$$

由该式和激波质量守恒方程(7.1)，可推得

$$Ma_1\left(\frac{\rho_1}{\rho_0}-1\right)=Ma_{\mathrm{f}}\left(\frac{\rho_1}{\rho_2}-1\right) \tag{7.22}$$

其中，$Ma_{\mathrm{f}}=\dfrac{D_{\mathrm{f}}-u_1}{a_1}$，$Ma_1=\dfrac{D_{\mathrm{s}}-u_1}{a_1}$。进而有

$$Ma_{\mathrm{s}}^2=\frac{2+(\gamma-1)Ma_1^2}{2\gamma Ma_1^2-(\gamma-1)} \tag{7.23}$$

将式(7.23)代入激波关系式(7.4)，得

$$\frac{\rho_1}{\rho_0}-1=\frac{2}{\gamma+1}\left(\frac{1}{Ma_1^2}-1\right) \tag{7.24}$$

将式(7.24)和式(7.19)式代入式(7.22)，得

$$\frac{1}{Ma_1}-Ma_1=\frac{1}{2}\left(\frac{1}{Ma_{f,\mathrm{CJ}}}-Ma_{f,\mathrm{CJ}}\right) \tag{7.25}$$

由式(7.17)，得

$$K=\left(Ma_{f,\mathrm{CJ}}-\frac{1}{Ma_{f,\mathrm{CJ}}}\right)^2=2(\gamma^2-1)\overline{Q} \tag{7.26}$$

于是，式(7.25)写成

$$\left(\frac{1}{Ma_1}-Ma_1\right)^2=\frac{\gamma^2-1}{2}\frac{Q}{a_1^2} \tag{7.27}$$

由激波关系式(7.4)和(7.23)得

$$\left(\frac{1}{Ma_1}Ma_1\right)^2=\left(\frac{\rho_1}{\rho_0}\right)^2\left(\frac{Ma_1}{Ma_s}\right)^2\left(Ma_s-\frac{1}{Ma_s}\right)^2 \tag{7.28}$$

由激波质量守恒方程(7.1)得

$$\left(\frac{a_0}{a_1}\right)^2=\left(\frac{\rho_1}{\rho_0}\right)^2\left(\frac{Ma_1}{Ma_s}\right)^2$$

将上式代入式(7.28),得

$$\left(\frac{1}{Ma_1}-Ma_1\right)^2=\left(\frac{a_0}{a_1}\right)^2\left(Ma_s-\frac{1}{Ma_s}\right)^2$$

$$\left(\frac{1}{Ma_1}-Ma_1\right)^2=\frac{\gamma^2-1}{2}\frac{Q}{a_1^2}$$

利用式(7.27),上式写成

$$\left(Ma_s-\frac{1}{Ma_s}\right)^2=\frac{\gamma^2-1}{2}\frac{Q}{a_0^2} \tag{7.29}$$

此为CJ爆燃时,激波马赫数Ma_s与Q的关系式。

对于CJ爆轰(见7.2.2节),由式(7.67),得

$$Ma_{CJ}^2=2(\gamma^2-1)\frac{Q}{a_0^2}$$

故

$$\left(\frac{Ma_s^2-1}{Ma_s}\right)^2=\frac{Ma_{CJ}^2}{4}$$

即

$$Ma_s\approx\frac{1}{2}Ma_{CJ} \tag{7.30}$$

式(7.30)表明,一端封闭的光滑长管中,CJ爆燃的速度约为CJ爆轰的1/2。

7.2 爆　轰

7.2.1 爆轰现象[4-9]

激波和由其诱导的燃烧波组成的复合波称为爆轰。根据激波特性,波前状态不变,波后质点在激波传播方向上加速,温度与压力急剧增加。ZND(ZeldovichvonNeumann-Goring)爆轰模型假设,跨越激波阵面时,介质不发生反应,反应发生在尾随激波的燃烧区。燃烧区包括反应诱导区和化学反应区。诱导区内,反应物开始离解,产生自由基;化学反应区内,反应急剧进行,释放化学能。因此,对于爆轰,激波主导火焰,两者传播速度相同。

图 7.5 为平面爆轰流场示意图,D_s 为爆轰传播速度。

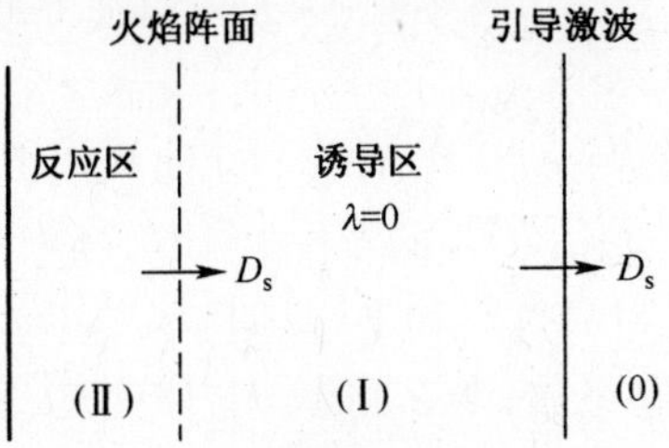

图 7.5　平面爆轰流场示意图

激波坐标中,守恒方程为

$$[\rho u] = 0 \tag{7.31}$$

$$[p + \rho u^2] = 0 \tag{7.32}$$

$$[h + u^2/2] = 0 \tag{7.33}$$

其中,[ ]表示波内任意两截面的差值,通常有 $[A] = A - A_0$,下标 0 表示波前值,无下标表示波内截面的值,该方程可描述爆轰的反应过程。

进而有瑞利方程

$$[p] + G^2[\nu] = 0 \tag{7.34}$$

其中 $G=\rho_0 u_0$,波前介质静止态时,$D_s = u_0$。

和 Hugoniot 方程

$$[h] - \bar{\nu}[p] = 0$$

或

$$[e] + \bar{p}[\nu] = 0 \tag{7.35}$$

还可写成

$$\mathcal{H} = [e_{th}] + \bar{p}[\nu] = \lambda Q \tag{7.36}$$

其中,上划线"-"表示平均,即 $\bar{a} = \dfrac{a_0 + a}{2}$;$e = e_{th} + (1 - \lambda)Q$;$e_{th}$ 为比热内能;λ 为燃烧进展度;Q 为反应热。

引导激波阵面上不发生化学反应,故 $\lambda = 0$ 的等 $\mathcal{H}$ 线与绝热激波极曲线重合,有

$$\mathcal{H} = [e_{th}] + \bar{p}[\nu] = 0$$

反应结束端面,$\lambda = 1$,其 Hugoniot 方程为

$$\mathcal{H} = [e_{th}] + \bar{p}[\nu] = Q \tag{7.37}$$

此时,p-ν 平面存在三类曲线:等 G 线(瑞利线)、等熵线和等 $\mathcal{H}$ 线(Hugoniot 曲线)。等 G 线是一簇过(ν_0,p_0)点,斜率为负的直线;等熵线是上凹的单调递减曲线,

熵值大的位于熵值小的上方。等$\mathscr{H}$线是上凹曲线，$\mathscr{H}$值大的位于$\mathscr{H}$值小的上方。三类线可同时相切，设切点为(ν_*,p_*)，此时，熵和$\mathscr{H}$在等G线上取极大值。当$\nu_* > \nu_0$时，熵在等$\mathscr{H}$线上取极大值，$\mathscr{H}$在等熵线上取极小值；反之，当$\nu_* < \nu_0$，熵在等$\mathscr{H}$线上取极小值，$\mathscr{H}$在等熵线上取极大值。切点又称冻结CJ点，该点$Ma_f = 1$。CJ点的连线，称为声迹线，右侧为超声速区，$Ma_f>1$，左侧为亚声速区，$Ma_f<1$。

如果爆轰的化学反应为摩尔数不减，一步不可逆的放热反应，此类爆轰称为理想爆轰，其p–v曲线如图7.6所示。

$D_s = D_{CJ}$时，瑞利线R_1与$\lambda = 1$的Hugoniot曲线切于CJ点。激波作用下，质点从波前状态O突跃至波后状态N_1，该点压力最大，称为Von Neumann尖点。质点在该点开始燃烧，沿R_1从N_1点变化至CJ点，反应结束。激波坐标中，此为亚声速燃烧。CJ点为方程奇点，满足$Ma_f = 1$和$\dot{\lambda} = 0$（称为CJ条件），故有解。因为CJ点上，$Ma_f = 1$，波后扰动不能进入反应区，故流场稳定，爆轰稳定传播。这种自持爆轰称为CJ爆轰。

$D_s < D_{CJ}$时，瑞利线R_2与冻结Hugoniot曲线切于T点。激波作用下，质点从波前状态O突跃至波后状态N_2，开始燃烧，然后沿R_2变化至T点，反应仍在进行，即$Ma_f = 1$时，$\dot{\lambda} \neq 0$，流场出现壅塞，不能定常（参见5.3.1节）。

$D_s > D_{CJ}$时，为强爆轰，亦称过驱爆轰。瑞利线R_3与$\lambda = 1$的Hugoniot曲线交于S点，此为弱解（见图5.13）。激波作用下，质点从波前状态O突跃至波后状态N_3，开始燃烧，然后沿R_3变化至S点，反应结束。该点$Ma_f < 1$，$\dot{\lambda} = 0$，故方程有解。因$Ma_f<1$，波后扰动会进入反应区，使燃烧不稳定，仅当波后有活塞支持时，才可稳定传播。R_3还与$\lambda = 1$的Hugoniot曲线交于另一点W，称为弱爆轰，此为强解，一般不能实现。

由式(7.34)和式(7.36)，可解得$p(\lambda, D_s)$，以D_s为参数的p–λ曲线如图7.7

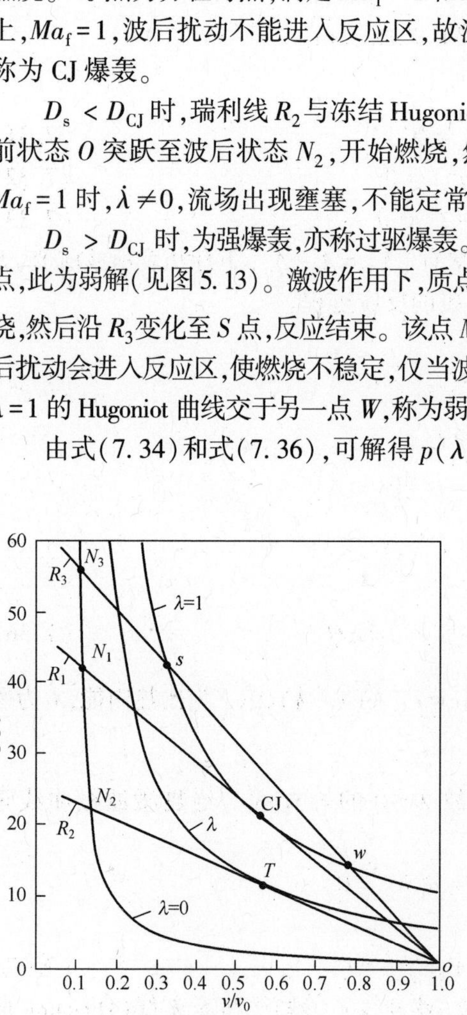

图7.6　爆轰p–v曲线

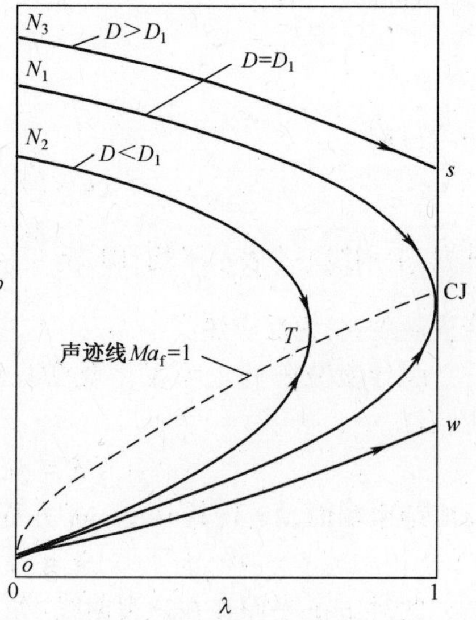

图7.7　爆轰p–λ曲线

所示。$\lambda=1$ 时,反应结束。图中虚线为声迹线,下方为超燃的 $p-\lambda$ 曲线,D_s表示来流速度。上方为爆轰 $p-\lambda$ 曲线(以 o 点为波前点)。$D_s=D_{CJ}$时,质点由波前状态$o(\nu_0,p_0)$突跃至波后状态 N_1,开始燃烧,沿 $p-\lambda$ 曲线变化至 CJ 点,反应结束。$D_s<D_{CJ}$时,质点从波前状态 o 突跃为波后状态 N_2,开始燃烧,随后变化至 T 点,此时,反应没有结束,各物理量的导数趋于无穷,出现拥塞,不能定常。$D_s>D_{CJ}$时,质点由波前状态 $o(\nu_0,p_0)$ 突跃至波后状态 N_3,开始燃烧,随后变化至 S 点,反应结束。

7.2.2 理想气体爆轰

1. 爆轰关系式

对恒比热理想气体,有

$$e=\frac{p\nu}{\gamma-1}+(1-\lambda)Q \text{ 和 } a^2=\gamma p\nu$$

设爆轰前后,气体绝热指数分别为 γ_0 和 γ_1。于是式(7.31)~式(7.33)可写成

$$\rho_0u_0=\rho u \tag{7.38}$$

$$p_0+\rho_0u_0^2=p+\rho u^2 \tag{7.39}$$

$$\frac{p_0\nu_0}{\gamma_0-1}+\rho_0\nu_0+\frac{u_0^2}{2}+\lambda Q=\frac{p\nu}{\gamma-1}+\rho\nu+\frac{u^2}{2} \tag{7.40}$$

由上述诸式得

$$\frac{\rho_0}{\rho}=\frac{\gamma_1(\gamma_0+\eta\pm N)}{\gamma_0(\gamma_1+1)} \tag{7.41}$$

其中

$$N=\sqrt{(\gamma_0/\gamma_1-\eta)^2-K\eta}$$

$$K=\frac{2\gamma_0(\gamma_1+1)}{\gamma_1^2}\left[\frac{\gamma_1-\gamma_0}{\gamma_0-1}+\gamma_0(\gamma_1-1)\lambda Q/a_0^2\right]$$

$$\eta=\left(\frac{a_0}{u_0}\right)^2=\frac{1}{Ma_0^2}$$

对于强爆轰,N 前取负号,于是

$$\frac{\rho_0}{\rho}=\frac{\gamma_1(\gamma_0+\eta-N)}{\gamma_0(\gamma_1+1)} \tag{7.42}$$

$$\frac{p}{\rho_0u_0^2}=\frac{\gamma_0+\eta+\gamma_1N}{\gamma_0(\gamma_1+1)} \tag{7.43}$$

实验室坐标中,波前介质静止时,$D_s=u_0$,有

$$\frac{D_s-u}{D_s}=\frac{\gamma_0-\gamma_1(\eta-N)}{\gamma_0(\gamma_1+1)} \tag{7.44}$$

反应结束端面 $\lambda=1$,用下标 1 表示,于是

$$\frac{\rho_0}{\rho_1}=\frac{\gamma_1(\gamma_0+\eta-N)}{\gamma_0(\gamma_1+1)} \tag{7.45}$$

$$\frac{p_1}{\rho_0 u_0^2}=\frac{\gamma_0+\eta+\gamma_1 N}{\gamma_0(\gamma_1+1)} \tag{7.46}$$

$$\frac{D_s-u_1}{D_s}=\frac{\gamma_0-\gamma_1(\eta-N)}{\gamma_0(\gamma_1+1)} \tag{7.47}$$

其中 $$K=\frac{2\gamma_0(\gamma_1+1)}{\gamma_1^2}\left[\frac{\gamma_1-\gamma_0}{\gamma_0-1}+\gamma_0(\gamma_1-1)Q/a_0^2\right]$$

对于 CJ 爆轰,$N=0$,有 CJ 爆轰关系式

$$\frac{\rho_0}{\rho_1}=\frac{\gamma_1(\gamma_0+\eta_{CJ})}{\gamma_0(\gamma_1+1)} \tag{7.48}$$

$$\frac{p_1}{\rho_0 u_0^2}=\frac{\gamma_0+\eta_{CJ}}{\gamma_0(\gamma_1+1)} \tag{7.49}$$

$$\frac{D_{CJ}-u_1}{D_{CJ}}=\frac{\gamma_0-\gamma_1\eta_{CJ}}{\gamma_0(\gamma_1+1)} \tag{7.50}$$

其中 $$\eta_{CJ}=\frac{\gamma_0}{\gamma_1}+\frac{K}{2}+\sqrt{K\left(\frac{\gamma_0}{\gamma_1}+\frac{K}{4}\right)} \tag{7.51}$$

$\gamma_0=\gamma_1$ 时称为单 γ 模型,则

$$\frac{\rho_0}{\rho}=\frac{\gamma+\eta-N}{\gamma+1} \tag{7.52}$$

$$\frac{p}{\rho_0 u_0^2}=\frac{\gamma+\eta+\gamma N}{\gamma(\gamma+1)} \tag{7.53}$$

$$\frac{D_s-u}{D_s}=\frac{\gamma-\gamma(\eta-N)}{\gamma(\gamma+1)} \tag{7.54}$$

其中,$N=\sqrt{(1-\eta)^2-K\eta}$,$K=2(\gamma^2-1)\lambda\overline{Q}$,$\eta=\left(\frac{a_0}{D_s}\right)^2=\frac{1}{Ma_0^2}$,$\overline{Q}=Q/a_0^2$。

Hugoniot 方程为

$$\left(\frac{p}{p_0}+\mu^2\right)\left(\frac{\nu}{\nu_0}-\mu^2\right)=1+\mu^4+2\mu^2\frac{\lambda Q}{p_0\nu_0} \tag{7.55}$$

其中,$\mu^2=\frac{\gamma-1}{\gamma+1}$。该方程是以 λ 为参数的双曲线方程。则可写成

$$\frac{p}{p_0}=\frac{\left(1+2\mu^2\frac{\lambda Q}{p_0\nu_0}\right)-\mu^2\frac{\nu}{\nu_0}}{\frac{\nu}{\nu_0}-\mu^2} \tag{7.56}$$

或

$$\frac{\nu}{\nu_0}=\frac{\left(1+2\mu^2\frac{\lambda Q}{p_0\nu_0}\right)-\mu^2\frac{p}{p_0}}{\frac{p}{p_0}+\mu^2} \tag{7.57}$$

当$\nu \to \infty$时，$p \to -\mu^2 p_0$；当$p \to \infty$时，$\nu \to \mu^2\nu_0$。故 Hugoniot 方程(7.55)的渐近线方程为

$$p=-\mu^2 p_0 \tag{7.58}$$

$$\nu=\mu^2\nu_0 \tag{7.59}$$

$\frac{d\lambda}{dt}$函数形式给定时，由式(7.42)~式(7.44)(双γ模型)或式(7.52)~式(7.54)(单γ模型)，解得$\rho(t)$、$p(t)$和$u(t)$，可描述平面爆轰结构，此为 ZND 模型。

单γ模型的 CJ 爆轰关系式为

$$\frac{\rho_0}{\rho_1}=\frac{\gamma+\eta_{CJ}}{\gamma+1} \tag{7.60}$$

$$\frac{p_1}{\rho_0 u_0^2}=\frac{\gamma+\eta_{CJ}}{\gamma(\gamma+1)} \tag{7.61}$$

$$\frac{D_{CJ}-u_1}{D_{CJ}}=\frac{\gamma-\gamma\eta_{CJ}}{\gamma(\gamma+1)} \tag{7.62}$$

其中

$$\eta_{CJ}=1-\frac{2}{1-\sqrt{1+4/K}} \tag{7.63}$$

$$K=2(\gamma^2-1)\overline{Q}$$

当Ma_0很大时，$\eta \to 0$，有

$$\eta\overline{Q}=Q/D_s^2$$

$$N=\sqrt{1-2(\gamma^2-1)\lambda Q/D_s^2}$$

于是式(7.52)~式(7.54)可写成

$$\frac{\rho_0}{\rho}=\frac{\gamma-N}{\gamma+1} \tag{7.64}$$

$$\frac{p}{\rho_0 u_0^2}=\frac{1+N}{\gamma+1} \tag{7.65}$$

$$\frac{D_s-u}{D_s}=\frac{1+N}{\gamma+1} \tag{7.66}$$

对于 CJ 爆轰，$N=0$，$\lambda=1$，故

$$D_{CJ}=\sqrt{2(\gamma^2-1)Q} \tag{7.67}$$

式(7.64)~式(7.66)写成

$$\frac{\rho_0}{\rho_1}=\frac{\gamma}{\gamma+1} \tag{7.68}$$

$$\frac{p_1}{\rho_0 u_0^2}=\frac{1}{\gamma+1} \tag{7.69}$$

$$\frac{U_{\mathrm{CJ}}}{D_{\mathrm{CJ}}}=\frac{D_{\mathrm{CJ}}-u_1}{D_{\mathrm{CJ}}}=\frac{1}{\gamma+1} \tag{7.70}$$

其中,U_{CJ}为实验室坐标中,CJ 面的质点速度。根据 CJ 条件,$u_1=a_{\mathrm{CJ}}$。

2. 爆轰参数计算[10]

爆轰反应结束端面的状态用爆轰参数描述,称作爆速、爆容、爆压和爆温等。爆轰参数与反应热 Q(化学热力学特性)有关,与反应速率(化学动力学特性)无关。对于可逆反应,结束端面上,反应处于平衡状态,系统具有确定组分,称为平衡组分。如果压力和温度发生变化(例如,爆轰强度变化),平衡将移动,平衡组分和热效应也随之变化。平衡组分和反应热决定于当地流场的压力和温度。

混合物吉布斯自由能为

$$g=\sum_j \mu_j n_j \tag{7.71}$$

式中:n_j 为组元 j 的比摩尔浓度(定义为单位质量混合物中,j 组元的摩尔数)。μ_j 为组元 j 的比化学位,则

$$\mu_j=\mu_j^0+RT\ln\frac{n_j}{n}+RT\ln p \tag{7.72}$$

式中:μ_j^0 为组元 j 的标准生成自由能,其值可从相关数据表中查得;p 为混合物总压(atm),$1\mathrm{atm}=1.01\times10^5\mathrm{Pa}$。

化学反应平衡时,吉布斯自由能取极小值。此为条件极值,受元素守恒定律约束。设反应系统包含 s 种元素,第 i 种元素在混合物中的比摩尔浓度为 b_i,有

$$b_i=\sum_j a_{ij} n_j$$

式中:a_{ij}为 1mol 的组元 j 中,含元素 i 的摩尔数,该值由组元分子式决定。

根据元素摩尔数守恒定律

$$b_i=b_i^0,\quad i=1,2,\cdots,s \tag{7.73}$$

上标 0 表示初始值。此为式(7.71)取极值的约束条件。

引进拉格朗日乘子 λ_i,定义

$$G+g+\sum_i \lambda_i(b_i-b_i^0)$$

当 $\left(\frac{\partial G}{\partial n_j}\right)_{T,p,j\neq i}=0$ 时,g 取极值,即

$$\mu_j+\sum_i \lambda_i a_{ij}=0 \tag{7.74}$$

p 和 T 确定时,由式(7.72)、式(7.73)和式(7.74),可解得平衡组分 n_j,进而求

得混合物的热力学参数,如 h、γ 等以及反应热 Q(参见 5.1.2 节)。

对于爆轰,可燃气体在激波作用下反应,在反应结束端面达到化学平衡。平衡时的温度、压力、平衡组分和反应热等,与未燃气体的组成,初始状态以及激波强度等有关。引导激波强度的变化会导致化学平衡的移动,从而导致平衡组分、绝热指数以及反应热的变化。

式(7.45)~式(7.47)和式(7.72)~式(7.74)组成以 D_s(或 η)为参数的封闭方程组,可通过迭代求解。先预估爆压和爆温,然后由式(7.72)~式(7.74),进行化学平衡计算,获得平衡组分,进而求得爆轰产物的绝热指数和反应热。再由式(7.45)~式(7.47),求得爆压和爆温,与预估值比较,视其是否满足所需精度。满足时结束运算,否则,用 Newton-Raphson 方法,设定新的预估值,并通过欠松弛迭代,重复上述计算。对于 CJ 爆轰,因 η_{CJ} 满足式(7.51),故无需设定该值,此时,CJ 爆速为可燃系统的本征值。

爆轰参数是依据热力学平衡理论确定的,故称为爆轰平衡参数。基于平衡计算的结果相当准确。

7.2.3 爆轰自模拟解

设爆轰波后为等熵流动,实验室坐标中,有守恒方程

$$\frac{\partial \rho}{\partial t} + u\frac{\partial \rho}{\partial x} + \rho\frac{\partial u}{\partial x} = 0 \tag{7.75}$$

$$\frac{\partial u}{\partial t} + u\frac{\partial u}{\partial x} + \frac{1}{\rho}\frac{\partial p}{\partial x} = 0$$

或

$$\frac{\partial u}{\partial t} + u\frac{\partial u}{\partial x} + \frac{a^2}{\rho}\frac{\partial \rho}{\partial x} = 0 \tag{7.76}$$

爆轰参数皆由爆速 D_{CJ} 决定,故将速度量纲选为基本独立量纲。令 $z = \dfrac{x}{t}$(具有速度量纲的组合变量),守恒方程写成

$$(u - z)\frac{d\rho}{dz} + \rho\frac{du}{dz} = 0 \tag{7.77}$$

$$(u - z)\frac{du}{dz} + \frac{a^2}{\rho}\frac{d\rho}{dz} = 0 \tag{7.78}$$

定义 $y = \int_0^{\rho} \frac{a}{\rho} d\rho$,称为 Riemann 热动力函数,于是

$$\frac{dy}{dz} = \frac{a}{\rho}\frac{d\rho}{dz}$$

将上式代入式(7.77)和式(7.78),得

$$(u - z + a)\frac{d(y + u)}{dz} = 0 \tag{7.79}$$

$$(u-z-a)\frac{\mathrm{d}(y-u)}{\mathrm{d}z}=0 \tag{7.80}$$

由于 $z_{CJ}=D_{CJ}=u_{CJ}+a_{CJ}$，故

$$u_{CJ}-z_{CJ}+a_{CJ}=0$$

$$u_{CJ}-z_{CJ}-a_{CJ}=-2a_{CJ}\neq 0$$

于是，式(7.79)和式(7.80)分别写成

$$u-z+a=0 \tag{7.81}$$

和

$$\frac{\mathrm{d}(y-u)}{\mathrm{d}z}=0$$

进而有

$$y-u=y_{CJ}-u_{CJ}$$

对于理想气体，$y=\dfrac{2a}{\gamma-1}$。根据 CJ 关系式(7.70)，$u_{CJ}=\dfrac{D_{CJ}}{\gamma-1}$，$a_{CJ}=\dfrac{\gamma D_{CJ}}{\gamma-1}$，于是

$$u-\frac{2a}{\gamma-1}=-\frac{D_{CJ}}{\gamma-1} \tag{7.82}$$

由式(7.81)和式(7.82)，有

$$\frac{u}{u_{CJ}}=\frac{2z}{D_{CJ}}-1 \tag{7.83}$$

$$\frac{a}{a_{CJ}}=\frac{1}{\gamma}\left[\frac{(\gamma-1)z}{D_{CJ}}+1\right] \tag{7.84}$$

$$\frac{\rho}{\rho_{CJ}}=\left[\frac{(\gamma-1)z}{\gamma D_{CJ}}+\frac{1}{\gamma}\right]^{\frac{2}{\gamma-1}} \tag{7.85}$$

$$\frac{p}{p_{CJ}}=\left[\frac{(\gamma-1)z}{\gamma D_{CJ}}+\frac{1}{\gamma}\right]^{\frac{2\gamma}{\gamma-1}} \tag{7.86}$$

此为 CJ 爆轰自模拟解，其中，z 为自模拟变量。

自模拟流场与后边界条件有关。以固壁边界为例，边界条件为 $u=0$。由式(7.83)可知，后边界位于

$$\frac{z}{D_{CJ}}=\frac{1}{2} \tag{7.87}$$

根据式(7.83)和式(7.87)，CJ 爆轰与固壁间的速度分布曲线如图 7.8 所示。0~0.5 之间为静态流区，0.5~1.0 之间为自模拟解区，该区为稀疏波区，又称泰勒波，u 从波后 u_{CJ} 下降为 0。

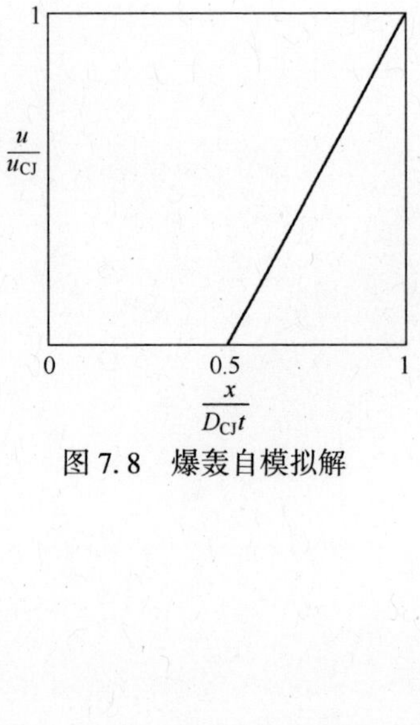

图 7.8　爆轰自模拟解

7.2.4　激波强度方程

一维变截面反应流守恒方程：

$$\frac{\mathrm{D}\rho}{\mathrm{D}t}+\rho\frac{\partial u}{\partial x}=-\frac{\rho u}{A}\frac{\mathrm{d}A}{\mathrm{d}x} \tag{7.88}$$

$$\frac{\mathrm{D}u}{\mathrm{D}t}+\frac{1}{\rho}\frac{\partial p}{\partial x}=0 \tag{5.44}$$

$$\frac{\mathrm{D}e}{\mathrm{D}t}+\frac{p}{\rho}\frac{\partial u}{\partial x}=0 \tag{5.45}$$

可推得

$$\frac{\mathrm{D}p}{\mathrm{D}t}+\rho a_{\mathrm{f}}^{2}\frac{\partial u}{\partial x}=\rho a_{\mathrm{f}}^{2}\psi \tag{7.89}$$

其中，$\psi=\Sigma-\frac{u}{\gamma A}\frac{\mathrm{d}A}{\mathrm{d}x}$，$A$ 为管道截面。$\frac{\mathrm{d}A}{\mathrm{d}x}>0$ 为发散管，$\frac{\mathrm{d}A}{\mathrm{d}x}<0$ 为收敛管。

沿激波轨迹，求方向导，得

$$\left(\frac{\mathrm{d}p}{\mathrm{d}t}\right)_{\mathrm{shock}}=\frac{\partial p}{\partial t}+D_{\mathrm{s}}\frac{\partial p}{\partial x} \tag{7.90}$$

$$\left(\frac{\mathrm{d}u}{\mathrm{d}t}\right)_{\mathrm{shock}}=\frac{\partial u}{\partial t}+D_{\mathrm{s}}\frac{\partial u}{\partial x} \tag{7.91}$$

由式(7.89)和式(7.90)得

$$\left(\frac{\mathrm{d}p}{\mathrm{d}t}\right)_{\mathrm{shock}}+(u-D_{\mathrm{s}})\frac{\partial p}{\partial x}+\rho a_{\mathrm{f}}^{2}\frac{\partial u}{\partial x}=\rho a_{\mathrm{f}}^{2}\psi \tag{7.92}$$

由式(5.44)和式(7.91)得

$$\left(\frac{\mathrm{d}u}{\mathrm{d}t}\right)_{\mathrm{shock}}+(u-D_{\mathrm{s}})\frac{\partial u}{\partial x}+\nu\frac{\partial p}{\partial x}=0$$

或

$$-\frac{1}{\rho}\frac{\partial p}{\partial x}=\left(\frac{\mathrm{d}u}{\mathrm{d}t}\right)_{\mathrm{shock}}+(u-D_{\mathrm{s}})\frac{\partial u}{\partial x} \tag{7.93}$$

设激波在静止介质中传播，质量守恒方程为

$$\rho(D_{\mathrm{s}}-u)=\rho_0 D_{\mathrm{s}}$$

下标 0 表示激波波前状态。

由式(7.92)和式(7.93)得

$$\left(\frac{\mathrm{d}p}{\mathrm{d}t}\right)_{\mathrm{shock}}+\rho_0 D_{\mathrm{s}}\left(\frac{\mathrm{d}u}{\mathrm{d}t}\right)_{\mathrm{shock}}+(\rho a_{\mathrm{f}}^{2}-\rho(u-D_{\mathrm{s}})^{2})\frac{\partial u}{\partial x}=\rho a_{\mathrm{f}}^{2}\psi \tag{7.94}$$

沿激波轨迹，有

$$\left(\frac{\mathrm{d}p}{\mathrm{d}t}\right)_{\mathrm{shock}}=\left(\frac{\mathrm{d}u}{\mathrm{d}t}\right)_{\mathrm{shock}}\left(\frac{\mathrm{d}p}{\mathrm{d}u}\right)_{\mathrm{shock}}$$

故式(7.94)可写成

$$\left(\frac{\mathrm{d}p}{\mathrm{d}t}\right)_{\mathrm{shock}}=\frac{\rho a_{\mathrm{f}}^{2}}{1+\rho_0 D_{\mathrm{s}}\left(\frac{\mathrm{d}u}{\mathrm{d}p}\right)_{\mathrm{shock}}}\left(\psi-\eta\frac{\partial u}{\partial x}\right) \tag{7.95}$$

其中，$\eta = 1 - \left(\dfrac{u - D_s}{a_f}\right)^2$。式(7.95)称为激波强度变化方程。因为引导激波为绝热激波，有 $\left(\dfrac{du}{dp}\right)_{shock} > 0$，故 $\left(\dfrac{dp}{dt}\right)_{shock}$ 与 $\left(\psi - \eta \dfrac{\partial u}{\partial x}\right)$ 同号。

对于惰性激波，波后 $\Sigma=0$(故 $\psi = -\dfrac{u}{\gamma A}\dfrac{dA}{dx}$)，$\eta>0$。因此，如果 $\dfrac{\partial u}{\partial x} < 0$，即波后气体膨胀时，激波减弱。反之，$\dfrac{\partial u}{\partial x} > 0$，即波后气体压缩时，激波增强；同样，$-\dfrac{u}{\gamma A}\dfrac{dA}{dx} < 0$，即发散管时，激波减弱。反之，$-\dfrac{u}{\gamma A}\dfrac{dA}{dx} > 0$，即收敛管时，激波增强。

对于平面爆轰，Σ 表示化学能转变为流体动能的速率，摩尔数增加的放热反应，$\Sigma>0$，激波增强。当 $\psi - \eta \dfrac{\partial u}{\partial x} = 0$ 时，爆轰稳定传播。对于强爆轰，反应结束端面，$\Sigma = 0$，$\eta > 0$，类似于惰性激波，需通过管道收敛或波后压缩才能稳定传播。对于 CJ 爆轰，CJ 点 $\eta=0$，故爆轰稳定传播，不受波后流场影响。

7.2.5 弱爆轰[5, 6, 8]

对于理想爆轰，弱爆轰是强解，不能实现。如果理想爆轰的基本假设未被满足，(称为非理想爆轰)，则可能实现弱爆轰。此时，弱爆轰是稳定传播的爆轰，具有确定爆速。

1. 反应效应

1) 摩尔数减少

摩尔数减少的化学反应方程(基于摩尔)：

$$A \to (1-\delta)B, 0 < \delta < 1, \tag{7.96}$$

于是

$$W_A = (1-\delta)W_B \tag{7.97}$$

其中，W_i 为组分 i 的分子量。

基于质量的化学反应方程：

$$\{A\} \to \{B\} \tag{7.98}$$

有

$$d\lambda = -dY_A = dY_B$$

$\lambda=0$ 时，$Y_A = 1, Y_B = 0$，故

$$Y_A = 1 - \lambda, Y_B = \lambda \tag{7.99}$$

对于理想气体，有

$$p\nu = \left(\frac{Y_A}{W_A} + \frac{Y_B}{W_B}\right)RT = (1 - \delta\lambda)\widetilde{R}T \tag{7.100}$$

和

$$C_p = C_{pA} + \lambda(C_{pB} - C_{pA}) \tag{7.101}$$

其中，$\widetilde{R}=R/W_A$。于是，热性系数为

$$\sigma = \left(\frac{\partial \ln \nu}{\partial \lambda}\right)_{T,p} - \frac{\alpha_{\mathrm{f}}}{C_{p\mathrm{f}}} Q_{T,p} = \frac{\alpha_{\mathrm{f}} Q_{T,p}}{C_{p\mathrm{A}} + \lambda(C_{p\mathrm{B}} - C_{p\mathrm{A}})} - \frac{\delta}{1 - \delta\lambda} \tag{7.102}$$

其中，$Q_{T,p}$ 为等温等压燃烧释放的反应热。式(7.102)右端第一项表示反应释放的能量导致的体积变化，放热反应该项为正；第二项表示反应时摩尔数变化导致的体积变化，摩尔数减少时，该项为负。$\dfrac{\delta}{1 - \delta\lambda}$ 的值随反应而增大，使 σ 从正到负变化。

内能为

$$e = \frac{p\nu}{\Gamma - 1} + (1 - \lambda)Q \tag{7.103}$$

其中

$$\Gamma = \frac{C_p}{C_\nu} = \frac{C_{p\mathrm{A}} + \lambda(C_{p\mathrm{B}} - C_{p\mathrm{A}})}{C_{p\mathrm{A}} + \lambda(C_{p\mathrm{B}} - C_{p\mathrm{A}}) - (1 - \delta\lambda)\widetilde{R}}$$

代入 Hugoniot 方程(7.36)有

$$\frac{p\nu}{\Gamma(\lambda) - 1} - \frac{p_0\nu_0}{\gamma_0 - 1} - \lambda Q - \frac{p + p_0}{2}(\nu_0 - \nu) = 0 \tag{7.104}$$

这是一簇以 λ 为参数的曲线方程，其包络线方程为

$$p\nu \frac{\mathrm{d}}{\mathrm{d}\lambda}\left(\frac{1}{\Gamma(\lambda) - 1}\right) - Q = 0 \tag{7.105}$$

由式(7.103)，得

$$\left(\frac{\partial e}{\partial \lambda}\right)_{p,\nu} = p\nu \frac{\mathrm{d}}{\mathrm{d}\lambda}\left(\frac{1}{\Gamma(\lambda) - 1}\right) - Q$$

故包络线上，有

$$\left(\frac{\partial e}{\partial \lambda}\right)_{p,\nu} = 0$$

根据定义式 $\sigma = -\dfrac{\alpha_{\mathrm{f}}}{C_{p\mathrm{f}}}\left(\dfrac{\partial e}{\partial \lambda}\right)_{\nu,p}$，故包络线上，$\sigma = 0$，进而有 $\Sigma = 0$。

此外，$\lambda = 1$ 的 Hugoniot 线上，$\dot{\lambda} = 0$，故 $\Sigma = 0$。于是，$p-v$ 平面存在两条 $\Sigma = 0$ 的曲线，分别为 Hugoniot 线簇的包络线和 $\lambda = 1$ 的 Hugoniot 线，参见图 7.9。图中，虚线为包络线。

瑞利线 $\widetilde{D}$ 与包络线切于 P 点。在该点，$\widetilde{D}$ 还与某冻结 Hugoniot 曲线($\lambda = \widetilde{\lambda}$)相切。故 P 点，$\Sigma = 0$(虽然 $\dot{\lambda} \neq 0$)，$Ma_{\mathrm{f}} = 1$(即 $\eta = 0$)，为方程的奇点，有定常解。反应越过 P 点后，继续进行。此时，如果 $\eta > 0$，即亚声速流，反应沿 $\widetilde{D}$ 向 v 减小的方向抵达 S_2 点，此时，$\lambda = 1$，反应结束，为强爆轰。如果 $\eta < 0$，为超声速流，反应沿 $\widetilde{D}$ 向 v 增大的方向抵达 W_2 点，反应结束，此为弱爆轰。弱爆轰的反应结束端面为超声速流动，故可以稳定传播。因此，P 是鞍点，有两根积分曲线通过，一根抵达 S_2 点，另一根抵达 W_2，最终结果决定于后边界。

当 $D > \widetilde{D}$ 时(图中 D_2)，激波作用下，质点由初态 o 突跃至 N 点，该点 $\eta > 0$，$\Sigma > 0$，

反应沿瑞利线向 v 增大的方向进行，至 A 点。此时，$\eta>0$，$\Sigma=0$，v 取极值。越过此点，$\eta>0$，$\Sigma<0$，故反应沿瑞利线向 v 减小方向进行，至 S_1 点，反应结束，为强爆轰。

当 $D<\widetilde{D}$ 时(图中 D_1)，瑞利线仅与部分 Hugoniot 曲线相交，不与包络线相交，没有定常解。

与 $\lambda=1$ 的 Hugoniot 曲线相切的瑞利线记为 D_{CJ}，因 $D_{\mathrm{CJ}}<\widetilde{D}$，故不能实现。

图 7.10 为摩尔数减少的爆轰 p-λ 曲线。P 点为鞍点，有两根积分曲线通过。$D=\widetilde{D}$ 时，状态由 o 点突跃至 N 点，然后，沿积分曲线行进至 P 点，再根据后边界条件，或抵达 W 点(即弱爆轰)，或抵达 S 点(即强爆轰)。$D>\widetilde{D}$ 时，状态由 o 点突跃至 N_1 点，然后，沿积分曲线行进至 A 点，物理量取极值，再抵达强爆轰 S_1 点。$D<\widetilde{D}$ 时，状态由 o 点突跃至 N_2 点，然后，沿积分曲线到达 T 点，此处 $Ma_{\mathrm{f}}=1$，导数趋于无穷，出现壅塞，流场不能定常。

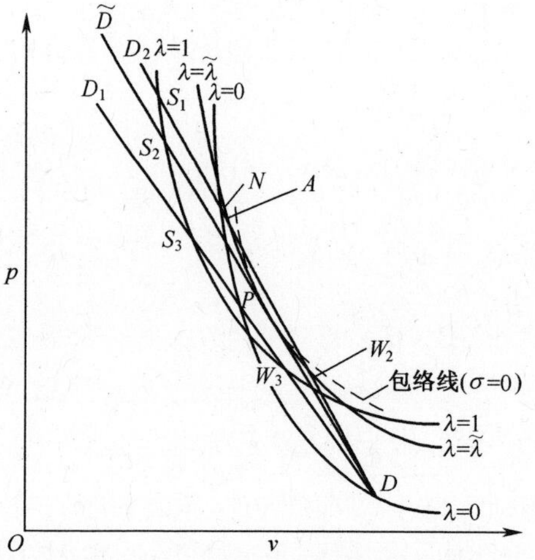

图 7.9　摩尔数减少的爆轰 p-v 曲线

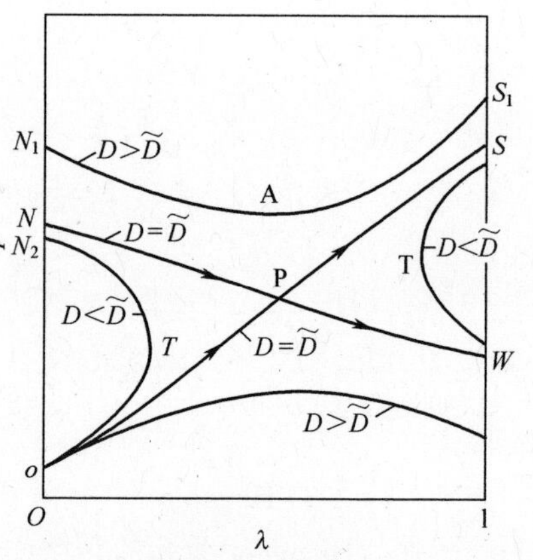

图 7.10　摩尔数减少的爆轰 p-λ 曲线

2) 反应吸热

连串反应的化学反应方程(基于质量)为

$$\{A\}\xrightarrow{\lambda_1}\{B\}\xrightarrow{\lambda_2}\{C\}$$

其中，反应度 λ_1 和 λ_2 分别定义为

$$\mathrm{d}\lambda_1=-\mathrm{d}Y_{\mathrm{A}},0\leqslant\lambda_1\leqslant1$$

和
$$\mathrm{d}\lambda_2=\mathrm{d}Y_{\mathrm{C}},0\leqslant\lambda_2\leqslant\lambda_1$$

由于
$$Y_{\mathrm{A}}+Y_{\mathrm{B}}+Y_{\mathrm{C}}=1$$

故
$$\mathrm{d}Y_{\mathrm{A}}=\mathrm{d}\lambda_1-\mathrm{d}\lambda_2$$

初始条件为 $\lambda=0$ 时，$Y_{\mathrm{A}}=1$，$Y_{\mathrm{B}}=Y_{\mathrm{C}}=0$。故有解

$$Y_A = 1 - \lambda_1, Y_B = \lambda_1 - \lambda_2, Y_C = \lambda_2$$

设反应皆为单组元一级反应,反应速率常数为 k,于是

$$\dot{\lambda}_1 = kY_A = k(1 - \lambda_1) \quad 和 \quad \dot{\lambda}_2 = kY_B = k(\lambda_1 - \lambda_2)$$

进而有

$$\frac{d\lambda_2}{d\lambda_1} = \frac{\lambda_1 - \lambda_2}{1 - \lambda_1}$$

初始条件为 $\lambda_1 = 0$ 时,$\lambda_2 = 0$。故有解

$$\lambda_2 = \lambda_1 + (1 - \lambda_1)\ln(1 - \lambda_1) \tag{7.106}$$

此为(λ_1, λ_2)平面的反应迹线方程。

Hugoniot 方程(7.37)写成

$$\mathscr{H} = [e_{th}] + \bar{p}[\nu] = q$$

其中,$q = \lambda_1 Q_1 + \lambda Q_2$,$Q_1$ 和 Q_2 分别为第一反应和第二反应的反应热。于是

$$\frac{dq}{d\lambda_1} = Q_1 + Q_2\ln(1 - \lambda_1)$$

q 取极值时,有

$$\lambda_1 = 1 - e^{Q_1/Q_2} \tag{7.107}$$

故

$$q_{max} = Q_1 + Q_2(1 - e^{Q_1/Q_2}) \tag{7.108}$$

反应结束时,$\lambda_1 = 1$ 和 $\lambda_2 = 1$,故

$$q_{\lambda=1} = Q_1 + Q_2 \tag{7.109}$$

如果 $Q_1 > 0, Q_2 < 0$,即第一反应放热,第二反应吸热,有 $q_{max} > q_{\lambda=1}$。因此,对应于 q_{max}的冻结 Hugoniot 曲线位于 $\lambda = 1(q = Q_1 + Q_2)$ 的 Hugoniot 曲线的右上方,如图 7.11 所示。

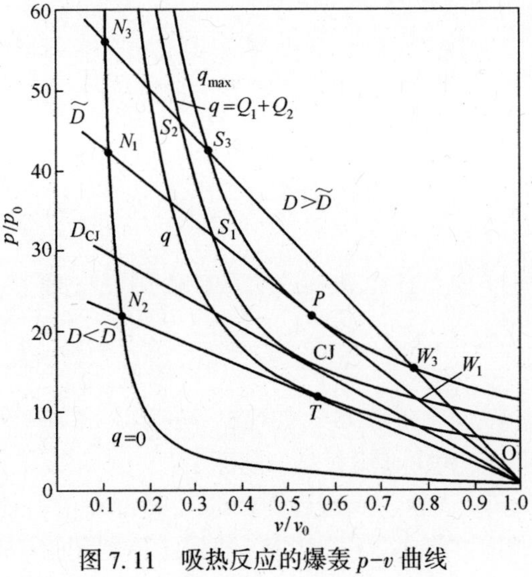

图 7.11　吸热反应的爆轰 p-v 曲线

对于理想气体,有

$$\sigma_i = \frac{\gamma - 1}{a_f^2} Q_i$$

于是

$$\Sigma = \sigma_1 \dot{\lambda}_1 + \sigma_2 \dot{\lambda}_2 = \frac{k(\gamma - 1)}{a_f^2}\{Q_1 - Q_2 \ln(1 - \lambda_1)\} \tag{7.110}$$

由式(7.110)和式(7.107)，$q=q_{max}$时，$\Sigma=0$。

微分式(7.110)，得

$$\frac{d\Sigma}{d\lambda_1} = \frac{k(\gamma - 1)}{a_f^2(1 - \lambda_1)}Q_2 \tag{7.111}$$

由于 $\lambda_1 < 1, Q_2 < 0$，故

$$\frac{d\Sigma}{d\lambda_1} < 0$$

Σ 随 λ_1 的增加而递减。故随着反应进行，λ_1 从 $0 \to 1$ 时，Σ 由正变负。

参见图 7.11，$D=\widetilde{D}$ 时，质点经激波压缩，从波前状态 o 突跃至波后状态 N_1，开始燃烧。由于 $\Sigma > 0, \eta > 0$，故反应沿积分曲线变化至切点 P。该点 $\Sigma = 0(\dot{\lambda} \neq 0), \eta = 0$，为鞍点。越过此点，$\Sigma<0$，反应继续进行。如果 $\eta>0$，向 S_1 点移动，于 S_1 点结束反应，为强爆轰；如果 $\eta<0$，则向 W_1 点移动，于该点结束反应，为弱爆轰。此时，反应结束端面为超声速流，可稳定传播。鞍点后，反应轨迹决定于后边界。后边界具有足够压缩作用时，为强爆轰；多数情形下(如固壁边界)，为弱爆轰。

$D<\widetilde{D}$ 时，状态由 o 点突跃至 N_2 点，然后，沿积分曲线到达 T 点，该点 $\Sigma \neq 0, \eta=0$，出现拥塞，方程无解。图 7.11 中，$q = Q_1 + Q_2$ 的 Hugoniot 曲线对应两个 λ 值：一个 $\lambda=1$，另一个 $\lambda<1$。$D=D_{CJ}$ 时($D_{CJ}<\widetilde{D}$)，反应沿积分曲线到达 CJ 点，此时 $\lambda<1$，有 $\Sigma \neq 0, \eta=0$，出现壅塞，故通常意义的 CJ 爆轰不能实现。

$D>\widetilde{D}$ 时，状态由 o 点突跃至 N_3 点，再移动至 S_3 点。该点 $\Sigma=0$，v 取极值。越过此点，$\Sigma < 0, \eta > 0$，反应沿瑞利线向 v 减小方向运动，至 S_2 点结束反应，此为强爆轰。

由于 $q = \lambda_1 Q_1 + \lambda_2 Q_2$，当 $Q_1 > 0, Q_2 < 0$ 时，在等 q 线上(即冻结 Hugoniot 曲线)，有 $\dfrac{d\lambda_2}{d\lambda_1} = -\dfrac{Q_1}{Q_2} > 0$。因此，在 $\lambda_1 - \lambda_2$ 平面，等 q 线为一组斜率为正的平行直线，参见图 7.12。图中，A、B、C 表示三种纯组分状态。AC 曲线为反应迹线，反应沿该曲线进行。虚线为 $\Sigma=0$ 线。瑞利线与某冻结 Hugoniot 曲线相切时，q 取极值，记作 q_b。$q=q_b$ 的 Hugoniot 线称为声速边界(Sonic Boundary)，在图 7.13 中用阴影线表示。每一个等 q 线皆可能成为声速边界，决定于瑞利线的斜率，即与 D 有关。随 D 的增大，声速边界向右下方移动。声速边界与反应迹线的交点上，$Ma_f=1$。

当 $D=\widetilde{D}$ 时，$q_b=q_{max}$，声速边界与反应迹线切于 P，与 $\Sigma=0$ 线交于 P 点，P 点是鞍点。反应从 A 点进行至 P 点后，可能发展为强爆轰，也可能成为弱爆轰，但两者

在 λ_1-λ_2 平面皆为 C 点,该点反应结束(图 7.13(b))。$D<\widetilde{D}$ 时,声速边界与反应迹线交于 S,出现壅塞,反应不能继续进行(图 7.13(a))。$D>\widetilde{D}$ 时,声速边界与反应迹线不相交,在亚声速区域,反应沿反应迹线进行,至 C 点结束(图 7.13(c))。

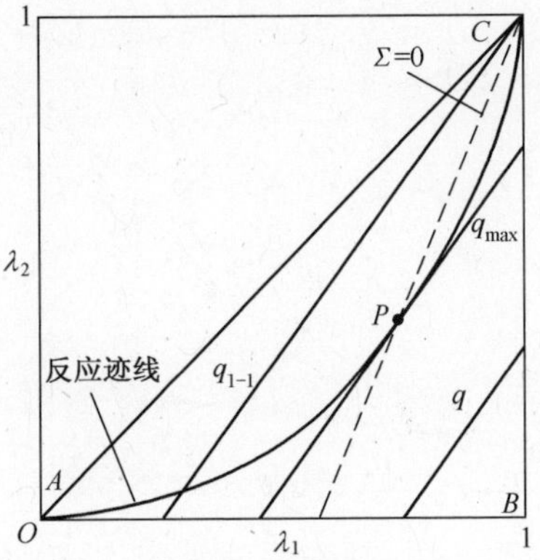

图 7.12　吸热反应的爆轰 λ_1-λ_2 曲线

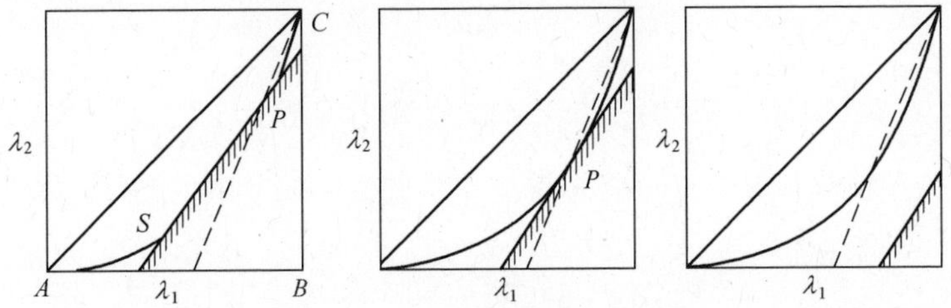

(a)　　(b)　　(c)

图 7.13　吸热反应爆轰的声速边界

(a) $D<\widetilde{D}$;(b) $D=\widetilde{D}$;(c) $D>\widetilde{D}$

图 7.14 为吸热反应爆轰的 p-λ_1 曲线,与图 7.10 大致相同。P 点为鞍点,有两根积分曲线通过,对应的 $\widetilde{D}$ 是本征值,可实现稳定传播的弱爆轰。

理想爆轰,p-v 平面的 Hugoniot 曲线不相交,$\lambda=1$ 的 Hugoniot 曲线位于最上方。如果存在吸热反应或摩尔数减少的反应,Hugoniot 曲线则可能相交,或 $\lambda<1$ 的 Hugoniot 曲线位于最上方,此时出现的非理想爆轰,又称为病态爆轰(Pathological Detonation),其爆速大于 CJ 爆速。

2. 边界效应[11]

1) 壁面效应

考虑壁面摩擦和热传导,激波坐标中,有守恒方程

$$\frac{\mathrm{d}\rho u}{\mathrm{d}x}=0 \tag{7.112}$$

$$\frac{\mathrm{d}(\rho u^2+p)}{\mathrm{d}x}=f \tag{7.113}$$

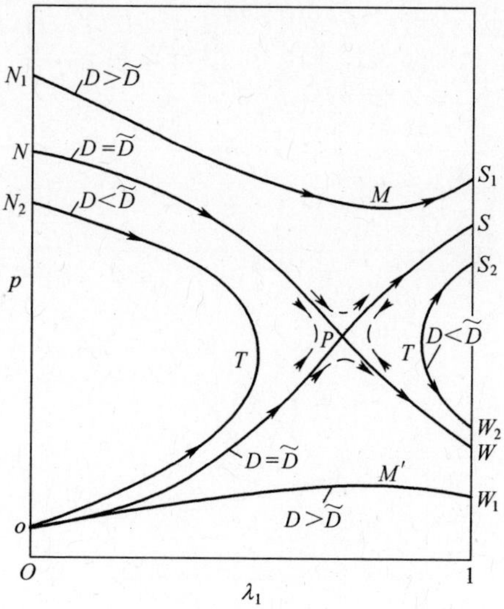

图 7.14　吸热反应爆轰的 p-λ_1 曲线

$$\frac{\mathrm{d}\left[\rho u\left(e + p\nu + \frac{u^2}{2}\right)\right]}{\mathrm{d}x} = q + fu_1 \tag{7.114}$$

式中：$q<0$ 为壁面热传导产生的能量损失；f 为壁面摩擦导致的动量增加；u_1 为激波坐标中的壁面速度。

进而有

$$\frac{\mathrm{D}p}{\mathrm{D}t} - a_{\mathrm{f}}^2 \frac{\mathrm{D}\rho}{\mathrm{D}t} = \rho a_{\mathrm{f}}^2 \sigma \frac{\mathrm{D}\lambda}{\mathrm{D}t} + (\gamma - 1)(q + (u_1 - u)f) \tag{7.115}$$

其中，$\frac{\mathrm{D}}{\mathrm{D}t} = u\frac{\mathrm{d}}{\mathrm{d}x}$。

于是

$$\frac{\mathrm{D}u}{\mathrm{D}t} = \frac{u\psi}{\eta}$$

或

$$\frac{\mathrm{d}u}{\mathrm{d}x} = \frac{\psi}{\eta} \tag{7.116}$$

$$\frac{\mathrm{D}\rho}{\mathrm{D}t} = -\rho u^2 \frac{\psi}{\eta} \tag{7.117}$$

$$\frac{\mathrm{D}\nu}{\mathrm{D}t} = \frac{\nu\psi}{\eta} \tag{7.118}$$

其中

$$\psi = \sigma\frac{\mathrm{D}\lambda}{\mathrm{D}t} + F \tag{7.119}$$

$$F = \frac{(\gamma - 1)q}{\rho a_{\mathrm{f}}^2} + \frac{[(\gamma - 1)u_1 - \gamma u]f}{\rho a_{\mathrm{f}}^2}$$

通常情况下，$[(\gamma-1)u_1-\gamma u]f<0$，故 $F<0$。

反应流，有 $\sigma\frac{\mathrm{D}\lambda}{\mathrm{D}t}\geqslant 0$ 和壁面损失 $F<0$，故对 ψ 而言，反应与壁面影响是一对矛盾因素。由于$\frac{\mathrm{D}\lambda}{\mathrm{D}t}$从最大值逐渐衰减为零，故反应初期，反应为主要影响因素，有$\psi>0$；反应后期，壁面影响为主要因素，$\psi<0$。

$\eta=0$（即 $Ma_f=1$）为方程(7.116)的奇点，记作 P。如果反应仍占主要因素，即 $\psi>0$，此时，方程无定常解。如果反应与壁面效应抵消，即 $\psi=0$，此时 P 为鞍点，方程有定常解。该点 $\lambda<1$，此后，反应继续进行，有 $\psi<0$。此时，如果 $\eta>0$，即亚声速流，反应向 p 增大，v 减小的方向进行，为强爆轰。如果 $\eta<0$，即超声速流，反应向 p 减少，v 增大的方向进行，为弱爆轰，可稳定传播。

由守恒方程(7.112)～方程(7.114)，可推得瑞利方程（反应迹线方程）和冻结 Hugoniot（等 λQ_{eff}）方程：

$$(p-p_1)/(\nu-\nu_1)=-\rho_0^2D_{\mathrm{eff}}^2$$

$$(e_{\mathrm{th}}-e_{\mathrm{th},1})+\frac{p_1+p}{2}(\nu-\nu_1)=\lambda Q_{\mathrm{eff}}$$

下标 1 表示引导激波后；无下标表示反应区截面；其中，

$D_{\mathrm{eff}}^2=\widetilde{D}^2-\frac{\int_0^x f\mathrm{d}x}{\rho_0^2[\nu]}$（$H$、$D_{\mathrm{eff}}$ 为等效来流速度），式中右端第一项 $\widetilde{D}$ 为无壁面效应时，瑞利直线斜率（常量）；第二项 $\frac{\int_0^x f\mathrm{d}x}{\rho_0^2[\nu]}>0$（变量），表示壁面摩擦导致的来流亏损，即对瑞利直线的偏离。

$Q_{\mathrm{eff}}=Q+\frac{\int_0^x q\mathrm{d}x}{\lambda\rho_0 D}-\frac{[\nu]\int_0^x f\mathrm{d}x}{2\lambda}$（$Q_{\mathrm{eff}}$ 为等效反应热），式中右端第一项 Q 为反应热（常量），第二项和第三项分别为壁面热传导和壁面摩擦导致的能量亏损（变量），反映了壁面损失导致的 Hugoniot 曲线变形（向下移动）。

受壁面影响的稳定爆速 $\widetilde{D}_{\mathrm{CJ}}$小于理论 CJ 爆速 D_{CJ}，称为爆速亏损（Velocity Deficit）。三种原因导致爆速亏损：①奇点出现在 $\widetilde{\lambda}<1$ 的冻结 Hugoniot 曲线上；②Q_{eff}导致冻结 Hugoniot 曲线变形；③D_{eff}导致反应迹线变形，参见图 7.15。图中，D_{CJ}的瑞利线与 $\lambda=1$ 的冻结 Hugoniot 曲线（等 Q 线）切于 CJ 点，对应于经典 CJ 理论。考虑壁面影响时，广义 CJ 点（$\eta=0,\psi=0$）位于 $\lambda=\widetilde{\lambda}(\widetilde{\lambda}<1)$ 的冻结 Hugoniot 曲线上，该曲线为等 λQ_{eff}曲线，由于 $Q_{\mathrm{eff}}<Q$，故曲线变形，较等 λ 线下移。同时，与等 λQ_{eff}曲线相切的反应迹线是曲线，其引导激波为 $\widetilde{D}_{\mathrm{CJ}}$，其斜率小于虚线斜率。虚线

为连接 o 点和广义 CJ 点的直线。于是 $\widetilde{D}_{CJ} < D_{CJ}$，出现爆速亏损。

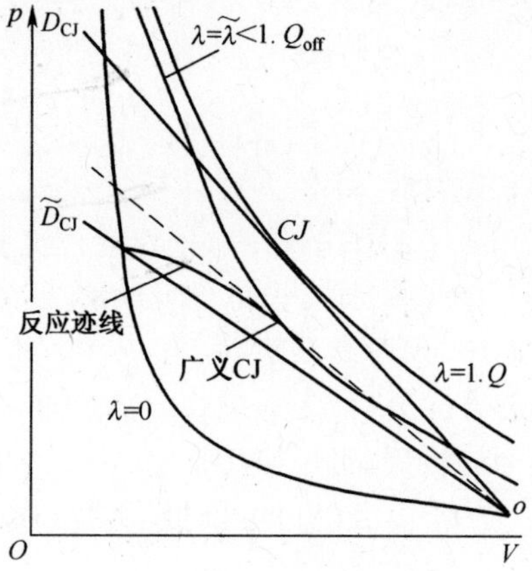

图 7.15　爆速亏损

2）侧向稀疏效应

侧向稀疏波影响下，反应区将向外侧膨胀。此时，可将引导激波视作平面间断，波后为一维变截面反应流。激波坐标中，有守恒方程

$$\frac{\mathrm{d}}{\mathrm{d}x}(\rho uA)=0 \tag{7.120}$$

$$\frac{\mathrm{d}}{\mathrm{d}x}(p+\rho u^2)=-\frac{\rho u^2}{A}\frac{\mathrm{d}A}{\mathrm{d}x} \tag{7.121}$$

$$\frac{\mathrm{d}}{\mathrm{d}x}\left(e+p\nu+\frac{u^2}{2}\right)=0 \tag{7.122}$$

式中：A 为截面积。

进而推得

$$\frac{\mathrm{D}p}{\mathrm{D}t}-a_{\mathrm{f}}^2\frac{\mathrm{D}\rho}{\mathrm{D}t}=\rho a_{\mathrm{f}}^2\left(\sigma\frac{\mathrm{D}\lambda}{\mathrm{D}t}+\frac{\gamma-1}{\gamma}\frac{1}{A}\frac{\mathrm{D}A}{\mathrm{D}t}\right) \tag{7.123}$$

于是

$$\frac{\mathrm{D}u}{\mathrm{D}t}=\frac{u\psi}{\eta}$$

或

$$\frac{\mathrm{d}u}{\mathrm{d}x}=\frac{\psi}{\eta} \tag{7.124}$$

$$\frac{\mathrm{D}p}{\mathrm{D}t}=-\rho u^2\frac{\psi}{\eta} \tag{7.125}$$

$$\frac{\mathrm{D}\nu}{\mathrm{D}t}=\frac{\nu}{\eta}\left(\psi+\frac{\eta}{A}\frac{\mathrm{D}A}{\mathrm{D}t}\right) \tag{7.126}$$

其中，$\eta=1-Ma_{\mathrm{f}}^2$，$\psi=\sigma\frac{\mathrm{D}\lambda}{\mathrm{D}t}-\frac{1}{\gamma A}\frac{\mathrm{D}A}{\mathrm{D}t}$。

反应流 $\frac{D\lambda}{Dt} \geqslant 0$, 膨胀管 $\frac{DA}{Dt} > 0$, 故对 ψ 而言,反应与管径膨胀是一对矛盾因素。$\frac{D\lambda}{Dt}$ 从最大值逐渐衰减为零,反应初期,反应为主要因素,$\psi>0$;反应后期,膨胀为主要因素,$\psi<0$。

$\eta=0$(即 $Ma_f=1$)为方程(7.124)的奇点,仅当反应与膨胀效应抵消,即 $\psi=0$ 时,方程才有定常解。越过该点,如果 $\eta>0$, 反应向 p 增大,v 减小的方向进行,为强爆轰。如果 $\eta<0$,即超声速流,反应向 p 减少,v 增大的方向进行,为弱爆轰,可以稳定传播。

由守恒方程(7.120)~(7.122),可推得瑞利方程(反应迹线方程)和冻结 Hugoniot(等 λQ_{eff})方程

$$(p-p_1)/(\nu-\nu_1)=-\rho_0^2 D_{eff}^2 \tag{7.127}$$

$$(e_{th}-e_{th,1})+\frac{p_1+p}{2}(\nu-\nu_1)=\lambda Q_{eff} \tag{7.128}$$

其中,下标 1 表示引导激波后,无下标表示反应区截面。

$D_{eff}^2=\widetilde{D}^2-\frac{G(\widetilde{A}u-u_1)}{\rho_0^2[\nu]}$, 其中 $\widetilde{A}=\frac{A}{A_0}>1$。右端第一项 $\widetilde{D}$ 为无膨胀时,瑞利直线斜率(常量);第二项 $\frac{G(\widetilde{A}u-u_1)}{\rho_0^2[\nu]}>0$(变量),表示膨胀导致的来流亏损,即对瑞利直线的偏离。

$Q_{eff}=Q-\frac{u^2-u_1^2}{2\lambda}$, 右端第一项 Q 为反应热(常量),第二项为膨胀导致的能量亏损(变量),反映 Hugoniot 曲线的变形(向下移动)。

受侧向稀疏膨胀影响,爆速 $\widetilde{D}_{CJ}$ 小于理论 CJ 爆速 D_{CJ},即出现爆速亏损。原因与壁面损失导致爆速亏损类似。

边界的影响,导致反应区质量、动量和能量损失,出现非理想爆轰,称为本征爆轰(Eigenvalue Detonation),其爆速小于 CJ 爆速。

7.2.6 爆燃与爆轰[1, 6]

输运预混火焰由点火诱导区和反应区组成,界面的温度和浓度梯度极大,使得反应区的反应热和自由基向诱导区扩散,火焰得以传播。火焰燃烧速度与热扩散系数和反应速率乘积的平方根成正比(见式(5.78))。对于湍流燃烧,用湍流扩散替代分子扩散,具有更高的燃烧速度。因此,输运预混火焰的燃烧速度不仅决定于可燃物的特性和初始状态,还受制于输运扩散、流动状态、反应速率以及边界条件等因素,其值是不确定的。

燃烧速度足够大时,火焰可以诱导激波。如果激波强度不足以使介质点火,则火焰主宰激波,激波强度决定于火焰燃烧速度。两者传播速度不同,中间存在激波预压区。这种激波与输运预混火焰耦合的复合波称为爆燃。

对于爆轰,引导激波可直接使介质点火,故火焰尾随激波,以相同速度传播,激波主宰火焰。燃烧通过产物膨胀,将部分化学能传递给引导激波,支持激波的传播。因此,爆轰是激波与对流预混火焰紧密耦合的复合波。

爆燃和爆轰都是激波-火焰复合波,但两者传播机制不同,前者靠扩散点火,后者靠激波点火。相对于激波前质点,两者皆以超声速传播。

爆燃的火焰传播速度小于诱导激波。这意味着,激波阵面的质量流率大于火焰阵面,故火焰不能将激波压缩的介质即时烧完,激波预压区宽度将不断增加。故爆燃,即使是 CJ 爆燃,也是不稳定的。

如将坐标建在激波上,无论爆轰还是爆燃,皆为亚声速燃烧。正常情况下(燃烧放热,摩尔数不减),燃烧导致密度减少、压力减少、内能减少、速度增加,故燃烧波皆为膨胀波。

激波具有压缩功能,燃烧具有膨胀功能,因此,激波-火焰复合波(爆轰和爆燃),对介质的作用取决于两种相反功能的综合效应。对于爆轰,激波起主导作用,相对于波前为压缩波。对于爆燃,燃速较大时,相对于波前为压缩波,燃速较小时,则为膨胀波。

图 7.16 为激波-火焰复合波的 p-v 曲线。对于 $\lambda=1$ 的 Hugoniot 曲线,虚线部分为无解区。$p>p_0$ 的部分,即上半支,为爆轰分支。0 点表示激波波前状态,激波极曲线与 $\lambda=0$ 的 Hugoniot 曲线重合。$p<p_0$ 的部分,即下半支,为爆燃分支。0 点表示火焰波前状态,而相应的激波波前状态为 0′。

对于爆轰,激波作用下,介质从波前状态 0 突跃至波后状态 1($\lambda=0$ 的激波极曲线上),点火燃烧,再从状态 1,沿瑞利线 01,变化至状态 2($\lambda=1$ 的 Hugoniot 曲线上),反应结束。瑞利线与 $\lambda=1$ 的 Hugoniot 曲线的另一个交点 2′,是不能实现的。当瑞利线与 $\lambda=1$ 曲线相切时,爆速取最小值。切点(CJ 点)满足 CJ 条件。此时,爆速为确定值,仅与可燃介质特性和波前状态有关。CJ 点将 $\lambda=1$ 曲线的爆轰支分为强爆轰支和弱爆轰支,正常情形下,弱爆轰不能实现。对于强爆轰,反应结束端面的当地马赫数小于 1,除非波后有运动活塞支持,否则,波后膨胀波会进入反应区,使爆轰衰减。

对于爆燃,波前状态为 0′,经诱导激波压缩后,状态为 0。严格讲,该状态不能使介质点火,需经点火诱导区预热,使介质状态沿 $\lambda=0$ 的 Hugoniot 曲线向上滑移一段,才能点火(见图 5.16)。忽略此变化,设于 0 点火,然后变化至状态 3,反应结束。状态 3′不能实现。瑞利线与 $\lambda=1$ 曲线相切时,爆燃速度取最大值。切点(CJ 点)满足 CJ 条件。但该条件不能使方程封闭(因为激波速度不等于火焰速度),故 CJ 爆燃的传播速度不是唯一的,与流动状态(湍流状态等)和边界条件有关。CJ 点将 $\lambda=1$ 曲线的爆燃支分为两部分:强爆燃支和弱爆燃支,强爆燃支是不能实现的。

由式(7.31)和式(7.32)得

$$(u-u_0)^2=(p-p_0)(\nu_0-\nu) \tag{7.129}$$

和

$$\left(\frac{\mathrm{d}p}{\mathrm{d}u}\right)_{\mathcal{H}}=\frac{2(u-u_0)}{(\nu_0-\nu)-(p-p_0)\left(\frac{\mathrm{d}\nu}{\mathrm{d}p}\right)_{\mathcal{H}}} \tag{7.130}$$

故 p-u 平面,当 $p=p_0$ 或 $\nu=\nu_0$ 时,有 $u=0$ 和 $\left(\frac{\mathrm{d}p}{\mathrm{d}u}\right)_{\mathcal{H}}$,参见图 7.17。

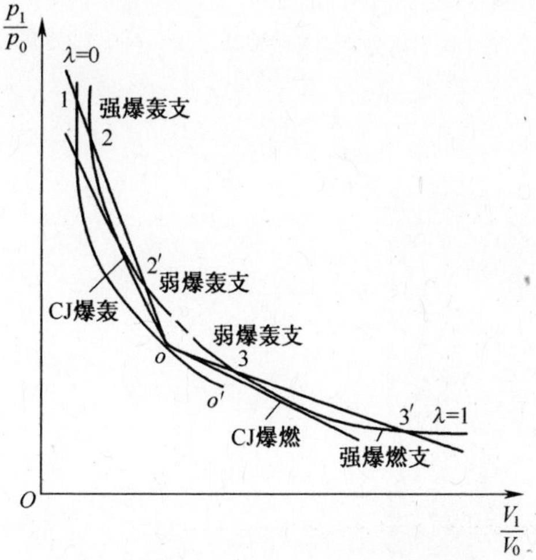

图 7.16 激波-火焰复合波的 p-v 曲线

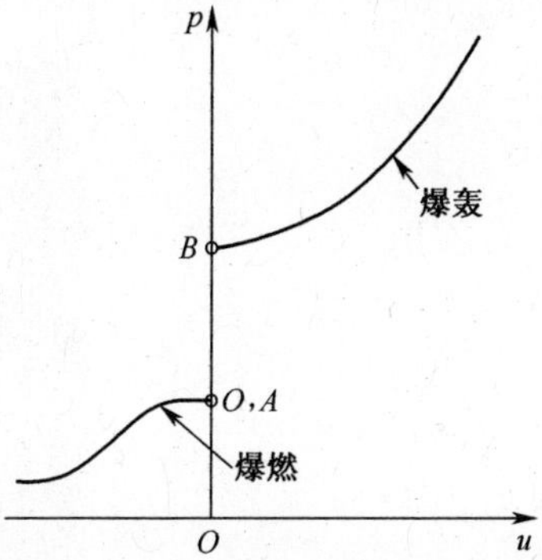

图 7.17 激波-火焰复合波的 p-u 曲线

以上讨论(经典理论)基于平面一维模型。研究表明,爆燃和爆轰皆具有三维结构(见第 8 章),激波因子阵面相互碰撞,生成横波(反射波)并出现压力脉动。此时,燃烧与激波的关系不再像经典理论描述的那样简单,爆轰和爆燃的燃烧传播机制也不再截然不同。

7.3 燃烧转爆轰

生成爆轰的方法很多,如火焰加速、直接起爆等。不同方法,有不同的爆轰生成途径和生成机理,因此,建立统一的爆轰生成理论是不可能的。

利用很小点火能量(毫焦量级),诱发燃烧,称为弱点火。由此生成的层流火焰传播速度很小(通常为几米或几十米每秒)。适当条件下,火焰可持续加速,形成激波,甚至可发展为爆轰,此时,火焰传播速度为几千米每秒。层流火焰发展为爆轰的现象称为燃烧转爆轰,此转换过程也不具有唯一性,点火方式、边界条件和变换机制等皆可改变其转换过程。

7.3.1 典型过程

一端封闭的管,于封闭端点火,只要管足够长,燃烧便可转换为爆轰。其转换过程反映了燃烧转爆轰的主要环节,常被视作燃烧转爆轰的典型过程。

图7.18是用火焰自发光拍摄的,燃烧转爆轰的狭缝扫描照片。可燃气为$C_2H_2+O_2$。在封闭端,用热射流点火。图中,3点为点火点。曲线4表示层流加速火焰轨迹。曲线5,发光区域逐渐变宽,表示湍流加速火焰轨迹。6点突然转变为爆轰,此时,出现回传爆轰,称为回爆(即曲线9)和前传爆轰(即曲线7)。6点附近,曲线7与9之间的区域,周期出现光亮的弯曲横线8,此为横向(即径向)传播的激波,称为横波。曲线7表明爆速下降并趋于定值,说明由强爆轰趋于CJ爆轰。从点火点3到爆轰突发点6之间的距离称为转换距离,它不仅决定于燃料特性,还决定于点火方式和边界条件。

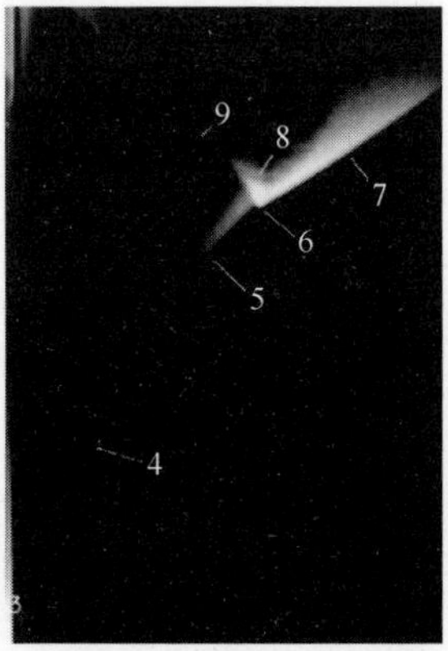

图7.18 燃烧转爆轰的狭缝扫描照片[1]

图7.19为燃烧转爆轰过程的高速分幅纹影照片。可燃气为H_2+O_2,封闭端点火。其中(a)图对应于点火后,火焰发展初始阶段。火焰已失稳,表面呈现精细的胞格状结构。(b)图为湍流加速火焰的后期阶段,火焰前出现系列压缩波。压缩波的追赶,最终形成激波。(c)图为爆轰形成阶段。由第3张图,下壁面湍流火焰内,出现两处点爆炸,但最终未能形成爆轰。而第5张图出现第3个爆炸点,形成爆轰泡,最终成为强爆轰,并出现回爆。由于局部爆炸波在上下壁面的反射,在爆轰与回爆之间的燃烧产物中,形成周期性横波,参见图7.18中横线模线8。

因此,光滑长管中,燃烧转爆轰可描述为:封闭端点火后,生成层流火焰,因不稳定,在边界作用下失稳,加速。加速火焰与壁面具有正反馈作用,使火焰持续加速,乃致猝发湍流,形成湍流火焰,导致燃烧进一步增强。加速火焰类似漏气活塞,压缩前方介质,形成系列压缩波,且最终成为激波。该激波随火焰的持续加速而不断增强。当激波对外界具有破坏作用时,可能形成爆炸灾害。由于激波传播速度大于火焰速度,两者的距离不断增大。激波随火焰加速而增强,激波足够强时,激

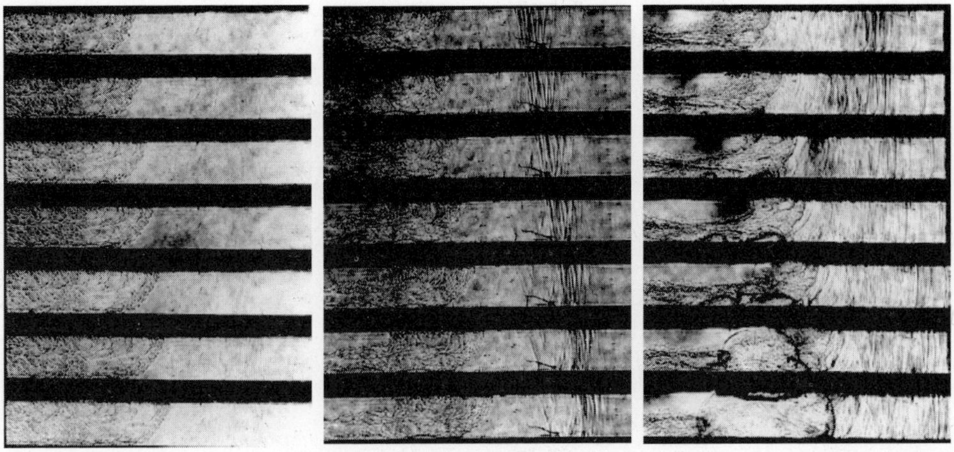

(a)　　　　　　　　(b)　　　　　　　　(c)

图 7.19　燃烧转爆轰的分幅纹影照片[1]

波预压区可能出现局部爆炸,形成爆轰泡,从而使燃烧突然转变为强爆轰。强爆轰不稳定,逐步衰减为 CJ 爆轰,稳定传播。

燃烧转爆轰大致分为三个阶段(见图 7.20):① 燃烧,表现为边界作用下,失稳和湍流等导致的火焰加速。②爆燃,一种诱导激波与输运预混火焰形成的复合波,激波传播速度大于火焰传播速度。诱导激波强度决定于火焰燃烧速度,而燃烧速度决定于边界条件。③爆轰,此时火焰与激波耦合,形成激波-对流预混火焰复合波。激波强度决定了火焰的燃烧速度,两者的传播速度相等。爆燃转爆轰过程(DDT)是突跃过程,依赖于预热区的局部爆炸。

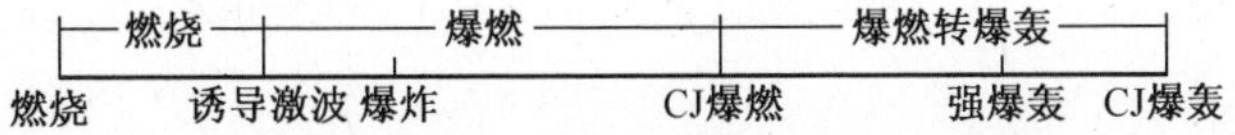

图 7.20　燃烧转爆轰典型过程

7.3.2　燃烧转爆燃

1. 燃烧转爆燃

火焰视作漏气活塞,在波前形成压缩波。对于持续加速的火焰,则形成系列压缩波。图 7.21 为加速火焰形成的系列压缩波的狭缝扫描纹影照片。火焰出现两次加速,第一次出现在点火之后,球状火焰的发展,使燃烧面积不断增加,燃烧速度随之增加,火焰因此持续加速。其后,火焰接触管壁(0.1m 附近),出现减速。1m 处,火焰失稳,出现二次加速,并出现系列压缩波,其传播速度明显大于火焰传播速度。晚生成的上游压缩波,传播速度大于早生成的下游压缩波,故压缩波可以追赶与合并,最终形成激波。此时,燃烧转为爆燃,流场从亚声速转为超声速。

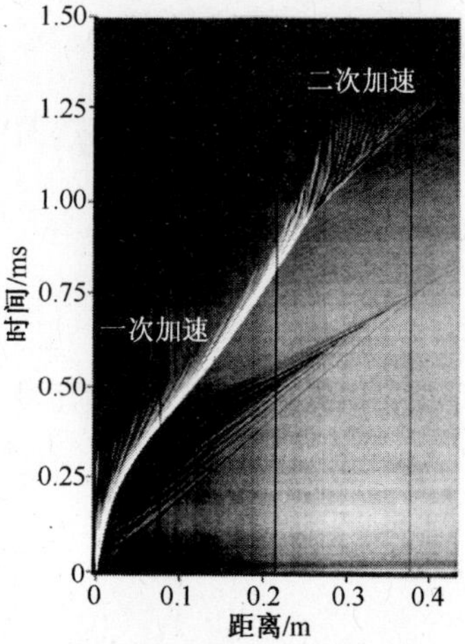

图 7.21　系列压缩波的狭缝扫描照片[1]

2. 爆燃加速

管壁的正反馈效应使火焰继续加速,激波也随之增强。激波达到一定强度时,会损伤人体或破坏周围物体(如建筑物、设备等),此时称为化学爆炸。

爆燃的持续加速,在 p-v 曲线表现为火焰前状态 1,沿激波绝热线 S 向上(压力增大方向)移动,同时,火焰后状态 2,沿 $\lambda=1$ 曲线向下(压力减小方向)移动。瑞利线 D_f 的斜率(即燃烧速度)也因此不断增加(图 7.22(a)),直至与 $\lambda=1$ 曲线相切(见图 7.22(b)),此时为 CJ 爆燃。如果火焰继续加速,瑞利线将与某冻结 λ 曲线相切($0<\lambda<1$),不再与 $\lambda=1$ 曲线相交(图 7.22(c))。切点处 $Ma_f=1$,流场壅塞。因此,爆燃传播速度不可能无限增加,最大值为 CJ 爆燃速度。CJ 爆燃靠湍流燃烧维持,是不稳定的。

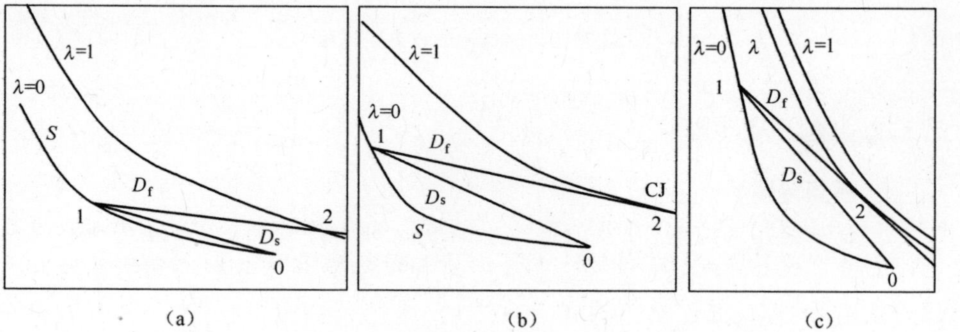

图 7.22　加速爆燃的 p-v 曲线

火焰燃烧速率(火焰阵面的未燃物流率)与反应区的反应速率(燃料消耗率)以及输运能力有关。反应速率越大,输运能力越强,燃烧速率越大。湍流作用下,火焰严重变形,乃至破碎,从而使已燃流团与未燃流团掺混,这将大大提高反应区的反应速率。而湍流导致的扩散又远大于分子扩散。因此,湍流燃烧的燃烧速率远大于层流燃烧,且随湍流强度的增加而增加。

假设滤波后湍流燃烧方程为一维定常流方程,则有

$$[\rho u] = \rho_1 S \tag{7.131}$$

$$\left[p - \frac{4}{3}\mu_{\text{eff}}\frac{\mathrm{d}u}{\mathrm{d}x}\right] + G^2[v] = 0 \tag{7.132}$$

$$[h_{\text{th}}] - \bar{v}[p] = \bar{v}\left[\frac{4}{3}\mu_{\text{eff}}\frac{\mathrm{d}u}{\mathrm{d}x}\right] + \left[\frac{4}{3}\nu\mu_{\text{eff}}\frac{\mathrm{d}u}{\mathrm{d}x} + \dot{\lambda}\kappa_{1,\text{eff}}\frac{\partial T}{\partial x}\right] + \lambda Q \tag{7.133}$$

其中,[　]表示波内任意两截面的差值;$\rho_1 S$ 为湍流火焰燃烧速率;下标“eff”表示湍流有效输运系数。此时,瑞利线向上弯曲,等 $\mathscr{H}$ 线下移(参见 5.3.3 节)。图 7.23为湍流爆燃的 $p-v$ 曲线。图中曲线 D_{f} 为湍流燃烧的反应迹线。此时爆燃描述为:经激波 D_{s} 压缩,由状态 0 突跃至状态 1(忽略激波松弛和反应诱导区导致的状态变化),点火燃烧,沿反应迹线变化至状态 2,结束反应。燃烧速率与直线 12 的斜率有关。

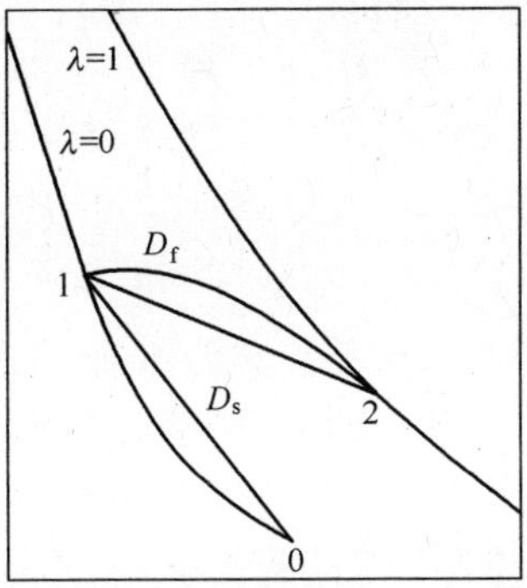

图 7.23　湍流爆燃的 $p-v$ 曲线

7.3.3　爆燃转爆轰(DDT)

1. 突发式转换

持续加速火焰,成长为 CJ 爆燃时,燃烧速度达到最大值,此后,不能再以爆燃形式继续增长。但该值仅为 CJ 爆速的一半,而 CJ 爆速是爆轰传播的最小速度。因此,依靠持续增长的湍流燃烧,已不能使爆燃以连续变化方式转变为爆轰。而这种转换,常以突发方式完成,即爆燃突然转变为强爆轰,再衰减为 CJ 爆轰。

图 7.24 描述了 DDT 突变过程。图中(a)为瞬间纹影照片,(b)为狭缝纹影扫描照片。纹影照片中的水平白线对应于狭缝位置。扫描照片中的水平白线对应于单幅纹影照片的拍摄时间,垂直线对应压力传感器的安装位置。利用扫描照片的

时间坐标,复制传感器压力信号,如照片右上角的白色曲线。压力的实测信号则作为插图置于图 7.24(b)右下角。形成爆轰前,湍流火焰宽度约为 0.05m,激波速度为 1480m/s,火焰传播速度慢于激波速度。随后,底部壁面附近的湍流火焰内出现爆炸,形成半球形爆炸波。该波向前传的部分为强爆轰,向后传的部分为回爆波,向上壁面传的部分为横波。横波在管内形成周期性反射激波。横波与回爆波的传播速度约为 1400m/s(参见压力曲线和扫描照片)。

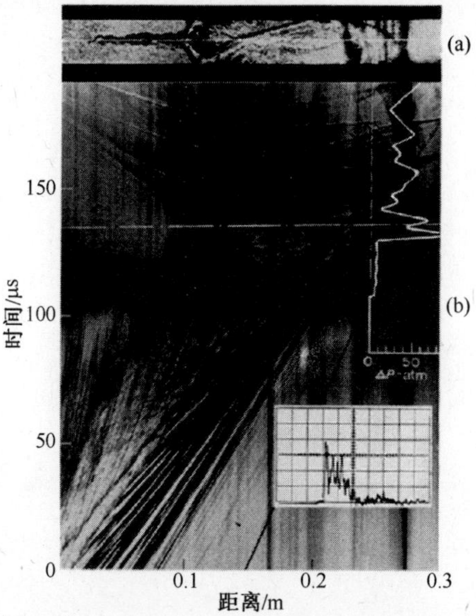

图 7.24　DDT 突变过程的实验照片[1]

依据经典理论,爆燃依靠扩散维持火焰传播,而爆轰则借助于激波点火。故爆燃转爆轰时,点火机制将发生转换,这种转换是由点爆炸完成的。热点的自点火导致点爆炸,点爆炸出现的个数和位置都带有随机性,可能出现在湍流燃烧区(见图 7.19(c)),也可能在激波与火焰之间的预压区(见图 7.25(a)和(b)),或是直接出现在引导激波后(见图 7.25(c))。

点爆炸发生时,引导激波还不足以使介质点火,故点爆炸往往与湍流有关。湍流耗散将气体的动能转换为热能,改变气体的能量分配,提高预热区的温度。此外,湍流扩散又将更多的反应热和活化分子传递给预热区。这些皆为点爆炸提供了可能(图 7.25(a))。如果火焰加速出现间歇,则形成脉冲式激波,出现激波追赶。激波追赶碰撞后,形成透射激波、反射波和接触间断(参见 2.2.3 节),间断面的高温会诱发爆炸(图 7.25(b))。湍流还可导致未燃流团与已燃流团的掺混,使未燃流团被高温已燃流团所包围,从而出现爆炸(图 7.25(c))。湍流边界层导致引导激波弯曲,弯曲激波在壁面反射时,碰撞点也可能出现爆炸(图 7.25(c))。

点爆炸发生后,形成爆炸波,在引导激波压缩过的介质中传播,故容易使介质点火。即便如此,也不能保证 DDT 的实现。为使爆炸波达到诱发 DDT 的强度,

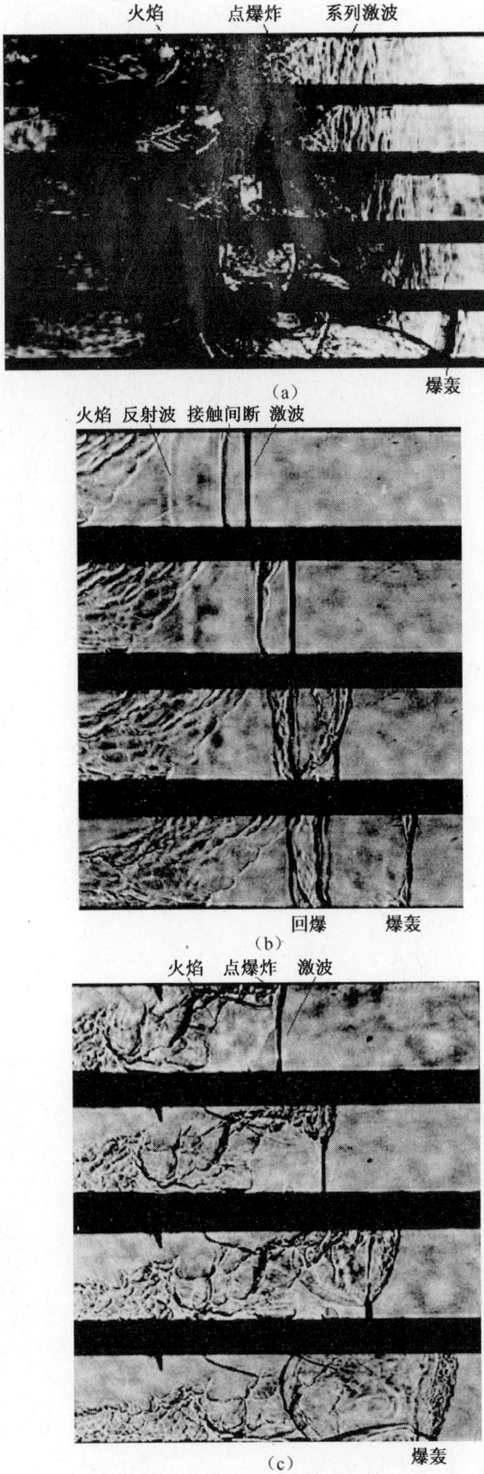

图 7.25 DDT 过程中的点爆炸[1]

Oppenheim 认为，点爆炸必须发展为爆轰泡。Zeldovich 则认为，点爆炸的波前介质需具有合适的温度梯度，即点火诱导时间梯度。Lee 提出 SWACER 历程（Shock Wave Amplification Through Coherent Energy Release），认为爆炸波必须在具有合适的温度梯度的流场中传播，从而使爆炸波前的质点处于点火边缘，在爆炸波作用时，触发新的爆炸，并在反应释放的化学能的有效支持下，强度不断增强。总之，点爆炸后，爆炸强度需迅速增加，使点爆炸成长为由强爆轰、横波和回爆组成的爆轰泡。前传爆轰阵面追上引导激波后，合并为强爆轰波，然后衰减为 CJ 爆轰，完成 DDT 过程。

图 7.26 为 DDT 过程的烟箔痕迹。爆轰触发后，出现鱼鳞状痕迹，称为胞格结构，大小与爆轰强度有关（参见第 8 章）。爆轰触发瞬间，为强爆轰，然后衰减为 CJ 爆轰，胞格尺寸随之由小变大。

2. 渐进式转换

边界作用下，火焰加速。达到 CJ 爆燃时，若要发展为爆轰，需满足一定条件。例如，管径需大于临界值，其判据为 $\lambda/d \approx 1$，其中 d 为临界管径，λ 为爆轰胞格尺度（爆轰在管内稳定传播的临界判据为 $\lambda/d \approx \pi$，两者相比，DDT 所需临界管径较大）。此外，还应存在形成横波并使之增强的条件。若采用具有声波吸收能力的壁面，即使存在湍流，也不能使爆燃成功发展为爆轰。

爆轰形成过程可视作横波生成过程。在管径大于临界值的管内，为诱发爆轰，需形成与引导激波耦合的横波。局部爆炸以突发方式形成横波，DDT 也因此以突发方式进行。如果，在引导激波前，形成横向扰动（例如，压力横向脉动），此扰动在管壁来回反射，即反复在反应区内横向传播。这将使 CJ 爆燃（亚稳态）失稳，形成自共振系统，扰动因反应能量的支持而持续增强。不断增强的横波最终导致爆轰。此时，DDT 过程是渐进式的。

图 7.27 为管内渐进式 DDT 过程的实验扫描照片，不存在突发式转换，也不出现回爆现象。

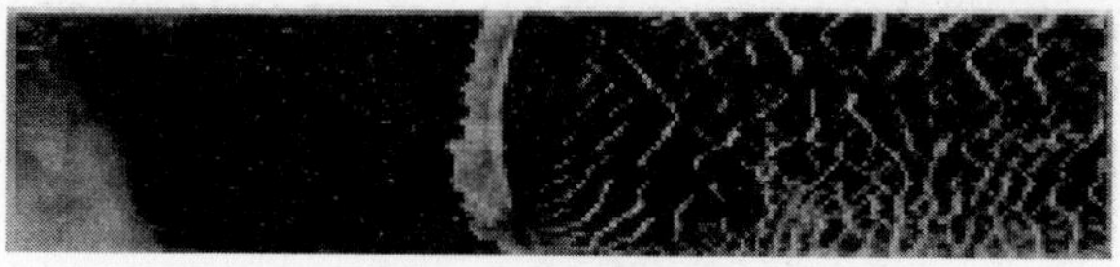

图 7.26　DDT 过程的烟箔记录[1]

图 7.27　渐进式 DDT 的扫描照片[1]

7.3.4 数值研究[12-14]

燃烧转爆轰是具有许多环节的复杂燃烧过程,涉及诸如湍流燃烧,压缩波生成,激波边界层以及热点自爆炸等物理和化学变化。该过程不但具有强烈的非线性,还存在众多的时空特征尺度。因此,计算时,不但需要合适的湍流燃烧模型,高分辨率的捕捉激波格式以及尺度极小的网格(分辨热点和涡)等,还需处理方程刚性等问题,面临很多挑战。尽管如此,人们还是作了大量的工作。

现行计算对湍流处理较为粗糙(甚至采用欧拉方程),精力主要集中于高精度格式和网格的精细划分上。结果虽可解释一些现象,但因步长未能满足湍流直接模拟的要求,即使计算收敛,也无法确认是否是方程的真解。

1. 基本方程

采用单组元单步反应

$$R \rightarrow \mathrm{Pr}$$

式中:R 为反应物;Pr 为产物。反应速率为

$$\frac{\mathrm{d}\rho Y}{\mathrm{d}t} = -A\rho Y\exp\left(-\frac{E_\mathrm{a}}{RT}\right)$$

式中:Y 为反应物质量分数;E_a 为活化能;R 为普适气体常数。

选用合适参数(称为模型参数,如反应热、活化能、指前因子、输运系数等),使之用于计算层流燃烧和爆轰时,可得到明显合理的结果(包括层流火焰速度、火焰厚度、CJ 爆速、爆轰胞格大小等)。

计算基于反应流 N-S 方程,该方程存在多种时空尺度,为解决时间尺度的差异导致的方程刚性,用分裂算法,将对流、输运和反应过程分开。含对流项的欧拉方程用二阶精度的显式 Godunov 格式,输运项用二阶中心差分离散。含反应项的常微分方程,可单独求解。对于空间尺度,采用自适应细分网格技术(Adaptive Mesh Refinement AMR)。在激波、火焰和热点附件区域以及压力、密度、组分和切向速度的高梯度区域采用细分网格。由于细分区域随流场不断变化,计算过程中,需不断调整粗/细网格分布。并行计算时,自适应网格分布及其间流场信息可利用 FFT(Fully Threaded Tree)数据结构进行储存。

2. 障碍物与火焰作用

障碍物作用下,燃烧转爆轰的二维数值模拟如图 7.28 所示。长为 L,高为 d 的直管,左端封闭,右端敞开,充满静止的等当量比的 H_2/空气混合物。管壁上,重复设置高 $d/4$,宽 $d/16$ 的矩形障碍物,间距为 d。由于流场关于中间平面对称,故仅计算半个流场,上边界为对称边界。图 7.28 中,左上角阴影部分为已燃高温区域,设为初始点火源。计算最小网格 $\Delta x_{\min} = \frac{1}{512}\mathrm{cm}$。

图 7.29 为不同时刻,流场温度分布图,描述障碍物作用下,火焰的发展变化。每幅图的对应瞬间(以 ms 为单位)标记在左上角。初始时刻,层流火焰以

$S_1=298\text{cm/s}$的速度传播，推动未燃气向开口端流动。障碍物作用下，火焰卷曲变形，燃烧面积增加，火焰加速。$t=1.4\text{ms}$ 时，火焰越过 O_5（第 5 障碍物），波前气流速度达到声速。$t=1.85\text{ms}$ 时，火焰越过 O_8，波前出现激波。激波在障碍物和底壁反射后，与火焰作用，产生 Richtmyer-Meshkov 不稳定。燃烧产物以热射流形式穿过障碍物上方的狭窄通道，由于 Helmholtz 不稳定，形成剪切层和涡环结构，火焰进一步加速。$t=2.1\text{ms}$ 时，火焰传播速度达到 800m/s，接近声速。激波翻越障碍物（衍射）后，从底壁反射。随着其强度的增加，以及壁面反射点向下一个障碍物的移动，激波从正规反射逐渐转变为马赫反射。此后，马赫干与障碍物相碰，反射后形成高温区域。马赫干越强，该区域温度越高。$t=2.1\text{ms}$ 时，马赫干与 O_{12} 碰撞，波后温度为 830K，出现点火，形成燃烧核，并最终成为爆轰。爆轰成长时，分为两部分，

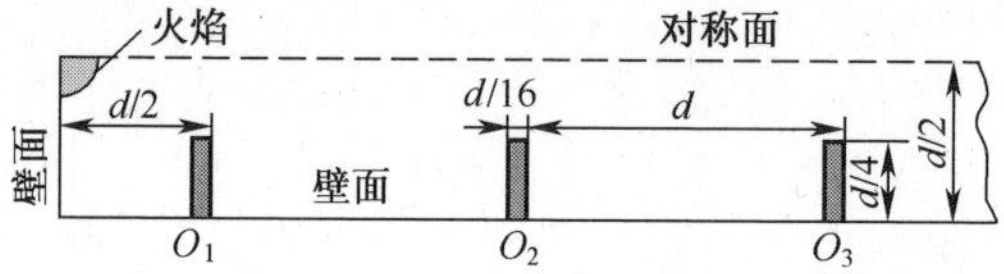

图 7.28　燃烧转爆轰的二维计算域

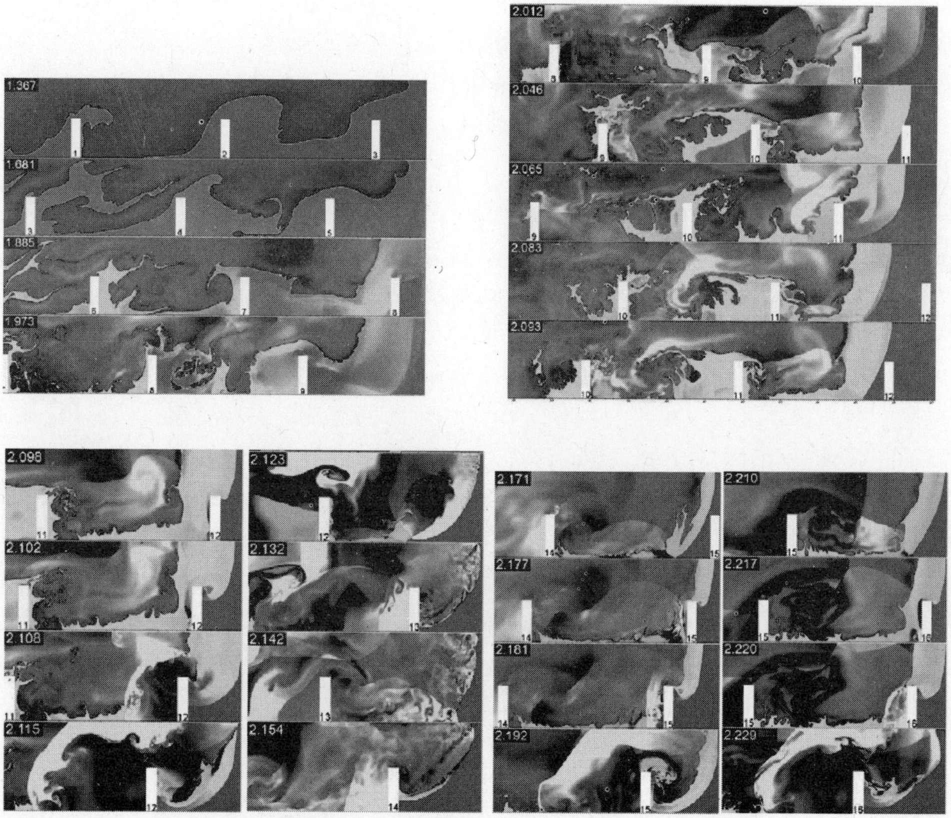

图 7.29　障碍物作用下，爆轰的形成和发展[13]

一部分翻越 O_{12}，因稀疏波作用，激波与火焰解耦，形成波后预压区。另一部分向上传播（基本未受扰动），在上边界（对称面）马赫反射，产生流向传播的马赫爆轰和横向传播的反射激波。反射激波在解耦后的预压区域以横向爆轰的方式传播。马赫爆轰逐渐发展为强爆轰。$t = 2.125$ms 时，该爆轰在障碍物 O_{13} 上衍射后衰减。$t = 2.164$ms 时，爆轰在 O_{14} 衍射，激波与火焰完全解耦，乃至消亡。$t = 2.179$ms 时，解耦激波在壁面反射形成的马赫干与 O_{15} 碰撞，在火焰与障碍物之间形成爆轰，但未能充分发展。直至 $t = 2.217$ms，马赫干与 O_{16} 碰撞，触发可以翻越障碍物的爆轰（与 O_{12} 发生的情形类似）。因此，在障碍物之间，爆轰以间歇方式周期传播。

该计算始终基于层流模型，即使流场失稳，火焰已经严重变形。由于变形层流折褶火焰与湍流燃烧一样，可使火焰持续加速（参见 6.2.2 节），故也可诱导激波。因此，细网格的层流计算也能使燃烧转为爆轰。但计算结果描述的变化过程并不可靠。因为火焰严重变形时，已成为湍流燃烧，若直接模拟，网格尺度应为 Kolmogorov 微尺度（参见第 6 章），远小于 $\Delta x_{\min}$。

3. 激波与火焰作用

激波作用下，燃烧转爆轰的三维数值模拟的计算域如图 7.30 所示，图中 x、y 和 z 分别表示流向、展向和法向。左端封闭，右端敞开的矩型管中，充满静止的等当量比的乙炔-空气混合物。初始时刻，管内中心处有一球形火焰（已燃高温区域），右端有一左传平面激波。设流场对称，故仅计算 1/4 流场，即图中阴影部分。

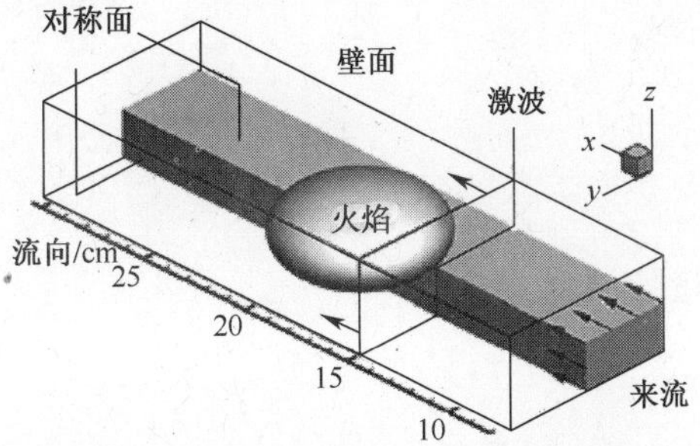

图 7.30　燃烧转爆轰的三维计算域

图 7.31 为不同时刻，火焰和激波阵面变化图。图中，浅色为未燃物，深色为已燃物，半透明的灰色为激波。对应瞬间（以 μs 为单位）标记在图左上角。沿 x 轴正向传播的平面激波与球形火焰作用，使火焰变形，内表面布满“缎带”。呈漏斗状的未燃物，伸入并逐渐贯穿火球。由于不同介质中，激波传播速度不同，平面激波因此变形，出现斜激波。斜激波在壁面反射后再与火焰作用，使火焰进一步变形。

激波穿过火焰后，继续向下游传播，变形火焰尾随其后。$t = 255$μs 时，激波在封闭端反射，反射激波 R 再次进入变形火焰，使之进一步变形，从而猝发湍流。反射激波穿过火焰后，重新进入未燃介质。由于左传激波的诱导，此时，未燃介质是流动的，且在无滑移壁面（xOz 和 xOy 壁面）形成黏性边界层。于是，反射激波在边界层作用下分叉，形成 λ 波，结构如图 7.32 所示。分叉激波包括前导激波和尾激波，分叉区内出现回流，质点向激波阵面运动。分叉点后存在滑移线，调整反射激波和分叉激波的波后流场。反射激波在邻近两壁面同时分叉，在图 7.31 中，其前导激波（斜激波）分别用 B_1 和 B_2 表示。C_1 和 C_2 为波后回流区。B_1 和 B_2 相互作用，形成斜马赫干（图中 M_1），产生附加涡量，并在 M_1 后形成温度更高的压缩区，但尚不能使介质点火。

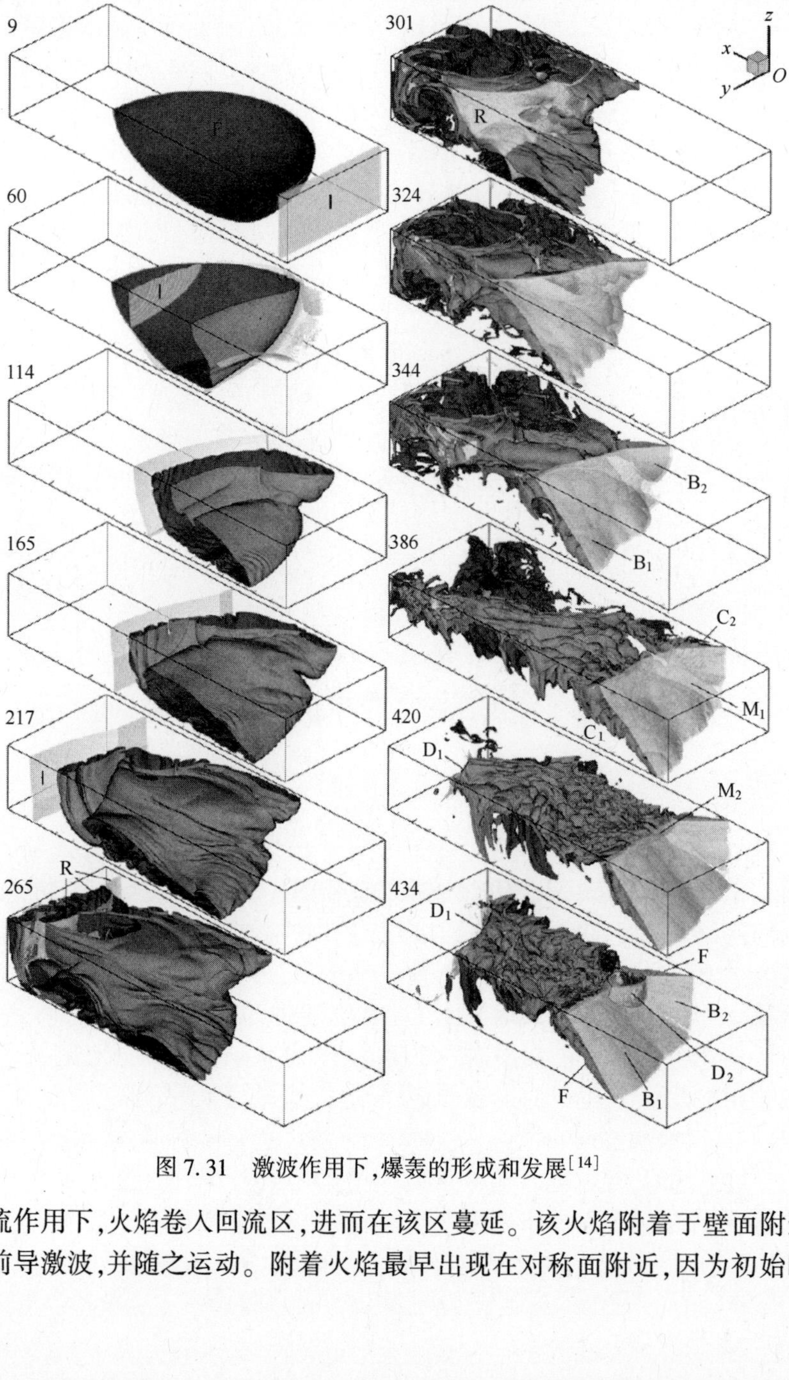

图 7.31　激波作用下，爆轰的形成和发展[14]

回流作用下，火焰卷入回流区，进而在该区蔓延。该火焰附着于壁面附近，前锋接近前导激波，并随之运动。附着火焰最早出现在对称面附近，因为初始时刻，该处火焰最接近于壁面。然后,逐渐向 $y=z=0$ 的角落逼近。由于湍流影响,附着线极度不规则。附着线上方火焰(图 7.31 中阵面 F)与分叉激波后的滑移线耦合。滑移线上,因 Helmholtz 不稳定,处于湍流状态。分叉反应激波,以 $0.5D_{\mathrm{CJ}}$ 的速度传播。分叉区域的燃烧使分叉点迅速向对称平面移动,最终,前导激波(斜激波)在对称平面反射,形成马赫干 M_2,称为中心马赫干。M_2 与 M_1 作用,生成热点,进而形成爆轰 D_2。封闭端也会出现爆轰 D_1,但与 D_2 无关。

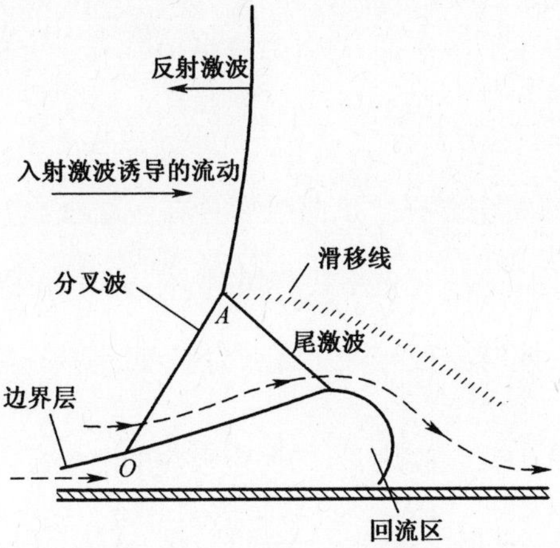

图 7.32 边界层的激波分叉

与二维计算相比,三维计算可以描述流场涡结构。因网格不够细,故仍不能准确描述湍流的能量串级现象。

7.4 小　　结

关于火焰基本特性的讨论,大多基于一维平面模型。对于稳定传播的火焰,火焰坐标中的守恒方程为常微分方程。燃烧使流动趋于声速,声速点为方程奇点,该点有时无解,有时多解,决定于奇点特性。

无黏流需关注欧拉方程唯一性,黏性流需关注 N-S 方程稳定性,而反应流,则应关注方程的奇异性(Singularity)。因为,这些特性会导致流动方式的变化。

1. 反应效应

火焰坐标中,有反应迹线方程

$$\frac{p-p_0}{\nu-\nu_0}=-(\rho_0 u_0)^2=-G^2$$

冻结 Hugoniot 方程　　$\mathscr{H}=[e_{\mathrm{th}}]+\bar{p}[\nu]=\lambda Q$

沿反应迹线为

$$\frac{\mathrm{d}u}{\mathrm{d}x}=\frac{\Sigma}{\eta}$$

其中，$\eta = 1 - Ma_{\mathrm{f}}^2$，$\Sigma = \sigma \dfrac{\mathrm{D}\lambda}{\mathrm{D}t}$。反应迹线与冻结 Hugoniot 曲线相切时，$Ma_{\mathrm{f}} = 1$，即 $\eta = 0$，为方程奇点。

对于摩尔数不减的放热反应，$\sigma = \dfrac{\gamma - 1}{a_{\mathrm{f}}^2} > 0$。因此，$Ma_{\mathrm{f}} = 1$ 时，仅$\dfrac{\mathrm{D}\lambda}{\mathrm{D}t} = 0$（即 $\lambda = 1$，进而 $\Sigma = 0$），方程才有解。此时，反应迹线与 $\lambda = 1$ 的 Hugoniot 曲线相切。切点为声速点，故波后扰动不影响反应区，燃烧速度为定值，称为 CJ 值。

如果爆轰反应是摩尔数减少的反应，有冻结 Hugoniot 方程

$$\frac{p\nu}{\Gamma(\lambda) - 1} - \frac{p_0\nu_0}{\gamma_0 - 1} - \lambda Q - \frac{p + p_0}{2}(\nu_0 - \nu) = 0$$

这是一簇以 λ 为参数的曲线方程。该曲线簇存在包络线，包络线上 $\sigma = 0$，从而有 $\Sigma = 0$，即使 $\dfrac{\mathrm{D}\lambda}{\mathrm{D}t} \neq 0$。反应迹线与包络线相切时，有 $\eta = 0$ 和 $\Sigma = 0$，为奇点，称为广义 CJ 点（Generalized CJ），此时方程有解。该点为鞍点，有两个解，其中弱爆轰更易实现，且可稳定传播。

如果爆轰反应为第一反应放热、第二反应吸热的两步反应，有

$$\Sigma = \sigma_1 \frac{\mathrm{D}\lambda_1}{\mathrm{D}t} + \sigma_2 \frac{\mathrm{D}\lambda_2}{\mathrm{D}t} = \frac{k(\gamma - 1)}{a_{\mathrm{f}}^2}[Q_1 - Q_2 \ln(1 - \lambda_1)]$$

显然，$\dfrac{\mathrm{D}\Sigma}{\mathrm{D}\lambda_1} < 0$，$\Sigma_{\lambda_1 = 1} < 0$。故存在 $\lambda_{\mathrm{a}}(\lambda_{\mathrm{a}} < 1)$，使 $\Sigma_{\lambda_1 = \lambda_{\mathrm{a}}} = 0$。当反应迹线与 $\lambda = \lambda_{\mathrm{a}}$ 的冻结 Hugoniot 曲线相切时，有 $\eta = 0$ 和 $\Sigma = 0$（但$\dfrac{\mathrm{D}\lambda}{\mathrm{D}t} \neq 0$），为广义 CJ 点。此为鞍点，有两个解，弱爆轰更易实现，且可稳定传播。

反应效应导致的非理想爆轰称为病态爆轰，病态 CJ 爆速大于理论 CJ 爆速，而理论 CJ 爆轰，此时不能实现。

2. 边界效应

边界影响下，沿反应迹线

$$\frac{\mathrm{d}u}{\mathrm{d}x} = \frac{\psi}{\eta}$$

对于壁面效应和侧向稀疏效应，ψ 分别为

$$\psi = \sigma \frac{\mathrm{D}\lambda}{\mathrm{D}t} + \frac{(\gamma - 1)q}{\rho a_{\mathrm{f}}^2} + \frac{[(\gamma - 1)u_1 - \gamma u]f}{\rho a_{\mathrm{f}}^2}$$

和

$$\psi = \sigma \frac{\mathrm{D}\lambda}{\mathrm{D}t} - \frac{1}{\gamma A}\frac{\mathrm{D}A}{\mathrm{D}t}$$

其中，$\dfrac{(\gamma - 1)q}{\rho a_{\mathrm{f}}^2} + \dfrac{[(\gamma - 1)\mu_1 - \gamma u]}{\rho a_{\mathrm{f}}^2} < 0$，$\dfrac{1}{\gamma A}\dfrac{\mathrm{D}A}{\mathrm{D}t} > 0$。

因此，反应效应与边界效应是矛盾的。$\eta = 0$ 时，如果反应效应与边界效应相

当，即 $\psi=0$，方程有两个解，为鞍点。弱爆轰更易实现，且可稳定传播。

边界效应导致的非理想爆轰称为本征爆轰，其稳定爆速小于理论 CJ 爆速。边界损失过大时，会导致爆轰熄灭，故存在临界损失值。

3. 输运效应

简单起见，仅考虑黏性效应。如果火焰两端梯度为零，燃烧区成为孤立系统。火焰传播过程中，总能量不变，黏性仅影响燃烧区的能量分布。

沿反应迹线，有

$$\frac{d(\nu/\nu_0)}{d\lambda}=\frac{f_1}{f_2}$$

反应终止时，$f_2=0$，为方程奇点，总有 $f_1=0$，故方程有解。不同黏性，对应不同的积分曲线，几乎所有曲线通过 S 点，故 S 为节点。有两根曲线通过 W 点，W 为鞍点，可稳定传播。

超声速燃烧可以以一种激波与火焰复合的方式存在。这种复合波分为爆燃和爆轰，前者火焰诱导激波，后者激波诱导火焰。层流火焰在局部受限空间可以转变为爆燃（或视为化学爆炸），如果爆燃不断加速，在激波与火焰间出现随机爆炸，还可能转化为爆轰。转换过程中，燃烧加速和点爆炸皆与湍流有关。

分析爆燃、爆轰和 DDT 现象时，基于瑞利方程、Hugoniot 方程以及相关的 $p-v$ 曲线。其间未涉及点火判据和火焰传播机制（假设介质任何状态皆可自燃，火焰皆可传播），是一种基于数学的讨论，未顾及物理实现的可能性，故具有一定的局限性。对所有可实现的燃烧过程，结论还是准确的。

火焰失稳后期，特别是湍流燃烧时，直接模拟需考虑三维流场，最小网格尺度应为 Kolmogorov 尺度，其计算量极大，已超出当前的计算能力。目前，反应流的计算，精力集中于高精度格式和网格精细划分上，基本忽略湍流影响。这样的计算，可以使火焰变形、加速，类似于湍流燃烧中的层流折褶火焰模型，也可出现激波甚至 CJ 爆轰。但对于极度变形火焰，此计算并无精度可言，描述的变化过程也不能确定是否为真实过程。

参考文献

[1] Lee J H S. The detonation phenomenon[M]. Cambridge: Cambridge University Press. 2008.

[2] Chen Z H, Fan B C. Flame acceleration and its induced shock wave in a mixture of air and aluminum powder[J]. J. LOSS PREV. PROCESS IND, 2005,18(1):13-19.

[3] Fan B C, Yin Z F, Chen Z H, et al. Observations of flame behavior during flame-obstacle interaction[J]. Process Safety Progress,2008,27(1):66.

[4] Zhang F. Heterogeneous Detonation[M]. London: Springer, 2009.

[5] Zhang F. Detonation dynamics[M]. London:Springer, 2012.

[6] Fickett W, Davis W C. Detonation, theory and experiment[M]. California: University of California Press, 1979.

[7] 孙承纬,韦玉章,周之奎. 应用爆轰物理[M]. 北京:国防工业出版社,2000.
[8] 孙锦山,朱建士. 理论爆轰物理[M]. 北京:国防工业出版社,1995.
[9] 范宝春. 两相系统的燃烧、爆炸和爆轰[M]. 北京:国防工业出版社, 1998.
[10] Gordon S, McBrids J. Computer program of calculation of complex chemical equilibrium compositions. NASA SP-273,1971.
[11] Daneshyar H. One-dimensional compressible flow[M]. Oxford:Pergamon Press, 1976.
[12] Oran E S, Boris J P. Numerical simulation reactive flow[M].Cambridge:Cambridge University Press, 2001.
[13] Gamezo V N, Ogawa T, Oran E S. Numerical simulations of flame propagation and DDT in obustucted channels filled with hydrogen-air mixture[J]. Proceedings of the Combustion Institute, 2007,31: 2463.
[14] Oran E S, Gamezo V N. Origins of the deflagration-to-detonation transition in gas-phase combustion[J]. Combustion and Flame,2007,148:4-47.

第8章　爆轰结构

爆轰实际具有三维结构,平面爆轰是一种近似。爆轰的引导激波由许多子激波组成,子激波的相互碰撞,形成由入射波、马赫干和反射波(横波)组成的碰撞波系,此为爆轰阵面的基本结构单元。化学反应主要发生在马赫干和横波的波后区域。碰撞三波点的压力最高,可以记录在壁面烟箔上。三波点轨迹编织的空间构型称为爆轰胞格。

胞格结构虽为流动失稳所致,但宏观角度讲,它使爆轰在整体上更具抗干扰的能力,更稳定。胞格对扰动极其敏感,边界、波前状态和介质燃烧特性等都会影响胞格的大小、形状和规则性。

8.1　一维爆轰稳定性

平面一维爆轰模型,从宏观角度,描述爆轰传播的整体特性(如爆速、爆压和爆温等)。但该模型排除了可能出现的多维扰动,故不能完整描述爆轰的真实结构。实际上,平面爆轰(包括CJ爆轰)是不稳定的,爆轰具有三维精细结构。三维结构的爆轰,整体上仍以恒定速度传播,接近一维CJ理论。

8.1.1　爆轰稳定性[1, 2]

爆轰是一种激波-燃烧复合波。反应速率对温度敏感时,局部扰动会导致燃烧失稳,进而影响爆轰的稳定性。

设化学反应速率方程为

$$\dot{\lambda} = k(1-\lambda)\exp\left(-\frac{E_a}{RT}\right) \tag{8.1}$$

取$\frac{Q}{RT_0}=10$,$\gamma=1.2$,$\frac{E_a}{RT_0}=10$、25、50,CJ爆轰温度剖面如图8.1所示。由图可见,E_a越大,点火区附近温度梯度越大,诱导区越长,反应区越短。反应的温度感度与反应区和诱导区的长度有关。反应区越短,反应越激烈,能量释放越快,诱导区的温度脉动对反应的影响越大,反应的温度感度越大。故E_a越大,对温度越敏感。

引进与温度感度有关的物理量,称为稳定参数:

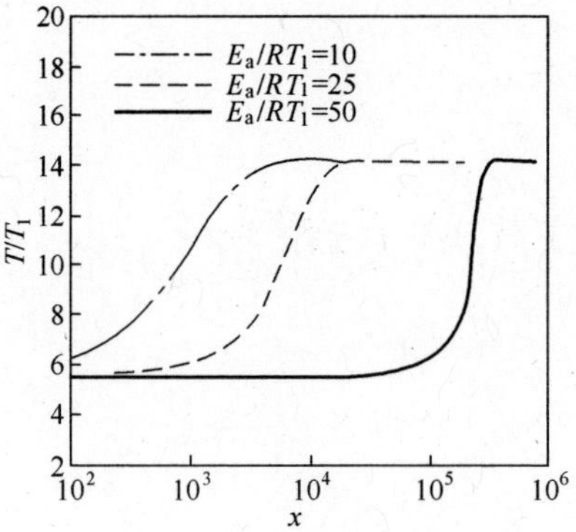

图 8.1　CJ 爆轰温度剖面

$$\chi = \varepsilon_l \frac{\Delta_l}{\Delta_R} \tag{8.2}$$

式中：$\varepsilon_l = \dfrac{E_a}{RT_s}$ 表示诱导区的温度感度；T_s 为引导激波温度；Δ_l 和 Δ_R 分别为诱导区和反应区的长度。χ 越小，爆轰越稳定。

活化能、爆轰过驱度（$f = (D/D_{CJ})^2$，表示偏离 CJ 爆轰的程度）、反应热 Q、绝热指数 γ 和反应级数等，皆可影响反应的温度感度，统称为爆轰稳定性参数。E_a 越小，爆轰越稳定。爆轰过驱度的增加会提高激波温度 T_s，从而降低反应的温度感度，故 f 越大，爆轰越稳定。此外，理想气体的热性系数 $\sigma = \dfrac{\gamma - 1}{a_f^2}Q$，用于描述化学能通过机械功向环境的传递，$Q$ 和 γ 会影响 σ 值，改变扰动的物理效应，故影响爆轰的稳定性。

爆轰稳定性可用数值方法讨论，也可用近似方法讨论。线性分析法是一种近似方法，先给 ZND 模型以小扰动，推导扰动的线化方程，通过数值求解，分析扰动变化趋势，根据扰动增长与否，判断流场是否稳定。该方法可确定极限稳定性参数（即确定稳定区域），和扰动变化率。但仅用于扰动初始阶段，不能描述偏离稳定极限很大的爆轰，或非线性失稳阶段的爆轰。渐进分析法是另一种讨论爆轰稳定性的近似方法，该方法在基本方程中保留非线性项，故可研究爆轰非线性失稳的本质和物理机制。由于非线性问题的复杂性，该研究仅限于具有简单反应速率公式的理想爆轰，讨论稳定性参数趋于极限值的渐进情形（如 $E_a \to \infty$），简单案例是对方波爆轰的分析。

8.1.2　方波爆轰[3]

1. 方波爆轰

方波爆轰的燃烧用两个化学反应描述，进展度分别记为 λ_1 和 λ_2。设第一反应的活化能无穷大，第二反应的反应速率无穷大，即

$$\dot{\lambda} = r_1; \qquad q_1 = 0$$

$$\begin{cases} \lambda_2 = 0, & \lambda_1 < 1 \\ \lambda_2 = 1, & \lambda_1 = 1 \end{cases} \quad (q_2 \neq 0)$$

第一反应 $\boldsymbol{\lambda}_1$ 无能量释放,用于确定反应诱导区;第二反应 $\boldsymbol{\lambda}_2$ 瞬间释放化学能,用于描述火焰间断。设诱导区内,流动状态均匀分布。于是,方波爆轰剖面如图 8.2 所示。

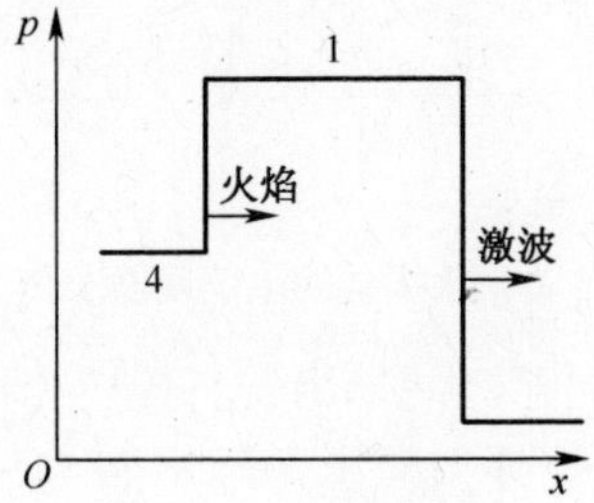

图 8.2 方波爆轰

2. 火焰间断分解

扰动作用下,如果火焰不稳定,火焰间断将分解,形成复杂波系,使两侧流场耦合。对于正扰动(使火焰加速的扰动),间断分解形后,形成如下波系:右传激波 S_+,火焰阵面 F,右传中心稀疏波 R_F(波头与火焰耦合,此波是否存在,视流场情形而定),接触间断 C 和左传激波 S_-。其中,接触间断 C 将未扰动和已扰动火焰的燃烧产物分开。图 8.3(a)和(b)分别表示火焰间断分解的 t-x 和 p-x 曲线。对于负扰动,火焰间断分解后的波系如图 8.4 所示。

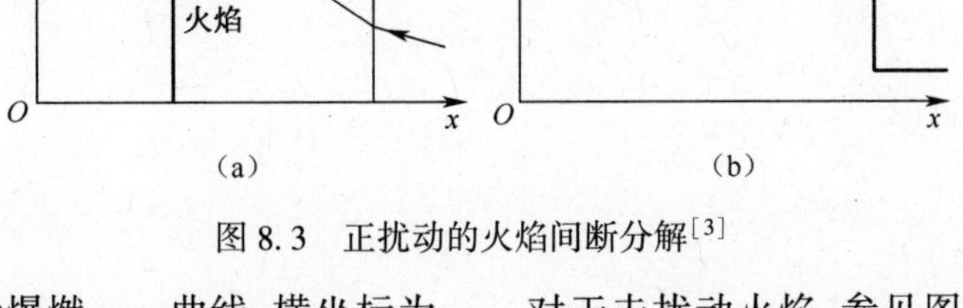

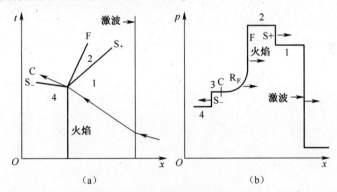

图 8.3 正扰动的火焰间断分解[3]

图 8.5 为爆燃 p-u 曲线,横坐标为 $-u$。对于未扰动火焰,参见图 8.2,引导激波后的状态为 1,火焰间断后的状态为 4,曲线 14 为波前状态为 1 的爆燃 p-u 曲线。对于正扰动,右传激波 S_+ 使状态 1 突跃至状态 2,曲线 12 为波前状态 1 右传激波极曲线。曲线 23 为波前状态为 2 的爆燃 p-u 曲线,火焰后的状态为 3。曲线 43 是以 4 为波前点的左传激波 S_- 的极曲线,使状态 4 突跃至状态 3,与火焰后的状

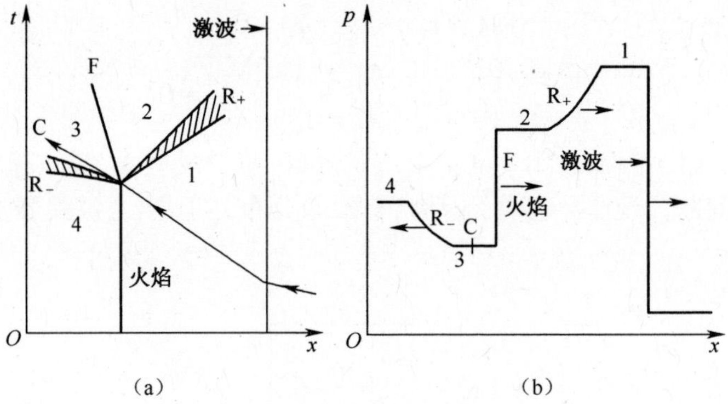

图 8.4 负扰动的火焰间断分解[3]

态匹配。此时，S_+与火焰阵面 F 之间未出现右传中心稀疏波 R_F。如果爆轰过趋度不很强，即 S_+不很弱，以致燃烧导致的压力降不能与 S_-的波后状态 3 匹配（此时，图中 J 点位于 3 点之上），此时，火焰阵面后，出现右传中心稀疏波 R_F，以连接状态 J 和 4，如图 8.3(b) 所示。对于负扰动，有类似分析，只需用 R_+和 R_-替代 S_+和 S_-。

流场因扰动分解后，各间断守恒方程和反应速率方程组成封闭方程组，可用迭代法求解，称为扰动解。设定 S_+（或 R_+）的强度，由图 8.3 和间断守恒方程，可得到扰动后流场，包括间断轨迹，各区的流场参数以及扰动导致的火焰燃烧速度变化 U_c。进而得到 U_c 随 S_+的变化曲线，如图 8.6 所示，该图用 u_2 表示 S_+（或 R_+）的强度。此外，根据质点运动轨迹和反应速率方程可确定火焰阵面。质点在 1 区具有不变的运动速度和反应速率（第一反应），跨越 S_+后，速度和反应速率突跃，在 2 区保持另一恒定值。$\lambda_1=1$ 处，为火焰阵面。根据多个质点的运动轨迹，便可确定火焰轨迹，得到的扰动导致的火焰燃烧速度变化 U_r。进而得到 U_r 随 S_+强度的变化曲线见图 8.6。两曲线的交点为方程的扰动解，即图中 A 点（或 B 点）。无扰动时，$u_2=u_1$，$U_c=0$，$U_r=0$。

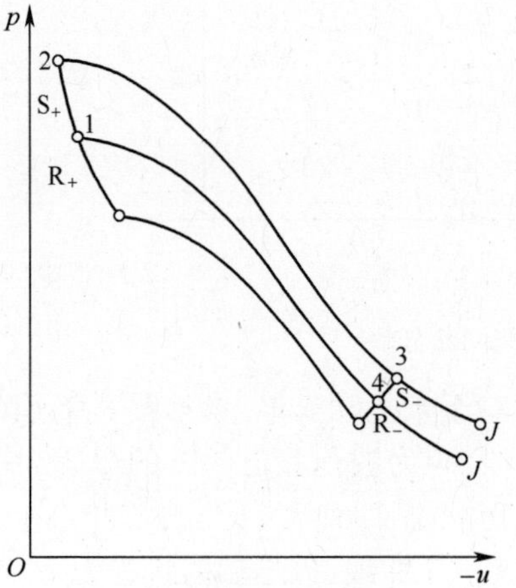

图 8.5 爆燃 p-u 曲线

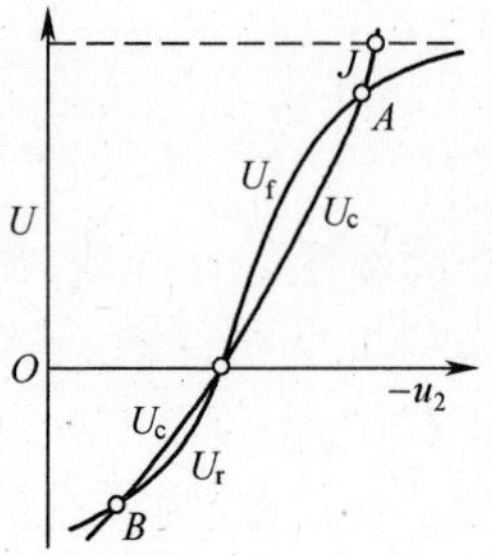

图 8.6 扰动导致的火焰燃烧速度变化[3]

对于正扰动解,引导激波强度很大,故反应速率很大,激波与火焰间的诱导区很小。此时,U_r 随 S_+强度的变化很小,曲线弯曲,与 U_c 曲线相交时,满足

$$\left|\frac{\mathrm{d}U_c}{\mathrm{d}u_2}\right| < \left|\frac{\mathrm{d}U_r}{\mathrm{d}u_2}\right|$$

对于负扰动解,稀疏波很强,反应速率很小,此时,U_r 随 S_+强度的变化很小,曲线与 U_c 曲线相交时,满足

$$\left|\frac{\mathrm{d}U_c}{\mathrm{d}u_2}\right| < \left|\frac{\mathrm{d}U_r}{\mathrm{d}u_2}\right|$$

因此,扰动导致的 U_c 变化率小于 U_r 变化率,即 $\left|\frac{\mathrm{d}U_c}{\mathrm{d}u_2}\right| < \left|\frac{\mathrm{d}U_c}{\mathrm{d}u_2}\right|$,此时,火焰不稳定,将分解为若干个波。

3. 一维振荡

火焰间断分解后,右传激波 S_+(或右传稀疏波 R_+)追赶引导激波 S,与之作用,使 S 强度变化,从而导致爆轰振荡。

高频振荡爆轰的 x-t 波系见图 8.7。对于正扰动解,设 S_+与 S 碰撞于 A 点,使 S 增强,(增强后,用 S′表示),同时生成左传稀疏波 R_1接触间断 C_1。C_1用来分离 1′区和 2 区。1′区为 S 压缩的区域,2 区为 S′压缩的区域,故 2 区具有较高温度和密度,从而具有较短的点火诱导时间。2 区于 B 点点火,形成新火焰 F_2,因流场匹配需要,生成右传激波 S_2、接触间断 C 和左传激波 S_2'。在 1′区中传播的原火焰 F_1于 C 点熄火(此时,无未燃气体)。C 点生成右传稀疏波 R_2和左传稀疏波 R_2'。右传稀疏波 R_2追上 S′时,S′衰减,恢复到未扰动强度 S。此时,引导激波经历了一个周期的变化。此后,S_2 与 S 作用,触发下次循环。R_2的轨迹很重要,如果 B 点和 C 点很近,在 R_2与 S′作用前,先与 S_2 作用,再与 S′作用,将触发下次循环。一维振荡爆轰周期循环的 x-t 波系如图 8.8 所示。

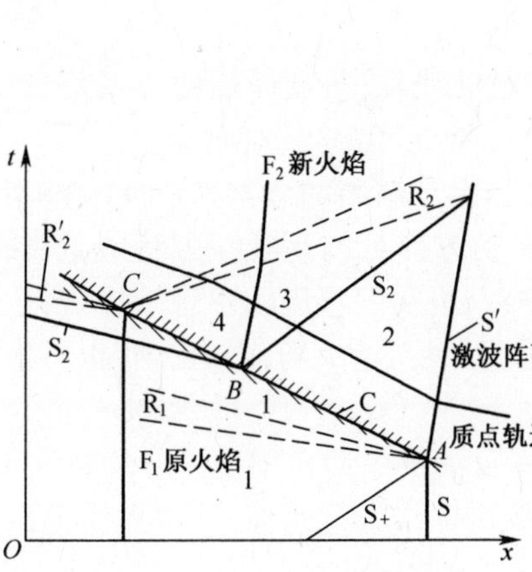

图 8.7　高频振荡爆轰[3]

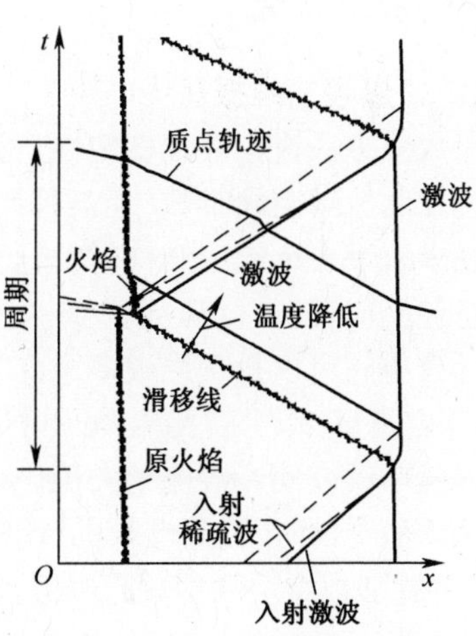

图 8.8　周期变化的高频振荡爆轰[3]

低频振荡爆轰的 $x-t$ 波系如图 8.9 所示。此时 S_+ 很强,新火焰 F_2 出现很早,以致 S_3 可能追上 R_2。相应流场较高频振荡流场复杂,需经过几个周期的循环振荡才能恢复到初始状态。于是,流场出现两个特征频率:与波系相互作用有关的高频频率,以及使流场恢复原状态的低频频率,两频率之比与反应速率和声速有关。

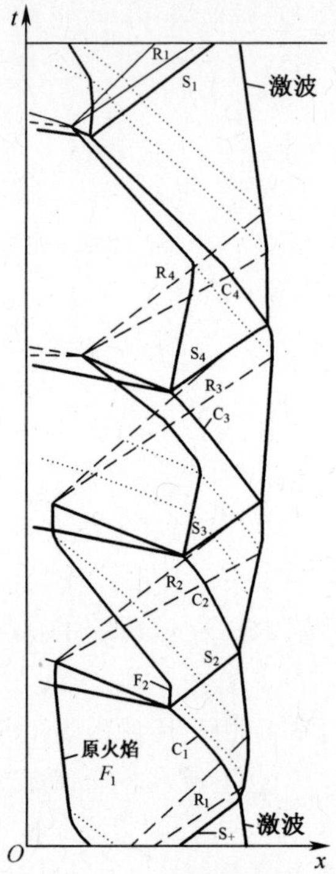

图 8.9 低频振荡爆轰[3]

8.1.3 数值研究

1. CJ 爆轰一维振荡[1,4,5]

用数值方法讨论爆轰稳定性,可保留方程的非线性,得到详尽的流场信息,并可随意控制流场空间维数(无需抑制多维扰动),便于问题的深化讨论。

在求解爆轰反应区结构时,现行数值方法具有足够高的分辨率。反应模型可以是总包反应,链式反应或详细基元反应。流动方程可以是欧拉方程或 N-S 方程。计算空间可以是一维或多维(二维或三维)。可在静止流场中触发爆轰,也可以 ZND 定常解,作为初始流场。讨论稳定性时,可对初始流场施加扰动,也可借助计算的截断误差使爆轰流场失稳。

讨论稳定性时,需足够长的计算时间,以保证流场收敛于稳定的脉动解(非定常解)。特别当稳定性参数趋于极限值时,收敛速度很慢。此外,后边界需离激波阵面足够远,以防扰动从后边界返回阵面,影响稳定性讨论。

本节采用单步不可逆反应,仅讨论活化能 E_a 对爆轰稳定性的影响。其他参数分别为：$Q=50$（Q 为无量纲量，特征量为 RT_0）、$\gamma=1.2$ 和 $f=1$，即 CJ 爆轰。

一维平面爆轰失稳，表现为引导激波强度随时间的脉动。图 8.10 为激波强度随时间脉动曲线。图中压力 p 和时间 t 为无量纲量，特征量分别为 CJ 爆轰的 von Neumann 压力和 $L_{1/2}/\sqrt{RT_0}$，$L_{1/2}$ 为半反应区宽）。活化能较低时（$E_a=24.00$，E_a 为无量纲量，特征量为 RT_0），为稳定爆轰，压力脉动随时间衰减，趋于 CJ 值，如图 8.10(a)所示。失稳极限约为 $E_a=25.26$，E_a 接近该值时（$E_a=24.24$），激波强度以谐波振荡形式逐渐衰减，衰减时间很长。E_a 略大于该值时（$E_a=25.28$），激波强度以单模谐波振荡形式逐渐增长，增长率很小。

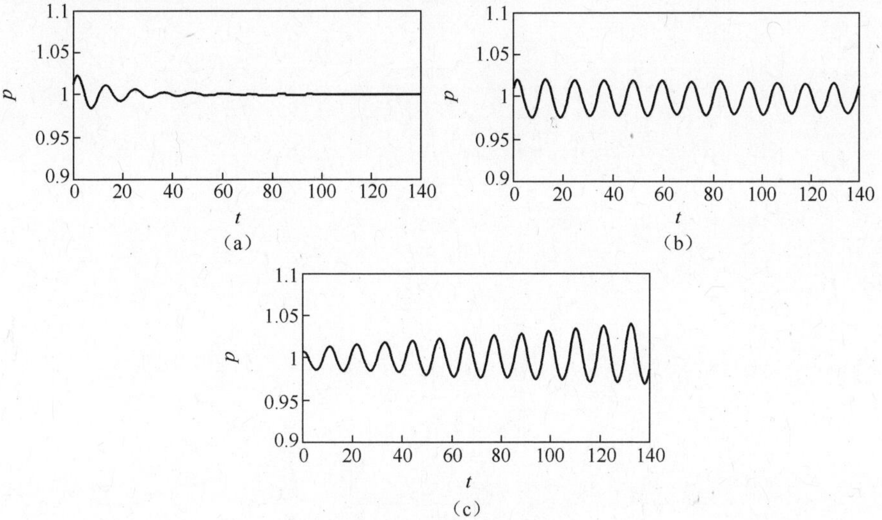

图 8.10　爆轰的谐波振荡[4]

E_a 超过极限值时，激波强度作稳定的非线性振荡，不再具有谐波形式，如图 8.11 所示，其中，(a) $E_a=27.00$，(b) $E_a=27.40$，(c) $E_a=27.80$ 和 (d) $E_a=27.82$。左图为 p-t 曲线，右图为 $\mathrm{d}p/\mathrm{d}t$-p 曲线。振荡周期内，可能出现多个压力峰值。$25.26\leqslant E_a\leqslant 27.22$ 时，为一周期一次振荡模式，振幅随 E_a 增大而增大，如图 8.11(a)所示。$E_a>27.22$ 时，一周期出现多个振荡（多模振荡），振荡次数随 E_a 增大而增大。图 8.11(b)为一周期两次振荡，图 8.11(c)和(d)分别为六次和八次振荡，$E_a=27.845$ 时，出现十六次振荡。过多振荡使压力峰值难于分辨，最终成为随机现象，此时，扰动幅度呈指数增长。

2. 反应历程影响

激波-火焰复合波分预热区（反应诱导区）和反应区。用 Arrhenius 定律表示的总包一步反应，温度剖面是连续变化的指数曲线，很难区分这两个区域（特别是低活化能）。此外，该模型不能给出熄火判据，故描述爆炸燃烧时，具有一定局限性。

为此，可采用与反应历程有关的基元反应模型。此模型有时可简化，在保留反应主要特征的前提下，减少基元反应数，称为简化反应历程。常用的基元反应模型

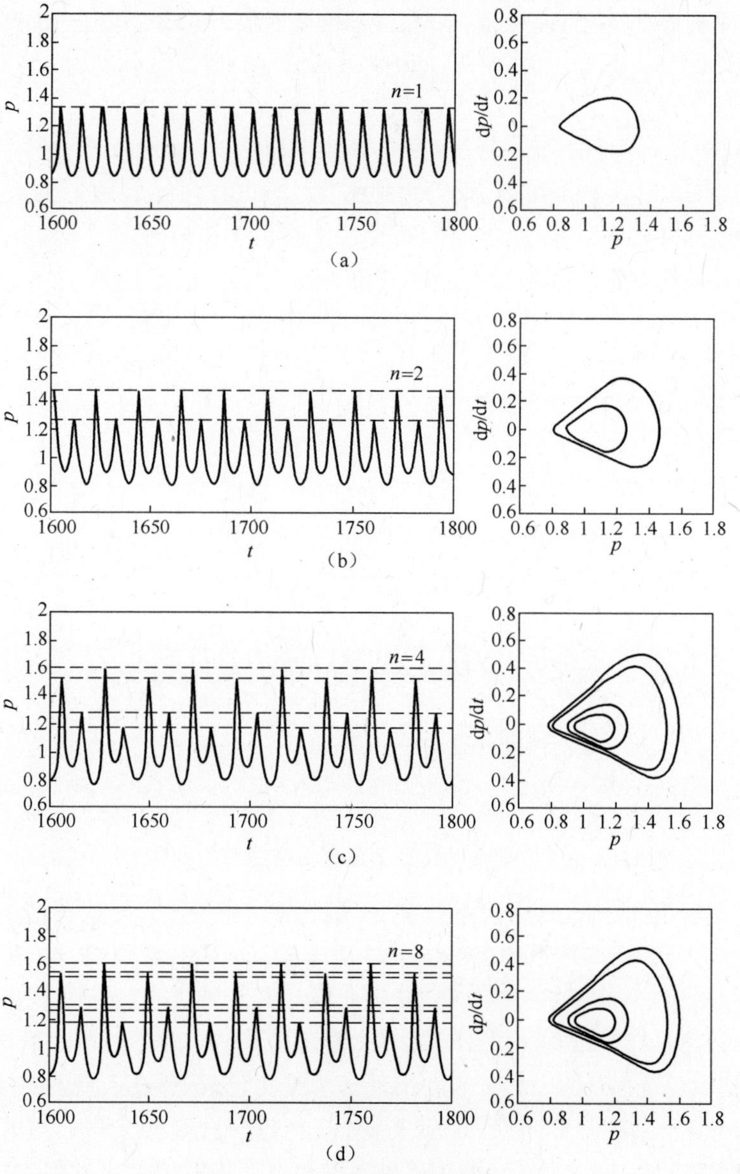

图 8.11　爆轰的非线性振荡[5]

为链式反应模型(见 5.1.1 节)。链式反应包括链的激发,链的分支和链的终止。链激发反应决定反应诱导区,链的分支反应决定反应内层,链的终止反应决定放热过程。各基元反应的速率可用不同活化能的 Arrhenius 定律表示。显然,链式反应模型便于区分预热区和反应区,更适合爆炸燃烧的计算。

由式(8.2)可知,爆轰稳定性与诱导区长度 Δ_l 和反应区长度 Δ_R 有关。反应区长度 Δ_R 随温度缓慢变化,难以准确确定,可定义为

$$\Delta_R = \frac{u_{CJ}}{\Sigma_{max}} \tag{8.3}$$

式中：u_{CJ}为激波坐标中，CJ 面的质点速度；$\Sigma_{max} = (\gamma - 1)\dfrac{Q}{a_f^2}\dfrac{d\lambda}{dt}$为反应区内的最大热性。

基于基元反应模型（详细历程或简化历程）的计算，可得到 CJ 爆轰剖面，如图 8.12 所示。此为 $C_2H_2 + 2.5O_2 + 78\%Ar$ 混合物，CJ 爆轰的温度和热性的剖面曲线。由图 8.12，可获得 Δ_l、Δ_R 和 Σ_{max}，再根据 CJ 值，便得到χ。数值研究表明，可用χ确定爆轰稳定边界，称作临界参数。在相当大的爆速变化范围内，临界参数χ为定值，通常为$\chi \approx 1.5$。

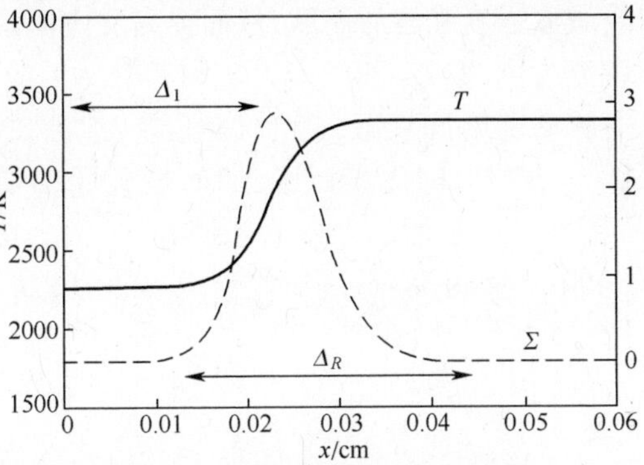

图 8.12　爆轰的温度和热性剖面[4]

通过基元反应和总包反应计算结果的数据拟合，可得到总包一步反应的活化能$\dfrac{E_a}{RT_s}$，T_s 为 CJ 爆轰引导激波波后温度。表 8.1 为不同稀释度和初始压力，$C_2H_2 + O_2 + Ar$ 混合物的 CJ 爆轰特征值，包括总包反应活化能$\dfrac{E_a}{RT_s}$，诱导区长度 Δ_I，反应区长度 Δ_R 和稳定参数χ。其中，稀释浓度和初始压力的对应变化是为了保证混合物具有同样感度（同样的胞格大小和起爆能）。

表 8.1　$C_2H_2 + O_2 + Ar$ 混合物 CJ 爆轰的稳定性参数[4]

氩气稀释	P_0/kPa	E_a/RT_s	Δ_I/cm	Δ_R/cm	χ
90%	100	5.07	1.92×10^{-2}	5.30×10^{-2}	1.83
85%	60	4.86	1.51×10^{-2}	3.41×10^{-2}	2.15
81%	41.7	4.77	1.52×10^{-2}	3.03×10^{-2}	2.39
70%	16	4.77	2.25×10^{-2}	3.32×10^{-2}	3.24

由表 8.1 可知，氩浓度变大时，总包活化能略有增加（虽然变化很小），爆轰不

稳定。但这与事实不符，实验表明，氩的加入有助于爆轰稳定。氩的加入，一方面通过增加混合物的绝热指数，提高引导激波温度；另一方面，又因减少反应热，降低引导激波速度和温度。结果表明，两种效应大抵相当，故氩对激波温度和诱导区长度的影响很小。值得注意的是，氩的加入导致反应热减少和链分支和终止反应速率的下降，从而使反应区长度增加，χ 值减少。如果用 χ 作稳定判据，氩的浓度越大，χ 越小，爆轰越稳定，结论与实验结果相符。

3. 非理想爆轰一维振荡[6-8]

经典 CJ 理论适用于理想爆轰。由于边界或化学反应的影响（如吸热或摩尔数减少的反应），爆轰会偏离理想爆轰状态，此时满足广义 CJ 条件，仍可稳定传播，称为非理想爆轰。如果反应结束面为超声速流动，称为弱爆轰。边界导致质量、动量和能量损失造成爆速亏损，而化学反应的异常则导致爆速增加。

爆速亏损降低引导激波强度和波后温度，从而提高反应的温度感度，增加爆轰的不稳定性。以摩擦管流为例，取 $Q=50$，$\gamma=1.2$ 和 $f=1$。无壁面摩擦，$E_a=24.00$ 时，爆轰是稳定的，压力脉动随时间衰减，趋于 CJ 爆轰，参见图 8.10(a)。壁面摩擦降低爆轰稳定极限，$E_a=22.00$ 时爆轰已经失稳，爆轰脉动如图 8.13 所示。此图，激波强度用激波马赫数 Ma_{sh} 表示。令壁面摩擦 $f=\tau_w/D_h$，其中 τ_w 为壁面剪应力，D_h 为水力学直径。图(a)和图(b)分别对应于 $D_h=20$ 和 $D_h=14$。f 越大，爆轰稳定性越差。

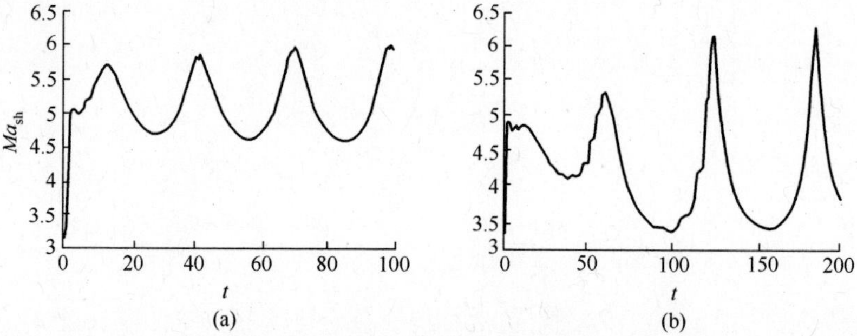

图 8.13 摩擦管流的爆轰稳定性[6]

化学反应可导致非理想爆轰。例如，反应为两步不可逆连串反应，第一反应放热 $Q_1>0$，第二反应吸热 $Q_2<0$。满足广义 CJ 条件时，稳定传播，爆速高于 CJ 爆速。结果表明，爆轰稳定极限决定于放热反应的活化能 E_{a1}。E_{a1} 越大，爆轰越不稳定。取 $Q_1=50$，$Q_2=-10$，$\gamma=1.2$，$E_{a2}=32$，对于不同的 E_{a1}，爆轰强度变化曲线如图 8.14 所示，其中图(a)，(b)，(c)和(d)分别对应于 $E_{a1}=22, 24, 26, 27$。由图可见，当 $E_{a1}=24$ 时，爆轰稳定，但 $E_{a1}=26$ 时，爆轰已经失稳，且 E_{a1} 越大，越不稳定。

取 $Q_1=50$，$E_{a1}=25.26$ 和 $E_{a2}=30$，对于不同 Q_2，弱爆轰的强度变化曲线如图 8.15所示。其中，图(a)，(b)和(c)分别对应于 $Q_2=-5, -10, -20$。显然，吸热量增加，爆轰不稳定性增加。

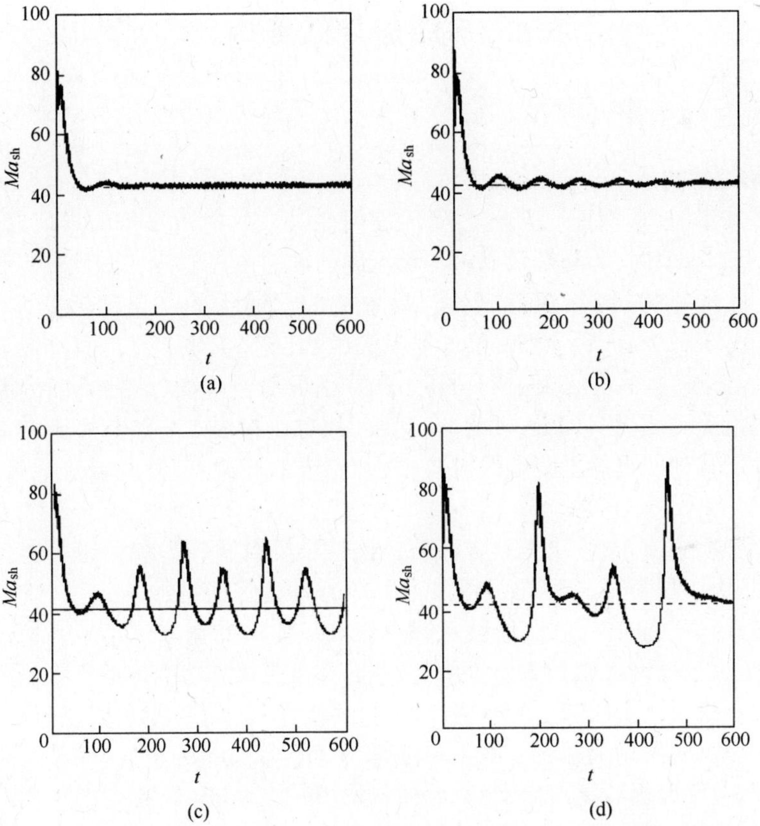

图 8.14　病态爆轰稳定性[7]

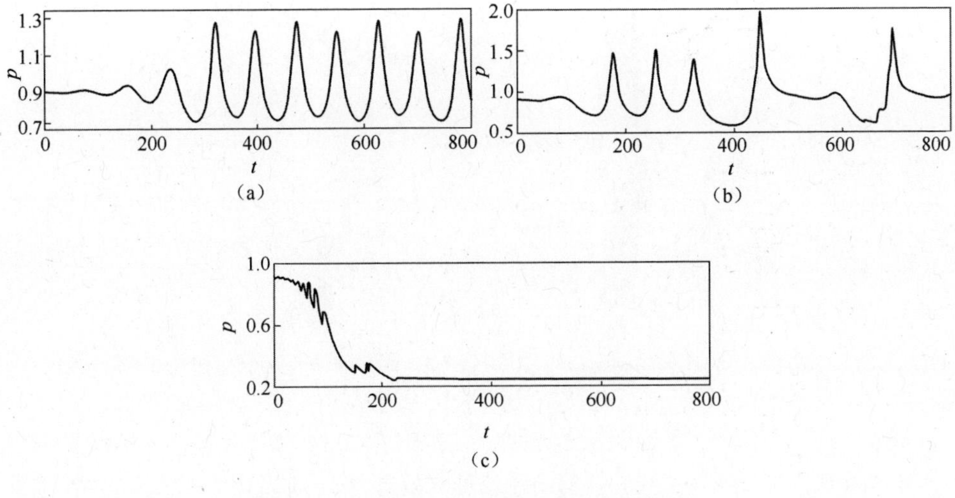

图 8.15　弱爆轰稳定性随吸热量的变化[8]

8.2 爆轰精细结构

8.2.1 二维胞格[1,2]

1. 精细结构

激波和激波(或壁面)斜碰撞,生成反射激波。入射角小于临界值时,为正规反射,大于临界值时,为马赫反射。马赫反射的波系由入射波、反射波、马赫干和接触间断(或称剪切层)组成,入射波、反射波和马赫干的交点称为三波点(参见2.2.3节)。由于马赫干强度大于入射激波,故其宽度不断增长,而反射波和三波点也随之运动。如果将入射波和马赫干视作引导激波阵面(传播方向为流向),反射激波则沿着阵面横向(垂直于流向)传播,故称为横波。三波点则随横波在引导激波阵面上移动。马赫干两端的横波(以及相应的三波点)随马赫干的增长,反方向运动。

可燃介质中,引导激波马赫碰撞后,入射波、反射波和马赫干皆可能使波后介质燃烧,从而以爆轰形式存在。图8.16(a)为爆轰阵面结构示意图,灰色为反应区。由于马赫干强于入射波,故波后预热区和反应区的宽度皆小于入射波。横波分两部分,一部分在可燃介质中传播,另一部分在燃烧产物中传播。接触间断一侧是入射波和横波两次压缩后的燃烧产物,另一侧是马赫干压缩后的燃烧产物。

一维爆轰将流动限制在一维空间,排除了多维扰动的可能性,仅是一种理论模型。实际上,平面爆轰是不稳定的,即使是CJ爆轰。扰动导致的引导激波阵面的微小变形,可诱发马赫碰撞,从而使爆轰阵面由一系列马赫碰撞的子激波组成,如图8.16(b)所示。此时,引导激波阵面存在两组周期性碰撞的横波系列。

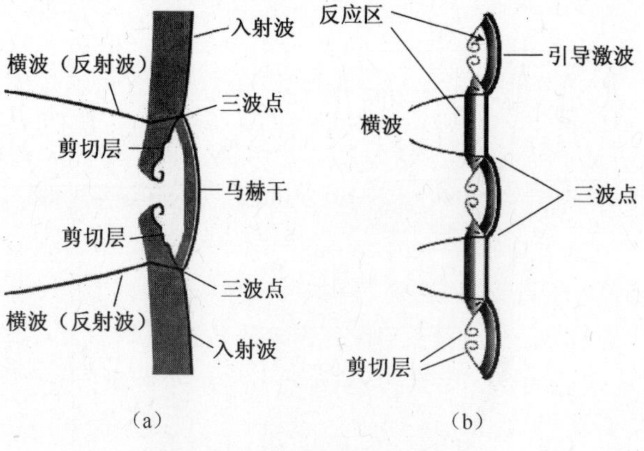

图8.16 爆轰阵面的马赫反射

图8.17(a)为爆轰流场实验纹影照片,可燃混合物为 $H_2+O_2+40\%Ar$ 混合物,该图与图8.16大致相同。图中,与引导激波阵面垂直相交的横波系列清晰可见,三波点附近,还可分辨反应阵面和剪切层。图8.17(b)为PLF拍摄的瞬间OH

分布照片(可燃混合物为 $H_2+O_2+17\%Ar$ 混合物),描述了反应区形状。显然,马赫干和横波后,反应激烈。图 8.17(c)为计算结果,相当于图(a)和(b)叠加,实线表示反应阵面。

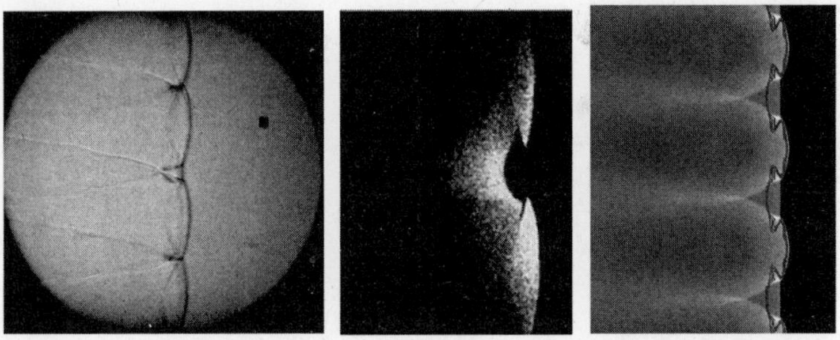

(a) (b) (c)

图 8.17 爆轰精细结构[9]

2. 爆轰胞格

被煤烟均匀覆盖的薄片(铝片、玻璃片或塑料片等),称为烟箔。将其置于爆轰管壁面,使之成为壁面一部分。爆轰扫过烟箔后,在其表面留下三波点轨迹印记,如图 8.18(a)所示。这种鱼鳞状印记称为爆轰胞格。图 8.18(b)为计算胞格,与实验结果一致。

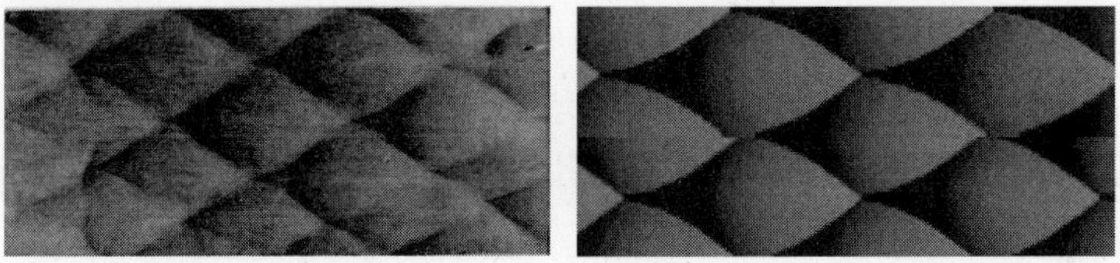

(a) (b)

图 8.18 爆轰胞格

爆轰瞬间流场与爆轰胞格的关系如图 8.19 所示。图中,鱼鳞状胞格为三波点轨迹;若干弯曲的垂线为不同时刻,引导激波阵面的瞬间形状,箭头表示激波传播方向。传播过程中,激波子阵面强度周期脉动,称为流向脉动,波数为 k_x。此外,两组横波,叠加于流向脉动,以相反的方向沿横向(垂直于流向)周期性碰撞,波数为 k_z。

引导激波阵面抵达 A 点时,激波 I 消失,马赫干 M_1 和 M_2 转化为入射波 I_1 和 I_2,于 A 点碰撞(也可视作相向而行的横波 1 和 2 的碰撞),形成新的马赫干 M_3,和反向运动的横波 3 和 4。然后,引导激波阵面从 A 向 D 点传播,马赫干 M_3 沿三波点轨迹 AB 和 AC 增长,强度随之衰减。到达 B 点(或 C 点)时,横波 3(或横波 4)与邻近的相向而行的横波 5(或横波 6)碰撞,此时,马赫干 M_3 转换为入射波,在 B 点与邻近的另一入射波碰撞,形成新马赫干 M_4 和新的反向而行的横波 7 和 8。然后,横波 8 和 9 在 D 点碰撞,强度发生突跃,并完成周期变化。

随着横波的碰撞与运动,三波点轨迹为两组斜交平行线,构成鱼鳞状图形。对于单个胞格,A 点为三波点碰撞点,碰撞瞬间激波由入射波转化为马赫干,强度约为 $1.5D_{CJ}$。此后,激波由 A 点向 D 点传播,马赫干增长,强度减弱,在 BC 曲线处衰变为入射波,并与临近入射波碰撞。此后,子激波阵面减小,强度减弱,并在第二碰撞点 D 消失,消失前的强度为 $0.5D_{CJ}$。D 点之后,新马赫干生成,强度再次突跃至 $1.5D_{CJ}$。至此,引导激波阵面在胞格内,完成一个周期的流向脉动,强度从 $1.5D_{CJ}$ 变化为 $0.5D_{CJ}$,再突跃为 $1.5D_{CJ}$。

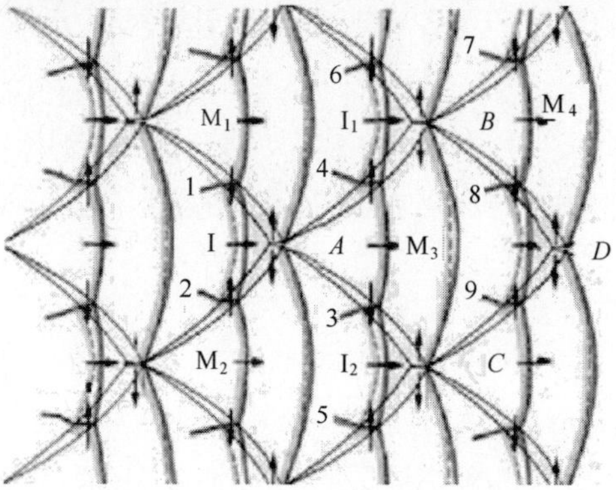

图 8.19　爆轰瞬间结构与爆轰胞格

3. 胞格稳定性

数值方法讨论爆轰稳定性时,反应模型可以是总包反应、链式反应或详细基元反应;流动方程可以是欧拉方程或 N-S 方程。流场形成稳定一维爆轰后,引入密度(或速度)谐波扰动,触发横向不稳定(有时,计算误差也可以触发横向不稳定),形成二维流场。计算结果表明,胞格结构与初始流场关系不大,但描述流场的精细程度与计算精度有关。流场空间较大时,横向胞格数为整数,流场尺度对胞格的形状和大小影响很小,可采用周期边界。

一维稳定性研究表明,活化能 E_a 较低时,爆轰稳定,阵面压力脉动趋于零。随 E_a 的增大,爆轰逐渐失稳。E_a 位于极限值附近时,压力作单模谐波振荡。E_a 进一步增大,阵面压力逐渐变为多模非线振荡(参见 8.1.3 节)。

讨论二维爆轰稳定性时,仍以活化能 E_a 为稳定控制参数。基于欧拉方程,采用一步不可逆总包反应,其他参数为 $Q=4.86\text{MJ/kg}$,$\gamma=1.333$,$\rho_0=0.493\text{kg/m}^3$ 和 $M=0.012\text{kg/mol}$。此时,计算 CJ 爆轰参数为 $D_{CJ}=2845\text{m/s}$,$p_{CJ}=1.75\text{MPa}$,$T_{CJ}=3007\text{K}$,von Neumann 峰值为 $p_{ZND}=3.4\text{MPa}$ 和 $T_{ZND}=T^*=1709\text{K}$,相当于 $p_0=0.1\text{MPa}$和 $T_0=293\text{K}$,当量比为 1 的 H_2-O_2混合系统。

图 8.20 为计算胞格,其中图(a)$E_a/RT^*=2.1$,此时,爆轰是稳定的,胞格形状规整,大小一致。$E_a/RT^*=4.9$ 时,如图(b)所示,胞格变得不规则,有些横波可能因相互吞并而消失。由于扰动迅速成长,激波子阵面变为相撞激波,又会形成新的横波。但横波总数大致不变。图(c)对应于 $E_a/RT^*=7.4$,胞格更加混乱,已无法确定特征形状和大小。

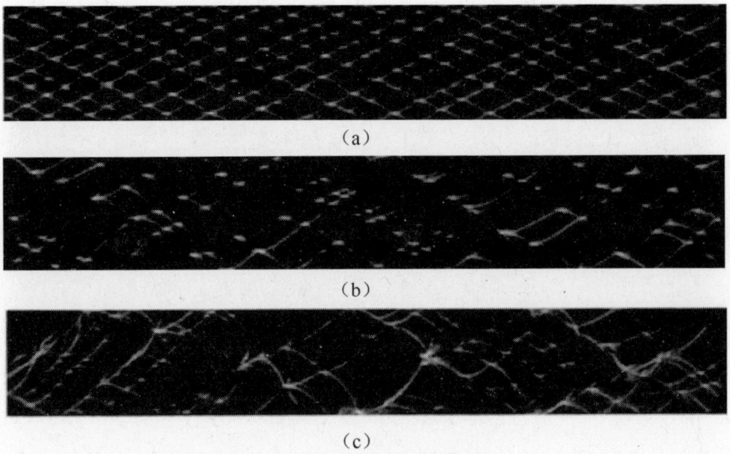

图 8.20　二维爆轰稳定性[10]

图 8.21 为 $C_2H_2+2.5O_2$ 混合物的三波点轨迹照片(常开快门摄影)。该图描述了轨迹的产生和合并,说明高活化能爆轰在传播过程中,存在横波的持续增长和衰减。照片中,轨迹的光亮程度与横波强度有关。

不稳定爆轰,激波阵面脉动很大。强度很弱处,反应诱导区较宽,此时,可燃物不能完全燃烧,形成被燃烧产物包围的未燃气团。图 8.22 为 $E_a/RT^*=7.4$ 时,温度等位线表示的爆轰流场,未燃气团清晰可见。该气团被燃烧产物包围,渗透深度和大小随活化能的增加而增加。

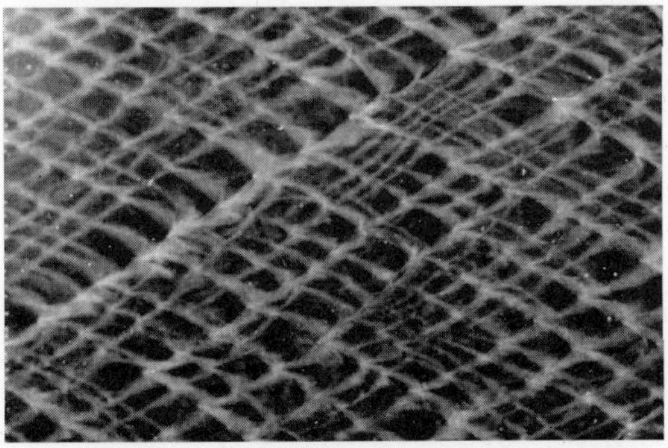

图 8.21　不规则胞格的实验照片[1]

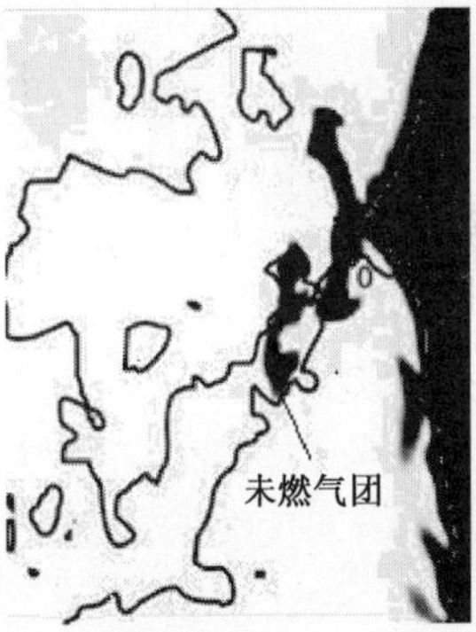

图 8.22　爆轰波后的未燃气团[10]

矩形直管中传播的高活化能爆轰,横波即将发生碰撞的流场如图 8.23 所示,其中(a)为纹影照片,(b)为流场简图。由图可见,未燃气团渗入燃烧产物中,借助于湍流扩散完成燃烧。如果未燃气团位于声速面下游,燃烧释放的热不影响爆轰阵面。

对于不稳定爆轰,外部扰动仅在初始阶段影响胞格,流场平稳后,胞格图像无显著变化。取 $E_a/RT^*=4.9$,反应热从 0 到 $2Q$ 变化,爆轰平稳时,胞格如图 8.24 所示,与未扰动的胞格(见图 8.20(b))相比,基本一致。不稳定爆轰的胞格不规

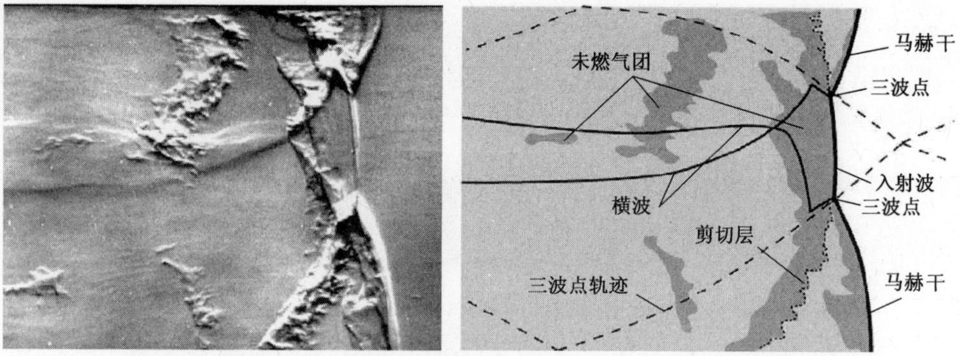

(a)　　　　(b)

图 8.23　横波碰撞流场[11]

则,但存在很强的固有脉动,故具有较强的抗干扰能力,外部扰动因此受到抑制。

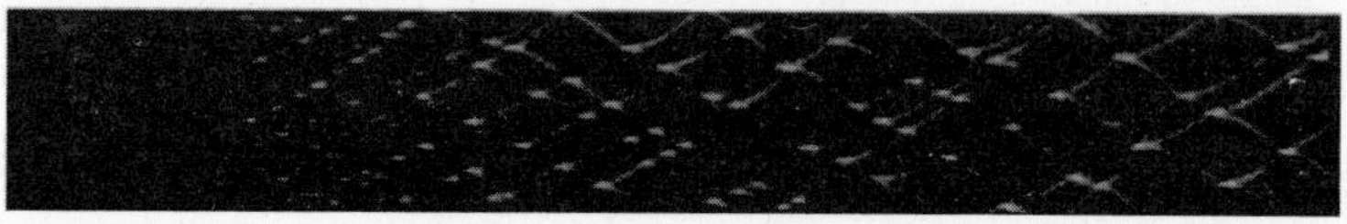

图 8.24　扰动对胞格的影响[10]

爆轰传播时,引导激波子阵面在马赫干和入射波之间转换,强度也随之脉动。活化能越高,爆轰越不稳定,脉动幅度越大。例如,$E_a/RT^* = 2.1$ 时,脉动范围为 $0.6 \leqslant D/D_{CJ} \leqslant 1.2$;而 $E_a/RT^* = 7.4$ 时,为 $0.7 \leqslant D/D_{CJ} \leqslant 1.7$。但从宏观角度讲,CJ 爆轰的平均传播速度仍相当于平面爆轰 CJ 速度。

由二维爆轰计算,可得到平均爆轰剖面。图 8.25 为爆轰的压力和温度剖面,实线为二维爆轰平均剖面,虚线为 ZND 模型剖面。图(a)、(b)和(c)分别为 $E_a/RT^* = 2.1, 4.9, 7.4$。与 ZND 爆轰模型相比,二维爆轰的平均压力峰值较低,两者差异随活化能增加而增加。

4. 胞格尺度

爆轰阵面由强度不均匀的引导激波(在马赫干和入射波之间转换的子激波)和横波(横向传波的反射波)组成。引导激波阵面上,能量释放的振荡频率与横波振荡频率一致时,横波自持,爆轰稳定传播。三波点轨迹(即横波与引导激波交点的轨迹),构成爆轰胞格。管道尺度大于临界值时,胞格大小和形状不受管道尺度的影响。对于规则胞格,其大小一致,呈鱼鳞状,如图 8.26 所示。胞格的特征尺度与爆轰过驱度有关,过驱度越大,胞格越小,形状越规则。常以 CJ 爆轰的胞格尺度作为爆轰特征值,用以反映系统气体动力学和化学反应动力学之间的非线性反馈作用,描述爆轰的非稳态和非平衡过程的动力学行为。胞格尺度是可燃系统的本征值,称为爆轰的动力学参数。

诱导区宽度 Δ_I 决定于化学反应历程和热力学状态,可通过积分反应速率方程得到。当量比 $\phi=1$ 附近的可燃物,计算诱导区宽度与实测胞格宽度具有线性关系,即

$$\lambda = A\Delta_{\mathrm{I}} \tag{8.4}$$

其中,A 为常数,与燃料有关。仅当 Δ_{I} 远大于 Δ_{R} 时,该式才有效。如果两者相当,Δ_{I} 与 λ 的关系会变得相当复杂。

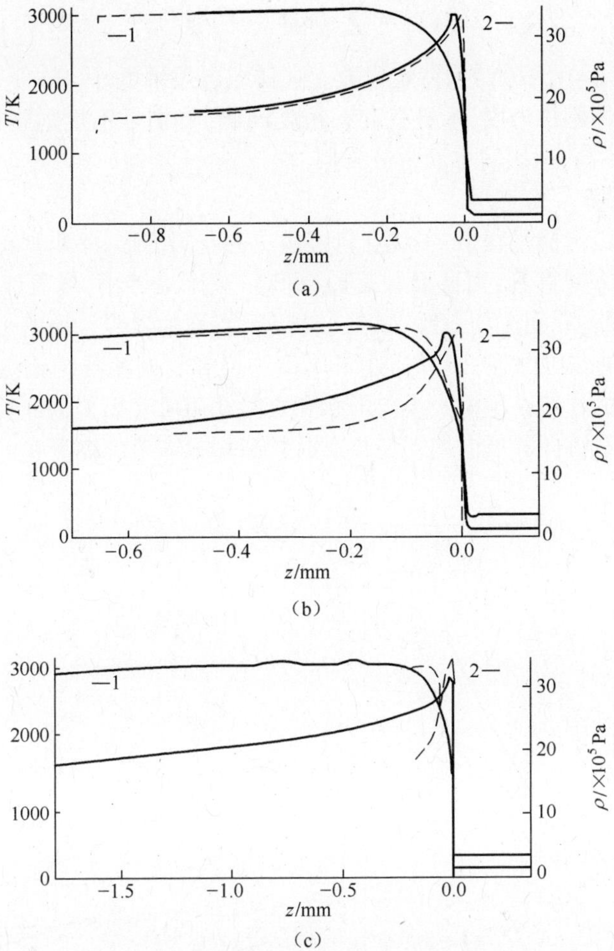

图 8.25　爆轰的压力剖面和温度剖面[10]

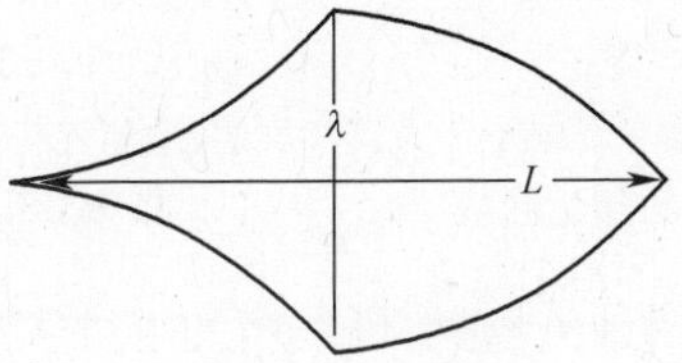

图 8.26　规则胞格

胞格尺度 λ 是随 ϕ 变化的。标准状态下($p_0 = 0.1\mathrm{MPa}$(1 标准大气压), $T_0 = 298\mathrm{K}$),常见燃料的 λ-ϕ 曲线如图 8.27 所示,离散点为实验值,实线为计算值(依

据式(8.4))。显然,实验值和计算值定性一致。在 ϕ = 1 附近,非常接近,ϕ 较大时,差别很大。因此,即使对于同一种燃料,A 也不具有普适性。

可将 A 视作 χ 的函数,用多项式表示,即

$$A(\chi) = \sum_{k=0}^{N} (a_k \chi^{-k} + a_k \chi^{k})$$

其中,a_k 和 $b_k(k=0,\cdots,N)$ 为待定常数。这样拟合效果更好。

实验测定的胞格尺度,本身就存在精度问题,特别是不规则胞格。因此,尽管式(8.4)精度不高,但因简单而常被采用。

5. 二维流场

胞格是爆轰传播过程中,三波点轨迹构成的空间图形,并非真正意义上的瞬间流场。对于长方型直管,当截面很扁时,即高/宽比足够小,爆轰流场具有二维结构,即各 y 截面的瞬间流场一致,如图 8.28 所示,称为爆轰传播的平面模式。上壁面(x-z 平面)的二维图像,便可描述子爆轰胞格和瞬间流场结构。二维胞格是具有鱼鳞状端面的柱体。胞格大小与形状和直管几何尺寸无关,展向胞格数为整数。由于爆轰流场在流向和展向周期变化,故讨论时,只需考虑爆轰在一个完整胞格中的传播。

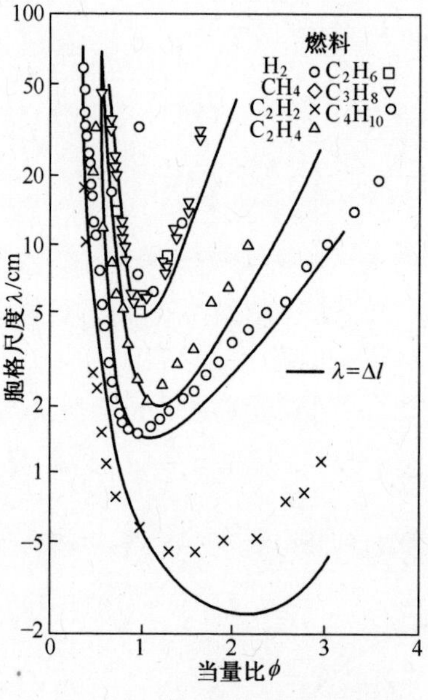

图 8.27 胞格尺度随当量比的变化曲线[12]

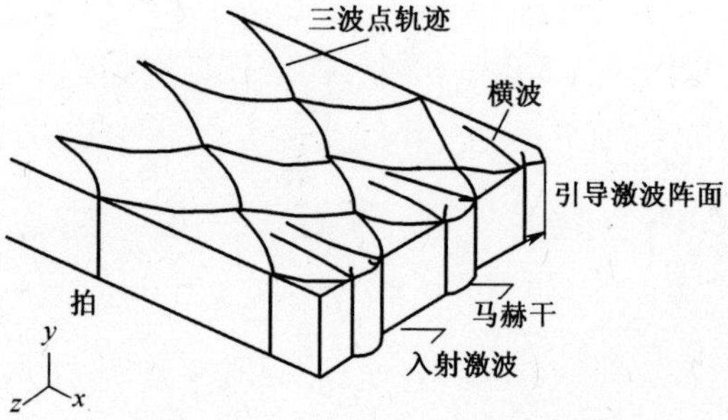

图 8.28 爆轰传播的平面模式

用数值方法研究爆轰精细流场时,可采用如下链式反应模型:

$$R \longrightarrow X \qquad \text{(链激发)}$$

$$R+X \longrightarrow \mathrm{Pr}+2X \qquad \text{(链分支)}$$

$$X \longrightarrow \mathrm{Pr} \qquad \text{(链的壁面终止)}$$

$$X+M+M \longrightarrow \mathrm{Pr}+2M \qquad \text{(链的气体终止)}$$

其中，R 为反应物；Pr 为产物；X 为自由基；M 为惰性分子。反应速率常数分别为 k_i，k_B，k_W 和 k_g。k_i 和 k_B 满足 Arrhenius 定律，与温度有关，活化能分别记作 E_{ai} 和 E_{aB}。k_W 和 k_g 分别与压力和压力的平方成反比，与温度无关。计算时，取 $E_{aB}=12$，$f=1.1$。坐标建立在爆轰波上，来流由左向右流动，图 8.29 为 x-z 平面的计算爆轰瞬态流场。图中，一至四行依次为反应物进展度 λ_1，自由基进展度 λ_2，压力和温度等位线。

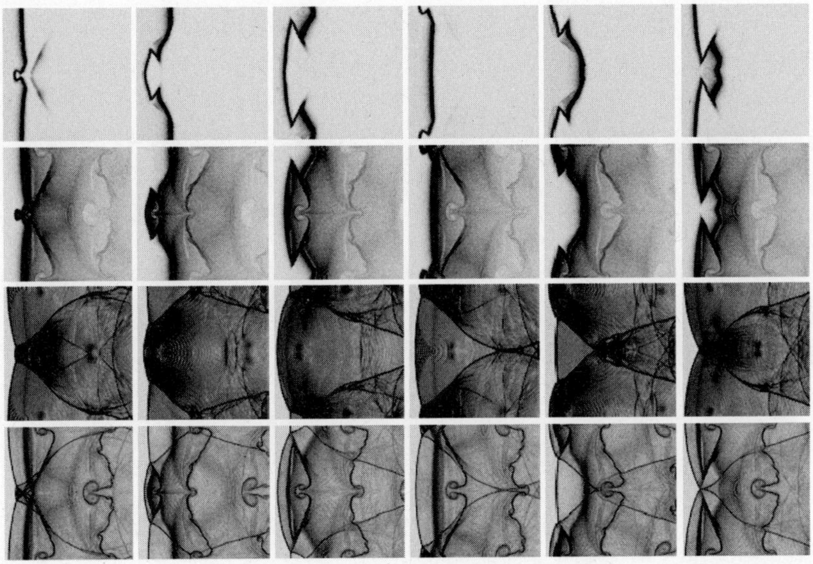

图 8.29　二维爆轰瞬态流场[13]

图 8.29 中第一列，三波点在水平中心线刚完成碰撞（即图 8.19 的 A 点附近），中心线两侧的马赫干已经转换为入射波，中心线附近为新生成的马赫干（此时很小）。新马赫干的生成，导致新接触间断的生成（区域很小，图中无法显示），于是，旧接触间断将脱离引导激波，成为脱体剪切层。此时，相向而行的横波和对应的三波点变为反向而行。此外，上/下行的横波分别与上/下边界（壁面）碰撞。由反应进展度分布图（第一行和第二行）可见，反应区阵面图像与引导激波的强度有关。该时刻，反应阵面较为平整，仅马赫干后，因反应诱导区较短，反应阵面更加接近引导激波，显得局部突出。接触间断因卷入部分未燃物，而发生反应。第四行的温度分布曲线与激波（包括引导激波和横波）、化学反应和接触间断有关。马赫干的逐渐增加，接触间断逐渐显示出结构上的特征，即起始端与三波点（即引导激波阵面）连接，然后向中心线延伸，并在中心线附近，以脱体涡的形式结束，组成旋转方向相反的涡对。反应区阵面越发弯曲，呈现实验结果描述的特征（参见图 8.17(b)，注意爆轰传播方向）。脱体的接触间断（剪切层）向下游移动，而横波与壁面的碰撞点向上游移动，如第二列所示。第三列的三波点即将与壁面（即邻近三波点）碰撞，而第四列的三波点在壁面处刚刚完成碰撞（图 8.19 的 B 点对应于三列和四列间的某个时刻）。壁面碰撞后，中心马赫干成为入射波，接触间断脱体，横波

（和对应的三波点）由反向而行成为相向而行。横波在中心线相碰，反应阵面较为平整。此后，随马赫干增长，三波点向中心线运动，中心线附近的入射波阵面减小，横波间的碰撞点向上游移动，如第五列所示。最后，三波点在中心线上碰撞，完成周期变化，如第六列所示（即图 8.19 的 D 点）。

流场涡量主要集中在接触间断附近（存在 Kelvin-Helmholtz 不稳定），并最终在马赫干后，形成涡对。三波点碰撞时，形成新接触间断，新涡对的旋转方向与旧涡对相反，此时，旧接触间断与引导激波脱离。图 8.30 为等涡量线图，描述了爆轰瞬间涡量场，以及接触间断的生成、发展与脱离过程。图（a）三波点刚发生碰撞（类似于图 8.29 第一列），图（f）三波点再次发生碰撞（类似于图 8.29 第三列）。三波点的周期碰撞，使下游周期性出现由涡对组成的脱体剪切层。将三波点视作涡量源，由此产生的涡量可使未燃物卷入反应区，形成可燃气团。

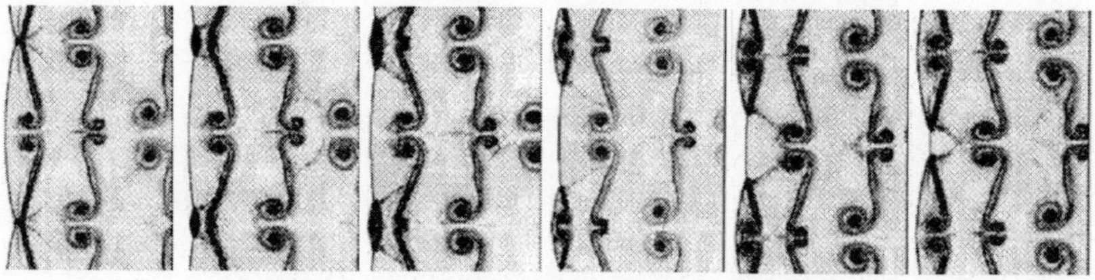

图 8.30　爆轰瞬间涡量场[14]

三波点（也可视作横波的波头）在壁面的碰撞称为拍波（Slapping Wave）。拍波在直管侧面（$x-y$ 平面）留下印记，称为拍痕（Slapping Wave Imprint），二维爆轰的拍痕为周期性离散直线，参见图 8.28。横波的波尾也与壁面碰撞，但强度一般较弱。图 8.28 右端面为爆轰阵面，阵面上，三波点为垂直直线，称为三波线。随着爆轰传播，以相同速度反向传播的两组三波线，将爆轰阵面划分成周期性变化的区域。相向而行的三波线之间为马赫干，反向而行的三波线之间为入射波。

6. 双胞格爆轰

有些可燃混合物，如燃料$-NO_2$混合物，爆轰具有双胞格结构，即存在大/小两套胞格，如图 8.31 所示（H_2-NO_2混合物，$\phi=1.1$），此类爆轰称为双胞格爆轰（Two-Cell Detonation）。

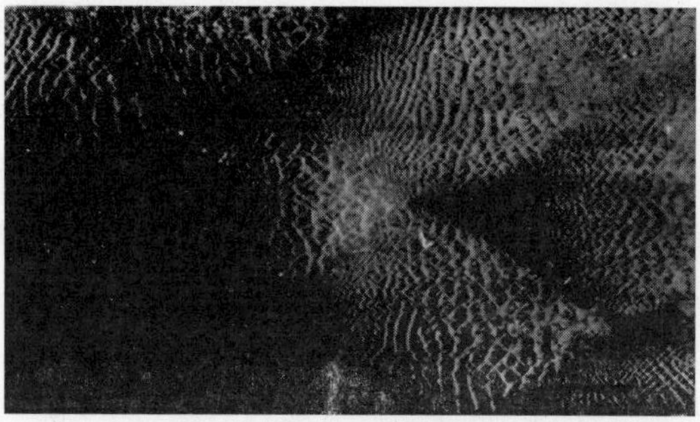
图 8.31　双胞格爆轰的实验胞格[15]

设爆轰反应为两步连串反应：

$$\{A\}\xrightarrow{\lambda_1}\{B\}\xrightarrow{\lambda_2}\{C\}$$

其中，λ_1 和 λ_2 为反应度，变化率为

$$\dot{\lambda}_1 = k_1(1-\lambda_1) \quad 和 \quad \dot{\lambda}_2 = k_2(\lambda_1-\lambda)_2$$

其中

$$k_i = A_i\rho\exp(-E_{ai}/RT)$$

双胞格的出现与两步反应的速率有关。A_2较大时，两步反应重叠为一步反应，为单胞格爆轰。如果 A_2较小，第二反应紧随第一反应，未形成反应速率的第二峰值，仅使反应区宽度增加，此时，仍为单胞格爆轰，但胞格更规则。当 A_2更小，第二反应的反应速率合适时，两反应分离，反应速率出现两个峰值，此时为双胞格爆轰。如果 A_2很小，且管径很小（大胞格尺度超过管径），此时，仅在爆轰传播初始阶段存在单胞格。由于第二反应尚未激活，胞格仅与第一反应有关，爆轰的稳定传播速度远小于 CJ 爆轰，称为低速爆轰（Low Velocity Detonation，LVD）。

取 $E_{a1}=E_{a2}=250\text{kJ/mol}$，$Q_1=Q_2=2200\text{kJ/kg}$，$A_1=2.5\times10^{11}\text{m}^3/(\text{kg/s})$，用于模拟 $\phi=1.2$ 的 H_2-NO_2混合物。当 $A_2=6\times10^8\text{m}^3/\text{kg/s}$，由于第二反应与第一反应分离，故反应速率剖面出现两个峰值。图 8.32 为计算结果。其中(a)为反应度分布图，下半部对应第一反应，上半部对应第二反应。第二反应的反应区明显宽于第一反应，未燃气团也明显大于第一反应。(b)为压力分布图，图中存在两套横波。图 8.33 为计算胞格，具有双胞格爆轰结构。

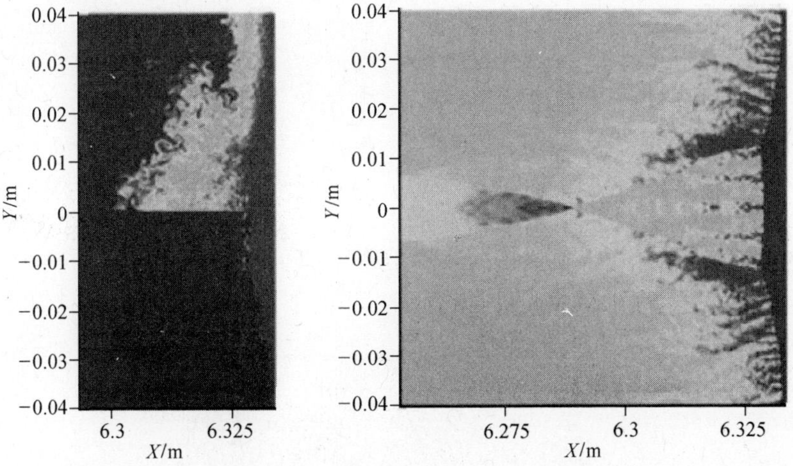

(a) (b)

图 8.32 双胞格的计算爆轰流场[16]

8.2.2 三维胞格[17, 19, 20]

1. 三维胞格

实验表明，大小合适的正方形或矩形直管，稳定爆轰流场呈规则周期变化，三

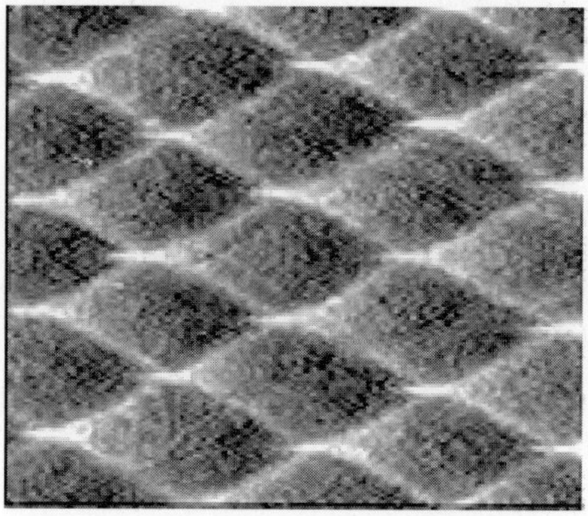

图 8.33　双胞格爆轰的计算胞格[16]

维图像如图 8.34 所示。迎面为引导激波,其子阵面皆为矩形。侧面有胞格,其形状一致。图 8.35 为三维爆轰的引导激波阵面,图 8.36 为三维爆轰的上侧面和左侧面的胞格。

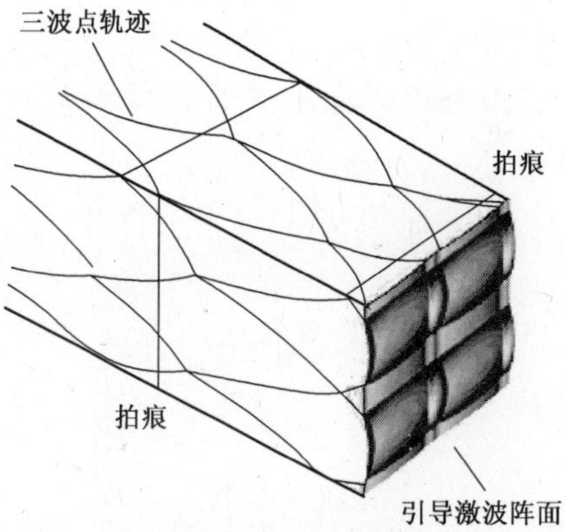

图 8.34　爆轰三维流场[17]

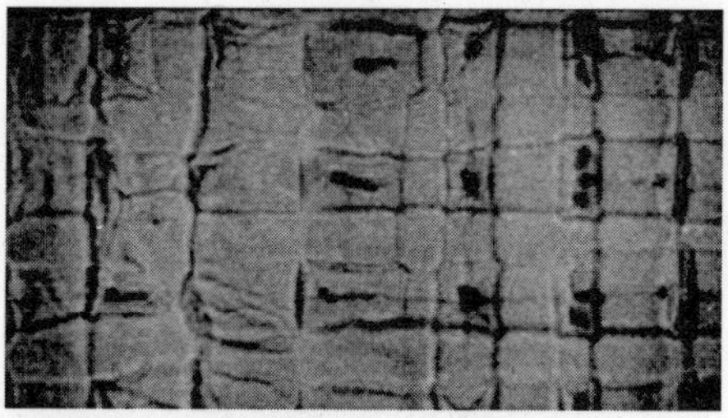

图 8.35　三维爆轰的引导激波阵面[18]

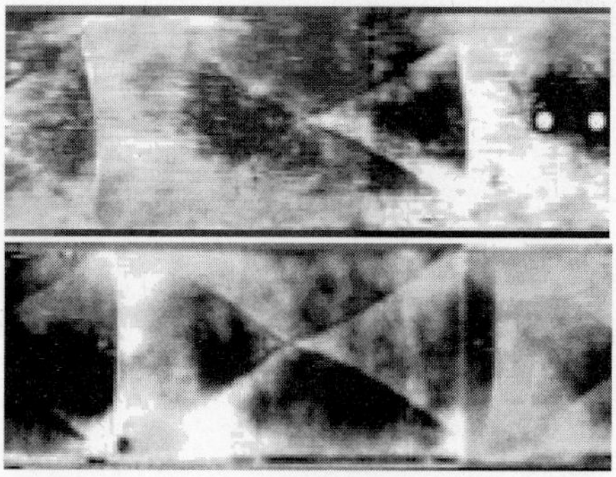

图 8.36　三维爆轰的上侧面和左侧面胞格[19]

三维流场的横波阵面为曲面,一端连接引导激波(连接处称为三波线),另一端向下游延伸。横波分两类,一类沿展向传播,三波线为垂线。另一类沿法向传播,三波线为水平线。两类曲面相互垂直。每类横波皆由两组逆向运动的横波系列组成,使流场作三维周期变化。

水平和垂直三波线将引导激波阵面划分成若干矩形区域(两类横波不存在位差时,为正方形区域),如图 8.35 实验结果和图 8.37 所示。图 8.37 中,(a)为计算结果,(b)为示意图。图中细线为三波线,粗线为引导激波后,涡面(剪切面)在流向横截面上的截线。两对三波线皆反向而行时,称为 MM(Mach-Mach)区域,其面积不断扩大。两对三波线皆相向而行时,为Ⅱ(Incident-Incident)区域,其面积不断缩小。一对三波线反向,另一对相向而行时,为 MI(Mach-Incident)区域。与 MM 区域或Ⅱ区域相邻的区域必为 MI 区域。三波线碰撞时,区域特性将发生改变,MM 区域与 MI 区域以及 MI 区域与Ⅱ区域直接发生转换,从而影响流场结构,特别是涡量场结构。

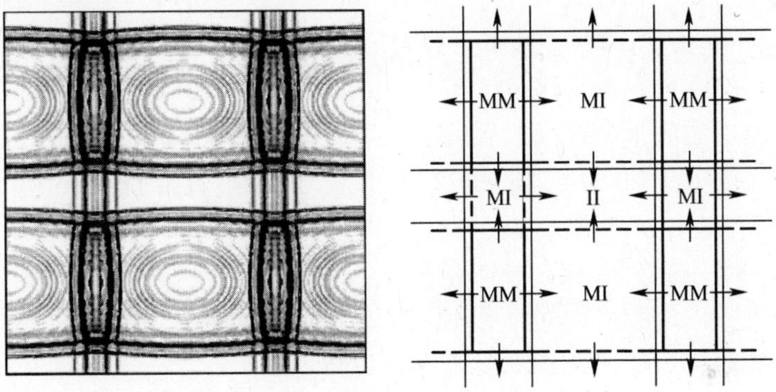

(a) (b)

图 8.37 三维爆轰阵面分区[20]

MM、MI 和Ⅱ三类区域中,MM 区域的引导激波最强,区域面积越小,强度越大;而Ⅱ区域的引导激波强度最弱,面积越小,强度越小。因此,激波阵面上,MM 区域前凸,Ⅱ区域后凹,阵面的凹凸分布呈周期变化。爆轰在单个胞格空间传播时,阵面由前凸到后凹作周期变化。

三波线轨迹构成立体胞格,两类横波存在位差时,胞格如图 8.38 所示。此结构由两类二维胞格垂直贯穿而成。三波线与壁面碰撞时,留下拍痕,上/下侧面的拍对应于法向横波,左/右两侧面的拍对应于展向横波。图 8.39 为上侧面和左侧面的计算烟箔,除存在与二维图像相似的鱼鳞状胞格外,还存在清晰的拍。两类横波的拍,周期一致。如果横波阵面不是严格的二维曲面,三波线将不是平面曲线,于是不能完全落在 x 为常数的流向截面上。此时,拍不再是直线,在爆轰传播方向上出现凸凹。

2. 三维流场

单组元单步反应为

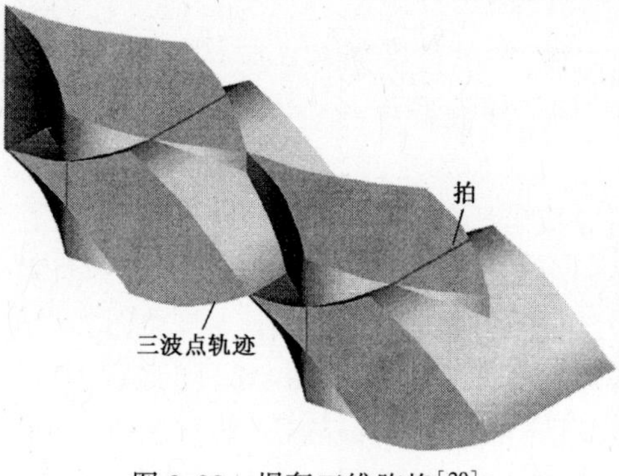

图 8.38　爆轰三维胞格[20]

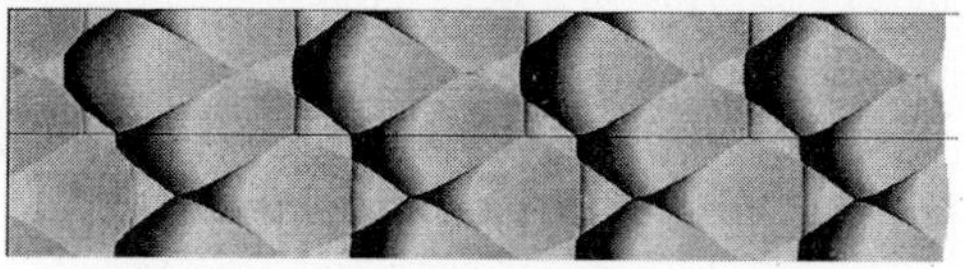

图 8.39　三维爆轰的胞格与拍[20]

$$R \longrightarrow \mathrm{Pr}$$

其中,R 是反应物,Pr 是产物。

反应速率为

$$\frac{\mathrm{d}\rho Y}{\mathrm{d}t} = -A\rho Y\exp\left(-\frac{E_a}{RT}\right)$$

式中:Y 为反应物质量分数;E_a 为活化能;R 为普适气体常数。

计算时,取 $E_a = 20$,$Q = 2$,$\gamma = 1.2$,$f = 1.1$。此组参数,约等于 50%~80% 氩气(或氦气)稀释的 H_2-O_2 混合物。对一维爆轰是稳定的,不存在压力时间脉动(见 8.3.1 节)。对二维爆轰,仅在横向存在中度不稳定,实验烟箔为规则胞格。

图 8.40 为单个胞格,瞬间流场压力梯度分布图。其中,图(a)、(b)、(c)、(d)、(e)和(f)分别表示 0、$0.1T_p$、$0.2T_p$、$0.3T_p$、$0.4T_p$ 和 $0.5T_p$,T_p 为流场变化周期。瞬间图像由三部分组成,左上方为正视图,含一对水平三波线和一对垂直三波线(即直线 1),将引导激波阵面划分成若干矩形区域;左下方为俯视图,右上方为侧视图,分别描述上/下壁面和左/右壁面的压力梯度分布。两类横波的位差为 $0.25T_p$。

图 8.40(a)中,两对三波线皆作反向运动,其中,垂直三波线即将与左/右壁面相撞。正视图中,激波阵面中心区域为 MM。俯视图的激波阵面,中间为 MI,两侧为Ⅱ。侧视图的激波阵面,中间为 MI,上下为Ⅱ。俯视图中,1 点为三波点,直线 2 为展向横波,包括左/右壁面的反射波,直线 3 为法向横波与上下壁面的碰撞线。侧视图中,直线 2 为展向横波与左/右壁面的碰撞线,直线 3 为法向横波及其反射波。

图 8.40(b)中,垂直三波线即将与左右壁面相撞,此时,引导激波阵面中部为 MM,上下为 MI。俯视图的激波阵面为 MI。侧视图激波阵面,中间为 MI,上下为Ⅱ。俯视图中,展向横波 2 与左右壁面的碰撞点与三波点重合,横波阵面向中心线倾斜,法向横波与上下壁面的碰撞线 3 向上游移动。侧视图中,横波 2 消失。

图 8.40(c)中,垂直三波线与左右壁面相撞后相向而行。此时,引导激波阵面的区域发生转换,中心区域为 MI。俯视图激波阵面,中间为Ⅱ,两侧为 MI。侧视图

激波阵面,中间为 MM,上下为 MI。俯视图中,相向而行的展向横波 2 向中间汇聚,碰撞线 3 继续向上游移动。

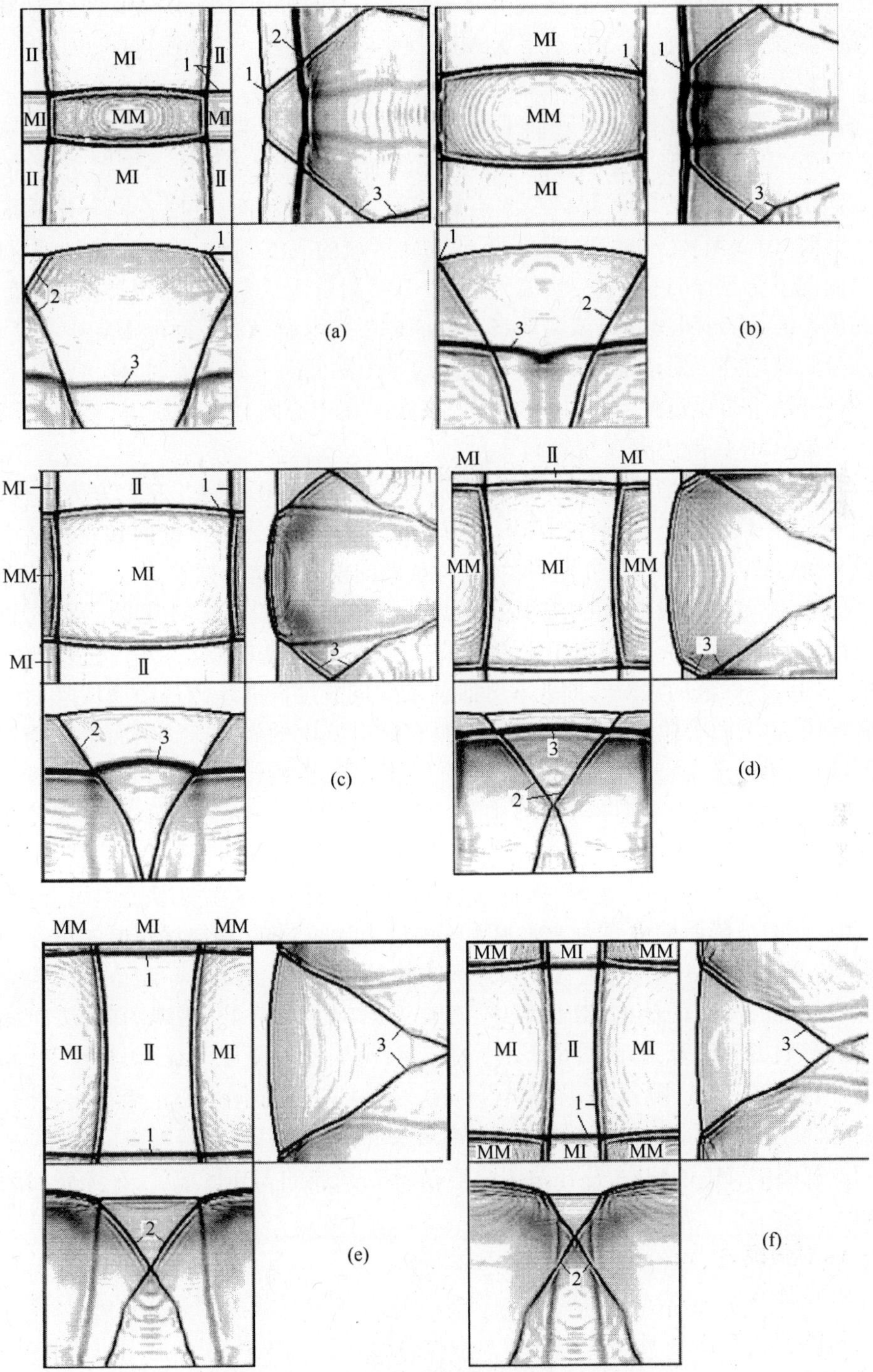

图 8.40　单个胞格,流场压力梯度分布图[20]

图 8.40(d)中,垂直三波线进一步靠近,水平三波线进一步分离。图 8.40(e)中,水平三波线刚与上下壁面碰撞,两对三波线皆相向运动,引导激波阵面的区域也因碰撞再次发生转换,中心区域为Ⅱ。俯视图激波阵面,中间为 MI,两侧为 MM。侧视图激波阵面,中间为 MI,上下为 MM。图 8.40(f)中,三波线进一步向中心汇聚。即将发生垂直三波线在中心线的碰撞。

涡量主要集中在接触间断面上,称为涡面。涡面一端与三波线连接,另一端(尾部)在马赫干后形成旋涡。源于邻近反向而行的三波线的两个涡是对称的,尾部旋涡组成反向旋转的涡对。三波点碰撞时,形成新涡面,旋度方向与旧涡面相反。此时,旧涡面从三波线脱落,在围成 MM 区域的三波线上,形成环状封闭涡面。该涡面向下游延伸时,向中心收敛,并在中心线附近形成旋涡(当两类横波之间不存在位差时,为封闭涡环),该涡环将下游流体吸入上游激波阵面的 MM 中心区域,使该处激波增强。对于Ⅱ区域,源于边界的封闭涡面向下游延伸时,向区域四周扩散。该区域下游更远处,存在脱体涡面,该涡面在中心附近形成旋涡,将上游流体排入下游。MI 区域不存在封闭涡面。

图 8.41 为瞬间流场涡量分布图,对应时间与图 8.40 一致。左上方为正视图,与图 8.40 一致。左下方俯视图与右上方侧视图,分别描述上下壁面和左右壁面的涡量分布。图中,1、2 和 3 分别表示三波点、展向横波和法向横波。

图 8.41(a)中,俯视图的中间区域为 MI。曲线 4 为具有法向旋度的涡面,该涡面直接位于马赫干后,一端源于垂直三波线,另一端为法向旋涡,并与另一侧的涡构成反向旋转的法向涡对。曲线 6 为脱体的法向旋度涡面。侧视图激波阵面的中间区域为 MI。图中曲线 5 为马赫干后,具有展向旋度的涡面。该涡面一端源于水平三波线,另一端为展向涡,并与另一侧的涡构成反向旋转的展向涡对。曲线 7 为脱体的展向旋度涡面。图 8.41(b)中,垂直三波线即将与左右壁面相撞,流场基本图像无太大变化。图 8.41(c)中,垂直三波线与左右壁面相撞后,相向而行。俯视图激波阵面的中部为Ⅱ,此时,法向旋度涡面脱体,图中存在两层脱体涡面,记作 6。侧视图激波阵面的中部为 MM,MM 阵面后为封闭涡面,法向涡对展向涡存在一定影响。图 8.41(d)中,垂直三波线进一步靠近,水平三波线进一步分离。俯视图中,激波阵面左/右两侧的 MI 区域中,存在法向旋度涡面 4。侧视图中,法向涡对展向涡影响更为显著,如曲线 8 所示。图 8.41(e)中,水平三波线刚与上下壁面碰撞,展向旋度涡面 5 刚脱体。图 8.41(f)中,三波线进一步向中心汇聚。俯视图中,激波阵面左右两侧的 MM 区域中,展向涡对法向涡影响具有显著影响,如曲线 9 所示。侧视图中,MI 区域后,存在两层脱体涡面 7,两侧的 MM 区域后,存在展向旋度涡面 5。

3. 对角模式

引导激波阵面上,存在两类相互垂直的三波线(一类为水平线,另一类为垂线),将阵面划分成若干周期变化区域。两类横波不存在位差时,所围区域为正方形,存在位差时为矩形,前者称为同步矩形(Rectangular in Phase),后者称为不同步

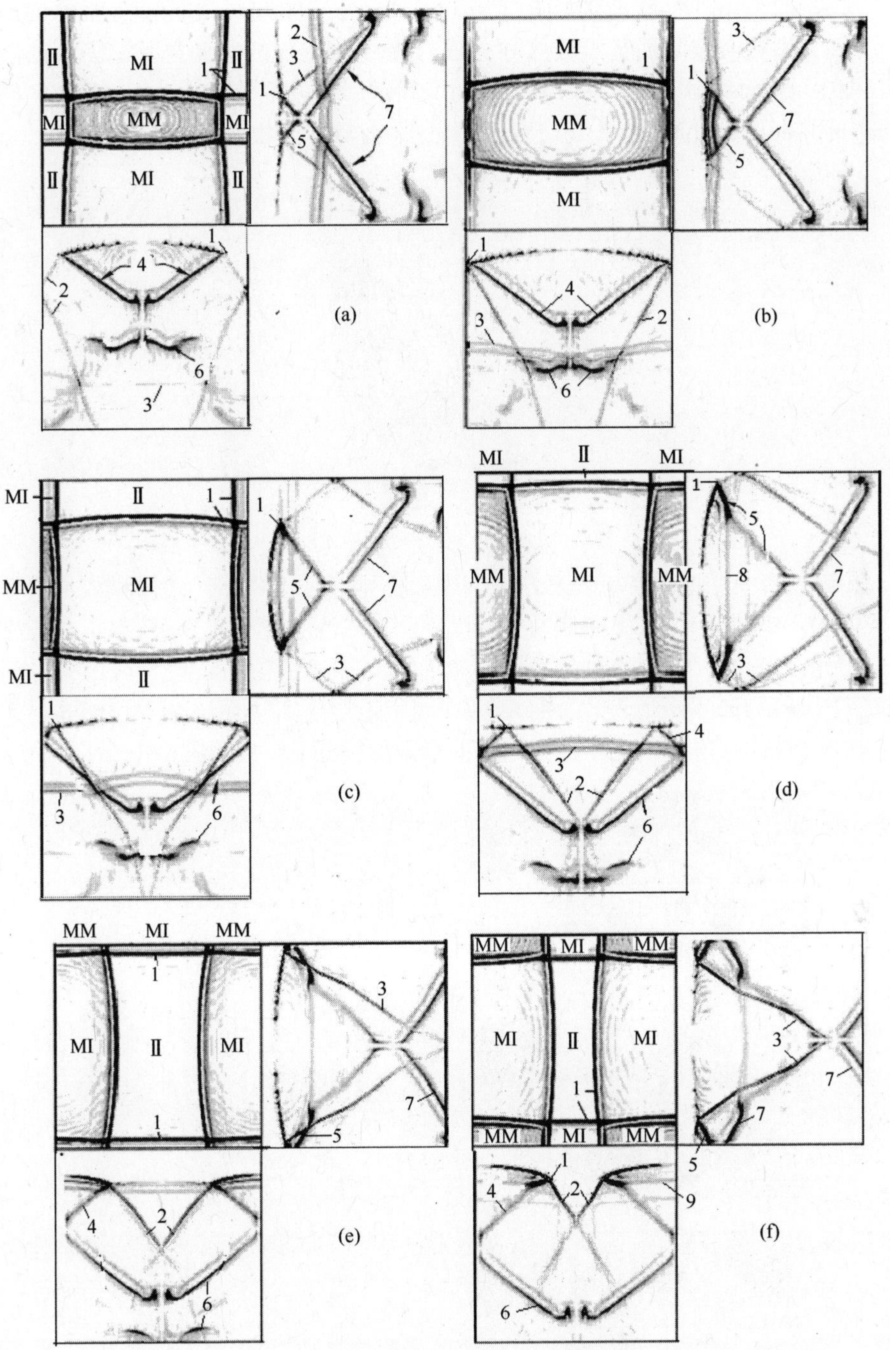

图 8.41　单个胞格,流场涡量分布图[20]

矩形(Rectangular Out-of-Phase)。以如此阵面传播的爆轰,称为爆轰矩形模式(Rectangular Mode)。

实验和计算表明,横波的传播方向可以变化,三波线可平行于管截面的对角线。此时,引导激波阵面被三波线划分成若干周期变化的对角区域,如图 8.42 所示。图中,迎面为引导激波阵面,侧面为压力等位线。称此为爆轰对角模式(Diagonal Mode),此时,三波线与壁面斜交,不会与之正碰,故侧面不存在拍。

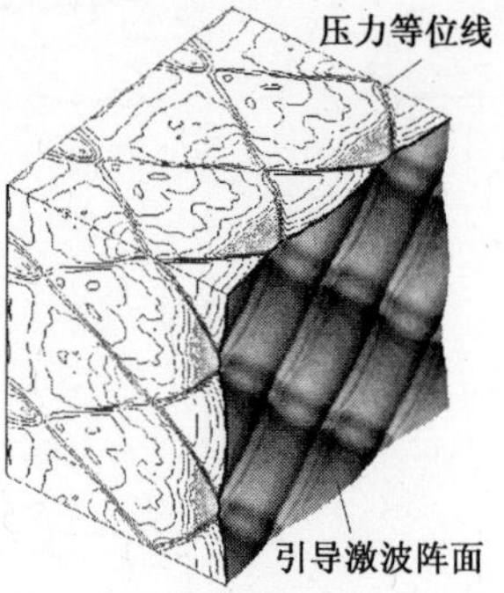

图 8.42 爆轰传播的对角模式[17]

在爆轰管中,通过控制破膜方式,可得到不同模式的爆轰(矩形模式或对角模式),如图 8.43 所示。该图左侧为实验烟箔,其中,左上角为上壁面,左下角为侧壁面,右上角为端面。右侧为对应草图。端面草图描述了被三波线划分的引导激波阵面。图(a)为同步矩形模式,图(b)为不同步矩形模式,图(c)为对角模式。矩形模式中存在拍,对角模式中不存在拍。同步矩形模式,拍位于胞格中部;不同步矩

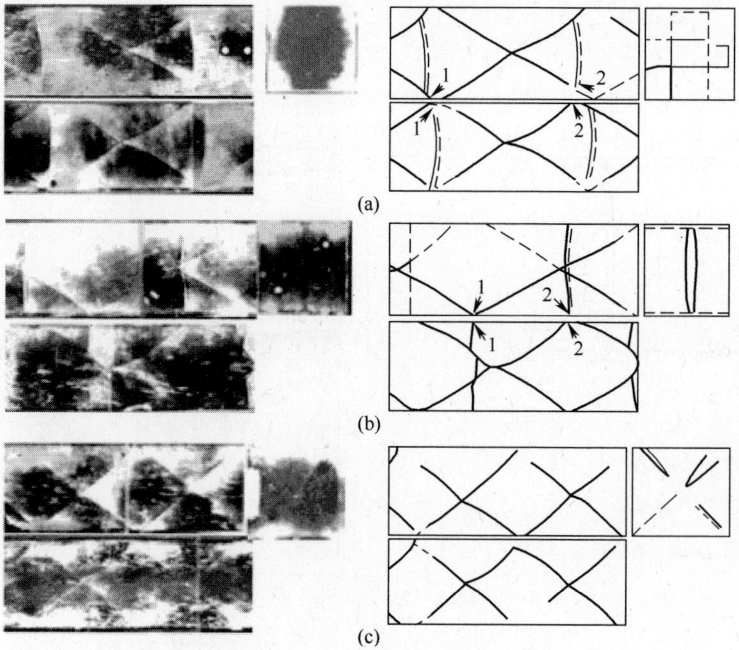

图 8.43 爆轰的矩形模式和对角模式[19]

形模式,拍位于胞格头部。图(a)和图(b)中,上壁面1点表示三波线碰撞点,侧面曲线1为拍;同样,侧面2点为三波线碰撞点,上壁面曲线2为拍。

实验表明,矩形模式的胞格特征长度大于对角模式(前者为164mm,后者为120mm),胞格宽度大致相同,胞格的宽/长比分别为0.56和0.77。矩形模式的平均爆速小于对角模式,分别为1410m/s和1450m/s。

图8.44描述了不同模式的爆轰,一周期内,引导激波阵面结构的变化。图8.44(a)、(b)、(c)分别代表同步矩形、不同步矩形和对角模式。每幅图的上图为侧壁爆轰胞格,下图为不同瞬间的引导激波阵面结构,两图字母表示相同瞬间。

对于矩形模式(图8.44(a)和图8.44(b)),激波阵面被三波线划分成若干矩形区域。两对三波线皆反向运动时,围成MM区域;相向而行时,围成Ⅱ区域。

图8.44(a)为同步矩形爆轰,三波线围成的中心区域为正方形,侧壁胞格图中,粗线 *DD* 为拍痕,位于胞格中部。*A* 时刻,两对三波线同时在中心处相撞,随后反向运动,在激波阵面中央,围成MM区域,如 *B* 时刻所示。随着三波线的传播,MM区域不断扩大,如 *C* 时刻所示。最终,三波线与壁面相撞,留下拍痕,如 *D* 时刻所示。壁面碰撞后,三波线相向而行,在激波阵面中央形成Ⅱ区域,如 *E* 时刻所示。随着三波线的传播,Ⅱ区域不断缩小,如 *F* 时刻所示。此后,三波线同时在中心处相撞,即 *A* 时刻,完成一个周期变化。

图8.44(b)为不同步矩形爆轰,横波间位差为$0.5T_p$。侧壁胞格图中,粗线 *AA* 为拍痕,位于胞格顶部。*A* 时刻,垂直三波线与侧壁面相撞,(在侧壁留下拍痕),水平三波线在中心处相碰。随后,垂直三波线相向而行,水平三波线反向而行,在激波阵面中央围成MI区域,如 *B* 时刻所示。随着三波线的传播,MI区域不断变化,(水平方向收缩,垂直方向膨胀),如 *C* 时刻所示。此后,水平三波线与上下壁面相撞,(在上下壁面留下拍痕),垂直三波线在中心相碰,如 *D* 时刻所示。碰撞后,三波线在激波阵面中央形成MI区域,并不断在水平方向膨胀,垂直方向收缩,如 *E* 和 *F* 时刻所示。最终,垂直三波线与侧壁面相撞,水平三波线在中心处相碰,完成周期变化。

图8.44(c)为对角模式爆轰,激波阵面被四对三波线所划分。三波线与端面的对角线平行(即与上壁,或侧壁,45°斜交),故不能在侧壁产生拍痕。*A* 时刻,两对三波线在端面对角线位置相碰,形成两对反向运动的三波线,在激波阵面中央围成MM区域,如 *B* 和 *C* 时刻所示。三波线在四壁反射,生成4根新的三波线,聚心传播,其波后区域(图8.44中4个角落的三角形区域)为马赫干。此时,每个壁面存在两个相向运动的三波点。随中心MM区域的扩张,各壁面的三波点分别在中间相碰,如 *D* 时刻所示。此后,又形成四对三波线,在激波阵面中央围成Ⅱ区域,4个角落的三角形区域成为入射波波后区域,每个壁面存在两个反向运动的三波点,如 *E* 和 *F* 时刻所示。当壁面三波点在4个角落相碰时(即三波线在对角线位置相碰),完成一个周期的变化。

对角爆轰与同步矩形爆轰的三维胞格形状大致相同,截面形状为空心十字,前者较后者旋转了 45°。此外,对角爆轰的胞格断面由 8 根三波线围成,而矩形爆轰则由 4 根三波线和 4 个壁面围成。由于对角爆轰中存在更多的三波线,即存在更多的横波,因此具有更好的自持机制,故对角爆轰的平均爆速大于矩形爆轰,胞格长度小于矩形爆轰。

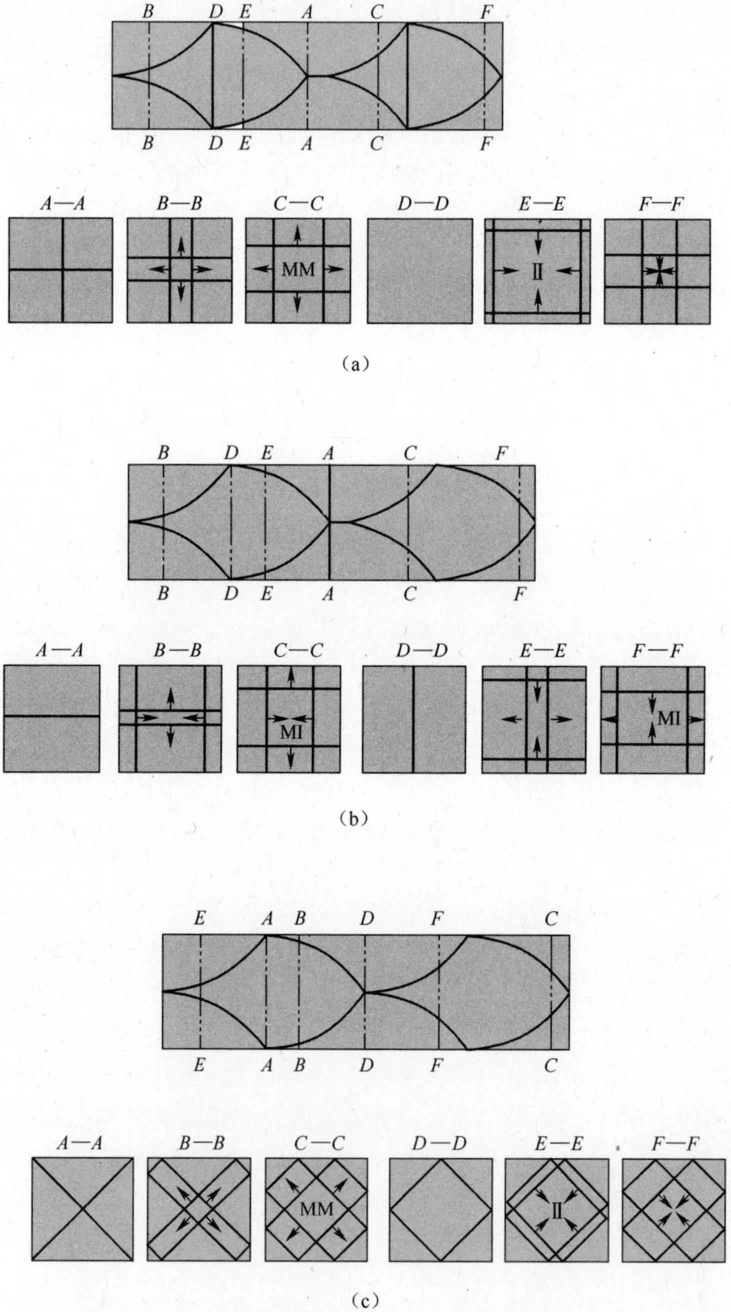

图 8.44　不同模式爆轰,引导激波阵面结构的变化[19]

数值计算时，以 ZND 定常解为初始流场，若在法向（y 轴）和展向（z 轴）施加谐波扰动，可形成矩形模式爆轰；若在初始激波阵面的对角线上施加扰动，则形成对角模式爆轰，结果如图 8.45 所示。用 Arrhenius 定律表示化学反应速率时，仅能逐步逼近 $\lambda=1$ 状态，故不能用 $\lambda=1$ 确定反应区宽度，这里选半反应区宽度 $L_{1/2}$ 作为特征长度。图 8.45 的无量纲计算域为 25×9.6×9.6，区域内，存在两对三波线。对于矩形爆轰，胞格宽度约为 5。

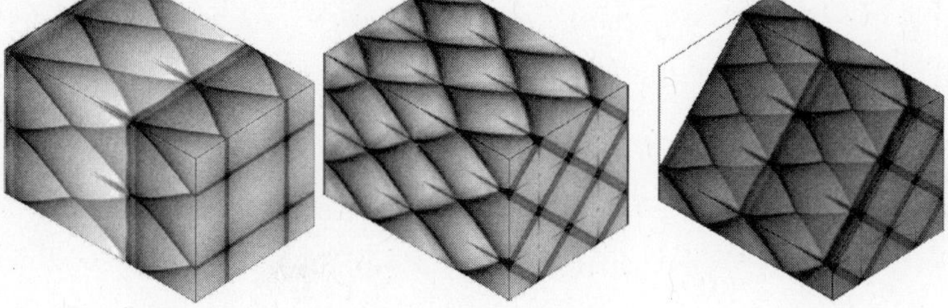

（a）　　（b）　　（c）

图 8.45　不同模式爆轰的三维流场[17]

图 8.45 用最大压力梯度表示三波点轨迹。图（a）为同步矩形爆轰，存在拍，图（b）为同步对角爆轰，不存在拍。比较图（a）和图（b），图像非常类似，仅三波线方向出现旋转。如果，将图（b）沿倾斜三波线剖开，剖面上三波点轨迹如图（c）所示。该图像与图（a）一致，同样存在拍，胞格的宽/长比也未发生变化。此时，剖面胞格的宽与壁面胞格的宽（图（b））之比为 $\sqrt{2}$。故图（a）的胞格宽/长比与图（b）相比，比例因子为 $\sqrt{2}$，即同步矩形爆轰为 0.53，对角爆轰为 0.72。

尚未发现不同步的对角爆轰。即使存在，胞格也是不规则的。因为，规则胞格的不同步对角爆轰是不可能周期变化的。

8.3 临界爆轰

初始压力和温度确定时，存在极限燃料浓度（最高极限浓度和最低极限浓度），仅当燃料浓度在极限浓度内，爆轰（或燃烧）才可稳定传播而不至熄火，该现象称为爆轰浓度极限。同样，对于管内可燃物（燃料浓度在极限浓度内），存在临界管径，管的特征尺度小于该值时，爆轰会转换传播形式，甚至熄火，此现象称为爆轰的几何极限。爆轰临界管径是爆轰动力学参数，与胞格尺度一样，用于描述爆轰非稳态和非平衡过程的动力学行为。

8.3.1 单头爆轰

1. 螺旋爆轰[21-23]

胞格宽度 λ 是可燃系统的本征值，如果管道尺度远大于 λ，爆轰以矩形爆轰或对角爆轰的形式传播,胞格形状不受壁面影响。如果管道尺度接近 λ,即接近爆轰几何极限(对于圆管,$\lambda \approx \pi d$;对于正方形直管,$\lambda \approx 2d$,其中 d 为管径或边长),爆轰将以临界爆轰的形式传播。对于圆管或正方形直管,临界爆轰的传播形式为单头螺旋模式。

以正方形直管为例,如图 8.46 所示。爆轰传播方向(流向)为 x 轴正向,y 方向为法向,z 方向为展向。直管的 4 条棱分别为 AA_1、BB_1、CC_1 和 DD_1。

在直管 4 个壁面设置烟箔,爆轰传播后,按图 8.46 的字母标定顺序,将烟箔展开排列,如图 8.47 所示。其中 ABB_1A_1 为上壁面,BCC_1B_1 为右侧壁面,CDD_1C_1 为下壁面,DAA_1D_1 为左侧壁面。由图可见,一条具有一定宽度的高压条带,沿管壁按顺时针方向螺旋推进。

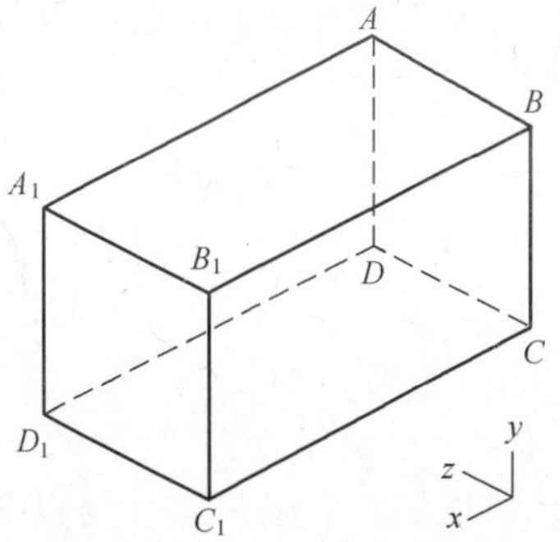

图 8.46　正方形直管示意图

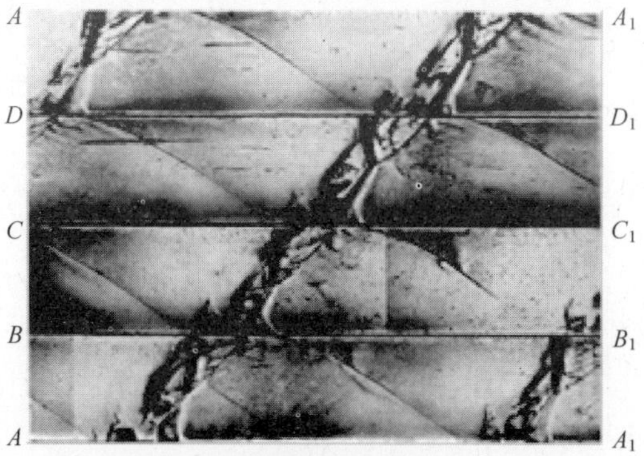

图 8.47　螺旋爆轰的实验烟箔图像[21]

矩形爆轰的单个胞格空间内,引导激波阵面被一对水平三波线和一对垂直三波线划分成若干矩形区域(或称为子阵面),参见图 8.44。而单头螺旋爆轰,引导激波阵面被一根水平三波线和一根垂直三波线分为若干区域,如图 8.48 所示。两类横波发生马赫碰撞,形成马赫干,记马赫波前为Ⅱ区,波后为 MM 区,两类横波所夹区域(即入射波与反射波之间的区域)为 MI 区。马赫干也可视作同类横波的弯折,其强度大于横波。每个瞬间,每个壁面都存在一个三波点,在壁面留下三波点轨迹。

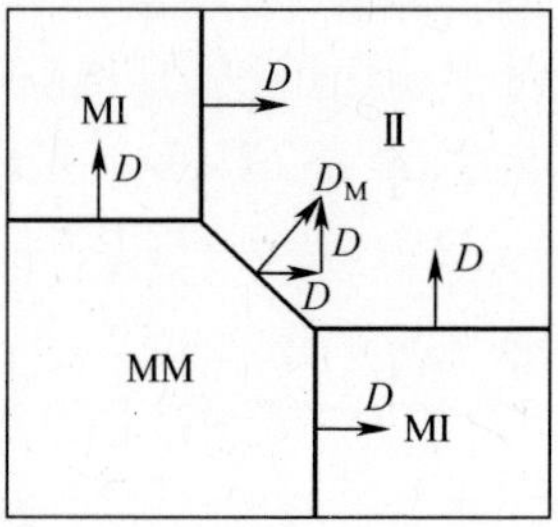

图 8.48　螺旋爆轰阵面分区

图 8.49(a)中,激波阵面 MM 和Ⅱ与图 8.48 的相应区域对应,两者的交界线为图 8.48 中横波弯折部分,此处强度很大,可诱发爆轰,称为马赫爆轰(Mach Detonation,MD)。故 MM 阵面上,MD 区域(灰色)为爆轰波。横波 TS 的波前气流,经过入射波Ⅱ的预压,故 TS 可在碰撞点附近诱发爆轰。阵面的 TD 区域(灰色)为爆轰波,称为横向爆轰(Transverse Detonation,TD)。MD 在引导激波阵面的法向传播,而 TD 在其横向传播。图 8.49(b)为相应区域的计算结果(压力等位线),图中,MD 向左传播,TD 向下传播。

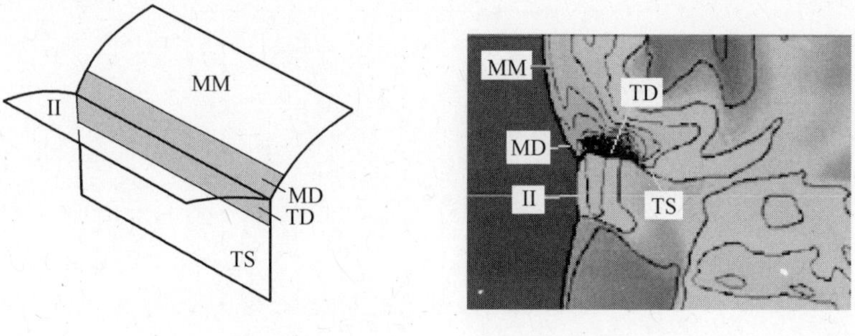

(a) (b)

图 8.49 马赫爆轰和横向爆轰[22]

如果两类横波不同步,引导激波阵面上,区域分布的周期变化如图 8.50 所示。爆轰传播过程中,马赫干(图 8.50 中虚线)在近壁区域顺时针旋转。马赫干附近,存在马赫爆轰 MD 和横向爆轰 TD。故马赫干旋转时,TD 在离波后较近的壁面上,留下一定宽度的印记,如图 8.50 中壁面上的粗线所示。因此,壁面存在两类印记,一类是三波点轨迹,为周期性波状曲线,另一类是与 TD 有关的印记,为具有一定宽度的条带。

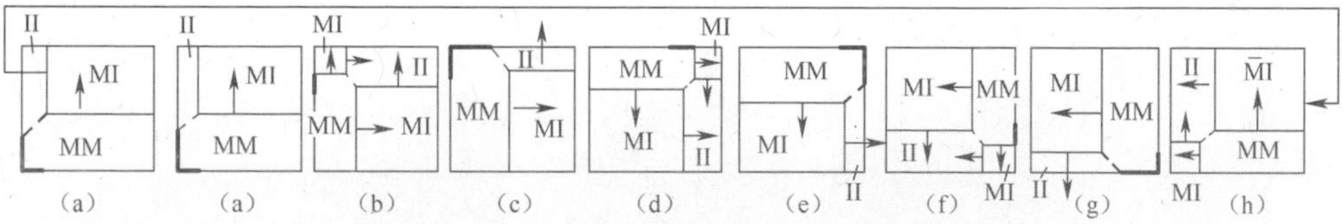

图 8.50 引导激波阵面上,区域分布的周期变化

按图 8.50,可画出各壁面的三波点和 TD 条带的印迹,如图 8.51 所示。黑色曲线为三波点轨迹,灰色区域为 TD 条带轨迹。四个壁面的排布方式同图 8.47,字母标定的时刻同图 8.50。a 时刻,左传垂直三波线和马赫干同时与左侧壁面相碰,在最下端留下印痕,特别是马赫干与壁面的碰撞点,压力最大,出现局部爆炸。此时,下壁面距马赫干较近,其最左端留下 TD 印记。其他壁面(即上壁面和右侧壁面),仅有三波点印记。b 时刻,垂直三波线已从左侧壁面反射,成为右传三波线,水平三波线继续上传。此时,左壁面已与马赫干脱离,但仍为距马赫干较近的波后壁面,故仍留有向上移动的 TD 印记。其他三壁面仅有三波点印记。c 时刻,上传

水平三波线与上壁面相碰,TD 印记出现在左壁面上部和上壁面的最左端,马赫干与上壁面相碰处出现爆炸,其他壁面仅有三波点印记。此后,上壁面 TD 印记向右侧移动。e 时刻,右传垂直三波线与右壁面相遇,TD 印记抵达上壁面的最右端,同时,右壁面最上端出现 TD 印记。g 时刻,TD 印记抵达右壁面最下端,下壁面的最右端出现 TD 印记。a 时刻,完成一个循环,TD 印记已沿四个壁面顺时针旋转一周。由于横波的弯折,上下壁面的三波点轨迹和左右壁面的三波点轨迹皆存在1/4周期的位差。

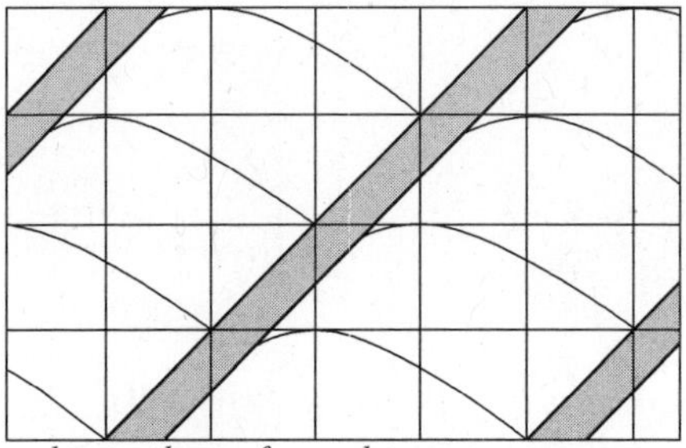

图 8.51　壁面三波点和 TD 条带印迹

图 8.51 与图 8.47(实验结果)定性一致。壁面烟箔记录了一条环绕壁面旋转的具有一定宽度的螺旋状条带,这是近壁 TD 留下的印记。此外,烟箔三波点轨迹,与条带交叉,连接相邻条带。

数值研究表明,初始扰动方式不影响最终形成的螺旋爆轰的流场结构。计算域截面为 4×4(尺度小于胞格宽度),ZND 定常解为初始流场,分别在横向(即法向和展向)或对角线施加扰动,使爆轰失稳。失稳爆轰在随后的发展过程中,先形成类似于矩形爆轰或对角爆轰的阵面,然后继续变化,最终发展为如图 8.50 所示的稳定传播的螺旋爆轰。图 8.52 和图 8.53 分别描述了横向扰动和对角扰动作用

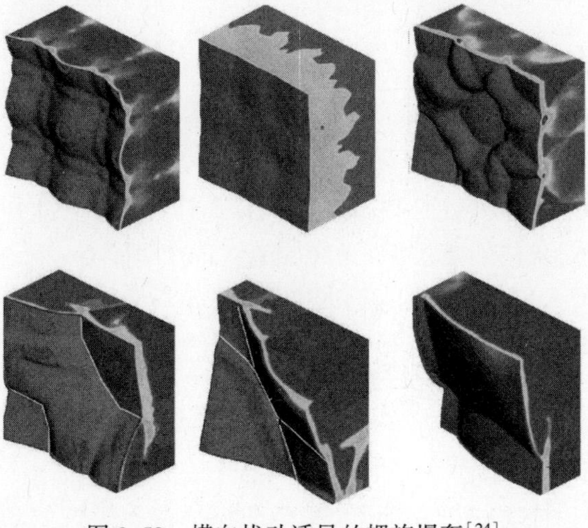

图 8.52　横向扰动诱导的螺旋爆轰[24]

图 8.53　对角扰动诱导的螺旋爆轰[24]

后，螺旋爆轰的形成过程。

形成螺旋爆轰后，引导激波阵面上仅有一根水平三波线和一根垂直三波线，故称为单头爆轰（Single-Headed Detonation），激波阵面的一个周期变化如图 8.50 所示。图 8.54 为不同时刻（与图 8.50 对应），螺旋爆轰的计算三维流场，包括爆轰阵面和壁面上的密度等位线。此图不但描述了流场的周期变化，还反映了高压条带在壁面的旋转。

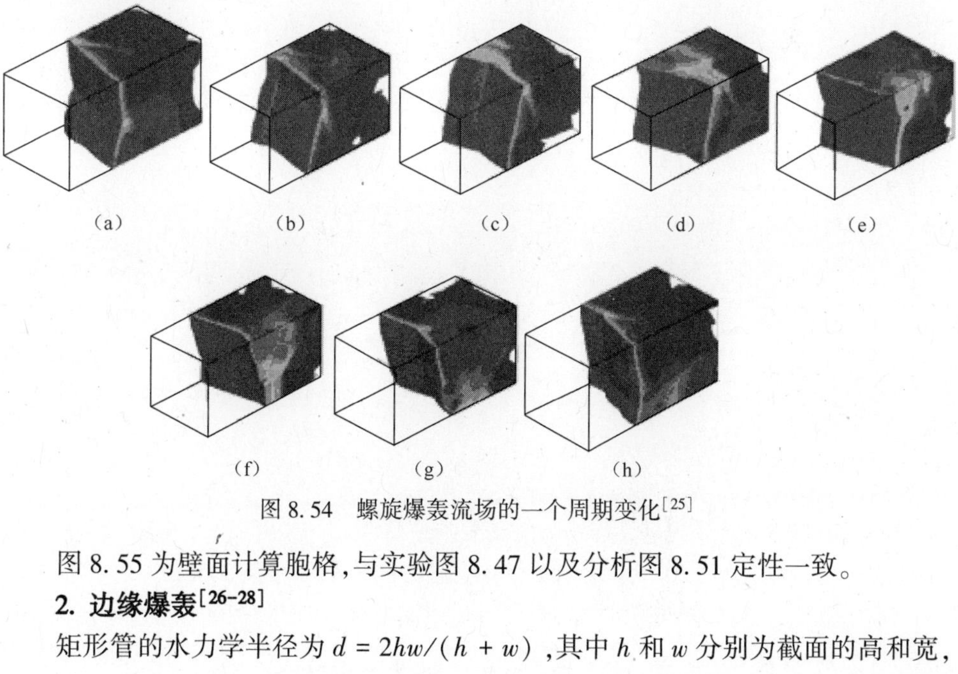

(a)　(b)　(c)　(d)　(e)

(f)　(g)　(h)

图 8.54　螺旋爆轰流场的一个周期变化[25]

图 8.55 为壁面计算胞格，与实验图 8.47 以及分析图 8.51 定性一致。

2. 边缘爆轰[26-28]

矩形管的水力学半径为 $d = 2hw/(h + w)$，其中 h 和 w 分别为截面的高和宽，

故 $\lambda/\pi = 2hw/(h+w)$ 为爆轰几何极限。对于长方形直管,由于 $w > h$,故极限宽度大于正方形直管。此外,h/w 足够小时,爆轰以平面模式传播,具有二维结构,处于此临界状态的爆轰称为边缘爆轰(Marginal Detonation)。此时,引导激波阵面被一根垂直三波线分为入射波和马赫干两部分。上/下壁面的三波点轨迹为主胞格,由于系统自由度很小,故主胞格基本是规则的,呈半胞格形态(参见图 8.56)。对于临界爆轰,应考虑壁面能量损失,故出现爆速亏损,从而使入射波诱导区变宽,有助于横向爆轰的产生,在上下壁面留下 TD 印记。爆速亏损还使爆轰不稳定性增加,引导激波的 MD 和横向爆轰 TD 的阵面皆因失稳而形成尺度更小的亚胞格。所以,爆轰烟箔图像应包括 TD 印记和主亚两类胞格(参见图 8.58)。

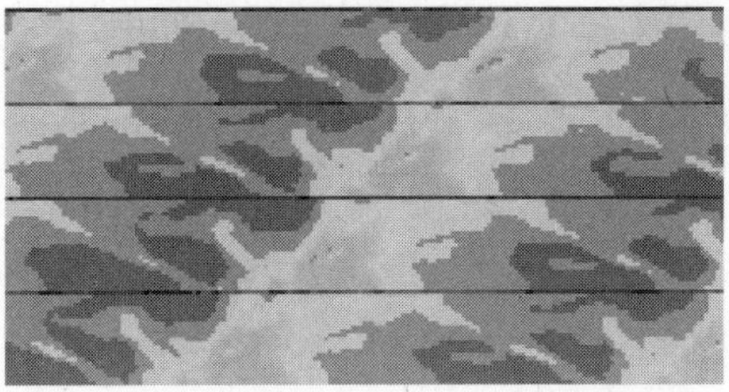

图 8.55　螺旋爆轰的计算烟箔图像[25]

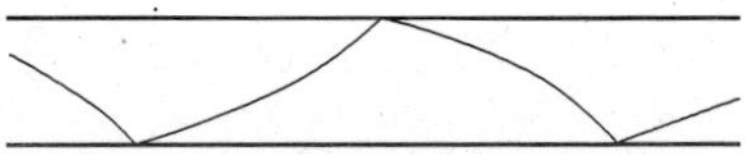

图 8.56　边缘爆轰的规则半胞格

胞格宽度 λ 随初压减小而增加,讨论临界爆轰时,常采用初低压体系。实验在 $h=1.5\text{mm}$,$w=30\text{mm}$ 的矩型管内进行,可燃物为初压 $p_0=3000\text{Pa}$,当量比 $\phi=1$ 的 C_2H_2/O_2 混合物。爆轰稳定时,火焰自发光照片如图 8.57 所示,与正方型管中螺旋爆轰的烟箔图像(图 8.47)有点类似。图中,条带印记 1 为横向爆轰 TD 的传播轨迹。与螺旋爆轰不同的是,该印记不绕壁旋转,从图 8.57 中的上边界传向下边界,然后消失,一段时间后(间隔为 λ_1),又在上边界出现。引导激波阵面的 MD 为强爆轰,其三波点轨迹(亚胞格)如图 8.57 中曲线 2 所示。随着 MD 衰减,三波点轨迹消失。TD 阵面也可能出现胞格,但该照片未能显示。

图 8.57　边缘爆轰火焰自发光照片[26]

数值研究时,采用一步反应模型,反应速率为

$$\frac{\mathrm{d}\rho Y_{\mathrm{p}}}{\mathrm{d}t} = -A\rho(1-Y_{\mathrm{p}})\exp\left(-\frac{E_{\mathrm{a}}}{T}\right)$$

式中:Y_{p} 为产物质量分数。取 $A=6.146\times10^9\mathrm{m}^3/(\mathrm{kg/s})$,$\gamma=1.25$。为使 TD 产生胞格,取 $Q=1.282\mathrm{MJ/kg}$。活化能为实测值,$E_{\mathrm{a}}=90.25\mathrm{kJ/mol}$。

流场稳定后,计算胞格如图 8.58 所示。图中,TD 印记和三波点轨迹(主网格)以及 TD 和 MD 的三波点轨迹(亚胞格)皆清晰可见,主胞格长约为 15cm。图 8.59

为不同瞬间,流场温度分布阴影图,图中标号与图 8.58 所示瞬间一致。由图 8.59(a),横波从上边界反射后,在引导激波(惰性激波部分)压缩的,具有足够宽度的诱导区中传播,从而形成横向爆轰。图 8.59(a)中,1 为横向爆轰,3 为引导激波,4 为诱导区。由图 8.58(b),引导激波的下半部分为入射波(惰性激波),上半部分为马赫干,其中 2 表示 MD 部分。入射波的波后诱导区内,大部分可燃物在横波后燃烧,仅剪切层附近,存在少量未燃物,图 8.59(b)中 6 为波后未燃物。由图 8.59(c),横向爆轰接近下边界,强度不断衰减的马赫干覆盖了引导激波的大部分区域,故波后存在大量未燃气团,如图 8.59(c)中 8 所示。此类气团随爆轰强度的减弱而增大,在向下游运动的过程中,逐渐烧完。当横波在下边界反射时,诱导区很窄,波前仅存在不规则的未燃气团,不足以诱发爆轰。因此,横波反射后,激波与反应解耦,横向爆轰消亡,仅存横向激波,该激波在传播过程中不断衰减。由图 8.59(d),横向激波接近上边界,引导激波阵面的诱导区变宽,主胞格剪切层上的未燃气团已经很大,与亚胞格有关的未燃气团也明显变大,如图 8.59(d)中 7 所示。横波反射时(或几次反射后),可再次形成横向爆轰,形成周期变化。

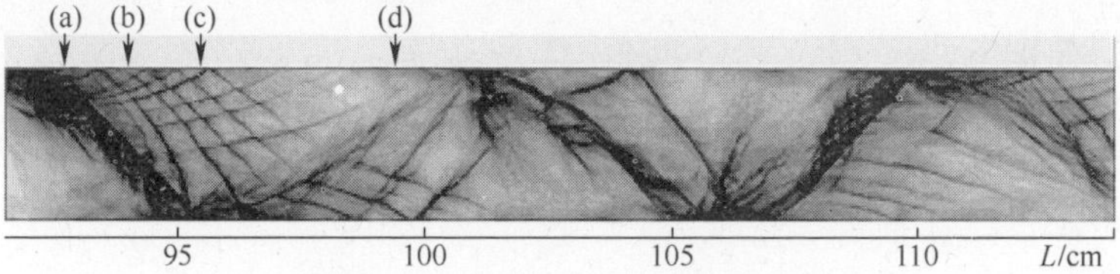

图 8.58　边缘爆轰的计算胞格[26]

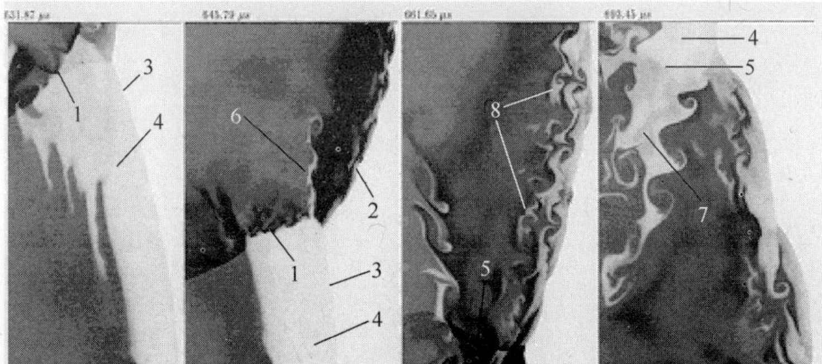

图 8.59　边缘爆轰的瞬间温度场[26]

上述爆轰存在范围很小,计算表明,反应速率减少 5%,爆轰会熄灭;增加 5%,则以规则半胞格的方式传播(见图 8.56)。初压变化范围约为 $p_0=3.0(1\pm10\%)$ kPa,较高时,形成规则半胞格;较低时,爆轰以间歇方式(Galloping Mode)传播。

8.3.2　间歇爆轰

1. 间歇爆轰

图 8.60 为不同初压,当量比为 1 的 C_3H_8/O_2 混合物中,用 Doppler 干涉仪测得

的火焰速度变化。

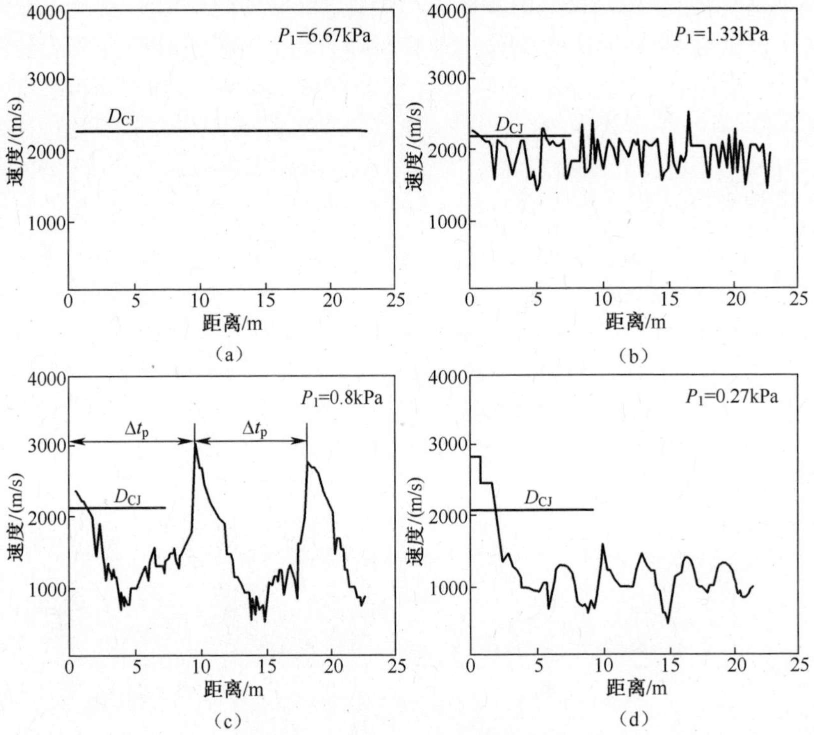

图 8.60 初压对爆轰的影响[27]

初压较高时($p\geqslant 2.67$kPa),爆轰以 CJ 爆速稳定传播,如图 8.60(a)所示。初压较低时($1.33\text{kPa}\leqslant p<2.67\text{kPa}$),出现结吧爆轰(Stuttering Detonation),螺旋爆轰、边缘爆轰皆属此类,火焰速度小幅振荡,频率为 1~5kHz,波长约 0.4m,如图 8.60(b)所示。进一步降低初压($p=0.8$kPa),则出现间歇爆轰(Galloping Detonation),如图 8.60(c)所示。此时,火焰速度在 $0.3D_{CJ}\sim1.4D_{CJ}$ 之间振荡,频率为 150Hz,波长约 9m,平均传播速度约为 $0.6D_{CJ}$。如果初压继续下降($p=0.27$kPa),爆轰会最终消失,衰减为爆燃,此时,平均传播速度约为 $0.5D_{CJ}$,如图 8.60(d)所示。

间歇爆轰以周期变化方式稳定传播,与结吧爆轰不同,其空间波长很长,可以是管径的数百倍。图 8.61 为方形管中,间歇爆轰烟箔图像,爆轰由左向右传播。初始阶段(最左端),为多头爆轰,然后,逐渐演变为单头爆轰。随着爆轰进一步衰减,火焰与引导激波解耦,成为激波-输运预混火焰复合波,诱导区逐渐增加。随后,火焰阵面附近出现爆炸,即诱导区内出现强点火。爆炸波追上引导激波时,形成强爆轰,完成一个周期的变化。

图 8.61 间歇爆轰的烟箔图像[28]

用双探针(由压电陶瓷片制作的压力探针和离子探针组合而成),可同时检测激波和火焰,得到激波与火焰速度的变化曲线,如图 8.62 所示。由图 8.62 可见,起始阶段为强爆轰,激波与火焰传播速度一致。此后,随着爆轰不断衰减,两者逐渐解耦。火焰速度越来越小于激波速度,诱导区越来越长,边界层厚度也随之增加(甚至覆盖全截面)。于是,燃烧出现在湍流区域(图 8.63 为该区域的烟箔图,图中与湍流相关的涡结构明显可见)。此时,对流预混火焰转变为输运预混火焰,爆轰变为爆燃。湍流使火焰不断加速,诱发二次激波(见图 8.62 再点火附近的图像)。当二次激波追上引导激波(或称初始激波)时,爆燃以突发形式转变为强爆轰,间歇爆轰完成一次脉动循环。

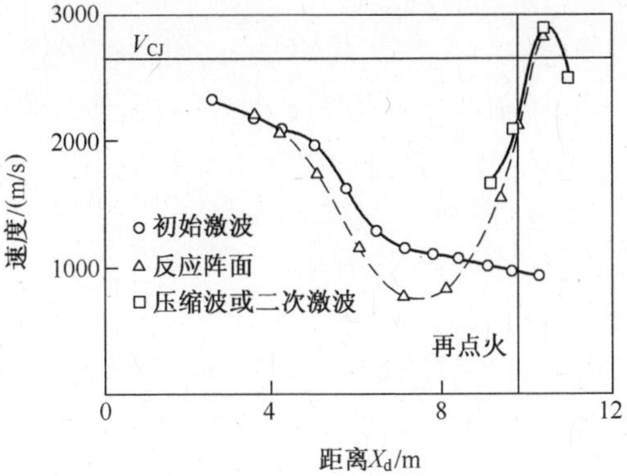

图 8.62　激波速度与火焰速度的变化曲线[29]

图 8.63　湍流区域烟箔图[29]

2. 亚稳爆轰

如图 8.60 所示,进一步降低初压,爆轰会消失,出现火焰起主导作用的稳定传播的爆燃。此时,火焰与激波之间的诱导区长度与管径相当,故需考虑边界影响。这将增加火焰阵面的输运效应,形成复杂的三维结构。爆燃以 $0.5D_{CJ}$(约为1000m/s)的速度传播,该速度相对于燃烧产物为声速,故为 CJ 爆燃(见 7.1.3 节),亦称为亚稳爆轰(Quasi-Detonation)。其特点是脉动强度低,缺少横波和胞格。图 8.64 为爆轰自发光扫描照片,直线为多头爆轰,虚线为亚稳爆轰。

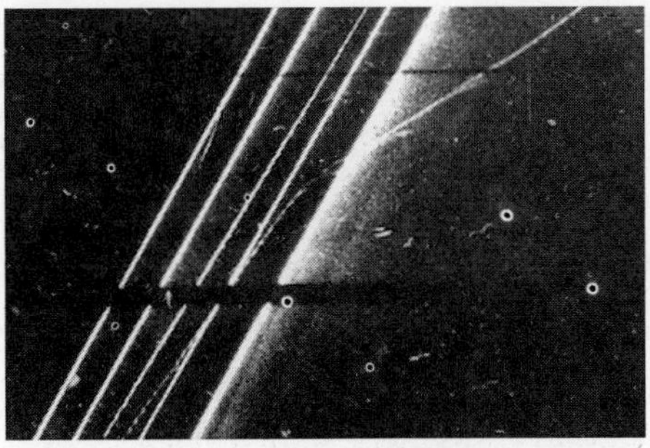

图 8.64　爆轰自发光扫描照片[28]

进一步降低初始压力，胞格结构将完全消失，引导激波逐渐衰减为压缩波。

8.4 小　　结

爆轰是激波与燃烧耦合的复合波。激波强度的微小变化，将对反应形成扰动，使反应速率和能量释放率发生变化。反应将扰动放大后，反馈给流场和引导激波，导致流场和激波的进一步变化，又给反应以新的扰动。流场与反应的这种正反馈作用，可能导致爆轰失稳。扰动对反应（反应速率和能量释放率）的影响程度，决定于反应对温度的感度，而反应温度感度与很多参数有关，如活化能、爆轰过驱度和反应热等，统称为稳定性参数，它们可直接影响爆轰稳定性。

爆轰的动力学特性，如胞格尺度、爆轰极限、临界管径、起爆能等，用来描述爆轰的非稳态和非平衡过程的动力学行为，皆与爆轰稳定性有关。反应对温度的感度越大（即χ越小），越易形成爆轰（无论直接起爆还是燃烧转爆轰），爆轰也越易失稳。此时，胞格尺度越大，形状越不规则，流场的熵越大，故抗干扰的能力越强。

一维平面爆轰失稳，导致爆轰强度的脉动。依据失稳程度，脉动可以是线性的、非线性的、或是随机的。一维爆轰模型（ZND 模型）几乎是不稳定的，失稳导致激波变形，使阵面出现马赫反射。因此，爆轰以多维的胞格形式存在（一种更抗干扰的，新的激波与反应的耦合方式）。爆轰在胞格内传播时，阵面作不定常的周期变化。

爆轰胞格的形状可以规则也可以不规则，其规则度与一维爆轰的稳定程度有关。稳定参数低于稳定极限时，爆轰具有规则胞格。稳定参数高于极限值时，一维爆轰失稳，胞格规则度下降。如果一维爆轰出现多模振荡，胞格将非常不规则。此时，流场中存在不同频率的非谐波的横向振荡，从而导致不同尺度的胞格叠加。

胞格是爆轰稳定存在的一种方式。从宏观角度讲，爆轰以平稳方式传播，特别是 CJ 爆轰，与爆轰的非线性动力学过程（或胞格的规则度）无关。处于临界极限（极限浓度或极限尺度）的爆轰具有特殊结构，但存在范围很窄，极不稳定，且容易消失。

数值计算大都基于反应流欧拉方程（或低 Re 的 N-S 方程），主要精力放在高精度格式的改造和网格的精细划分上。计算结果，描述了爆轰瞬态流场特征和周期变化规律，揭示了胞格的形成过程和形成机制，有助于爆轰多维流场的讨论和理解。但计算仍存在许多问题，阻碍了爆轰研究的深入，例如：

（1）爆轰瞬态流场是三维流场，存在复杂的波系、化学反应区、剪切层和涡结构等。计算需要高精度的格式和足够精细的网格，以分辨上述特征区域。由于计算能力所限，三维计算时，反应模型简单，格点数偏少，难以保证结果的收敛与准确。即使二维计算，处理接触间断和旋涡结构时，格式精度也存在问题。

（2）爆轰流场中存在的许多高梯度区域，因雷诺数高，而出现湍流，对流场具有显著的影响。例如，爆轰阵面三波点附近温度最高，率先点火，然后，燃烧向温度较低处蔓延。其蔓延(传播)过程与湍流有关,湍流的混合作用,将反应区的自由基输运到未燃区域,使之点火。因此,爆轰反应区不仅存在激波压缩导致的对流预混火焰,还存在湍流导致的输运预混火焰。爆轰阵面存在诸如激波与激波,激波与涡,激波与界面,激波与燃烧等复杂的相互作用,其间湍流也起着极其重要的作用。而现有计算,基本忽略湍流的影响。

参考文献

[1] Lee J H S. The detonation phenomenon[M]. Cambridge:Cambridge University Press,2008.

[2] Zhang F. Detonation dynamics[M]. London: Springer, 2012.

[3] Fickett W, Davis W C. Detonation, theory and experiment[M]. California:University of California Press, 1979.

[4] Ng H D. The effect of chemical reaction kinetics on the structure of gaseous detonations[D]. Montreal:McGill University, 2005.

[5] Ng H D, Higgins A J, Kiyanda C B,et al. Non-linear dynamics and chaos analysis of one-dimensional pulsating detonations[J]. Combust. Theory. Model, 2005,9:159-170.

[6] Zhang F, Lee J H S. Friction-introduced oscillatory behavior of one dimensional detonations[J]. Proc. R. Soc. Lond,1994,A 446:87-105.

[7] Dionne J P. Numerical study of the propagation of non-ideal detonations[D]. Montreal:McGill University,2000.

[8] Sharpe G J. Falle S A E G. One-dimensional nonlinear stability of pathological detonation[J]. J. Fluid Mech,2000,414:3390366.

[9] Shepherd J E. Detonation: A look behind the front[C]//Proceedings of ICDERS,Kakone, 2003.

[10] Gamezo V N, Desbordes D, Oran E S. Formation and evolution of two-dimensional cellular detonations[J]. Comb. Flame,1999, 116:154-165.

[11] Radulescu M I, Sharpe G J, Law C K,et al.The hydrodynamic structure of unstable cellular detorations[J].Physics of Fluids,2007,580:31-81.

[12] Knystautas R, Guirao C, Lee J H S,et al. Dynamics of shock waves, explosions, and detonations [J]. Progress of AIAA,1984,94:221-239.

[13] Liang Z. Bauwens L. Cell structure and stability of detonations with a pressure dependent chain-branching reaction rate model. Combust[J]. Theory Model,2005,9:93-112.

[14] Bourlioux A. Majda A J. Theoretical and numerical structure for unstable two-dimensional detonations[J]. Comb. Flame,1992,90:211-229.

[15] Joubert F,Desbordes D,Presles H N. Cellular structure of the detonation of NO_2/N_2O_4-fuel mixtures[J]. Comb. Flame,2008,152:482-495.

[16] Guilly V, Khasainov B, Presles H N,et al. Numerical simulation of double cellular structure detonations[J]. CRAS,2006,334(10):679-685.

[17] Deledicque V, Papalexandris M V. Computational of three-dimensional gaseous detonation structures[J]. Comb Flame,2006,144:821-837.

[18] Hanana M, Lefebvre M H, Tiggelen P J V. On rectangular and diagonal three-dimensional struc-

tures of detonation waves[J]. Gaseous and Heterogeneous Detonation: Science to Applications, 1999:121-130.

[19] Hanana M, Lefebvre M H, Tiggelen P J V. Pressure profiles in detonation cell with rectangular and diagonal structures[J]. Shock Waves, 2001,11: 77-88.

[20] Williams D N. Numerical modeling of multidimensional detonation structure [D] Calgary: University of Calgary, 2002.

[21] Lee J H S, Soloukhin R I, Oppenheim A K. Current views on gaseous detonation [J]. Astronaut. Acta,1969,14:565-584.

[22] Tsuboi N, Eto K, Hayashi A K. Detailed structure of spinning detonation in a circular tube[J]. Comb Flame,2007,149:144-161.

[23] Tsuboi N, Hayashi A K. Numerical study on spinning detonations[J]. Proceedings of the Combustion Institute,2007,31: 2389-2396.

[24] Wang C, Shu C W, Han W H, et al. High resolution WENO simulation of 3D detonation waves [J]. Comb Flame,2013,160:447-462.

[25] Dou H S, Tsai H M, Khoo B C, et al. Simulations of detonation wave propagation in rectangular ducts using a three-dimensional WENO scheme[J]. Comb Flame,2008,154:644-659.

[26] Gamezo V N, Vasilev A A, Khokhlov A M, et al. Fine cellular structures produced by marginal detonation[J]. Proceedings of the Combustion Institute,2000,28:611-617.

[27] Haloua F, Brouillette M, Lienhart V, et al. Characteristics of unstable detonations near extinction [J]. Comb Flame,2000,122:422-438.

[28] Vasilev A A. Quasi-steady regimes of wave propagation in active mixtures[J]. Shock Waves, 2008,18:245-253.

[29] Ishii K, Gronig H. Behavior of detonation waves at low pressures[J]. Shock Waves 1988,8: 55-61.

第9章　爆轰推进

爆轰是激波和对流预混火焰组合成的复合波，这种由激波主导的燃烧，具有很高的燃烧效率。由于其传播速度极高（达几千米每秒），故爆轰是一种不易控制的燃烧方式。失控的爆轰极具破坏力，但一经被控制，则具有良好的应用前景。实际上，影响爆轰传播的因素很多，如流场的敛散性、波前介质的状态（流动状态，分布状态），壁面条件等。因此，利用某些手段，改变爆轰的传播方式，可以实现对爆轰的控制。

早就设想将爆轰用于推进，关键在于寻求一种途径，将爆轰限制在发动机燃烧室内。研究表明，通过驻定、循环脉冲和绕轴旋转等方式，可有效控制爆轰，使其在燃烧室内释放能量。据此，可将爆轰发动机分为：驻定爆轰发动机（Oblique Detonation Wave Engine，ODWE）、脉冲爆轰发动机（Pulse Detonation Engine，PDE）和旋转爆轰发动机（Rotating Detonation Engine，RDE）[1]。

9.1　驻定爆轰

9.1.1　驻定爆轰现象

高超声速的可燃气流，在障碍物作用下，可形成驻定于障碍物的爆轰，据此，可设计驻定爆轰发动机（ODWE）。该发动机将引导激波驻定在燃烧室的进气口或固定障碍物上，超声速可燃来流在激波作用下迅速燃烧（形成驻定爆轰），燃烧产物经喷嘴加速后，以预定出口速度喷出，产生推力，参见图9.1。此类发动机结构简单，体积小，无附加点火源，能量利用率高。但实现爆轰驻定需要一定的条件，此外，来流波动可能使之失稳。因此，形成稳定的驻定爆轰是此类发动机研制的关键。

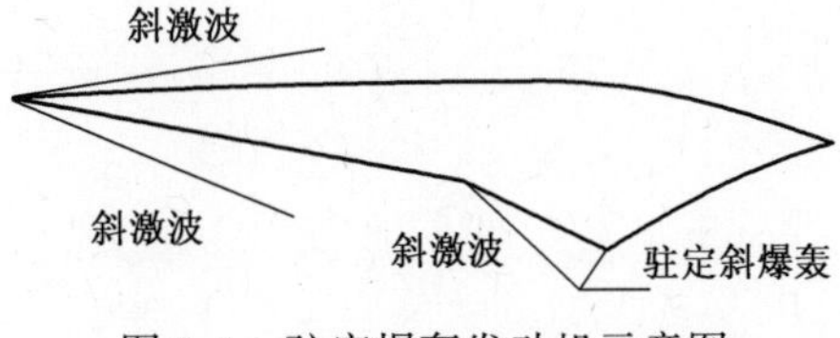

图9.1　驻定爆轰发动机示意图

实验室生成稳定斜爆轰的方法很多，如将障碍物固定于高超声速的高焓风洞中，或使障碍物在静止可燃介质中超高声速飞行，其中，障碍物可以是尖劈、尖锥、钝体和球等。此外,正爆轰在不同介质中的透射也可诱导稳定斜爆轰。

当尖劈角小于临界值时,斜爆轰可附着在尖劈上,称为附体驻定斜爆轰,图9.2为实验照片(纹影和OH PLIF的叠加照片)。对于有限速率反应,如果点火诱导特征时间近似于流动特征时间,劈尖附近存在明显的点火诱导区域,如图9.2(a)所示。如果诱导特征时间远小于流动特征时间,激波作用后立即反应,无显著点火诱导区,如图9.2(b)所示。

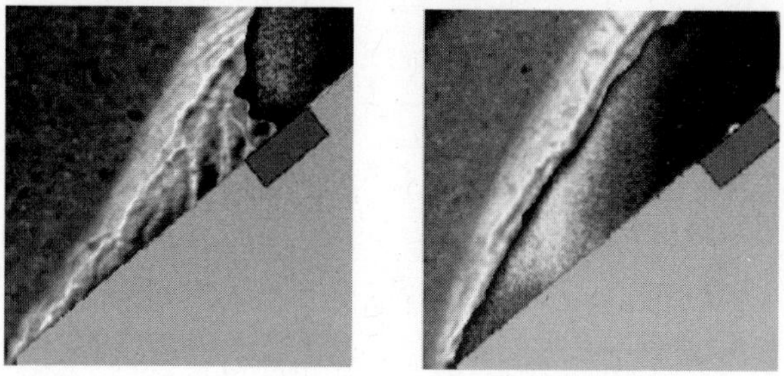

(a) (b)

图9.2 附体驻定斜爆轰的实验照片[2]
(a)显著的点火诱导区;(b)无显著点火诱导区。

对应于图9.2(a)劈尖附近流场的实验照片如图9.3所示。劈尖附近,激波未能使可燃物点火,故为惰性斜激波(Oblique Shock Wave,OSW)。图中OF为OSW诱导的火焰阵面,与激波是解耦的。OSW下游,为斜爆轰波,记作ODW。强度大于惰性激波,波后介质立即反应,倾斜角θ_D也大于惰性激波的倾斜角θ_c。ODW和OSW

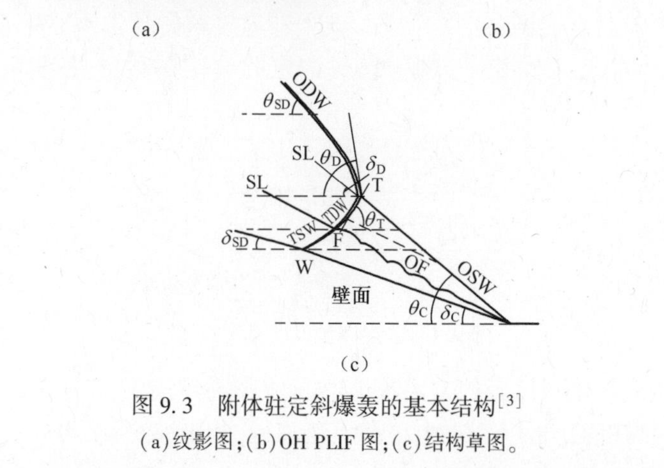

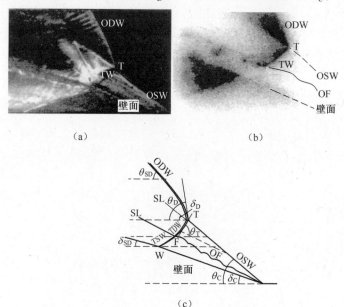

(a) (b)

(c)

图9.3 附体驻定斜爆轰的基本结构[3]
(a)纹影图;(b)OH PLIF图;(c)结构草图。

的碰撞点，为三波点，记为 T。反射激波为横向爆轰（Transverse Detonation Wave，TDW）。可燃来流经 OSW 压缩后，部分气流在 OF 上燃烧，还有部分气流经 TDW 再次压缩后立即反应，故 TDW 为横向爆轰。TDW 后的高温爆轰产物有助于点燃 ODW 波后，在 T 点附近的可燃气体，使 ODW 增强，直至反应与激波耦合，形成稳定的驻定斜爆轰。TDW 与 OF 的交点为 F，TDW 在该点透射后，衰减为惰性横向激波（Transverse Shock Wave，TSW）。经 TDW 压缩的气体和经 TSW 压缩的气体之间存在接触间断，记作 SL。

9.1.2 理论分析

1. 基本方程

超声速气流与角度为 θ 的尖劈作用，形成驻定于尖劈的倾斜角为 β 的斜激波，称为驻定斜激波。如果来流为可燃混合物，则可能形成驻定斜爆轰，参见图 9.4。

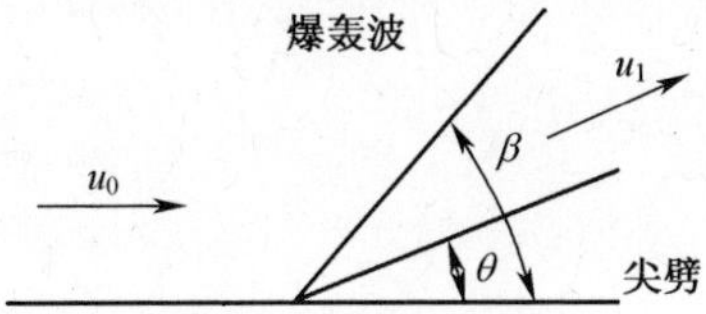

图 9.4　驻定斜爆轰

驻定爆轰满足，质量守恒方程为

$$\rho_0 u_{0n} = \rho_1 u_{1n} \tag{9.1a}$$

$$u_{0t} = u_{1t} \tag{9.1b}$$

动量守恒方程为

$$p_0 + \rho_0 u_{0n}^2 = p_1 + \rho_1 u_{1n}^2 \tag{9.2}$$

能量守恒方程为

$$h_0 + \frac{1}{2}u_{0n}^2 = h_1 + \frac{1}{2}u_{1n}^2 \tag{9.3}$$

其中，下标 0 和 1 分别表示波前和波后，下标 n 和 t 分别表示激波阵面的法向和切向。

设波前和波后皆为恒比热理想气体，绝热指数分别为 γ_0 和 γ_1，于是

$$\frac{\rho_0}{\rho_1} = \frac{\gamma_1(\gamma_0 + \eta \pm N)}{\gamma_0(\gamma_1 + 1)} \tag{9.4}$$

其中

$$N = \sqrt{(\gamma_0/\gamma_1 - \eta)^2 - K\eta}$$

$$K = \frac{2\gamma_0(\gamma_1 + 1)}{\gamma_1^2}\left[\frac{\gamma_1 - \gamma_0}{\gamma_0 - 1} + \gamma_0(\gamma_1 - 1)Q/a_0^2\right]$$

$$\eta = \left(\frac{a_0}{u_{0n}}\right)^2 = \frac{1}{Ma_{0n}^2}$$

$$Ma_{0n} = \frac{u_0 \sin\beta}{a_0} \tag{9.5}$$

式中：a_0 为波前声速；Q 为反应热。

由于

$$u_{0n} = u_0 \sin\beta, u_{1n} = u_1 \sin(\beta - \theta)$$

$$u_{0t} = u_0 \cos\beta, u_{1t} = u_1 \cos(\beta - \theta)$$

故

$$\frac{\tan(\beta - \theta)}{\tan\beta} = \frac{u_{1n}}{u_{0n}} = \frac{\rho_0}{\rho_1} \tag{9.6}$$

将式(9.6)代入式(9.4),得

$$\frac{\tan(\beta - \theta)}{\tan\beta} = \frac{\gamma_1(\gamma_0 + \eta \pm N)}{\gamma_0(\gamma_1 + 1)} \tag{9.7}$$

单 γ 模型,$\gamma=\gamma_0=\gamma_1$,有

$$\frac{\tan(\beta - \theta)}{\tan\beta} = \frac{\gamma + \eta \pm N}{\gamma + 1} \tag{9.8}$$

其中

$$N = \sqrt{(1 - \eta)^2 - K\eta}$$

$$K = 2(\gamma^2 - 1)Q/a_0^2$$

对于绝热激波(惰性激波),$K=0$,故

$$\frac{\tan(\beta - \theta)}{\tan\beta} = \begin{cases} 1 \\ \dfrac{\gamma - 1 + 2\eta}{\gamma + 1} \end{cases} \tag{9.9}$$

来流速度 u_0 确定时,由式(9.7),可得到 β-θ 曲线,如图 9.5 所示。图中,$Q=0$ 为驻定斜激波极曲线,$Q>0$ 为驻定斜爆轰极曲线。显然,反应热导致斜爆轰极曲线的变形和萎缩。该极曲线上,存在极值 $\theta_{\max}$,θ 大于该值时,激波将脱体;还存在极值 $\beta_{\min}$,该点 $Ma_{1n}=\dfrac{u_{1n}}{a_1}=1$,对应于 CJ 爆轰。

2. 化学平衡

式(9.1a)~式(9.3)(亦可视作正爆轰守恒方程)和式(7.42)~式(7.44)组成以来流速度 u_{0n} 为参数的封闭方程组,可迭代求解(参见 7.1.2 节)。以甲烷-氧气混合物为例,设初压 $p_0=0.1013$MPa,初温 $T_0=298.5$K,反应系统包含 43 种组元。来流速度 u_{0n} 变化时,爆轰强度随之变化,这导致化学平衡的移动和平衡组分的变化。图 9.6 为平衡组分随来流速度 u_{0n} 的变化曲线。结果表明,随爆轰强度的增加,H_2O、CO_2 等燃烧产物的摩尔分数下降,而自由基,如 OH、H 和 O 等的含量增加。

复杂反应系统,存在多个平行可逆反应,有些放热,如甲烷-氧气混合物中 H_2O 和 CO_2 的生成反应,有些吸热,如自由基和离子的生成反应。因此,化学平衡移动将影响反应热效应。图 9.7 为甲烷-氧气的反应热随爆轰强度的变化曲线。爆轰越强,反应释放的热越少。

理想气体的绝热指数与基本粒子的自由度有关,其值越小,γ 越大。甲烷在氧气中燃烧时,随激波强度的增加,自由度较大的三原子分子的浓度下降,自由度较小的单原子和双原子基团的浓度上升,故平衡组分的 γ 也随之上升,如图 9.8 所示。

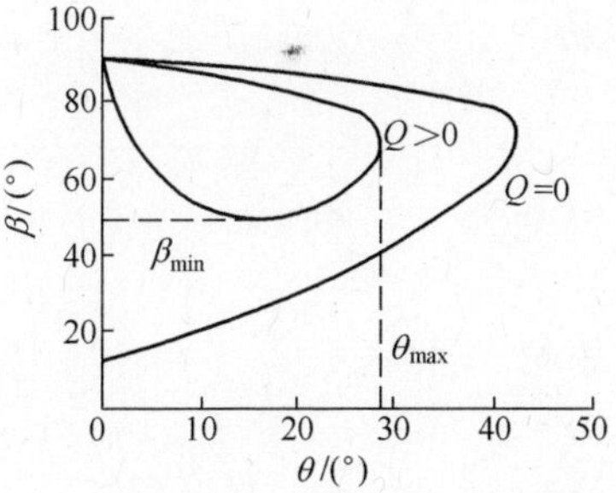

图 9.5　驻定斜激波和驻定斜爆轰极曲线

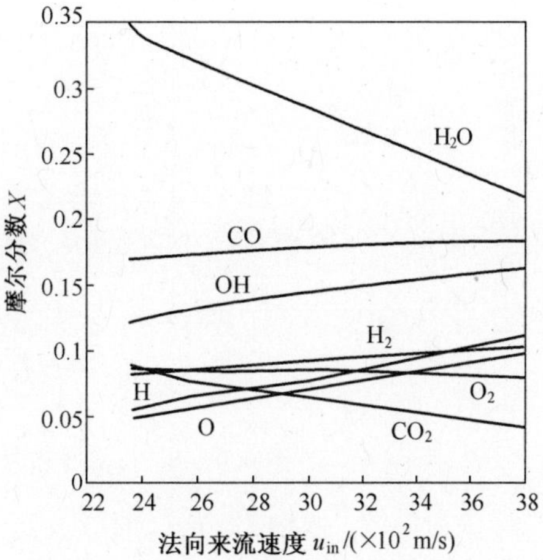

图 9.6　平衡组分随爆轰强度变化曲线[4]

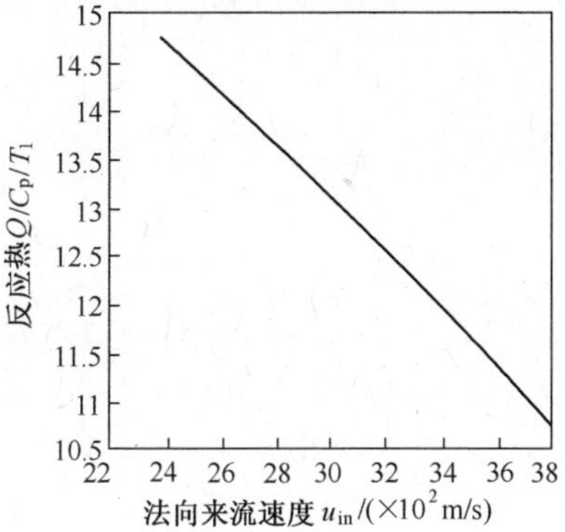

图 9.7　反应热随爆轰强度变化曲线[4]

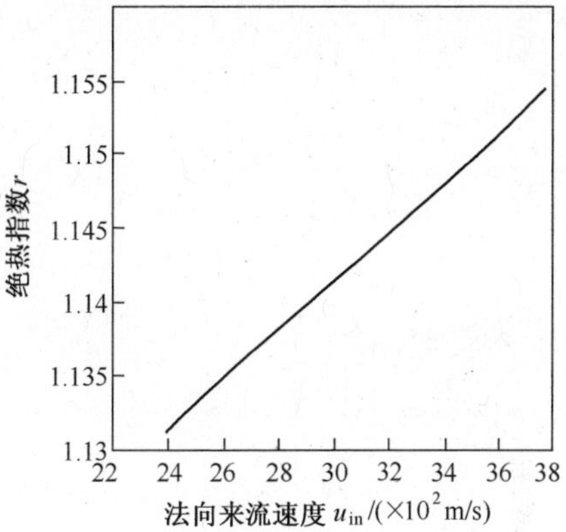

图 9.8　平衡组分绝热指数随爆轰强度变化曲线[4]

图 9.9(a)、(b)和(c)分别为爆轰压力、密度和温度随爆轰强度的变化曲线。对于亚声速流,化学反应导致流场压力和密度的下降(参见 5.2.1 节)。驻定爆轰的波后流动是亚声速的,故波后压力和密度低于同样强度的惰性激波,两者之差随激波强度的增加而减少。反应导致的温度变化是不单调的,反应激波的平衡温度可能高于也可能低于相同强度的惰性激波。参见图 9.9(c),较低强度的激波,反应激波的温度明显高于惰性激波,但随着激波强度的增加,后者逐渐高于前者。

3. β-θ 极曲线和驻定窗口

根据式(9.1 a)~式(9.3)和式(7.42)~式(7.44))的解,由式(9.5)和式(9.7),可得到驻定于尖劈的斜爆轰 $\beta-\theta$ 曲线。对于当量比 $\varphi=1$,初压 $p_0=0.1013$MPa,初温 $T_0=298.5$K 的氢气-氧气混合物,尖劈在其中飞行时,驻定斜爆轰 $\beta-\theta$ 曲线如图 9.10 所示。其中,CB 曲线是极曲线上 θ_{max} 点的连线,为爆轰附着于尖劈的极限状态,其右上方为极曲线强解分支,左下方为弱解分支。实际可实现

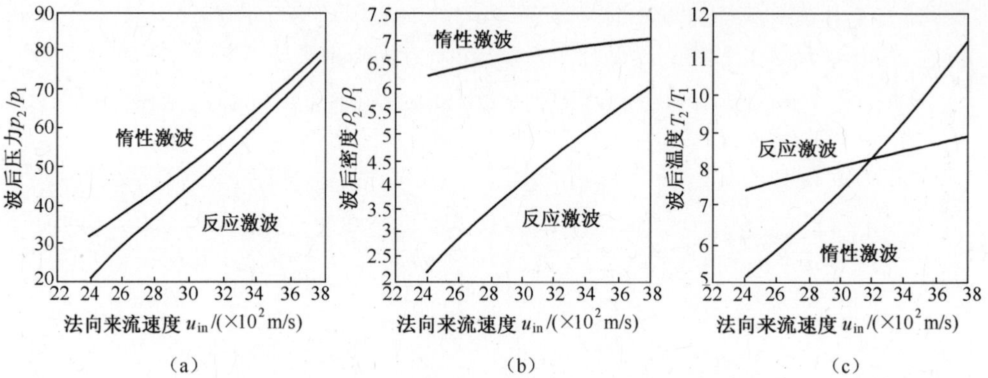

图 9.9　压力、密度和温度随爆轰强度的变化曲线[4]

的解多为弱解。*CA* 曲线是极曲线上 β_{min} 点的连线，该点 $Ma_{1n}=1$，对应于 CJ 爆轰。该曲线右侧，$Ma_{1n}<1$ 为强爆轰，左侧 $Ma_{1n}>1$，为弱爆轰，弱爆轰通常是不存在的。因此，仅 *CA* 和 *CB* 曲线所夹区域，可实现爆轰驻定。尖劈飞行速度越小，使爆轰驻定的 θ 变化范围越小。飞行速度为 CJ 爆速时，极曲线退化为 *C* 点，$\theta=0$，对应于 CJ 正爆轰。

因此，爆轰驻定是有条件的。一定的飞行速度，对应于一定的尖劈角变化范围，如图 9.11 所示。曲线所夹区域称为爆轰驻定窗口。仅当飞行条件落在窗口内，爆轰才可驻定。

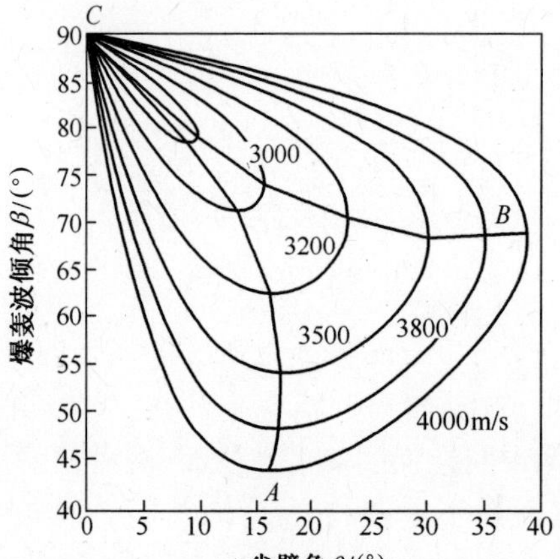

图 9.10　驻定斜爆轰的 $\beta-\theta$ 曲线[4]

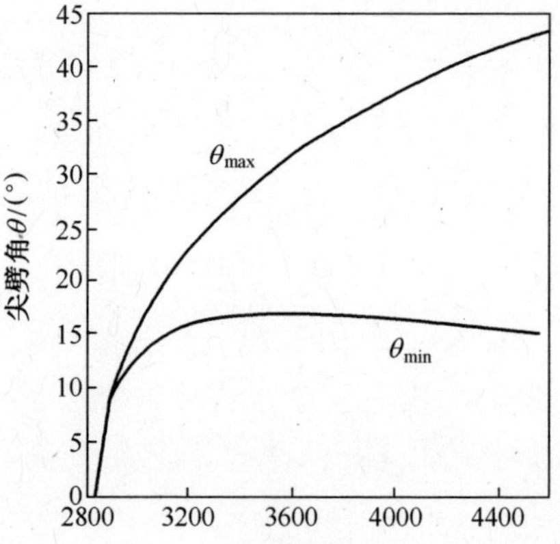

图 9.11　爆轰驻定窗口[4]

驻定窗口的大小反映了斜爆轰驻定的难易程度，这不仅与飞行速度有关，还与可燃物的组成以及初始状态有关。

9.1.3　数值研究[5,6]

1. 爆轰特性

图 9.12 为尖劈诱导驻定斜爆轰示意图。坐标建在尖劈上，基于二维反应流欧

拉方程,利用五阶 WENO 格式求解。壁面上方的矩形区域为计算域,壁面为滑移边界,右边界为零梯度的出口边界,左边界和上边界为来流边界。

设来流马赫数 $Ma=7$,初压和初温分别为 $p_0=1.0133\text{MPa}$ 和 $T_0=298.15\text{K}$,半劈角 $\theta=30°$。图 9.13 为流场计算压力阴影图。爆轰可分为两个区域:斜激波(OSW)和斜爆轰波(ODW),分别用 AB 和 BE 表示,B 点出现爆轰转捩。

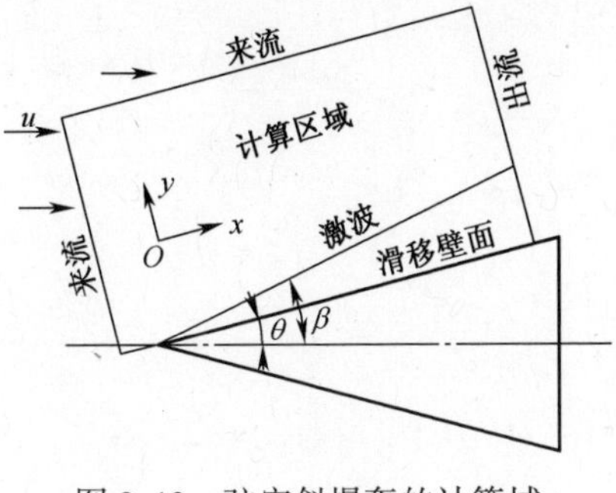

图 9.12 驻定斜爆轰的计算域

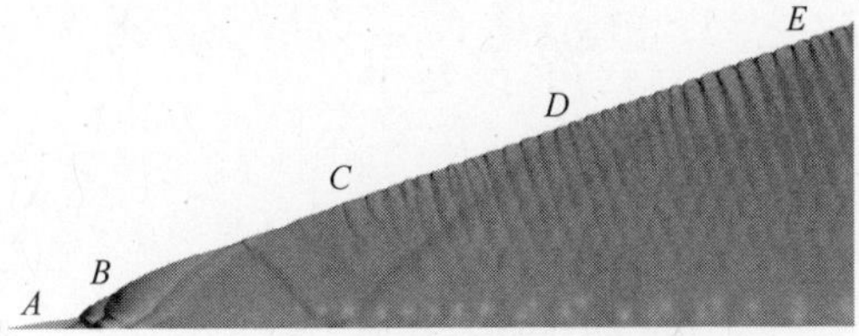

图 9.13 斜爆轰流场的压力阴影图[6]

劈尖附近,流场实验照片如图 9.3 所示。计算流场如图 9.14 所示。劈尖附近为惰性斜激波(OSW),其下游为斜爆轰波(ODW)。由于反应,爆轰倾斜角大于惰性激波,故强度也大于惰性激波。ODW 和 OSW 的碰撞点,记为 TP,该点的反射激波记作 TS,此为横向爆轰波。该波的高温爆轰产物有助于点燃 ODW 波后,TP 点附近的可燃气体,使 ODW 强度增加,直至形成驻定斜爆轰波。

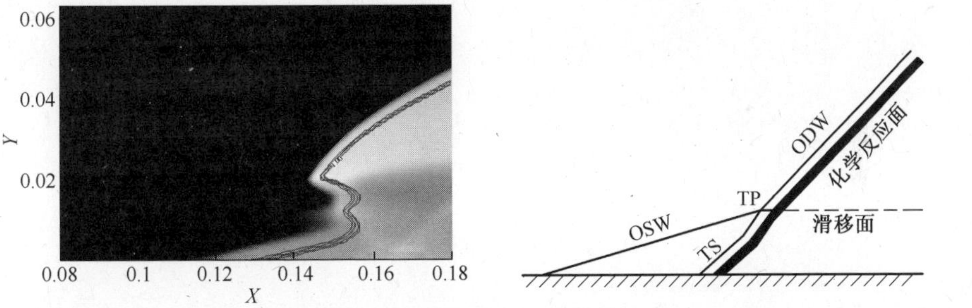

图 9.14 劈尖附近的爆轰流场[6]

(a)压力云图;(b)波阵面结构简图。

斜劈足够长时,爆轰阵面 BE 可分为类 ZND 区、类胞格区和胞格区,分别用 BC、CD 和 DE 表示。

BC 段因楔面的强烈压缩,爆轰具有类似 ZND 模型的平滑结构(图 9.13)。随着与 A 点的距离增加,波后流动空间不断扩大,激波阵面越来越易受扰动影响。在 CD 段,激波因扰动而变形,成为许多子波。子波间的碰撞,在三波点下游形成斜爆轰波。图 9.15 为 CD 段流场局部放大图,其中,(a)为压力阴影和反应进展度分布图,(b)为结构草图。子激波(记作 S1)之间的碰撞,产生子爆轰 D1,并在碰撞点(三波点) TP1 处生成横波 TS1。经 S1 压缩的可燃气体,在 TS1 作用下燃烧,故

TS1 是横向爆轰波。由于波前为超声速来流，故 D1 和 TS1 皆为面向上游，向下游传播的爆轰。D1 的阵面向下游逐渐弯曲，强度逐渐衰减，最终使引导激波与反应区解耦，成为惰性子激波，进入下一循环。

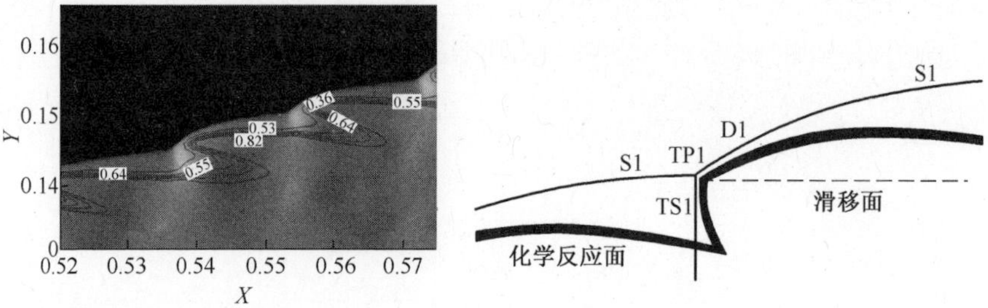

(a) (b)

图 9.15 *CD* 段爆轰流场[6]

CD 段的所有三波点，传播方向一致，称为单三波点。单三波点的定向传播，使阵面的各点流场随时间周期振荡。图 9.16 为阵面某处 X_0(t=0.42 时刻，该处出现 TP1) 流场周期变化图。由图 9.16 可知，三波点出现时，压力最高，反应阵面与引导激波完全耦合。三波点向下游运动时，压力先急剧下降，然后再逐渐升高，同时，激波与反应先解耦，再逐渐耦合，直至下个三波点出现。

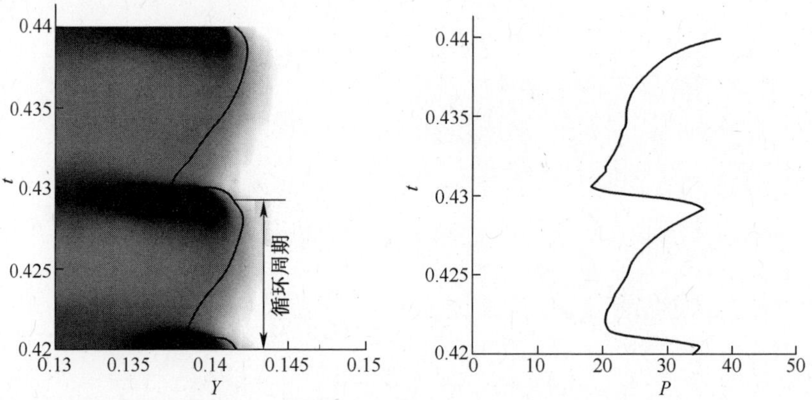

(a) (b)

图 9.16 阵面某点的流场周期振荡[6]

(a) 压力阴影为背景的反应阵面变化图；(b) 激波阵面上压力变化曲线。

图 9.17 为 *DE* 段流场局部放大图。此时，激波阵面出现更大变形，子激波在上下游两端同时成为爆轰，分别记作 D2 和 D1。图中，上游三波点为 TP2，对应于横波 TS2、激波 S1 和爆轰波 D2；下游三波点为 TP1，对应于横波 TS1、激波 S1 和爆轰波 D1。经入射激波 S1 压缩的可燃气体，几乎垂直穿过横波 TS1 和 TS2，形成横向爆轰。此时，D1 和 TS1 面向上游，D2 和 TS2 面向下游，同时向下游传播。面向下游的爆轰，传播速度大于面向上游的爆轰，两者相向运动，使三波点 TP1 和 TP2 逐渐靠近，乃至碰撞。碰撞前，D2 和 D1 已经衰减为激波。碰撞后，新的爆轰（马赫

干)形成,横向爆轰 TS1 和 TS2 发生反射,传播方向不变,但逐渐远离。与正爆轰的双向传播的横波结构类似,阵面呈现双三波点结构。

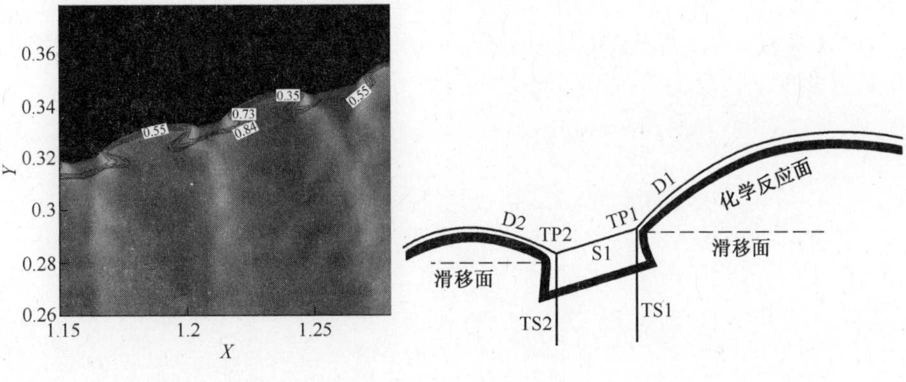

(a) (b)

图 9.17 *DE* 段爆轰流场[6]

(a)压力云图;(b)波阵面结构简图。

在 *DE* 段,对于确定位置,爆轰流场随时间周期变化。对于确定时间,爆轰流场随空间周期变化。一个空间波长 ΔX 内,阵面各点的流场振荡特性不同,与四个三波点碰撞事件有关,如图 9.18 所示。其中,碰撞事件 C1 和 C2 发生在本空间波长内, C3 和 C4 发生在上游临近空间。图中,上标"+"和"-"分别表示面向上游和面向下游的爆轰。

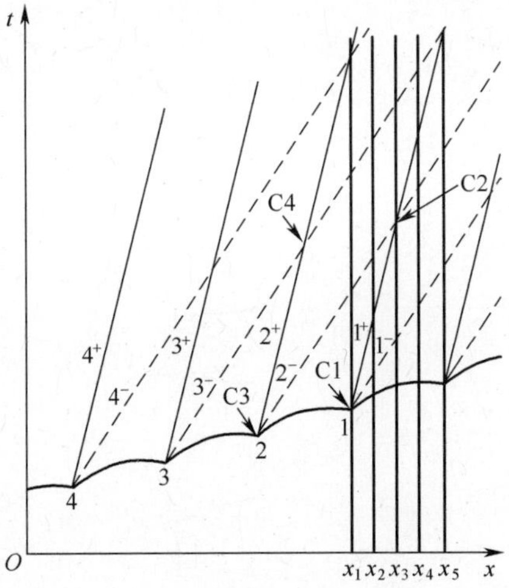

图 9.18 不同位置的爆轰阵面振荡[6]

ΔX 分为四等分,分割点记作 X_1、X_2、X_3、X_4和 X_5。$t=0.42$ 时刻,X_1处发生三波点碰撞事件 C1,如图 9.19 所示。其中,(a)三波点轨迹图,(b) 激波阵面压力变化曲线,(c)压力阴影为背景的反应阵面变化图。三波点碰撞导致当地压力急增,出

现第一峰值 A。碰撞后，生成面向上游和面向下游的爆轰，以不同速度向下游传播，分别用 1^+ 和 1^- 表示。此后，出现第二压力峰值 B，对应于碰撞 C3 产生的三波点 TP2。其后，出现第三压力峰值 C，对应于碰撞 C4 产生的三波点 TP2。最后，碰撞事件 C1 再次发生，进入新的周期振荡。从图 9.19(c)，还可看出引导激波与化学反应区之间的耦合与解耦的周期变换。

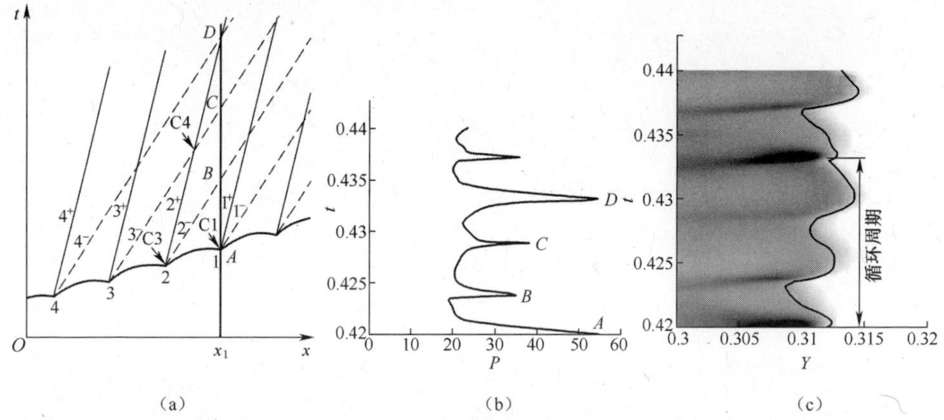

图 9.19　X_1 处的爆轰阵面振荡[6]

其他空间点，即 $X_2=X_1+\Delta X/4$，$X_3=X_1+\Delta X/2$ 和 $X_4=X_1+3\Delta X/4$，爆轰阵面的时间振荡分别如图 9.20～图 9.22 所示。图 9.20 中，源于 X_1 处 C1 碰撞事件的三波点 TP2 和 TP1，先后经过 X_2 点，出现压力峰值 A 和 B。其后，源于 C3 和 C4 的三波点 TP2 相继经过 X_2 点，出现压力峰值 C 和 D。图 9.21 中，$t=0.426$ 时刻，X_3 处发生三波点碰撞事件 C2，出现压力峰值 B。随后，源于 C4 的 TP2 又使该处出现压力峰值 C。源于 C2 的三波点 TP2 和 TP1 先后经过 X_4 点，出现压力峰值 B 和 C 如图 9.22 所示。最后，在 $X_5=X_1+\Delta X$ 处，进入新的循环，如图 9.20 所示。

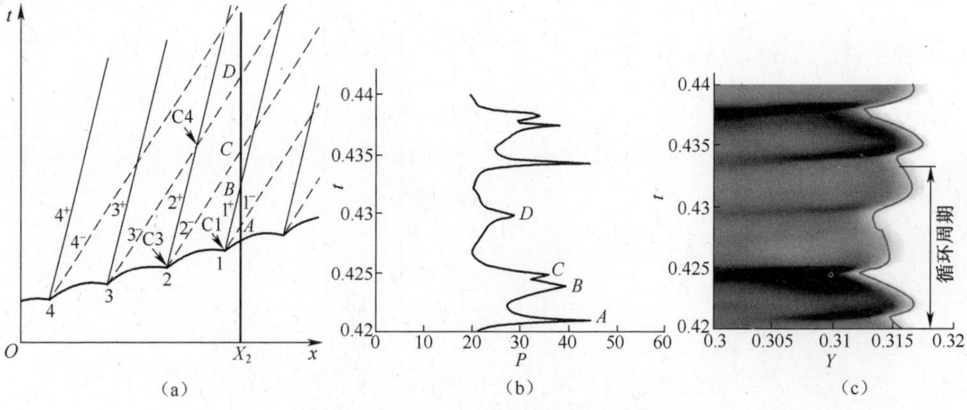

图 9.20　X_2 处的爆轰阵面振荡[6]

显然，爆轰阵面某处的振荡特性，与一个时间周期内，通过该位置的三波点特性有关，爆轰阵面因此出现时空两方面的周期变化。

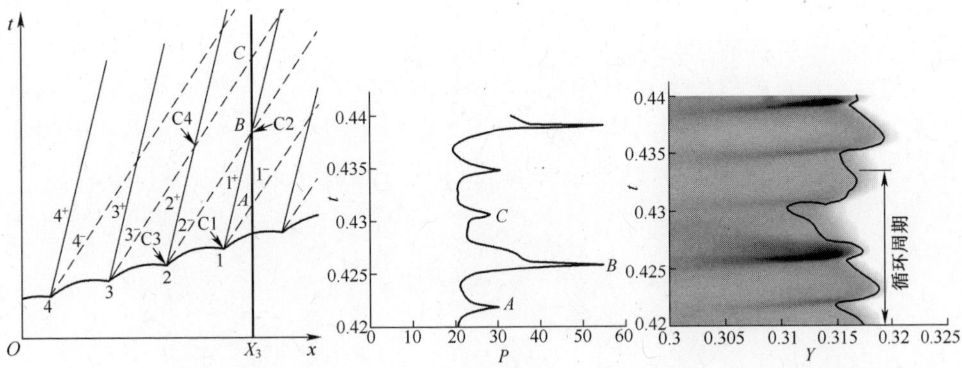

（a）　（b）　（c）

图 9.21　X_3处的爆轰阵面振荡[6]

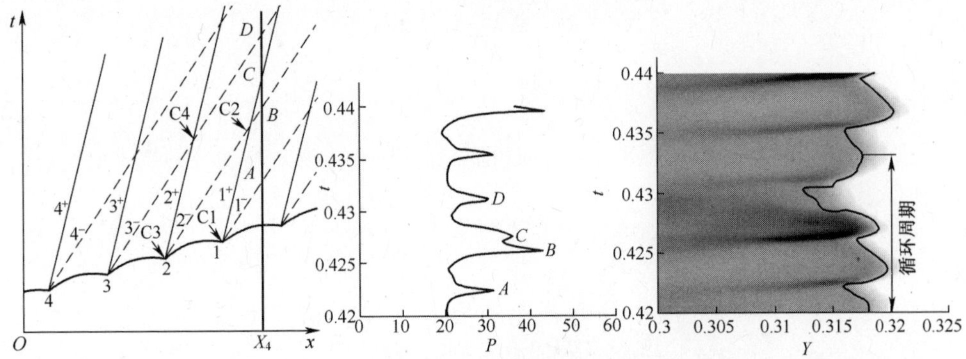

（a）　（b）　（c）

图 9.22　X_4处的爆轰阵面振荡[6]

2. 爆轰胞格

爆轰阵面形状随时间的变化以及三波点轨迹如图 9.23 所示。曲线为爆轰阵面。直线为三波点轨迹，其中，实直线对应于面向上游的爆轰；虚直线对应于面向下

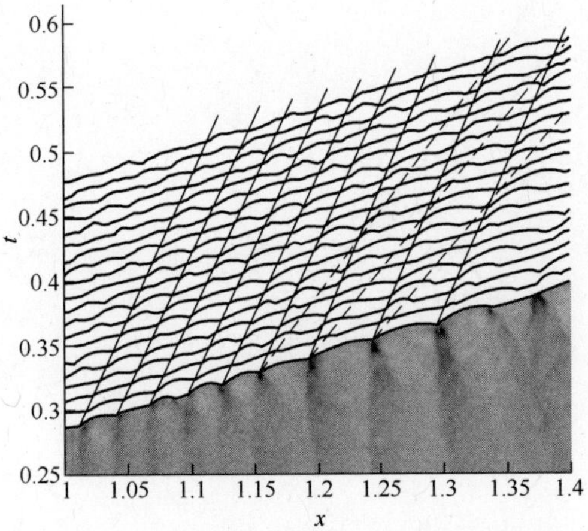

图 9.23　爆轰阵面形状和三波点轨迹[6]

游的爆轰。*CD* 段的三波点几乎以同样的速度向下游运动。*DE* 段存在两类三波点,虚线表示的三波点速度大于实线,从而导致三波点轨迹相交,形成菱形胞格。

斜爆轰计算胞格如图 9.24 所示,其中(a)为斜爆轰的计算胞格,(b)为局部放大图。*CD* 段的三波点轨迹为系列平行直线,而 *DE* 段的三波点轨迹构成歪斜的菱形胞格(参见图 9.24(b)),这种歪斜与来流相对于爆轰阵面的切向速度有关。

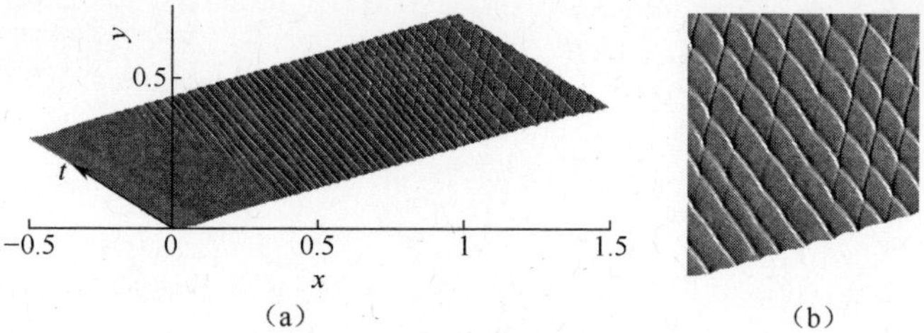

图 9.24 斜爆轰计算胞格[6]

9.1.4 脱体驻定爆轰[7,8]

尖劈角大于临界值的锥形弹丸,在可燃气体中以足够大速度飞行时,可形成脱体驻定爆轰,如图 9.25 所示。图 9.25 为实验照片,其中(a)为纹影图,(b)为 OH

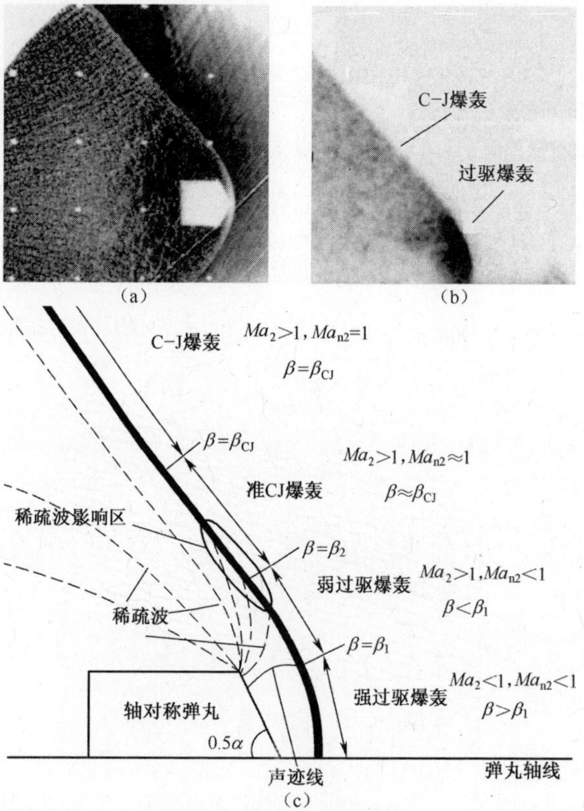

图 9.25 脱体驻定爆轰[8]

PLIF 图,(c)为结构草图。此时,爆轰阵面分为四部分。

1. 强过驱正爆轰($0\leqslant\beta\leqslant\beta_1$)

尖劈前的轴线附近,为过驱爆轰。此时爆轰脱体,阵面与轴线垂直。波前来流速度大于 CJ 爆速,波后为亚声速,气流折转角几乎为零。弹丸壁面附近,气流方向改变很大。由于壁面压缩效应,气体加速,于 β_1 处达到声速。该点附近,爆轰阵面倾斜,倾斜角沿下游方向略有减少。

2. 弱过驱斜爆轰($\beta_1\leqslant\beta\leqslant\beta_2$)

当 $\beta>\beta_1$ 时,波后气流为超声速(但法向为亚声速)。由于壁面压缩效应减弱,以及弹丸肩部外折角产生的稀疏波,使爆轰减弱,阵面弯曲,倾斜角逐渐减小。

3. 准 CJ 爆轰($\beta_2\leqslant\beta\leqslant\beta_{CJ}$)

在 $\beta_2\leqslant\beta\leqslant\beta_{CJ}$ 区间,波后气流为超声速,但法向逼近声速。稀疏波影响逐渐减小,阵面倾斜角逼近 β_{CJ}。

4. CJ 爆轰($\beta=\beta_{CJ}$)

当爆轰阵面倾斜角等于 β_{CJ} 时,阵面已离弹丸较远,波后法向速度为声速,不再受稀疏波影响。此时,爆轰阵面不再弯曲,法向来流速度为 CJ 爆速。

对于钝头弹丸,爆轰能否驻定,决于 Damkoler 数 Da,(流动特征时间与反应特征时间之比)。Da 较大时,爆轰可脱体驻定。例如圆球,$Da=a/\Delta_{CJ}$,其中,a 为圆球半径,Δ_{CJ} 为反应区厚度。如果作如下简化:$\Delta_{CJ}\approx p_0^{-1}$,$\kappa\approx 1/a$,其中 p_0 为初始压力,κ 为激波曲率,于是,$Da=p_0/\kappa$。故初压越高,激波弯曲程度越小,越易形成爆轰。圆球的脱体驻定爆轰如图 9.26 所示,(a)为实验纹影照片,(b)为计算流场。图 9.26 中,实曲线为声迹线,线内为亚声速流区。轴线附近为过驱正爆轰,脱体阵面波后为亚声速。球表面使波后流场膨胀,爆轰逐渐衰减,阵面弯曲,倾斜角 β 减小。当 $\beta_1>\beta>\beta_{CJ}$ 时,波后为超声速流,因膨胀而加速,在圆球背风面的轴线上,形成激波,如图 9.26(b)虚线所示。当倾斜角 $\beta=\beta_{CJ}$ 时,为 CJ 爆轰,阵面不再弯曲。

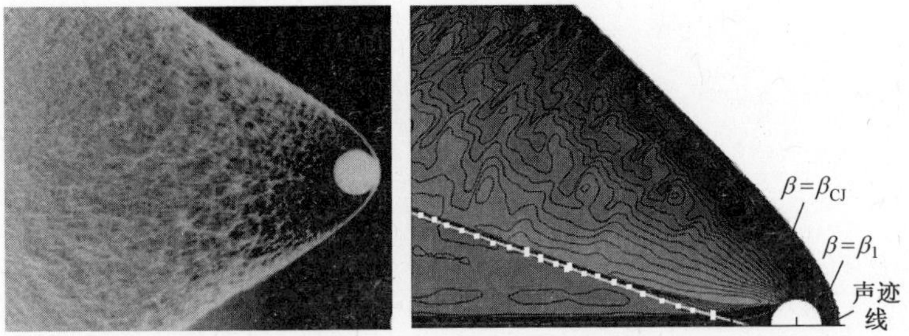

(a)　　　　　　　　　(b)

图 9.26　圆球脱体爆轰[9]

通过数值计算,还可研究轴对称钝头弹丸的驻定爆轰精细结构。设弹丸由半球和圆柱组成,计算时采用二维近似。图 9.27(a)为计算胞格;(b)为单三波点爆轰流场局部放大图,左图为密度等位线和速度矢量分布,右图为结构草图,其中 TP

为三波点,MS 和 TD 分别为面向上游的子爆轰和横向爆轰,TS 为横向激波,IS 为引导激波,RF 为火焰阵面,SL 为滑移线;(c)为双三波点爆轰流场局部放大图,图中两个横向爆轰,一个面向上游,一个面向下游。

(a)

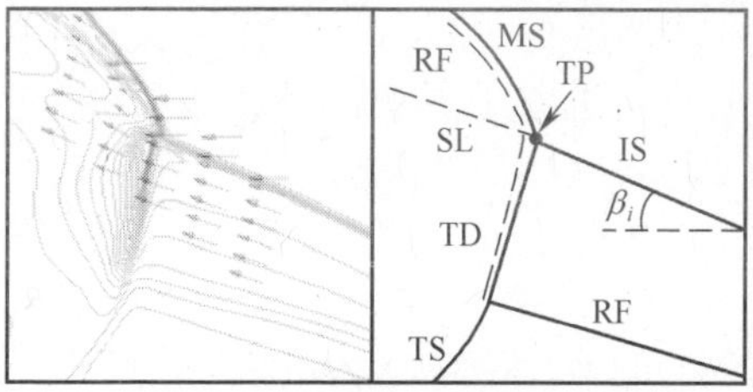

(b)

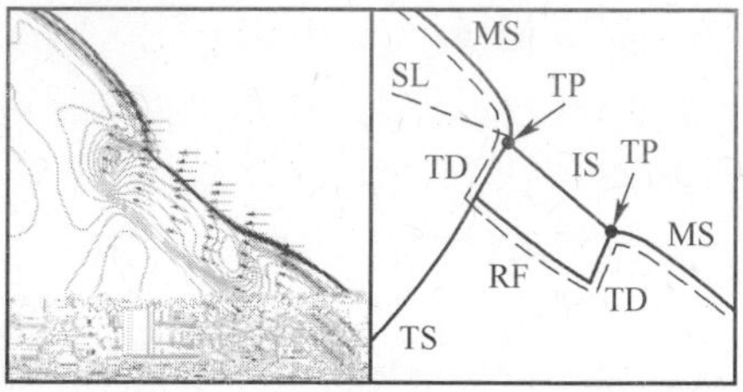

(c)

图 9.27 钝头弹丸驻定爆轰流场[10]

轴对称弹丸的飞行流场具有三维特性。图 9.28 为不同时刻,爆轰局部阵面的压力分布。引导激波阵面被三波线划分成若干不规则区域,其图像随时间变化。

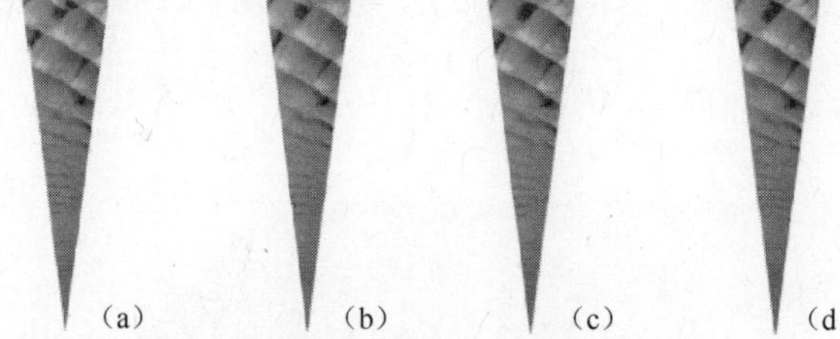

(a) (b) (c) (d)

图 9.28 局部爆轰阵面的强度分布[11]

9.2 脉冲爆轰

9.2.1 脉冲爆轰现象[12]

一端封闭一端敞开的圆管内,充满可燃物。封闭端点火后,可迅速成长为爆轰。当爆轰传至敞开端面时,管内气体完成化学能量的等容释放。此后,高压爆轰产物泄出,提供推力。采用图 9.29 所示的循环(以图中箭头方向为序),先打开阀门，从左端充入压力为 p_1 的可燃物（图(b)），然后关闭阀门，并于该端面点火（图(c)），形成爆轰（图(d)）。爆轰在可燃物中传播，爆压为 p_2，由于波后稀疏波（称为泰勒波）影响，左端面（推力壁）压力为 p_3（图(e)），最终，爆轰传至右侧出口端面（图(f)），完成等容燃烧。爆轰泄出后，稀疏波进入，使管内压力逐渐下降（图(g)），直至恢复初始状态（图(a)）。此后，再次进行充气，进行下次循环，形成周期脉冲爆轰。单个脉冲循环包括四个阶段：充气（图(a)~图(c)），点火（图(c)~图(d)），爆轰传播（图(d)~图(f)）和排气（图(f)~图(a)）。充气阶段，阀门打开，此后，阀门关闭。

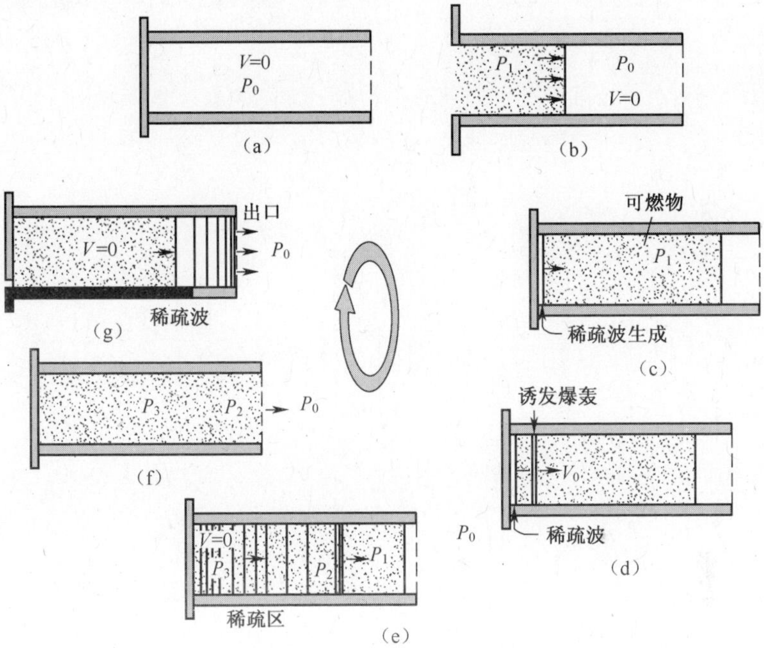

图 9.29 脉冲爆轰的循环

循环过程中，每次爆轰（称为脉冲爆轰），导致一次压力突跃。周期出现的脉冲爆轰，使压力周期性突跃。图 9.30 为多脉冲爆轰的实验压力信号。当脉冲频率足够高时（约 100Hz），可产生近似恒定的推力。

图 9.31 为 5 个爆轰管组成的 PDE 实物照片。与一般涡轮和冲压发动机中采用的等压循环（称为 Brayton）相比，PDE 为等容循环，具有更高的热效率。理论上讲，任意飞行速度下，PDE 皆可运行，而 ODWE 仅在驻定窗口内运行。

9.2.2 单次脉冲

1. 数值研究[14-16]

单个脉冲爆轰循环包括点火、传播、排气和充气 4 个过程，这些过程都比较复杂，需借助不同的技术手段方可实现。

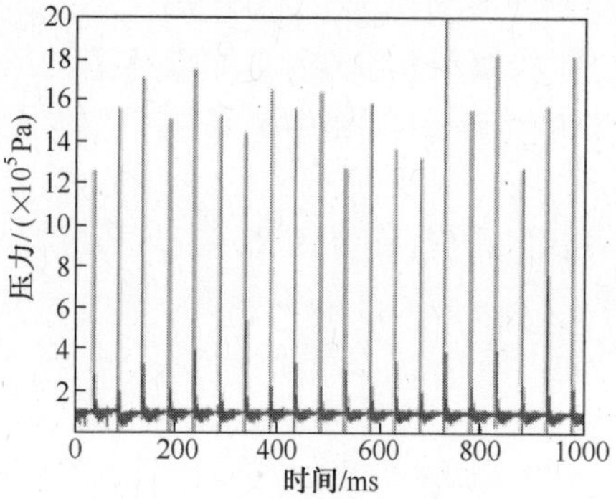

图 9.30　脉冲爆轰压力信号[13]

图 9.31　脉冲爆轰发动机

数值研究时,设燃烧室为二维轴对称流场,有反应流 N-S 方程:

$$\frac{\partial U}{\partial t}+\frac{\partial F}{\partial x}+\frac{\partial G}{\partial y}+W=\frac{\partial F_v}{\partial x}+\frac{\partial G_v}{\partial y}+S \tag{9.10}$$

其中 $$U=\begin{pmatrix}\rho_1\\ \vdots\\ \rho_K\\ \rho u\\ \rho v\\ E\end{pmatrix},\quad F=\begin{pmatrix}\rho_1 u\\ \vdots\\ \rho_K u\\ \rho u^2+p\\ \rho uv\\ u(p+E)\end{pmatrix},\quad G=\begin{pmatrix}\rho_1 v\\ \vdots\\ \rho_K v\\ \rho uv\\ \rho v^2+p\\ v(p+E)\end{pmatrix},\quad W=\frac{v}{y}\begin{pmatrix}\rho_1\\ \vdots\\ \rho_K\\ \rho u\\ \rho v\\ p+E\end{pmatrix}$$

$$F_{\mathrm{v}}=\begin{pmatrix}0\\ \vdots\\ 0\\ \tau_{xx}\\ \tau_{xy}\\ u\tau_{xx}+v\tau_{xy}\end{pmatrix},\quad G_{\mathrm{v}}=\begin{pmatrix}0\\ \vdots\\ 0\\ \tau_{yx}\\ \tau_{yy}\\ u\tau_{yx}+v\tau_{yy}\end{pmatrix},\quad S=\begin{pmatrix}\dot{\omega}_1\\ \vdots\\ \dot{\omega}_K\\ 0\\ 0\\ 0\end{pmatrix}$$

组分 k 的净生成速率为

$$\dot{\omega}_k=\sum_{i=1}^{l}(\gamma''_{ki}-\gamma'_{ki})\left(k_{fi}\prod_{k=1}^{K}[X_k]^{\gamma'_{ki}}-k_{bi}\prod_{k=1}^{K}[X_k]^{\gamma''_{ki}}\right)$$

式中:γ'_{ki}、γ''_{ki}分别表示第 i 个基元反应中组分 k 的正、逆反应计量系数;$[X_k]$为组分 k 的摩尔浓度;k_{fi}、k_{bi}分别表示第 i 个基元反应的正、逆反应速率常数,遵循 Arrhenius 定律:

$$k_{fi}=A_{fi}T^{\beta_{fi}}\exp\left(-\frac{E_{fi}}{RT}\right)$$

式中:A_{fi}为第 i 个正反应的指前因子;β_{fi}为第 i 个正反应的温度指数;E_{fi}为第 i 个正反应的活化能。

采用分裂算法,将流动和反应解耦。每个计算时间步,包含冻结化学反应的流体动力学计算和无流动的化学反应计算。计算域如图 9.32 所示,分为三个区,即 PDE 爆轰管,管外的上下游环境。环境区域随扰动流场的扩大,而不断扩大。爆轰管壁为绝热、无滑移刚性壁面,下边界为轴对称边界,外部区域为无反射自由边界。

初始时刻,管内充满等当量比的氢气-空气混合物,外部区域为空气。内外均为静止流场,温度和压力都为 1.0(无量纲量)。起爆时,置驱动区于管内左端,该区温度为 5.0,压力为 2.5。计算时,H_2/O_2燃烧采用 8 组元(即 H、O、H_2、OH、H_2O、O_2、HO_2、H_2O_2)和 19 个基元反应的燃烧模型。

2. 管内爆轰

图 9.33 为爆轰稳定传播时,轴线上,压力、温度和质量分数的分布剖面(设管长为 8,管径 L 为特征长度)。根据自由基 OH 和 HO_2 的分布,其化学反应区的宽度约为 0.04293。

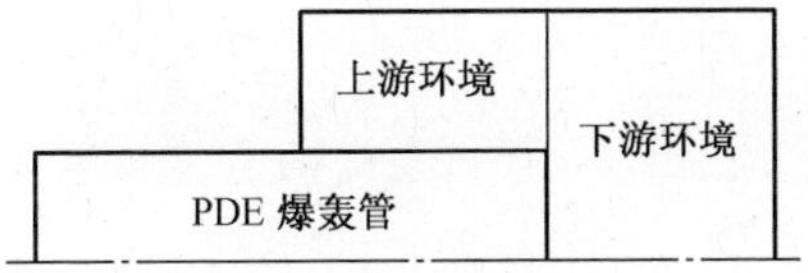

图 9.32 脉冲爆轰计算域

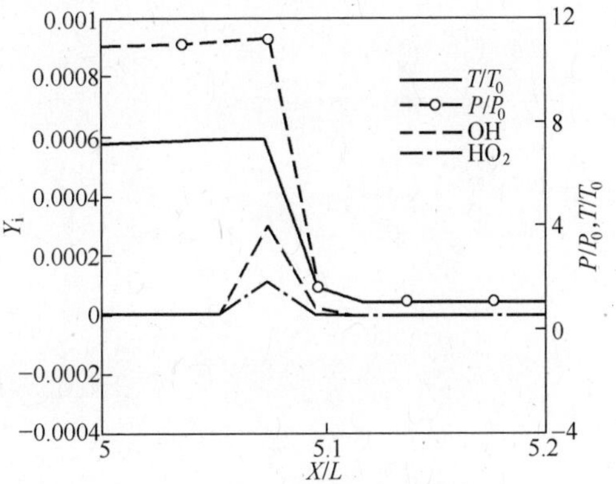

图 9.33 H_2/O_2混合物的爆轰剖面

图 9.34 为稳定爆轰的二维流场参数分布,其中(a)、(b)、(c)和(d)分别表示压力、温度、H_2O 和 OH 的质量分数。该图表明,波后区域,燃料完全燃烧,只存在燃烧产物 H_2O 和惰性气体 N_2。

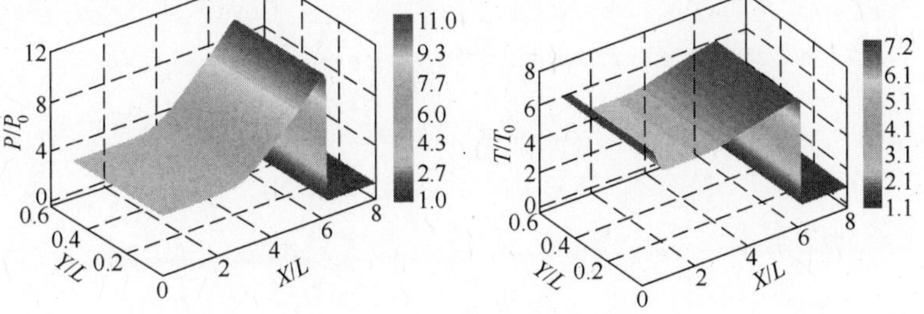

(a)　　(b)

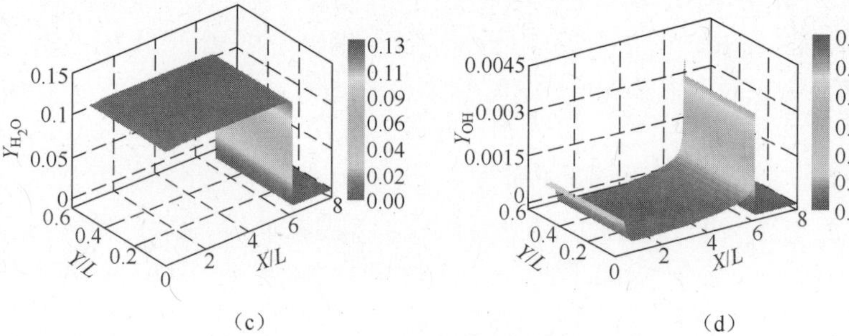

图 9.34　二维爆轰流场的参数分布

3. 管外流场

爆轰抵达出口端时,管内充满高温高压的爆轰产物,管外为环境空气,两者形成接触间断。爆轰与该间断作用后,泄出管外。图 9.35 为爆轰泄出后,管外流场计算阴影图。图 9.36 为管外流场实验阴影照片。两者定性一致,描述了爆轰泄出后,管外流场的发展过程。

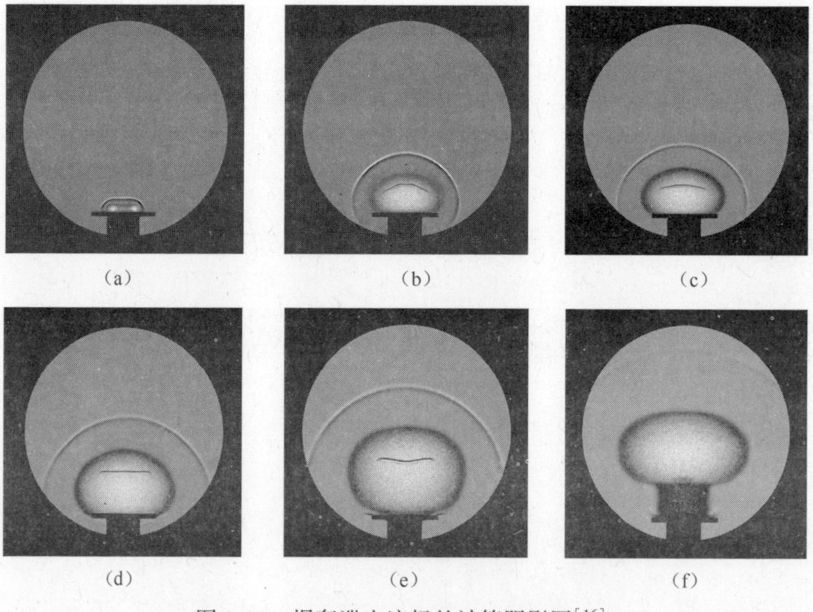

图 9.35　爆轰泄出流场的计算阴影图[16]

(a)$t/t_0=1.80$;(b)$t/t_0=2.40$;(c)$t/t_0=2.68$;

(d)$t/t_0=2.85$;(e)$t/t_0=3.30$;(f)$t/t_0=4.30$。

爆轰泄出时,燃烧产物以射流方式喷出,与管外静止气体形成自由剪切层,在出口附近形成涡环,如图 9.36(a)所示。由于射流压力大于环境压力,称为欠膨胀射流(Under-Expanded)。出口激波以发散方式向四周传播,与燃烧产物脱离,两者间是压缩空气,如图 9.36(b)所示。泄出射流在出口处膨胀,膨胀波与射流边界(剪切层)作用,在管口附近的轴心处,生成止于涡环的悬吊激波(Suspended

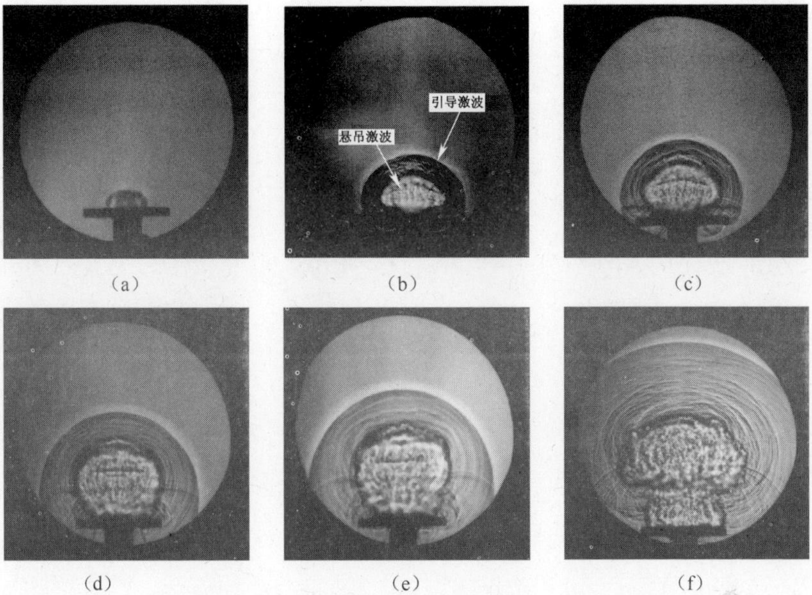

图 9.36　爆轰泄出流场的实验阴影照片[16]

(a)$t/t_0=1.80$;(b)$t/t_0=2.40$;(c)$t/t_0=2.68$;

(d)$t/t_0=2.85$;(e)$t/t_0=3.30$;(f)$t/t_0=4.30$。

Shock),用以调整环境与欠膨胀射流之间的流场。悬吊激波波面向上游,弯曲阵面向下游突出(图 9.30(b))。随着流场发展,引导激波逐渐衰减,燃烧产物成蘑菇云状。悬吊激波也逐渐衰减,阵面逐渐翻转,变平甚至向上游突出,最后消失,参见图 9.36(c)~(f)。

图 9.37 为不同时刻,内外流场的流线图。爆轰产物泄出后,在管口附近形成涡环。图(a),对应 $t/t_0=1.90$,此时,涡环较小,尺度为 0.2 左右。图(b),对应 $t/t_0=2.34$,涡环增大,尺度为 0.8 左右。对于流场,涡环如同发散喷管,此时,相当于扩散角为 20.6°的喷管。图(c),$t/t_0=2.76$,涡环尺度为 1.0 左右,相当于扩散角为 13.4°的喷管,(扩散角减小)。图(d),$t/t_0=2.85$,涡环尺度为 1.3 左右,扩散角为 0,相当于等截面直管。其后,尽管涡环继续增大,但扩散角基本为 0,如图(e)和图(f)所示,它们分别对应于 $t/t_0=3.30$ 和 4.50,涡环尺度分别为 1.6 和 1.7 左右。

因此,随燃烧产物出口流量的变化,流管扩散角随之变化,从而导致悬吊激波形状和位置的变化。悬吊激波阵面由初始时刻的向下游弯曲逐渐演变为向上游弯曲。出口处的流量不断减少,悬吊激波逐渐消失。射流逐渐发展为过膨胀(Over-Expanded),此时,射流压力低于环境压力,管口出现斜激波(图 9.37(f))。

图 9.38 为不同时刻,流场压力分布图,其上半部为压力等值线以及压力和燃烧产物(H_2O)质量分数在轴线的分布曲线,下半部为压力分布阴影图。图(a)的压力曲线显示,$t/t_0=1.98$ 时刻,出口流场仅存在一个压力突跃阵面,即引导激波 S1,右侧为波前,左侧为波后,强度为 4.8 左右。图(b)显示,$t/t_0=2.40$ 时刻,管外流

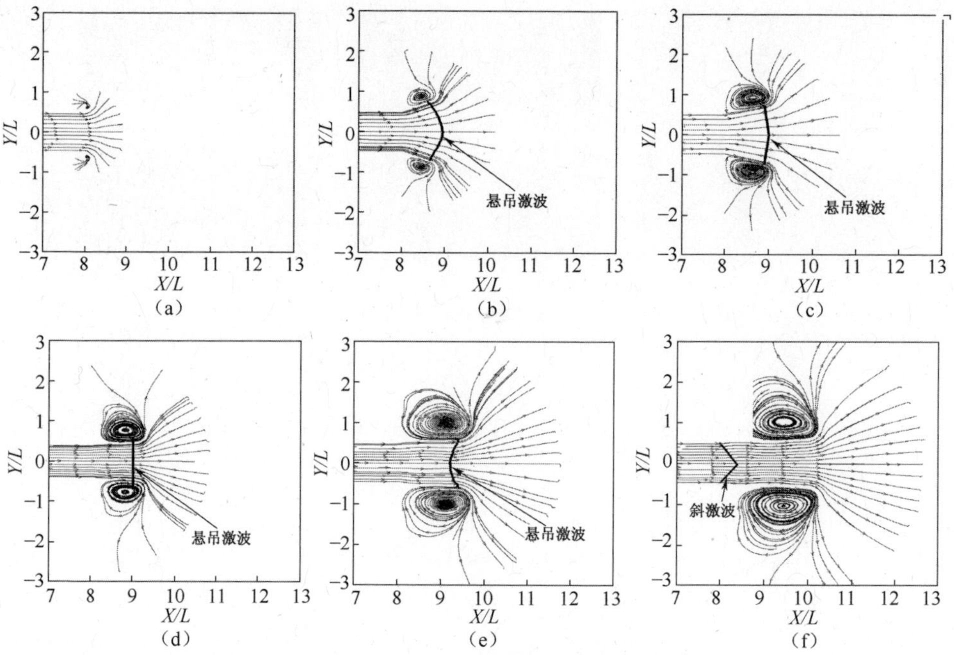

图 9.37　内、外流场不同时刻的流线图[15]

(a) $t/t_0=1.90$；(b) $t/t_0=2.34$；(c) $t/t_0=2.76$；(d) $t/t_0=2.85$；(e) $t/t_0=3.30$；(f) $t/t_0=4.20$。

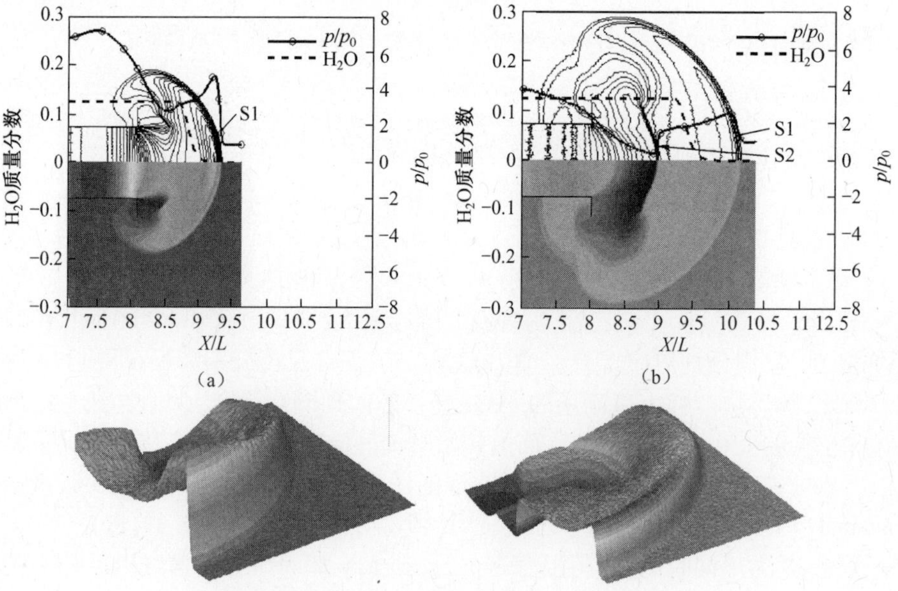

图 9.38　不同时刻，泄爆流场的压力分布[15]

(a) $t/t_0=1.98$；(b) $t/t_0=2.40$；(c) $t/t_0=1.98$；(d) $t/t_0=2.40$。

场出现两个压力突跃阵面，即图中 S2 和 S1。引导激波 S1 的强度已衰减为 2.5 左右。S2 为悬吊激波，左侧为波前，右侧为波后。质量分数分布曲线也存在一个突跃面，此为接触间断，左侧是燃烧产物，右侧是压缩空气。图(c)和图(d)为管外流场压力分布图，显示了激波 S1 和 S2 的阵面形状和压力沿激波阵面的变化。

4. 内外流场

图 9.39 为单次脉冲爆轰内外流场压力分布图。$t/t_0=0.78$ 时(图(a))，稳定爆轰传至爆轰管一半($X/L=4.0$)处，波后是泰勒波，泰勒波尾和左端面之间为均匀静止流场，参见 7.2.3 节。$t/t_0=1.56$ 时(图(b))，爆轰传至管口，与接触间断作用后，在管外退化为引导激波，在管内生成向上游传播的稀疏波。$t/t_0=2.40$ 时(图(c))，引导激波向四周传播，悬吊激波向下游弯曲，管口和管内稀疏波扰动区域的压力下降。$t/t_0=3.18$ 时(图(d))，引导激波成为球面激波，悬吊激波开始向上游

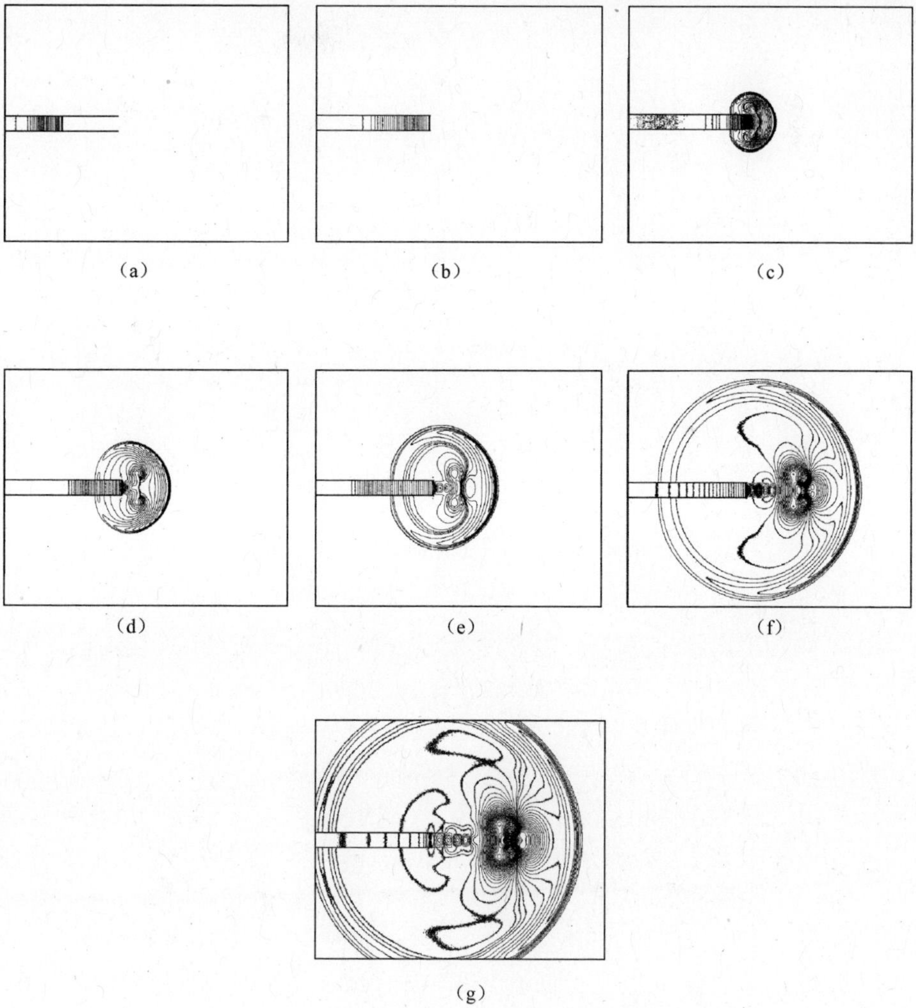

图 9.39　单次脉冲爆轰内外流场压力分布[15]

弯曲。$t/t_0=3.90$ 时(图(e)),爆轰产物排放速度减慢,内部压力下降,衰减的悬吊激波开始向下游运动,而管内稀疏波进一步向封闭端传播,并于 $t/t_0=4.59$ 时抵达封闭端。在 $t/t_0=6.60$ 时(图(f)),爆轰产物的内部压力低于环境压力,出现过膨胀,出口附近出现 X 形的相交斜激波。$t/t_0=8.64$ 时(图(g)),相交的斜激波退化为膨胀波-压缩波周期变化的驻波。

图 9.40 为单次脉冲过程,轴线压力分布曲线。图中竖直虚线为出口位置。封闭端点火后,管内出现强爆轰(曲线 2),随后成为 CJ 爆轰(曲线 3 和 4)。爆轰抵达管口时,在接触间断处,产生的反射稀疏波。泄出后,爆轰产物的膨胀,使当地压力下降(曲线 5)。$t/t_0=4.59$ 时刻,稀疏波抵达封闭端,使端面压力下降。在 $t=5.64$ 时刻,管口附近出现负压,爆轰产物处于过膨胀状态(曲线 6)。

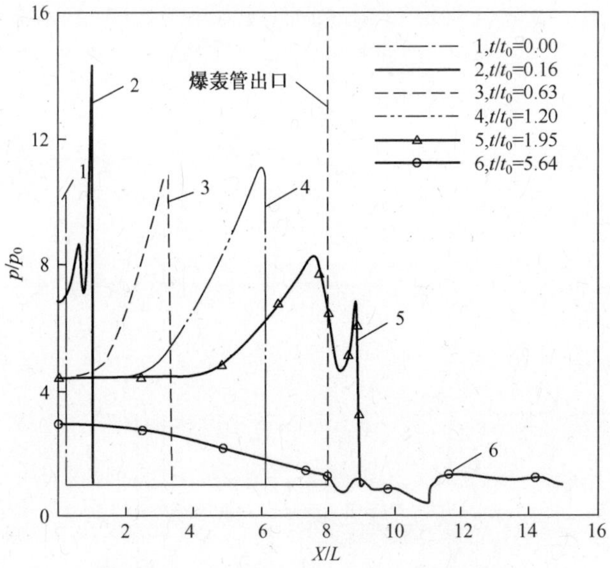

图 9.40 单次脉冲过程,轴线压力分布[15]

5. 推力壁面

图 9.41 为单次脉冲过程,爆轰管封闭端(左端,推力壁面),压力随时间的变化曲线。形成稳定爆轰前,端面压力出现突跃,这与设定的初始条件(高温高压火团点火)和点火后的过驱爆轰有关。随后,迅速降到 4.5 左右(CJ 爆压),并在稀疏波抵达封闭端前(图中 A 点,$t/t_0=4.59$),基本保持不变,形成推力平台。稀疏波抵达封闭端后,压力开始下降,直至等于环境压力(图中 B 点,$t/t_0=8.64$,$P/P_0=1.0$)。如果不进行充气,压力会继续下降,最低时($t/t_0=13.36$),约为环境压力的 36.4%,此时,壁面压力分布很不均匀。在外界大气压作用下,排出气体回流,使封闭端回复到环境压力,此后又下降,并小幅振荡。

图 9.42 为单次脉冲过程,封闭端温度变化曲线。初始时段,端面最高温度 $T/T_0=8.12$,大于爆温 $T/T_0=7.34$,与过驱爆轰有关。此后,温度下降,A 点时(稀疏

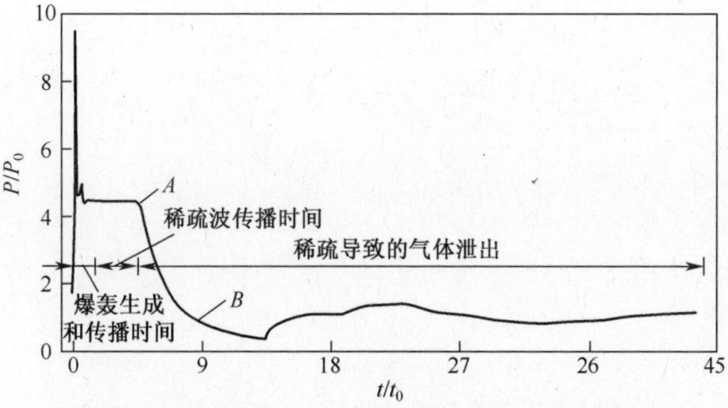

图 9.41　单次脉冲过程,封闭端压力变化曲线[14]

波抵达封闭端),$T/T_0 \approx 6.6$(约 2000K)。随后,继续下降。在 $t/t_0 = 13.36$ 时,降至最低,$T/T_0 \approx 4.27$(约 1273K)。此时,爆轰产物回流,温度又逐渐升高,且出现振荡。在 B 时刻,封闭端的压力 $P/P_0 = 1$,温度 $T/T_0 \approx 5.27$(约 1570K),如果充气,会出现意外点火。故充入可燃气之前,先充入惰性气体,形成缓冲隔离层。

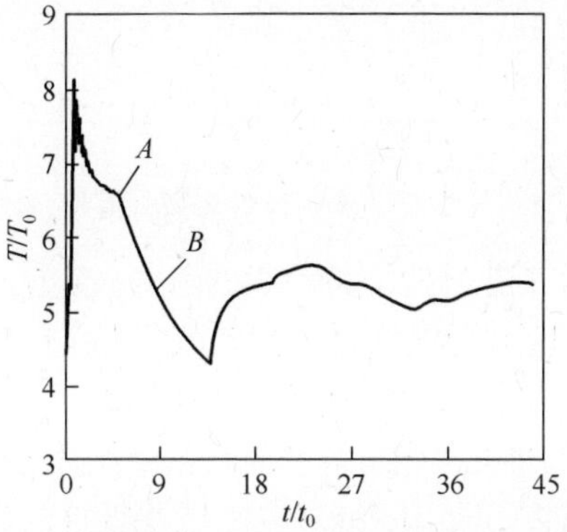

图 9.42　单次脉冲过程,封闭端温度变化曲线[14]

9.2.3　多次脉冲[17]

1. 数值研究

爆轰泄出时,产生向封闭端传播的稀疏波,抵达封闭端面后,端面压力下降,直至失去推力。此时,如果重新充气,再次点火起爆,便可实现新的脉冲循环。反复循环后,流场的周期变化将趋于稳定。

多次脉冲爆轰的数值研究基于二维反应流欧拉方程:

$$\frac{\partial \boldsymbol{U}}{\partial t} + \frac{\partial \boldsymbol{F}}{\partial x} + \frac{\partial \boldsymbol{G}}{\partial y} = \boldsymbol{S} \tag{9.11}$$

其中 $\boldsymbol{U}=\begin{pmatrix}\rho\\ \rho u\\ \rho v\\ E\\ \rho Z\end{pmatrix}$, $\boldsymbol{F}=\begin{pmatrix}\rho u\\ \rho u^2+p\\ \rho uv\\ u(E+p)\\ \rho uZ\end{pmatrix}$, $\boldsymbol{G}=\begin{pmatrix}\rho v\\ \rho uv\\ \rho v^2+p\\ v(E+p)\\ \rho vZ\end{pmatrix}$, $\boldsymbol{S}=\begin{pmatrix}0\\0\\0\\0\\ \dot{\omega}\end{pmatrix}$

压力 p 满足状态方程：$p=(\gamma-1)(E-\rho(u^2+v^2)/2-Z\rho Q)$

式中：Z 为反应物的质量分数；γ 为绝热指数；Q 为单位质量的反应物释放的热。

采用一步不可逆反应模型：

$$\dot{\omega}=-A\rho Z\exp(-E_a/RT)$$

取 $\gamma=1.29$，$A=7.5\times10^9/\mathrm{s}$，$E_a=4.794\times10^6\mathrm{J/kg}$，$Q=2.720\times10^6\mathrm{J/kg}$。

计算基于分裂算法，计算域如图 9.43 所示。爆轰管出口处（右端）装有先收敛后发散的喷嘴，收敛角为 45°，发散角为 15°。

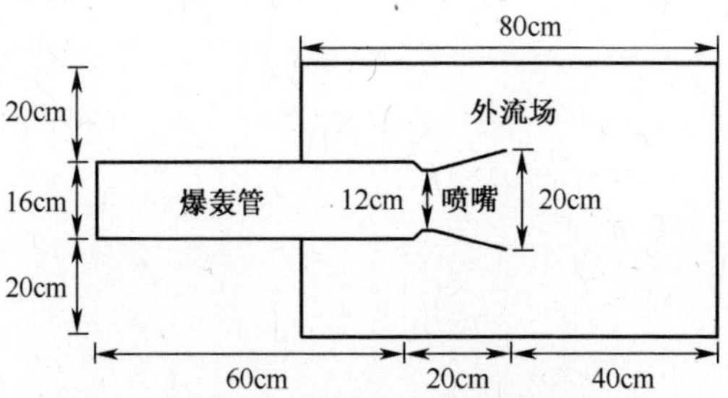

图 9.43 多次脉冲爆轰计算域

初始时刻，爆轰管内充满当量比为 1.0 的氢气-空气混合物，压力为 29kPa，温度为 228K。喷管和管外区域为同样状态的空气，内外流场均处于静止状态。

爆轰管左端，通过阀门与储气罐相连，罐内气体总压为 212kPa，温度为 428K。阀门关闭时，左端为固壁，即推力壁，打开时，左端为进气口。打开瞬间，进气处为接触间断，左侧为罐内气体。利用间断分解，可获得进气口参数变化，从而确定爆轰管左端边界条件。为防止意外点火，充气时，先输入惰性气体，形成隔离层，再输入可燃气体。故充气分为两个阶段：清场阶段（Purging Period）和再充气阶段（Refilling Period）。满足充气要求后，关闭阀门，点火起爆，进入脉冲循环。可采用直接起爆，即在爆轰管左端，设置长 0.02cm 的驱动气体区域，压力为 3MPa，温度为 2000K。爆轰管和喷嘴为刚性壁面，管外流场边界为无反射自由边界。

2. 内外流场

图 9.44 为首次脉冲循环，流场计算纹影图。

爆轰生成后，波后泰勒波稀疏波区使流场压力下降，泰勒波波尾和左端壁面之间为静止流场。$t=0.15\mathrm{ms}$ 时（图 9.44（a）），爆轰传至 29.5cm 处，静止流场宽为 15cm。$t=0.305\mathrm{ms}$ 时，爆轰传至喷嘴处，与接触间断相碰，反射波为稀疏波，在管内向上游传播，透射波为激波（称为引导激波），在喷嘴收敛段传播。

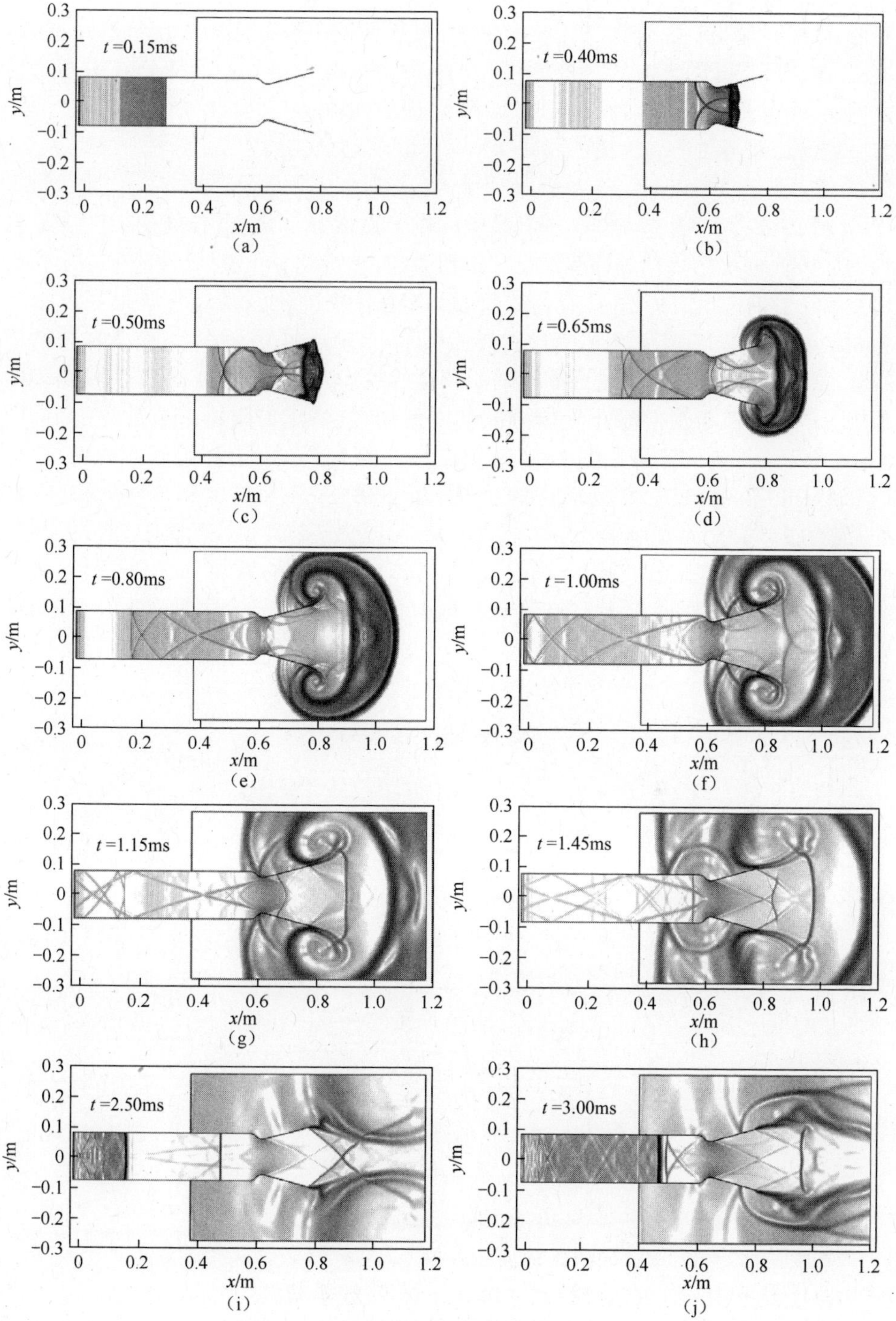

图 9.44　首次脉冲循环的流场变化[17]

$t=0.40$ms 时(图 9.44(b)),引导激波进入喷嘴发散段,管截面的扩张使激波变形,阵面一端与壁面垂直,另一端在中心对称面反射。壁面附近,激波后为超声速流,为调节喉管附近流场,生成第二激波;反射激波也因管截面变化在中心对称面相交,参见图 9.45(此为图 9.44(b)的局部放大流场)。此外,管内向上游传播的反射稀疏波与向下游传播的泰勒波作用,形成较窄的均匀流区(图 9.45 中,$x=$ 53cm 处),压力为 300kPa。

$t=0.50$ms 时(图 9.44(c)),引导激波位于喷嘴出口处,中心处的激波马赫数约为 2.93。向上游传播的稀疏波已穿过泰勒波,影响到静止流场,使该区缩小。反射激波在管内向上游传播,并在管壁反射和相互作用,形成复杂的激波波系。

$t=0.65$ms 时(图 9.44(d)),引导激波离开喷嘴,中心处的激波马赫数约为 2.53,由于流动急剧膨胀,壁面附近的激波马赫数接近 1,此情形与激波在锐角衍射相仿。产物射流与管外静止气体形成自由剪切层,在出口附近形成旋涡,参见图 9.46(此为局部放大流场),图 9.44(e)和(f)。图 9.46 中,上部旋涡的涡核,位于 $x=0.811$m,$y=0.136$m,该处质点静止,压力为 18kPa。由图 9.46,喷嘴出口壁面处,因膨胀形成 Prandtl-Meyer 流动,该流动终止于与旋涡相连的第二激波。在管内,激波在壁面反复反射,形成 λ 波(图 9.44(d)),且最终成为平面引导激波,见图 9.44(e)。$t=0.935$ 时,反射稀疏波和管内引导激波先后抵达左端面,并在端面反射,使端面静止流场区域的压力平台消失。端面压力在突然增加后,以振荡方式逐渐衰减,参见图 9.47,此为首次脉冲,左端壁面压力变化曲线。

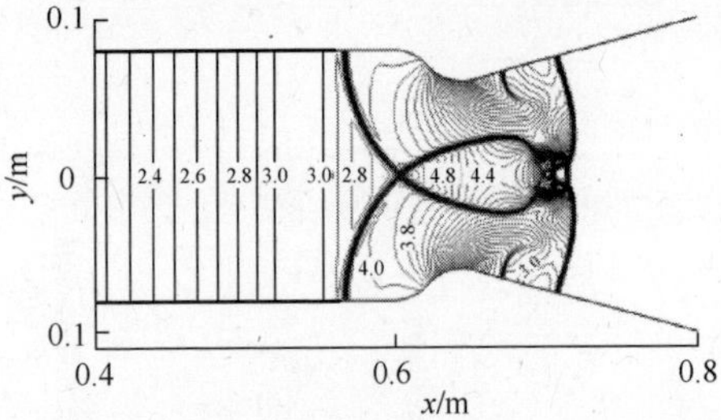

图 9.45　b 时刻,局部流场的压力等位线[17]

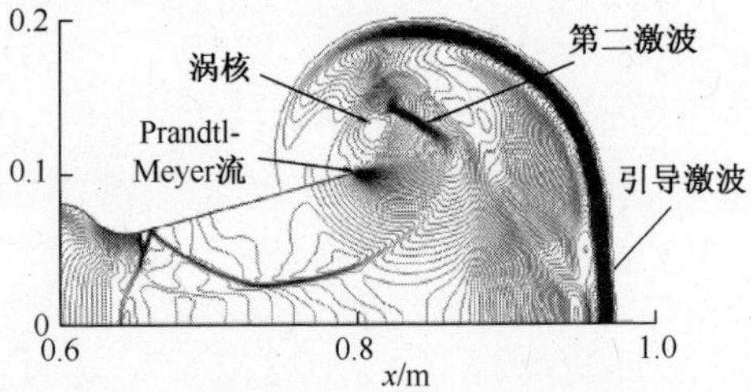

图 9.46　d 时刻,局部流场的压力等位线[17]

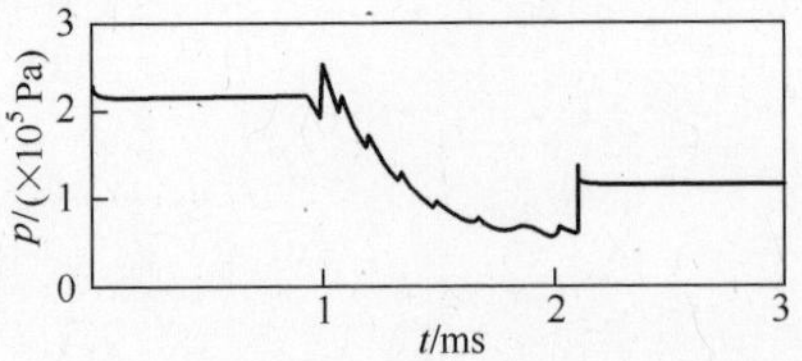

图 9.47　首次脉冲,左端壁面的压力变化曲线[17]

$t=1.00$ms 时(图 9.44(f)),部分引导激波阵面已超出计算域,涡核处压力,随旋涡向下游漂移(0.829m,0.175m)而下降(7kPa)。两道第二激波相交,Prandtl-Meyer 流区依然存在。此时,喷嘴出口处压力为 48kPa,高于环境压力(29kPa),故产物射流仍处于欠膨胀状态。喉管附近,为声速区域,该区域以逐渐向下游倾斜的方式,由壁面向中心延伸。中心线上,马赫数略小于1。由于管口气流的膨胀,沿中心线下游方向,马赫数略有增加。管口处 $Ma=1.05$ 为超声速流(参见图9.48(a),此为流场马赫数分布图)。

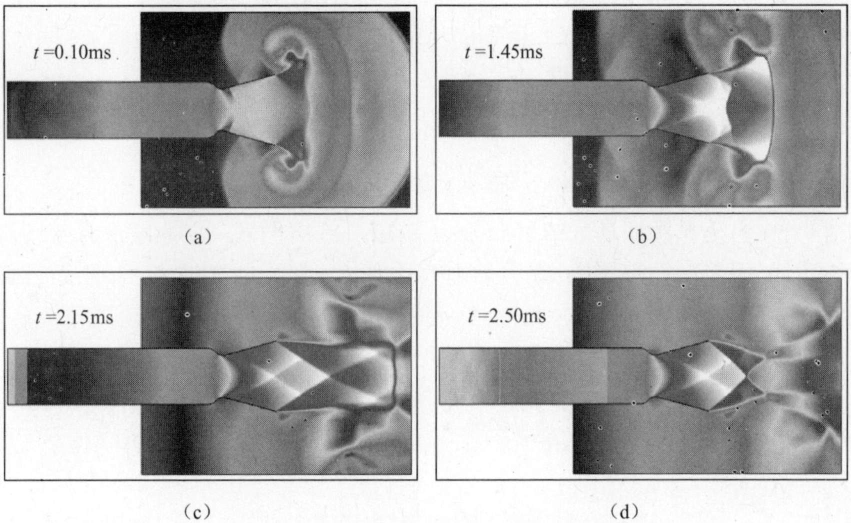

图9.48　首次脉冲,流场马赫数分布[17]

$t=1.45$ms 时(图9.44(h)和图9.48(b)),出口处中心压力降至13kPa,壁面压力为21kPa,喷嘴射流为过膨胀状态。出口边缘出现斜激波,Prandtl-Meyer 流已消失。喷管内,喉管下游为超声速流动,出口中心处 $Ma\approx2.2$。

$t=2.10$ms 时,左端面压力为60kPa。打开阀门,充入惰性气体。因间断分解(间断两侧分别为惰性气体和已燃物,温度为370K和1916K),形成右传激波(参见图9.48(c))、右传接触间断和左传稀疏波。0.1ms后,即 $t=2.20$ms,充入可燃气,此时,可燃气的压力和速度分别为116kPa和423m/s,可燃气与惰性气之间也存在接触间断。

$t=2.50$ms 时(图9.44(i)),激波和两个接触间断,分别位于0.5m、0.18m和0.13m处。喷嘴出口处压力降为6kPa。此时,出口边缘的斜激波在中心相碰,其反射激波与射流边界(剪切层)作用,形成稀疏波(参见图9.48(d)),流场具有过膨胀射流的特征结构。随着出口压力的继续下降,斜激波碰撞点(即激波交叉点)向上游移动,逐渐出现马赫干。

$t=3.0$ms 时(图9.44(j)),间断分解形成的激波离开喷嘴,与外流场已经存在的波系作用。可燃物(即第二道接触间断),已传至2/3管长处,压力从左端(壁面)116kPa降为右端(接触间断面)60kPa(远高于环境压力29kPa),速度从左端430m/s上升为右端600m/s。关闭阀门,进行起爆,完成一次脉冲循环。

多次脉冲循环后,流场稳定周期变化。图9.49为5次循环过程,左端壁面压力变化曲线。显然,流场经5次循环已趋于稳定。稳定时,压力平台不复存在。

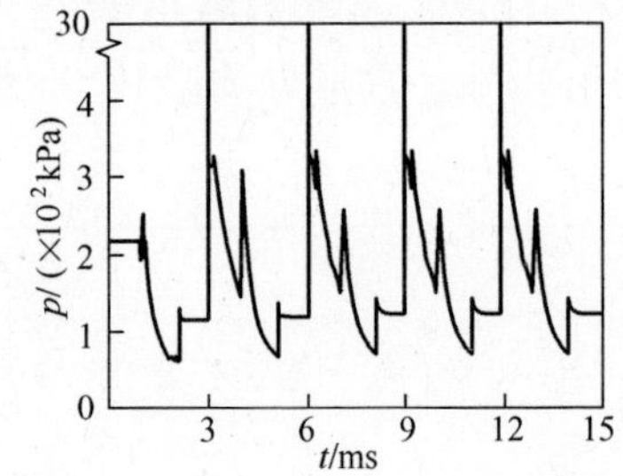

图9.49　多次循环的壁面压力脉冲[17]

图9.50为第5次循环的流场计算纹影图。首次循环时,爆轰波前流场静止。以后的循环,因前次循环影响,爆轰波前介质是流动的(约500m/s)。于是,爆轰传播速度增加,管内滞留时间减少。此外,喷管出口中心处,始终为超声速流。而首次循环,开始阶段,出口流场静止,后来逐步发展为超声速流。

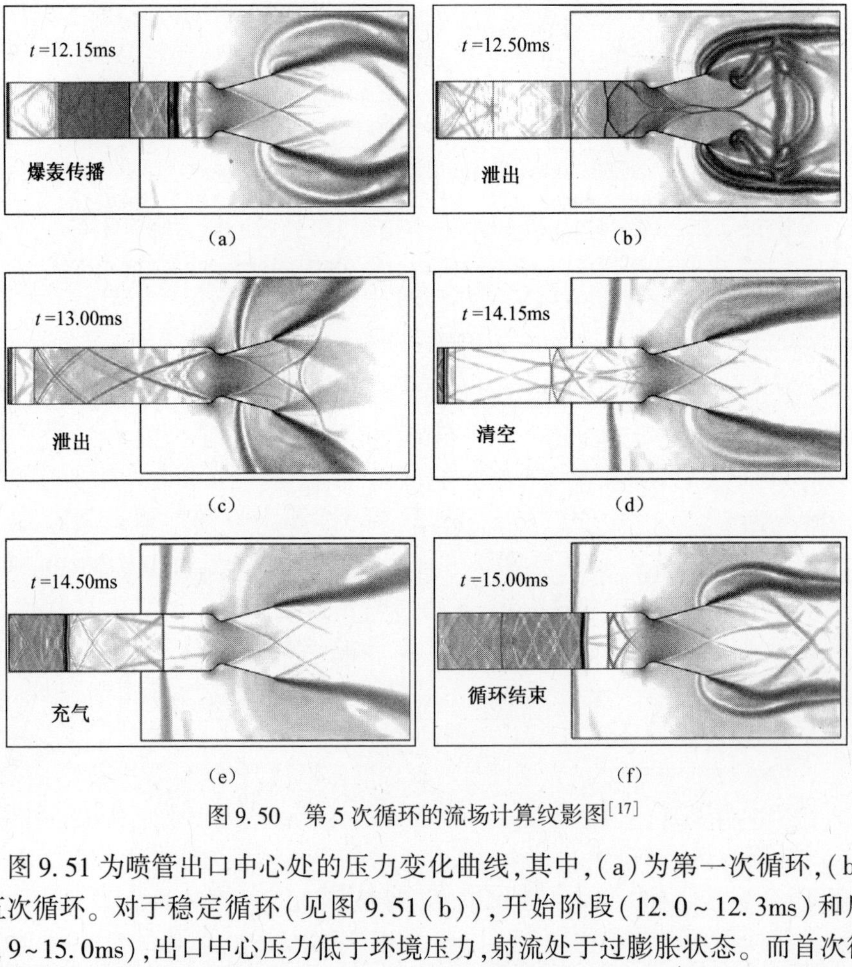

图9.50　第5次循环的流场计算纹影图[17]

图9.51为喷管出口中心处的压力变化曲线,其中,(a)为第一次循环,(b)为第五次循环。对于稳定循环(见图9.51(b)),开始阶段(12.0~12.3ms)和后期(12.9~15.0ms),出口中心压力低于环境压力,射流处于过膨胀状态。而首次循环

(见图 9.51(a)),开始阶段,为欠膨胀射流,后期(约 1.4ms 后)为过膨胀射流。

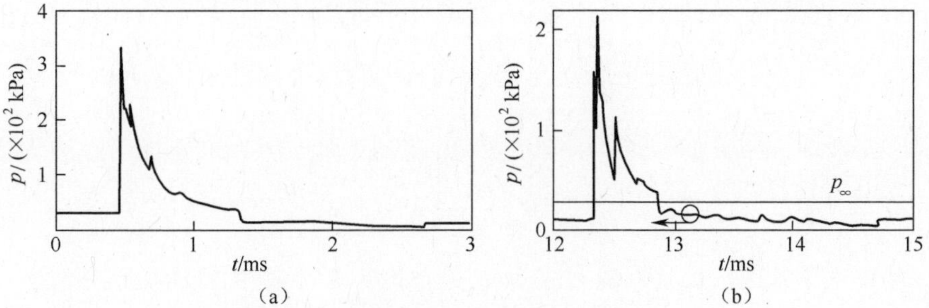

图 9.51 喷管出口中心压力变化曲线[17]

总之,首次循环,在 0~0.5ms 期间,外流场是静止的,见图 9.44(a)~(c)。0.5~1.4ms 期间,外流场为欠膨胀流场,管口存在 Prandtl-Meyer 流区,第二激波(悬吊激波)驻定在旋涡上,见图 9.44(d)~(g)。1.4ms 以后,外流场为过膨胀流场,斜激波驻定在管口,Prandtl-Meyer 流区消失。随着流场的发展,相交的斜激波退化为压缩波-稀疏波周期变化的驻波,见图 9.44(h)~(j)。对于第五次循环(始于 12ms),在 12.0~12.3ms 期间,外流场为过膨胀流场,斜激波驻定在管口,见图 9.50(a)。爆轰泄出后,在 12.3~12.9ms 期间,为欠膨胀,管口存在 Prandtl-Meyer 流区,见图 9.50(b)。12.9~15.0ms 期间为过膨胀,见图 9.50(c)~(f)。15.0ms 时,开始下次循环。

3. 流动系统

以上计算,未扰动的外流场是静止的。如果考虑爆轰管与环境的相对运动,外流场左部边界,流体是运动的,设其速度为 636m/s,即 $Ma_\infty=2.1$。图 9.52 为 $t=14.5$ms 时,流场的计算纹影图。由于出口处,始终为超声速流动,故与图 9.50(e)(初始外流场静止)相比,管内流场基本相同,尽管外流场差别很大。因此,环境气体流动,对推力和冲量无实质影响。

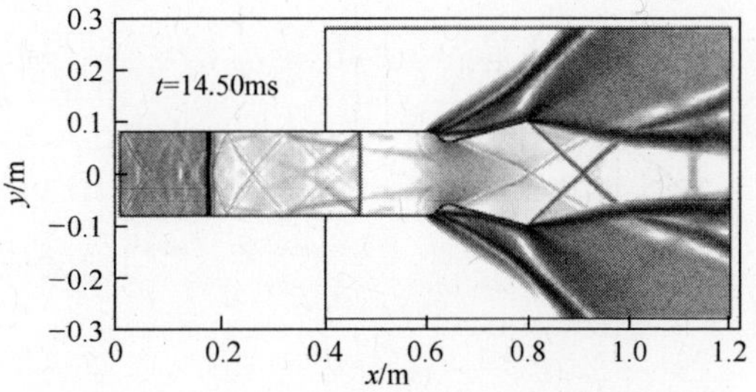

图 9.52 流动环境,爆轰流场计算纹影图[17]

9.3 爆轰衍射

激波经外凸角,进入扩张通道时,拐角处产生的稀疏扰动,将影响激波阵面形状和波后流场,此现象称为激波衍射(Diffraction)。T 型管中,激波由垂直通道进入水平通道后,衍射激波如图 9.53 所示,其中直线部分为未扰动阵面,曲线部分为扰动阵面(衍射激波)。两者结合点与垂直线的夹角称为扰动角, $\alpha = \arctan \dfrac{v}{U_s}$,其中, $v = \sqrt{c^2 - (U_s - u)^2}$,u 为质点(扰源)运动速度,U_s 为未受扰动激波传播速度,c 为扰动传播速度,即声速。被扰动阵面不断扩展,扰动角随之增大,但流场是对称的。

如果水平管内气体从左向右流动,流动速度为 v',两侧的扰动角则分别为

$$\alpha = \arctan \frac{v + v'}{U_s} \quad 和 \quad \alpha' = \arctan \frac{v - v'}{U_s}$$

此时,衍射激波如图 9.54 所示,激波阵面向下游倾斜,流场不再对称。

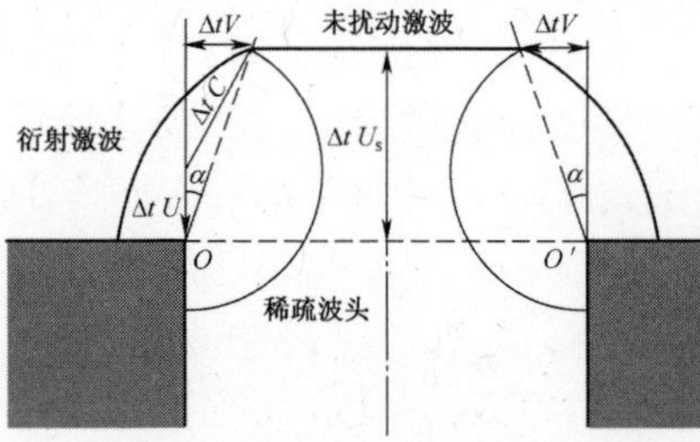

图 9.53　静止系统激波衍射

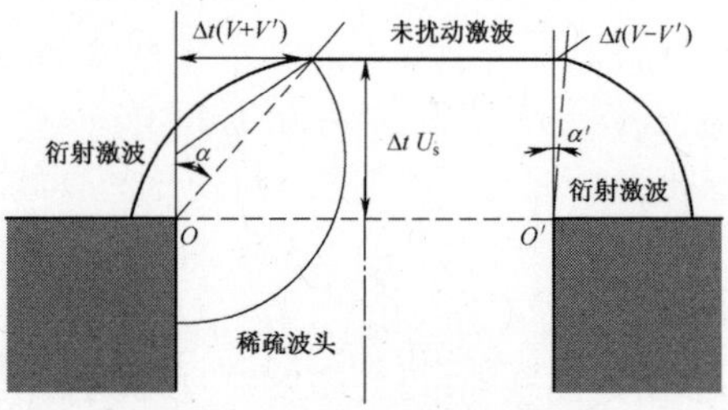

图 9.54　流动系统激波衍射

爆轰也会在拐角处衍射,图 9.55 为不同时刻的衍射爆轰阵面,其中(a)和(b)分别为静止系统和流动系统。与衍射激波相似,静止系统,衍射流场对称;流动系统,爆轰阵面向下游倾斜,流场不再对称。

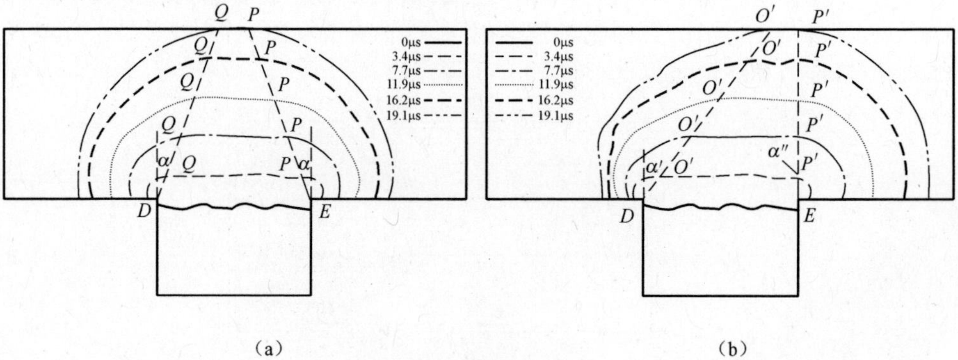

图 9.55　爆轰衍射[18]

9.3.1　静止系统[19,20]

利用五阶 WENO 格式,求解二维反应流欧拉方程,讨论 T 型管的爆轰衍射。计算域如图 9.56 所示,水平燃烧室长 31cm,宽 3.2cm,在其中心位置与长 1.8cm、

宽 3cm 的垂直爆轰管相连。管内充满常温常压的 $H_2/O_2/Ar$ 混合物，其中 75% 为等当量比的 H_2/O_2 混合物，其余为稀释剂 Ar。采用 9 组元（分别为 H、O、H_2、OH、H_2O、O_2、HO_2、H_2O_2 和 Ar）和 48 个反应的基元反应模型。水平管的左/右两端为可扩张的无扰动边界，垂直管下边界为外插边界。其余边界为滑移固壁。初始时刻，垂直管中稳定传播的平面爆轰抵达管口。

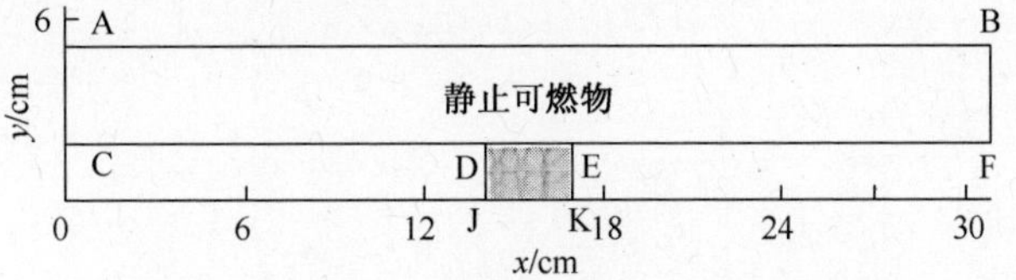

图 9.56 爆轰衍射计算域

图 9.57 为不同时刻，衍射爆轰流场的数值阴影图。初始时刻，垂直管中，平面 CJ 爆轰即将进入水平管，如图 9.57(a) 所示。爆轰进入水平管后，由于拐角稀疏波的影响，被扰动的爆轰阵面上，激波与火焰解耦，出现预压诱导区，如图 9.57(b) 所示（图 9.57(d) 为图 9.57(b) 中方框部分的放大图），未扰动阵面仍以平面爆轰的形式向上稳定传播。随着流场发展，被扰动阵面不断增大，未扰动部分不断减小。最终，未扰动阵面抵达水平管上壁面，如图 9.57(c) 所示。

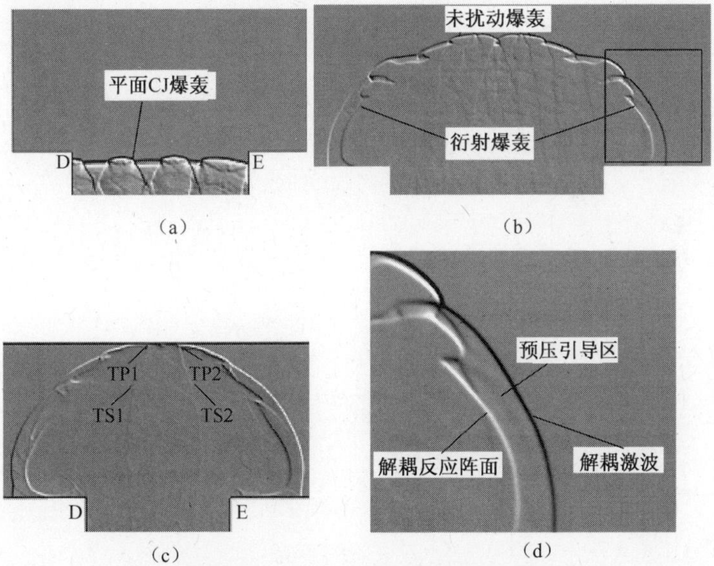

图 9.57 反射前，衍射爆轰计算流场[19]

爆轰抵达上壁面时，解耦激波在上壁面反射，生成马赫干和反射激波。马赫干诱发爆轰，记作 MD，在水平方向，沿上壁面传播。反射激波在垂直方向（横向）传播，在预压诱导区内，为横向爆轰 TD，在燃烧产物中仍为惰性激波 TS，如图 9.58(a) 所示。图 9.58(b) 为 (a) 中方框部分的放大图。此时，衍射爆轰由三部分组成：解耦的引导激波，MD 和 TD。MD 和 TD 波后，流场具有复杂的精细结构。

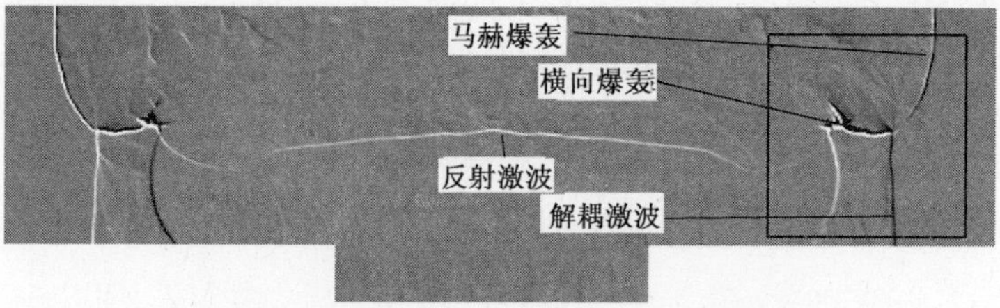

(a)

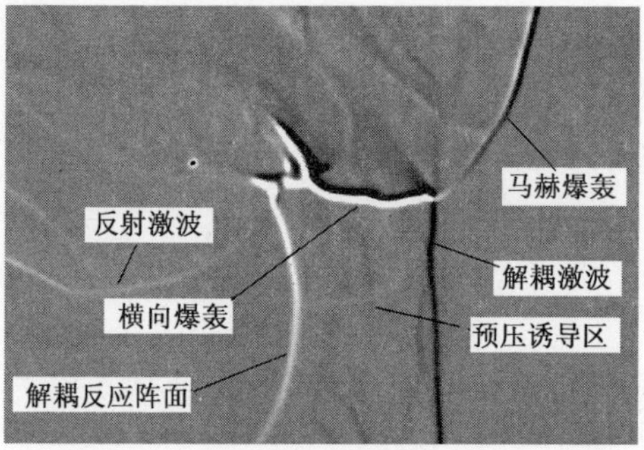

(b)

图 9.58　反射后,衍射爆轰计算流场[19]

图 9.59 为爆轰在上壁面反射后,流场发展的计算阴影图。TD 抵达下壁面时,

图 9.59　反射后,衍射爆轰流场变化图[19]

MD 作为入射波在下壁面反射，形成新的马赫爆轰。此时，衍射爆轰由入射爆轰(旧马赫爆轰)，马赫爆轰和反射波 TS 组成。新马赫爆轰与壁面垂直，逐渐成为水平管中传播的平面爆轰。

图 9.60 为衍射过程的爆轰胞格，其中，(a)为实验结果，(b)为计算结果。两者定性相似。图中Ⅰ区和Ⅱ区为未扰动爆轰的传播区，存在规则胞格。Ⅲ区的引导激波与反应阵面完全解耦，未出现胞格。Ⅳ区为横向爆轰传播区，胞格尺度很小。Ⅴ区为马赫爆轰传播区，胞格尺度较大。Ⅵ区为爆轰在下壁面反射形成的新马赫爆轰传播区，胞格尺度变小。此后，爆轰逐渐成为平面爆轰，具有规则胞格。

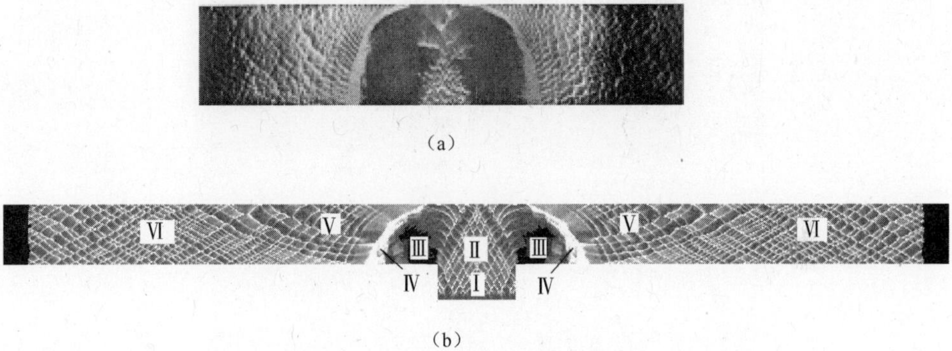

图 9.60 衍射过程的爆轰胞格[21]

9.3.2 流动系统[18]

图 9.61 所示 T 型管，垂直管中心轴线在 9.6cm 处与水平管相连。水平管内气体从左向右流动。其余情形与静止系统(见 9.3.1 节)相同。

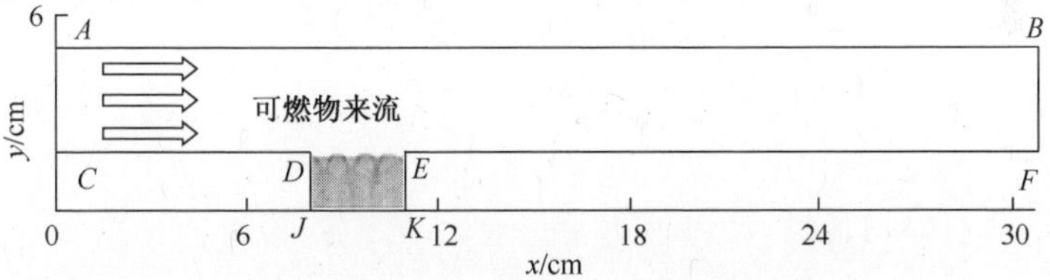

图 9.61 流动系统，爆轰衍射计算域

图 9.62 为流动系统，衍射爆轰流场的计算阴影图。其中，(a)、(b)和(c)对应的水平来流速度分别为 304m/s、570m/s 和 1140m/s(马赫数为 0.8、1.5 和 3.0)。每张图分上下两部分，下图为上图方框内的放大图。爆轰由垂直管进入水平管后，波后高压气流的射入，将阻碍固有水平流动，使左侧气体压缩，右侧气体膨胀。因此，与静止系统相比，流动系统中(从左向右流动)，垂直入射气流促成右侧衍射爆轰的阵面解耦，阻碍左侧爆轰的解耦。来流速度越大，影响越大。来流速度足够大时，左侧衍射爆轰在下壁面附近，以平面爆轰形式传播，见图 9.62(c)。此时，衍射爆轰和未扰动爆轰之间为斜爆轰，具有图 9.15 所示的单三波点结构。

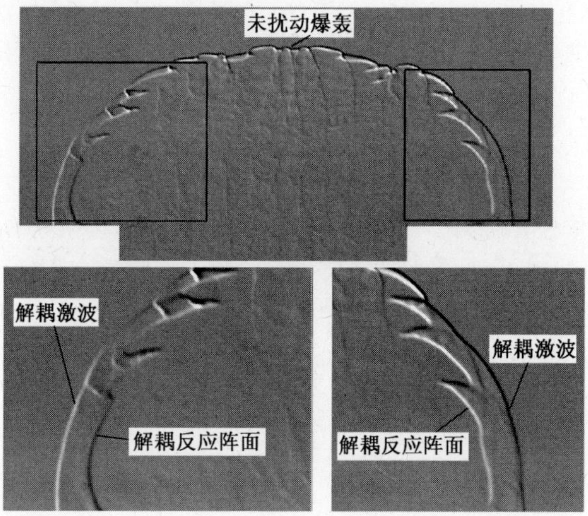
未扰动爆轰
解耦激波
解耦反应阵面
解耦激波
解耦反应阵面

(a)

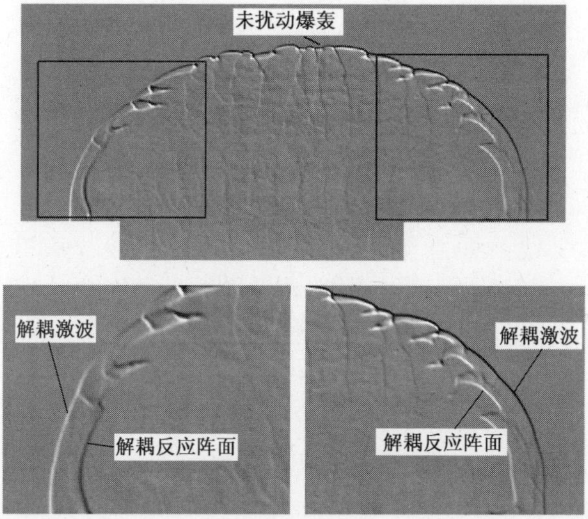
未扰动爆轰
解耦激波
解耦反应阵面
解耦激波
解耦反应阵面

(b)

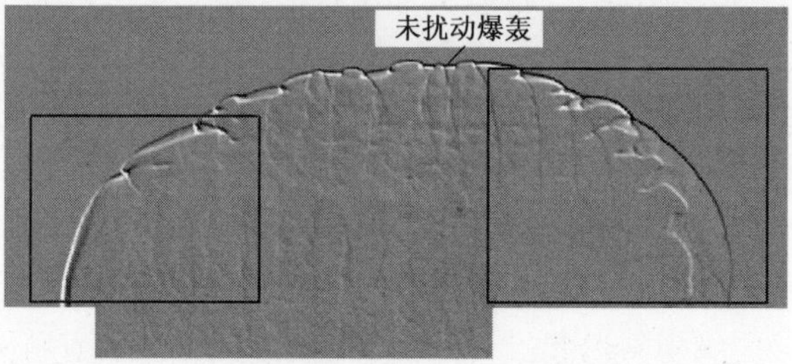
未扰动爆轰

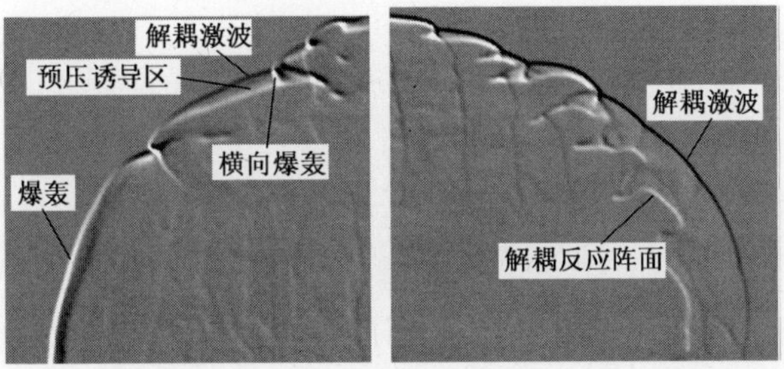

(c)

图 9.62　流动系统，衍射爆轰流场计算阴影图[19]

不同来流速度的衍射爆轰流场，其瞬间壁面压力剖面如图 9.63 所示。来流速度增加时，左侧激波增强，右侧激波减弱。

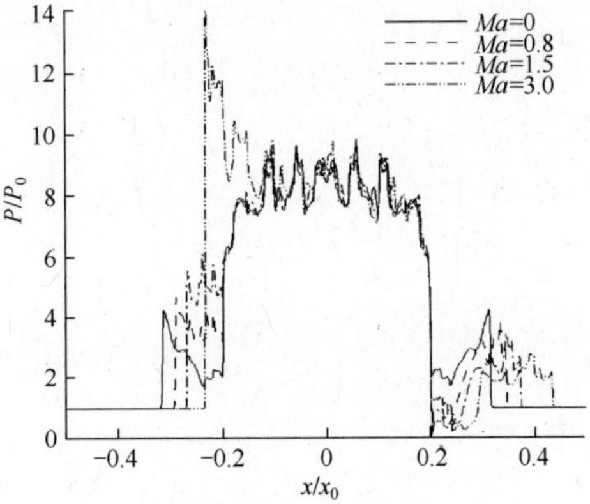

图 9.63　衍射爆轰壁面压力分布[19]

图 9.64 为衍射爆轰流场变化的计算阴影图，其中，(a)和(b)的来流速度分别为 304m/s 和 570m/s。与静止系统类似，衍射爆轰也经历熄灭、再生和稳定传播的变化过程，但流动系统中，左侧较右侧更易形成稳定爆轰。

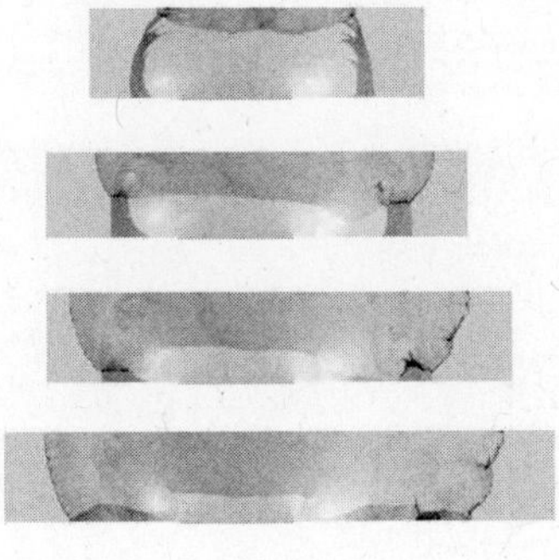

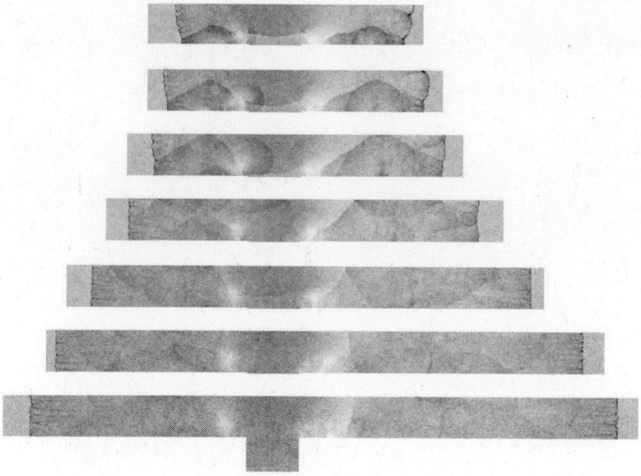

(a)

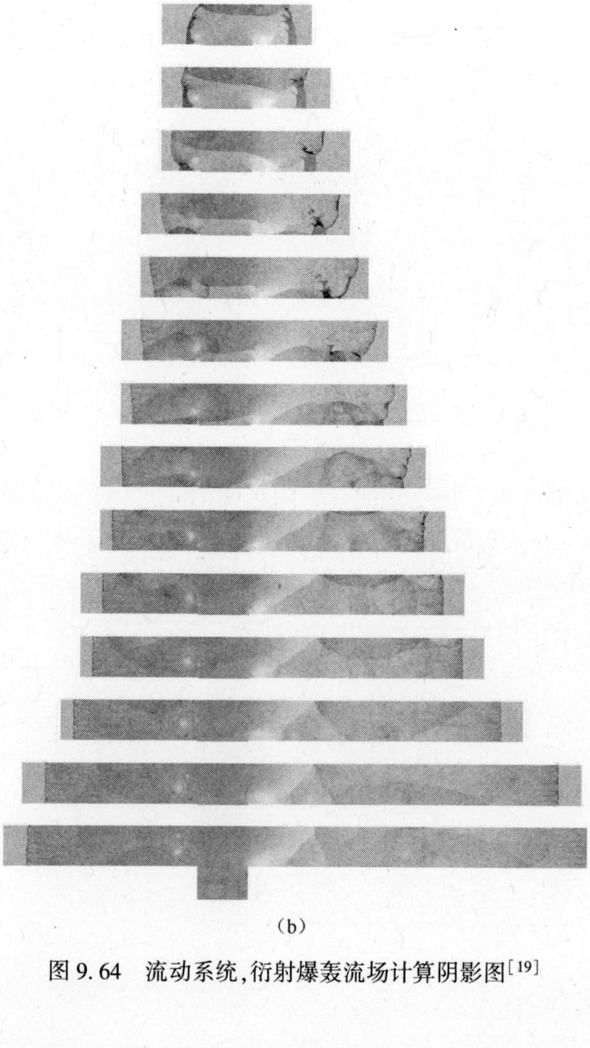

(b)

图 9.64　流动系统,衍射爆轰流场计算阴影图[19]

来流速度为 1140m/s 时,衍射爆轰流场的计算阴影如图 9.65 所示。左侧下壁面附近,未出现激波与反应阵面的解耦。与其相邻的是斜爆轰,具有单三波点结构。爆轰抵达上壁面时,斜爆轰在壁面反射,形成马赫干,此为过驱爆轰,最终发展为面向上游的平面爆轰。在右侧,与反应解耦的引导激波在上壁面反射,形成马赫干和反射激波。此时,因马赫干较弱,未能诱发爆轰,记作 MS。在预压诱导区传播的反射激波形成横向爆轰,记作 TD。MS 和 TD 复合波在下壁面反射,形成新的 TD。经来回反射后,MS 转变为马赫爆轰 MD,最终形成向下游传播的平面爆轰。

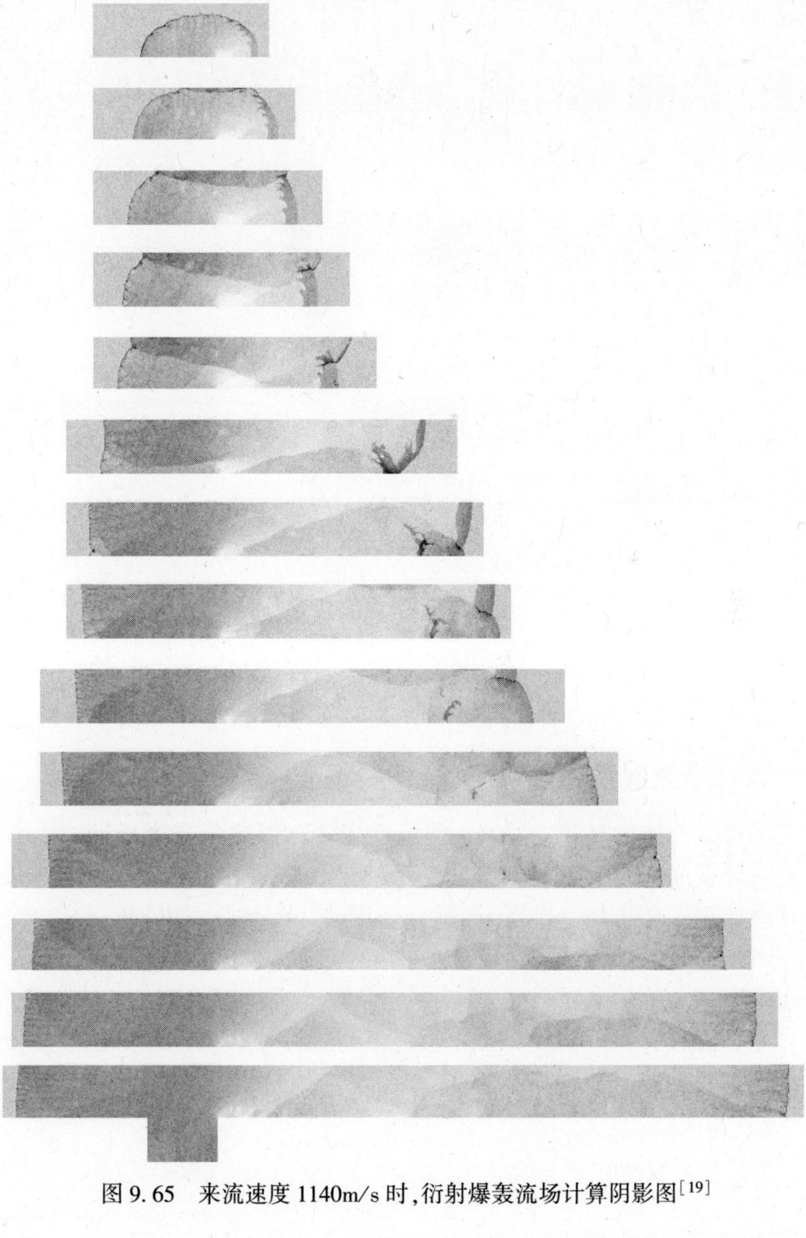

图 9.65　来流速度 1140m/s 时,衍射爆轰流场计算阴影图[19]

图9.66为流动系统，衍射过程的爆轰胞格。其中，(a)、(b)和(c)对应的来流速度分别为304m/s、570m/s和1140m/s。对于图9.66(a)和(b)，流动使Ⅱ区向下游倾斜；无胞格的Ⅲ区，右侧扩张，左侧萎缩；Ⅴ区的胞格，右侧变大，左侧变小。对于图9.66(c)，爆轰在左侧衍射时，未出现阵面解耦，故Ⅲ区和Ⅳ区消失，代之以Ⅶ区，此为斜爆轰传播区域。斜爆轰在上壁面反射后，最终形成面向上游的平面爆轰，其传播区域为Ⅵ区。在右侧，衍射爆轰经上下壁面的两次反射，形成马赫爆轰，故Ⅲ区和Ⅳ区在右侧出现两次。马赫爆轰最终成长为面向下游的平面爆轰，传播区域为Ⅵ区。显然，左侧爆轰胞格远小于右侧爆轰胞格。

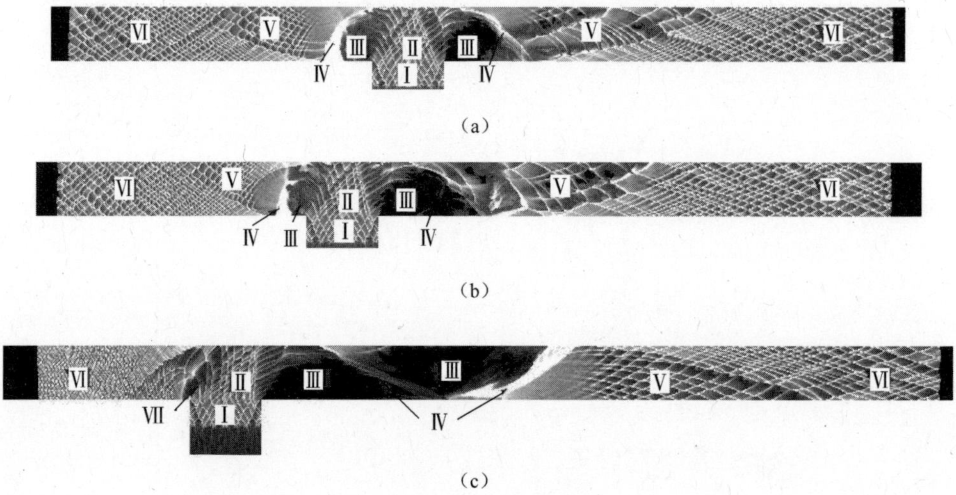

图9.66 流动系统，衍射过程的爆轰胞格[19]

9.4 旋转爆轰

9.4.1 旋转爆轰现象[18,22,23]

在充满可燃气体的环形容器中，爆轰可绕轴以恒定角速度旋转，称为旋转爆轰。环型管外壁面为凹型收敛壁面，对流场有压缩效应，内壁为凸型发散壁面，对流场有稀疏效应。在内外壁作用下，爆轰强度沿径向增强，外壁传播速度最大，内壁最小，于是，在管内爆轰可自持旋转。

1. 数值研究

贴体坐标(ξ,η,ζ)中，无量纲三维反应流欧拉方程

$$\frac{\partial Q}{\partial t}+\frac{\partial F}{\partial \xi}+\frac{\partial G}{\partial \eta}+\frac{\partial H}{\partial \zeta}=S \tag{9.12}$$

其中

$$
Q=\begin{pmatrix}\rho_1\\ \vdots\\ \rho_K\\ \rho u\\ \rho v\\ \rho w\\ E\end{pmatrix}\quad
F=\begin{pmatrix}\rho_1\overline{U}\\ \vdots\\ \rho_K\overline{U}\\ \rho\overline{U}u+p\xi_x\\ \rho\overline{U}v+p\xi_y\\ \rho\overline{U}w+p\xi_z\\ \overline{U}(p+E)\end{pmatrix}\quad
G=\begin{pmatrix}\rho_1\overline{V}\\ \vdots\\ \rho_K\overline{V}\\ \rho\overline{V}u+p\eta_x\\ \rho\overline{V}v+p\eta_y\\ \rho\overline{V}w+p\eta_z\\ \overline{V}(p+E)\end{pmatrix}\quad
H=\begin{pmatrix}\rho_1\overline{W}\\ \vdots\\ \rho_K\overline{W}\\ \rho\overline{W}u+p\zeta_x\\ \rho\overline{W}v+p\zeta_y\\ \rho\overline{W}w+p\zeta_z\\ \overline{W}(p+E)\end{pmatrix}\quad
S=\begin{pmatrix}\dot{\omega}_1\\ \vdots\\ \dot{\omega}_K\\ 0\\ 0\\ 0\end{pmatrix}
\tag{9.13}
$$

ρ_k 为 k 组分浓度；ρ 为密度；u、v、w 分别是笛卡儿坐标系中 x、y、z 方向的速度分量；p 为压力。

$$
\overline{U}=u\xi_x+v\xi_y+w\xi_z
$$

$$
\overline{V}=u\eta_x+v\eta_y+w\eta_z
$$

$$
\overline{W}=u\zeta_x+v\zeta_y+w\zeta_z
$$

为贴体坐标中的速度分量。

k 组分的净生成速率

$$
\dot{\omega}_k=\sum_{i=1}^{l}(\gamma''_{ki}-\gamma'_{ki})\left(k_{fi}\prod_{k=1}^{K}[X_k]^{\gamma'_{ki}}-k_{bi}\prod_{k=1}^{K}[X_k]^{\gamma''_{ki}}\right)
$$

式中：I 为基元反应数；K 为组元数；γ'_{ki}、γ''_{ki} 分别表示第 i 个基元反应中第 k 种物质的正、逆反应计量系数；$[X_k]$ 为组分 k 的摩尔浓度；k_{fi}、k_{bi} 分别表示第 i 个基元反应的正、逆反应速率常数，遵循 Arrhenius 定律。

可燃气体为等当量的 H_2/O_2 混合物，采用 8 组元和 19 个基元反应的燃烧模型。对流项采用五阶精度的 WENO 格式，时间项采用二阶精度的半隐 Runge-Kutta 法，反应源项则采用 Gear 格式。

设环形容器的矩形截面高度很小，可采用二维近似，计算域如图 9.67(a) 所示。由于爆轰波前状态不变，采用随爆轰移动的计算窗口，如图 9.67(b) 所示。贴体坐标的计算窗口如图 9.67(c) 所示。内壁面 AA' 和外壁面 BB' 为绝热滑移壁面，满足

$$
\left.\frac{\partial(\overline{U}/\xi)}{\partial\xi}\right|_w=0,\ \overline{V}\big|_w=0
\tag{9.14}
$$

左边界为波前恒定状态。由于窗口的移动，右边界由上一时刻的流场决定，为已知值。

初始时刻，计算窗口由两部分组成，一部分为圆环段，另一部分为与圆环相切的直管，参见图 9.67(b)。直管内，为 CJ 爆轰。

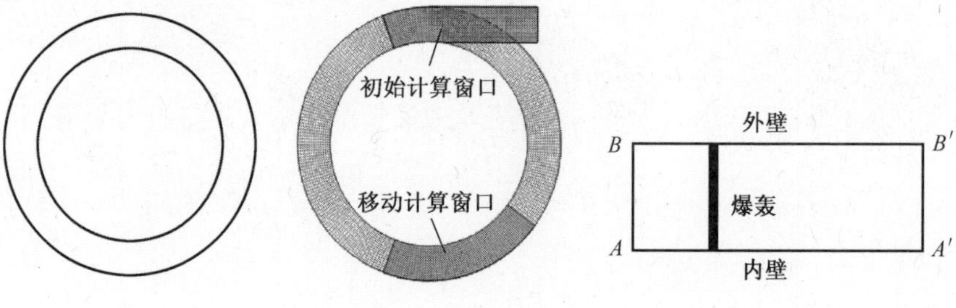

（a）　（b）　（c）

图 9.67　旋转爆轰计算域

2. 爆轰流场

图 9.68 为环型管中流场 OH 质量分数分布的计算结果，其中，(a)为分布图，(b)为阴影图。外壁附近的 OH 浓度明显高于内壁，反应区宽度短于内壁。这说明，外壁面的压缩作用，使引导激波增强，加剧化学反应；内壁面的稀疏作用，使引导激波减弱，削弱化学反应。

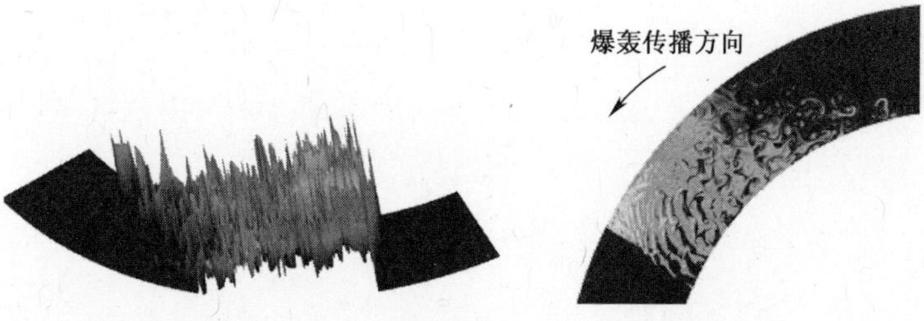

（a）　（b）

图 9.68　旋转爆轰流场 OH 质量分数分布[25]

图 9.69 为不同时刻，H_2 质量分数分布阴影图，图中实线为引导激波阵面。由图 9.69(a)可见，内壁附近，因稀疏作用，引导激波与反应区分离，反应区内出现未燃气泡。在横向反射波作用下，此类气泡容易产生局部爆炸，如图 9.69(b)所示。局部爆炸形成的横向波向外侧传播，如图 9.69(c)~图 9.69(e)所示。外壁面附近流场，因壁面压缩，基本为过驱爆轰。横向波传至该区时，未燃气泡已基本消失，如图 9.69(f)所示。此后，内壁附近会再次出现波后未燃气泡，重复上述过程，参见图 9.70。

图 9.70 为不同时刻，稳定旋转爆轰波后局部流场压力阴影图。图中，实线为内壁局部爆炸产生的横向波的传播轨迹。一方面，内壁稀疏效应，使激波和反应解耦，导致爆轰熄灭。另一方面，在外侧过驱爆轰带动下，引导激波在内壁发生马赫反射，导致局部爆炸，使爆轰再生。在内/外壁面影响下，爆轰得以调整形状，使阵面与圆环径向耦合。

3. 胞格结构

对于三维流场，旋转爆轰阵面存在两类横波，分别在展向(截面宽的方向)和

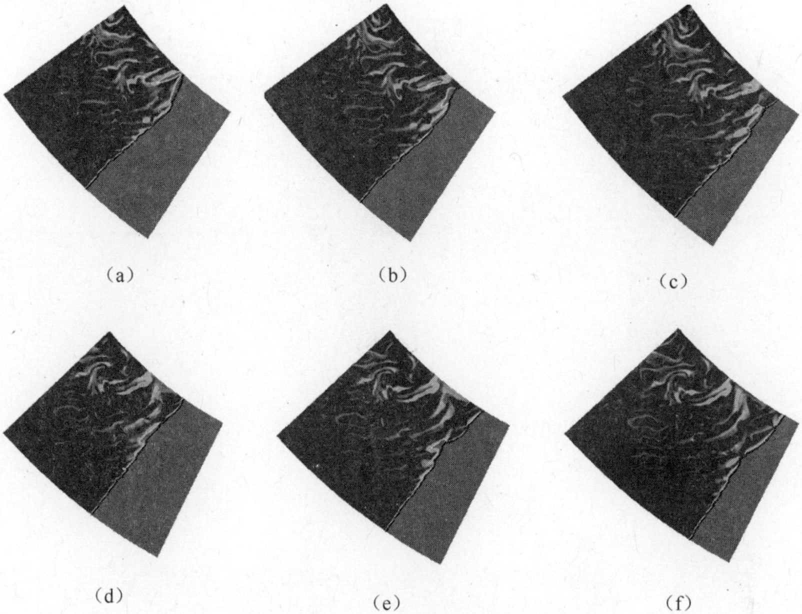

图 9.69　旋转爆轰流场 H_2 质量分数分布[25]

(a) t = 259.39ms；(b) t = 259.53ms；(c) t = 259.66μs；(d) t = 259.93μs；(e) t = 260.07μs；(f) t = 260.22μs。

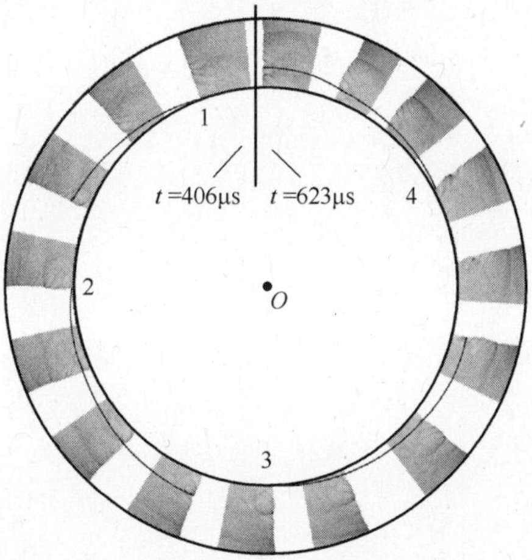

图 9.70　旋转爆轰阵面的周期变化[26]

法向(截面高的方向)传播,同时,也存在展向和法向传播的两类三波点。上下壁面记录展向传播的三波点轨迹,内外侧壁面则记录法向传播的三波点轨迹。

在环形管下壁面设置烟箔,实验爆轰胞格如图 9.71(a)所示。图 9.71(b)为计算胞格,两者定性一致。胞格大小决定于爆轰强度,外侧壁面的压缩,使爆轰增强,胞格尺寸减小,内侧壁面的稀疏使胞格变大。

图 9.72 为旋转爆轰的三维计算胞格。其中,(a)为立体图,爆轰反时针旋转;(b)为壁面展开图,从上到下分别为外侧面,上壁面和内侧面,爆轰向右传播。

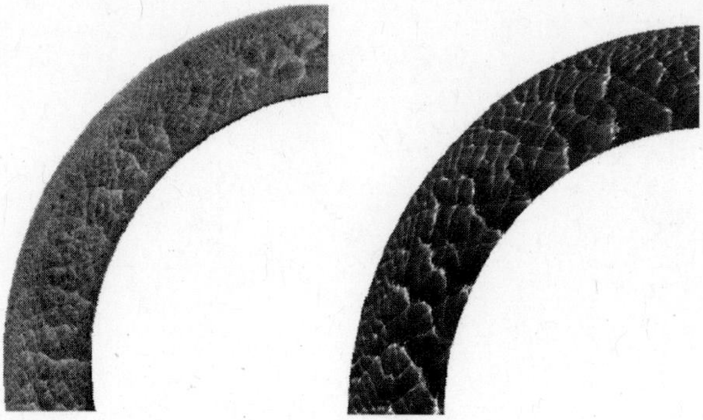

（a）　　　　　　　　（b）

图 9.71　旋转爆轰胞格[24]

（a）

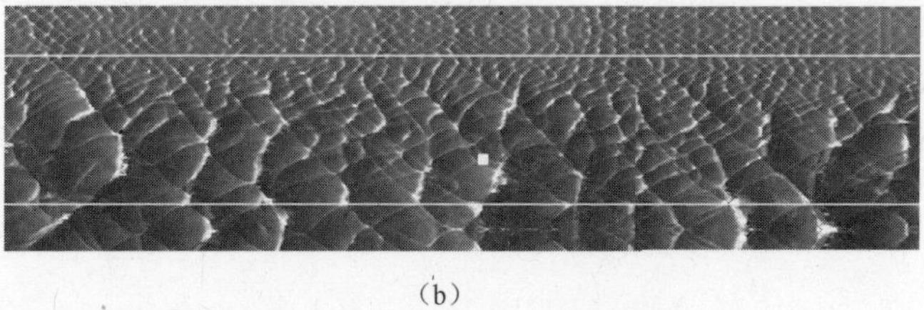

（b）

图 9.72　旋转爆轰三维胞格[27]

内侧壁面,因稀疏作用,横波间距较大,仅存在一对相向运动的三波点,形成单头胞格。外侧壁面为收敛壁,横波间距变小,出现形状规整的多头胞格。

图 9.73 为引导激波阵面图,阵面被三波线划分成若干不规则区域。越接近外侧,所划区域越多,区域面积越小。

图 9.73　旋转爆轰阵面的强度分布[27]

9.4.2 持续旋转爆轰

1. 非受限持续旋转爆轰简介

为使爆轰持续旋转,采用图 9.74 所示环形容器。容器内外壁由两个同轴圆筒构成,容器上端面为进气口,下端面敞开为出气口。可燃气体从上端面压力较低处注入,爆轰产物由下方喷出,产生推力。此为敞开环形容器中的爆轰,称为非受限旋转爆轰,可以持续旋转。此类爆轰可用于发动机燃烧室,称为旋转爆轰发动机(Rotating Detonation Engine,RDE)。图 9.74 中,阵面 1 为绕轴顺时针持续旋转的爆轰阵面,阵面 2 为波前接触间断,阵面 3 为波后接触间断,阵面 4 为激波。

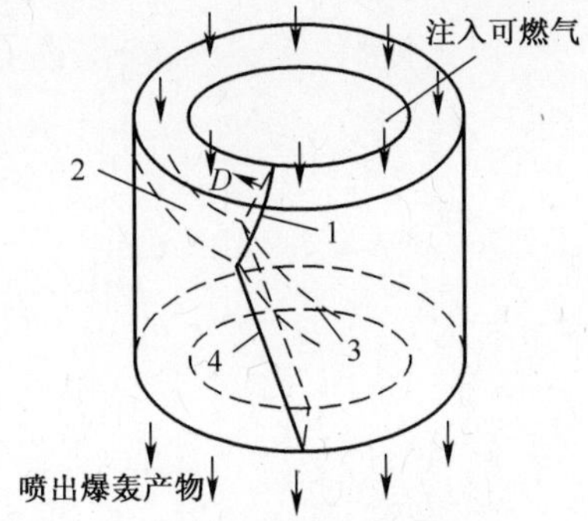

图 9.74 持续旋转爆轰

将压力传感器装于管壁某处,爆轰经过时,出现峰值信号。爆轰持续旋转时,峰值信号周期出现,如图 9.75 所示,其中,(a)为实验结果,(b)为计算结果。

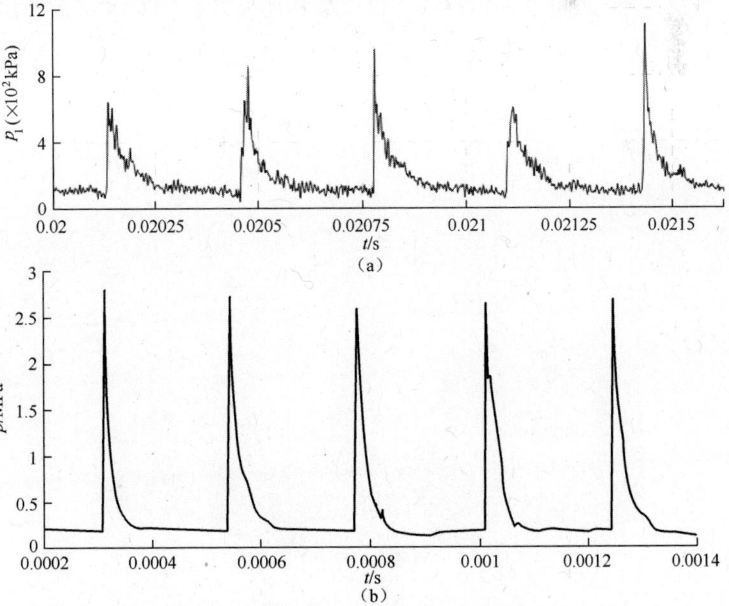

图 9.75 壁面某处,压力随时间变化曲线[23]

旋转爆轰的轴线狭缝扫描照片如图 9.76 所示。其中,(a)为实验结果,(b)为计算结果(用温度阴影图表示)。由图 9.76(b),旋转爆轰流场被爆轰–激波复合波以及两条接触间断分为 4 个区域:波前未燃区Ⅰ,波前已燃区Ⅱ,爆轰波后已燃区Ⅲ和激波后燃烧产物压缩区Ⅳ。

(a)

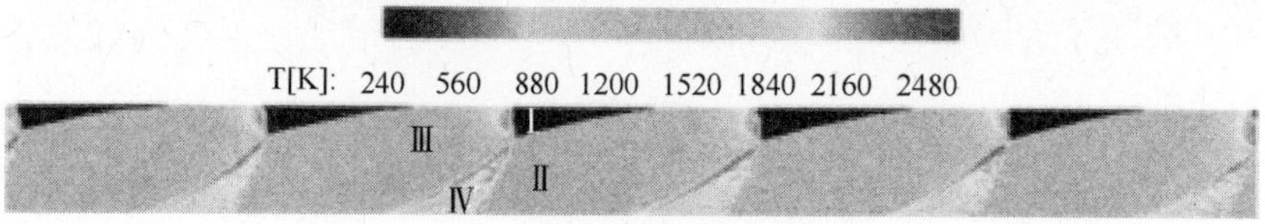

(b)

图 9.76 旋转爆轰狭缝扫描照片[23]

2. 数值研究

计算域如图 9.77 所示,其中,(a)为物理空间,(b)为计算空间。对于上边界,壁面压力 p_w 大于储气罐压力 p_m 时,无可燃气注入,视作绝热滑移壁面。反之,若 $p_w<p_m$,可燃气将从储气罐注入燃烧室,注入速度 u 由壅塞条件确定,即

当 $p_w<p_{cr}$时, 有

$$u = u_{max}[1 - (p_{cr}/p_m)^{(\gamma-1)/\gamma}]^{1/2} \tag{9.15}$$

式中:u_{max}为逃逸速度;$p_{cr} = p_m\left(\dfrac{2}{\gamma + 1}\right)^{\frac{\gamma}{\gamma-1}}$ 为壅塞压力。

$p_m>p_w>p_{cr}$时,有等熵膨胀关系式

$$u = u_{max}[1 - (p_w/p_m)^{(\gamma-1)/\gamma}]^{1/2} \tag{9.16}$$

下边界为敞开出口端,使用外插出口边界条件,左右端为周期边界。内外侧边界为绝热无滑移壁面,满足

$$\left.\frac{\partial(\bar{U}/\xi)}{\partial\xi}\right|_w = 0, \quad \bar{V}_W = 0, \quad \left.\frac{\partial\bar{W}}{\partial\xi}\right|_w = 0 \tag{9.17}$$

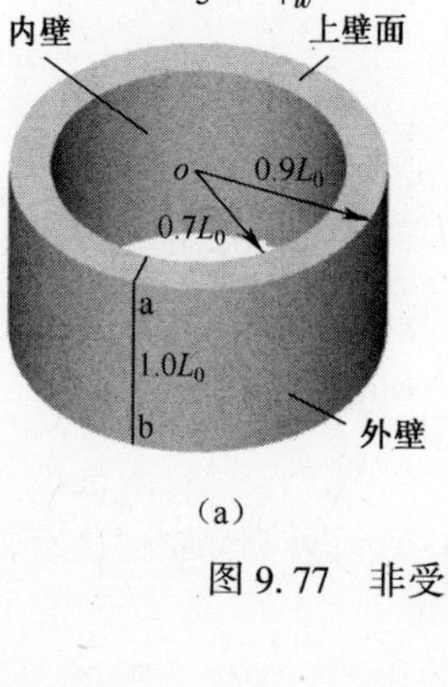

(a)

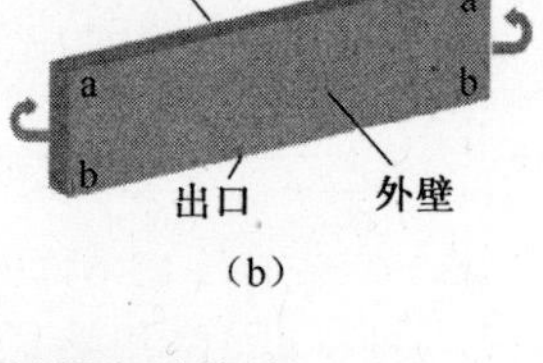

(b)

图 9.77 非受限旋转爆轰计算域

初始时刻，设为二维流场，有平面CJ爆轰，波前为等当量的H_2/O_2混合物（常温常压），波后满足自模拟解。计算过程中，爆轰波前逐渐出现三角形可燃区域。当该区域足够大时，将其扩展为三维，并作为初始流场，进行三维计算。

3. 爆轰流场

图9.78为环形容器内，持续稳定旋转爆轰的温度计算阴影图。面积有限的爆轰，贴着进气端面，顺时针旋转。波后爆轰产物，逐渐向出口扩展，直至泄出。

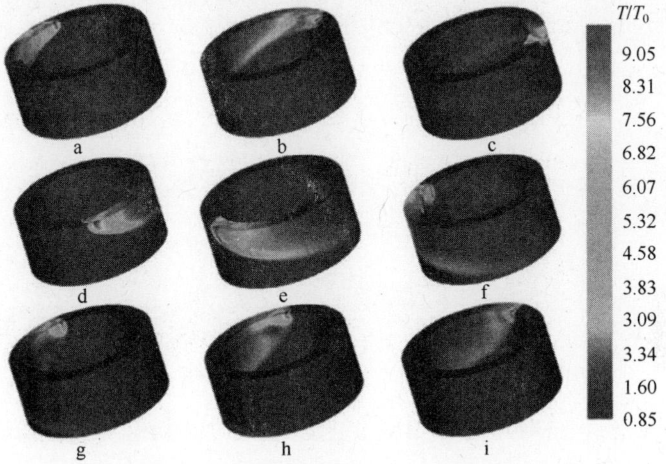

图9.78 旋转爆轰的温度分布图[21]

图9.79为侧向剖面的温度分布阴影图（左/右两边界相连后，为环形剖面）。如前所述，流场分为4个区域。爆轰波后，压力非常高，可燃气无法注入环形燃烧室。波后流场离阵面越远，压力越低。低于储气罐压力时，注入燃料。于是，爆轰阵面前（可视作波后距阵面最远处），为燃料注入区，在燃烧室上端，形成三角形未燃区Ⅰ。波前其他区域则充满爆轰产物，为波前已燃区Ⅱ，两者之间为接触间断。如果已燃气体温度足够高，接触间断上可能出现局部燃烧，此为波前燃烧。容器中，爆轰有三面被壁面包围（上壁和内外侧壁），一面敞开。敞开处与爆轰产物接触，形成透射激波。爆轰阵面后的区域为波后已燃区Ⅲ，透射激波后的区域为波后燃烧产物压缩区Ⅳ，Ⅲ区与Ⅳ区之间为接触间断。流场是环形的，故Ⅱ区与Ⅲ区相通。

图9.79 旋转爆轰侧向剖面的温度分布[24]

图9.80（a）和（b）分别为压力和OH质量分数在侧向剖面的分布阴影图。由图9.8（a）可知，压力突跃阵面由正爆轰和斜激波连接而成，具有非受限爆轰的特

性。由图 9.8(b)可知，爆轰波后，急剧燃烧，反应区很薄。Ⅲ区和Ⅳ的接触间断上，存在若干未燃气泡，最终被经激波压缩的已燃气体所点燃。

旋转爆轰的波后三维流场如图 9.81 所示，非受限爆轰阵面由爆轰和激波复合而成。

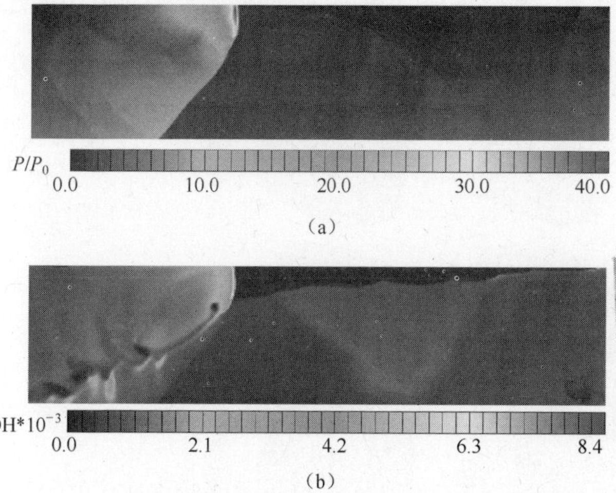

图 9.80　旋转爆轰侧向剖面的压力和 OH 质量分数分布[24]

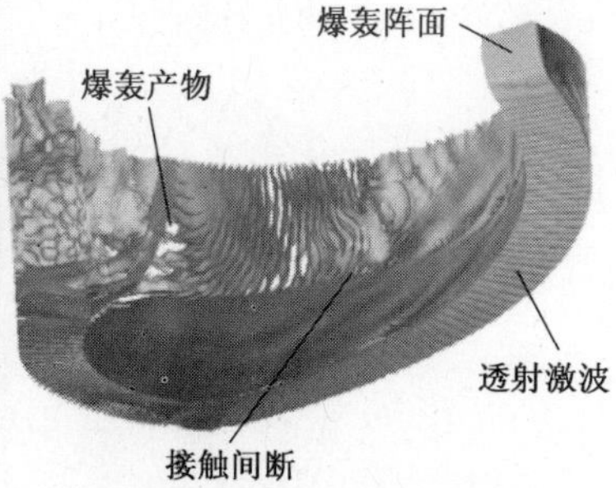

图 9.81　三维持续旋转爆轰[24]

图 9.82 为组元质量分数在不同侧向剖面（图中依次为内侧、中间和外侧）的分

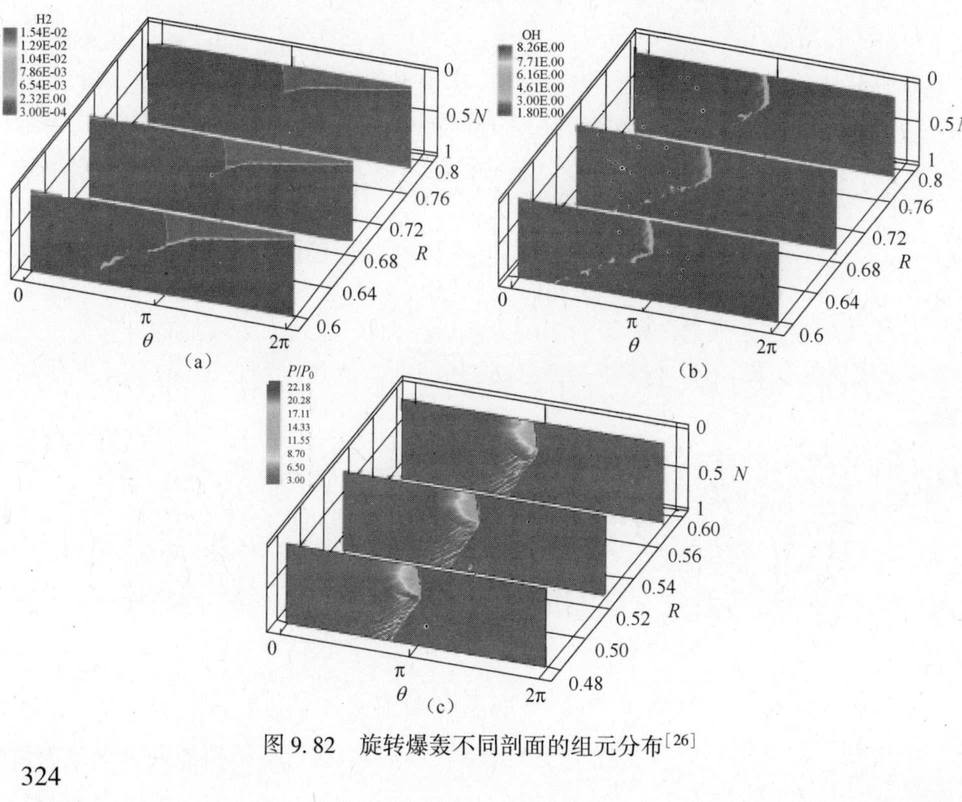

图 9.82　旋转爆轰不同剖面的组元分布[26]

布图。其中,(a)为燃料 H_2,(b)为反应自由基 OH,用以描述反应进展程度。爆轰波后,反应区很薄,Ⅲ区和Ⅳ区的界面已经失稳,且存在未燃气团。由于侧壁的收敛/扩散性,内壁的反应速率低于外壁,故反应区较外壁宽。(c)为压力分布图,反映了爆轰的非限制特性,即存在爆轰和激波相连的复合波。该图还显示,外侧爆轰较内侧强,外侧的爆轰阵面的面积(即高度)较内侧小。

9.5 小　　结

驻定爆轰、脉冲爆轰和旋转爆轰都是以特殊方式存在的爆轰。此类爆轰可控制在发动机燃烧室内,从而用于发动机研制,也因此受到特别关注。

爆轰由激波和火焰耦合而成。经典爆轰模型为 CJ 模型,是一维平面模型。该模型忽略爆轰内部结构,假设可燃物经激波作用后,立即燃烧,瞬间释放化学能。满足 CJ 条件,$Ma_f=1$ 时,爆轰可稳定传播。通过平衡热力学计算,可准确获得 CJ 爆速。ZND 模型为 CJ 模型的修正模型,仍为一维平面模型。该模型假设,可燃气跨越激波时,无化学反应。反应发生在波后化学反应区。区内各截面,反应处于冻结状态。根据反应速率方程$\frac{d\lambda}{dt}$,可确定反应区结构。CJ 模型不考虑反应区,故不涉及爆轰传播机制,而 ZND 模型考虑反应区结构,故可进行机理方面的讨论。由于反应过程不影响化学平衡时的热力学状态,故两者的爆轰参数计算结果是一致的。

上述经典模型,基于两个基本假设:平面一维和热性系数 $\sigma>0$。爆轰现象是复杂的,经典模型仅是爆轰现象的一种简单描述。

实际上,一维平面爆轰流场的结构熵很小,不具抗干扰能力,故很难实现。爆轰是激波-燃烧复合波,反应区的局部扰动会导致平面爆轰失稳。此时,引导激波阵面将出现系列马赫碰撞,形成以三波结构为特征的精细流场。三波点的轨迹构成爆轰胞格,其形状、尺度和规则度皆与反应的温度感度有关。因此,真实爆轰具有多维结构,一维平面模型可视作多维爆轰的统计平均模型。

取消一维流动限制,不仅可以描述爆轰真实结构,揭示爆轰传播过程中,非稳态和非平衡过程的动力学行为,且可讨论边界对反应区的影响,从而展现更多的爆轰特性(存在形式和传播特性)。

爆轰是通过横波碰撞(横波间或横波与壁面)维持的,大都在管内(受管壁限制的空间)传播,胞格结构与管截面的大小和形状(即受限空间的大小)有关。管内爆轰存在最小受限空间(临界管径),接近临界值的管内传播的爆轰称为临界爆轰,包括螺旋爆轰、边缘爆轰、结巴爆轰、间歇爆轰和亚稳爆轰(8.3 节)等。管径小于临界值时,爆轰会转换传播形式,甚至熄火。管径大于临界值时,爆轰传播模式又可分为二维平面模式(8.2.1 节),三维矩形模式和三维对角模式(8.2.3 节)等。如果管道弯曲,内外壁效应,会导致爆轰旋转(9.4.1 节)。管道截面的突然放大时

(如T形管),爆轰将发生衍射(9.3节),甚至熄火。局部受限的爆轰,如高速飞行弹丸,可形成附体或脱体斜爆轰(9.1节),也可以出现爆轰-激波复合波(9.4.2节)。如果考虑边界损失(变截面管、摩擦管和换热管),爆速会出现亏损,形成本征爆轰(7.2.5节)。还有,粗糙壁面,声波吸收壁面以及壁面边界层都将影响爆轰的流场结构、反应历程和传播机制。流体黏性导致流场熵增,使流场能量分布更加均匀,引导激波因耗散而消失,此时,爆轰成为超声速燃烧(5.3.3节)。

热性系数 $\sigma>0$ 是经典模型另一基本假设,用以保证反应放热和摩尔数增加。如果反应导致摩尔数减少,或串连反应中出现吸热反应,则会出现病态爆轰,此时,反应结束界面为超声速流(7.2.5节)。对于串连放热反应,反应速率合适时,出现双胞格爆轰和低速爆轰(8.2.1节)。

可燃物的组成和初始状态(爆轰波前状态)可以决定或影响爆轰热力学和动力学特性。CJ爆轰的热力学特性(即爆轰参数,如爆速、爆压和爆温等)是可燃物的本征值,决定于可燃物自身特性,如反应热、产物绝热指数等。爆轰的动力学特性(如胞格的尺度和规则度,临界管径,最小起爆能等)也与可燃物特性有关,如当量比、活化能和反应热 Q 等(8.1.1和8.2节)。对于确定的初始压力和温度,存在极限燃料浓度,仅当燃料浓度在极限浓度内,爆轰才可稳定传播。此外,初压持续减少与管径减小的效果一样,可使管内出现临界爆轰。波前介质的流动也会影响爆轰,特别是,考虑壁面影响,或波前流动不定常时,此时,爆轰分为面向上游和面向下游两种(9.1.3节,9.2.3和9.3.2节),两者具有不同传播速度。

爆轰是一种极度燃烧具有高马赫数,高雷诺数和高温高压的特点,具有三维胞格结构。爆轰可以出现在不同物态的介质中(气态、凝聚态、等离子态、多相)。完整描述爆轰现象,大致需要四类方程:守恒方程、输运系数方程、状态方程和化学反应方程。

对于两相爆轰(主要是稀疏和密实悬浮流)可通过多流体模型,利用分子动理学获得守恒方程。高速流动时,湍流和颗粒绕流使两相输运变得非常复杂,颗粒的存在和颗粒碰撞又使状态方程具有复杂形式(特别是颗粒相),此外,非均相化学反应还具有与均相反应不同的反应历程。

对于考虑等离子体的爆轰,如激光支持的爆轰和凝聚态爆轰等,可采用单流体或多流体模型(将自由运动的带电粒子视作一种流体),利用分子动理学获得守恒方程。此时,需添加电磁场的麦克斯韦方程,以描述流动伴随的电磁场变化[28]。

对于激光支持的爆轰,仅等离子体区域可与激光(光子)作用,吸收和转换激光能量。该区域类似于燃烧区,而激光能量则类似于化学能。激光与等离子体的作用过程非常复杂,涉及到分子内部运动,如核外电子跃迁,各式自由度的激发和能级跃迁振动等。此外,带电粒子碰撞产生的输运,带电粒子的状态方程等也很复杂。

对于凝聚态爆轰,爆速达到万米/秒的量级,波后压力高达数拍帕,故需考虑分子的内部运动。此时,介质处于高温等离子态,整体呈电中性,但容易出现局部电荷集聚。反应可能直接发生于引导激波的弛豫内。诱导阶段,中性气体温度、电子温度和电子数密度皆很高。点火时,振动和转动自由度被激发。此后,产生大量的活化粒子,从而改变化学反应历程和介质输运特性,反应在非平衡状态下急剧进行,其动力学过程(连同输运过程和流动过程),迄今尚无法准确描述[29]。此外,燃烧产物也处于高振动激发状态,需经过退振动(Vibrational Deexcitation),使振动能转换为平动能,才实现通常意义上的(振动能量较低的)CJ 热力学平衡态。

相较之下,气相爆轰最为简单,可采用欧拉方程(或 N-S 方程)理想气体状态方程和 Arrhenius 化学反应定律,因此得到较为深入和系统的研究,基本形成完整独立的体系(如本书所讨论)。已成为其他物态爆轰研究的追求目标,并为这些研究提供基本思路。

目前,气相爆轰的计算,偏重于高马赫数流动,基本忽略湍流影响。计算结果虽然在一定程度上显示爆轰流场的基本特点(三波碰撞,立体胞格等),揭示以横波碰撞为动力的爆轰传播机制。但是,爆轰燃烧的真实物理图像应同时包含对流预混火焰和输运预混火焰。因此,即使对于气相爆轰,也存在许多待讨论研究的问题。

参 考 文 献

[1] 范宝春,张旭东,潘振华,等.用于推进系的三种爆轰波的结构特征[J].力学进展,2012,42(2):162-169.

[2] Morris C I,Kamel M R,Hanson R K.Shock-induced combustion in high-speed wedge flows[J]. Symposium on Combustion,1998,27(2):2157-2164.

[3] Viguier C,Gourara A,Desbordes D.Three-dimensional structures of stabilization of oblique detonation wave in hypersonic flow[J].Symposium on Combustion,1998,27(2):2207-2214.

[4] 崔东明,范宝春.用于推进的驻定爆轰波基本特性[J].宇航学报,1999,11(3):48-54.

[5] Gui M Y,Fan B C,Dong G.Periodic oscillation and fine structure of wedge-induced oblique detonation waves[J].Acta Mechanica Sinica,2011,27(6):922-928.

[6] Gui M Y,Fan B C.Wavelet structure of wedge-induced oblique detonation waves[J].Combust.Sci. Tech,2012,184:1456-1470.

[7] Choi J Y,Shin J R,Jeung I S.Unstable combustion induced by oblique shock waves at the non-attaching condition of the oblique detonation wave[J]. Proceedings of the Combustion Institute. 2009,32:2387-2396.

[8] Kasahara J,Fujiwara T,Endo T,et al.Chapman-Jouguet oblique detonation structure around hypersonic projectiles[J].AIAA J.2001,39(8):1553-1561.

[9] 周平,范宝春,归明月.可燃介质中飞行圆球诱导斜爆轰的流场结构[J].爆炸与冲击,2012,32(3):278-282.

[10] Daimon Y,Matsuo A,Kasahara J.Wave structure and unsteadiness of stabilized oblique detonation waves around hypersonic projectile[C]//45th.AIAA Aerospace Sciences Meeting and Exhibit,nlevada,2007.

[11] Daimon Y, Matsuo A. Three-dimensional structure of oblique detonation around a blunt body [C]//21thICDERS, 2007.
[12] Roy G D, Frolov S M, Borisov A A, et al. Pulse detonation propulsion: challenges, current status, and future perspective[J]. Progress in Energy and Combustion Science, 2004, 30: 545-672.
[13] Hinckly K M, Chapin D M, Tangirala V E, et al. An experimental and computational study of jet-a fueled pulse detonation engine operation[J]. AIAA 2006-1026.
[14] 于陆军. 多循环脉冲爆轰发动机内/外流场的实验和数值研究[D]. 南京: 南京理工大学, 2008.
[15] 于陆军, 范宝春, 董刚, 等. 单循环脉冲爆轰发动机内外流场的动力学结构[J]. 空气动力学学报, 2007, 25(3): 357-361.
[16] 于陆军, 范宝春, 归明月, 等. 出口爆轰的外流场研究[J]. 力学学报, 2009, 41(1): 28-34.
[17] Ma F, Choi J Y, Yang V. Thrust chamber dynamics and propulsive performance of single-tube pulse detonation engines[J], AIAA 2004-865.
[18] 潘振华. 用于推进系统的爆轰波的精细结构和稳定性[D]. 南京: 南京理工大学. 2012.
[19] Gui M Y, Fan B C, Li B M. Detonation diffraction in combustible high-speed flows[J]. Shock Waves, 2016, 26: 169-180.
[20] Wang C J, Xu S L, Guo C M. Gaseous detonation propagation in a bifurcated tube[J]. J. Fluid. Mech., 2008, 599: 81-110.
[21] Smolinska A, Khasainov B, Virot F, et al. Detonation diffraction from tube to space via frontal obstacle[C]//Proceedings of the European Combustion Meeting, HAL-00422468, 2009.
[22] Zhang X D, Fan B C, Gui M Y. Cellular structure of detonation utilized in propulsions[J]. Sci China Ser-G Phys Mech Astron, 2012, 55(10): 1915-1924.
[23] Wolanski P, Kindracki J, Fujiwara T. An experimental study of small rotating detonation engine [J]. Pulsed and Continuous Detonations, 2006: 332-338.
[24] Pan Z H, Fan B C, et al. Wavelet pattern and self-sustained mechanism of gaseous detonation rotating in a coaxial cylinder[J]. Comb Flame, 2011, 158(11): 2220-2228.
[25] Zhong X D, Fan B C, Pan Z H, et al. Experimental and numerical study on detonation propagating in an annular cylinder[J]. Combust Sci and Tech, 2012, 184: 1708-1717.
[26] Zhang X D, Fan B C, Gui M Y, et al. Numerical study on three-dimensional flow of continuously rotating detonation in a toroidal chanber[J]. Acta Mechanica Sinica, 2012, 28(1): 66-72.
[27] 归明月, 范宝春, 张辉. 环形方管中爆轰胞格的三维研究[J]. 爆炸与冲击, 2016, 36(5): 577-582.
[28] 胡希伟. 等离子体理论基础[M]. 北京: 北京大学出版社, 2006.
[29] Ju Y G, SunW T. Plasma assisted combustion: dynamics and chemistry[J]. Progress in Energy and Combustion Science, 2015, 48: 21-83.

内容简介

本书通过实验、数值计算和理论分析,论述气相系统的超燃、爆燃和爆轰等极度燃烧现象。

第一部分(第 1 章和第 2 章)为理想流(或称无黏流),简单介绍等熵波、激波和两者的相互作用。第二部分(第 3 章和第 4 章)为黏性流,介绍层流和湍流,讨论流场的涡结构。第三部分(第 5 章和第 6 章)为反应流,介绍超声速和亚声速燃烧,层流和湍流燃烧以及对流和输运预混火焰。第四部分(第 7 章、第 8 章和第 9 章)为激波-燃烧复合波。其中,第 7 章,基于一维理论模型,讨论爆燃、爆轰和燃烧转爆轰现象。第 8 章,讨论爆轰的稳定性以及 CJ 爆轰和临界爆轰的多维结构。第 9 章,介绍用于推进的爆轰,包括驻定爆轰、脉冲爆轰和旋转爆轰,讨论受限程度、边界条件以及波前流场对爆轰传播的影响。

本书可作为相关专业科研人员的参考书,也可作为大学本科生和研究生的参考教材。

This book is concerned with an extreme combustion involving supersonic combustion, deflagration and detonation in gaseous explosives, discussed by experiments, numerical simulations and theoretical analysis.

The first part (Chapter 1, Chapter 2) in the book describes the ideal flow (or inviscid flow), in which isentropic waves, shock waves and their interactions are briefly introduced. The second part (Chapter 3, Chapter 4) presents the viscous flow, including laminar flow and turbulent flow, where the vortex structures are concerned. The third part (Chapter 5, Chapter 6) discusses the reacting flow, in which supersonic combustion and subsonic combustion, convective premixed flame and transport premixed flame, as well as laminar flame and turbulent flame are presented respectively. Subsequent chapters (Chapter 7 to Chapter 9) are concerned with the shock-combustion complex. In chapter 7, deflagrations, detonations and deflagration-to-detonation transitions are discussed based on one-dimensional classical theory. In chapter 8, the detonation instability, two- and three-dimensional cellular structures of CJ detonations and marginal detonations are discussed in detail. The final chapter covers the detonations used for propulsions, including steady detonations, pulse detonations and rotating detonations. The effects of confinement and boundary conditions and the flow conditions ahead the detonations on the propagation of the detonation are discussed.

The book offers a reference for professional scientists and engineers as well as under graduate and graduate students with a background in thermodynamics and fluid mechanics.